我国近海海洋综合调查与评价专项成果
"十二五"国家重点图书出版规划项目

中国区域海洋学
——化学海洋学

洪华生　主编

海洋出版社

2012 年 · 北京

内 容 简 介

《中国区域海洋学》是一套全面、系统反映我国海洋综合调查与评价成果，并以海洋自然环境基本要素描述为主的系列专著。按专业分为海洋地貌学、海洋地质学、物理海洋学、化学海洋学、生物海洋学、渔业海洋学、海洋环境生态学和海洋经济学八个分册。本书为"化学海洋学"分册，全书共分4篇24章，系统描述了中国海基本化学要素、主要生源要素和污染物的基本特征、分布变化规律及其生物地球化学循环等。

本书可供从事海洋科学以及相关学科的科技人员参考，也可供海洋管理、海洋开发、海洋交通运输和海洋环境保护等部门的工作人员及大专院校师生参阅。

图书在版编目（CIP）数据

中国区域海洋学．化学海洋学/洪华生主编．

—北京：海洋出版社，2012.6

ISBN 978 - 7 - 5027 - 8257 - 3

Ⅰ.①中… Ⅱ.①洪… Ⅲ.①区域地理学 –
海洋学 – 中国②海洋化学 – 中国 Ⅳ.①P72②P734

中国版本图书馆 CIP 数据核字（2012）第 084514 号

责任编辑：王 溪
责任印制：赵麟苏

海洋出版社 出版发行

http://www.oceanpress.com.cn

北京市海淀区大慧寺路 8 号 邮编：100081

北京旺都印务有限公司印刷 新华书店北京发行所经销

2012 年 6 月第 1 版 2012 年 6 月第 1 次印刷

开本：889mm×1194mm 1/16 印张：24.75

字数：615 千字 定价：100.00 元

发行部：62132549 邮购部：68038093 总编室：62114335

海洋版图书印、装错误可随时退换

《中国区域海洋学》编写委员会

主　任　苏纪兰

副主任　乔方利

编　委　（以姓氏笔画为序）

王东晓　王　荣　王保栋　王　颖　甘子钧　宁修仁　刘保华

刘容子　许建平　孙吉亭　孙　松　李永祺　李家彪　邹景忠

郑彦鹏　洪华生　贾晓平　唐启升　谢钦春

《中国区域海洋学——化学海洋学》
编写人员名单

主　编　洪华生

副主编　王保栋

撰稿人　（以姓氏笔画为序）

于培松　王江涛　王保栋　厉丞烜　石晓勇　龙爱民　邝伟明

刘志媛　孙维萍　孙　霞　李　宁　李克强　李学刚　宋国栋

宋金明　张元标　张　云　张龙军　张　英　洪华生　袁华茂

徐亚岩　程远月　谢琳萍　谭丽菊　暨卫东　翟惟东　潘建明

薛　亮

统稿人　王江涛　王保栋　张龙军　洪华生

序

　　我国近海海洋综合调查与评价专项（简称"908专项"）是新中国成立以来国家投入最大、参与人数最多、调查范围最大、调查研究学科最广、采用技术手段最先进的一项重大海洋基础性工程，在我国海洋调查和研究史上具有里程碑的意义。《中国区域海洋学》的编撰是"908专项"的一项重要工作内容，它首次系统总结我国区域海洋学研究成果和最新进展，全面阐述了中国各海区的区域海洋学特征，充分体现了区域特色和学科完整性，是"908专项"的重大成果之一。

　　本书是全国各系统涉海科研院所和高等院校历时4年共同合作完成的成果，是我国海洋工作者集体智慧的结晶。为完成本书的编写，专门成立了以苏纪兰院士为主任委员的编写委员会，并按专业分工开展编写工作，先后有200余名专家学者参与了本书的编写，对中国各海区区域海洋学进行了多学科的综合研究和科学总结。

　　本书的特色之一是资料的翔实性和系统性，充分反映了中国区域海洋学的最新调查和研究成果。书中除尽可能反映"908专项"的调查和研究成果外，还总结了近40～50年来国内外学者在我国海区研究的成就，尤其是近10～20年来的最新成果，而且还应用了由最新海洋技术获得的资料所取得的研究成果，是迄今为止数据资料最为系统、翔实的一部有关中国区域海洋学研究的著作。

　　本书的另一个特色是学科内容齐全、区域覆盖面广，充分反映中国区域海洋学的特色和学科完整性。本书论述的内容不仅涉及传统专业，如海洋地貌学、海洋地质学、物理海洋学、化学海洋学、生物海洋学和渔业海洋学等专业，而且还涉及与国民经济息息相关的海洋环境生态学和海洋经济学等。研究的区域则包括了中国近海的各个海区，包括渤海、黄海、东海、南海及台湾以东海域。因此，本书也是反映我国目前各海区、各专业学科研究成果和学术水平的系统集成之作。

　　本书除研究中国各海区的区域海洋学特征和相关科学问题外，还结合各海区的区位、气候、资源、环境以及沿海地区经济、社会发展情况等，重点关注其海洋经济和社会可持续发展可能引发的资源和环境等问题，突出区域特色，可更好地发挥科技的支撑作用，服务于区域海洋经济和社会的发展，并为海洋资源的可持续利用和海洋环境保护、治理提供科学依据。因此，本书不仅在学术研究方面有一定的参考价值，在我国海洋经济发展、海洋管理和海洋权益维护等方面也具有重要应用价值。

作为一名海洋工作者，我愿意向大家推荐本书，同时也对负责本书编委会的主任苏纪兰院士、副主任乔方利、各位编委以及参与本项工作的全体科研工作者表示衷心的感谢。

国家海洋局局长

2012 年 1 月 9 日于北京

编者的话

　　"我国近海海洋综合调查与评价专项"（简称"908专项"）于2003年9月获国务院批准立项，由国家海洋局组织实施。《中国区域海洋学》专著是2007年8月由"908专项"办公室下达的研究任务，属专项中近海环境与资源综合评价内容。目的是在以往调查和研究工作基础上，结合"908专项"获取的最新资料和研究成果，较为系统地总结中国海海洋地貌学、海洋地质学、物理海洋学、化学海洋学、生物海洋学、渔业海洋学、海洋环境生态学及海洋经济学的基本特征和变化规律，逐步提升对中国海区域海洋特征的科学认识。

　　《中国区域海洋学》专著编写工作由国家海洋局第二海洋研究所苏纪兰院士和国家海洋局第一海洋研究所乔方利研究员负责组织实施，并成立了以苏纪兰院士为主任委员的编写委员会对学术进行把关。《中国区域海洋学》包含八个分册，各分册任务分工如下：《海洋地貌学》分册由南京大学王颖院士和国家海洋局第二海洋研究所谢钦春研究员负责；《海洋地质学》分册由国家海洋局第二海洋研究所李家彪研究员和国家海洋局第一海洋研究所刘保华研究员（后调入国家深海保障基地）、郑彦鹏研究员负责；《物理海洋学》分册由国家海洋局第一海洋研究所乔方利研究员和中国科学院南海海洋研究所甘子钧研究员、王东晓研究员负责；《化学海洋学》分册由厦门大学洪华生教授和国家海洋局第一海洋研究所王保栋研究员负责；《生物海洋学》分册由中国科学院海洋研究所孙松研究员和国家海洋局第二海洋研究所 宁修仁 研究员负责；《渔业海洋学》分册由中国水产科学研究院黄海水产研究所唐启升院士和中国水产科学研究院南海水产研究所贾晓平研究员负责；《海洋环境生态学》分册由中国海洋大学李永祺教授和中国科学院海洋研究所邹景忠研究员负责；《海洋经济学》分册由国家海洋局海洋发展战略研究所刘容子研究员和山东海洋经济研究所孙吉亭研究员负责。本专著在编写过程中，组织了全国200余位活跃在海洋科研领域的专家学者集体编写。

　　八个分册核心内容包括：海洋地貌学主要介绍中国四海一洋海疆与毗邻区的海岸、岛屿与海底地貌特征、沉积结构以及发育演变趋势；海洋地质学主要介绍泥沙输运、表层沉积、浅层结构、沉积盆地、地质构造、地壳结构、地球动力过程以及海底矿产资源的分布特征和演化规律；物理海洋学主要介绍海区气候和天气、水团、海洋环流、潮汐以及海浪要素的分布特征及变化规律；化学海洋学主要介绍基本化学要素、主要生源要素和污染物的基本特征、分布变化规律及其生物地球化学循环；生物海洋学主要介绍微生物、浮游植物、浮游动物、底栖生物的种类组成、丰度与生物量分布特征，能流和物质循环、初级和次级生产力；渔业海洋学主要介绍渔业资源分布特征、季节变化与移动规律、栖息环境及其变化、渔场分布及其形成规律、种群数量变动、大海洋生态系与资源管理；海洋环境生态学主要介绍人类活动和海洋环境污染对海洋生物及生态系统的影响、海洋生物多样性及其保护、海洋生态监测及生态修复；海洋经济学主要介绍产业经济、区域经济、专属经济区与大陆资源开发、海洋生态经济以及海洋发展规划和战略。

本专著在编写过程中，力图吸纳近 50 年来国内外学者在本海区研究的成果，尤其是近 20 年来的最新进展。所应用的主要资料和研究成果包括公开出版或发行的论文、专著和图集等；一些重大勘测研究专项（含国际合作项目）成果；国家、地方政府和主管行政机构发布的统计公报、年鉴等；特别是结合了"908 专项"的最新调查资料和研究成果。在编写过程中，强调以实际调查资料为主，采用资料分析方法，给出区域海洋学现象的客观描述，同时结合数值模式和理论模型，尽可能地给出机制分析；另外，本专著尽可能客观描述不同的学术观点，指出其异同；作为区域海洋学内容，尽量避免高深的数学推导，侧重阐明数学表达的物理本质和在海洋学上的应用及其意义。

本专著在编写过程中尽量结合最新调查资料和研究成果，但由于本专著与"908 专项"其他项目几乎同步进行，专项的研究成果还未能充分地吸纳进来。同时，这是我国区域海洋学的第一套系列专著，编写过程又涉及到众多海洋专家，分属不同专业，前后可能出现不尽一致的表述，甚至谬误在所难免，恳请读者批评指正。

《中国区域海洋学》编委会

2011 年 10 月 25 日

前言

　　《中国区域海洋学——化学海洋学》是国家"908专项"成果之一，旨在总结近40~50年来国内外学者在中国海化学海洋学研究的成就，尤其是近10~20年来中国近海区域的最新成果。从海水溶解氧、pH、海水中的营养盐（不同形态）、CO_2与无机碳化学、有机物、微量金属元素、沉积化学等的基本化学特征、分布变化规律及其生物地球化学循环来阐述中国海各个海区的区域化学海洋学的特色。值得一提的是，关于中国海的海洋化学专著已出版数部之多，但迄今尚无一部中国海的区域化学海洋学专著出版。我们谨以此书作为了解中国海化学海洋学的重要参考，也为今后深入研究奠定基础。

　　参加本书的编写人员涉及国家海洋局第一海洋研究所、第二海洋研究所、第三海洋研究所、厦门大学、中国海洋大学、中国科学院海洋研究所和南海海洋研究所7个单位的20多名专家学者。书中各章节的作者将在每章首页页下注刊出，此处不再重复。本书由洪华生教授、王保栋研究员、王江涛教授和张龙军教授统稿，并请中国海洋大学李静教授、石晓勇教授和中国科学院海洋研究所沈志良研究员审稿指导。在此，衷心感谢大家的真诚合作。

　　当今有关碳、营养盐的生物地球化学循环研究是全球变化研究的热点，污染物来源和输运过程及效应更是海洋环境关注的重点。化学海洋学还与海洋学其他相关学科如物理、生物、地质交叉渗透，其内容浩繁。作为一部抛砖之作，本书无意、也不可能涵盖中国海化学海洋学研究的所有内容。另外，由于受自然和人为活动干扰，中国海的化学海洋学现象复杂多变，许多问题尚不十分清楚，有待于进一步深入调查研究；加之编写人员的水平有限，收集的资料、文献也不够全面，书中存在错漏在所难免，敬请有关专家和读者惠予指正！

洪华生　王保栋

2011 年 3 月 29 日

CONTENTS 目 次

第2篇　黄　海

第3篇　东　海

第4篇　南　海

0 绪 论

化学海洋学（Chemical oceanography）是海洋科学的重要分支之一。它主要研究海洋环境中各种物质的含量、存在形式、分布特征及其迁移变化规律，以及控制海洋物质循环的各种过程与通量。尽管人类用简单的化学知识去认识海洋已有几千年的历史，但作为近代实验科学意义上的化学海洋学调查研究始于 1873—1876 年美国"挑战者"号首航大西洋、太平洋和南大洋的全球航行。而我国化学海洋学调查研究的系统开展是 20 世纪 50 年代末 60 年代初的全国海洋普查，60 年来，历经几代化学海洋学工作者的努力，中国的化学海洋学得到了长足的发展，基本上摸清了中国近海化学要素的分布变化规律和区域化学海洋学特征，而且研究重点正在由近海拓展至大洋。

中国东、南两面濒临海洋，大陆海岸线长达 18 000 km，是世界上海岸线最长的国家之一。渤海、黄海、东海和南海，是西北太平洋的边缘海，总面积达 473×10^4 km^2 以上。

渤海作为三面环陆的浅海，水文和化学要素的变化受陆源输入和水温影响极大，其溶解氧含量随季节变化明显，年变化幅度为中国四大海区中最大的。对海区溶解氧长期变化分析发现，近年来溶解氧含量呈明显上升趋势。海水营养盐是海洋浮游植物生长繁殖所必需的成分，也是海洋初级生产力和食物链的基础，整个渤海营养盐的水平分布呈现出河口区及近岸的含量高于外海。自 20 世纪 70 年代末至 21 世纪初，渤海海水中溶解无机氮年均浓度呈先增加，后降低，再增加的"N"形变化趋势；溶解无机磷的年均浓度则呈现先缓慢降低，再逐渐增加，后大幅降低，近年来又有所升高的"W"形变化趋势；活性硅酸盐的年均浓度整体上呈现逐渐降低，近年来又有所升高的"V"形变化趋势。自 20 世纪 60 年代至 90 年代中期 N/P 比值持续增大，但 N/P 比值低于 Redfield 比值，海域呈现氮限制；至 21 世纪初期，N/P 比值已增大到远远高于 Redfield 比值，目前磷已成为渤海浮游植物生长的限制因子，而硅酸盐的含量一直维持在较充足的水平。

渤海 DIC 的水平分布呈现出近岸高，远岸低的趋势。渤海海水中 TOC 含量是我国四大海区中最高的，含沙量大的黄河是渤海 TOC 的主要输入源。黄河输入对渤海的 CO_2 及碳化学产生重要影响，表层在老黄河口附近、辽东湾的西部和莱州湾出现明显的高值，而底层最高值出现在渤海湾。整体而言，渤海是大气 CO_2 的源。

渤海的辽河口、锦州湾、渤海湾和莱州湾已成为严重污染区，其中，重金属是主要的污染物之一。渤海水体中铅污染最严重，其次是汞污染。其他重金属的环境质量状况相对较好。渤海表层沉积物中重金属、生源要素、有机污染物等的含量受到陆源物质输入、沉积物粒度等的影响，表现为西部海域明显高于东部。表层沉积物中多氯联苯、总六六六和总 DDT 的含量莱州湾较高，多氯联苯和总六六六的高值区位于渤海湾曹妃甸邻近海域，总 DDT 的高值区位于渤海湾南部近岸海域，反映了渤海受到人为活动的剧烈影响。

黄海是世界上最典型的半封闭性陆架浅海之一，它与其他陆架海区一样，是人类活动、经济开发最为集中的地带，也是陆地、海洋、大气各种过程相互作用较为激烈的地带。由于黄海水深较浅，紧邻陆地，多条大河直接或间接注入，所以营养物质十分丰富，生物资源蕴藏量也很高。

黄海化学要素的含量和分布可大致分为冬季、夏季 2 种类型（春季和秋季可看做过渡季节）。冬季，生物活动较弱，化学要素的含量主要受控于物理因素（温度、盐度），其分布则受控于流系（北上的黄海暖流水和南下的沿岸流水）；夏季，黄海一个突出的海洋现象是黄海冷水团的存在，其对黄海化学要素的含量和分布具有重要影响；同时，生物活动、陆源输入也影响着黄海化学要素的含量和分布。其中，黄海冷水团存续期间，溶解氧垂直分布的中层最大值现象和黄海冷水团的营养盐贮库作用是黄海较突出的区域化学海洋学特征。

黄海表层沉积物中重金属、生源要素、有机污染物等的分布在南、北黄海差异较大，北黄海主要物源来自黄河及鸭绿江的输入物质，南黄海沉积物主要物质来源于老黄河及长江，一般近岸含量高于远海区域，细粒沉积物含量高于粗颗粒。

东海是中国陆架最宽的边缘海。外海流系（黑潮、台湾暖流）、上升流（陆坡处、长江口和浙闽沿岸）和陆源输入（长江、钱塘江等）对化学要素的分布变化影响显著。东海的营养盐主要来源于长江等陆地径流和外海水系（黑潮、特别是黑潮次表层水和黑潮中层水的涌升，台湾暖流）。受长江等径流营养盐输入的影响，东海近岸海域（包括长江口及其邻近海域）为终年营养盐高值区，且具有高的 N/P 比值。长江水中无机氮浓度的快速增大和硅酸盐浓度的持续减小，已经导致东海近岸海域（包括长江口及其邻近海域）Si/N 比值发生质的变化，表现为"氮多、磷寡、硅变少"。东海营养盐的季节变化模式一般主要受浮游植物的光合作用控制，而陆地径流营养盐输入只影响或平衡营养盐季节变化幅度。东海上升流是东海真光层中无机磷的主要补充机制，且上升流可改善东海营养盐结构。长江口外缺氧区是中国近海最典型的缺氧区，研究发现近 20 年来长江口外缺氧区有恶化的趋势。在周年尺度上，东海海水从大气中吸收 CO_2，表现为 CO_2 的汇。

东海表层沉积物中有机碳高值主要分布在浙江南部和福建北部沿海，含量可达 0.4% ~0.8%，而长江口以东以北海区的有机碳含量只有 0.1% ~0.2%，是东海有机碳含量的低值区。重金属高值区分布于中国台湾岛东北侧和大陆近岸区域（呈带状分布），低值区分布于东部及北部浅海大沙滩区。长江输入物质对表层沉积物中重金属、生源要素、有机污染物等有重要的影响。

南海海水是大洋变性水，整个水体海洋化学要素比较稳定，南海海水中溶解氧、pH 值随着水深增大而减小，无机氮、磷酸盐和硅酸盐则相反；南海表层海水中重金属呈现痕量性；形成了有自然大洋规律的海水环境化学要素分布特征。在周年尺度上，南海海水从大气吸收 CO_2 的作用不明显。

南海沉积环境中 Al、Hg、Cu、Zn、Cr 的含量变化从小到大依次为陆架、陆坡、深海海盆；与此不同，有机质、N、P、Pb、Cd 的含量在陆坡最大，含量变化从小到大依次为陆架、深海海盆、陆坡；而 As、硫化物和石油的含量在陆坡最小，As、硫化物的含量变化从小到大依次为陆坡、深海海盆、陆架，石油含量变化从小到大依次为陆坡、陆架、深海海盆，南海沉积物化学要素含量与陆源沉积物和大洋沉积物的相近和差异，反映了南海海区特定沉积环境特征。

第1篇 渤 海

渤海是中国的内海，在辽宁省、河北省、天津市和山东省之间，具体位置为 37°07′~41°0′N、117°35′~121°10′E。渤海一面临海，三面环陆，北、西、南三面分别与辽宁、河北、天津和山东三省一市毗邻，基本上为陆地所环抱，是一个近封闭的内海，仅东部经渤海海峡与黄海相通。辽东半岛南端老铁山角与山东半岛北岸蓬莱角的连线是渤海与黄海的分界线，辽东半岛和山东半岛犹如伸出的双臂将其合抱，构成首都北京的海上门户。

渤海包括北面的辽东湾、西面的渤海湾、南面的莱州湾、中部海区以及渤海海峡，面积为 7.7×10^4 km²，大陆海岸线长 2 668 km，在中国诸海中面积最小。渤海平均水深 18 m，海底平坦，多为泥沙和软泥质，地势呈由三湾向渤海海峡倾斜态势，沿岸水浅，特别是河流注入的地方仅几米深，东部的老铁山水道最深，达到 86 m，20 m 以浅的海域面积占渤海总面积一半以上。渤海地处北温带，夏无酷暑，冬无严寒，多年平均气温 10.7℃，降水量 500~600 mm，海水盐度 30 左右。

渤海沿岸江河纵横，有大小河流 50 条，其中，莱州湾沿岸 19 条，渤海湾沿岸 16 条，辽东湾沿岸 15 条，形成渤海沿岸三大水系和三大海湾生态系统。入海河流每年携带大量泥沙堆积于三个海湾，在湾顶处形成宽广的辽河口三角洲湿地、黄河口三角洲湿地、海河口三角洲湿地，年造陆达 20 km²。

渤海存在微弱的环流，包括密度环流和潮汐环流，不稳定，很难用海流仪器直接观测到。渤海区的潮流性质比较单纯，除渤海海峡北部为不正规的全日潮流外，其他区域皆为正规的半日潮流。渤海海峡、辽东湾、渤海湾和莱州湾的潮流为往复流，其主流方向大致与岸线平行，渤海中央区为旋转流。渤海是一个小尺度的浅海，不存在稳定的风海流。

渤海沿岸河口浅水区营养盐丰富，饵料生物繁多，是经济鱼、虾、蟹类的产卵场、育幼场和索饵场。渤海中部深水区既是黄渤海经济鱼、虾、蟹类洄游的集散地，又是渤海地方性鱼、虾、蟹类的越冬场。因此，渤海有河口三角洲湿地生态系、河口生态系和渤海中部深水区生态系三大生态系统。

过去数十年中，丰富优质的渔业、港口、石油、景观和海盐资源，使得环渤海地区经济具有快速发展的显著特征。海洋资源的开发和海洋工业成为该地区经济发展的重要领域之一。然而，随着海洋资源的开发利用活动，渤海的资源和生态环境同时受到较大的破坏。渤海环境质量严重恶化，表现为近海污染加重，污染范围扩大，生态系统脆弱化，生态环境退化，赤潮、富营养化加剧等。渤海环境状况已经引起政府和研究机构的关注。

第1章　渤海溶解氧和 pH 值[①]

1.1　溶解氧

溶解氧是指溶解在海水中的氧气，以"溶解氧"来表示。海水中溶解氧的浓度对海洋生物十分重要，因此常以溶解氧作为表征海水水质的指标之一。

海水中的氧气主要来源于大气以及浮游植物的光合作用。由于海洋表面与大气紧密接触，大气中的氧通过海－气界面的交换进入海洋的表层，而后通过移流和涡动扩散，把表层的富氧水带到深层。所以大气中的氧是海洋中氧的来源之一。在海水的真光层，浮游植物的光合作用旺盛，并在此过程中释放氧气，是海洋中氧的另一来源。海洋中氧的消耗过程主要有生物呼吸作用、有机质分解以及无机物的氧化作用。

在海洋中溶解氧的含量和分布是物理过程、生物过程和化学过程共同作用的结果，可能受到多种因素的共同影响。其中，起主要作用的有水温、海水对流、浮游植物光合作用以及有机质含量等，水温会影响氧气的溶解度，海水的对流作用影响溶解氧混合均匀程度，浮游植物的光合作用影响溶解氧的含量，水体中有机质的含量影响溶解氧消耗程度等。

渤海是三面环陆的浅海，因此溶解氧的分布和变化与大洋有很大不同。近岸浅水水域受陆地影响非常大，水温受陆地气候影响显著，入海河流携带大量人类活动产生的有机质和营养物质，污染较严重，溶解氧水平相对较低。中部深水区域受陆地影响较小，溶解氧分布与大洋类似，表层水受温度、海－气交换、浮游植物光合作用等的影响，深层水主要受黄海冷暖流、底层有机质分解等的影响。

1.1.1　平面分布

渤海区域溶解氧含量的平面分布特点通常是近岸及河口海区含量较低，逐渐向渤海中部递增，且近岸溶解氧梯度较大。因为渤海近岸水域水温受陆地气候影响较大，并且许多大小河流向渤海输送了大量含有机质的淡水和生活污水，有机质分解耗氧，导致溶解氧含量较低。另外由于渤海大多数经济鱼、虾和蟹类在近岸内湾水域索饵生长和繁殖，浮游植物的消亡、尸体的腐败和分解，消耗了相当数量的氧，也使近岸水域溶解氧含量降低。而渤海中部由于受陆地气候和河流影响较小，溶解氧含量较高。

在此以"908"专项调查渤海海区的资料为例，介绍渤海溶解氧的分布趋势，并对比历史资料来说明渤海海区溶解氧的分布特征。

图1.1是渤海表层溶解氧的平面分面。春季表层水域溶解氧范围为 7.76 ~ 12.19 mg/L，变幅为 4.43 mg/L，为四个季节中变化最大的季节，平均值为 10.49 mg/L。平面分布总体趋势

---

①　本章撰稿人：王江涛，谭丽菊，李克强。

呈由北向南递减，这与温度有关。沿岸溶解氧值低于远海，尤其在渤海湾和莱州湾近岸梯度变化较大，低值出现在渤海湾和莱州湾近岸。

夏季表层水域溶解氧范围为 5.70～9.90 mg/L，变幅为 4.20 mg/L，平均值为 7.61 mg/L，在四个季节中溶解氧平均浓度最低。夏季温度较高，随温度升高，海水中氧的溶解度下降，所以溶解氧含量降低。平面分布沿岸低于远海，高值出现在渤海中部海区，低值出现在莱州湾和黄河口附近，导致近岸海湾成为夏季溶解氧低值区，而渤海中部则成为夏季溶解氧相对高值区。

秋季表层水域溶解氧范围为 6.80～10.45 mg/L，变幅为 3.65 mg/L，平均值为 7.95 mg/L。秋季溶解氧的分布与春季相反，平面分布总体趋势呈由南向北递减，这与温度有关。低值出现在渤海海峡附近，高值出现在莱州湾和黄河口附近。秋季溶解氧变化幅度在四个季节中最小。

冬季表层水域溶解氧范围为 9.12～13.33 mg/L，变幅为 4.21 mg/L，平均值为 10.76 mg/L，在四个季节中溶解氧平均浓度最高，这与温度有关，冬季温度最低，氧在水中的溶解度最大。从图 1.1（d）中可以看出，溶解氧的平面分布受温度影响严重，溶解氧的含量沿岸高于远海，变化趋势比秋季更为明显。低值出现在渤海中部，高值出现在黄河口附近，这是因为近岸海域的水温受陆地温度影响比较严重所致。

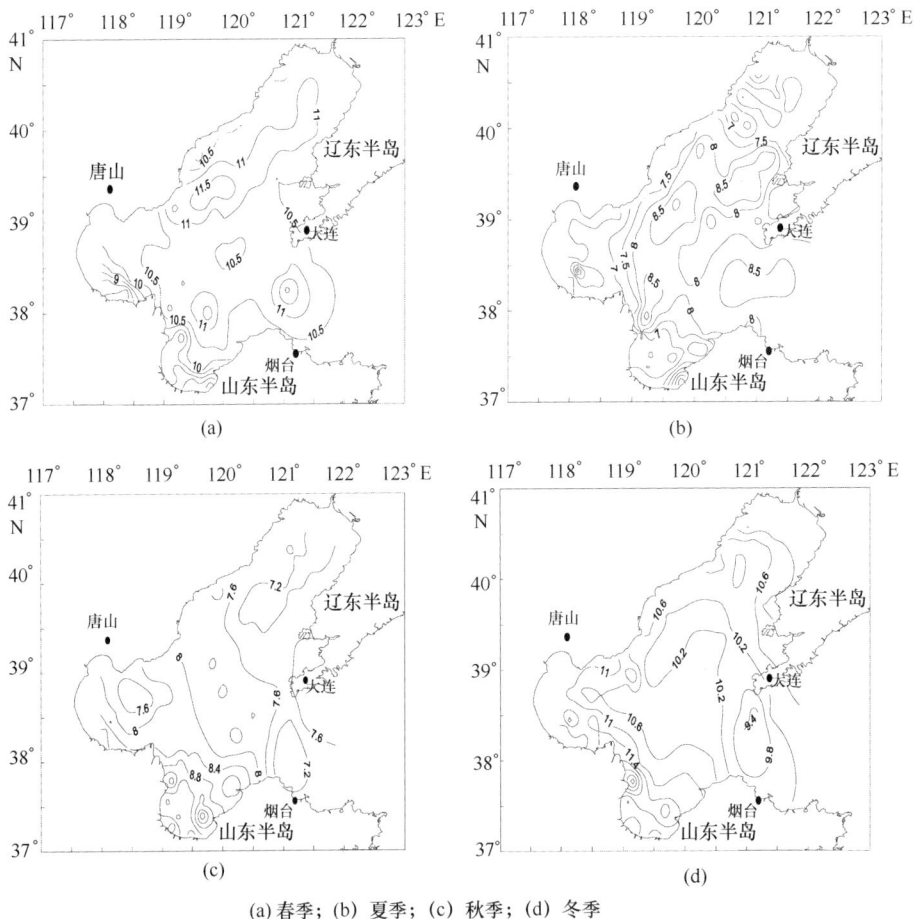

(a) 春季；(b) 夏季；(c) 秋季；(d) 冬季

图 1.1　2006—2007 年渤海表层溶解氧的季节平面分布（mg/L）

将 2006—2007 年表层溶解氧浓度与 1982—1983 年的数值（崔毅等，1993）进行对比（如表 1.1 所示），可以看出，季节分布都是春冬高，秋夏低，但是 2006—2007 年的溶解氧季节平均值明显比 1982—1983 年的高。

表 1.1   2006 年溶解氧的季节均值及变化范围   单位：mg/L

季 节	平均值		变化范围	
	1982—1983 年	2006—2007 年	1982—1983 年	2006—2007 年
春	6.80	10.49	5.74 ~ 7.90	7.76 ~ 12.19
夏	5.29	7.61	4.60 ~ 6.39	5.70 ~ 9.90
秋	5.69	7.95	5.01 ~ 7.22	6.80 ~ 10.45
冬	6.90	10.76	6.15 ~ 8.03	9.12 ~ 13.33

资料来源：1982—1983 年溶解氧的数据引自崔毅等。

图 1.2 是渤海底层溶解氧的平面分布。春季底层水域溶解氧范围为 7.71 ~ 11.63 mg/L，变幅为 3.92 mg/L，为四个季节中变化最小的季节，这一点刚好与春季表层相反。溶解氧平均值为 10.48 mg/L，与表层相近，这与春季水团表底混合均匀有关。平面分布总体与表层相近，呈现由北向南递减趋势，这也与温度有关，且沿岸溶解氧值低于远海，尤其在渤海湾和莱州湾近岸变化较大，低值出现在渤海湾和莱州湾近岸。

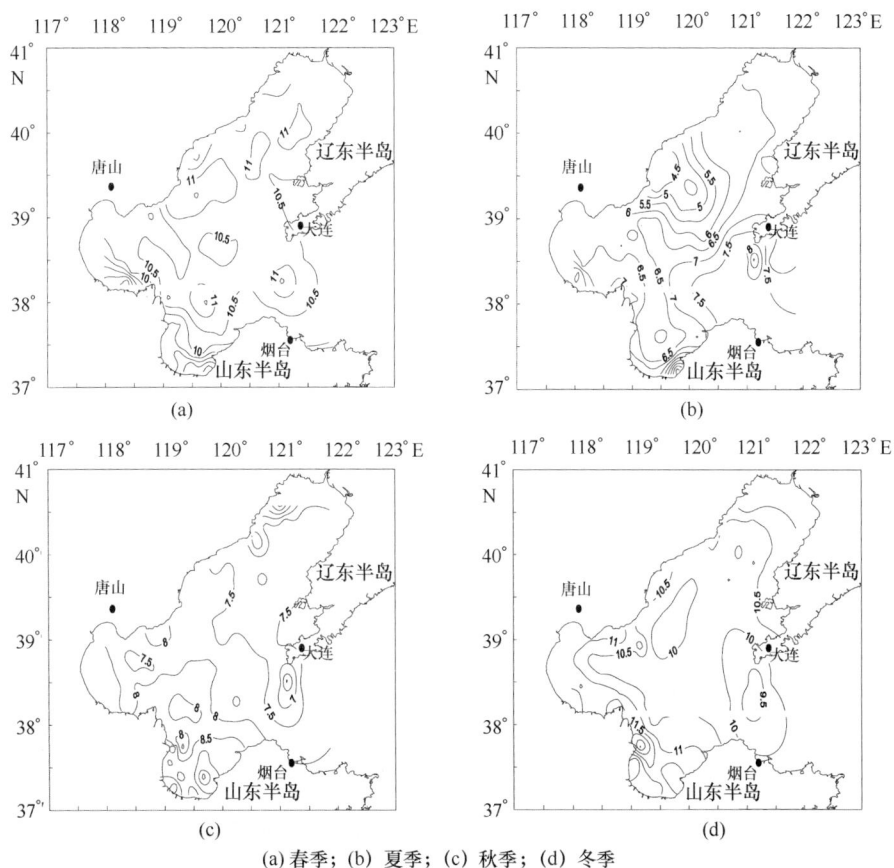

(a) 春季；(b) 夏季；(c) 秋季；(d) 冬季

图 1.2   2006—2007 年渤海底层溶解氧的季节平面分布（mg/L）

夏季底层水域溶解氧范围为 3.95 ~ 10.29 mg/L，变幅为 6.34 mg/L，为 4 个季节中变幅最大，这与夏季的温度高，水团混合不均匀有关。溶解氧平均值为 6.42 mg/L，在四个季节中溶解氧平均值最低，这一点与表层相同，都是跟夏季高温有关。夏季底层溶解氧含量低于表层，这是因为夏季存在温跃层，水团上下混合不均匀，表层水跟空气经过了充分交换，但是底层水因为有机物分解消耗氧气，溶解氧含量就更低。平面分布趋势与表层接近，都是沿岸低于外海，高值出现在渤海海峡附近，低值出现在莱州湾和黄河口附近，这也与沿岸水域受陆地气温影响比较严重，且沿岸有机污染严重，大量耗氧有关。

秋季底层水域溶解氧范围为 5.82~10.34 mg/L，变幅为 4.52 mg/L，平均值为 7.89 mg/L，略低于表层。渤海底层秋季溶解氧的分布与表层相近，沿岸高于远海，低值出现在渤海中部，高值出现在莱州湾和黄河口附近。

冬季底层水域溶解氧范围为 9.02~13.38 mg/L，变幅为 4.36 mg/L，平均值为 10.63 mg/L，略低于表层，在 4 个季节中溶解氧平均值最高。与表层一样，溶解氧高值与温度有关。冬季渤海底层溶解氧的含量沿岸高于远海，变化趋势比秋季更为明显，低值出现在渤海中部，高值出现在黄河口附近，这是因为近岸海域的水温受陆地温度影响比较大。

冬季由于强烈的对流混合，溶解氧浓度从表层到底层都很高，且垂直分布均匀，底层分布与表层基本一致。受冬季水温分布影响，溶解氧分布往往会与夏季分布趋势相反，即渤海中部成为相对低氧区，而近岸海湾成为相对高氧区。夏季渤海中部的深水区域会形成一定强度的温跃层。上层浮游植物的光合作用较强，加之表层海水与空气接触，使得溶解氧得到补充，但是温跃层的存在阻碍了垂直对流混合，使得上层的溶解氧不能补充到下层。并且夏季水温的升高使得底层有机物分解较快，消耗了部分氧气，从而会在底层形成相对低溶解氧区。因此，夏季溶解氧底层分布与表层有较大不同。

夏季海湾海域受陆地气温影响，水温较高，水温从湾内向外海逐渐降低，因此氧溶解度从湾内向外海逐渐升高。湾内水浅，环境容量较小，河流带入的有机质在湾内累积，其分解耗氧使得溶解氧含量进一步降低。因此，总体来讲，夏季溶解氧从湾内向外海有逐渐增加的趋势，且湾内等值线会较密集。此外，溶解氧含量也受浮游植物的影响，若某区域浮游植物活动旺盛，则光合作用会使得该区域溶解氧含量升高。如莱州湾夏季表层溶解氧是湾口附近含量高，湾内低。湾外缘等值线密集，形成了较大梯度。溶解氧主要受温度的控制，在湾内的高温区对应为溶解氧的低值区。

冬季沿岸部分水域会结冰，溶解氧含量受低水温影响较明显，总体来讲，冬季沿岸湾内溶解氧含量会较高。

溶解氧在水体中的消耗是一种自然现象，当水体中发生溶解氧的过度消耗或溶解氧的供应减少而使其浓度过低时，就会出现贫氧现象。入海的河流往往携带有大量的营养盐和有机物质。在河口区，大量输入的有机物分解耗氧、富营养化导致的藻类的过盛繁殖、水体发生密度层化而妨碍垂直混合等都会导致贫氧。孟春霞等 2002 年 6 月对小清河口及莱州湾邻近海域进行了大面调查。发现河口内各站点溶解氧的含量沿着径流方向随盐度增加而逐渐升高。河口内最上游的站位，溶解氧含量趋近于零，呈现出无氧状态。到河口口门处氧饱和度达到 85.8%，向外到莱州湾近岸海域溶解氧饱和度为 93.8%，接近于饱和状态。自小清河口门处向外，溶解氧的含量逐渐增大（孟春霞等，2005）。小清河径流带来的大量有机污染物的降解耗氧是造成小清河口内低氧区存在的主要原因。从河口内向外海，海水的稀释作用使有机物浓度降低，耗氧减少，而海水的混合作用补充的溶解氧大于有机物降解消耗的氧，所以水体中溶解氧的含量随着盐度的增加逐渐增加。

1.1.2 断面/垂直分布

溶解氧的含量受物理、化学和生物活动等的影响，其中，水温、海水物理混合、生物光合作用以及有机质分解等对溶解氧的分布影响较大。

冬季，溶解氧的分布受水温影响显著。渤海水深较浅，冬季在强烈的风搅拌作用下垂直对流混合很强，从表层到底层的温度基本一致，溶解氧垂向分布均匀，从表层到底层浓度都很高。靠近陆地的区域水温尤其低，因此溶解氧的含量也相对较高；渤海中部海区，受渤海地形槽影响，黄海暖流余脉可能沿着深槽分两支入侵渤海（鲍献文等，2004），使得渤海中部水温偏高，因此溶解氧含量较低。

夏季，随着水温上升，整个断面的溶解氧含量较冬季低。靠近陆地的区域水温受陆地气候影响较大，水温较高，因此溶解氧的含量较低。渤海中部深水区，会形成一定强度的温跃层，近表层水温较高，浮游植物活动旺盛，光合作用使得溶解氧含量高，且表层海水与空气接触，使得溶解氧能够得到补充；深层，虽然存在北黄海冷水团边缘沿深槽延伸而形成的两个冷水中心（鲍献文等，2004），但是由于温跃层的存在阻碍了垂直对流混合，使得上层的氧不能补充到下层，且夏季水温的升高使得底层有机物分解较快，消耗了部分的溶解氧，从而形成了底层的低溶解氧区。

从"908"专项调查的数据来看（见表1.2），4个季节中春季表层、底层溶解氧平均含量相差最小，夏季相差最大，这与跃层的存在有关，由于夏季存在跃层，导致水团上下混合不够均匀。4个季节均是底层溶解氧含量低于表层，因为表层水与大气充分交换，氧含量较高。

表1.2　渤海表层、低层溶解氧的平均浓度　　　　　　　　　　　　　　单位：mg/L

	春	夏	秋	冬
表层	10.49	7.61	7.95	10.76
底层	10.48	6.43	7.89	10.63

俎婷婷等于1979—1999年间对渤海中间断面的溶解氧分布进行了研究（俎婷婷等，2005）。根据"908"专项调查数据（站位如图1.3所示），可以发现冬季溶解氧垂向分布均匀，从表层到底层浓度都很高。最北端水温最低，溶解氧含量最高，温度最高的中间站位溶解氧含量最低。夏季溶解氧的分布呈现明显的层化现象，整个断面的溶解氧含量较冬季低，且存在类似于夏季冷水中心的两个低溶解氧区。另外由于受陆地气候、沿岸人类活动以及含大量有机质的淡水输入的影响，断面上层溶解氧含量表现为中部高，靠近陆地处的含量低（如图1.4）。

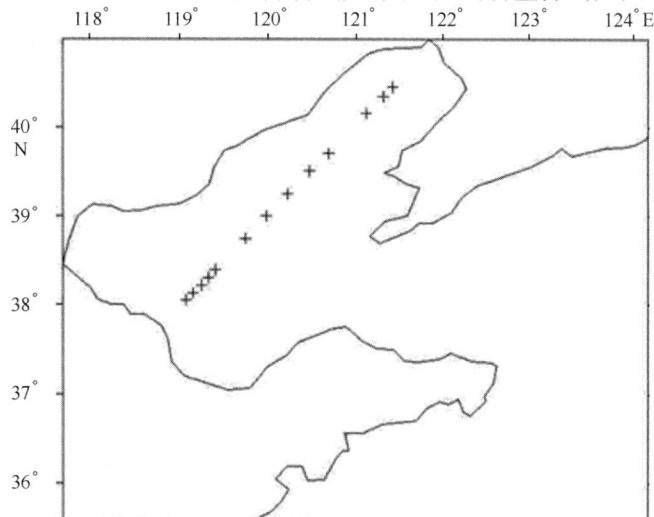

图1.3　观测站位

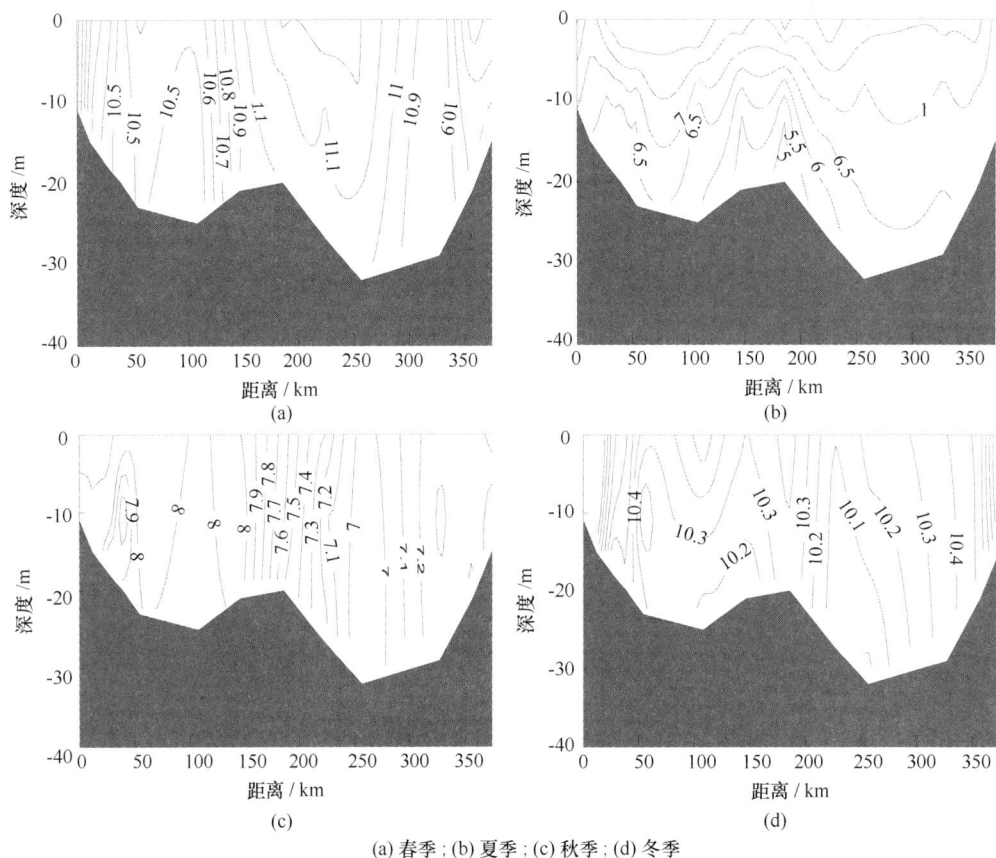

(a) 春季；(b) 夏季；(c) 秋季；(d) 冬季

图 1.4　2006—2007 年渤海溶解氧的季节垂直分布（mg/L）

1.1.3　季节变化

渤海是三面环陆的浅海，水文和化学要素的变化受大陆和水温的影响极大，溶解氧含量年变化幅度很大，且与水温的年变化呈负相关，极值出现的时间基本一致。因渤海水较浅，表、底层较易混合均匀，因此溶解氧含量的表、底层变化趋势和量值非常接近。渤海溶解氧的季节变化特点是冬、春季含量最高，秋季次之，夏季最低。

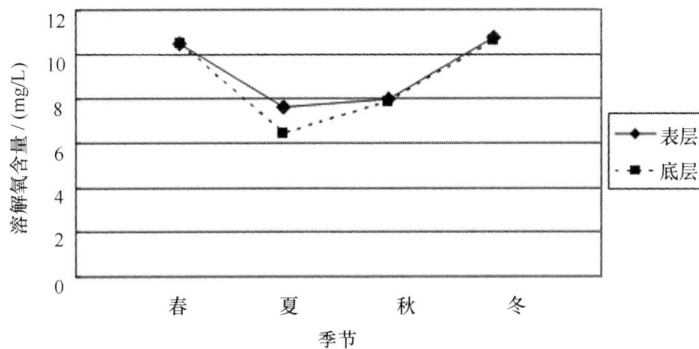

图 1.5　2006—2007 年渤海溶解氧季节变化

由图 1.5 可以看出，溶解氧的浓度冬季最高，表层达 10.76 mg/L；夏季最低，表层为 7.61 mg/L；年变幅为 3.15 mg/L。渤海水温冬季（2 月）最低，夏季（8 月）最高，其他季节居于过渡状态，具有典型的温带季节变化特征。一般来讲，渤海水温的周年变化是冬半年12月至翌年4月水温低于10℃，夏半年5月至11月水温高于10℃。因此，溶解氧的绝对含量受水温控制，并呈负相关关系。

张竹琦等根据1958—1988年渤、黄海近海断面调查资料，对多年溶解氧数据进行计算，得到了多年（一般为15年左右，最长达17年）的平均值、最大值和最小值数据。由表1.3（张竹琦，1992）可以看出，渤海溶解氧含量年平均较差为5.26 mg/L，变化幅度较大。

表1.3　渤海溶解氧特征值统计（1958—1988年）　　　　　　　单位：mg/L

季　度	表层平均值	底层平均值	最大值	最小值
春（5月）	9.70	9.74	10.99	8.32
夏（8月）	7.31	6.69	10.19	3.66
秋（11月）	8.94	8.85	10.26	5.98
冬（2月）	11.95	11.95	12.88	10.69

渤海表层、底层溶解氧含量，年最高值出现在2月（个别为3月），年最低值均出现在8月。与水温年最低值出现在2月，年最高值出现在8月正好相反。

对于渤海的远岸深水区，春季后到夏季，因表层迅速增温，表层溶解氧含量因溶解度降低而随之减小，其年变化情况与近岸浅水区类似。由于中层海水在时间上有滞后性，溶解氧来不及完全释放到大气中，另外浮游植物的光合作用产生一定量的氧，因此，从3月、4月至8月、9月间，中层氧含量均较高，最低值出现在10—11月。春季后底层氧含量逐月下降，这是有机物分解时消耗了氧的结果，氧含量3月最高，以后逐月下降，11—12月达最低值。溶解氧年较差值表层最大，中层最小。

在全年内，整个渤海溶解氧的最高值出现在冬季辽东湾，主要因水温低（可达0℃以下）；最低值出现在夏季黄河口附近，因有机质氧化分解而消耗大量的溶解氧所致。

1.1.4　长期变化

结合俎婷婷等对1979—1999年间渤海溶解氧的长期变化分析和"908"专项调查数据，发现从1979—1999年间，溶解氧含量总体上变化不大（俎婷婷等，2005），但是到2006—2007年，溶解氧的含量有明显上升的趋势。溶解氧含量可能随温度、盐度的变化而变化（见图1.6）。另外，浮游植物数量的变化也是影响溶解氧含量的原因之一。

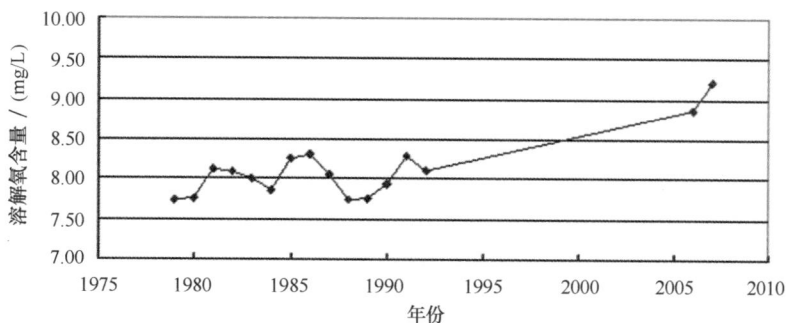

图1.6　1979—2007年渤海水域溶解氧浓度变化

1.2 pH 值

海水 pH 值是海水的化学要素之一，海水 pH 值变化幅度不大，大洋海水的 pH 值一般在 7.5～8.5 之间，表层海水 pH 值一般稳定在 8.1±0.2 左右，中层、深层海水的 pH 值一般在 7.5～7.8 之间波动。海水 pH 是生物栖息环境的主要因素之一，生物的同化、异化作用亦能影响海水 pH 值的变化。

影响海水 pH 值的因素很多，海水中有多种弱酸及其盐类，其中以碳酸的含量最高，影响最大，即主要由 $CO_2 - HCO_3^- - CO_3^{2-}$ 体系控制海水的 pH 值。水温的升高或者表层植物的光合作用都会使 CO_2 减少，从而引起 pH 值升高；生物的呼吸或有机物的分解都产生 CO_2，会导致 pH 值降低。由于海水为一天然缓冲溶液，因而 pH 值的变化比其他化学要素都要小。

1.2.1 平面分布

渤海表层海水 pH 值分布如图 1.7 所示。春季表层水域 pH 值范围为 7.87～8.47，变幅为 0.6，平均值为 8.11。沿岸高远海低，辽东湾由北向南 pH 值呈逐渐降低的趋势，渤海湾和莱州湾呈由岸边水域向中央水域递减的趋势。渤海 pH 高值区位于黄河口附近。

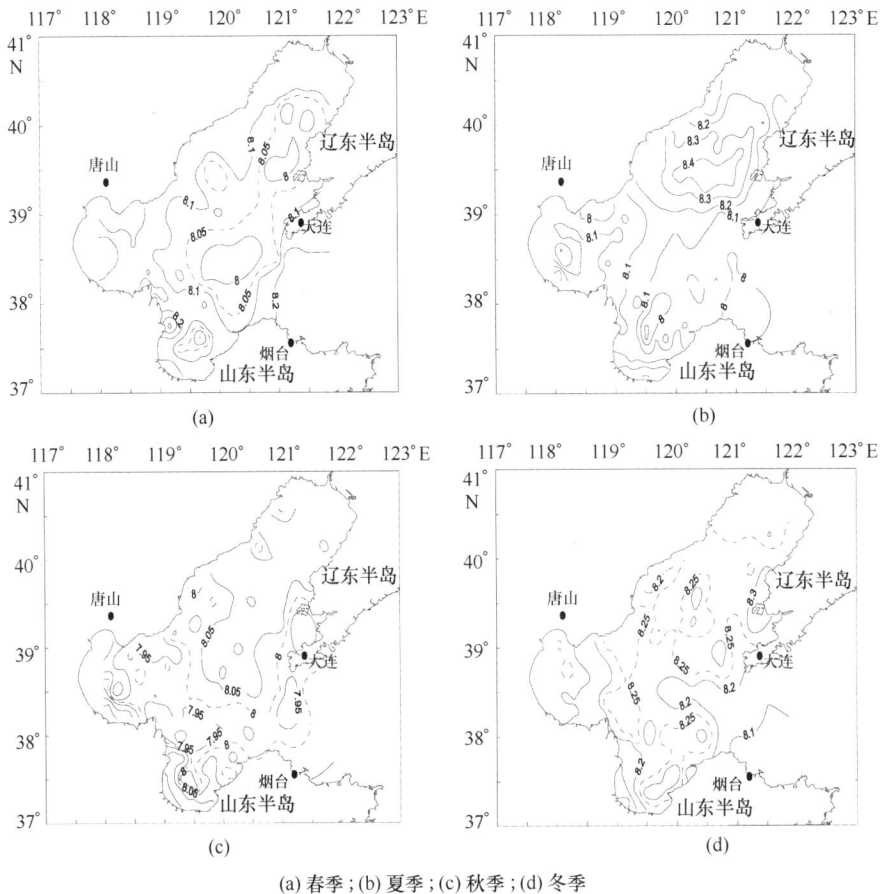

(a) 春季；(b) 夏季；(c) 秋季；(d) 冬季

图 1.7　渤海表层 pH 值的季节平面分布

夏季表层水域 pH 值范围为 7.86～8.47，变幅为 0.61，平均值为 8.16。渤海北部 pH 值高于南部海域，以 39.5°N，129.5°E 为中心，形成 pH 值的高值区。南部区域相对来说比较均匀。

秋季表层水域 pH 值范围为 7.73～8.25，变幅为 0.52，平均值为 8.02。近岸区域 pH 值变化梯度大，而远海地区 pH 值变化梯度小。渤海北部为北高南低，渤海湾自西南往东北 pH 值逐渐降低，渤海近岸水域的高值区位于黄河口附近。

冬季渤海表层水域 pH 值范围为 7.97～8.36，变幅为 0.39，为四个季节中变化最小的季节，平均值为 8.23。平面分布来看，pH 值沿岸低于远海，但是在莱州湾附近有一个高值区。另一个高值区出现在渤海中部。

底层 pH 值分布如图 1.8 所示。春季底层水域 pH 值范围为 7.92～8.57，变幅为 0.65，平均值为 8.09。沿岸高远海低，底层 pH 值水平分布趋势与表层基本一致，辽东湾由北向南 pH 值呈逐渐降低的趋势，渤海湾和莱州湾呈由岸边水域向中央水域递减。渤海近岸水域的高值区仍位于黄河口附近。

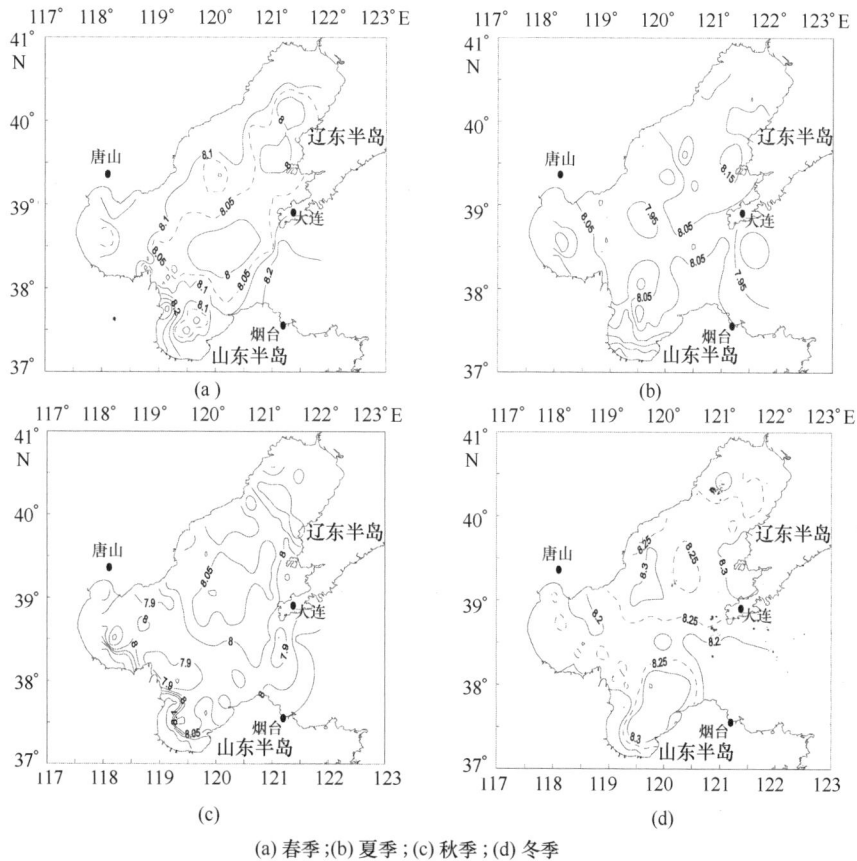

(a) 春季；(b) 夏季；(c) 秋季；(d) 冬季

图 1.8 渤海底层 pH 值的季节平面分布

夏季底层水域 pH 值范围为 7.76～8.47，变幅为 0.71，平均值为 8.07。与表层海水 pH 值不同，渤海南部海域 pH 值高于北部，在渤海中央出现 pH 值的低值区。莱州湾 pH 值的变化梯度相对较大。

秋季底层水域 pH 值范围为 7.75～8.25，变幅为 0.50，平均值为 8.01。沿岸高远海低，且沿岸地区变化梯度大。辽东湾由北向南呈下降趋势，渤海湾自西南向东北为递减态势。近岸水域的高值区位于黄河口附近，底层 pH 值的分布特点与表层相似。

　　冬季底层水域 pH 值范围为 8.09～8.42，变幅为 0.33，为四个季节中变化最小的季节，平均值为 8.25。沿岸高远海低，高值区位于黄河口附近。底层 pH 值的分布特点与表层相似。

1.2.2　断面分布

　　海洋表层的 pH 值通常高于底层，随深度的增加，有机物分解会释放出 CO_2，使 pH 值下降。pH 值还随温度和压力变化而改变。海水的静水压力增大，则其 pH 值降低；海水温度升高，则 pH 值降低。由 2006—2007 年调查的结果来看（表 1.4），渤海水域春、夏、秋、冬四季表、底层海水 pH 值差异均不大，4 个季节中，春、夏、秋三季的 pH 值都是表层高于底层，冬季却是表层略低于底层。就表、底层 pH 值差距来看，夏季表、底层差距最大，这是由于夏季跃层强烈，水团垂直混合不均匀所致。从图 1.9 也可以看出，夏季 pH 值的分布有明显的层化现象，其他季节则不明显。

表 1.4　2006—2007 年渤海近岸 pH 值垂直分布

	春	夏	秋	冬
表层	8.11	8.16	8.02	8.23
底层	8.09	8.07	8.01	8.25

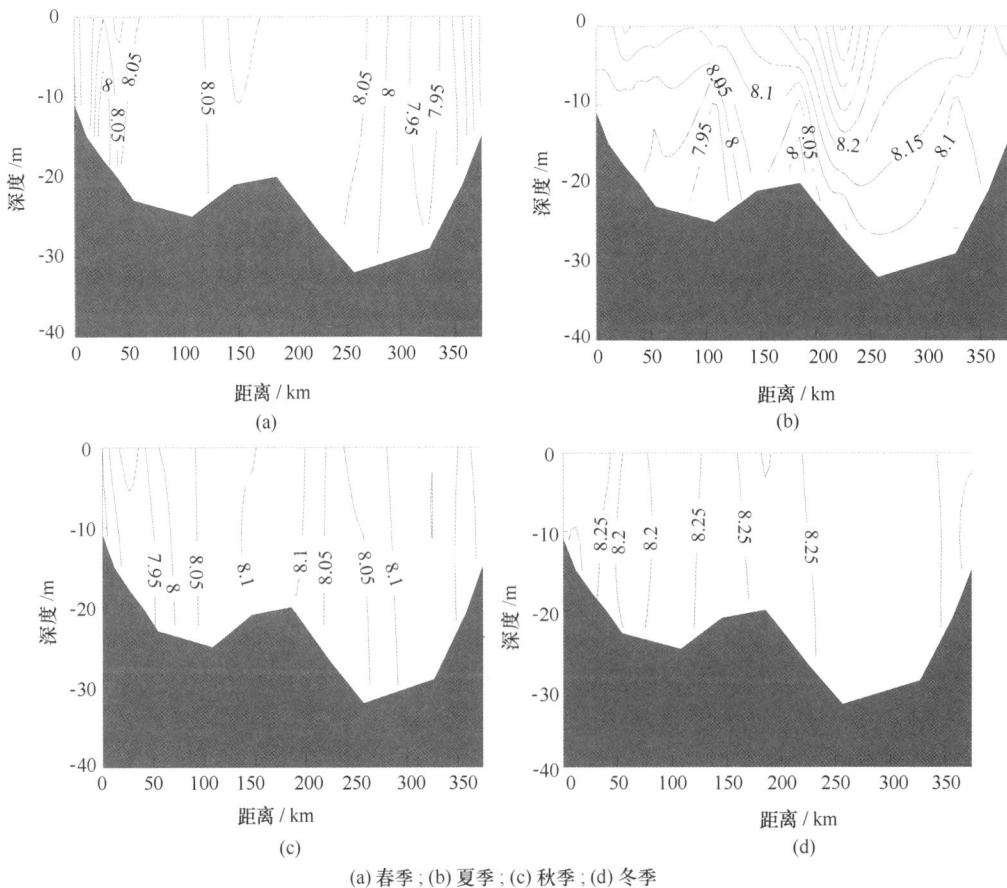

(a) 春季；(b) 夏季；(c) 秋季；(d) 冬季

图 1.9　2006—2007 年渤海 pH 值的季节垂直分布

1.2.3 季节变化

长期来看，渤海近岸水域 pH 值春季分布相当均匀，0~30 m 层均在 8.1~8.2 之间，底层在莱州湾向北略大于 8.2。夏季表层在辽东湾与渤海湾顶部及海区中部稍高，在底层，三个海湾顶部及中央亦大于 8.1，整体而言甚为均匀。秋季表层在辽河、滦河口及莱州湾较高，其余皆均匀，10 m 至底层西部稍显高，但分布仍属均匀。冬季亦然。根据 2006—2007 年渤海调查资料来看，其季节变化为秋季最低，冬季相对较高，如图 1.10 所示。

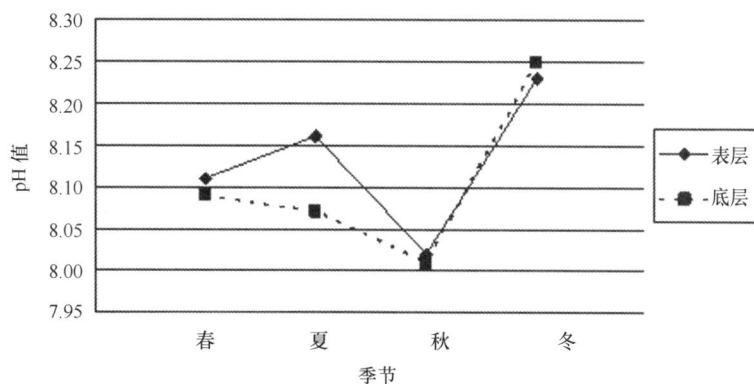

图 1.10 2006—2007 年渤海近岸水域 pH 值季节变化

1.2.4 长期变化

根据 1959 年调查的结果，渤海近岸水域 pH 值为 8.15，1979—2007 年的长期变化如图 1.11 所示，渤海近岸水域 pH 值的变幅较小，均在正常范围内，海水为一天然缓冲体系，虽然每年降水以及各种人为因素不同，但海水的 pH 值仍能保持在一个较为平稳的状态。

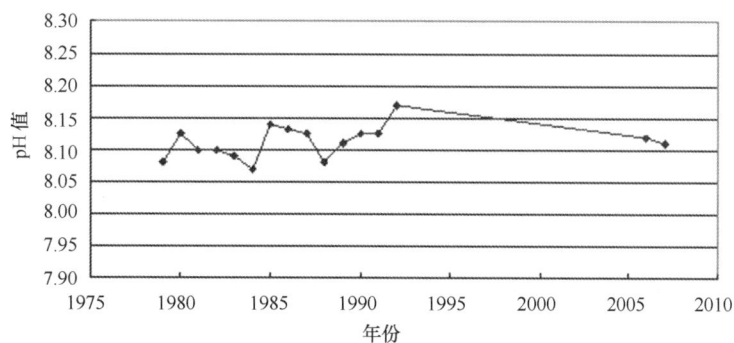

图 1.11 1979—2007 年渤海近岸水域 pH 值的变化

第2章　渤海海水中的营养盐①

广义地讲，海水中的主要成分和微量金属也是营养成分，但在海洋化学中一般只是指氮、磷、硅元素的盐类为海水营养盐，也称为生源要素。海水营养盐是海洋浮游植物生长繁殖所必需的营养成分，也是海洋初级生产力和食物链的基础。由于营养元素参与了生物生命活动的整个过程，它们的存在形式和分布会受到生物的制约。营养盐的分布同时受到化学、地质和水文条件的影响，它们在海水中的含量和分布有明显的季节性和区域性变化。近岸浅海海水营养盐的含量分布，不仅受到浮游植物生长消亡和季节变化的影响，而且和陆地径流的变化、温跃层的消长等水文状况有很大的关系。

渤海地处温带，是我国最大的内海，因此，对其营养盐的研究，要考虑到陆地径流、黄渤海海水交换、温跃层消长等因素。同时，由于近年来渤海营养盐结构发生了很大变化，无机氮含量增加，而无机磷含量却降低了，营养盐比例的改变引起浮游植物群落结构的变化，导致局部海域富营养化加重，有害藻华频发（赵亮等，2002）。因此，了解渤海近年来营养盐的分布与变化对认识渤海环境恶化的机制并预测发展趋势有重要意义，并有利于开展渤海生态环境的保护与修复工作。

2.1　营养盐的来源和通量

渤海海水营养盐的来源，可分为外部来源和内部来源。外部来源包括陆地径流、大气沉降以及海水–沉积物界面交换；内部来源也就是营养盐的再生。

2.1.1　陆源（径流）

陆地径流带来的岩石风化物质、有机物腐解的产物及排入河川中的废弃物是渤海营养盐的主要来源。海河、黄河、滦河及辽河是渤海的四大主要径流。综合各调查资料（赵亮等，2002；王保栋等，2002），陆地径流对渤海营养盐的输入量占整个陆源（还包括排污口排放、养殖区排放等）输入量的80%左右。

刘娟等（2006）分别对渤海四大径流的 N、P 入海通量进行计算，结果表明：渤海 DIN（溶解无机氮）入海通量整体上表现出先增加，后降低，再增加的"N"形变化趋势，20 世纪 70 年代末为 16×10^4 t/a 左右，然后逐渐增加，到 90 年代初增至 35×10^4 t/a 左右，平均年增长率为8.3%，之后又大幅降低，到 90 年代末为 18×10^4 t/a 左右，然后又有所增加，2004年为 24×10^4 t/a，如图2.1（王修林，李克强，2006）所示。

其中，黄河占渤海 DIN 入海通量的比例最大，一般为40% ~ 70%，辽河次之，可达29.7%左右，滦河稍小，达14.7%左右，海河最小，只有8.2%左右。可见，渤海 DIN 入海通量主要来源于黄河和辽河，两者之和达到入海通量的77%左右。

---

① 本章撰稿人：王江涛，谭丽菊，李克强。

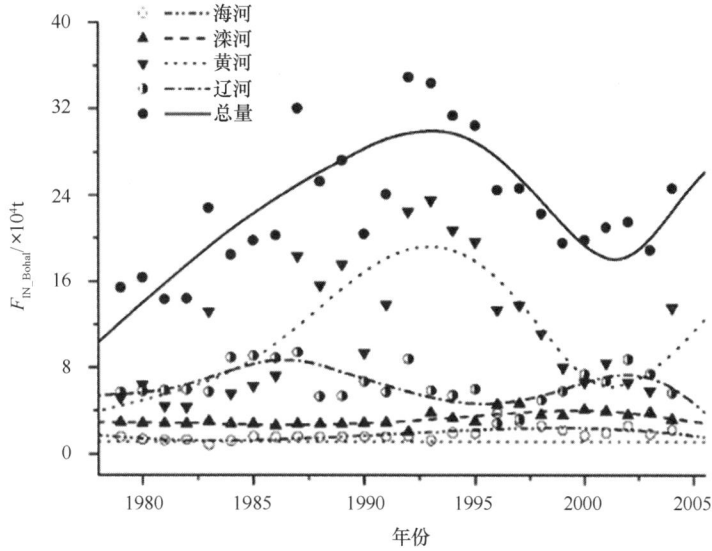

图 2.1 渤海 DIN 入海通量年际变化

自 20 世纪 70 年代到 21 世纪初渤海 DTP（溶解态总磷）入海通量，随年份增加整体上表现出先逐渐增加，再缓慢降低的倒 "V" 形变化趋势。具体地讲，渤海 DTP 入海通量自 20 世纪 70 年代末的 1.4×10^4 t/a 左右，逐渐增加到 90 年代中期的 2.8×10^4 t/a 左右，随后渤海 DTP 入海通量呈逐渐降低趋势，2004 年为 1.8×10^4 t/a，如图 2.2（王修林，李克强，2006）所示。

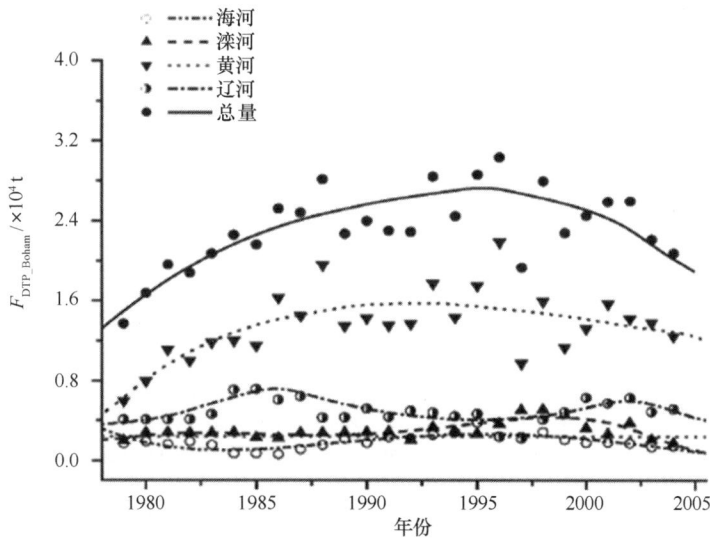

图 2.2 渤海 DTP 入海通量年际变化

黄河占渤海 DTP 入海通量的比例最大，一般为 45%～75%，平均 57.6%，辽河次之，可达 21.4% 左右，滦河稍小，达 12.9% 左右，海河最小，只有 8.1% 左右。渤海 DTP 入海通量主要来源于黄河和辽河，两者合计为 78% 左右。

2.1.2 大气沉降

大气沉降分为湿沉降与干沉降两种。由大气向海洋输送的营养盐数量是相当可观的。就全球范围来看，溶解性氮的大气对海洋总输入量与河流流入量大致相当（Duce，1992）。目前我国对东海、黄海干湿沉降研究较多（刘毅等，1999；刘昌岭等，2000；张金良等，2000），而对渤海大气通量的研究则鲜有报道。王保栋等（2002）调查报道，渤海平均年降水量为 500 ~ 600 mm，估算其无机氮年沉降通量为 6.5×10^{12} mmol，占渤海营养盐总需求量的 3% 左右。

2.1.3　海水 – 沉积物界面交换

沉积物中营养物质的再生对水体营养物质的收支和营养盐循环动力学等都有非常重要的作用，伴随微生物的作用，有机物质的降解与矿化，沉积物中各种早期化学成岩反应，沉积物间隙水中营养盐（如 N、P、Si 等）的浓度往往高于上覆水体，这些高浓度的营养盐通过底栖生物扰动、分子扩散、对流、沉积物再悬浮等过程，参与沉积物 – 水界面交换。对水体来说，沉积物犹如一个营养储存库，在一定环境条件下，这个储存库作为内源性营养物的供给源，向水体释放营养盐（玉坤宇等，2001）。目前对渤海海区溶解无机态营养盐在沉积物 – 海水界面上的交换速率、通量和控制因素等仍缺乏系统和深入的了解，大部分研究只是局限在一定海域，如莱州湾、渤海中央海区，而不是整个渤海海区。

王修林等（2007）采用船基沉积物现场培养法测定了 2002 年夏季渤海溶解无机态营养盐在沉积物 – 海水界面上的交换速率和通量，结果表明各营养盐交换通量分别为 F_{SiO_3}：2.59×10^{13} mmol、F_{PO_4}：2.95×10^{11} mmol、F_{DIN}：8.62×10^{12} mmol。沉积物交换过程可提供 65% 的 Si、12% 的 P 和 22% 的 N，用以维持夏季渤海初级生产力，远远高于以河流径流（Si：9.6×10^{12} mmol；P：1.8×10^{10} mmol；N：2.1×10^{12} mmol）为主的陆源排放。

玉坤宇等（2001）实验指出，沉积物 – 水界面营养盐的交换方向、速率与间隙水和上覆水中营养盐的浓度、氧化还原条件等有关。一般条件下，氨氮由沉积物向水体的迁移占总无机氮迁移的绝大部分，而亚硝酸氮及硝酸氮占很小一部分。磷酸盐由水体向沉积物的迁移与硅酸盐由沉积物向水体的迁移，在充氧及充氮条件下变化不明显（玉坤宇等，2001）。

邓华健等（2004）通过模拟现场实验，发现渤海湾营养盐界面交换通量存在比较强的季节变化和显著的区域差异性。水体生物以及水质对营养盐界面交换有影响，氨氮受其影响尤为明显。亚硝酸盐、氨氮和活性硅酸盐受氧化还原环境影响不大，而硝酸盐在富氧条件下向水体释放的量比贫氧条件下要大，无机磷酸盐正好与硝酸盐结果相反。

陈洪涛等（2003）将渤海莱州湾沉积物 – 海水界面磷酸盐的交换通量与其他海域进行比较（表 2.1），发现中国近海区域内渤海的交换通量较高。首先是由于环渤海的省份是中国工业较发达的区域，每年排入渤海的含磷废水十分巨大，其中的磷酸盐又通过生物吸收和颗粒物的吸附沉降到海底，形成一个巨大的磷的储库；其次，由于渤海水深较浅，海水温度季节性变化剧烈，从而引起的一系列化学、生物、地质作用较强烈，界面层早期成岩作用强度变化较大。

海水 – 沉积物界面是渤海营养盐的重要内源性输入，其对渤海营养盐的输入通量比陆地径流与大气沉降之和都要多，大约占渤海营养盐总需求量的 12%（王保栋等，2002）。

表 2.1 不同海域沉积物–海水界面溶解磷酸盐的交换通量　　单位：$\mu mol/(m^2 \cdot d)$

海区	磷酸盐	参考文献
渤海莱州湾	6.7 ~ 6.8	陈洪涛等，2003
南黄海	− 0.102	李延和宋金明，1991
东海	− 1.199 ~ 1.938	李延和宋金明，1991
南沙	9.13 ~ 15.78	宋金明，1997
亚马孙陆架	− 5.5	Scarlatos，1997
长岛湾	59 ~ 320	Aller et al.，1985
地中海	− 400 ~ 4000	Chapelle，1995
博林格林湾	− 23.4 ~ 27.9	Ullman 和 Aller，1980

2.1.4　与黄海的交换

渤海三面环陆，仅以狭窄的渤海海峡与北黄海相通，与外海的交换能力相对较弱。渤海平均每年向北黄海流出 $5\ 215.6 \times 10^8 m^3$ 的海水，其反向流进为 $5\ 000 \times 10^8 m^3$（Li，1994）。总的来说，渤海海峡夏季的流入流出表现为北进南出，主要由密度流引起，流量约为 $5 \times 10^3\ m^3/s$（魏泽勋，2003）。

李悦（1997）对渤海与北黄海的物质交换量的计算得出，每年由渤海向北黄海平均净输出溶解物质和悬浮物质分别为 $3.73 \times 10^9\ kg$ 和 $0.43 \times 10^9\ kg$，仅占河流输入渤海的极少量。

魏皓等（2002）对渤海各海域海水的半交换时间的研究表明，渤海四个区域的水交换能力显著不同，莱州湾最强，半交换时间为半年，其次为渤海湾与中央海区，辽东湾半交换时间长达 3 年，海水交换能力最弱。研究同时指出半交换时间越短，海水与外界的交换能力越强，其水质越容易得到改善。

以上研究表明，渤海与黄海的交换能力相对较差，两者的水交换大体保持平衡，对渤海营养盐的输入和移出的贡献相对较小。

2.2　营养盐水平分布特征

自 20 世纪 90 年代初至 21 世纪初，渤海海水中营养盐浓度平面分布整体上呈现出由辽东湾、渤海湾和莱州湾等沿岸水域向中央海盆水域递减、河口区含量尤其高的分布特征。总体来说，莱州湾营养盐浓度最高，其次是渤海湾，然后是辽东湾和中央海盆。这主要是由于渤海对流迁移和湍流扩散作用所产生的营养盐水动力输运过程特征，导致以河流为主的陆源入海营养盐主要滞留在沿岸水域，难以输运到中央海盆中部水域（魏皓等，2003）。

综合分析表明，从调查覆盖范围来看，在"908"专项调查之前，只有为数不多的营养盐分布数据资料涉及整个渤海（国家科委海综办，1964；国家海洋局，1976；国家海洋局北海分局，1990—2005；国家海洋局，1991—1999，2000—2005；林庆礼等，1991；崔毅等，1994；崔毅和宋云利，1996；于志刚等，2000；魏皓等，2003；王修林等，2004；Zhang et al.，2004；赵骞等，2004；郭全等，2005；蒋红等，2005），而绝大多数仅仅局限在部分重点或典型水域，主要包括莱州湾（任荣珠，1994；童钧安，1994；米铁柱等，2001；邹立和张经，2001；马建新等，2002；曲克明等，2002；崔毅等，2003；高会旺等，2003；刘慧等，2003；万修全等，2004）、渤海湾（刘成等，2002；孟伟等，2004；石雅君等，2004；王泽良等，2004；秦延文等，2005；刘宪斌等，2005；马媛等，2005）和辽东湾（马嘉蕊等，1995；王毅等，2001；赵军和穆云，2000 年；李建军等，2001）。由于不同季节及不同年代渤海沿岸的发展状况及污染程度不同，营养盐的含量也有所不同，但整体分布趋势基本一致，该部分将以"908"专项调查渤海海区的资料为例，介绍渤海的营养盐分布趋势。

2.2.1 无机氮（DIN）

从春季 DIN 的表、底层平面分布趋势（见图 2.3 和图 2.4），可看出整个渤海表层、底层分布趋势一致，均为近岸及河口地区含量较高、逐渐向渤海中部递减。其中莱州湾含量最高，是辽东湾、渤海湾以及中央海盆含量的几十倍，特别是黄河口附近海域等值线密集、梯度大，硝酸盐的含量可达中央海盆的 30 多倍，说明黄河对渤海输送营养盐方面起重要作用。表层、底层 DIN 分布及含量相差不大，可能是因为渤海近岸水深较浅，垂直混合较均匀。

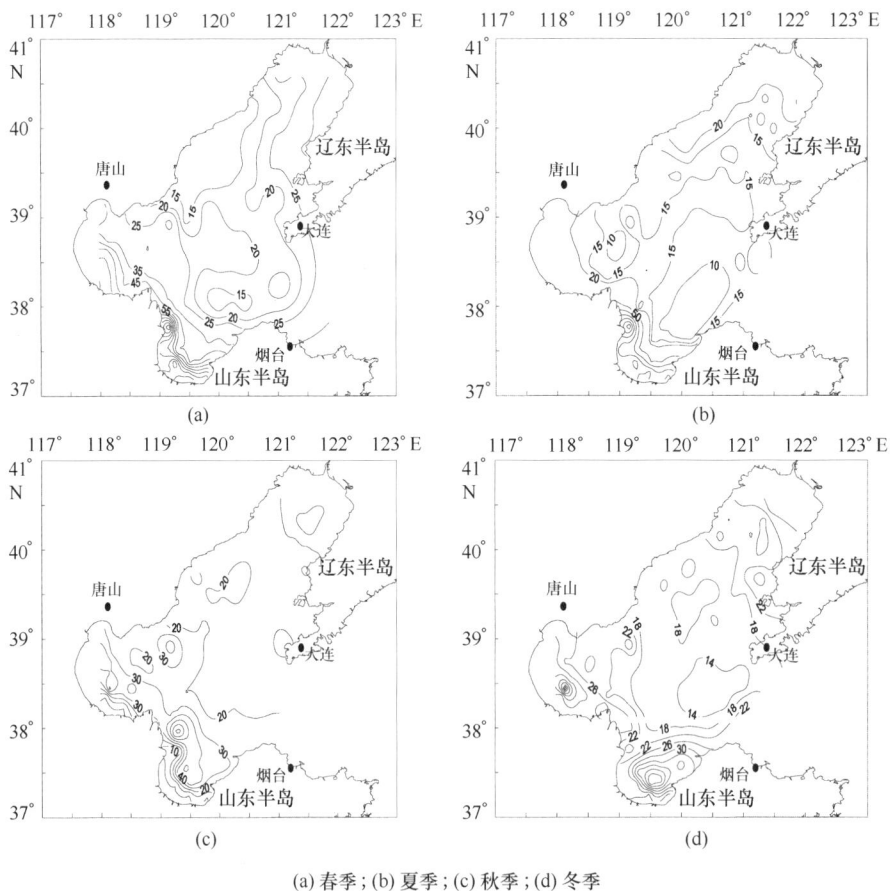

(a) 春季；(b) 夏季；(c) 秋季；(d) 冬季

图 2.3　渤海表层 DIN（μmol/L）的季节平面分布

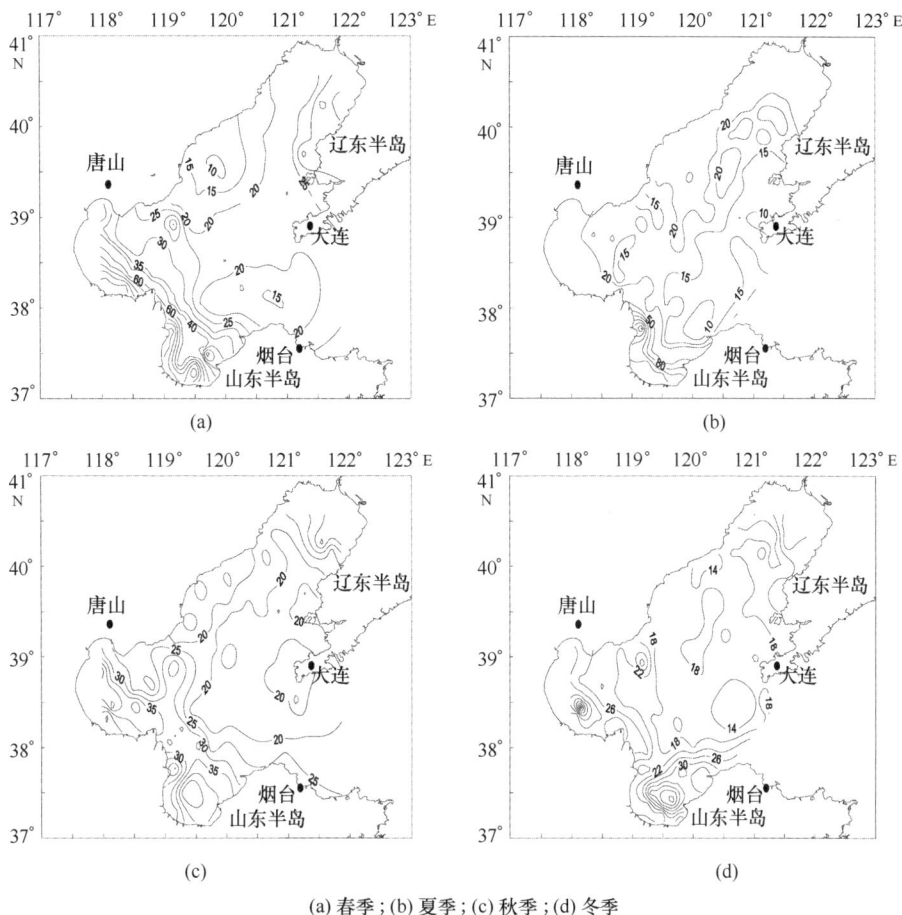

(a) 春季；(b) 夏季；(c) 秋季；(d) 冬季

图 2.4 渤海底层 DIN（μmol/L）的季节平面分布

　　夏季表层、底层 DIN 分布趋势也比较相似，均为近岸及河口地区含量较高、逐渐向渤海中部递减。与春季相同，莱州湾 DIN 含量最高，黄河口附近海域等值线密集、梯度大。底层中央盆地的 DIN 含量要高于表层，这是由于有机物分解产生的 DIN 所致。

　　秋、冬季表层、底层 DIN 分布趋势比较相似，也是近岸及河口地区含量较高，尤以莱州湾 DIN 含量最高，渤海中部区域含量较低。表层、底层 DIN 浓度水平与春季类似，相差不大。

2.2.2 无机磷（DIP）

　　从春季 PO_4–P 的表、底层平面分布趋势（见图 2.5 和图 2.6）可以看出，春季表层海水磷酸盐在辽东半岛西部海区略高，辽东湾、渤海湾以及中央海盆区域含量基本相同。整个海区 DIP 的分布相对均匀。底层海水 DIP 的分布呈河口区及近岸含量高的特点，底层海水 DIP 的含量高于表层。

　　夏季表层海水中 DIP 的含量较春季有所降低，分布趋势为从莱州湾和渤海湾向中央海区降低。莱州湾海域等值线密集、梯度较大，说明黄河水对莱州湾 DIP 的分布起了重要作用。底层 DIP 的分布与表层大体相同。

　　秋季表层、底层海水中 DIP 的含量和分布特征与夏季类似，以黄河口浓度最高。冬季海水中 DIP 的含量较秋季有了较大程度的增加，表层、底层分布类似，呈由莱州湾和渤海湾向中央海区降低的趋势。

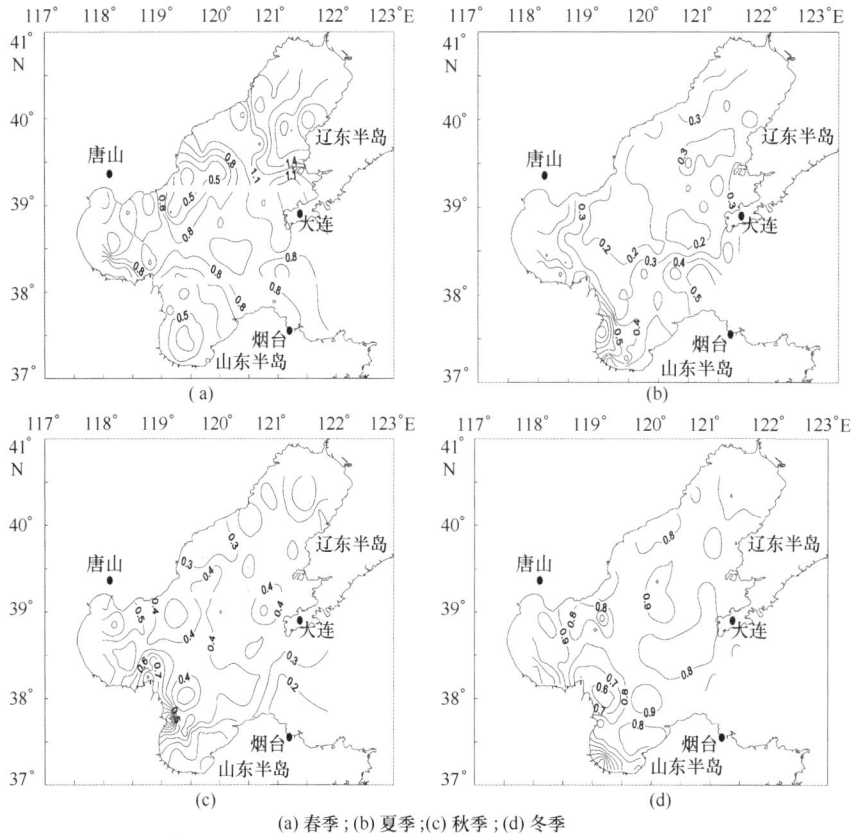

(a) 春季 ;(b) 夏季 ;(c) 秋季 ;(d) 冬季

图 2.5　渤海表层 DIP（μmol/L）的季节平面分布

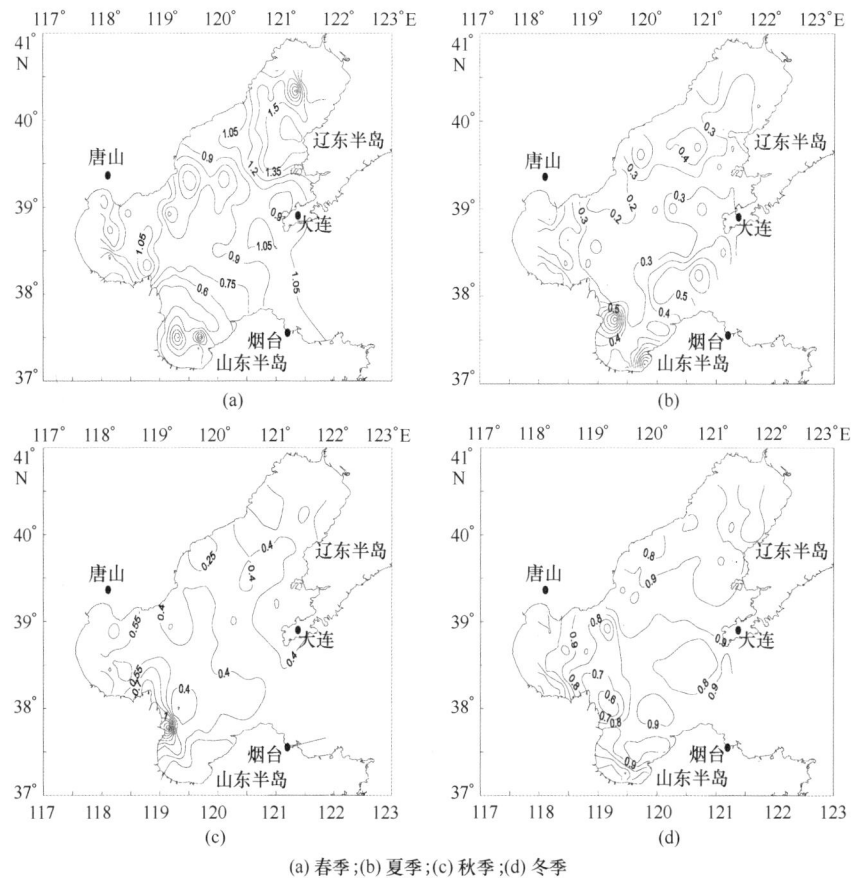

(a) 春季 ;(b) 夏季 ;(c) 秋季 ;(d) 冬季

图 2.6　渤海底层 DIP（μmol/L）的季节平面分布

2.2.3 活性硅酸盐（SiO₃–Si）

图2.7和图2.8为渤海活性硅酸盐的表、底层的平面分布。由图可以看出，与N、P分布趋势相似，渤海硅酸盐呈由莱州湾和渤海湾向中央海盆递减的分布趋势。其中，以莱州湾黄河口附近含量最高，等值线密集，浓度梯度大。

从四个季节硅酸盐的平面分布来看，硅酸盐的含量春季较低，这可能因为春季硅藻开始快速生长，吸收硅酸盐。夏季硅酸盐的含量有所升高，秋季硅酸盐的浓度再次下降，到冬季又再次升高。在黄河口附近形成较大的硅酸盐梯度，说明黄河的输入对渤海硅酸盐的分布有重要的影响。

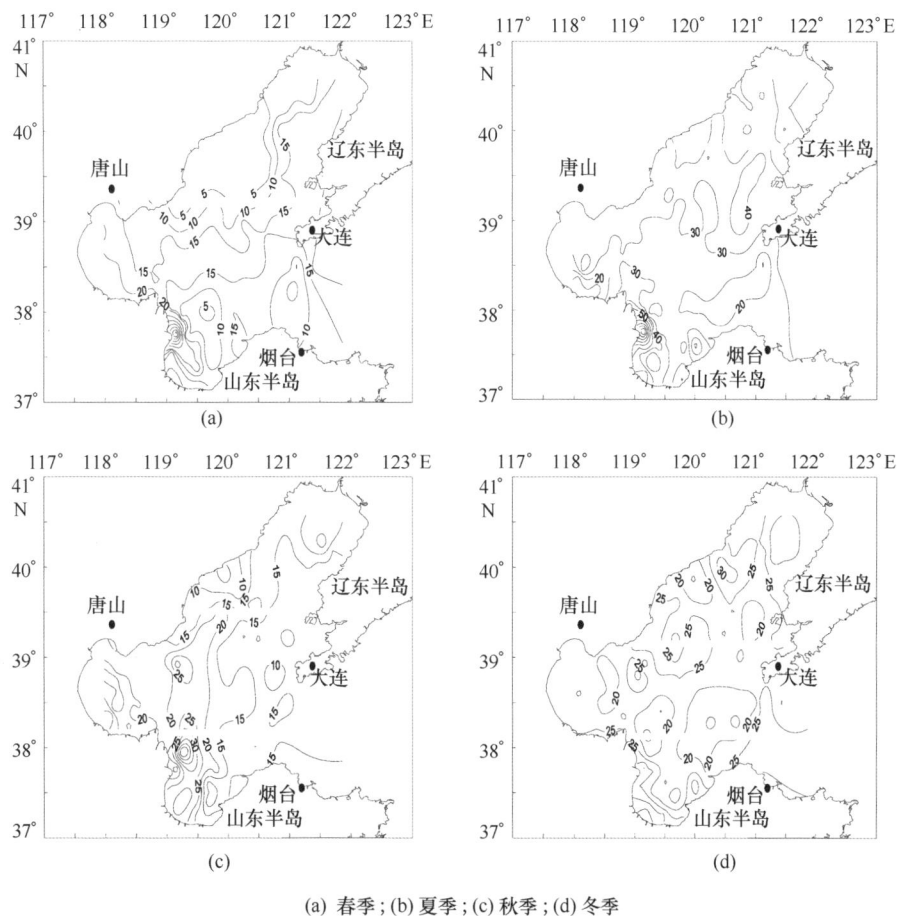

(a) 春季；(b) 夏季；(c) 秋季；(d) 冬季

图2.7　渤海表层活性硅酸盐（μmol/L）的季节平面分布

吕小乔等（1985）对渤海西南部及黄河口海域营养盐的调查表明，河口区营养盐含量可高达外海的数十倍。见表2.2所示。

表2.2　河口区及外海营养盐的平均含量　　　　　　单位：μmol/L

营养盐	河口区	外海	河口区/外海
NO₃–N	44.3	3.97	11.2
NO₂–N	0.31	0.1	3.1
PO₄–P	0.36	0	4.0
SiO₃–Si	60.4	9.6	6.3

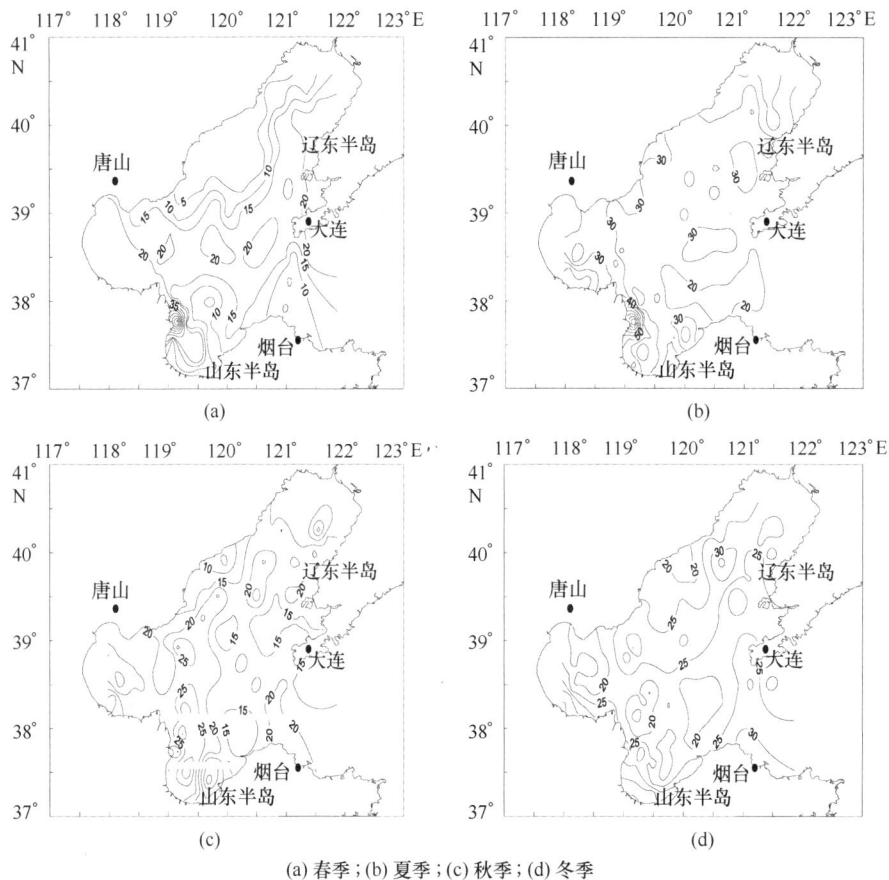

(a)春季；(b)夏季；(c)秋季；(d)冬季

图 2.8　渤海底层活性硅酸盐（μmol/L）的季节平面分布

由以上三种营养盐的分布及历史调查资料数据可以看出，虽然随着时间的推移，营养盐的含量发生了很大变化，但整个渤海营养盐的分布趋势并没有变化。河口区及近岸的营养盐含量高于外海，尤其是黄河对渤海营养盐的输入起重要作用。

2.3　营养盐的断面分布

根据图 1.3 的站位，结合"908"的调查数据，可得到渤海海域营养盐的典型断面分布。

2.3.1　无机氮（DIN）

图 2.9 为不同季节 DIN 的断面分布图，由图可知，DIN 含量均由两岸向中间递减，在中间站位存在低值，这说明调查断面处硝酸盐主要来源是陆地径流。冬、春季 DIN 垂直分布较夏、秋季均匀。夏季由于温跃层的存在，阻碍了上下水的混合，导致夏季 DIN 的垂直分布较冬季复杂。由于渤海水深比较浅，平均水深 18 m，硝酸盐含量并无明显垂直分布特征。夏季浮游植物生长旺盛，硝酸盐作为主要营养盐被大量消耗，故夏季 DIN 含量较其他季节低。

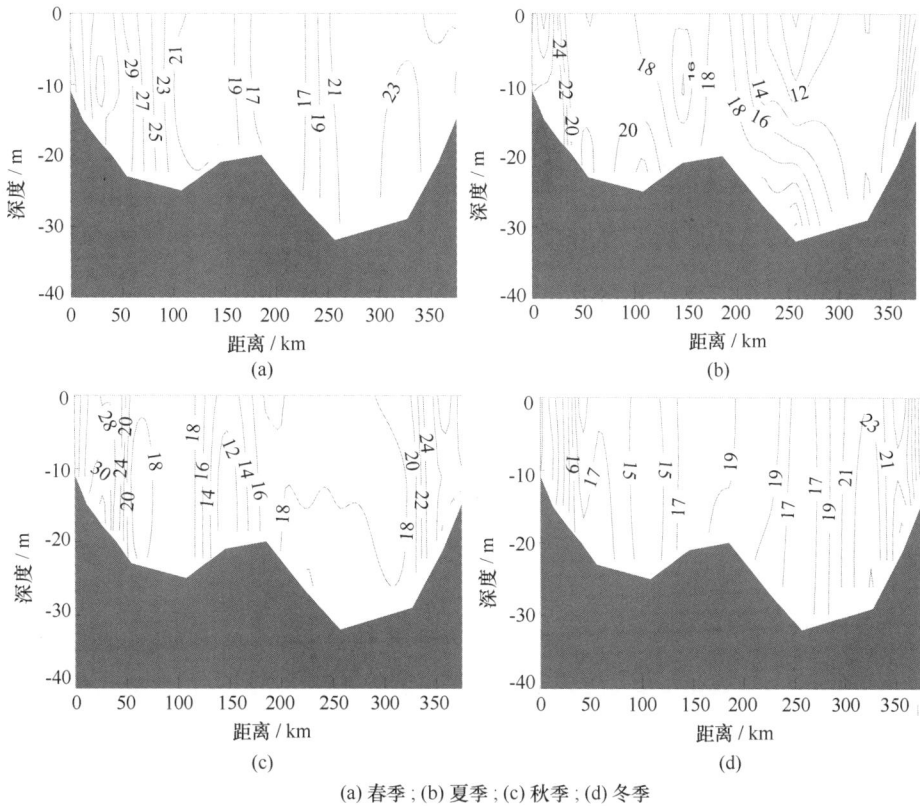

(a) 春季；(b) 夏季；(c) 秋季；(d) 冬季

图 2.9　2006—2007 年渤海 DIN（μmol/L）的季节断面分布

2.3.2　无机磷（DIP）

图 2.10 分别为春、夏、秋、冬季溶解磷酸盐的断面分布图。春季，断面的北部区域磷酸盐的浓度相对较高，其他季节不同站位的 DIP 浓度相差不大。DIP 含量没有明显的垂直变化，冬、春季含量较高，因为冬季消耗磷酸盐较少，且表层水因温度低而下沉，磷酸盐垂直混合均匀。夏季 DIP 含量在底层略有升高，这是因为表层生物活动吸收磷酸盐，使磷含量降低，而深层水中随着含磷颗粒被分解，磷酸盐被释放回海水中，导致 DIP 含量底层较表层高。

2.3.3　活性硅酸盐

图 2.11 是春、夏、秋、冬季活性硅酸盐的断面分布图。除夏季外，硅酸盐的垂直分布基本均匀。同平面分布一样，硅酸盐的断面分布，也表现出春、秋季较低，夏、冬季较高的特点，这可能与硅藻在春、秋季活动旺盛有关。

由于渤海比较浅，平均水深只有 18 m，故营养盐的垂直分布特征不明显。即使在夏季，各营养盐的表、底层含量也没有太大差别。在垂直混合更为剧烈的冬季，其垂直变化更加不明显。表 2.3 为 2006 年冬季（12 月）渤海表、底层营养盐的平均浓度，从表中可以看出，冬季表层、底层的营养盐含量基本相同。

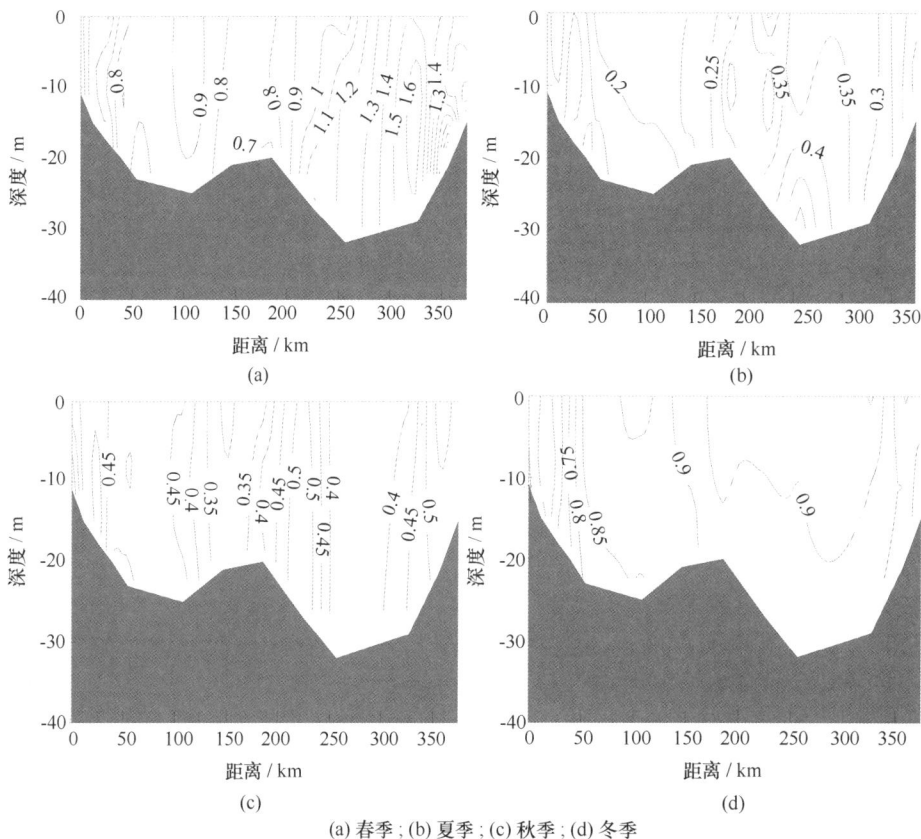

(a) 春季；(b) 夏季；(c) 秋季；(d) 冬季

图 2.10　2006—2007 年渤海 DIP（μmol/L）的季节断面分布

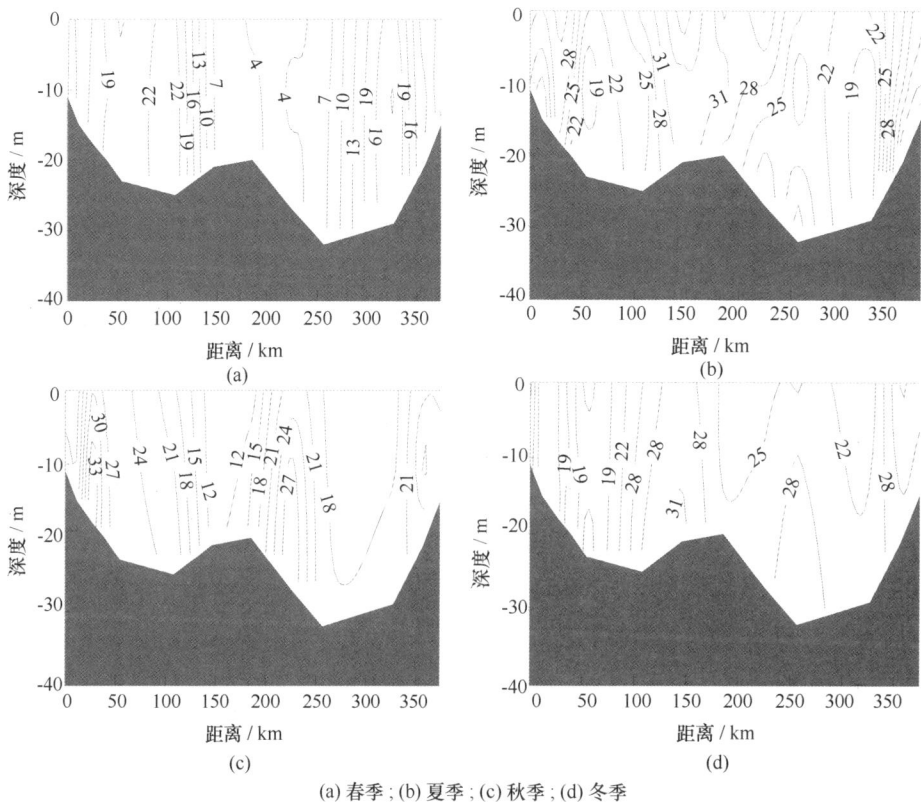

(a) 春季；(b) 夏季；(c) 秋季；(d) 冬季

图 2.11　2006—2007 年渤海硅酸盐（μmol/L）的季节垂直分布

表 2.3 2006 年冬季（12 月）渤海平均表层、底层营养盐含量 单位：μmol/L

层次	DIN	DIP	活性硅酸盐
表层	27.16	0.90	26.03
底层	27.39	0.89	25.89

2.4 营养盐的季节变化和长期变化

2.4.1 营养盐的季节变化

生物、化学和物理过程均影响着渤海营养盐的季节循环。综合各文献的营养盐相关资料（林庆礼等，1991；石强等，2001；赵骞等，2004），得出渤海营养盐的季节变化规律大致为：春季，浮游植物光合作用旺盛，消耗大量营养盐，含量最低；夏季，光照强度增大，稍抑制光合作用的进行，含量有所回升；秋季，含量继续下降；冬季，浮游植物大量减少，光合作用减弱，营养盐浓度为最高。具体到营养盐各成分及渤海的不同区域，其季节分布还会有所不同。

图 2.12 是渤海 $NO_3 - N$、DIP 和活性硅酸盐在 2006—2007 年间的季节变化。从图中可以看出，$NO_3 - N$ 的含量在冬季最高，可达 12.47 μmol/L；其次是春季，为 11.03 μmol/L；夏季最低，仅 1.09 μmol/L。这是因为冬季浮游植物光合作用弱，消耗的氮最少，故含量最高。夏季光合作用强，且由于跃层的影响，表层的营养盐得不到补充，所以含量最低。

磷酸盐的季节变化与硝酸盐相似，春、冬季含量最高，夏季最低。其影响因素与硝酸盐相同。

活性硅酸盐的季节变化规律与前两者不同，其平均浓度最高值出现在夏季，达 32.25 μmol/L，其次是冬季 24.00 μmol/L，最低为春季。总的来说，活性硅酸盐的变化幅度较硝酸盐和磷酸盐要小。

2.4.2 营养盐的长期变化

1）渤海海水中 DIN 年均浓度变化

自 20 世纪 60 年代初至 21 世纪初，渤海海水中 DIN 年均浓度呈先增加、后降低、再增加的 "N" 形变化趋势（图 2.13）。具体讲，渤海海水中 DIN 年均浓度从 20 世纪 60 年代初到 80 年代中期变化不大，在 3 μmol/L 左右波动，此后迅速增加，到 90 年代中期增至最大，可达 17 μmol/L 左右，超过国家一类海水水质标准（200 μg/L，国家环保总局和国家海洋局，1997），之后大幅降低，到 21 世纪初降至 5 μmol/L 左右，但最近几年又大幅增加，目前约为 25 μmol/L，高于国家二类海水水质标准。

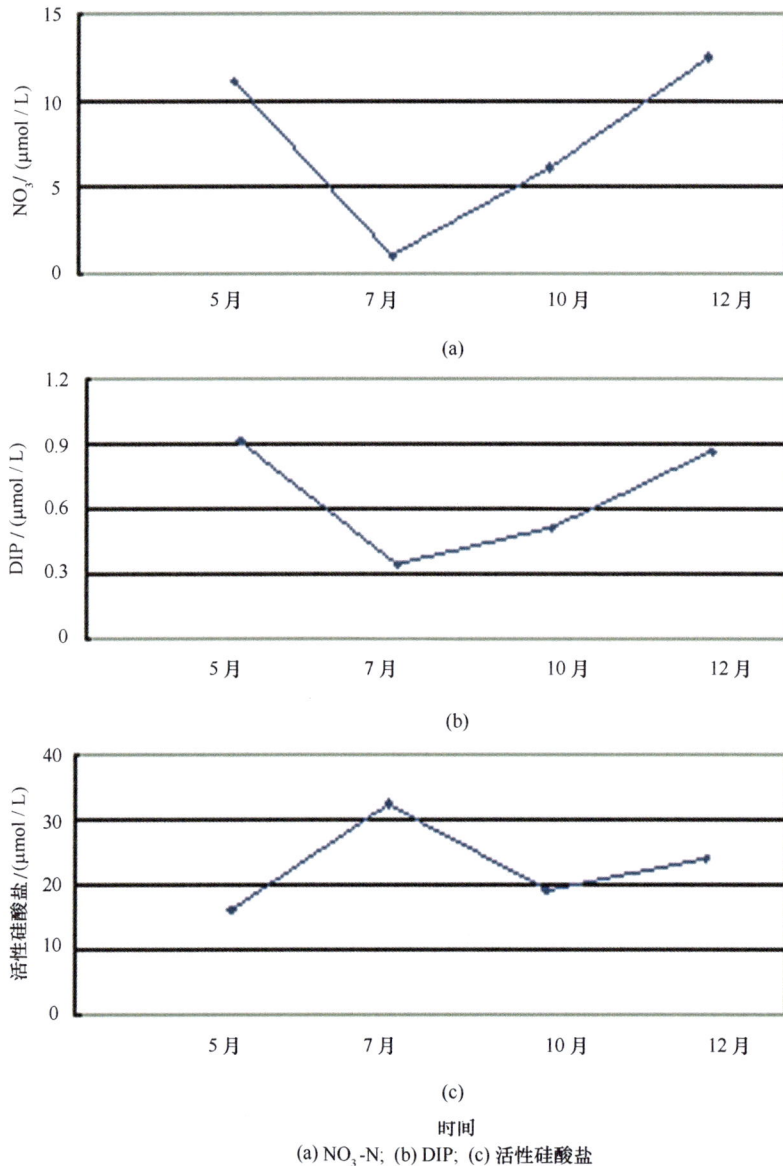

(a) NO$_3$-N; (b) DIP; (c) 活性硅酸盐

图 2.12 2006—2007 年渤海区的 NO$_3$ – N、DIP 及活性硅酸盐含量的季节变化

2）渤海海水中 PO$_4$ – P 年均浓度变化

自 20 世纪 60 年代初至 21 世纪初，渤海海水中 PO$_4$ – P 年均浓度整体上呈现出先缓慢降低、再逐渐增加、后大幅降低的变化趋势。近年来，PO$_4$ – P 年均浓度又有所升高，总体呈现出 "W" 形变化趋势（图 2.14）。具体讲，渤海海水中 PO$_4$ – P 年均浓度由 20 世纪 60 年代的 0.8 μmol/L 左右逐渐降低到 80 年代末的 0.3 μmol/L 左右，低于国家一类海水水质标准（0.5 μmol/L，国家环保总局和国家海洋局，1997），然后增加到 90 年代后期的 0.9 μmol/L 左右，接近国家二类，三类海水水质标准（1.0 μmol/L，国家环保总局和国家海洋局，1997）。之后又大幅降低至 0.15 μmol/L 左右，低于国家一类海水水质标准。目前海水中 PO$_4$ – P 年均浓度又回升到 0.6 μmol/L 左右。

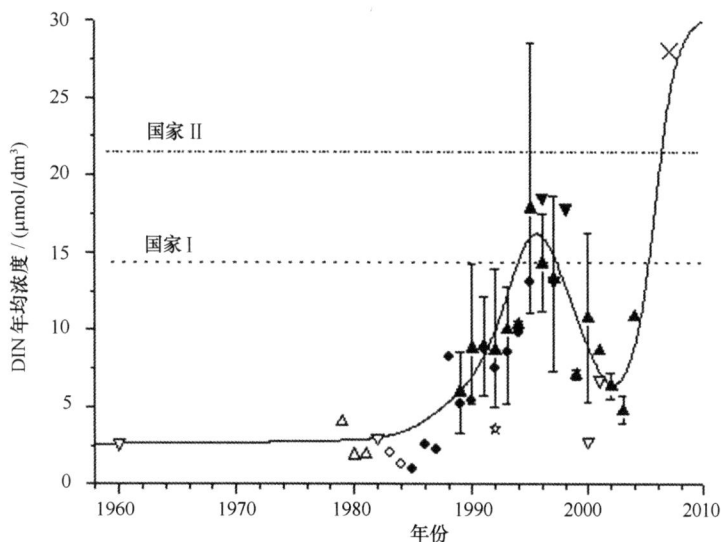

资料来源：国家海洋局，1976（◇）；雷宗友，1988（8）；国家海洋局北海分局，1990—2005（▲）；林庆礼等，1991（!）；国家海洋局，1990—2005（▼）；崔毅和宋云利，1996（ψ）；袁有宪，1996（,）；魏皓等，2003（○）；马德毅，2004（◆）；赵骞等，2004（▽）；中国水产科学研究院黄海水产研究所，2004（∀）；"908"专项，2007（×）

图 2.13　自 20 世纪 60 年代初至 21 世纪初，渤海海水中 DIN 年均浓度变化趋势

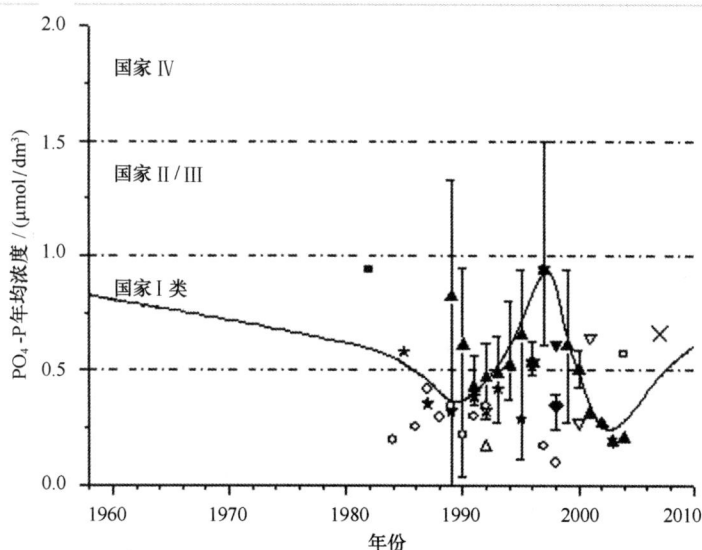

资料来源：国家科委海综办，1964（●）；国家海洋局北海分局，1990—2005（▲）；国家海洋局，1990—2005（▼）；林庆礼等，1991（!）；崔毅等，1994（8）；崔毅和宋云利，1996（ψ）；袁有宪，1996（ξ）；魏皓等，2003（○）；马德毅，2004（◆）；赵骞等，2004（▽）；中国水产科学研究院黄海水产研究所，2004（∀）；"908"专项，2007（×）

图 2.14　自 20 世纪 60 年代初至 21 世纪初，渤海海水中 $PO_4 - P$ 年均浓度变化趋势

3）渤海海水中活性硅酸盐年均浓度变化

自20世纪60年代初至21世纪初，渤海海水中活性硅酸盐年均浓度整体上呈现出逐渐降低的趋势。近年来硅酸盐年均浓度又有所升高，总体呈现出"V"形变化趋势（图2.15）。具体地讲，渤海海水中硅酸盐年均浓度由20世纪60年代初的27 μmol/L左右渐降至80年代初的21 μmol/L左右，降低速率较缓慢，但从80年代初到90年代末降低速率较快，从21 μmol/L左右降低到7 μmol/L左右，渤海海水中硅酸盐年均浓度这种逐渐降低的变化趋势与渤海入海河流的径流量是基本一致的，但自21世纪初以来其含量又有上升的趋势。

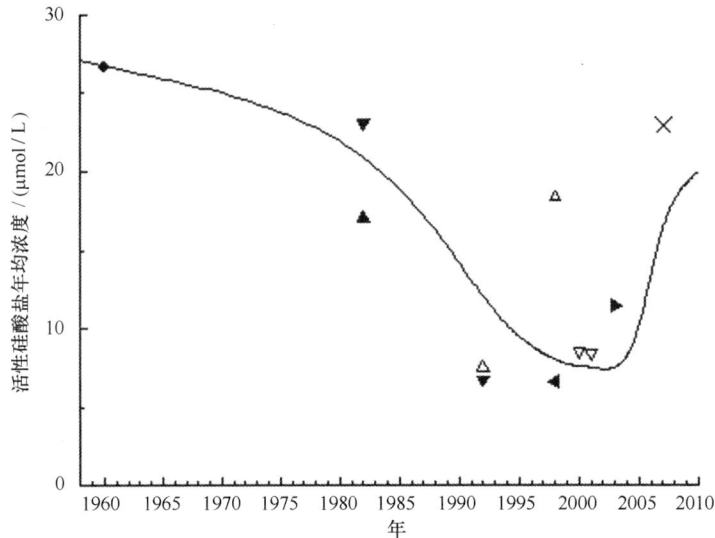

资料来源：国家科委海综办，1964（●）；林庆礼等，1991（▲）；唐启升，孟田湘，1997（▼）；赵骞等，2004（▽）；中国水产科学研究院黄海水产研究所，2004（◁）；蒋红等，2005（△）；国家海洋局北海分局，2004（▶）；于志刚等，2000；Zhang et al.，2004（◀）；"908"专项，2007（×）

图2.15 自20世纪60年代初至21世纪初，渤海海水中活性硅酸盐年均浓度变化趋势

总之，自20世纪70年代末至21世纪初，渤海海水中DIN和PO_4-P年均浓度分别呈现"N"形和"W"形变化趋势，硅酸盐呈现"V"形变化趋势。

2.5 营养盐结构特征

随着环渤海地区经济的发展，渤海的营养盐浓度不断发生变化（林庆礼等，1991；崔毅等，1996），30多年来渤海中部硝酸盐浓度呈现明显增加的趋势，而磷酸盐与硅酸盐则呈现降低趋势，氮、磷及硅的比值也发生明显变化，导致了营养盐结构的改变。海洋中的浮游植物是按一定比例从海水中吸收营养盐，这一恒定比例称为Redfield系数，正常情况下N：P比为16:1。海水中N、P营养盐摩尔比值偏离该系数过高或过低，均可导致浮游植物的生长受到相对低含量元素的限制，这种限制浮游植物生长的元素即为营养盐限制因子。营养盐结构改变，可能引起该海域的营养盐限制因子的变化，进而影响海域的生物群落组成，破坏生态系统的平衡。

2.5.1　N/P 比值

自 20 世纪 60 年代初至 21 世纪初,渤海海水中 DIN/PO_4-P 值的年平均值基本呈不断上升趋势(图 2.16)。具体来讲,自 20 世纪 60 年代至 80 年代中期,渤海海水中 DIN/PO_4-P 值在 3 左右波动,且远远低于 Redfield 比值,之后则几乎呈直线大幅上升,至 90 年代中期达到 Redfield 比值。这是由于从 80 年代开始,沿海经济迅猛发展,渤海沿岸大型工厂、养殖业开始兴起,以及大量含氮农药化肥随径流入海导致。90 年代中期至 21 世纪初,N/P 比值继续保持快速增长趋势,目前已高达 40 左右,远远高于 Redfield 比值。

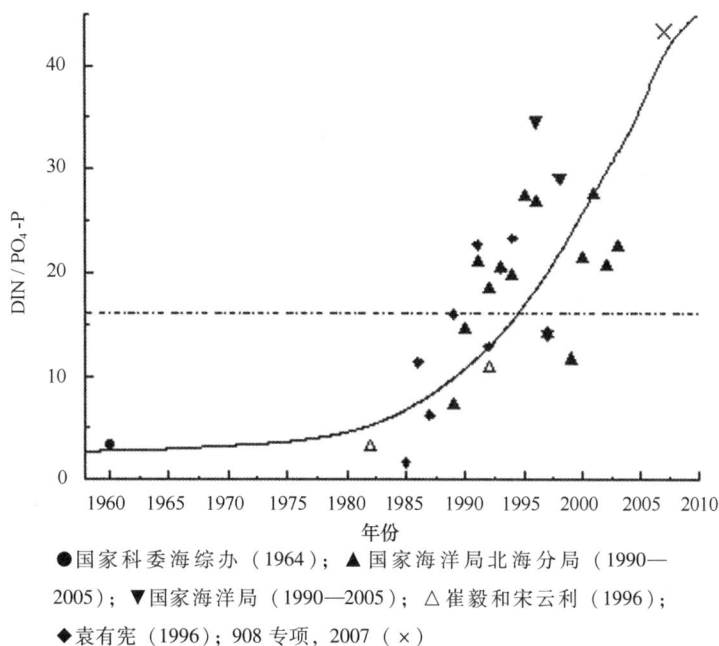

●国家科委海综办(1964);▲国家海洋局北海分局(1990—2005);▼国家海洋局(1990—2005);△崔毅和宋云利(1996);◆袁有宪(1996);908 专项,2007(×)

图 2.16　自 20 世纪 60 年代初至 21 世纪初,渤海海水中 $DIN/(PO_4-P)$ 比值变化趋势

N/P 比值的升高主要是因为近几十年来,渤海海水中 DIN 的含量大幅增长,年均浓度从 20 世纪 60 年代初到 80 年代中期的 3 $\mu mol/L$ 左右,迅速增加到 90 年代中期的 17 $\mu mol/L$ 左右,目前约为 25 $\mu mol/L$。而 PO_4-P 却呈现减少的趋势,由 20 世纪 60 年代的 0.8 $\mu mol/L$ 左右逐渐降低到 80 年代末的 0.3 $\mu mol/L$ 左右,然后增加到 90 年代后期的 0.9 $\mu mol/L$ 左右,目前约为 0.6 $\mu mol/L$。

2.5.2　Si/N 比值

自 20 世纪 60 年代初至 21 世纪初,渤海海水中 $(SiO_3-Si)/DIN$ 比值的年平均值基本呈现出逐渐降低的不规则"Z"形变化趋势(见图 2.17)。

由图 2.17 中可以看出,Si/N 比值由 20 世纪 60 年代初的 12 左右,逐渐降至 21 世纪初的 2 左右。几十年来,渤海硅酸盐呈缓慢降低趋势,自 21 世纪初以来基本维持在 7 $\mu mol/L$ 左右,在 "908" 专项调查中,硅酸盐的含量又有所升高,最高可达到 32 $\mu mol/L$,即便如此,Si/N 比值仍然有所下降,下降的主要原因是由于 DIN 的升高所致。

综合以上 N/P 比值和 Si/N 比值可以看出,20 世纪 60 年代至 80 年代中期,渤海 N/P 比值很低,远低于 Redfield 比值,故 DIN 可能是渤海浮游植物生长的限制因子,此时渤海海域应呈现 N 限制。20 世纪 80 年代中期到 90 年代中期,N/P 比值快速升高,主要由于 N 的升高

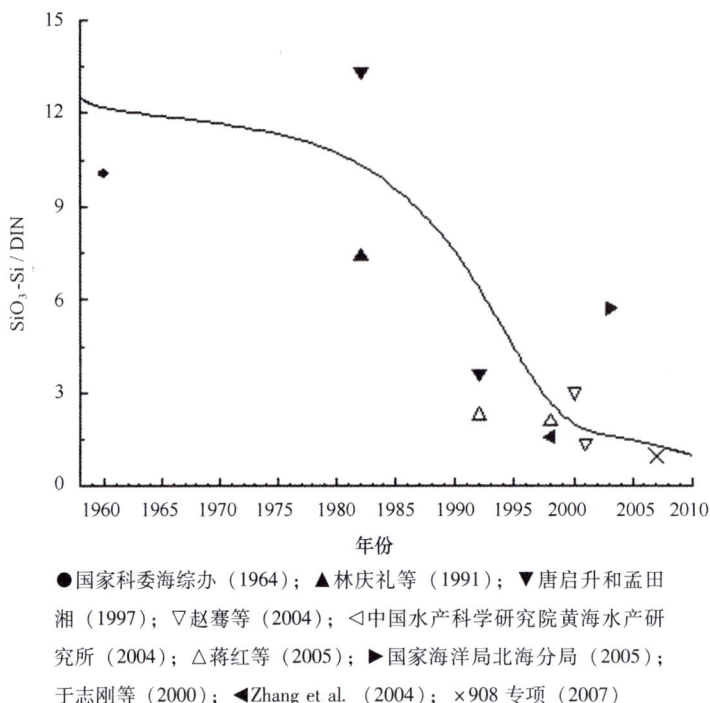

●国家科委海综办（1964）；▲林庆礼等（1991）；▼唐启升和孟田
湘（1997）；▽赵骞等（2004）；◁中国水产科学研究院黄海水产研
究所（2004）；△蒋红等（2005）；▶国家海洋局北海分局（2005）；
于志刚等（2000）；◀Zhang et al.（2004）；×908 专项（2007）

图 2.17　自 20 世纪 60 年代初至 21 世纪初，渤海（SiO_3 – Si）/DIN 比值变化趋势

及 P 的降低。对于无机氮浓度的上升，可能与沿岸地区大量使用化肥有关。据统计，仅黄河
沿岸随水土流失而带入海水中的氮肥 1 年可达 170×10^4 t 以上（崔毅等，1996）。由此可见，
渤海的营养盐结构跟陆地径流、近岸的工业发展程度有很大关系。20 世纪 80 年代至 90 年代
中期，虽然 N 的含量大幅增长，但 N/P 比值仍低于 Redfield 比值，故仍然为 N 限制。21 世纪
初期，N/P 比值已远远高于 Redfield 比值，目前磷已成为渤海浮游植物生长的限制因子。渤
海硅酸盐的含量一直维持在较充足的水平，目前不会出现硅限制的情况。

　　具体到各个海区，由于其近岸工业类型或养殖业发展状况不同，故也不尽相同。如邹立
和张经（2001）的研究指出，渤海南部的莱州湾浮游植物生长为显著的磷限制；渤海中部，
营养盐含量和结构较为适宜；渤海海峡表现为较低程度的氮相对不足，但是能够满足浮游植
物生长的需要。

第 3 章　渤海 CO_2 与碳化学[①]

渤海沿岸河流众多，其中，以高含沙量著称的黄河为主。由于黄河流经富含碳酸盐的黄土高原，黄河输入对渤海的 CO_2 及碳化学产生重要影响。本章主要依据于 2004 年 9 月，2005 年 7 月，2006 年 4 月和 8 月，2009 年 5 月和 9 月渤海及黄河口的调查数据，对渤海碳化学参数的平面分布、影响机制，黄河口淡咸水混合过程的碳化学行为进行描述。

3.1　海区无机碳（DIC）及二氧化碳分压（pCO_2）分布特征

受调查航次的限制，本节讨论了渤海夏季，黄河口邻近海域春季的无机碳（DIC）及二氧化碳分压（pCO_2）的分布特征。

3.1.1　海区 DIC 的分布特征

图 3.1 是夏季渤海表层与底层的 DIC 分布，从图 3.1（a）中可以看出表层水体中 DIC 含量在 2.02 ~ 2.64 mmol/L 之间，渤海中西部表层 DIC 含量处于较低水平，而在老黄河口附近、辽东湾的西部和莱州湾，DIC 出现明显的高值，并且呈现出近岸高，远岸低的趋势，从近岸向外逐渐递减。这一趋势在黄河口外更加清晰，并与黄河冲淡水的水舌走势一致。在莱州湾内，DIC 浓度均在 2.41 mmol/L 以上，高值区域出现在湾的西南部小清河河口附近。辽东湾西部的高值则出现在辽东湾西部，恰好位于小凌河与大凌河的河口附近。从 DIC 的表层分布中，可以清晰地看出河流输入对渤海的影响。

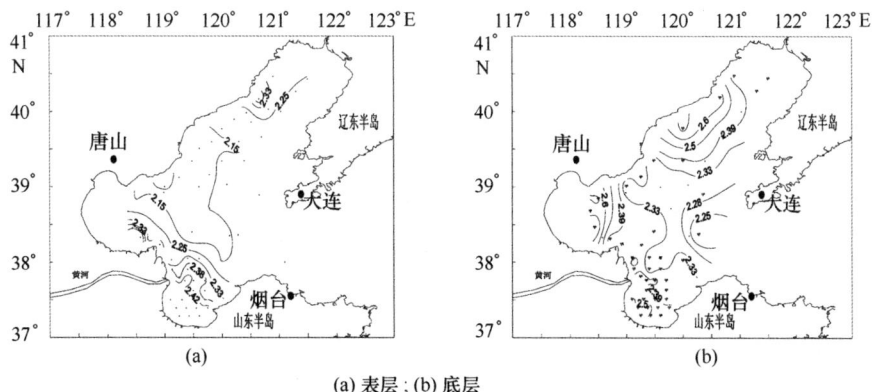

(a) 表层；(b) 底层

图 3.1　渤海夏季 DIC（mmol/L）的分布

夏季渤海底层 DIC 含量在 2.21 ~ 2.84 mmol/L 之间，整体上明显高于表层的 DIC 值 [图 3.1（b）]。底层 DIC 分布趋势与表层类似，亦呈现出由近岸向海递减的趋势，即使在河流影响较小的中西部沿岸这种趋势也明显地表现了出来。值得注意的是，底层 DIC 的最高值出现

[①]　本章撰稿人：张龙军，刘志媛，张云。

在渤海湾，这可能是由于渤海湾底层有机质分解造成的。在黄河口附近，仍有高值出现，但不明显，黄河冲淡水的水舌形状已不能像表层那样显现。在莱州湾的西南部，由于受小清河的影响，出现高值。

在渤海的绝大部分地区，都能够看出明显的表层低，底层高的现象，显然这与海洋中DIC浓度随深度的增加而增加的趋势是一致的。但在莱州湾，底层DIC含量在2.27～2.56 mmol/L之间，略低于表层的2.32～2.64 mmol/L。这与渤海其他区域的变化趋势截然不同。可能是由于调水调沙期间大量高碳酸盐含量的黄河冲淡水被输送入海，由于密度差异，在淡咸水混合过程中，淡水将浮于海水的表层进而与海水混合。

图3.2是夏季渤海表层海水颗粒无机碳（PIC）的分布图，表层PIC浓度在0.003～0.814 mg/L之间，分布极不均衡，除了莱州湾和老黄河口附近存在PIC的较高值外，渤海大部分海域PIC浓度极低，说明PIC的输入在渤海区仅限于有限范围。但在莱州湾，由于黄河高含沙量的输入，在莱州湾内形成了PIC的高值区，而黄河口西侧的次高值区则可能是黄河曾在此入海所致。在渤海北部有明显的由沿岸向中央递减的趋势，也从一定程度上体现了陆源输入的影响。

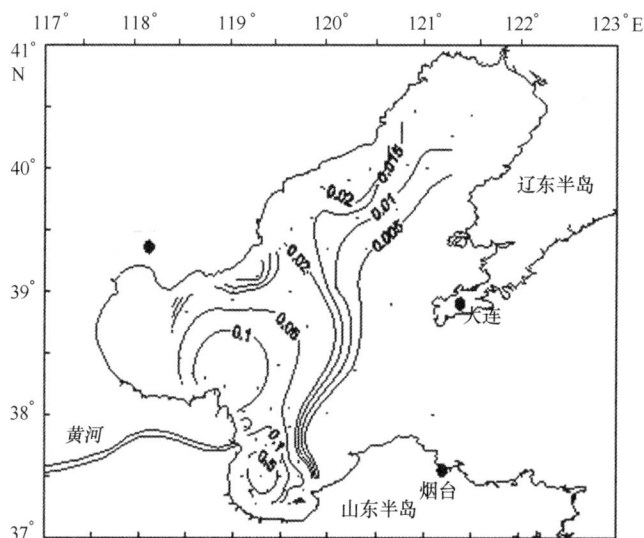

图3.2　渤海夏季表层PIC（mg/L）的分布

2009年春季黄河口附近海域表、底层海水中DIC浓度分布如图3.3（a）、（b）所示。表层DIC浓度在2.32～2.74 mmol/L之间，平均浓度29.47 mg/L；底层DIC在2.33～2.60 mmol/L之间，平均浓度为2.43 mmol/L。表层浓度略高于底层，黄河高碳酸盐的冲淡水（河道低盐区浓度为3.15 mmol/L）输入决定了表层、底层分布的差异，淡水在同咸水的混合过程中因密度差异而浮于表层，并在河口处存在明显高值，随着淡咸水的混合沿冲淡水扩展方向逐渐递减。南部浅滩海域DIC浓度也较高，这是高碳酸盐含量的黄河冲淡水多年在此堆积所造成的。另外，黄河三角洲滨海湿地的水交换对DIC在此海区的高浓度分布也应该有一定贡献。

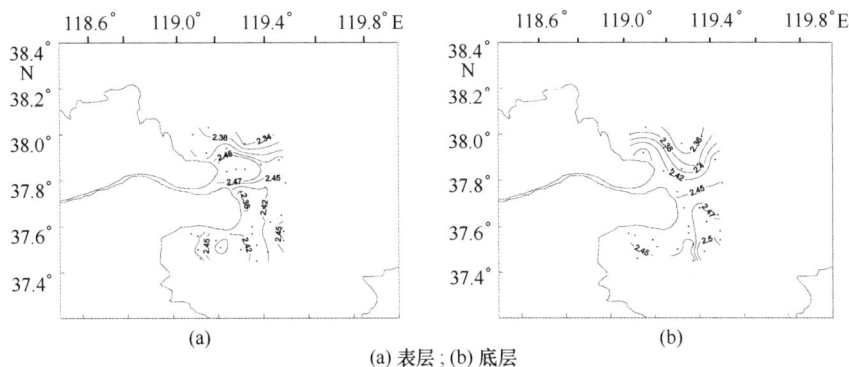

(a) 表层；(b) 底层

图 3.3　春季黄河口附近海域海水 DIC（mmol/L）分布

3.1.2　海区 pCO_2 的分布

夏季渤海海水表层 pCO_2 分布如图 3.4 所示，其中，渤海中央海区大面调查所得 pCO_2 测得值在 313 ~ 621 μatm[①] 之间，平均值为 435 μatm。渤海中西部（38.5° ~ 39.8°N，119° ~ 120.5°E）存在一个表层 pCO_2 小于大气 pCO_2（380 μatm）的汇区，最小值 313 μatm 出现在 Z21 站（39.34°N，120°E），另外，在辽东半岛西侧，辽东湾外（39.9° ~ 40.1°N，120.7° ~ 121.2°E）也有一块不大的汇区，渤海整个 CO_2 汇区的面积大约占渤海面积的 1/5。调查海区的其他区域则表现为大气 CO_2 的源，其中，渤海的三大海湾，渤海湾、辽东湾、莱州湾及其影响区域具有较高的 pCO_2。在黄河口以及莱州湾，由于受黄河冲淡水输入的影响，pCO_2 测得值明显高于渤海其他海域，介于 622 ~ 950 μatm 之间，且分布存在着较大的不均匀性，由黄河口附近区域向东逐渐降低，呈现梯度分布，在河口附近低盐区（$S < 24$）的 E2 站（37.75°N，119.35°E），观测到 1 118 μatm 的极端高值。

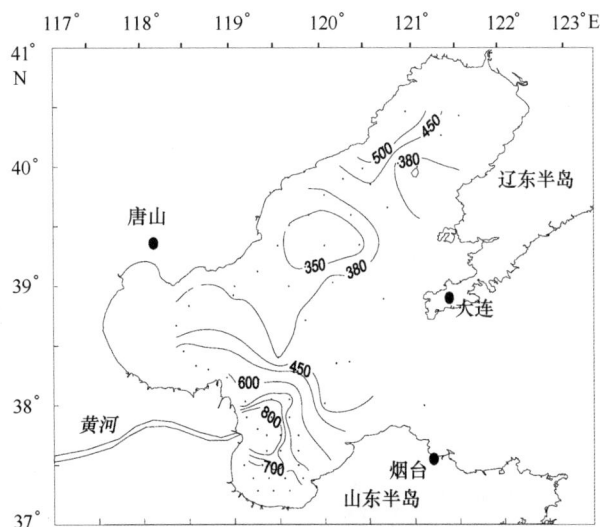

图 3.4　夏季渤海 pCO_2（μatm）的分布

由图 3.5 可见，2009 年春季黄河口附近海域表层水体 pCO_2 范围在 311.3 ~ 723.7 μatm 之间，平均值为 480.65 μatm。由河道向外海，随着黄河冲淡水（河道低盐区水体 pCO_2 为 700

[①]　1 atm = 1.01 × 10⁵ Pa。

μatm 左右）与海水的混合，河口处水体的 pCO_2 逐渐降低。河口以南海域 pCO_2 较高，尤其是南部浅滩处，平均值高达 590 μatm 左右。由于本次调查正值黄河枯水季节，淡水入海无明显向南偏转迹象，南部海域的高值并非黄河冲淡水直接输入所导致。可能是多年丰水期淡水输入携带的大量有机物在此沉积、降解，使 pCO_2 维持在较高水平。就整个调查海域来看，仅有不到 1/3 的海域 pCO_2 小于大气平均值，是 CO_2 的汇区。

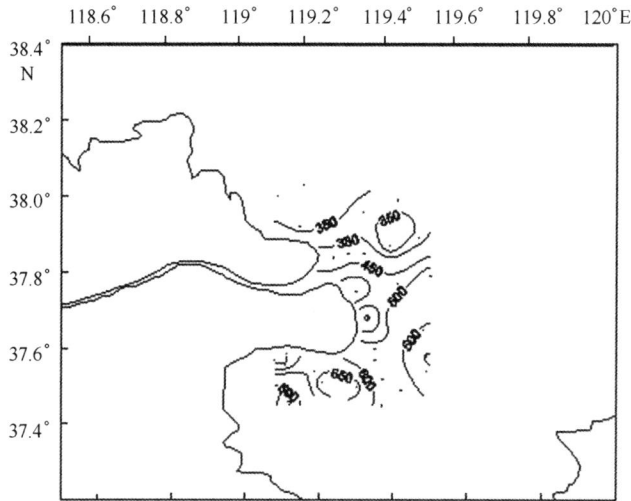

图 3.5　春季黄河口附近海域表层 pCO_2（μatm）分布

3.2　海区 pCO_2 分布控制因素分析

3.2.1　pCO_2 分布与水团

盐度大于 31 的渤海中央水域（除去 3 个海湾及黄河口受陆源影响严重的个别站点），pCO_2 与盐度呈良好的正相关（图 3.6），$y = 501.89x - 15\ 302$，$R^2 = 0.705\ 1$，$N = 28$。形成 pCO_2 与盐度较好的正相关性的原因可能是渤海中西部低盐区强烈的生物活动所形成的 pCO_2 低值，以及老黄河口附近高盐区的高 pCO_2。

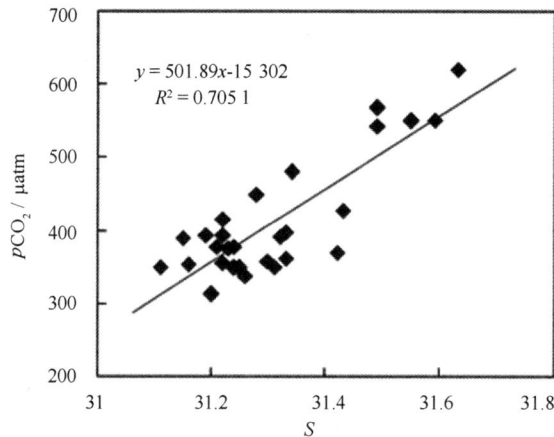

图 3.6　渤海盐度大于 31 的区域 pCO_2 与盐度的关系

渤海温度受陆岸影响变化大，在汇区，pCO_2 和温度成较好的正相关（见图3.7），$y = 10.271x + 112.72$，$R^2 = 0.594\ 2$，$N = 13$（除去 pCO_2 的最低值点）；在源区，pCO_2 和温度亦成较好的正相关（图3.8），$y = 47.12x - 670.19$，$R^2 = 0.520\ 2$，$N = 17$（除去离岸较近，温度较高的 Z12 点）。可以看出，pCO_2 与温度的关系，源区的回归方程斜率要大于汇区，说明在源区，温度对 pCO_2 的影响要明显大于汇区。

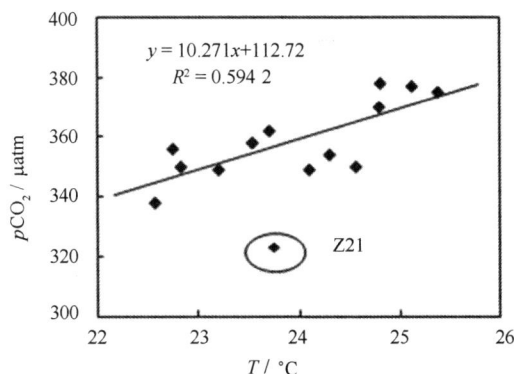

图 3.7 渤海盐度大于 31 区域汇区 pCO_2 与温度的关系

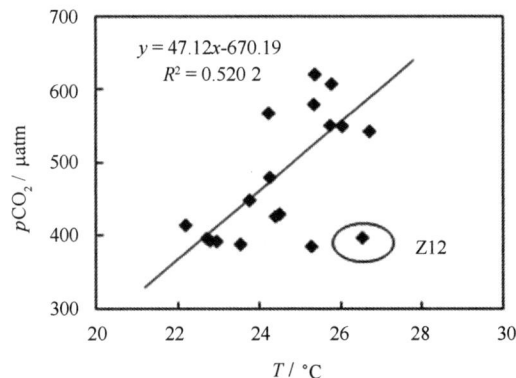

图 3.8 渤海盐度大于 31 区域源区 pCO_2 与温度的关系

而在以黄河冲淡水输入影响为主的盐度小于 31 的区域（以莱州湾为主），pCO_2 与温、盐均呈较好的负相关性。pCO_2 与 S 的关系（图3.9）为 $y = -72.076\ x + 2\ 686.2$，相关系数为 $R^2 = 0.669\ 4$，$N = 24$（除去黄河口以北含沙量极高的 2 个站位）；pCO_2 与温度的关系（见图3.10）为 $y = -53.508\ x + 2\ 096.7$；相关系数为 $R^2 = 0.644\ 6$，$N = 23$。但值得注意的是盐度小于 31 的区域，pCO_2 与温度、盐度是呈现出负相关的关系。这与渤海中央水域的情况完全不同，应该是高 DIC、高 pCO_2 的黄河河流输入造成的。黄河冲淡水入海后在渤海环流作用下，主要向东偏南进入莱州湾与海水混合，因此黄河口和整个莱州湾的表层水体 pCO_2 与温度、盐度的关系体现出了黄河冲淡水及其与海水混合过程的特点，随着淡咸水的混合，盐度升高 pCO_2 降低。

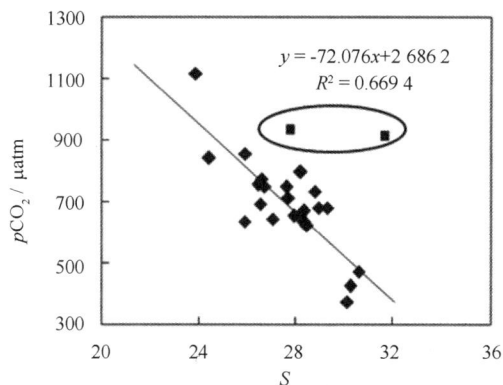

图 3.9　渤海盐度小于 31 区域 $p\mathrm{CO_2}$ 与盐度关系

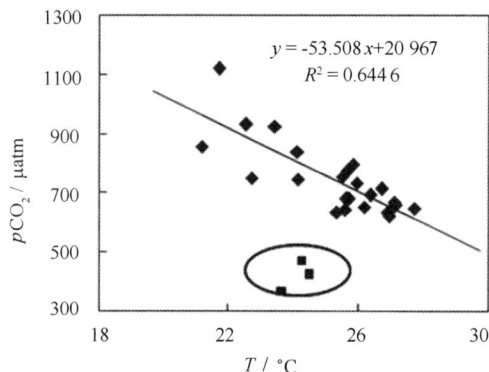

图 3.10　渤海盐度小于 31 区域 $p\mathrm{CO_2}$ 与温度关系

3.2.2　$p\mathrm{CO_2}$ 分布与叶绿素

渤海盐度大于 31 的区域，叶绿素 a（Chl a）（除去极高值）与 $p\mathrm{CO_2}$ 呈明显的负相关关系（图 3.11），$y = -182.95\,x + 800.88$，$R^2 = 0.738$，$N = 31$，其中，在 $\mathrm{CO_2}$ 汇区，叶绿素 a 普遍偏高，高值达到了 2.4 μg/L。历年来的中国海洋环境质量公报显示，汇区所在区域水质清洁，符合国家海水水质标准中一类海水水质，且在本次调查中，$\mathrm{CO_2}$ 汇区的透明度普遍高于渤海的平均透明度 4 m，明显高于其他区域。在这种情况下，浮游植物的光合作用能够较好地显现出来，吸收二氧化碳，使表层海水成为 $p\mathrm{CO_2}$ 的一个"汇"。而在"源"区，叶绿素含量普遍偏低，特别是老黄河口附近，其叶绿素值仅为 1 μg/L 左右。

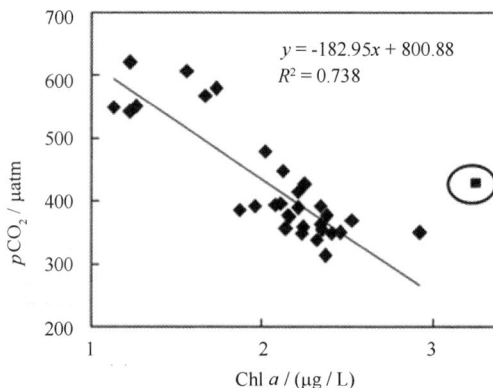

图 3.11　渤海盐度大于 31 的区域 $p\mathrm{CO_2}$ 与叶绿素 a 的关系

综上分析，夏季渤海水－气界面 pCO_2 在 313～1 118 μatm 之间，平均值为 537 μatm，在渤海中西部沿岸区域和辽东湾外东部沿岸存在大气 CO_2 的汇区，其面积大约占渤海面积的 1/5，其他区域是大气 CO_2 的源区，但整体而言，渤海是大气 CO_2 的源。部分海域水质较好，透明度高，浮游植物的生物活动可能是形成渤海中西部沿岸等区域 CO_2 汇区的主要原因。而黄河等河流高碳酸盐、高 pCO_2 的输入是支持黄河口、莱州湾为代表的高 pCO_2 源区的主要原因。在渤海中部盐度大于 31 的区域，温度对 pCO_2 源区的影响要大于汇区。

3.3　黄河口淡咸水混合过程无机碳的行为

河口具有天然过滤器效应，剧烈的河口过程对陆地向海洋的物质输送产生明显的影响。河口淡咸水混合过程中无机碳的形态和量会发生急剧变化，厘清河口无机碳的行为变化有助于提高我们对近海碳格局的认识。

3.3.1　河口过程 pCO_2 的变化

图 3.12 为 2009 年春、秋季黄河口淡咸水混合过程中温度、盐度、溶解氧、pCO_2 随航迹变化图，其他参数采样站位以"●"表示。从黄河口浮桥开始较长一段距离内，水体盐度一直保持在 0.5 左右，温度、溶解氧、pCO_2 也未见明显变化，因此该部分数据未绘入图中。

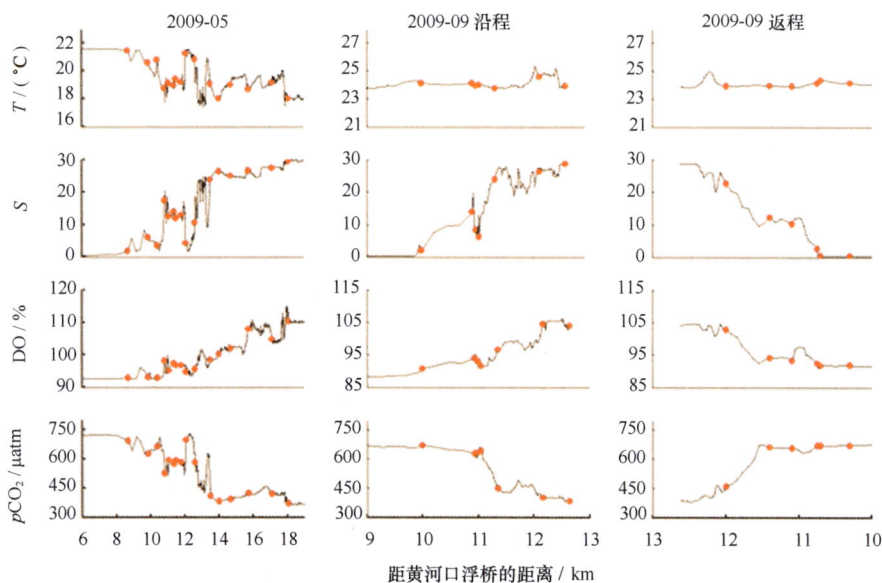

图 3.12　黄河口温度（T），盐度（S），溶解氧（%），pCO_2 沿程分布

由图 3.12 可见，2009 年春秋季黄河口盐度、溶解氧、pCO_2 随航迹总体变化趋势一致：淡水端主要表现为黄河水体低盐、低溶解氧、高 pCO_2 的性质；随着淡咸水交汇，水体性质发生较大变化，盐度、溶解氧、pCO_2 均在较短距离内出现剧烈波动，随着水体盐度逐步增大，pCO_2 不断降低，溶解氧则与盐度呈良好的正相关性，在盐度 20 左右达到饱和；至海水端，黄河冲淡水作用减弱，淡咸水混合基本完成，盐度稳定在 25 以上，溶解氧维持在过饱和状态，pCO_2 则下降到 400 μatm 以下，高盐、高溶解氧、低 pCO_2 的海水性质显现出来。

然而，由于季节、调水调沙等因素的影响，两航次存在一定的差异，主要表现在以下几个方面：春季温度变化较大，且与盐度呈良好负相关，而秋季水温明显高于春季，与盐度无明显关系，整个走航过程温度变化很小，仅在距浮桥 12～12.5 km 处升高 1℃ 左右，原因可能是该区域处于拦门沙附近，水深较浅。春、秋季黄河口淡咸水混合区域不同，春季发生在距离浮桥约 8.5~14 km 处，混合区域较长且混合过程较秋季更为剧烈。秋季淡咸水混合区域发生在距浮桥较远的口门附近，且在较短的距离内即完成混合，这可能是由于 6 月下旬到 7 月初的调水调沙，使大量泥沙在短期内快速入海，在口门处沉积形成拦门沙群，阻挡了淡咸水的交汇（王厚杰等，2005），河道内流速变缓，淡水较多，进而在口门附近又发生短距离内即完成混合的现象。

3.3.2 河口过程中 DIC 的亏损

如图 3.13 所示，2009 年春季黄河口 DIC 在 2.33~3.31 mmol/L 之间，$S<15$ 的区域出现明显亏损；秋季 DIC 在 2.15~2.93 mmol/L 之间，亏损发生在 $S<10$ 的区域；2006 年春季 DIC 在 2.57~3.64 mmol/L 之间，亏损现象可以维持到 S 约 18 左右；2004 年秋季 DIC 在 2.26~2.75 mmol/L 之间，亏损出现在 $0<S<5$ 的区域。黄河口 DIC 总体表现为淡水端高于海水端的趋势，这是由于黄河流域内强烈的风化作用导致的。各航次均在低盐区发生亏损，即存在河口 DIC 的清除机制，这也是当前人们认识到的河口"过滤器"效应，淡水输入的 DIC 未能有效地输送到海洋。

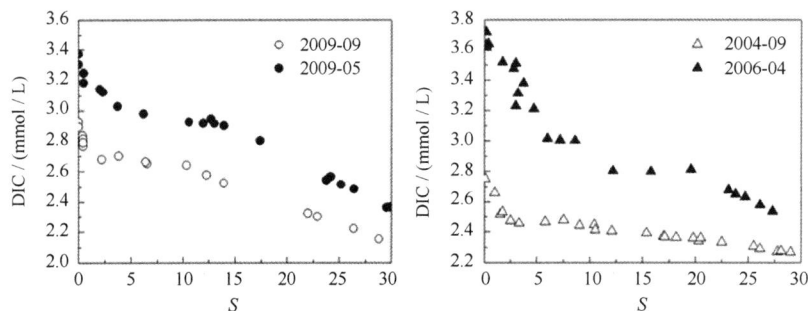

图 3.13 河口过程 DIC 与盐度

Cai 等（2004）在研究珠江口及其毗邻海域无机碳及营养盐的生物地球化学循环时总结了造成 DIC 与盐度不保守的原因主要有：① 支流及外源输入，该方法引起 △DIC 和 △TA 呈 1:1的比率变化；② 好氧呼吸和光合作用能改变 DIC 的量，但对 TA 的影响很小，可通过 △DIC 和 △TA 的比率来判断是否由这两种作用引起 DIC 的改变；③ 碳酸钙的溶解和沉降可导致 DIC 的不保守，该原因引起的 △DIC 和 △TA 的比率为 1: 2；④ 沉积物及悬浮物中颗粒态的磷在淡咸水混合过程中向水体释放磷酸盐，磷酸盐为生物所利用并消耗水体中的硝酸盐、硅酸盐及 DIC，造成 DIC 的不保守行为。由于黄河下游是地上悬河，河口无外源 DIC 输入；黄河水体的磷酸盐含量普遍较低（4 个航次数值在 0~1.2 μmol/L 之间）；另外，黄河口 DIC 的不保守表现为低盐区亏损，未出现盈余。因此主要应从单细胞浮游生物活动对 DIC 的消耗，以及碳酸钙的沉降两方面讨论黄河口 DIC 的不保守原因。

由图 3.14 可见，这四个航次在 DIC 发生亏损的区域，TA 也同样发生了亏损。单一的光合作用对 DIC 的消耗，是不会引起 TA 变化的；而黄河口 NH_4-N 含量低至不足以引起 TA 发生明显变化（2009 年春季 0.04~2.31 μmol/L，2009 年秋季 1.48~5.52 μmol/L）；黄河口不缺氧，有机弱酸对 TA 的影响也很小。因此，TA 的亏损可能是由于碳酸钙的沉降引起的。

根据 DIC 与 S 的保守直线向低盐度区延伸至 $S=0$ 处，此时趋势线上的浓度可被认为是 DIC 的理论值，理论值与实测值之间的差值为 △DIC。同理可得 △TA。由图 3.15 可见，各航次黄河口低盐度区 △DIC/ △TA 均 >1，即 DIC 的亏损量远远大于 TA 的亏损，说明单细胞浮游生物活动对 CO_2 的消耗是导致 DIC 亏损的主要原因，但同时伴随有碳酸钙的沉降(TA 亏损)对 DIC 的清除作用。

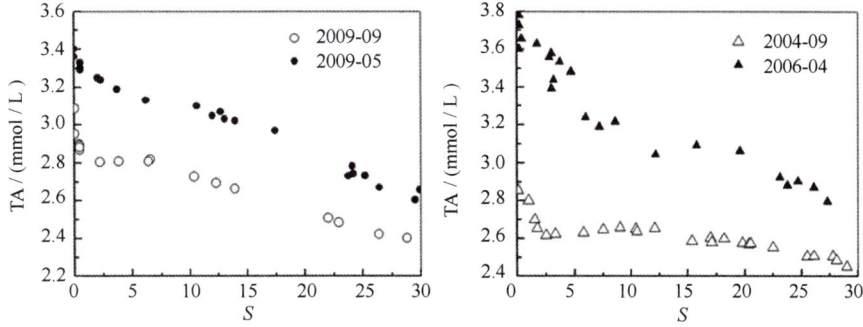

图 3.14　河口过程 TA 与盐度

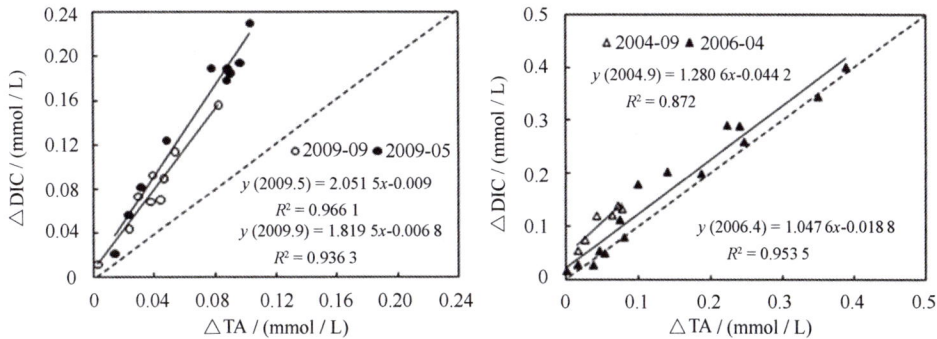

图 3.15　△DIC 与△TA 相关性

我们在黄河口采用黑白瓶法分别对黄河口四种盐度水体进行培养，测定不同混合条件下的初级生产力和水体总耗氧速率，同时对白瓶中的 DIC 量进行了测定，以确定光合作用及有机物的降解对 DIC 的可能影响。

培养实验白瓶中溶解氧变化如图 3.16 所示，各培养瓶中溶解氧随培养时间增加呈逐渐上升趋势。

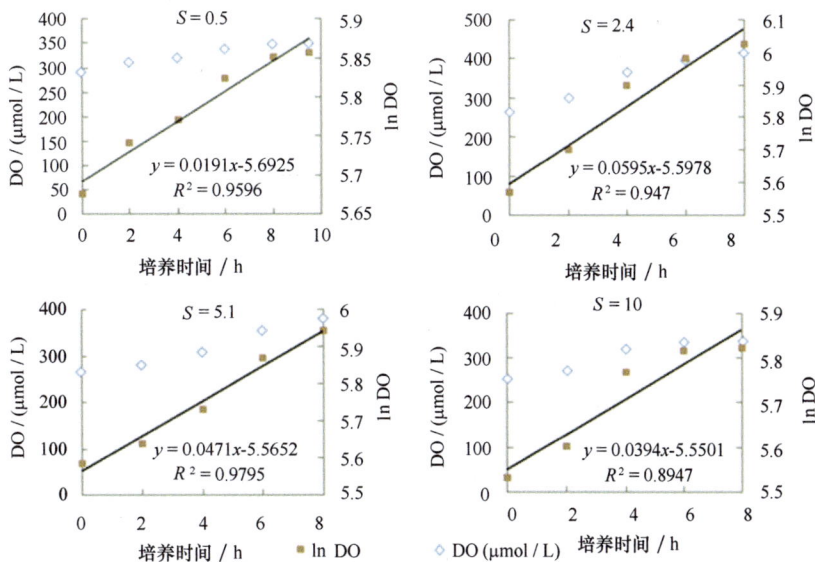

图 3.16　黄河口培养实验白瓶中溶解氧的变化

生物利用易降解有机碳进行的耗氧呼吸是水体中消耗溶解氧，产生 CO_2 的重要机制，随培养时间增长，黑瓶中溶解氧逐渐减少，结果如图 3.17 所示。

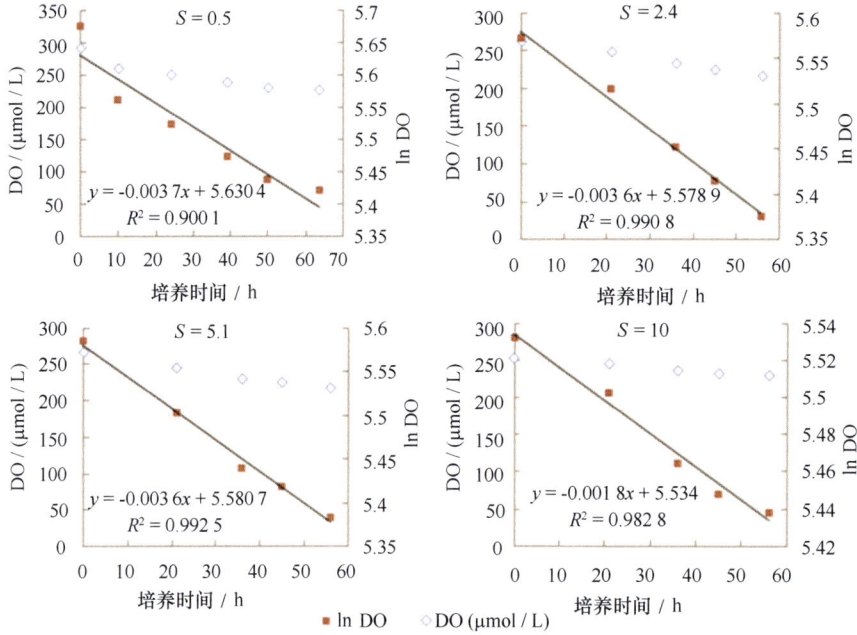

图 3.17　黄河口培养实验黑瓶中溶解氧的变化

培养实验白瓶中 DIC 的实测值如图 3.17 所示。

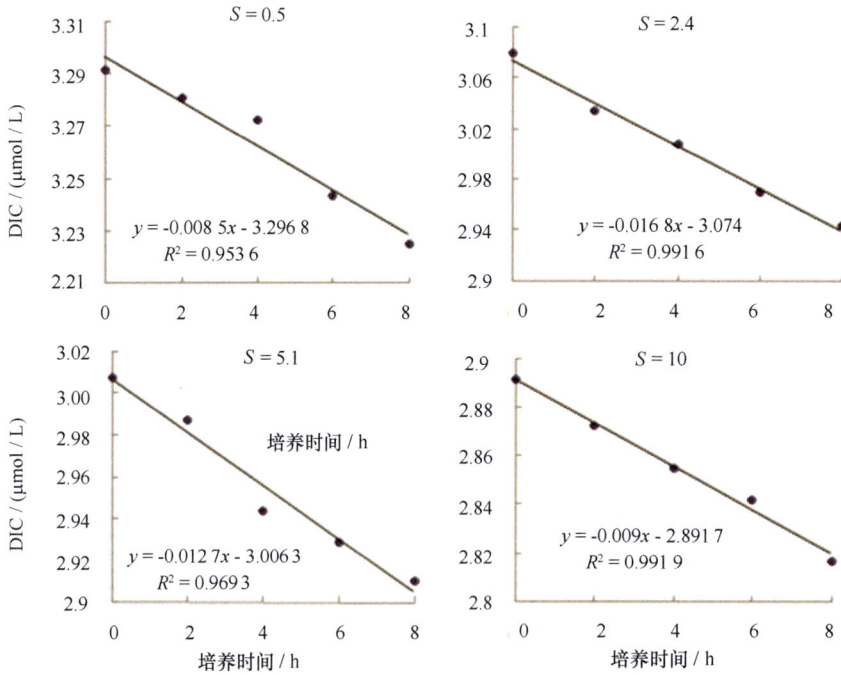

图 3.18　黄河口培养实验白瓶中 DIC 的变化

黄河口的上述培养实验结果显示，生物活动导致 DIC 的净消耗，是 DIC 在低盐区发生亏损的重要原因。当然，淡咸水混合离子强度增大、Ca^{2+} 迅速增加，加之河口较强光合作用，

使得 CO_2 含量下降，pH 值升高，导致水体中的碳酸钙达到过饱和状态从而发生碳酸钙的沉降也是不能排除的（桂祖胜等，2008）。

3.4　渤海海 – 气 CO_2 交换通量

本节使用 Wanninkhof（1992）的计算模式，风速采用调查季节的平均风速 6 m/s，采用网格统计法和实测统计法（胡敦欣等，2001）分别估算了调查海域海 – 气界面碳通量。计算方法如下。

网格统计法：在调查海域实测范围内按 $0.4° \times 0.4°$ 的网格插入各站位的 $\triangle pCO_2$ 和平均风速，分别计算每一网格上的海 – 气界面二氧化碳净通量，再求所有的网格碳通量的平均值，以此值乘以调查海区的面积 $7.7 \times 10^4 \ km^2$，则可得到调查海域的碳总净通量。

实测统计法：在调查海域的实测范围内，将所有站位的数据进行平均，再乘以调查海区的面积，则得到调查海域的碳总净通量。

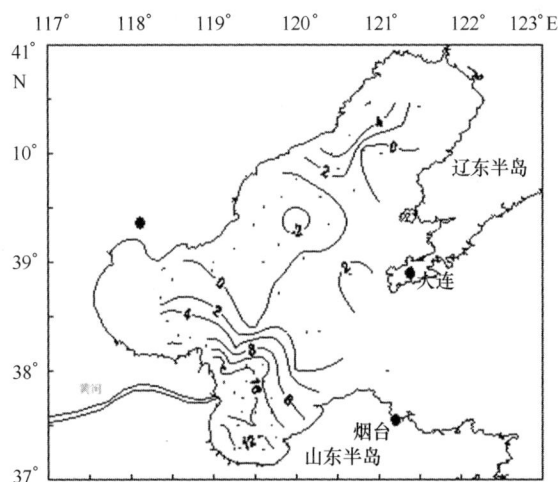

图 3.19　实测法估算渤海夏季通量（g/m^2，以 C 计）的分布

表 3.1　2006 年夏季渤海海 – 气界面碳通量

	传输速率（认 C 计）/ $[\mu mol/(m^2 \cdot s)]$	面积 / $(\times 10^4 \ km^2)$	夏季通量（以 C 计）/ $(\times 10^4 t)$		
			实测法	网格法	平均值
渤海	0.282	7.7	163.9	83.2	123.5
盐度小于 31 区域	0.395	3.0	112.2	81.8	97.0
盐度大于 31 区域	0.075	4.7	33.5	11.4	22.5
源区	0.320	6.1	176.8	107.9	142.4
汇区	– 0.047	1.6	– 4.6	– 5.2	– 4.9

从图 3.19 及表 3.1 中夏季渤海估算所得的通量可以看出，渤海整体是作为一个源区向大气释放 CO_2，在盐度小于 31 的区域，由于受到黄河冲淡水的影响，其成为一个强源区，无论是实测法还是网格法，其释放的 CO_2 通量都远高于盐度大于 31 的区域，体现了黄河的输入对渤海 CO_2 源强的重要影响。

第4章　渤海海水中的有机物[①]

海水中的有机物种类很多，如碳水化合物、蛋白质、脂肪、腐殖质、水生物排泄物及残骸等。在其转化及降解过程中，要消耗水中溶解氧；在缺氧时它腐败和发酵则会恶化水质。总有机碳为水中的有机物质用碳量来表示，包括溶解有机碳（溶解氧C）和颗粒有机碳（POC），总有机碳是衡量水体有机污染程度的一项综合指标，对海洋有机污染起指示作用。总有机碳包括溶解有机碳和颗粒有机碳，其来源可分为陆源和自生源。陆地来源的总有机碳主要随径流、降水进入海洋，自生来源的总有机碳主要来源为浮游植物通过光合作用合成有机物。此外，细菌的分解产物、动植物的自分解产物、生物新陈代谢所产生的排泄物也是重要来源。海水中的有机物对海洋中发生的许多生物、化学和物理过程都有着较重要的影响，同时，也表达海洋有机污染物质的存在状况。

"石油类"主要指海水中溶解态、乳化态和吸附在悬浮颗粒物上的、能被石油醚或正己烷、环己烷、二氯甲烷等有机溶剂萃取的石油烃化合物。其含量就是上述石油烃化合物的总含量。海洋是石油污染物的最后汇聚地。随着开采、加工、使用石油类化合物总量的增加，通过各种途径进入海洋的石油类化合物总量也日益增加。海洋石油污染已成为近百年来发生污染量递增速度最快、影响面最广，也是最普遍的环境污染之一。石油烃对海洋环境、海洋生物及人体的危害正日益显现。

我国上一次大规模海洋调查在1997年至1999年，与此次调查时间相隔近10年。随着我国经济的高速发展，近十几年来我国近海区海洋环境明显受到不同程度的污染，海水化学要素变化较大，与过去的调查结果有差别明显。为此，本章将主要依据2006年7月（夏季）、2006年12月（冬季）、2007年4月（春季）和2007年10月（秋季）4个航次，以期较真实地反映目前我国近海海水中有机物含量的现状。

4.1　总有机碳（TOC）

4.1.1　渤海总有机碳含量概况

1）数据概况

本次调查获得4个季节的渤海TOC数据共688个，4个季节数据变化范围为0.62~25.7 mg/L，平均值为5.43 mg/L。季节及层次调查结果见表4.1。从表中可以发现渤海海域冬季TOC平均值最大，秋季最小，渤海TOC含量夏冬两季平均值比春秋两季高，渤海海域的TOC最大值出现在冬季。除了秋季各层次中TOC平均值较为接近以外，其他个季节均是表层和底层TOC含量比10 m层含量高。

---

① 本章撰稿人：邝伟明，暨卫东，张元标。

表 4.1 渤海海水中 TOC 含量的调查结果 单位：mg/L

季节	统计特征	水深			全部数据
		0 m	10 m	底层	
春季	量值范围	1.04~14.9	2.08~7.52	2.08~18.3	1.04~18.3
	平均值	4.79	4.18	5.07	4.72
夏季	量值范围	2.56~14.2	2.41~8.71	3.72~10.9	2.41~14.2
	平均值	6.22	5.64	6.02	5.99
秋季	量值范围	0.84~10.1	2.04~8.13	1.40~9.34	0.84~10.1
	平均值	4.57	4.57	4.56	4.52
冬季	量值范围	1.47~7.34	1.28~9.97	0.62~11.0	0.62~25.7
	平均值	7.11	5.96	6.16	6.46

2）来源分析

渤海 TOC 含量在调查的 4 个季节平均含量均大于 4 mg/L，相对于其他 3 个海区，渤海的 TOC 含量最高，这与渤海水交换差，入海河流泥沙含量高及污染程度高有关。环渤海区域主要入海河流包括辽河流域、海河流域、黄河流域。根据调查发现，渤海海区的 TOC 高值大多出现在莱州湾附近海域，而黄河是我国第二大河，在莱州湾入海，根据 2006 年和 2007 年黄河泥沙公报，2006 年黄河利津站年径流量 $191.7 \times 10^8 m^3$，含沙量 $1.49 \times 10^8 t$（黄河水利委员会，2006）；2007 年黄河利津站年径流量 $204.0 \times 10^8 m^3$，含沙量 $1.47 \times 10^8 t$（黄河水利委员会，2007）。虽然调查时间段的两年均为黄河的枯水少沙年，但是黄河所带来的泥沙量仍高于其他海域区的入海河流。

渤海也是我国污染较重的海域，夏斌（2005）在对 2005 年环渤海 16 条河流的有机污染物含量的研究表明，环渤海 16 条河流断面采样点 TOC 的平均值为 16.41 mg/L，高锰酸盐指数的平均值为 6.04 mg/L，其中，易降解有机物所占比例平均为 15.18%，表明虽然环渤海 16 个河流中的化学需氧有机物质的污染严重，但总有机物的含量更大。通过通量计算得出黄河流域污染物入海通量最大，占环渤海 16 条河流总量的 50%。

综上所述，渤海的 TOC 主要输入源为黄河，黄河的较大径流量及泥沙含量，将较多的污染物带入渤海，导致渤海的 TOC 含量偏高，因此，3 个季节的 TOC 表层含量均在黄河口出现高值，并向外海迅速递减。

4.1.2 平面分布变化特征

由于渤海水深较浅，30 m 层数据量不足，因此，只有表层、10 m 层和底层 TOC 平面分布图。

1）春季

表层：总有机碳表层分布图 4.1（a）表明，渤海东北部海域长兴岛附近明显存在着一封闭的总有机碳高值区（>5 mg/L），并向西延伸。莱州湾的黄河入海口有一个总有机碳的高值区（>8 mg/L），源于莱州湾和渤海湾的总有机碳高值水舌首先向北延伸，影响范围可达秦皇岛市近岸，在 38.5°N 向东转向影响至 120.5°E。辽东湾南部小海山岛近岸有一总有机碳的低值区（<3 mg/L）。黄海海水向西南方向影响至莱州湾中部。在北隍城岛东北部、龙口港西北部和芙

蓉岛西部有小于 3 mg/L 的 TOC 低值区。总体趋势是 TOC 含量由西向东减少。

10 m 层：由图 4.1（b）可以看出，渤海北部长兴岛西有一片大于 5 mg/L 的高值区，向西达到辽东湾西部沿岸。莱州湾西部的黄河带来的高 TOC 影响向北延伸在 38.5°N 向东延伸至 120.5°E。低 TOC 值的水舌由渤海海峡向西北延伸到秦皇岛市近岸，向南影响到莱州湾东部。

底层：莱州湾西部和长兴岛西部有封闭的 TOC 高值区（>9 mg/L），来源于黄河的 TOC 高值水舌在 38.5°N 向东延伸至 120.5°E，形成一个细长的水舌，在葫芦岛市近岸有一块小于 3.5 mg/L 的区域，秦皇岛市外有一小于 3.5 mg/L 的区域向东延伸到 120.5°N 附近海域，见图 4.1（c）。

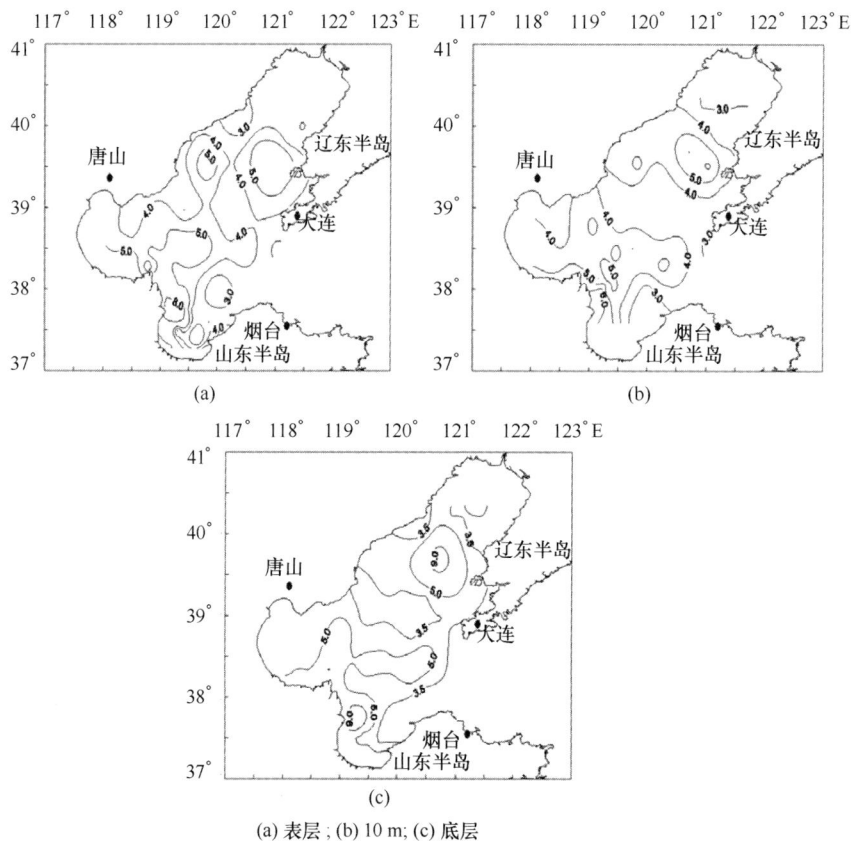

(a) 表层；(b) 10 m；(c) 底层

图 4.1　渤海春季 TOC 分布（mg/L）

2）夏季

表层：源自黄河的 TOC 随着离岸距离增加快速减少，高 TOC 区仅向北延伸，最大值仍出现在黄河入海口（>11 mg/L），向东仅影响至 119.5°E。1 个 TOC 高值区由辽东湾向南一直延伸至渤海中部约 38°N，其中，分布着 3 块大于 8 mg/L 的封闭区域，如图 4.2（a）。结合本篇第 3 章中溶解态有机碳（溶解氧 C）及颗粒态有机碳（POC）的表层平面分布图，发现三个参数的平面分布图在黄河口区有明显的由高变低梯度出现，体现了河流输入为主要特征的陆源输入。

10 m 层：除了葫芦山湾附近有 1 块小于 3 mg/L 的低值区，渤海海域大部分区域 TOC 均大于 3 mg/L。西起渤海湾至渤海海峡有大于 6 mg/L 的海区呈带状自西向东分布。北部渤海 TOC 含量 40°N 有自东向西分布大于 6 mg/L 的高 TOC 区域，长兴岛附近向西延伸出小于 4 mg/L 的 TOC 低值区，北部渤海 TOC 大多介于 4～6 mg/L 之间，如图 4.2（b）。

底层：渤海夏季 TOC 底层分布比较均匀，大部分海区 TOC 小于 6 mg/L，辽东半岛沿岸至渤海海峡有大于 6 mg/L 的 TOC 分布。在莱州湾西部黄河入海口附近有一部分大于 9 mg/L 的 TOC 高值区，说明黄河输入对莱州湾底层的 TOC 含量也有影响，但影响较小。此外渤海中部也分布着 3 块大于 6 mg/L 的封闭区，如图 4.2c。

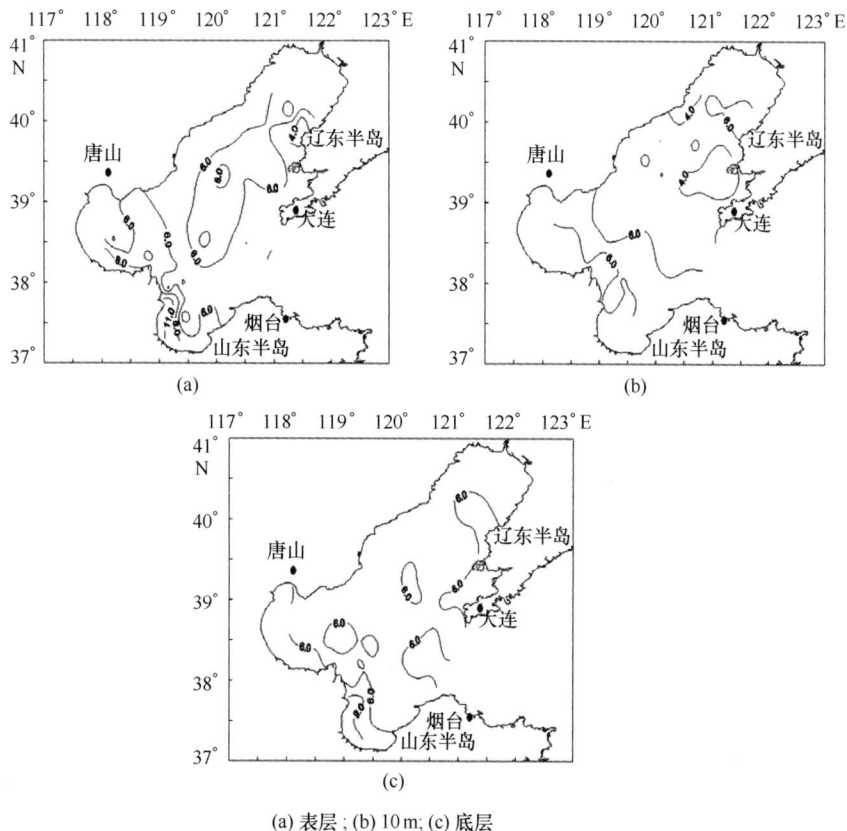

(a) 表层；(b) 10 m；(c) 底层

图 4.2 渤海夏季 TOC 分布（mg/L）

3）秋季

表层：总有机碳表层分布［见图 4.3（a）］可以看出，莱州湾黄海入海口带来的 TOC 高值向北延伸至 38.5°N 后向东发展至 120.5°E，近岸有大于 9 mg/L 的 TOC 高值区，随着河口区距离增加而降低。北部渤海 TOC 分布比较平均，辽东半岛西部分布 TOC 大于 5 mg/L 的封闭区，渤海湾北部、辽东湾、渤海海峡南部、莱州湾中部分布着数小片小于 3 mg/L 的低值区。

10 m 层：如图 4.3（b），在长兴岛西部有一片 TOC 高值区一直延伸到辽东湾西部近岸，其中，在 39.5°N 附近海域有大于 6 mg/L，滦河河口区有一片小于 4 mg/L 的低值区；莱州湾东岸的 TOC 低值区向西延伸至 119°E；受黄海水的影响，有一片由渤海海峡向西延伸的 TOC 低值区影响至 119.5°E。

底层：由图 4.3（c）可以看出源于莱州湾近岸的 TOC 高值（＞7 mg/L）呈舌状向东延伸，莱州湾中部有弧形的一块小于 3 mg/L 的 TOC 低值区；在渤海北部滦河入海口处有一大片大于 5 mg/L 的高值区，向北影响至秦皇岛市近岸；东部辽东半岛北部海域出现 TOC 小于 2 mg/L 的低值区。

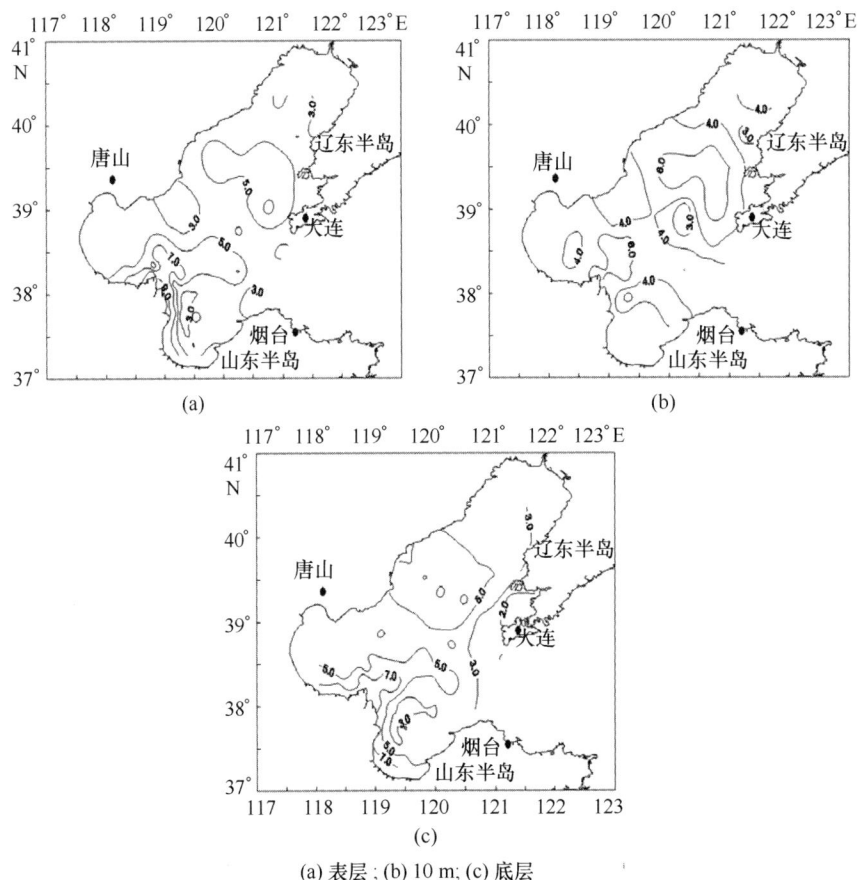

(a) 表层；(b) 10 m；(c) 底层

图 4.3　渤海秋季 TOC 分布（mg/L）

4）冬季

表层：冬季渤海表层 TOC 含量比其他 3 个季节高，总体趋势是近岸高。如图 4.4（a），在蓬莱附近有一个 TOC 高值区（＞19 mg/L）明显高于其他海域，辽东湾大部分海域 TOC 大于 7 mg/L，渤海湾北部近岸也有一片大于 7 mg/L 的高值区，源于莱州湾的 TOC（＞7 mg/L）呈舌状向北延伸至秦皇岛市近岸海域，老黄河口区近岸的 TOC 甚至达到 10 mg/L。冬季并未明显体现出黄河的陆源 TOC 输入，可能与黄河冬季封河有关。

10 m 层：冬季渤海 10 m 层 TOC 分布较均匀 [图 4.4（b）]，辽东湾和渤海湾近岸大部分海域 TOC 值均小于 6 mg/L，莱州湾和河口区 TOC 大于 6 mg/L，其中，有 3 片 TOC 大于 7 mg/L 的 TOC 高值区，渤海海峡西部有大片 TOC 小于 5 mg/L 的相对低值区。

底层：由图 4.4（c）可以看出，冬季 TOC 底层分布比较零散，大体来看是西低东高，在渤海湾北部、莱州湾东部、河口区分、长兴岛西部分布小块 TOC 大于 7 mg/L 的封闭区域；而渤海湾南部、辽东湾西部近岸及庙岛群岛西部有数块 TOC 小于 5 mg/L 的相对低值区，其中以后者范围较大。

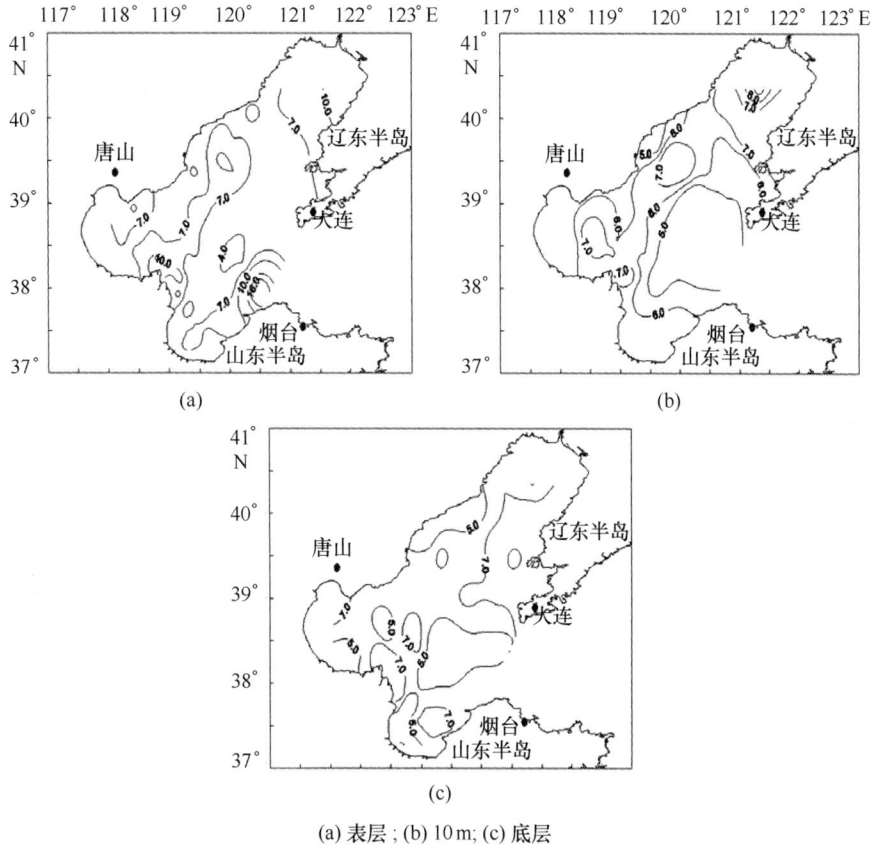

(a) 表层；(b) 10 m；(c) 底层

图 4.4 渤海冬季 TOC 分布（mg/L）

4.1.3 渤海断面分布特征

选择黄河口两条断面作图，断面1向莱州湾延伸，断面2向渤海湾延伸。如图4.5所示。

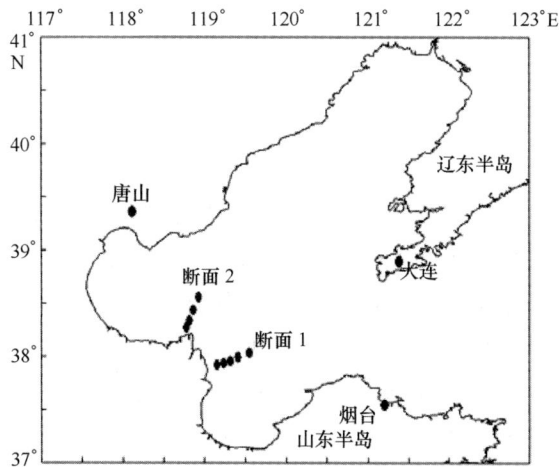

图 4.5 渤海断面示意图

断面 1：由图 4.6(a)~(d)可以看出，春季 TOC 总体变化规律 TOC 随着离岸距离增加而降低，等值线基本垂直向下延伸，体现了明显的 TOC 陆源输入。但是在 ZD - HHK118 站的 10 m 层附近有一个 TOC 的相对低值区。夏季断面 1 分布规律是 TOC 含量随着离岸距离的增加，由先升高再降低，在 ZD - HHK118 的中层和底层有 TOC 的相对高值区（>8 mg/L），ZD - HHK118 再向外 TOC 降低，此外夏季 TOC 表层含量相对下层较低，断面 1 的夏季平面分布未明显体现出 TOC 陆源输入的影响，可能是由于夏季黄河水量较大冲淡了近岸 TOC 含量，另外生物活动旺盛可能导致表层 TOC 含量低于中层和底层。秋季 TOC 含量随着站位离岸距离增加而降低，在 ZD - HHK118 站附近有最低值，在 ZD - HHK119 和 ZD - HHK120 两站中层有两片大于 3 mg/L 的 TOC 封闭区域，且这两站的 TOC 含量底层低于表层。冬季 TOC 含量非常明显随着站位向莱州湾中部延伸而下降，且垂直分布比较均匀。总体来看，断面 1 能够较清晰的体现出黄河河口的春秋冬 3 个季节 TOC 输入对渤海 TOC 含量的影响。

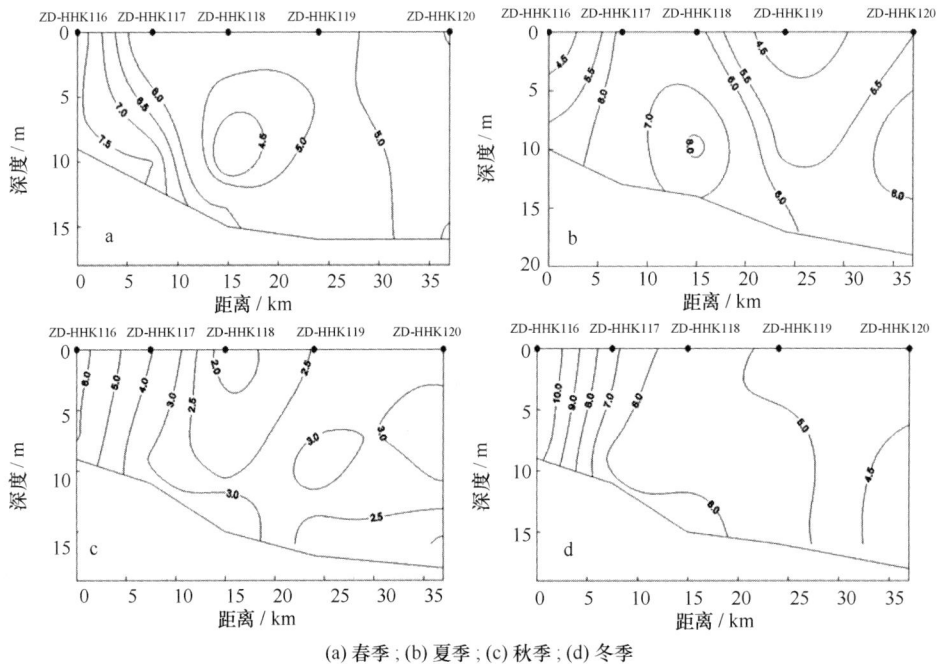

(a)春季；(b)夏季；(c)秋季；(d)冬季

图 4.6　断面 1TOC 分布（mg/L）

断面 2：断面分布如图 4.7(a)~(d)，春季 TOC 含量的基本变化规律是表层低、底层高，最低值出现在 ZD - HHK107 站表层，可能是由于春季生物活动量较大且底层的再悬浮作用导致表层低底层高，因此该断面春季的断面分布特征不同于其他 3 个季节。夏季 TOC 断面变化规律是 ZD - HHK109 站之前近岸站 TOC 表层含量高于底层含量，TOC 含量明显随着水深增加而降低，在 ZD - HHK109 站底层有 TOC 的相对高值区（>8 mg/L）。秋季总体来说 TOC 含量是先降低后升高，在 ZD - HHK108 站表层的 TOC 含量最低，总体来看，远岸 TOC 含量随着水深增加而降低，在 ZD - HHK108 站 10 m 层以下 TOC 等值线均匀分布增加。冬季 TOC 断面 2 基本上是随着离岸距离增加和水深增加而降低，最低值出现在离岸最远的站 ZD - HHK110 底层，总体看来，表层 TOC 表层高、底层低。

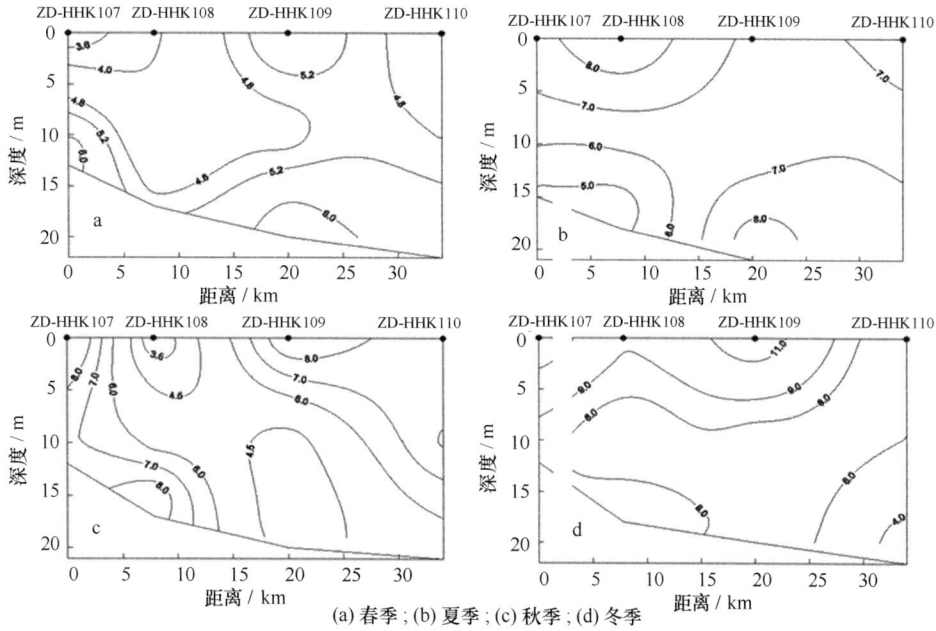

(a)春季；(b)夏季；(c)秋季；(d)冬季

图4.7　断面2TOC分布（mg/L）

4.1.4　季节变化及变化趋势分析

1）季节变化

由图4.8可以看出冬季TOC含量的最大值、平均值大于其他3个季节，冬季的TOC最大值出现在蓬莱附近海域可能与船只的随机排放有关，冬季生物活动不频繁，有机物消耗少，因而导致渤海冬季成为4个季节中TOC平均值含量最高的季节。秋季是4个季节中平均含量最低的季节。

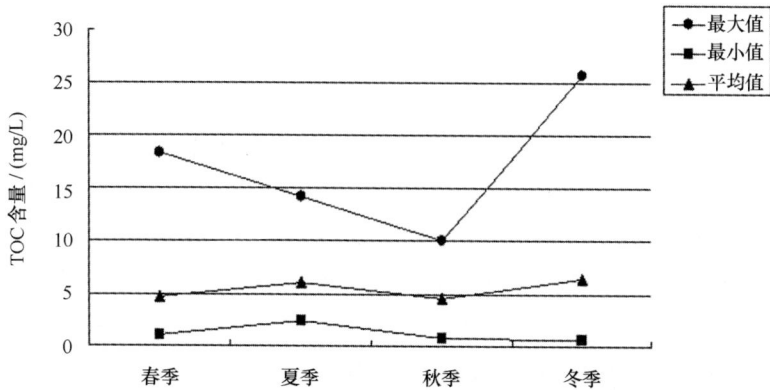

图4.8　渤海TOC季节变化图

2）变化趋势分析

由于TOC并不属于常规海水监测项目，渤海海区的TOC历史数据较少，目前仅能查到2000年中国海洋环境公报中近海有TOC调查数据。另外，平面分布图的分析，发现黄河为渤海 TOC 的主要输入河流，通过黄河水质变化，能够从侧面反映渤海 TOC 的长期变化。

根据 2000 年中国海洋环境公报（国家海洋局，2000）所述，我国近海普遍受到有机污染，1999 年渤海辽宁和河北近海 TOC 含量超过了 3 mg/L。本次调查四个季节航次所获得的 TOC 数据，含量均超过 4 mg/L，虽然黄河口 TOC 含量较高的原因可能是由于泥沙量高导致的背景值偏高，但是平面分布图中渤海中部海域的 TOC 含量大于 3 mg/L 的海域仍然有较大面积。1999 年黄河 V 类及劣 V 类河长 2492 km（黄河水利委员会，1999），占评价河长的 34.4%，2007 年黄河仅劣 V 类水河长占评价河长的 33.8%（黄河水利委员会，2007），2008 年黄河劣 V 类水质更是占到 36.8%（黄河水利委员会，2008），黄河水质并未得到明显的改善。因此，虽不能说渤海 TOC 含量相对于 1999 年有较大增加，但至少渤海的 TOC 含量没有减少。

4.2 渤海石油类

4.2.1 渤海石油类含量概况

本次调查共获得渤海海域表层海水石油类 4 个季节 244 个数据，最大值 73.3 μg/L，出现在夏季，最小值 11.1 μg/L，出现在秋季，全海域平均值 22.5 μg/L。季节统计特征如表 4.2 所示：

表 4.2　渤海石油类统计特征　　　　　　　　　　　　　　　　　　单位：μg/L

海区	季节	量值范围	平均值
渤海	春季	3.96 ~ 60.4	19.2
	夏季	20.0 ~ 73.3	33.5
	秋季	1.75 ~ 37.2	11.1
	冬季	5.56 ~ 58.4	26.2

4.2.2 平面分布特征

春季：春季渤海石油类分布比较均匀［图 4.9（a）］，渤海湾石油类含量大于 20 μg/L，莱州湾由北向南石油类含量逐渐增加，至接近湾内石油类含量大于 50 μg/L，为整个海域的相对高值区。秦皇岛市近岸海域石油类含量大于 20 μg/L，39°~40°N，119.5°~120.5°E 海域石油类含量低于 10 μg/L，北隍城岛西北部海域有一石油类含量低于 10 μg/L 的细长海域。

夏季：从图 4.9（b）可以看出油类含量小于 25 μg/L 的相对低值区出项在辽东半岛的西部海域，辽东湾、莱州湾石油类含量均在 25~35 μg/L 之间，渤海湾石油类含量在 35~45 μg/L 之间，相对高值区出现在庙岛群岛西部海域，等值线密集分布，中心区域最大值超过 50 μg/L，本次调查的最大石油类含量数据 73.3 μg/L 就出现在此区域。

秋季：莱州湾仍然出现大于 30 μg/L 的相对高值区，整个莱州湾石油类含量大于 15 μg/L ［见图 4.9（c）］。越靠近渤海湾石油类由 10 μg/L 增加到 15 μg/L。秦皇岛延伸出一片 TOC 大于 10 μg/L 的海域，在 39.5°N，120.5°E 附近有一小片 TOC 含量大于 15 μg/L 的封闭区域。小于 5 μg/L 的相对低值水舌由渤海海峡向西延伸，影响至 119°E 附近，中间分布着一小片大于 5 μg/L 的海域。

冬季：由图 4.9（d）所示，莱州湾和辽东湾东部石油类含量低于 15 μg/L，为冬季渤海的相对低值区。渤海湾石油类含量在 15~20 μg/L 之间。高值区出现在秦皇岛市外部海域，等值线分布较密，石油类含量迅速增加，至中心位置约 39.5°N，120.5°E 海域，石油类含量大于 35 μg/L，冬季最大值 58.4 μg/L 即出现在该区域。

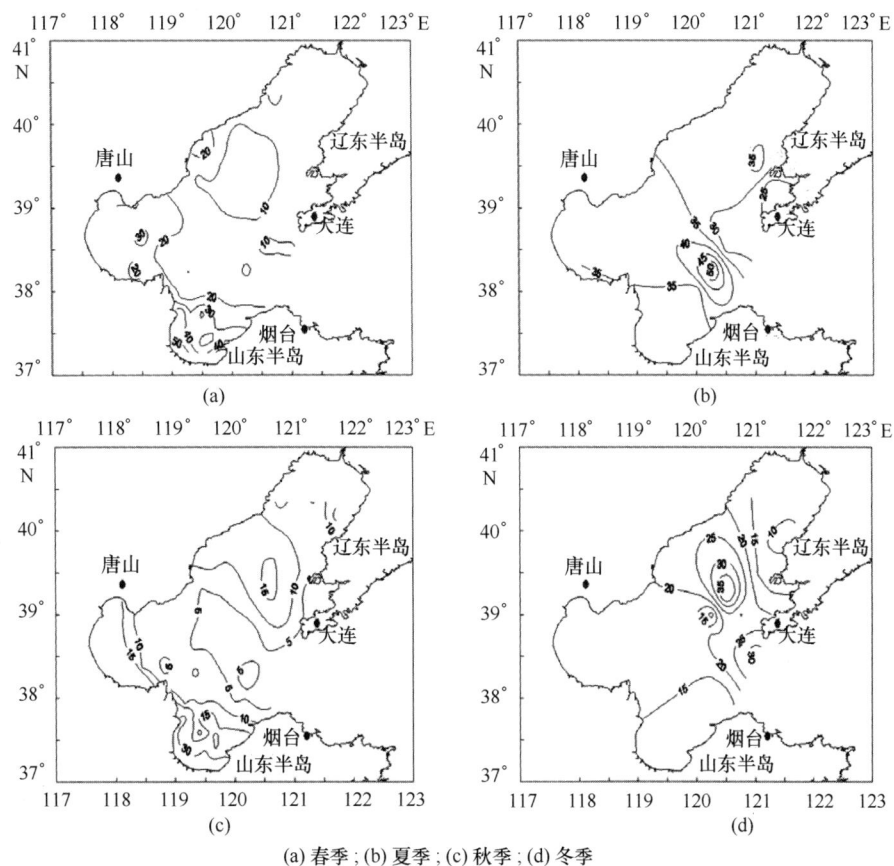

(a) 春季；(b) 夏季；(c) 秋季；(d) 冬季

图 4.9　渤海石油类平面分布（μg/L）

4.2.3　季节变化

由图 4.10 可以看出，夏季为渤海石油类含量最高的季节，可能是由于夏季为渤海捕鱼海上运输最繁忙的时间，船只活动频繁，人类活动导致夏季渤海石油类含量明显高于其他 3 个季节。秋季石油类含量最低。

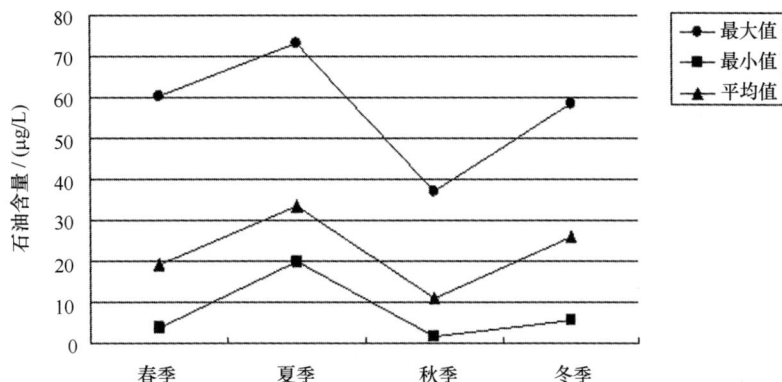

图 4.10　渤海石油类季节变化

4.2.4 渤海的石油类来源

渤海是中国的内海，是深入中国大陆的近封闭的一个浅海。三面环陆，在辽宁、河北、山东、天津三省一市之间。渤海通过东面的渤海海峡与黄海相通。渤海海峡口宽 106 km。郭良波等（2007）计算了渤海的石油烃环境容量，渤海在 Ⅰ～Ⅳ 类海水水质标准下的石油烃环境容量分别为 2.82×10^4、16.86×10^4 t/a 和 28.17×10^4 t/a。

当石油类进入海洋后，漂浮在水面并迅速扩散形成油膜，阻碍水体同空气的正常气体交换，导致水中的含氧量降低。石油对水生生物的危害相当大，油粘到鱼鳃上或附在卵上，很快会使鱼窒息死亡，或使卵孵化受到影响。但石油类更主要的危害是其中的致癌烃，被鱼、贝富集以后，通过食物链危害人体健康。

渤海水交换能力是我国四个海区里最差的，水自净能力较弱，而环渤海四周是我国发达工业区，注入渤海的河流里或多或少都将石油类污染物注入渤海，如 2003 年黄河排放入海石油类达到 1 610 t、滦河 220 t（国家海洋局，2003）。2005 年黄河石油类入海通量达到 3 428 t，整个环渤海 16 条河流石油类入海通量为 6 349 t（夏斌，2005）。另外，渤海是我国重要的海上石油生产海区，2000 年渤海已有 8 个油田，年含油污水排放量 249×10^4 t，入海油量 54×10^4 t。至调查时间 2006 年时渤黄海油田已增加至 16 个，年含油污水排放量 994×10^4 t，2007 年渤黄海油田年含油污水排放量 974×10^4 t（国家海洋局，2000；国家海洋局，2006；国家海洋局，2007）。随着环渤海经济圈的发展，渤海各主要港口吞吐量均年年上升，大型船只进出港数量增加将使渤海石油污染和溢油风险有所增加。

根据目前调查所得数据，渤海大部分海域石油类符合国家 Ⅰ、Ⅱ 类标准（<50 μg/L），只有个别区域大于 50 μg/L，且并未超过国家 Ⅲ 水质。这与我国自 2003 年以来建立的溢油响应机制有较大关系，有效地控制了渤海石油类的污染。

第5章　渤海海水中的主要重金属元素[①]

5.1　渤海海水主要重金属元素的分布特征

海洋中的重金属有天然来源和人为来源。天然来源主要包括地壳岩石风化、海底火山爆发和陆地水土流失将重金属通过径流、大气和直接注入海中，构成海洋重金属的本底值。人为来源主要是工业污水、矿山废水的排放和重金属农药的流失，矿物燃料燃烧过程中释放出的重金属经大气输送进入海洋。随着工农业生产的快速发展，重金属对海洋造成的污染也随之日益严重，目前污染海洋的重金属元素主要有铜、铅、锌、镉、铬、汞和砷等。据估计，全世界每年因人类活动进入海洋的汞达 $1 \times 10^4 t$，相当于世界汞的年产量（张正斌，2004）；根据《2009 年中国海洋环境质量公报》统计，我国通过径流入海的主要重金属污染物（铜、铅、锌、镉、汞、砷）总量达到约 $1.4 \times 10^7 t$。某些重金属元素如锌、铬、铜是生物体必需的微量元素，但是超过一定剂量就会对生物体产生危害。海洋中的重金属易被海洋生物吸收富集，并通过海洋食物链传递，不仅破坏海洋生态系统的平衡，还严重危害人体的健康，如汞（甲基汞）引起的水俣病，镉引起的骨痛病，铅、铬等具有致毒、致癌、致畸作用。因此，重金属在海洋环境和生态系统中的含量、分布、迁移转化及其危害评价等一直是公众所关注的问题。20 世纪末全国范围的海洋环境质量调查相继展开，如 1996—2000 年国家海洋局联合地质矿产部和农业部对我国海域专属经济区和大陆架进行了大规模的勘探，1997—1999 年国家海洋局组织沿海 11 省（自治区和直辖市）和部分计划单列市的海洋管理部门开展了全国第二次海洋污染基线调查，其中就包括重金属的污染调查。调查结果表明，中国海洋污染快速蔓延的势头得到了一定程度的减缓，但是海洋环境质量恶化的总趋势仍未得到有效控制（邹景忠，2004）。为此，2006—2008 年国家海洋局再次组织了全国范围的"我国近海海洋综合调查与评价专项"，其中也专门针对海洋重金属污染开展了调查及评价工作。

渤海是深入中国大陆的近封闭性浅海，被辽宁、河北、山东 3 个大省及天津市包围，通过渤海海峡与黄海相通，是四个海区中面积最小、深度最浅、水动力条件较差的海域，非常不利于重金属等污染物的扩散稀释。由于沿海排放入海的工业和生活污水的逐年递增，渤海的辽河口、锦州湾、渤海湾和莱州湾等均已成为严重污染区，其中，重金属就是主要的污染物之一。因此，对渤海海洋环境中的重金属进行监测及限制污染物入海排放总量是控制渤海重金属污染物的必要措施。"908"专项对渤海海域（37.2°～40.3°N，118.0°～121.7°E）四个季节表层海水中重金属的含量进行了调查（2006-07—2007-10），重金属含量的均值及变化范围列于表 5.1。从总体上看，渤海水体的铅污染最严重，四个季节的浓度均值都超过了国家 I 类海水水质标准。1997 年渤海海水中铅的平均含量为 5.17 μg/L（邹景忠，2004），说明近 10 年铅的污染得到了一定的控制，但是有待于进一步加强铅污染的防治。其次是汞污染，主要是夏季的污染较严重。其他重金属的环境质量状况相对较好，4 个季节的浓度均值都未超过国家 I 类海水水质标准。图5.1～图5.7 给出了渤海表层海水中主要重金属元素含量的四季平面分布。

---

① 本章撰稿人：潘建明，孙维萍，于培松。

表 5.1　渤海表层海水四季重金属含量　　　　　　　　　　　　　　　　　　单位：μg/L

季节		Cu	Pb	Zn	Cd	Cr	Hg	As
春季	范围	1.33~6.92	0.87~5.67	14.8~35.4	0.080~0.400	1.8~5.3	0.016~0.089	1.2~1.6
	平均值	3.22	2.79	18.4	0.160	3.5	0.047	1.3
夏季	范围	1.29~8.24	1.04~6.12	11.1~34.9	0.052~0.466	1.9~5.4	0.029~0.140	1.0~3.4
	平均值	3.38	2.27	17.5	0.168	3.5	0.064	1.6
秋季	范围	1.73~4.47	0.88~3.41	11.9~33.9	0.080~0.220	2.1~4.4	0.031~0.091	0.5~2.8
	平均值	2.99	1.89	17.7	0.150	3.2	0.046	1.0
冬季	范围	1.23~6.77	1.08~6.30	11.6~30.9	0.057~0.226	1.2~4.6	0.017~0.056	0.7~2.3
	平均值	3.48	2.75	17.0	0.144	3.2	0.041	1.2

5.1.1　铜（Cu）

从表层海水中 Cu 的平面分布上看（图 5.1），夏冬季的 Cu 含量普遍较高，分别有 10%、15% 站位的铜含量超过了国家 I 类海水水质标准，属于 II 类水质。秋季相对较低，所有站位的 Cu 浓度均符合国家 I 类海水水质标准。春季 Cu 含量具有两个较为明显的分布带，辽东湾一带的大部分海域的 Cu 含量都小于 3 μg/L，而渤海湾、莱州湾及渤海海峡海水中的 Cu 含量大都在 3~4 μg/L 之间。夏季秦皇岛附近海域出现大于 6 μg/L 的高值区，而渤海湾内的 Cu 浓度相对较低（小于 3 μg/L）。秋冬季海水中 Cu 的分布与夏季较为相似，都在秦皇岛东南海域出现高值。其中秋季 Cu 的平面分布相对均匀，大部分海域的 Cu 含量在 2~3 μg/L 之间，而冬季从浓度高值区向外呈较为明显的辐射状递减的分布趋势。

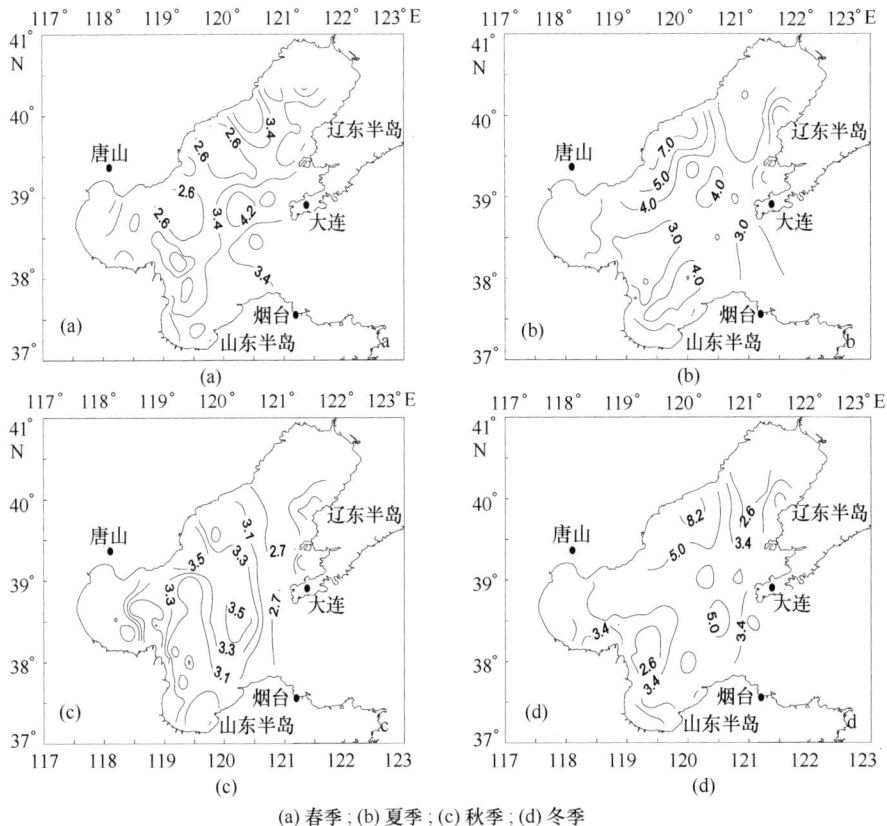

(a)春季；(b)夏季；(c)秋季；(d)冬季

图 5.1　渤海表层海水中 Cu 含量（μg/L）四季平面分布

5.1.2 铅（Pb）

渤海调查海域表层海水中的 Pb 含量很高，大部分站位的 Pb 含量都超过 1.0 μg/L，四个季节的均值在 1.89 ~ 2.79 μg/L 之间。王修林等（2006）研究表明，渤海海水中溶解态 Pb 含量有 91% 来源于河流和排污口等陆源污染，9% 来自大气沉降，明显以陆源污染为主。渤海是深入我国大陆的半封闭型浅海，较差的水动力条件致使该海域海水中 Pb 的自净能力相对较差，高排放低自净可能导致了该海域 Pb 含量明显较高。尤其是夏季，渤海海域有 11% 的站位的 Pb 浓度超过了国家 Ⅱ 类海水水质标准，属于 Ⅲ 类水质，污染较为严重。

从 Pb 的平面分布上看（见图 5.2），春季和冬季的 Pb 含量相对较高，秋季含量最低。春季渤海海峡以南海域的 Pb 含量明显高于以北海域，大于 4 μg/L，高值区出现在烟台西部附近海域。夏季海水中 Pb 的含量具有两端高中间低的分布趋势，葫芦岛附近海域与莱州湾海域的浓度相对较高，渤海海峡邻近海域相对较低。秋季辽东湾海域的 Pb 浓度较高，渤海湾相对较低；冬季的分布趋势与秋季较为相似，在六股河入海口附近形成大于 4 μg/L 的浓度高值区，渤海湾浓度相对较低。

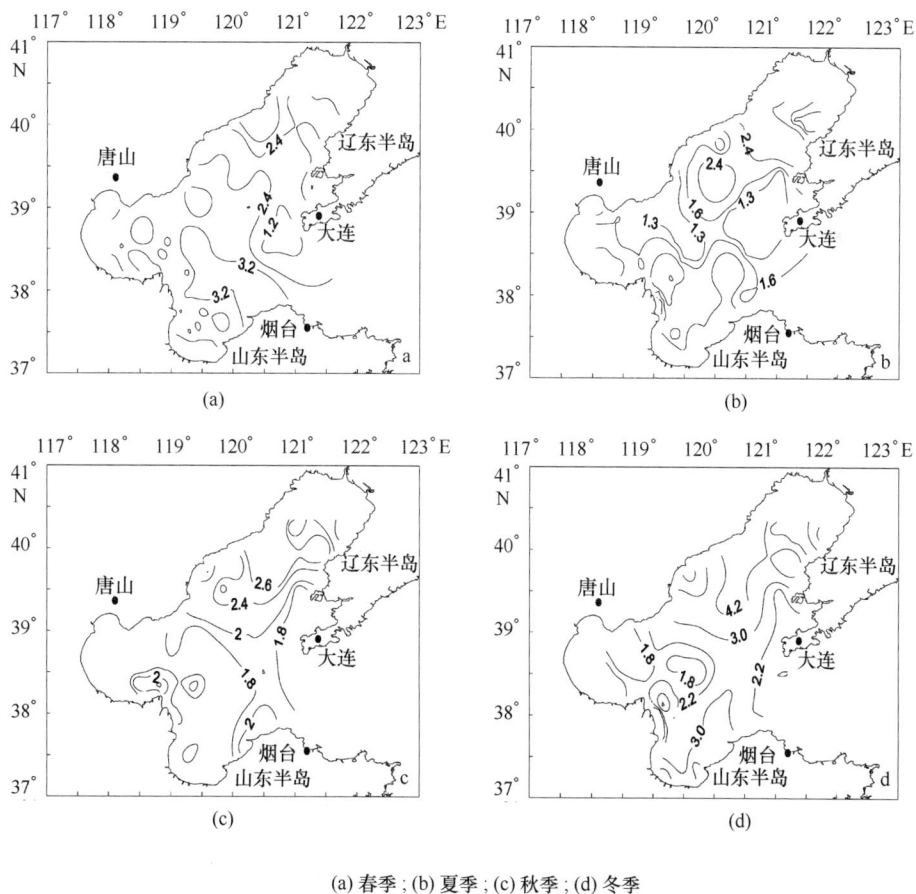

(a) 春季；(b) 夏季；(c) 秋季；(d) 冬季

图 5.2　渤海表层海水中 Pb 含量（μg/L）四季平面分布

5.1.3 锌（Zn）

渤海海水中 Zn 的含量也明显高于其他三个海域，四个季节的均值都不小于 17.0 μg/L，四个季节有 16%～21% 的站位的 Zn 浓度超过了国家 I 类海水水质标准，属于 II 类水质，这可能也与该海域较差的水动力条件相关。

从表层海水中 Zn 的平面分布图 5.3 上看，春季 Zn 含量较高，分布较均匀，秦皇岛附近海域及烟台的西南附近海域浓度相对较高，而渤海湾与辽东湾海域的浓度相对较低；夏季在六股河入海口及秦皇岛附近海域一带形成浓度高值区，向四周呈现浓度梯度递减的分布趋势，渤海湾内形成相对的浓度低值区；秋冬季具有较为相似的浓度分布特征，与夏季一样，在六股河入海口及秦皇岛附近海域一带形成浓度高值区，向四周呈现浓度梯度递减的分布趋势，渤海湾内及辽东湾的东北部形成相对的浓度低值区。

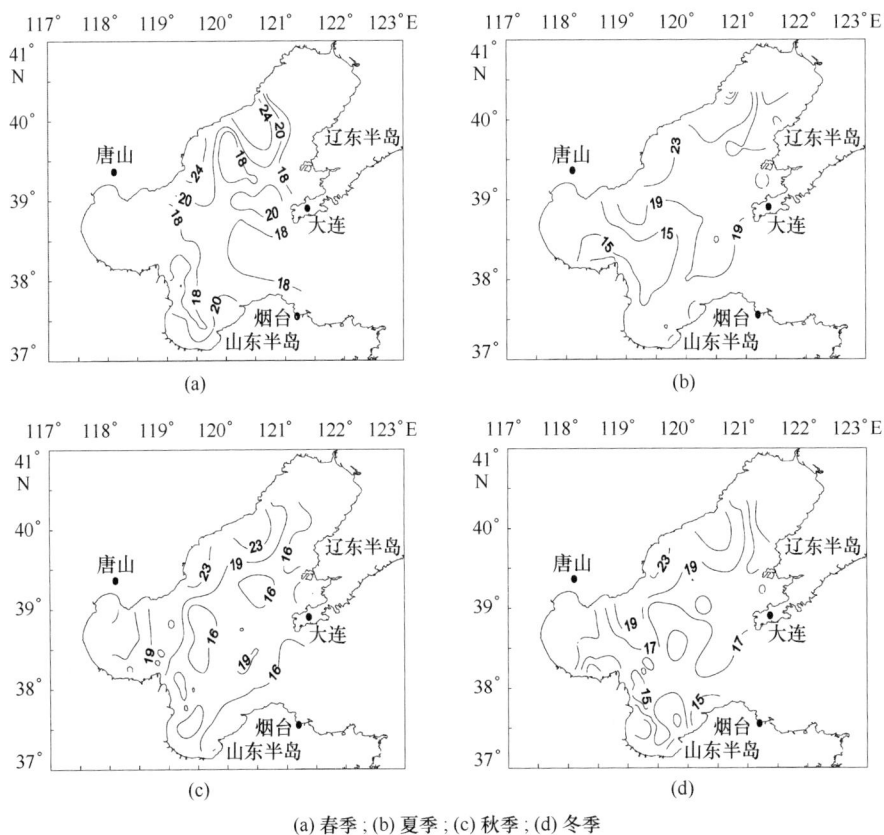

(a) 春季；(b) 夏季；(c) 秋季；(d) 冬季

图 5.3 渤海表层海水中 Zn 含量（μg/L）四季平面分布

5.1.4 镉（Cd）

渤海海域表层海水中 Cd 含量较低，均值在 0.144～0.220 μg/L 之间，达到国家 I 类海水水质标准。而在 21 世纪初，在渤海海域的辽东湾西北部等沿岸仍有部分海域（不足 1%）海水中的 Cd 含量超过 I 类海水水质标准（王修林，2006）。这说明，近年渤海海域的镉污染得到了有效的控制。从表层海水中 Cd 的平面分布（见图 5.4）上看，春夏季浓度稍高，秋冬季较低。4 个季节 Cd 的平面分布特征较为相似，六股河与秦皇岛之间邻近海域的 Cd 含量都相对较高，渤海湾西北角、大连附近海域相对较低。

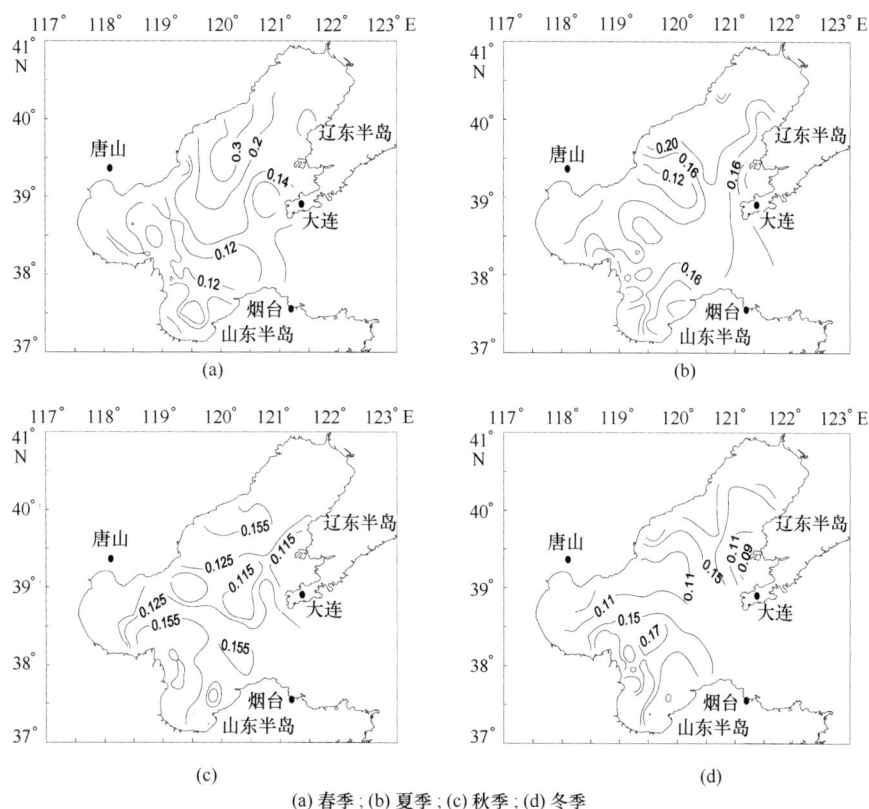

(a) 春季；(b) 夏季；(c) 秋季；(d) 冬季

图 5.4 渤海表层海水中 Cd 含量（μg/L）四季平面分布

5.1.5 总铬（Cr）

渤海表层海水中溶解态 Cr 的浓度春夏季稍高，秋冬季较低，均值分别为 3.2 μg/L、3.5 μg/L，虽然都达到了国家 I 类海水水质标准，但是渤海海域水体中的浓度明显高于其他 3 个海区，具有潜在的污染危险。从 Cr 的平面分布图 5.5 上看，春季中央海盆形成浓度高值区，向四周呈现梯度递减的分布趋势，渤海湾与辽东湾 Cr 含量相对较低。夏季浓度高值区位于秦皇岛附近海域，渤海湾与渤海海峡海水中 Cr 的含量相对较低。秋冬季渤海表层海水中 Cr 浓度的平面分布特征较为相似，都在秦皇岛附近海域以及莱州湾的东北邻近海域出现了浓度的相对高值区；不同的是秋季在渤海湾内的浓度较高，而冬季则相对较低。

5.1.6 汞（Hg）

渤海海域表层海水中 Hg 的含量春、秋和冬季较低，均值均达到国家 I 类海水水质标准，但是夏季的 Hg 浓度很高，约有 69% 的站位的汞浓度超过 I 类海水水质标准，属于 II 类或 III 类水质。从渤海表层海水中溶解态 Hg 的浓度分布图 5.6 上看，4 个季节 Hg 的平面分布相对较均匀，夏季的浓度明显高于其他 3 个季节。王修林（2006）认为，河流占渤海二价 Hg 排海总量的比例高达 99.9%，而排污口和大气沉降只占 0.1% 左右，夏季洪水期携带大量的 Hg 入海可能是造成该季节海域海水中的 Hg 含量高于其他季节的原因之一。春季秦皇岛—渤海海峡中部一线以北海域的 Hg 含量相对较低，以南海域较高。夏季辽东湾、莱州湾及大部分渤海湾海域海水中的 Hg 浓度都高于 0.06 μg/L，并在复州河入海口附近形成浓度高值区，渤海海峡海水中的 Hg 含量相对较低，大部分介于 0.05 ～ 0.06 μg/L 之间。秋季大部分海域的 Hg 含量都在 0.04 ～ 0.05 μg/L 之间，辽东湾内、秦皇岛附近海域、烟台附近海域的 Hg 含量相对较高。冬季大部分站位表层海水中的 Hg 含量都小于 0.045 μg/L，西部莱州湾的 Hg 含量相对较高。

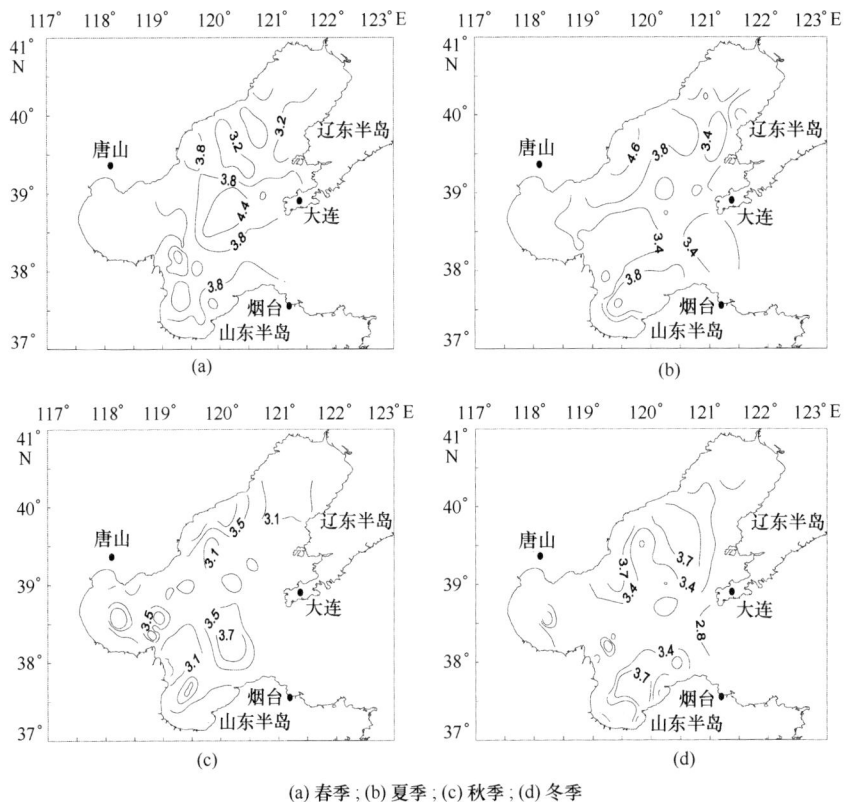

(a) 春季；(b) 夏季；(c) 秋季；(d) 冬季

图 5.5　渤海表层海水中 Cr 含量（μg/L）四季平面分布

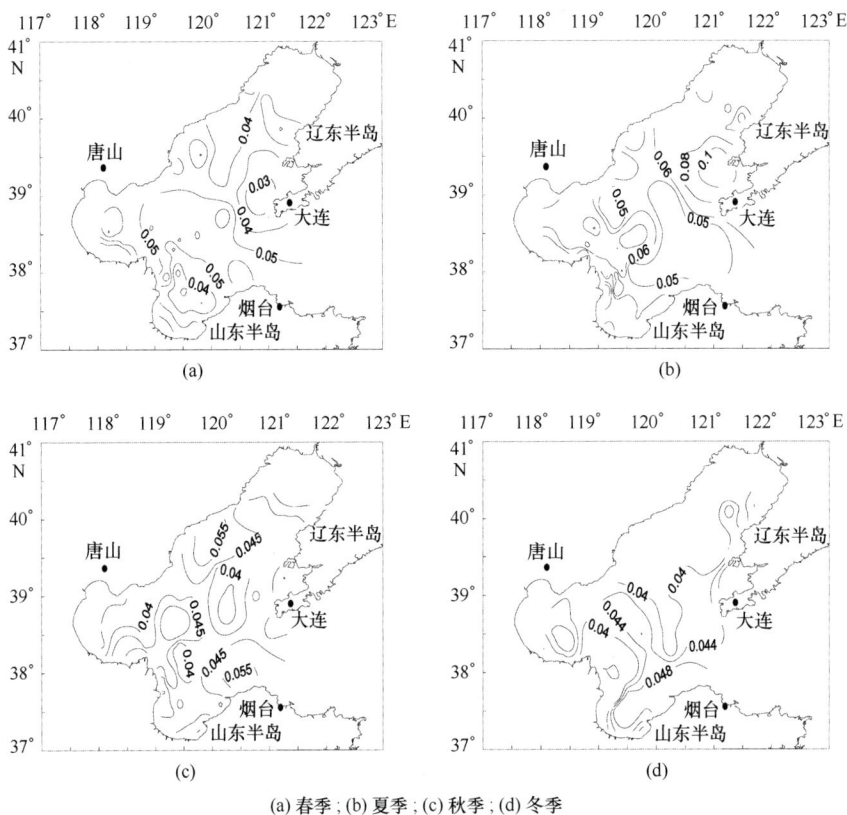

(a) 春季；(b) 夏季；(c) 秋季；(d) 冬季

图 5.6　渤海表层海水中 Hg 含量（μg/L）四季平面分布

5.1.7 砷 (As)

从渤海表层海水中溶解态 As 的浓度分布图 5.7 上看，夏季 As 的含量相对较高，秋季相对较低，春季和冬季的平面分布较均匀，四个季节表层海水中 As 的浓度均符合 I 类海水水质标准。春季大部分海域海水中的 As 含量都在 1.20～1.35 μg/L 之间，在渤海湾和莱州湾交界处出现了一个大于 1.35 μg/L 的相对较高浓度的区域。夏季辽东湾浓度较高，在六股河入海口附近海域出现大于 2.70 μg/L 的高值区，从该高值区向西北浓度梯度递减，直至渤海海峡，莱州湾的砷浓度又稍稍增加。秋季莱州湾口门外的浓度相对较高，渤海湾内偏低，大部分浓度在 0.90～1.20 μg/L 之间。冬季 As 浓度的平面分布特征和秋季较相似。

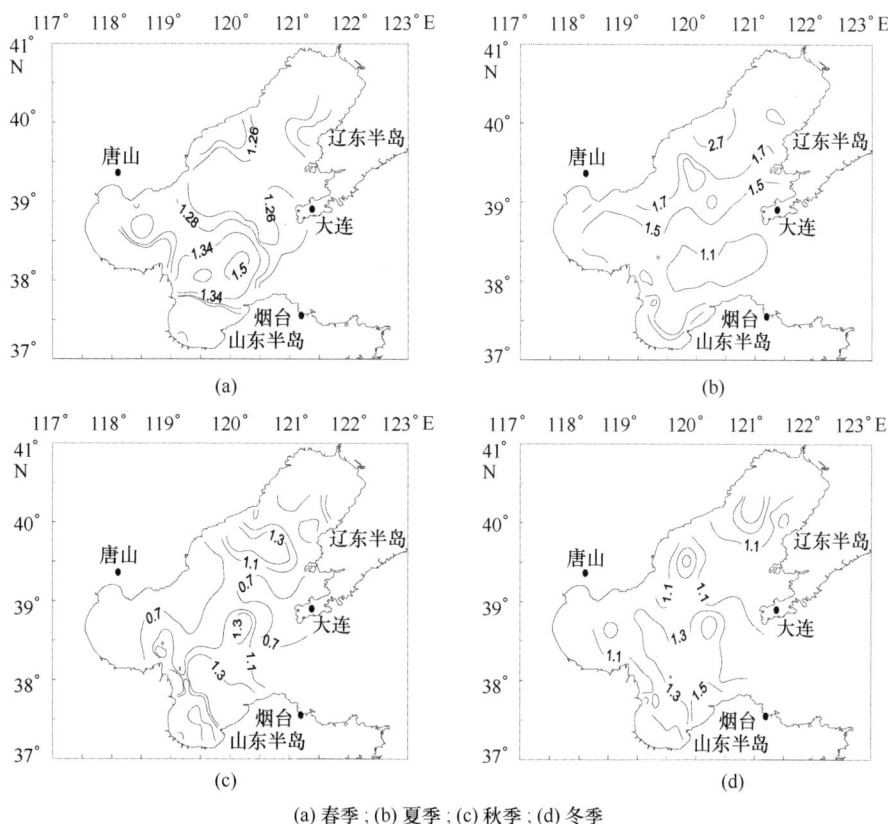

(a) 春季; (b) 夏季; (c) 秋季; (d) 冬季

图 5.7　渤海表层海水中 As 含量 (μg/L) 四季平面分布

5.2　渤海湾主要重金属元素分布变化及生态效应分析

5.2.1　重金属分布及变化趋势分析

渤海湾为渤海三大海湾之一（见图 5.8），位于渤海西部，北起河北省乐亭县大清河口，南到山东省黄河口，有蓟运河、海河等河流注入。渤海湾海底地形大致自南向北，自岸向海倾斜，沉积物主要为细颗粒的粉砂与淤泥。渤海湾三面环陆，沿岸为淤泥质平原海岸，泥深过膝，宽 1.5～10 km 不等。潮汐运动是渤海湾主要的动力过程，潮致余流对湾内生态环境、物质运输、污染物的扩散和分布等都有着重要的影响。渤海湾水深较浅，与外界水体交换能力较差，水温受气温的影响较大，属明显的大陆性和季节性气候，冬寒夏热，四季分明。

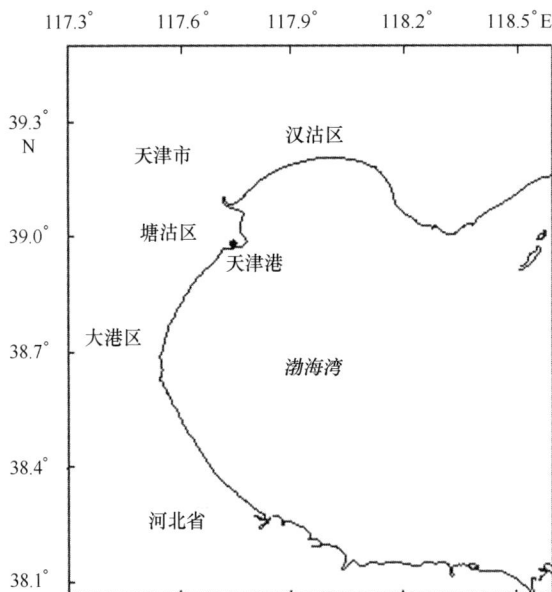

图 5.8　渤海湾区域

截至 20 世纪 90 年代初期的调查资料显示，渤海湾重金属污染主要限于某些河口和港湾，主要以 Hg 和 Cd 为代表。而通过 1996—2005 年期间对渤海湾重金属的研究（毛天宇，2009）发现渤海湾海水以可溶态 Zn、Pb 和 Hg 污染为主，Cu 和 Cd 污染较轻，而且 5 种重金属中除 Cu 表现为北高南低的趋势外，其他重金属含量均以南高北低为主。渤海湾近岸海水重金属污染较海盆中央区要严重，而这正是人类活动频繁的地段，这也证明了海域污染的加重主要是人类的因素影响。

1）铜（Cu）

渤海湾海水中溶解态 Cu 污染并不严重，其含量只在个别监测时期内较高，如在 2000 年丰水期、2004 年丰水期和 2005 年平水期海水溶解态 Cu 含量超过国家海水水质一级标准（5 μg/L）。海水中溶解态 Cu 含量在一个监测周期即 1 年内变化不大，其分布基本呈北高南低，以北塘入海口以北区域为最高，其次为大沽排污口附近，这可能是受到汉沽海水养殖区的影响。Cu 含量在 2001—2002 年间存在一个明显的低谷期，较此之前及之后含量明显较低。结合我国当时的环境政策可知，2001 年我国启动渤海碧海行动计划，渤海湾海水 Cu 含量的降低可能与此有关。

2）汞（Hg）

渤海湾 Hg 污染源多集中于大型港区，海水中 Hg 污染较为严重。近 10 年来海水中酸可提取态 Hg 平均含量 9 次超过国家海水水质一类标准（0.05 μg/L），但均低于二类标准值（0.2 μg/L）。海水中 Hg 含量在 2000 年以前一直呈增加的趋势，但之后这一增加趋势得到了缓解，渤海湾 Hg 含量变化是自然背景与人类活动共同作用的结果（吴光红，2007；孟伟，2006）。此外，近 10 年来的监测结果表明 Hg 含量平均值随季节变化并不明显。

3）镉（Cd）

渤海湾海水中溶解态 Cd 含量总体上呈逐渐增加的趋势，但含量较低，近 10 年监测平均值均没有超标情况，这表明渤海湾海水并没有受到溶解态 Cd 污染的危害。虽然总体上渤海湾溶解态 Cd 污染并不严重，但由于渤海湾大型港区多存在 Cd 污染源，这对整个渤海湾 Cd 背景值含量的变化也会产生影响。此外，近 10 年来监测的海水溶解态 Cd 含量在不同季节的平均值差异性并不显著。

4）铅（Pb）

渤海湾监测区海水溶解态 Pb 平均含量均超过了国家海水水质 I 类标准（1 μg/L），其中 2002—2004 年连续 3 年监测区 Pb 含量均超过国家海水水质 II 级标准（5 μg/L），且含量还呈上升趋势。监测结果表明近年来海水中的 Pb 污染越来越严重，持续长时间的大面积污染必然会对渤海湾的生态环境带来负面影响。渤海湾溶解态 Pb 污染带自大沽口一直延伸到北排水河区域，这表明 Pb 污染不仅受陆源影响，海上石油开采也对本区域内 Pb 污染有很大贡献。海水溶解态 Pb 含量在一个监测周期内变化不大，年际波动趋势较小。

5）锌（Zn）

渤海湾海水中 Zn 含量监测平均值除 2005 年平水期低于国家海水水质一类标准（20 μg/L）外，其他监测期全部达到或超过国家海水水质 I 类标准。而且在 10 年中有 5 年平水期、2 年枯水期和 1 年丰水期的 Zn 含量超过国家海水水质 II 类标准（50 μg/L）。渤海湾溶解态 Zn 含量在一个监测周期内变化不大，但年际变化较大，存在典型的"W"形变化趋势，即两个高值年份之间的间隔为 3 年。Zn 元素的高含量区主要位于大沽口附近和大港贝类养殖区及大港海上石油平台附近。渤海湾 Zn 污染来源较多，这种多污染来源特性也造成了渤海湾 Zn 含量年际变化趋势的起伏不定。此外，Zn 含量在 2001—2002 年间有一个明显的低谷期，这也可能是受到渤海碧海行动计划的影响。

5.2.2 重金属污染来源和迁移转化分析

渤海湾由于地处北京、天津等地区的下游，京津唐区域内造纸业、电子信息、石油化工、金属冶炼、生物技术与现代医药产业、制碱工业、食品、纺织等发达，这些工业产生的含重金属废水是渤海湾重金属污染的重要来源。此外，还有海河直接穿过天津市区，于天津塘沽区渤海湾西北方向汇入渤海，海河两岸工业相对发达，人为活动强烈，受沿岸工业污水的排入、农田沥水和航运等因素的影响，特别是汛期大量市政雨污水直接排入海河，对海河环境质量产生明显的影响。

从自然环境上讲，渤海湾又是典型的半封闭海湾，湾内外海水交换作用较弱，水体自净能力差，加之近年入境水量的减少，海河水体流速较缓，水体自净能力差，使水体长久维持在严重污染状态（杨东方，2010）。渤海近岸海域污染主要是陆源污染物引起，陆源污染物约占入海污染物总量的 87%，而陆源污染物中由海河口排入的约占 95%（齐凤霞，2004）。此外，渤海湾重金属的污染来源还包括大气降尘和海洋自身内源污染。

通过上述对渤海湾重金属分布变化的分析可以看出，汉沽的海水养殖区对渤海湾 Cu 污染的贡献较高，Zn 的污染也主要是人为的影响，其含量高值区一是位于大沽口附近，一是位于大港贝类增养殖区及大港海上石油平台附近。渤海湾 Pb 污染带可以看出不仅来源于陆源污染，海上石油开采也有很大的贡献。而渤海湾 Cd 和 Hg 的污染源则多集中于大型港区。

渤海湾海水重金属平均含量与河流入海通量之间也有一定的关系，但是入海径流带入渤海湾的污染物并非是决定渤海湾污染状况的唯一因素。近 10 年的监测结果表明，当河流入海径流量大于 $4 \times 10^8 \, m^3$ 而小于 $10 \times 10^8 \, m^3$ 时，上述 5 种重金属含量都有所增加；而当入海径流量大于 $10 \times 10^8 \, m^3$ 时，渤海湾各溶解态重金属含量均表现为下降趋势（毛天宇，2009）。由此可见，渤海湾在河流入海径流量很小时，其海水中溶解态重金属含量受其他因素影响显著。其中，近海养殖业的污染、海底沉积物再悬浮等海洋自身内源性污染以及大气沉降是导致渤海湾重金属污染的重要贡献源之一。

陆源输入到海洋的重金属，可以通过吸附等物理化学作用转移到悬浮颗粒物上，再随着颗粒物的沉降而转移到沉积物中。对渤海湾 Zn 和 Cd 等重金属的环境背景和污染历史研究发现 Zn 和 Cd 的最高值位于海河口，分别高出背景值的 1.32 倍和 1.90 倍（李淑媛，1990）。而 2003 年对 3 根柱状沉积物中 Cd、Pb 和 Zn 等重金属监测表明其含量远远高于环境背景值，但 Cu 和 Hg 这种现象则不明显（杨东方，2010）。这充分说明了沉积物是重金属迁移的一条重要途径。另外生物体对重金属也具有富集作用，这将会对人类的身体健康产生潜在的威胁。渤海湾内外海水的交换也是重金属迁移的另一种途径，但是由于这种交换作用较弱，造成水体的自净能力较差。

5.2.3 重金属的生态风险评价

重金属污染具有来源广、残毒时间长、易沿食物链转移富集、污染后不易被发现并且难于恢复等特点，对水生生物和人体健康有较大的负面影响，是对生态环境危害极大的污染物（杨东方，2010）。其中，Hg 和 Cd 并不是水生生物必需的生命元素，极低的浓度就会对水生生物产生毒害。另一些重金属元素如 Cu 和 Zn 等，虽然是生物必需元素，但超过一定含量也会造成毒害。例如，Cu 在海水中的正常含量为 $1 \sim 10 \, \mu g/L$，当海水中的 Cu 浓度达到 $20 \sim 100 \, \mu g/L$ 时，就足以使牡蛎着色（江志华，2005）。渤海湾是我国重要的海产品基地，对其进行重金属的污染生态效应研究具有重要意义。

进入水体中的重金属在物理沉淀和化学吸附等多重作用下大部分可以迅速由水相转入固相，通过沉降进入沉积物中。因此对沉积物中重金属进行分析是追踪近岸海洋人为环境污染的一个重要手段。目前对重金属污染及其潜在生态风险评价多采用瑞典科学家 Hakanson 提出的潜在生态危害指数法，该方法是基于元素丰度和释放能力的原则而提出的，利用该方法对渤海湾浅层沉积物中重金属的生态评价结果表明其危害程度较小，属于轻微生态危害（彭士涛，2009）。其中，Cd 的污染程度相对最大，而 Zn 最小。几种重要重金属的危害系数从大到小顺序为：Cd、Hg、Pb、Cu、Zn。

由于沉积物中的重金属含量一般比水体中高，分析测定也更简单和可靠。对环渤海湾诸河口沉积物中 Cu、Zn、As、Hg 和 Pb 含量进行分析后，再利用上述相同的潜在生态危害指数法进行潜在生态风险评价，结果表明环渤海湾诸河口的重金属污染程度较低，仅在海河口污染程度较高（刘成，2002）。从环渤海湾诸河口的总体污染程度看，各重金属对生态风险影响程度从大到小的顺序为：Hg、Cu、Pb、Zn。

虽然上述分析认为渤海湾重金属的潜在生态风险较低，但这并不能说明重金属污染问题可以不予重视。由于重金属污染对水生生物和人体健康威胁较大，且具有易沿食物链转移富集以及污染后不易被发现并且难于恢复等特点，所以应制定合理的污染防治计划，严格控制重金属的排海总量，彻底杜绝重金属超标现象的发生。

第6章　渤海沉积物化学[①]

6.1　渤海沉积环境与沉积特征

渤海表层沉积物的分类方法有很多种，其中，根据粒径大小进行的分类最为常用，本书主要采用以中位数（Md）为基础，并参考粒径小于 0.01 mm 的物理性黏粒的含量分类法，对渤海进行分类，共有以下几种呈带状分布的类型（图 6.1）。

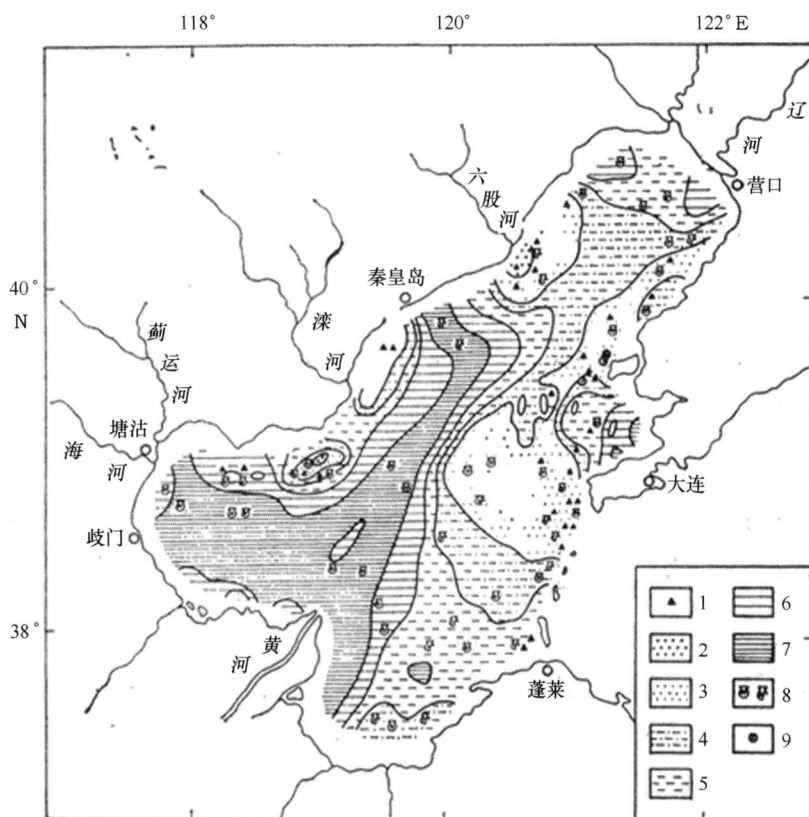

1. 砾石，2. 中砂，3. 细砂，4. 粗粉砂，5. 细粉砂质软泥，6. 粉砂质黏土软泥，7. 黏土质软泥，8. 贝壳，9. 铁锰结核

图 6.1　渤海表层沉积物类型

资料来源：秦蕴珊等，1985

综观渤海沉积物类型的分布，存在以下基本特征。

（1）渤海三大海湾和中央海区的沉积类型分布各不相同。渤海湾内，以细软的黏土质软泥和粉砂质黏土软泥为主；辽东湾内，以较粗的粗粉砂和细砂为主；莱州湾内则以粉砂质沉

---

① 本章撰稿人：宋金明，徐亚岩，李学刚。

积占优势;渤海中央海区虽然兼有粗、细等各类沉积,但是,却以分布面积广阔的细砂最引人注目。

(2)海底沉积类型的分布与毗连陆地河流固体径流的性质和海岸类型等有密切的关系,例如,黄河、辽河等河流输入泥沙的粒径较细,所以,受它们强烈影响的海底便分布着黏土质软泥或粉砂质黏土软泥等细粒沉积类型,反之,六股河、滦河、复州河等河流输入海中的泥沙较粗,所以河口前沉积着各种砂质粗粒沉积。由于沿岸河流输沙特征及海岸性质的不同,近岸带往往出现沉积类型粗细相间的现象。

(3)辽东湾和渤海湾内海底沉积类型的分布,相对于两侧海岸来说分别出现微弱可辨的对称性,显示了海岸轮廓对于沉积类型分布的巨大贡献。

(4)就整个渤海沉积类型的分布轮廓而言,并不存在着由海岸向海中央沉积类型发生由粗到细过渡的正常机械分异作用;相反,由于海平面的变化及现代海底地形及海水动力条件等因素的影响,存在着沉积类型在空间上的不规则斑块状镶嵌分布(秦蕴珊等,1985)。

6.2　生源要素

6.2.1　渤海沉积物中的碳

海洋沉积物中的碳以无机碳和有机碳两种形态存在,其中,沉积物中的无机碳几乎全为碳酸盐形态的碳。中国浅海沉积物中碳的丰度自北向南递增,渤海沉积物中无机碳、有机碳及总碳的丰度分别为0.66%、0.66%和1.32%。渤海海域沉积物中不同颗粒碳含量的变化如表6.1所示,无机碳和有机碳的含量均随沉积物粒度变细而升高,而总碳的变化与有机碳的变化更为相似,表明相对于无机碳,总碳受有机碳影响更大。

表6.1　渤海沉积物中碳的含量 %

海区	名称	砂	粉砂	泥
	无机碳	0.35	0.53	0.93
渤海	有机碳	0.44	0.63	0.78
	碳	0.79	1.16	1.71

资料来源:赵一阳等,1994。

1)渤海沉积物中的有机碳

渤海表层沉积物有机碳含量总体来说与中国其他海区差别不大。就其分布而言,根据秦蕴珊等(1985)的研究,高值区主要在渤海中部,低值区分布于残留砂区—辽东湾,含量等值线的东西两岸呈条带状递减,其分布与小于0.01 mm细粒级的分布轮廓极为相似,近海沿岸各海区有机碳含量均明显低于中央海域的含量(见图6.2)。自然粒度沉积物中,渤海有机碳含量在0.39%~0.86%之间,一般在表层—次表层含量变化剧烈,在下层变化较缓(秦蕴珊等,1985)。

近年来,渤海表层沉积物中有机碳的高值区已由渤海中部(秦蕴珊等,1985)转变为渤海西部海域,如渤海湾、滦河口以及秦皇岛临近海域等,而东部海域表层沉积物有机碳的含量仍然较低(见图6.3)。与东部海域相比,渤海湾、滦河口以及秦皇岛临近海域等沉积物的颗粒较细,并且受人类活动影响较大,这反映了人类活动和沉积物颗粒大小对渤海表层沉积物有机碳分布的重要影响，以及近年来人类活动对其影响的日益加剧。

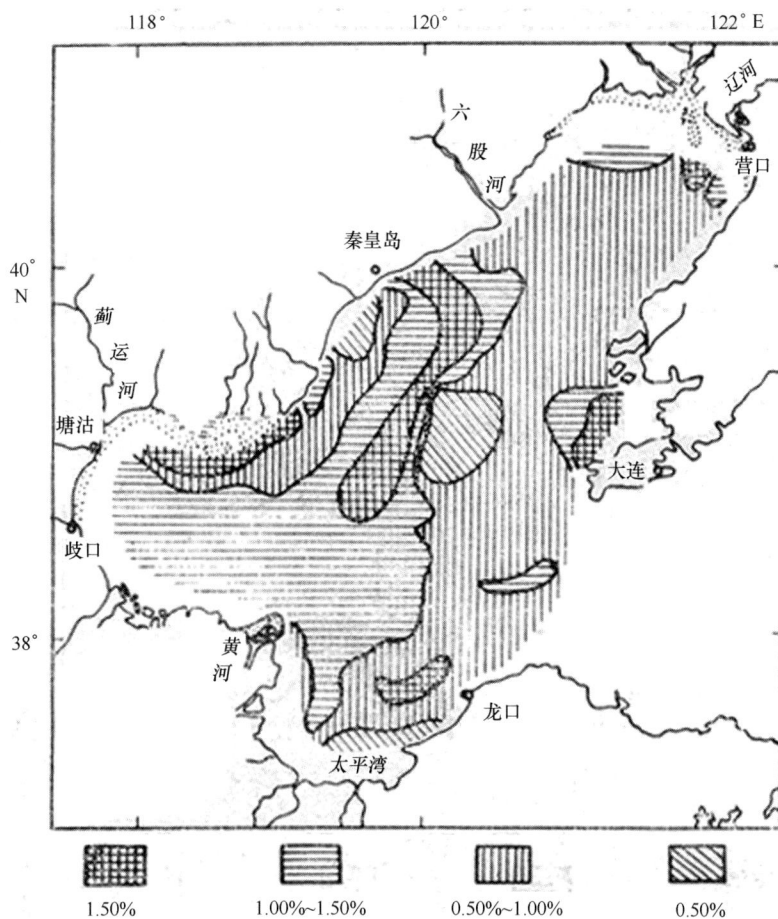

图 6.2 渤海表层沉积物有机碳含量分布

资料来源：秦蕴珊等，1985

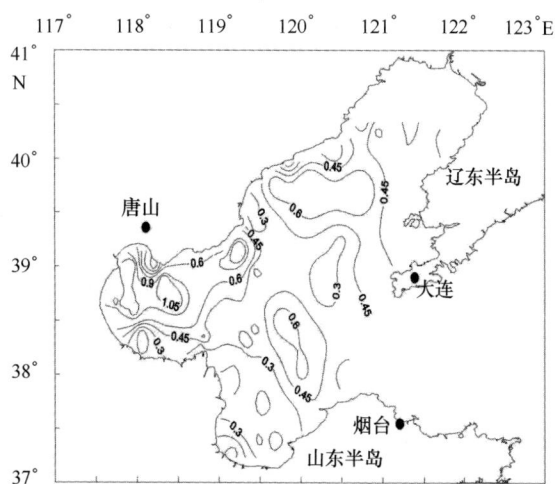

图 6.3 渤海表层沉积物有机碳含量（％）分布

资料来源："908"专项调查结果

2) 渤海沉积物中的无机碳

沉积物中的无机碳几乎全为碳酸盐，其包括多种矿物，这些矿物都可以被盐酸破坏。但在自然条件下很难形成这样强的酸度，沉积物处于相对较弱的酸碱条件下，在不同的 pH 值条件下，不同酸结合强度的碳酸盐可以被依次溶出，这些不同结合强度的无机碳在海洋碳循环中具有明显不同的作用。

相对于中国其他海区，渤海沉积物中的无机碳含量较低，其主要来自黄河，属非生物成因，富集于细粒级。渤海不同区域沉积物中无机碳含量由小到大分别为：辽东湾、渤海湾、莱州湾、黄河口，渤海海区由北向南，无机碳的含量呈增加的趋势（图 6.4）。无机碳低值区主要在渤海北部，含量范围为 $0.20\% \sim 0.45\%$。在整个渤海海域，仅黄河口区域无机碳含量较高，含量范围为 $1.55\% \sim 2.73\%$，其含量等值线以河口为中心呈舌状向渤海中部延伸并趋于降低，其分布特征主要与黄河大量输入碳酸盐物质有关。

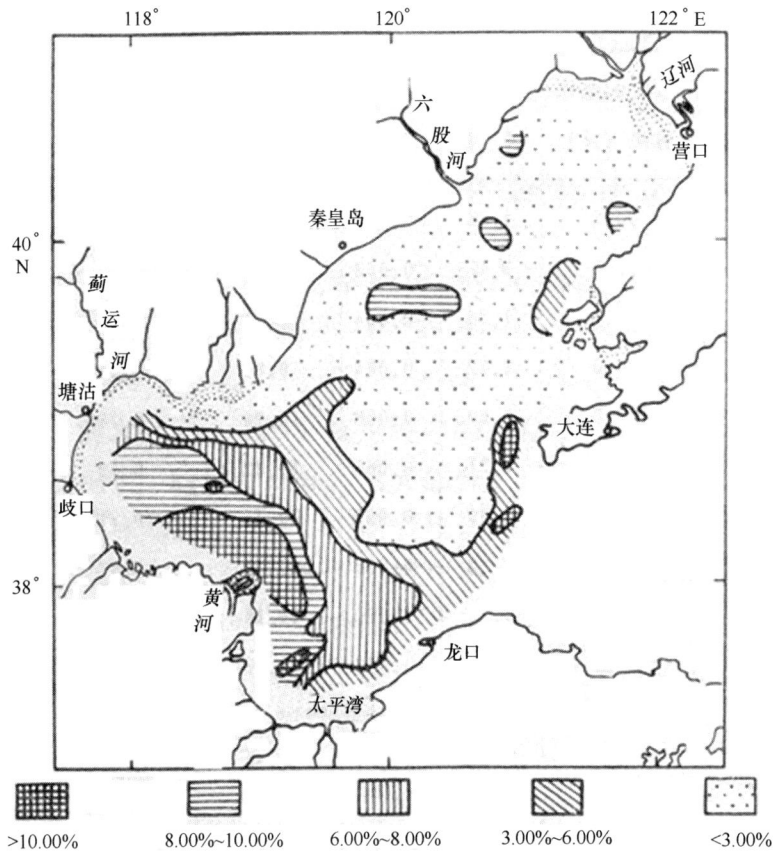

图 6.4 渤海表层沉积物中碳酸盐含量分布

资料来源：秦蕴珊等，1985

6.2.2 渤海沉积物中的氮

渤海不同粒径沉积物中氮的含量在泥中最高，粉砂中次之，砂中最低，即粒度由粗至细，氮的含量逐渐升高（表 6.2）。受沉积物粒径的影响，渤海 3 个海湾中，辽东湾表层沉积物中氮的含量最低。渤海沉积物中的氮主要富集于渤海中央海域及西部滦河口附近，含量范围为 $1\,200 \times 10^{-6} \sim 1\,500 \times 10^{-6}$；在渤海东部海域含量较低，含量范围为 $500 \times 10^{-6} \sim 800 \times 10^{-6}$

（见图6.5）。滦河口附近由海岸向湾内由东至西方向，氮含量等值线呈条带状变化，滦河口海域含量最高，向渤海中央方向迅速降低至最低值，然后开始逐渐升高，直到渤海中央区域氮含量达最大值。

表6.2　渤海海域沉积物中氮的含量　　　　　　　　　　　　　　　　　$\times 10^{-6}$

海区	砂	粉砂	泥
渤海	26	600	720
中国浅海	135	628	910

资料来源：赵一阳等，1994。

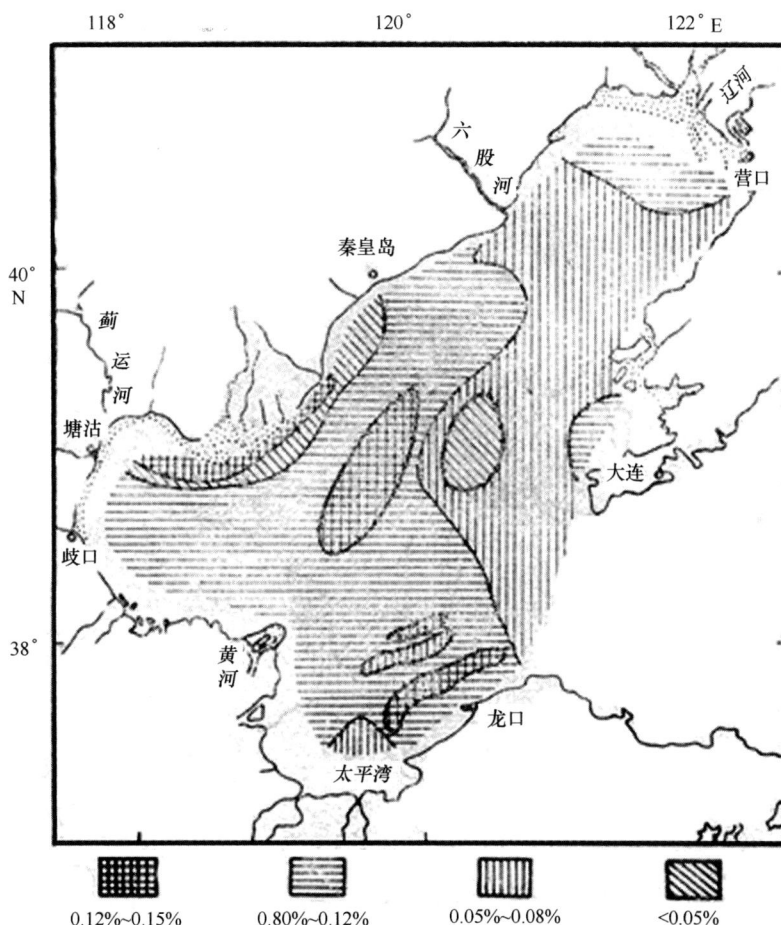

图6.5　渤海表层沉积物中氮的含量分布
资料来源：秦蕴珊等，1985

　　近年来，渤海表层沉积物中总氮的高值区已由渤海中部海域和西部滦河口海域（秦蕴珊等，1985）转变为渤海湾、滦河口和秦皇岛邻近海域，东部海域表层沉积物仍然为渤海总氮的低值区（见图6.6），这与渤海表层沉积物有机碳的分布规律相似（见图6.3）。与东部海域相比，渤海湾、滦河口以及秦皇岛临近海域等沉积物颗粒较细，并且受人类活动影响较大，这反映了人类活动和沉积物颗粒大小对渤海表层沉积物总氮分布的重要影响，以及近年来人类活动对其影响的日益加剧。

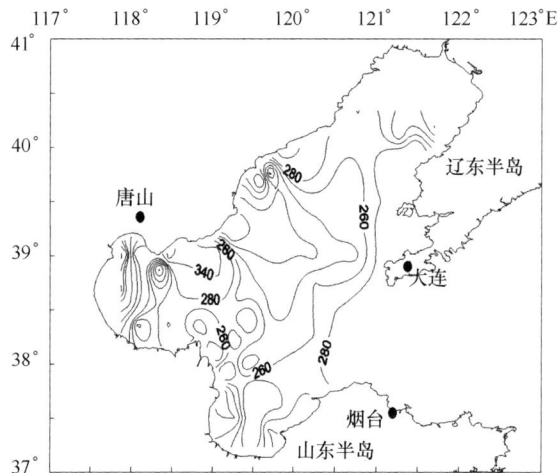

图 6.6　渤海表层沉积物总氮（$\times 10^{-6}$）分布
资料来源："908"专项调查结果

6.2.3　渤海沉积物中的磷和硅

磷与硅作为重要的生源要素其生物地球化学循环直接与海洋资源的可持续利用及全球变化密切相关。大量的研究表明，磷、硅等生源要素某一项的缺乏，都可限制该海域生物的繁殖生长，而成为生物生长繁殖的限制性因素（宋金明，1997）；而某一生源要素的大量过剩，又可引起严重的富营养化，赤潮就是其典型的结果之一。所以研究海洋环境中磷、硅等生源要素的来源、转化和循环规律具有重要意义。

海洋中的磷大部分存在于海底沉积物中，硅的绝大部分也存在于海洋沉积物中，海洋沉积物是海洋环境中磷、硅的重要储库（宋金明，1997；宋金明，2000）。海洋沉积物对海洋中磷、硅的循环起着至关重要的作用。研究表明，海洋沉积物中虽然含有大量的磷、硅，但能参与循环的量可能仅占其总量的一小部分，因此沉积物中能参与循环的磷、硅的量是海洋生物地球化学研究中至关重要的方面。海洋沉积物中磷、硅的结合形态各异，某些较弱结合的形态在环境变化较大时可参加循环，而结合牢固的部分就不能参加循环，因而沉积物中磷、硅形态的研究是研究其循环的基础。

根据赵一阳等（1994）对渤海不同粒度沉积物颗粒中磷含量的分析可知，与氮相似，磷也主要聚集在细颗粒的沉积物中，随着沉积物颗粒粒径的增加，磷的含量逐渐降低（见表6.3）。渤海沉积物磷的丰度为 530×10^{-6}，与其他海区相比，其更接近中国浅海的总体统计数值。但在整个渤海海域中磷的含量变化较大，从沿岸地带向中央海区其含量呈逐渐降低的趋势（见图6.7）。渤海磷的高值区主要位于山东半岛近岸及海河口附近，含量范围为 $690 \times 10^{-6} \sim 980 \times 10^{-6}$，其浓度向东、向北方向逐渐减少；低值区主要位于渤海中央海区及残留砂区－辽东浅滩，含量范围为 $250 \times 10^{-6} \sim 420 \times 10^{-6}$。渤海海域表层沉积物中磷的含量均比附近区域土壤中磷的含量低，其主要原因是黄河、滦河等河流注入大量泥沙。另外，对于山东半岛成山头附近与朝鲜半岛西海岸之间的海区，由于其沉积环境不稳定，加之该海域的海流条件不稳，颗粒无法在此处较好地沉积，使得该海域中无机磷和总磷的含量偏低（冯强等，2001）。

表6.3　渤海和中国浅海不同类型沉积物中磷的含量　　　　　　　　　　$\times 10^{-6}$

海区		砂	粉砂	泥
渤海	含量范围	250~780	370~700	530~700
	变异系数	0.40	0.20	0.08
	平均含量	410	490	615
中国浅海	含量范围	110~980	280~880	420~700
	变异系数	0.35	0.20	0.11
	平均含量	419	495	574

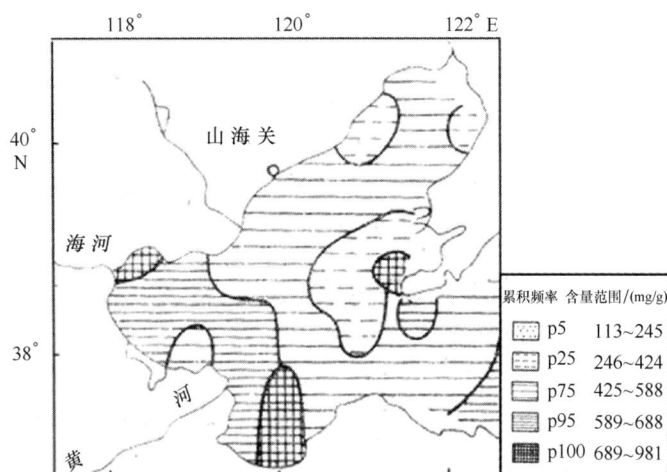

图6.7　渤海表层沉积物中磷的含量分布

资料来源：赵一阳等，1994

　　根据"908"专项调查结果，近年来渤海表层沉积物中总磷的含量仍然表现为西部海域高于东部海域（见图6.8），这与赵一阳等（1994）的研究结果相似。但渤海表层沉积物中总磷的主要高值区已由莱州湾中部海域（赵一阳等，1994）转变为渤海西部近岸海域，如渤海湾、滦河口和秦皇岛邻近海域。这与近年来渤海表层沉积物中有机碳和总氮的分布规律相似。因受人类活动影响较大，与东部海域相比，渤海湾、滦河口以及秦皇岛临近海域等沉积物颗粒较细，这反映了沉积物颗粒大小和人类活动对渤海表层沉积物总氮分布的重要作用，以及近年来人类活动对其影响的日益加剧。

　　叶曦雯等（2002）对黄渤海生源硅的研究表明，渤海中、南部生源硅含量的分布特点是沿岸低、中部高。春、夏、冬三季渤海水体中浮游硅藻含量的较高值皆分布在中部，秋季渤海水体中浮游硅藻含量在渤海北部及辽东湾附近水域较高。调查显示，渤海中、南部表层沉积硅藻的平面分布特点是沿岸低、中部高，表现为由沿岸向中部递增的总趋势。在渤海南部尤其是黄河水下三角洲沿岸地区，由于黄河物质的大量输入，沉积速率很高，不利于生物尤其是底栖生物的生存。因此，沉积相中的生物骨屑丰度较其他海区普遍偏低。生物骨屑包括钙质骨屑以及由硅藻组成的硅质骨屑两类，并以钙质骨屑为主。

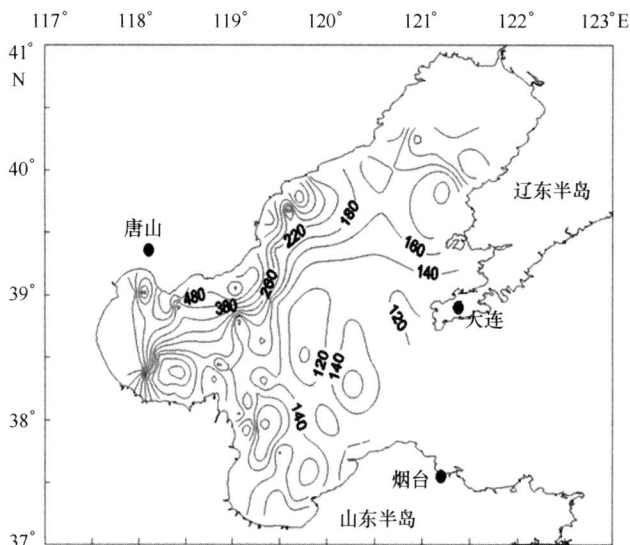

图 6.8　渤海表层沉积物总磷（$\times 10^{-6}$）分布

（资料来源："908"专项调查结果）

6.3　持久性有机污染物

6.3.1　渤海表层沉积物中的持久性有机污染物

广泛分布于大气、水体、土壤和沉积物中的持久性有机污染物主要来自人类利用能源的活动（如燃烧过程）。每年有大量的持久性有机污染物经由地表径流、大气颗粒物迁移和沉降而汇入水体沉积物。

（1）各海区 PAHs 的平面分布

林秀梅等（2005）在渤海各海域表层沉积物样品中检测到的典型 PAHs，包括：萘、苊、菲、蒽、荧蒽、芘、苯并（a）蒽、苯并（a）芘和苯并（e）芘。各海域样品 PAHs 检出率分别为：辽东半岛近岸海域、辽东湾近岸海域和外海海区为 100%，秦皇岛近岸海域为 43%。渤海湾近岸海域为 44%，莱州湾近岸海域为 60%。各海区的采样站位如图 6.9 所示，分析结果列于表 6.4。

表 6.4　渤海表层沉积物中 PAHs 含量分布　　　　　　单位：ng/g

组分	辽东半岛近岸		辽东湾近岸		秦皇岛近岸		渤海湾近岸		莱州湾近岸		外海海区	
	均值	范围	均值	范围	均值	范围	均值	范围	均值	范围	均值	范围
萘	1.7	1.0~4.6	5.1	1.0~22.6	16.7	2.6~34.5	1.2	1.0~2.6	2.4	1.0~5.1	2.0	1.0~3.5
苊	0.6	0.5~1.0	16.2	0.5~89.6	15.0	0.5~36.8	0.5	0.5~0.5	0.5	0.5~0.5	0.5	0.5~0.5
菲	6.4	2.1~9.0	40.3	5.3~217.0	65.3	17.9~122.0	1.4	0.7~5.6	4.4	0.7~11.8	4.2	0.7~7.4
蒽	0.6	0.6~0.6	8.9	0.6~47.8	37.2	0.6~95.1	0.6	0.6~0.6	1.1	0.6~4.1	1.3	0.6~2.6
荧蒽	4.6	0.9~11.8	19.5	0.9~69.8	156.8	35.5~265.0	2.2	0.9~5.8	7.0	0.9~20.6	5.8	1.8~9.9
芘	3.8	1.1~9.1	20.7	1.1~89.2	122.6	16.8~222.0	2.2	1.1~5.3	5.2	1.1~15.3	3.6	1.1~5.8

组分	辽东半岛近岸		辽东湾近岸		秦皇岛近岸		渤海湾近岸		莱州湾近岸		外海海区	
	均值	范围	均值	范围	均值	范围	均值	范围	均值	范围	均值	范围
屈	2.5	2.3 ~ 2.5	11.4	2.5 ~ 72.9	235.4	46.1 ~ 444.0	2.5	2.5 ~ 2.5	12.1	2.5 ~ 37.5	2.8	2.5 ~ ~ 5.0
苯并（a）蒽	2.5	2.5 ~ 2.5	6.2	2.5 ~ 41.7	266.5	35.4 ~ 546.0	2.5	2.5 ~ 2.5	7.2	2.5 ~ 30.9	2.5	2.5 ~ 2.5
苯并（a）芘	7.5	7.5 ~ 7.5	7.5	7.5 ~ 7.5	77.6	13.4 ~ 138.0	7.5	7.5 ~ 7.5	7.5	7.5 ~ 7.5	7.5	7.5 ~ 7.5
苯并（e）芘	7.5	7.5 ~ 7.5	7.5	7.5 ~ 7.5	88.9	23.0 ~ 176.0	7.5 ~ 7.5	7.5	7.5 ~ 7.5	7.5 ~ 7.5	7.5	7.5 ~ 7.5
ΣPAHs	37.6	28.4 ~ 52.0	143.4	31.2 ~ 652.9	1 081.9	202.2 ~ 2 079.4	28.0	24.7 ~ 34.6	55.0	24.7 ~ 139.2	37.7	25.6 ~ 47.0

资料来源：林秀梅等，2005。

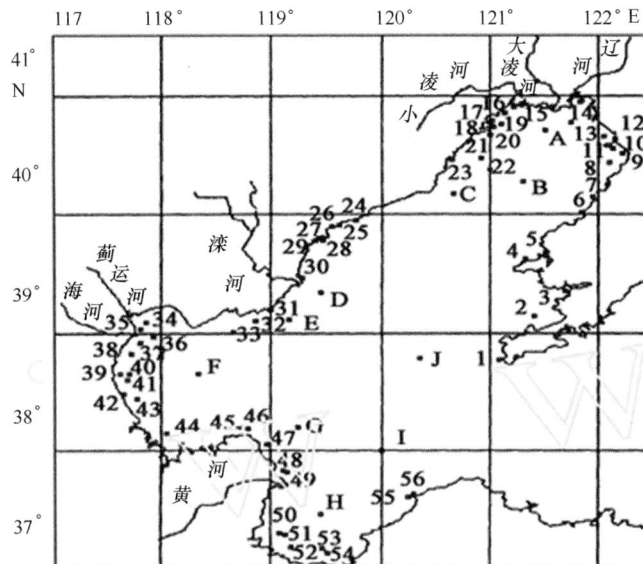

图 6.9　渤海表层沉积物持久性有机污染物采样站位

资料来源：林秀梅等，2005

从区域分布看，ΣPAHs 含量较高的海域主要集中在近岸。具体而言，秦皇岛近岸海域 ΣPAHs 含量最高，其次是辽东湾近岸和莱州湾近岸海域，其他海域的变化幅度则明显较小。由各海区内不同站位 ΣPAHs 含量的分布可知（见图 6.10），ΣPAHs 最高值出现在 26 号站位（2 079.4 ng/g），其次是 25 号站位（964.3 ng/g），两者均位于秦皇岛港口邻近海域。秦皇岛港是兼营柴油、航空煤油、进出口原油的大型多功能港口。许多进出港口和锚地的渔船、客/货轮等机动船舶排放的含油废水，港口、泵站、污水处理厂（氧化塘）等市政工程设施排放的废水，以及海水养殖产生的入海污水是造成秦皇岛邻近海域表层沉积物中高浓度 PAHs 的主要原因。在辽东湾近岸，ΣPAHs 含量的最高值出现在 21 号站位（652.9 ng/g），其次是 18 号和 17 号站位（分别为 499.9 ng/g、397.9 ng/g）。16 号至 21 号站位地处辽东湾内的锦州湾近岸，受当地入海径流夹带的陆源污染物排放的影响，在河口形成 PAHs 高值区。11 号、12 号站位位于辽东湾内几条重要河流（如辽河、太子河）的河口附近，55 号、56 号站位则靠近莱州湾龙口近岸区，这些站位所处海区表层沉积物中 PAHs 的污染程度相对较高，显然这与沿岸地区各类排放源所排入的大量工业废水和生活污水有直接关系。

对渤海湾和莱州湾部分海域表层沉积物中总 PAHs 的调查显示（"908"专项调查），与渤海湾相比，莱州湾表层沉积物总 PAHs 的含量相对较高，这与林秀梅等（2005）的研究结果相似。表层沉积物 PAHs 的高值区位于莱州湾黄河口邻近海域（见图 6.11），表明黄河输入可能是莱州湾 PAHs 的重要来源。

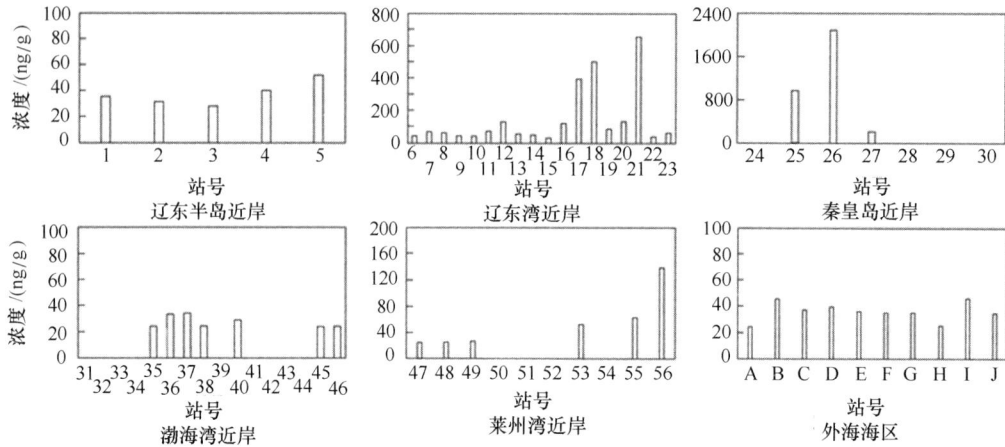

图 6.10 渤海各海区站位表层沉积物中总 PAHs 含量

资料来源：林秀梅等，2005

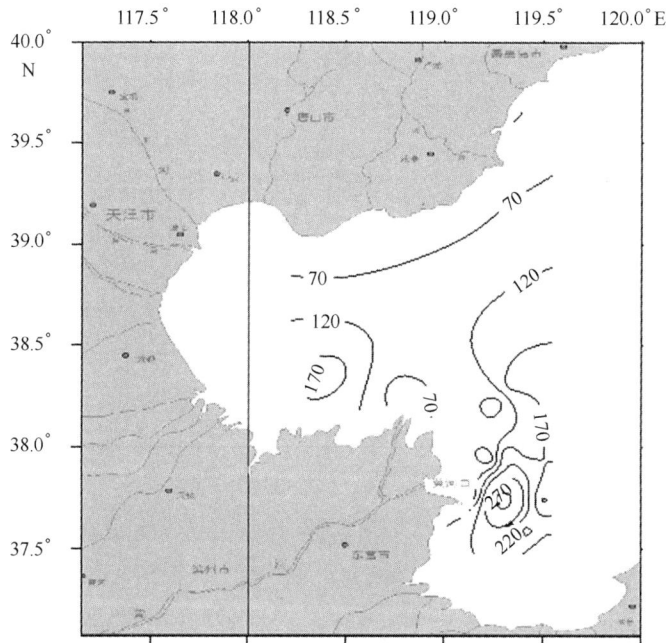

图 6.11 渤海各海区部分海域表层沉积物中总 PAHs 含量（$\times 10^{-9}$）

资料来源："908" 专项调查结果

2）DDTs，PCBs 和 Phthalates 的平面分布

在国内外许多相关研究中，通常检测的 DDTs 包括 p，p'-DDT，o，p'-DDT，p，p'-DDD，o，p'-DDD，p，p'-DDE 和 o，p'-DDE，PCBs 也涉及不同组分的混合物。渤海有关检测结果如表 6.5 所示。

表 6.5 渤海表层沉积物中 DDTs，PCBs 和酞酸酯类污染物的含量分布

海区	DDTs[1] /（ng/g）			PCBs[2] /（ng/g）			Phthaltes[3] /（g/g）		
	样点数目	最小值	最大值	平均值	样点数目	最小值	最大值	平均值	样点数目	最小值	最大值	平均值
辽东半岛近岸	5	0.4	1.5	0.7	5	N. D.[4]	1.1	0.5	5	1.2	19.9	12.3
辽东湾近岸	18	0.4	3.9	1.3	18	N. D.	3.7	0.8	18	1.2	460.4	96.4

海区	DDTs[1] / (ng/g)				PCBs[2] / (ng/g)				Phthaltes[3] / (g/g)			
	样点数目	最小值	最大值	平均值	样点数目	最小值	最大值	平均值	样点数目	最小值	最大值	平均值
秦皇岛近岸	7	0.4	12.1	2.0	7	N.D.	7.7	2.1	3	117.6	319.9	236.3
渤海湾近岸	16	0.4	4.6	0.9	16	N.D.	5.1	1.0	7	1.2	190.6	60.5
莱州湾近岸	10	0.4	1.1	0.5	10	N.D.	N.D.	—	6	9.5	481.3	145.1
外海海区	10	0.3	0.8	0.4	10	N.D.	N.D.	—	10	1.2	189.5	45.7

注：1）指 p，p'–DDD，p，p'–DDE，p，p'–DDT 和 o，p'–DDT 含量之和；2）本次海洋污染基线调查选用 10 种常见同族（Congeners）PCBs 混合物浓度之和，即：PCB28、52、101、112、118、138、153、155、180 和 198（数字均为 IU-PAC 编号）；3）指二异丁基酞酸酯（di–iso–butylphthalate，DIBP），二丁基酞酸酯（di–n–butylphthalate，DBP）和 2–乙基己基酞酸酯（bis–2–ethylhexy phthalate，DEHP）含量之和；4）低于检出限，视为未检出

资料来源：刘文新等，2005。

从区域分布看，DDTs、PCBs 和 Phthalates 浓度高值区主要集中于渤海近岸海域。其中，以秦皇岛近岸海域为最高，其次是渤海湾近岸和辽东湾近岸海域；其他海区的变化幅度相对较小。各海区 PCBs 的空间分布情况与 DDTs 相似。就酞酸酯类而言，莱州湾近岸和辽东湾近岸的站点分别出现最高值和次高值，而秦皇岛近岸海域表层沉积物中酞酸酯类的平均含量最高（刘文新等，2005）。

与刘文新等（2005）的研究结果相似，"908"专项调查表明渤海湾表层沉积物中多氯联苯、总六六六和总 DDTs 的含量较莱州湾高（图 6.12）。具体而言，多氯联苯和总六六六的高值区位于

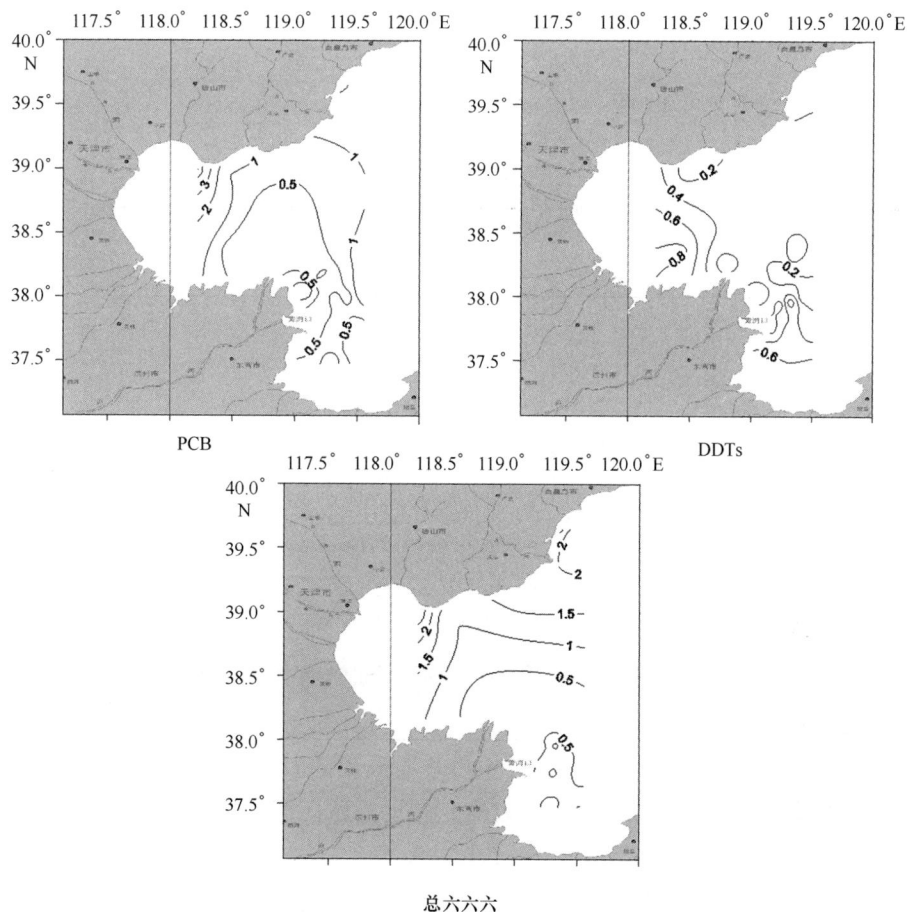

图 6.12 渤海各海区部分海域表层沉积物中总 PCBs、总六六六和总 DDTs 的含量（×10^{-9}）

资料来源："908"专项调查结果

渤海湾曹妃甸邻近海域，总 DDTs 的高值区位于渤海湾南部近岸海域。这些高值区均位于沿岸工农业发达的渤海湾近岸海域，反映了人类活动对渤海持久性有机污染物的重要影响。

6.3.2 渤海沉积物中持久性有机污染物的垂直分布与演化

研究站位中，E3 站位位于渤海中部（38°30.07′N，119°20.83′E），水深 23 m，柱长 42 cm，表层以黄色粉砂为主，下部以灰褐色砂泥，沉积速率约为 118 mm/a；E5 站位地处渤海湾东侧（38°30.13′N，120°29.92′E），水深 29 m，柱长 21 cm，表层以褐色粉砂为主，沉积速率约为 214 mm/a。从总有机质（TOC%）（表 6.6）的含量分布来看，E3 柱样的含量略高于 E5，但两柱均上下分布均匀。

表 6.6 渤海柱样中正构烷烃及其参数的分布

站位	采样深度/cm	TOC/%	碳数分布	主峰碳	TALK/（μg/g）	CPI	H/L
E3-1	0~1	0.53	$nC_{14}-nC_{33}$	nC_{29}，nC_{31}	4.0	2.5	8.3
E3-2	1~2	0.47	$nC_{14}-nC_{33}$	nC_{29}，nC_{31}	2.3	1.2	6.4
E3-4	12~13	0.47	$nC_{14}-nC_{33}$	nC_{29}，nC_{31}	2.6	2.2	6.6
E3-5	18~19		$nC_{14}-nC_{33}$	nC_{29}，nC_{31}	3.9	2.8	10.8
E3-6	25~26	0.46	$nC_{14}-nC_{33}$	nC_{29}，nC_{31}	7.0	2.5	8.0
E3-7	32~33		$nC_{14}-nC_{33}$	nC_{29}，nC_{31}	6.2	1.8	4.4
E3-8	41~42	0.44	$nC_{14}-nC_{33}$	nC_{29}，nC_{31}	3.3	2.1	6.6
E5-1	0~1	0.08	$nC_{14}-nC_{33}$	nC_{29}，nC_{31}	2.0	2.0	2.9
E5-2	1~2		$nC_{14}-nC_{33}$	nC_{29}，nC_{31}	3.7	1.9	3.4
E5-3	5~6	0.11	$nC_{14}-nC_{33}$	nC_{29}，nC_{31}	14.4	1.5	8.7
E5-4	12~13		$nC_{14}-nC_{33}$	nC_{29}，nC_{31}	1.0	1.6	3.5
E5-5	20~21	0.20	$nC_{14}-nC_{33}$	nC_{29}，nC_{31}	2.5	1.8	3.7

注：TALK 为正构烷烃的总浓度；H/L 为各层沉积物中轻重烃比值；CPI 为碳优势指数。

资料来源：吴莹等，2001。

1）正构烷烃在柱样中的分布

如表 6.6 所示，所测定的正构烷烃系列在 nC14~nC33 之间。正构烷烃的总浓度分布在 1.0~14.4 μg/g，与以往有关黄河口和相邻渤海区及长江口和东海沉积物中的分布相近。从正构烷烃的碳数分布的特征来看，样品多以高奇碳数的优势（nC29 和 nC31）为显著特征。各表层沉积物中轻重烃比值（H/L）分布在 2.9~10.8 之间，显示了高碳数的相对优势。以碳优势指数（CPI）来看，其值也普遍大于 1.2 以上，多分布在 2 左右。碳优势指数表示的是奇数碳分子和偶数碳分子含量的比值，另外也反映了陆源有机质的贡献。研究表明，渤海沉积物中的有机质来源主要为陆源碎屑。

图 6.13 表示的是轻重烃比值在柱状样中的垂直分布。轻重烃比值随深度（或年代）的变化体现的是物源输入和埋藏改造的重叠效应，在渤海区沉积物中有机质的来源基本上为黄河物质输入所控制，而同时轻烃易被改造，重烃稳定，因此轻重烃比值应随深度增加而增大。然而轻重烃比值随年代分布存在极大值，结合黄河历史和现在的水量和输沙量的变化，两个极大值分别对应的是 1980 年左右年黄河极大输沙量和 1855 年的黄河北迁事件的发生，这表明了分子标志物在沉积物中对自然的记录。

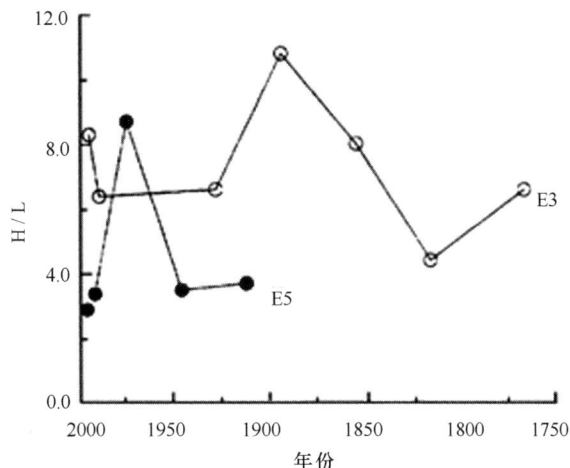

图 6.13 渤海柱状样中 H/L 比值随年代的变化

资料来源：吴莹等，2001

2）脂肪酸在柱样中的分布

渤海沉积物中共检测出近 40 种一元羧酸，包括饱和与不饱和的，以及异构和反异构结构的一元羧酸。从图 6.14 可知，表层沉积物中一元羧酸的总浓度为 512～1 318 μg/g。根据以往研究报道，E3 站的表层沉积物是处于还原环境，而 E5 站则处于氧化环境。在不同的氧化还原的沉积环境中，脂肪酸的保存和降解情形是不同的。已有工作表明底层氧含量的高低对脂肪酸的保存和降解是有决定意义的。E3 和 E5 站几乎同处渤海中央盆地，而且其物质来源和沉积速率相近，因此，沉积环境的差异决定了脂肪酸在该处的保存状况。从图 6.15 可知，除了 nC18：1/nC18：0 参数的分布趋势相似，其他指标的分布趋势都十分不同，甚至恰好相反。在 E3 站，总脂肪酸含量随着柱深而降低，其组分在表层便被迅速降解，这一点可从相关的 BrC15：0/nC15：0 和 nC18：1/nC18：0 这两个参数的变化可看出。而在 E5 站，总脂肪酸含量随着柱深增加而增高，BrC15：0/nC15：0 体现的细菌活动强度也不如 E3 站，而 nC18：1/nC18：0 比值则表明在 E5 站脂肪酸的保存和抗降解性更好，也就是说在还原环境中的脂肪酸的降解过程优于氧化环境（吴莹等，2001）。

6.4 重金属与放射性元素

许多研究表明重金属与生物大分子基团和遗传物质的相互作用可导致多器官的畸变、突变和癌变效应。进入水体的重金属大部分转移至悬浮颗粒物和底层沉积物中，累积的重金属在一定条件下又释放进入上覆水。此外，通过生物富集和放大作用，重金属会对生态系统构成直接和间接的威胁。因此，具有源和汇双重作用的沉积物在重金属污染评价中至关重要。

6.4.1 渤海沉积物中重金属的背景值

经 [210]Pb 测年，渤海现代沉积速率范围在 1.0～44.2 mm/a 之间。高沉积区位于河口及湾顶，如海河口、黄河口和辽东湾顶；低沉积速率区位于滦河口和渤海中部。

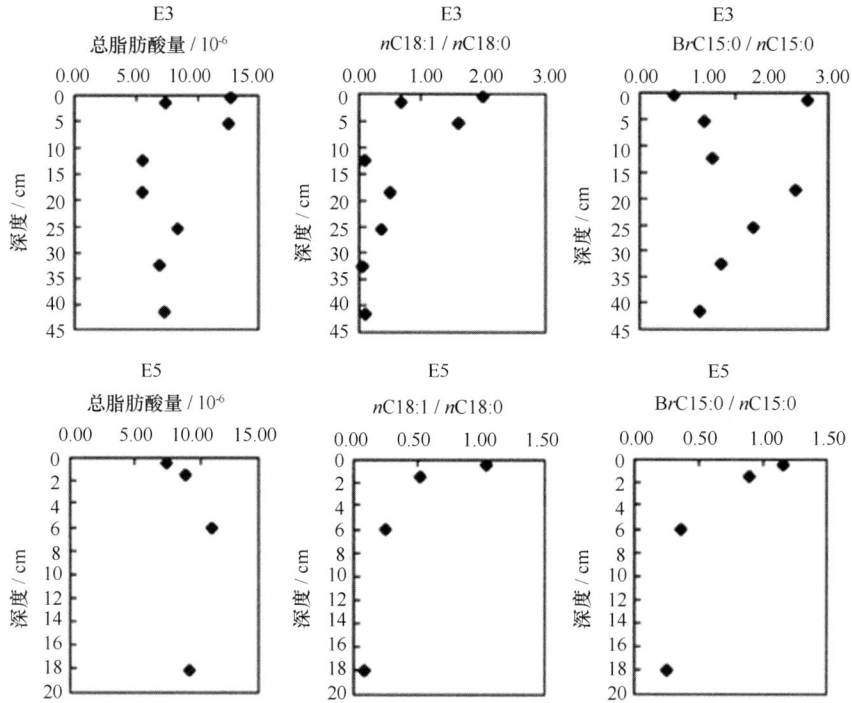

图 6.14　渤海柱状样中脂肪酸及其参数随深度变化曲线

资料来源：吴莹等，2001

　　渤海各湾环境背景值采用岩心样拐点以下稳定段作为背景，渤海重金属环境背景值则采用渤海中部深水区岩心样为背景，经态性检验后，用均值和一倍标准差求得 Cu、Pb、Zn、Cd 环境背景值。结果与用 ^{210}Pb 年代学编年资料获得的渤海各站百年前沉积层中重金属含量是吻合的（表6.7）。

表 6.7　渤海细颗粒（<0.063 mm）沉积物中重金属环境背景值　　　　　　$\times 10^{-6}$

区域	元素	样品数	态性检验	平均值	标准差	背景含量
渤海	Cu	199	偏态	22.10	4.16	19.74～26.26
	Pb	125	正态	13.96	3.35	10.61～17.31
	Zn	201	偏态	65.15	9.85	56.30～75.00
	Cd	124	正态	0.088	0.048	0.040～0.136
辽东湾	Cu	85	正态	19.18	3.78	15.40～22.96
	Pb	45	正态	11.52	1.70	9.82～13.22
	Zn	82	正态	56.99	7.78	49.21～64.77
	Cd	45	正偏	0.069	0.034	0.035～0.103
渤海湾	Cu	127	对数正态	25.21	1.01	24.20～26.22
	Pb	79	对数正态	16.27	1.02	15.52～17.29
	Zn	127	对数正态	73.59	1.01	72.58～74.60
	Cd	80	正偏	0.112	0.01	0.102～0.122
莱州湾	Cu	34	正态	18.20	2.52	15.68～20.72
	Pb	23	负偏	11.01	2.60	8.41～13.61
	Zn	38	正态	58.47	11.74	46.73～70.21
	Cd	31	正态	0.106	0.025	0.081～0.131

区域	元素	样品数	态性检验	平均值	标准差	背景含量
渤海中部	Cu	65	正态	22.19	3.14	19.05～25.33
	Pb	40	对数正态	11.65	2.61	9.04～14.26
	Zn	65	对数正态	61.01	8.98	52.03～69.99
	Cd	40	正偏	0.079	0.028	0.051～0.107
百年前沉积层	Cu	155	偏态	21.83	4.37	17.46～26.20
	Pb	89	正态	13.49	3.70	9.79～17.19
	Zn	156	偏态	64.10	10.52	53.58～74.62
	Cd	90	正态	0.081	0.045	0.036～0.126

资料来源：李淑媛等，1996。

6.4.2 渤海表层沉积物中重金属的分布特征

由沉积物重金属的含量可以判断研究区域受污染的程度，重金属含量的水平分布可以追踪其污染源，了解其扩散范围。渤海重金属总体分布特征是河口附近重金属含量高，河口外含量低。其中，锦州湾是渤海重金属污染最重的海湾，其次是渤海湾，重金属污染较轻的是莱州湾。

渤海大区域表层沉积物重金属分布的报道不多，但区域性的报道不少。以渤海湾为例，从海河口到渤海湾 Cu、Zn、Cd 等的含量是减少的。海河口重金属含量最高，Zn 可达 148.70 mg/kg，Cd 为 0.21 mg/kg，分别为其在湾内含量的 2 倍和 4 倍；Cu 和 As 的含量变化比较平稳，Cu 从海河口的 27.50 mg/kg 降到湾内的 25.43 mg/kg，As 从 7.45 mg/kg 降至 6.81 mg/kg；Pb 在湾内表层沉积物中的含量虽然略小于海河口，但过去多年来均是湾内表层沉积物的含量大于海河口，且历年来其在湾内含量的变化较海河口更为剧烈，这反映了 Cu、Zn、Cd、As 等更易受沿岸及河流排污的影响，而 Pb 则更易受大气输送和水体传输的控制。

根据"908"专项调查结果，渤海表层沉积物中镉、铬、汞、砷和锌的高值区主要位于渤海西部近岸海域，如曹妃甸近海、滦河口和秦皇岛邻近海域，而中部和东部海域表层沉积物中镉的含量则较低（见图 6.15）。曹妃甸近海、滦河口和秦皇岛邻近海域受人类活动影响较大，且其表层沉积物的颗粒相对较细，这反映了人类活动和沉积物颗粒大小对镉、铬、汞、砷和锌分布的重要作用。

与镉、铬、汞、砷和锌的分布规律不同，渤海表层沉积物中铜的高值区主要位于渤海中部邻近渤海海峡的海域，在渤海湾、莱州湾和辽东湾也有小面积的高值区（见图 6.15）。渤海湾、莱州湾和辽东湾高值区的表层沉积物颗粒较细，反映了沉积物颗粒大小对表层沉积物中铜含量具有一定的影响。而渤海中部邻近渤海海峡的海域表层沉积物颗粒较粗，却出现大面积的高铜分布区，这表明沉积物颗粒大小不是影响渤海表层沉积物中铜分布的主要因素。

与镉、铬、汞、砷、锌和铜的分布规律不同，渤海表层沉积物中铅的高值区主要位于辽东湾，其次为渤海湾。渤海湾出现高铅分布的海域，其表层沉积物主要为黏土质软泥，颗粒较细，这反映了沉积物颗粒大小对表层沉积物中铅含量具有一定的影响。辽东湾表层沉积物主要为粗粉砂，与黏土质软泥相比，其颗粒较粗，而该海域却出现了大面积的高铅分布区，这表明沉积物颗粒大小不是影响渤海表层沉积物中铅分布的主要因素。

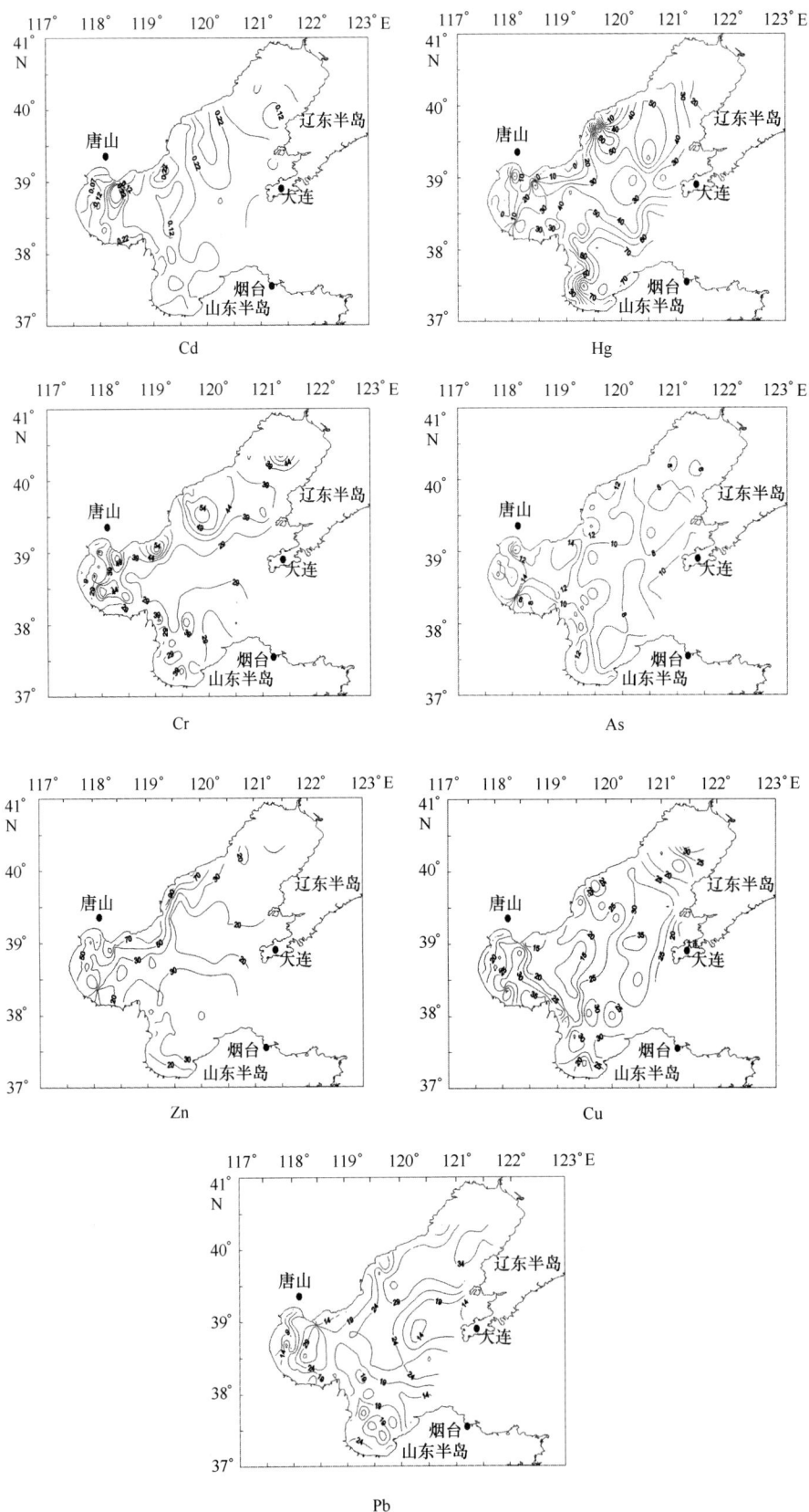

图 6.15　渤海表层沉积物 7 种重金属（$\times 10^{-6}$）分布

资料来源："908"专项调查结果

6.4.3 渤海重金属的演化

为获得 Cu、Pb、Zn、Cd 进入渤海各湾的历史负荷量，依据各站重金属沉积通量，计算了四个时期（1983 年、1970 年、1960 年、1940 年）Cu、Pb、Zn、Cd 的自然和人为负荷量。

对于锦州湾，1940 年前为沿岸采掘工程、少量工业活动影响的明显增值区，尔后逐年递增，1979 年金属排放量达高峰，Cu、Pb、Zn、Cd 分别为 170.585、143.055、366.0、12.61 t，这一总趋势在渤海湾南滩和湾外表现明显。自 20 世纪 60—70 年代末，锦州湾 Cu、Pb、Zn、Cd 人为输入量均高出自然负荷量，污染面积超出所辖范围，波及菊花岛东北和辽东湾中部海域。

对于渤海湾，自 1933 年重金属开始累积，1983 年 Pb、Zn、Cd 人为负荷量达到高峰，其输入量依次为 54.47 t、273.64 t、5.77 t，最大人为输入量在 1974 年，负荷量为 108.07 t。Cu、Pb、Zn 污染物在 20 世纪 50 年代末至 60 年代初主要由蓟运河提供，其他时期多为海河口输入，Cd 人为增量主要源于海河口和黄河口。

对于辽河口，从口门外两柱岩心记录看，在 1900 年前后 Cu、Pb 含量开始缓慢上升，到 1940 年 Cu、Pb、Zn、Cd 人为输入量明显增加，20 世纪 70 年代初 Cu、Pb 负荷量略有降低，而后（至 1984 年）出现大幅度增值。20 世纪 60—80 年代 Zn、Cd 增值幅度最大。河口区虽然重金属污染排放量在逐年增加（自 1940 年起），但重金属人为负荷量并不高。

对于莱州湾，Cd 自 1900 年在该湾西部湾口累积。20 世纪 40 年代受龙口沿岸工业排污影响，重金属负荷量迅速增加，到 20 世纪 60 年代 Cu、Pb 人为排入量达历史高峰，而后呈递减趋势。1984 年后 Pb、Zn、Cd 污染物大幅度回升，其中，Zn 人为负荷量较 20 世纪 60—70 年代高出 10 个数量级，并自龙口段向湾中部扩展，莱州湾 Cd 人为负荷量多受黄河泥沙影响（李淑媛等，1996）。

6.4.4 渤海放射性元素

天然放射性同位素 ^{210}Pb 是铀系子体 ^{226}Ra 衰变的产物，海洋沉积物中 ^{210}P 的富集来源主要有 4 个途径：大气的沉降、河流的输入、近海海水的输送和沉积物中母体 ^{226}Ra 的衰变。

1）^{210}Pb 活度的空间分布特征

齐君等（2005）报道了渤海沉积物中 ^{210}Pb 的测定结果，表明该海区表层沉积物中 ^{210}Pb 活度的分布有很大的差异。从图 6.16 可以看出，渤海中部表层沉积物中 ^{210}Pb 活度介于 2.19 ~ 6.31 dpm/g 之间，由东南向西北方向 ^{210}Pb 活度有增高趋势；在辽东湾 ^{210}Pb 活度介于 2.43 ~ 3.71 dpm/g 之间，由东向北 ^{210}Pb 活度越来越高，在辽东洼地最高；渤海湾 ^{210}Pb 活度介于 2.56 ~ 3.75 dpm/g 之间，由南向北 ^{210}Pb 活度有增高趋势；莱州湾和黄河三角洲附近海域 ^{210}Pb 活度介于 1.73 ~ 4.83 dpm/g 之间，从黄河三角洲沿岸向莱州湾内，^{210}Pb 活度呈现减小趋势。总体而言，渤海表层沉积物中 ^{210}Pb 活度的空间分布呈现中央海区最高，渤海湾西岸、莱州湾西岸和黄河三角洲附近及辽东湾适中，而莱州湾内、渤海湾内及中央海区偏东海域最低的特征。

2）渤海 ^{210}Pb 的富集及来源

由以上分析的 ^{210}Pb 活度的空间分布特征不难看出渤海整个海域 ^{210}Pb 活度的整体分布特

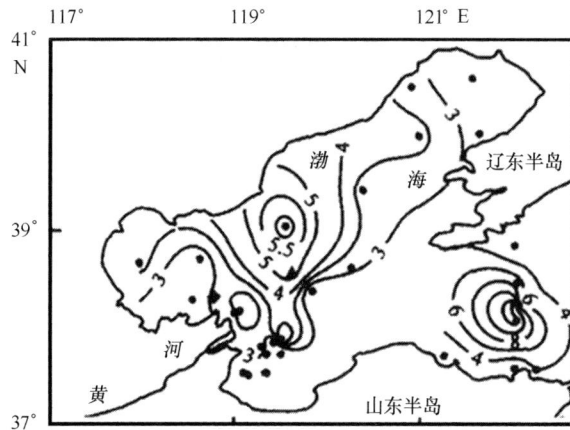

图 6.16　渤海^{210}Pb 活度的空间分布

资料来源：齐君等，2005

征。^{210}Pb 活度高值区位于渤海中部，而低值区位于渤海湾内、莱州湾内、中央海区偏东海域。

渤海陆架区^{210}Pb 的来源一方面是大气的沉降，^{210}Pb 从大气沉降到海面，在海水中滞留一段时间（浅海一般为 1～2 个月），被悬浮颗粒物质所吸附，然后随颗粒物沉积到海底；另一方面，是河流的输入，黄河物质流入渤海后，在水动力条件影响下，较粗颗粒物就近沉积形成了黄河三角洲，而在中央盆地形成了细颗粒泥质沉积区，该区悬浮体含量平均在 21.9 mg/L 左右。

3）^{210}Pb 活度的垂直分布

由以上分析的表层沉积物中^{210}Pb 活度的平面分布特征可以看出，黄河三角洲附近海区^{210}Pb 活度值很低而在渤海中央泥质沉积区^{210}Pb 活度值很高。在黄河三角洲附近海域，^{210}Pb 活度随岩心深度的衰减呈现多阶分布或出现正、负异常平移现象，这反映了黄河口频繁改道和物质来源供应的差异，造成了沉积环境的变化。而在渤海中央海区泥质沉积区，^{210}Pb 在此大量富集，^{210}Pb 活度值较高。^{210}Pb 垂直分布特征以及较低的沉积速率，可以反映出渤海中部泥质沉积区沉积环境稳定。

由以上分析可以看出，非泥质沉积区^{210}Pb 活度随岩心深度衰减的垂向分布受到水动力条件、物质来源和历史沉积事件的制约，渤海中部泥质沉积区^{210}Pb 活度值较高，^{210}Pb 活度随岩心深度衰减的垂向分布很有规律，沉积速率较低，反映了泥质沉积区稳定的沉积环境。

第2篇 黄 海

　　黄海是全部为大陆架所占的浅海。因古黄河曾自江苏北部沿岸汇入黄海，海水含沙量高，水色呈黄褐色，因而得名。它位于中国大陆与朝鲜半岛之间，西面和北面与中国大陆相接，西北面经渤海海峡与渤海相通，东邻朝鲜半岛，南以长江口北岸的启东嘴与济州岛西南角连线同东海相连，东南至济州海峡西侧并经朝鲜海峡、对马海峡与日本海相通。山东半岛深入黄海之中，其顶端成山角与朝鲜半岛长山串之间的连线，将黄海分为南、北两部分。黄海面积约 38×10^4 km²，平均深度 44 m，最大深度位于济州岛北侧，为 140 m。

　　黄海东部和西部岸线曲折，岛屿众多。注入黄海的主要河流有淮河水系诸河、鸭绿江和大同江等；长江口虽然位于东海之内，但长江径流对南黄海的影响却很大。黄海地势由北和东西两侧向中央和东南向倾斜，中央偏东有狭长低槽，自济州岛伸向渤海海峡，称为"黄海槽"，槽的东侧坡陡，西侧平缓。黄海北部沉积物，粗、细粒度成不规则斑块状分布；东部则粗细沙兼有，并有砾石和基岩；南黄海西部，呈南北向带状分布，中间为黏土质软泥，东西两侧为细砂和粗粉砂。

　　从整体来看，黄海海流微弱，流速通常只有最大潮流速度的 1/10 左右。黄海环流主要由黄海暖流（及其余脉）和黄海沿岸流所组成。黄海暖流是对马暖流在济州岛西南方伸入黄海的一个分支，它大致沿黄海槽向北流动，平均流速约 10 cm/s。它是黄海外海水的主要来源，具有高盐（冬季兼有高温）特征，但在北上途中逐渐变性。当它进入黄海北部时已成为余脉，再向西转折，经老铁山水道进入渤海时，势力已相当微弱。黄海沿岸流是黄海沿岸流系（包括西朝鲜沿岸流、辽南沿岸流、苏北近岸局部性沿岸流等）中的一支，是低盐（冬季兼低温）水流，水色混浊，流速小于 25 cm/s。它上接渤海沿岸流，沿山东半岛北岸东流，在成山角附近转向南或西南流，绕过成山角后大致沿 40~50 m 等深线的走向南下，在长江口北（约 32°—33°N 附近）转向东南，越过长江浅滩侵入东海，其前锋有时可达 30°N 附近。黄海暖流和黄海沿岸流的基本流向终年比较稳定，流速皆有夏弱冬强的变化。黄海暖流及其余脉北上，而黄海沿岸流南下，形成气旋式的流动。

　　黄海的水团主要有沿岸水团、黄海中央水团和南黄海高盐水团 3 类最基本的水团。黄海沿岸水系指黄海沿岸 20~30 m 等深线以内的海域，入海江河淡水与海水混合，形成的辽南沿岸水、鲁北沿岸水、苏北沿岸水和西朝鲜沿岸水。这些沿岸水的共同特征是：盐度终年较低（大多数低于 32.0）、海水混浊，透明度小，温度、盐度的季节变化大，水团的水平范围夏季的大而冬季的小，但厚度是夏季的浅而冬季的深。黄海中央水团分布在黄海中央水下洼地区域，其南端可进入东海。它是由进入大陆架浅海的外海水与沿岸水混合后，在当地水文气象条件的影响下形成的混合水团。黄海冷水团是一个温差大、盐差小，以低温为其主要特征的水体。这一冷水实际上是冬季时残留在海底洼地中的黄海中央水团。它在增温季节，相对于变性剧烈的上层水和周围的沿岸水，才显现为冷水。南黄海高盐水，也称黄海暖流水，位于黄海东南部，是伸入黄海的对马暖流高盐水与黄海中央水团混合形成的。冬季，呈现为高温高盐特征。夏季，由于层化和上层中央水的扩展，上层消失，下层仍然位于黄海的东南部，保持着冬季的特征。

黄海的生物区系属于北太平洋区东亚区，为暖温带性，其中，以温带种占优势，但也有一定数量的暖水种成分。

第 7 章　黄海溶解氧与 pH 值[①]

7.1　溶解氧

7.1.1　溶解氧的平面分布特征

根据 1997—1998 年"中韩黄海水循环动力学合作研究"项目的调查数据，冬季（2 月），南黄海表层溶解氧含量在 8.3～10.9 mg/L 之间，平均值为 9.5 mg/L。其平面分布特征为：济州岛以西海域存在一低氧水舌，其首先向西北方向伸展，进入南黄海中部后转而向北伸展，并具有进入北黄海的趋势。其与高温、高盐水舌（即黄海暖流水）的伸展方向和范围基本一致［见图 7.1（a）］。这说明冬季南黄海中央海域溶解氧含量及分布受黄海暖流水的控制。近岸海域，溶解氧含量北高南低，并由北向南递减。南黄海西南部有一明显的高氧水舌向东南方向伸展，与近岸海域水温的分布趋势相反，表明近岸海域溶解氧含量及分布主要受沿岸流的控制。此外，在长江口东北部存在一较低氧含量（<9.6 mg/L）、高温（>9℃）、高盐（<33.0）区域［见图 7.1（a）］，这是台湾暖流前缘水扩展至此所致（苏育嵩，1986）。由于冬季强烈的垂直涡动混合作用，使黄海上下水体同性成层，因此其他各层溶解氧的分布同表层非常相似。对全部数据的统计分析结果表明，溶解氧含量与水温呈显著负相关，说明冬季南黄海溶解氧含量几乎完全受水温的控制。

春季（5 月），表层溶解氧含量由南向北逐渐增高，济州岛以西海域表层仍存在一较低氧含量的区域，但其范围较冬季要小得多［见图 7.1（b）］。南黄海北部及东、西部近岸海域溶解氧含量较高（>8.4 mg/L）。底层溶解氧分布与表层相似［见图 7.2（b）］。

夏季（7 月），表层溶解氧含量以东侧近岸海域和南黄海东南部较高［见图 7.1（c）］，这与上述海域较强的光合作用有关。因为来自朝鲜半岛西岸的陆地径流和长江冲淡水的左转北上，为这些海域带来了丰富的营养盐。长江口东北部存在一溶解氧含量小于 6.4 mg/L 的区域［见图 7.1（c）］，这可能是台湾暖流底层前沿水的扩展所致。

底层［图 7.2（c）］，溶解氧含量中央海域较低（<7.2 mg/L），并形成一低氧封闭区，该低氧封闭区位于黄海冷水团内（即底层冷水 10℃等值线范围内），这是中央海域底层水中有机物分解耗氧逐步累积所致；近岸海域溶解氧含量较高（>8 mg/L）。这与中层的分布适成相反。南黄海南部溶解氧含量仍很低（<6.4 mg/L），并由南向北递增，这同样是台湾暖流底层水的影响所致。溶解氧饱和度的分布模式同溶解氧的大致相似。

秋季（11 月），表层溶解氧含量均是黄海南部低、北部高，并由南向北递增［图 7.1（d）］，其与水温的分布适成相反。统计分析结果显示溶解氧含量与水温呈显著负相关（r = −0.90，n = 60），这说明秋季表层溶解氧含量主要受水温的控制。底层，溶解氧的分布同夏

---

① 本章撰稿人：王保栋，厉丞烜，孙霞，谢琳萍。

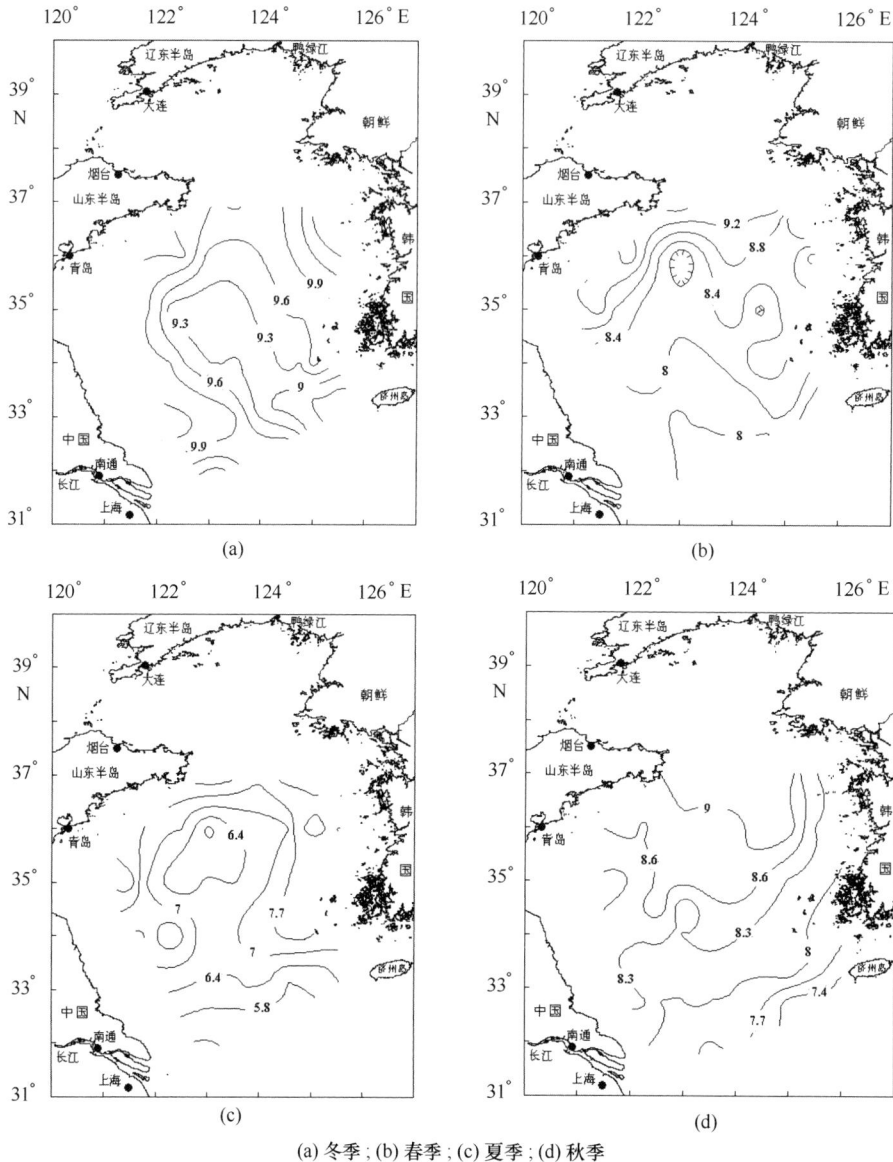

(a) 冬季；(b) 春季；(c) 夏季；(d) 秋季

图 7.1 黄海表层溶解氧（mg/L）平面分布

季的大致相似［见图 7.2（d）］。但溶解氧最低值区（<5.6 mg/L）不在黄海冷水团中，而是在济州岛以西海域。该海域具有相对高温（>15℃）、高盐（>33.0）特征，这可能是济州岛西南部底层水沿坡爬升所形成的变性水。

7.1.2 溶解氧的断面分布特征

这里主要讨论黄海冷水团中溶解氧的断面分布特征。

冬季（2月），由于强烈的垂直混合作用，溶解氧垂直分布大致均匀。在黄海中央海域，由于高温的黄海暖流的影响，溶解氧含量较低（<9.6 mg/L），而近岸海域由于水温低而使溶解氧含量较高（>9.6 mg/L）［见图 7.3（a）］。

初春（4月），正值黄海浮游植物春花期，上层水体中浮游植物光合作用产生大量氧，使得上层水体（0～30 m）溶解氧含量非常高（>10.4 mg/L）［图 7.3（b）］，甚至远高于冬季时的含量。

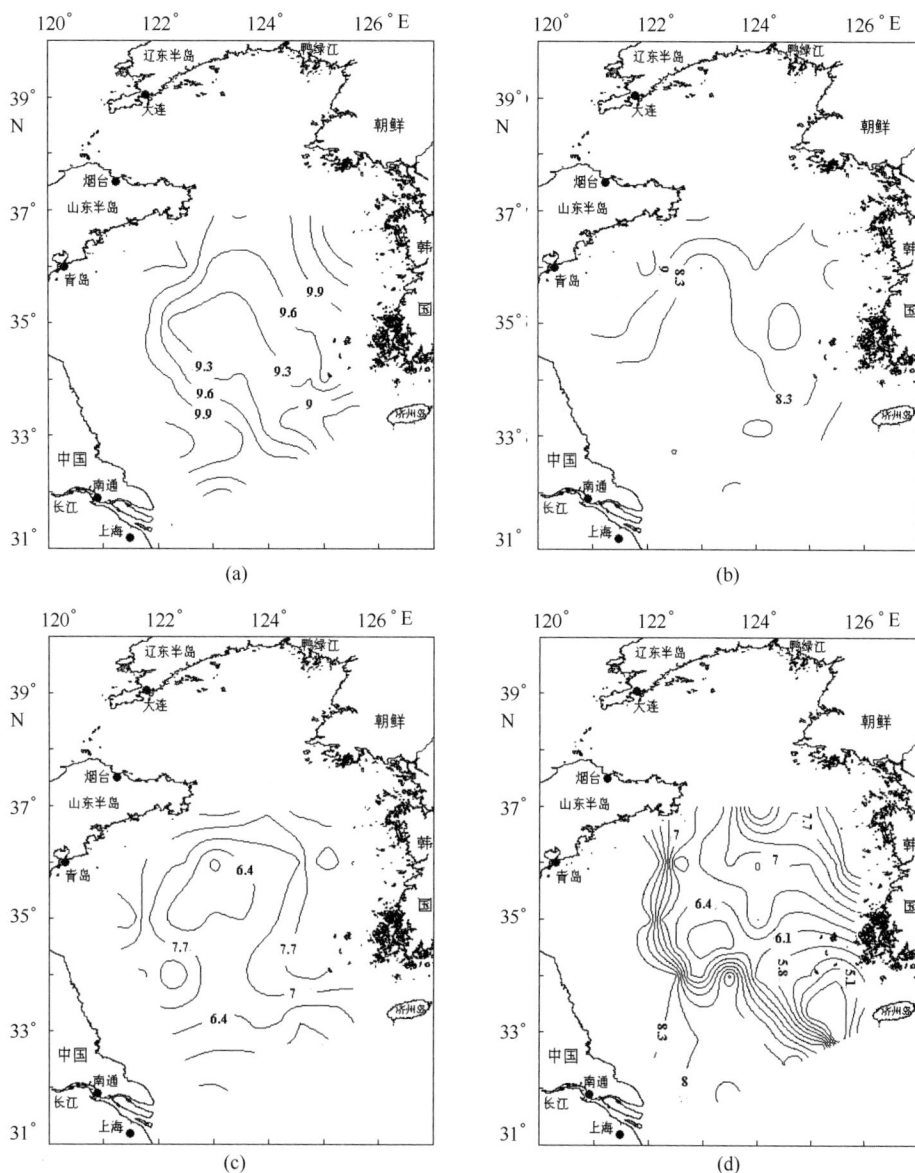

(a) 冬季；(b) 春季；(c) 夏季；(d) 秋季

图 7.2 黄海底层溶解氧（mg/L）平面分布

5月，伴随着温跃层的产生，在海盆中形成了黄海冷水团。同时，亦在温跃层中产生了溶解氧最大值层，氧最大值深度与温跃层下界基本一致，但其仅在水深大于70 m的海域出现［图 7.3（c）］，远远小于黄海冷水团的范围（底层冷水 12℃ 等温线内）。7月，氧最大值无论强度和地理分布范围均达到最大（其地理分布范围为 50 m 等深线以深海域，如图 7.3（d）。10月，虽然仍然存在氧最大值层，但其范围较夏季小得多。11月氧中层最大值现象消失，但溶解氧的层化现象依然存在［图 7.3（e），（f）］。

从图 7.3（d）中还可看出，春季和夏季温跃层附近溶解氧等值线具有明显的起伏趋势或呈马鞍形形态，与冷水团上界等温线的马鞍形形态十分相似，其他要素如 pH 值和营养盐等均有相似的分布特征，这是底层冷水涌升所致。

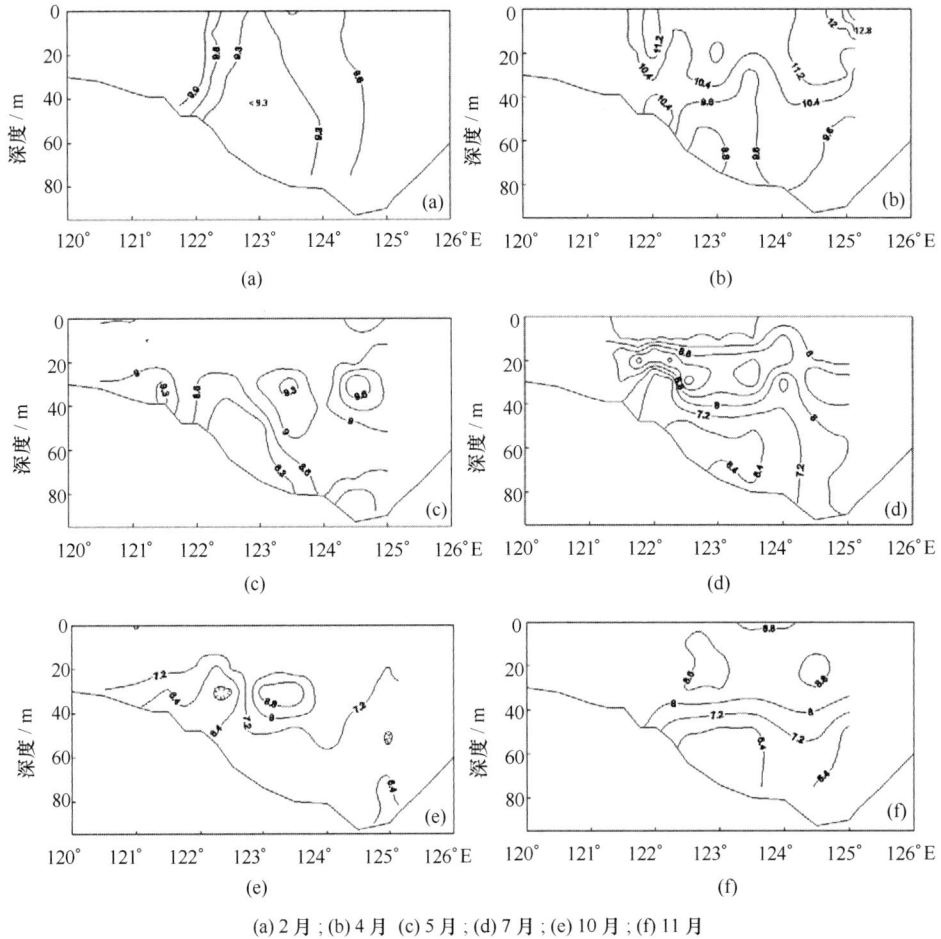

(a) 2 月；(b) 4 月 (c) 5 月；(d) 7 月；(e) 10 月；(f) 11 月

图 7.3 黄海冷水团海域溶解氧断面分布（mg/L）

7.1.3 溶解氧的季节变化和长期变化

1）季节变化

南黄海生源要素的季节变化十分复杂，不同站位、不同层次的季节变化各不相同。这里仅对黄海中部某一典型站位溶解氧的垂直分布及其季节变化进行分析。图 7.4 为黄海冷水团某一典型站位溶解氧的季节分布。表层溶解氧的季节变化顺序由大到小依次是：4 月、2 月、5 月、11 月、10 月和 7 月，其基本上与水温的变化趋势相反，说明表层溶解氧含量在很大程度上受水温控制。然而，仔细观察发现，虽然 4 月和 2 月的表层水温几乎相同，但 4 月的溶解氧含量明显高于 2 月的，这是 4 月浮游植物春花期强烈的光合作用产生了大量氧所致。中层（20～30 m）溶解氧的季节变化顺序由大到小依次是：4 月、7 月、5 月、10 月、2 月和 11 月，说明中层（即溶解氧最大值层）溶解氧含量主要受控于浮游植物的光合作用，7 月氧含量高于 5 月这一事实说明，春、夏季该层中光合作用强烈，因而氧含量从 5 月到 7 月逐渐增大；夏季以后该层中光合作用趋弱，因而氧含量逐渐降低。下底层，溶解氧含量（指南黄海冷水域 50 m 以下各层溶解氧含量之平均值）从 2 月到 11 月随时间呈线性递减，这是有机物的分解耗氧逐步累积的结果。

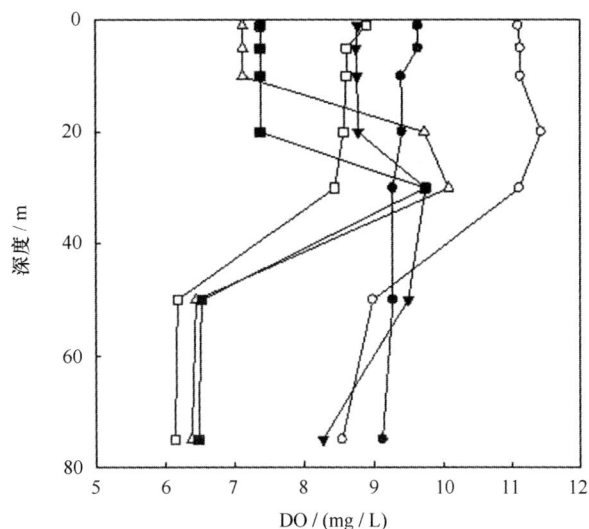

●1997 年 2 月；○1996 年 4 月；▼1998 年 5 月；△1997 年 7 月；■1996 年 10 月；□1997 年 11 月；

图 7.4　黄海典型站位（35°N，124°E）溶解氧（mg/L）季节变化

2）长期变化

根据近 30 年黄海海域的历史监测资料（观测站点见图 7.5），在此对于该海域溶解氧浓度的长期变化情况进行分析（见图 7.6）。观测结果表明，在 1976—2007 年间，黄海表层溶解氧含量未发生明显的变化，其中，1976—1985 年表层溶解氧含量平均值为 8.61 mg/L，到 2006—2007 年溶解氧平均仍维持在 8.48 mg/L。在此观测期间，黄海底层水体中的溶解氧含量则具有明显的降低趋势。在 1976—1985 年，底层溶解氧含量平均值为 8.52 mg/L，到 1996—1999 年，底层溶解氧含量平均下降至 8.05 mg/L，而在 2006—2007 年间，底层溶解氧含量平均值下降为 7.75 mg/L，比 1980 年前后溶解氧含量下降了 0.77 mg/L。在此 30 年中，黄海底层溶解氧含量的降低可能主要由于此期间海水温度的不断增加（见图 7.7），因为黄海水温的提高会降低溶解氧在水体中的溶解度。

7.1.4　黄海溶解氧垂直分布最大值现象

黄海的溶解氧垂直分布最大值现象是黄海的一个重要海洋学现象。下面将分别对氧最大值的地理分布、深度、强度、与温跃层和生物活动的关系等进行进一步说明。

（1）地理分布：根据对 1995 年 6—7 月和 1997 年 7—8 月的调查资料的分析表明，夏季南黄海存在较明显氧最大值的海域是 50 m 等深线以深海域，而不是"在底层冷水 12℃ 等温线范围内"（顾宏堪，1980），前者较后者范围小。此结果与刁焕祥等（1985）的研究结果基本一致。春、秋季氧最大值的地理分布范围较夏季小得多，亦较同期冷水团范围小得多。

（2）氧最大值强度：夏季氧中层最大值处溶解氧含量在 8.8 ~ 10.90 mg/L 之间（见图 7.8），其与表层之差值在 0.85 ~ 3.97 mg/L 之间，平均值为 2.32 mg/L。最大值处氧含量，绝大多数站位低于 4 月之量值；与 2 月相比，有些站位较 2 月高，有些站位与之持平，有些站位较 2 月低。春、秋季氧最大值处的氧含量及其与表层的差值均较夏季时小得多。

（3）氧最大值深度及其与温跃层的关系：对存在明显氧最大值的站位的统计结果表明（见图 7.9），氧最大值层一般在 10 ~ 40 m，最大值一般出现在 20 ~ 30 m。绝大多数站位氧

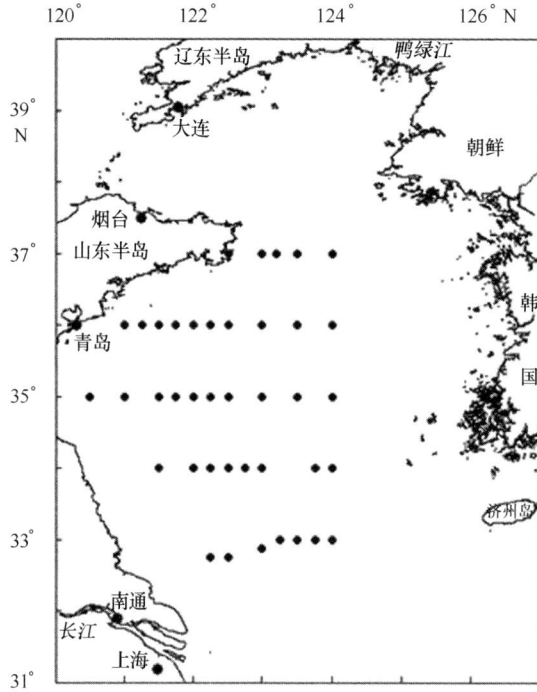

图 7.5 黄海观测站点分布

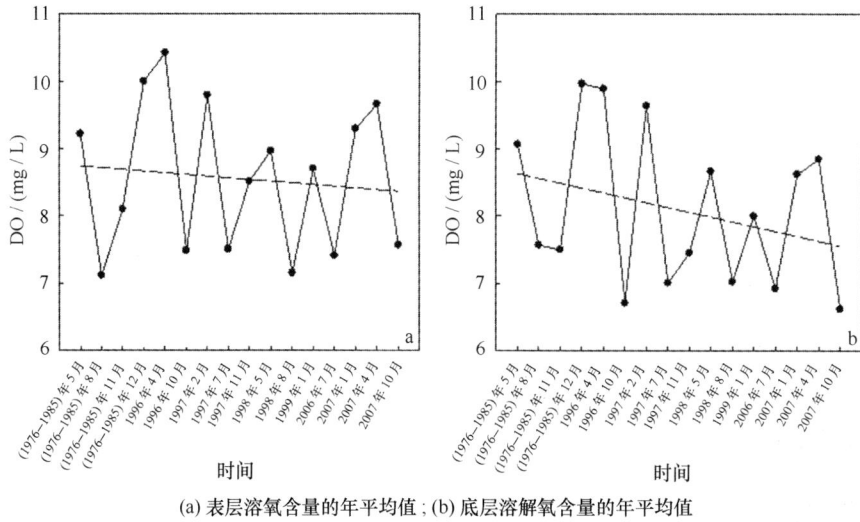

(a) 表层溶氧含量的年平均值;(b) 底层溶解氧含量的年平均值

图 7.6 黄海溶解氧含量年际变化趋势
虚线代表相应的线性回归

最大值出现在温跃层中,并且大多数站位的氧最大值深度与温跃层下界接近。同时,出现氧最大值的站位还同时具备两个条件:一是温跃层厚度大于 10 m;二是温跃层强度大于 1.0 ℃/m。这说明氧最大值的存在,既需要有较低的水温,又需要该处的水体有较强的垂直稳定性。若温跃层强度太小或温跃层厚度太薄,则温跃层中的水体不够稳定,不足以维持氧最大值的存在。

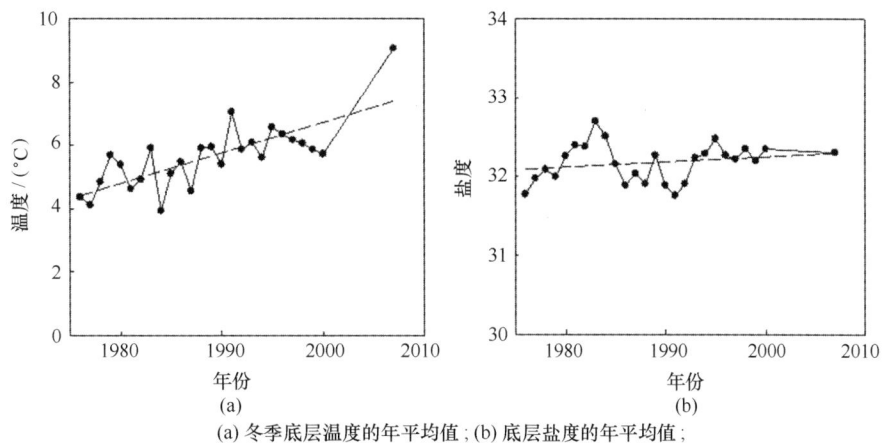

(a) 冬季底层温度的年平均值;(b) 底层盐度的年平均值;

图 7.7　黄海底层水体温度、盐度年际变化趋势

虚线代表相应的线性回归。资料来源:Lin et al., 2005

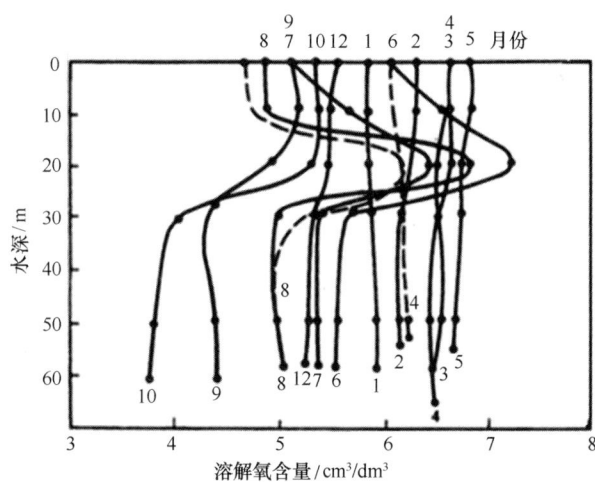

图 7.8　黄海冷水团海域溶解氧的垂直分布

资料来源:顾宏堪等, 1991

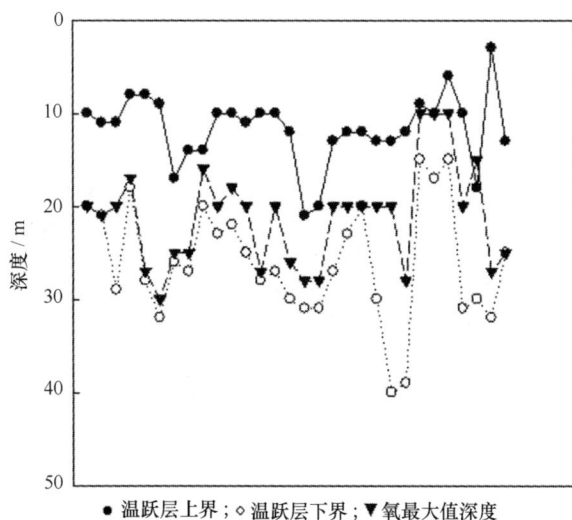

● 温跃层上界;◇ 温跃层下界;▼ 氧最大值深度

图 7.9　溶解氧最大值深度与温跃层的关系

（4）氧最大值与生物活动的关系：前文已述及，4 月浮游植物春花期，强烈的光合作用使真光层中积累了高浓度的氧。当温跃层形成以后（5—10 月），温跃层以上水体由于增温而使氧含量锐减；温跃层以下，由于有机物分解而不断耗氧，亦使氧含量大大降低；温跃层中由于水温较低，因而仍保持了 4 月以来较高的溶解氧含量。同时，5—10 月间南黄海存在次表层叶绿素最大值现象（SCM）。以 C 断面为例，在 10～40 m 层存在叶绿素 a 最大值层，叶绿素 a 最大值一般在 20～30 m，其与氧最大值深度基本一致。该层中光合作用产生的大量氧，促进了氧中层最大值的形成。假如夏季氧最大值层中的溶解氧系由冬季保留下来的话，那么，同样是溶解气体的 CO_2 亦应在温跃层中保持冬季时的高含量。这样，温跃层或溶解氧最大值层中应具有较低的 pH 值。然而，实际情况与此恰恰相反，在溶解氧最大值层中往往伴随有 pH 最大值的存在（参看下节），这是该层中浮游植物强烈的光合作用大量吸收 CO_2，从而导致 pH 值的增大。而强烈的光合作用必然同时产生大量的氧，从而导致溶解氧中层最大值的形成。

通过上述分析可以看出，虽然溶解氧的中层最大值现象是与温跃层同时产生的，但却是先于温跃层消失之前而消失，氧最大值的地理分布范围与冷水团范围并不一致。溶解氧中层最大值现象是温跃层与浮游植物的光合作用共同作用的结果，而并非单纯由冬季保持而来。

7.2 海水 pH 值

7.2.1 pH 值平面分布特征

根据 1997—1998 年"中韩黄海水循环动力学合作研究"项目的调查数据，冬季，表层海水 pH 值以南黄海西南部和东北部较低（pH 值 <8.10）（图 7.10），这与陆地径流有关。黄海暖流水流经海域 pH 值较高（pH 值 >8.15），尤其是黄海暖流入口处为最高（pH 值 >8.20）。这说明冬季黄海暖流水与黄海海水相比具有高 pH 值特征。底层海水 pH 值的分布与表层非常一致。

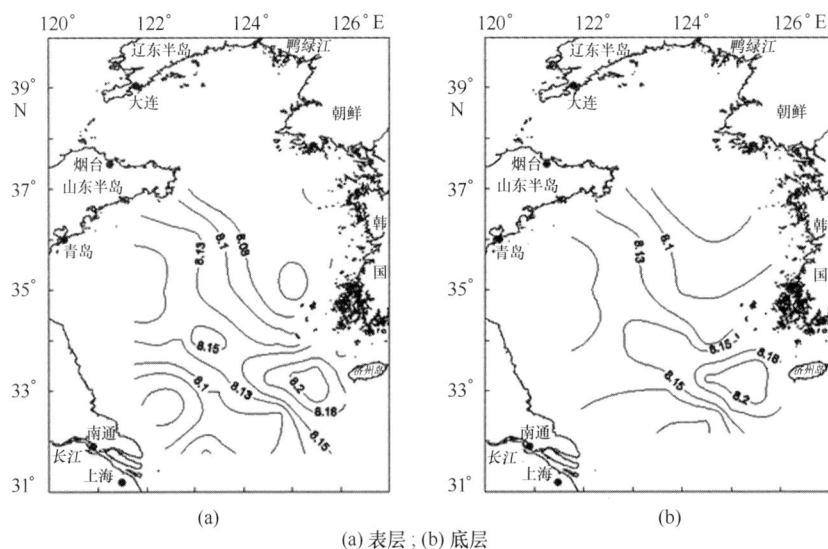

(a) 表层；(b) 底层

图 7.10　黄海冬季（1997 年 2 月）pH 值平面分布

春季（5 月），表层海水 pH 值以近岸海域低、远岸海域高，而尤以南黄海西南部为最低（pH 值 <8.15）、以中央海域为最高（pH 值 >8.20）（图 7.11）。近岸海域低的 pH 值与陆地径流有关，远岸海域尤其是中央海域的高 pH 值则是浮游植物春化期强烈的光合作用所致。底层海水 pH 值以南黄海西部和南部较高（pH 值 >8.12）、以中央海域尤其是黄海槽海域为最低（pH 值 <8.10）（图 7.11）。这是由于春季上层水体增温，尤其是 5 月温跃层形成后，由于垂直交换作用很弱，底层水中因有机物分解产生了大量的 CO_2，由此导致底层海水 pH 值的降低。

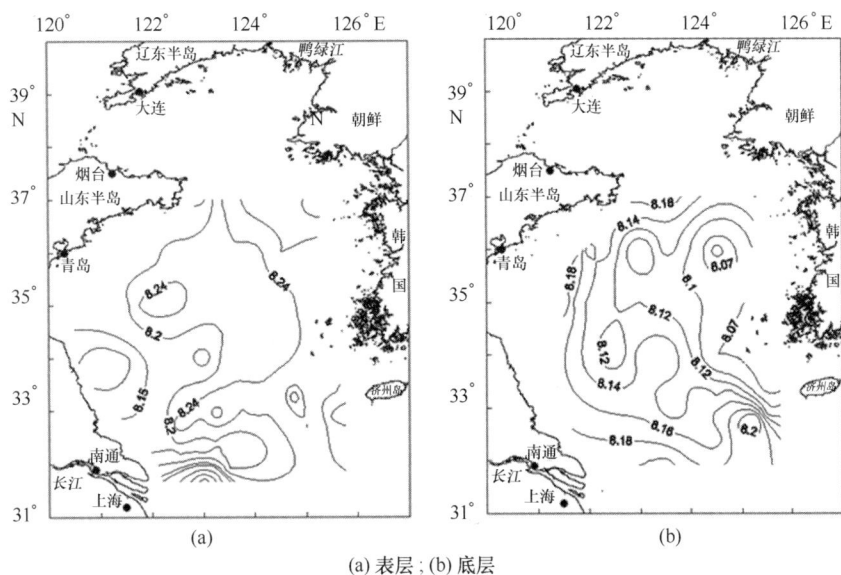

(a) 表层；(b) 底层

图 7.11　黄海春季（1998 年 5 月）pH 值平面分布

夏季，表层海水 pH 值仍以近岸海域低（pH 值 <8.20）、远岸海域高（pH 值 >8.20），而尤以南黄海南部为最高（pH 值 >8.25）［见图 7.12（a）］。底层海水 pH 值以南黄海南部较高（pH 值 >8.15），黄海冷水团中 pH 值较低（pH 值 <8.10），并形成一半封闭区，最低 pH 值为 7.94，其成因同 5 月的一样［见图 7.12（b）］。

秋季（11 月），表层海水 pH 值以南黄海北部较低（<8.15）、以中央海域和济州岛以西海域较高（>8.20）［见图 7.13（a）］。底层，pH 值以南黄海南部和近岸海域较高（pH 值 >8.15），黄海冷水团盘踞海域 pH 值较低（pH 值 <8.05），并形成一封闭区，最低 pH 值为 7.82［见图 7.13（b）］。这是黄海冷水团中有机物分解产生的 CO_2 逐步累积的结果。

7.2.2　pH 值断面分布特征

海水 pH 值的分布模式与溶解氧的非常相似。在 4 —11 月间的黄海冷水域，pH 值亦呈现明显的层化现象，即上层水 pH 值高（pH 值 >8.20），下层水 pH 值低（pH 值 <8.20 或 8.15，如图 7.14）。这是由于上层水因增温和光合作用使 CO_2 含量降低，而下层水则因有机物分解使 CO_2 含量逐渐增加的缘故。黄海中央海域上层水体一直是 pH 值最高值区，而且在 5 月和 7 月的中层（20 m 左右）出现了 pH 极大值层，其成因乃是该层中浮游植物强烈的光合作用大量吸收 CO_2 所致。冬季，强烈的垂直涡动混合作用，使 pH 值的垂向分布均一［见图 7.14（a）］。

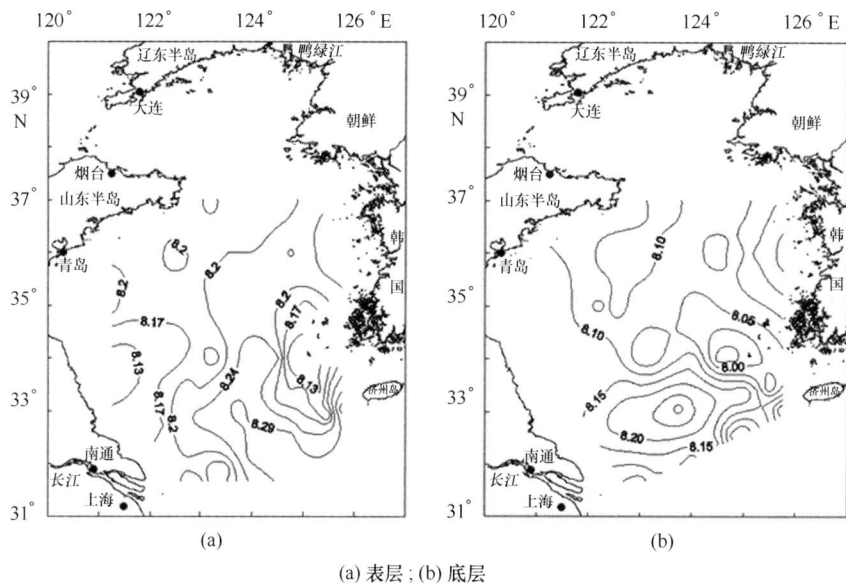

(a) 表层; (b) 底层

图 7.12　黄海夏季 (1997 年 7 月) pH 值平面分布

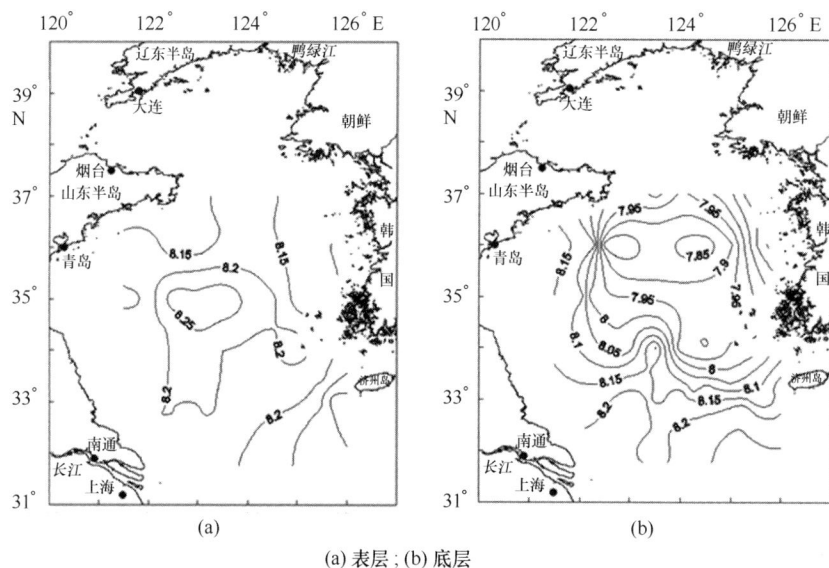

(a) 表层; (b) 底层

图 7.13　黄海秋季 (1997 年 11 月) pH 值平面分布

7.2.3　pH 值的季节变化和长期变化

(1) 季节变化

如图 7.15 为黄海冷水域某一典型站位海水 pH 值的季节分布。上层水体 (0~30 m) pH 值的季节变化由大到小依次是: 4 月、10 月、11 月、5 月、7 月和 2 月, 体现出光合作用和水温的共同影响。下底层 pH 值的季节变化由大到小依次是: 4 月、2 月、5 月、10 月、7 月和 11 月, 这是冷水团中有机物分解产生的 CO_2 逐渐累积的结果。

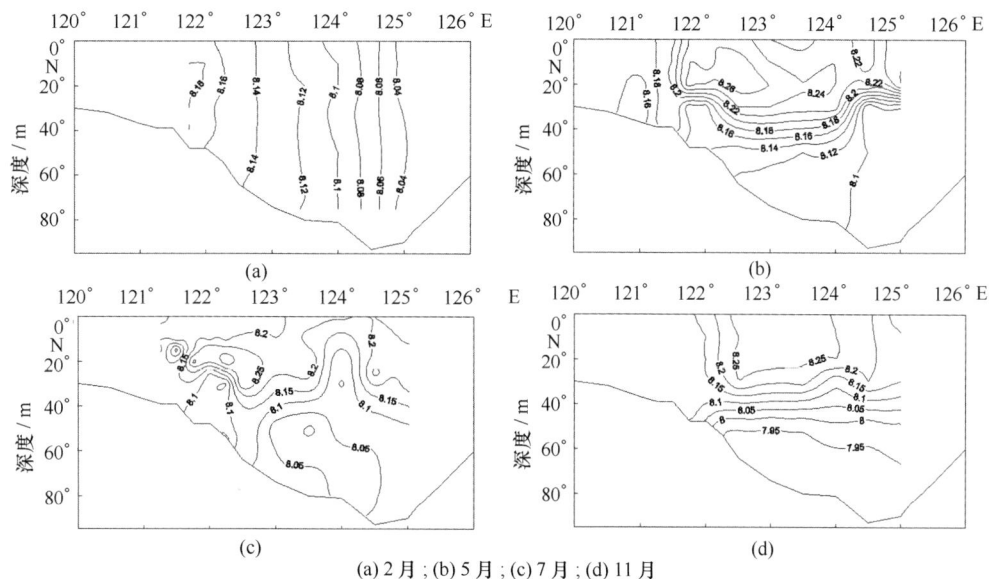

(a) 2 月；(b) 5 月；(c) 7 月；(d) 11 月

图 7.14 黄海典型断面（35°N）pH 值分布

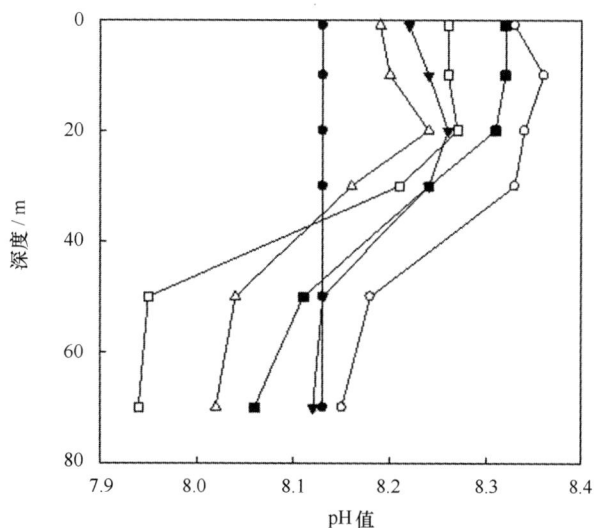

●1997 年 2 月；○1996 年 4 月；▼1998 年 5 月；△1997 年 7 月；■1996 年 10 月；□1997 年 11 月

图 7.15 黄海典型站位（35°N，124°E）pH 值季节变化

2）长期变化

选取黄海中央海域（35°～37°N，121°～126°E），根据美国国家海洋与大气局国家海洋数据中心（NOAA，http：//www. nodc. noaa. gov/）搜集的 1967—1986 年该研究区域内的不连续观测的 pH 值数据以及 2006 年 908 项目测定的 pH 值数据，就此来分析黄海水体 pH 值的年际变化趋势，如图 7.16 所示。1967—2006 年该区域的不连续观测结果表明，表层和底层水体的 pH 值未呈现出显著的年际变化。对于表层和底层水体，pH 值的变化范围分别仅为 8.00～8.19、7.98～8.21。海洋中的 pH 值分布与变化主要受控于海水 CO_2 体系各分量的变化，当 CO_2 含量降低时，pH 值将升高，而二氧化碳的含量增加 1 倍，海水的 pH 值将降低 0.25（王成厚，1995）；另外，大气中氧气、分压、海洋生物活动、温度、盐度、水深等因

素均对 pH 值产生一定的影响（Manheim，1976；Aller et al.，1980）。海洋植物在进行光合作用时消耗掉海水中 CO_2，同时释放出氧气，这会使 pH 值升高，而动植物呼吸作用产生的 CO_2 或有机质的分解，将消耗海水中的氧气，从而使 pH 值降低，这样浮游植物的光合作用强度与生物呼吸作用及有机质的氧化分解强度之间的净结果会对水体 pH 值的变化具有明显的影响。

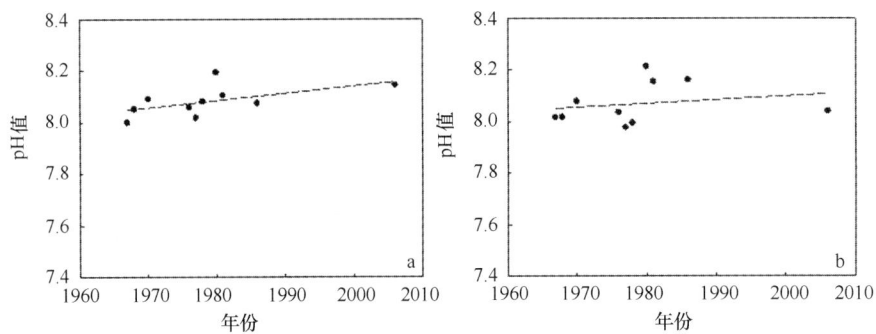

(a) 表层 pH 值的年平均值；(b) 底层 pH 值的年平均值

图 7.16　黄海某海域（35°~37°N，121°~126°E）pH 值年际变化趋势
虚线代表相应的线性回归

第 8 章 黄海海水中的营养盐①

8.1 黄海营养盐的来源和通量

8.1.1 陆源营养盐入海通量

黄海沿岸有多条大河（如鸭绿江、长江等）直接或间接注入，为之输送了大量营养盐。同时，沿岸排污（包括直排口、混排口和排污河）亦输入了大量营养盐及其他污染物。表 8.1 为黄海海域陆源营养盐入海通量统计结果。其中，径流量乃多年平均，无机氮通量取不同作者估算结果之平均值。在此需要说明的是，长江作为世界上最大的大河之一，其向东海输送了大量的营养盐。但近年的调查研究表明，其对黄海营养盐的贡献不可忽视。这里根据不同季节长江口海域多年的盐度平面分布，对盐度低于 30 部分（通常以盐度小于 30 为长江冲淡水的指标，且冲淡水通常只散布在很薄的表层），以长江口北角至济州岛连线为分界线，分别计算了不同季节黄海部分面积占总面积的百分数，以此作为不同季节长江冲淡水分别进入黄海的比例。再根据长江水营养盐入海通量，即可估算出长江水中营养盐输入黄海的通量。估算结果表明，各季节代表月即 2 月、5 月、8 月、11 月，黄海部分面积分别占总面积的 2%、10%、25% 和 3%，平均值为 10%。即每年约有 10% 的长江冲淡水流入黄海，而且主要是在夏半年。

表 8.1 黄渤海海域陆源营养盐入海通量统计结果　　　　　单位：$\times 10^9 \, \text{mol/a}$

河流名称	径流	无机氮通量			参考文献
		$NO_3 - N$	$NO_2 - N$	$NH_4 - N$	
鸭绿江	35	11.7	0.03	0.3	2
		DIN 2.1			5
大同江	15	DIN 1.0			5
汉江	19	1.1	—	1.4	3
		DIN 1.7			5
锦江	7	1.1	—	0.07	3
		DIN 0.9			5
荣山江	1.6	0.07	—	0.02	3
		DIN 0.5			5
陆源排污（中国沿岸）	3.4	2.1	—	2.1	4
陆源排污（朝鲜半岛）	1.7	1.1	—	1.1	4
长江（输入黄海部分）	92.8 (928 10%)	3.1 DIN 8.3	0.06	1.36	1 本节，6
合　计	250	DIN 35			

注：1. Zhang（1996），2. Zhang et al.（1997），3. Hong et al.（1995），4.《全国陆源排污及其对近岸海域环境与资源损害的调查监测》（国家海洋局，1995），朝鲜半岛西岸按中国沿岸的 50% 估算；5. Yang et al.（1995）；6. 沈志良等（1992）。"—"表示数据未检测。

---

① 本章撰稿人：王保栋，厉丞烜，孙霞，谢琳萍。

8.1.2 大气沉降通量

大气中的无机营养盐通过干/湿沉降输入海洋。这里引用分别在位于黄海东岸和黄海西岸的陆基站的监测结果，如表8.2。

表8.2 黄海海域降水中无机氮的年平均浓度 单位：$\mu mol/L$

年份	黄海东岸（安山）*		黄海 麦岛		西岸** 千里岩	
	NH_4-N	NO_3-N	NH_4-N	NO_3-N	NH_4-N	NO_3-N
1992	61.6	9.4	73.3	12.0	40.0	12.5
1993	40.4	31.3	—	—	—	—
1994	27.7	8.3	—	—	—	—
1995	105.6	28.7	—	—	—	—
1996	59.6	23.9	—	—	—	—
1997	36.2	21.5	41.9	23.1	44.8	30.5
1998	—	—	48.6	24.8	29.4	35.5
平均	55.2	20.5	54.6	20.0	38.1	26.2

注：* Chung et al.（1999）；** Zhang et al.（1994），张金良等（2000）。

由上表可以看出，黄海降水中的无机氮以氨氮为主要存在形式沉降。以黄海东、西两岸测定结果之平均值代表黄海降水中无机氮的年平均浓度，其分别为：NH_4-N 50.8 $\mu mol/L$、NO_3-N 21.8 $\mu mol/L$。南黄海的平均年降水量为 1 000 mm（冯士筰，1999），南黄海面积按 3.0×10^5 km^2 估算其无机氮年沉降通量为 21.8×10^9 mol/a。北黄海为 600 mm×750 mm（冯士筰，1999），取 700 mm 作为北黄海的平均年降水量，按与南黄海相同的无机氮年平均浓度，按其总面积 $1.5 \times 10^5 km^2$ 估算其无机氮年沉降通量为 6.5×10^9 mol/a。黄渤海海域大气无机氮湿沉降通量为 28×10^9 mol/a，其中，氨氮 20×10^9 mol/a，硝酸盐氮 8×10^9 mol/a。

8.1.3 海水—海底界面扩散通量

底质中有机物的分解使营养盐得以再生，并释出于间隙水中。当间隙水与上覆水间存在浓度梯度时，营养盐则穿越海水-沉积物界面向上覆水中（或相反方向）扩散。根据黄海海水-沉积物界面无机氮扩散通量的研究结果（表8.3），黄海中央海域测定结果取平均值后，按占黄海总面积 3.8×10^5 km^2 的一半估算其无机氮年通量为 45×10^9 mol/a。

表8.3 海水-沉积物界面无机氮通量 单位：$mol/(m^2 \cdot d)$

海 区	NH_4-N	NO_3-N	出处
黄海中央（>50 m）	11（1）	73（1）	Hong et al.（1995）
	−25（2）	1325（2）	Liu et al.（1999）
黄海近岸（<50 m）	519（1）	68（4）	Hong et al.（1995）

注：括号内为观测站位数。

8.2　黄海营养盐分布特征

8.2.1　平面分布

　　冬季，北黄海整个海域表层 DIN 浓度大都高于 6.5 μmol/L。北黄海中部的高值区浓度均高于 9.5 μmol/L，渤海门口外存在浓度较低的区域（低于 6.5 μmol/L），辽东半岛近岸的低值区浓度均低于 4.5 μmol/L（藏路，2009）。在南黄海，高温的黄海暖流水自济州岛以西进入黄海，并继续向西北方向扩展；低温的黄海（西）沿岸流则自北向东南方向扩展，进入东海北部。受此环流的影响，表层硝酸盐的平面分布有以下特征（图 8.1）：①南黄海西南、长江口东北部海域，硝酸盐含量较高，并具有向北扩展的趋势；②朝鲜半岛西南角近岸海域，硝酸盐含量亦较高，并呈舌状向南黄海中部伸展，使南黄海中央海域亦具有较高的营养盐含量，这为春季藻华奠定了良好的营养条件；③南黄海西部近岸，硝酸盐含量为本次调查最低值区，说明该海域营养盐较为贫乏；④济州岛西部近岛海域，硝酸盐含量亦较低，该海域适为黄海暖流进入黄海的入口，说明冬季黄海暖流水具有低营养盐特征。由于冬季强烈的垂直涡动混合作用，使黄海上、下水体同性成层，因此，其他各层营养盐的平面分布与表层的非常一致。

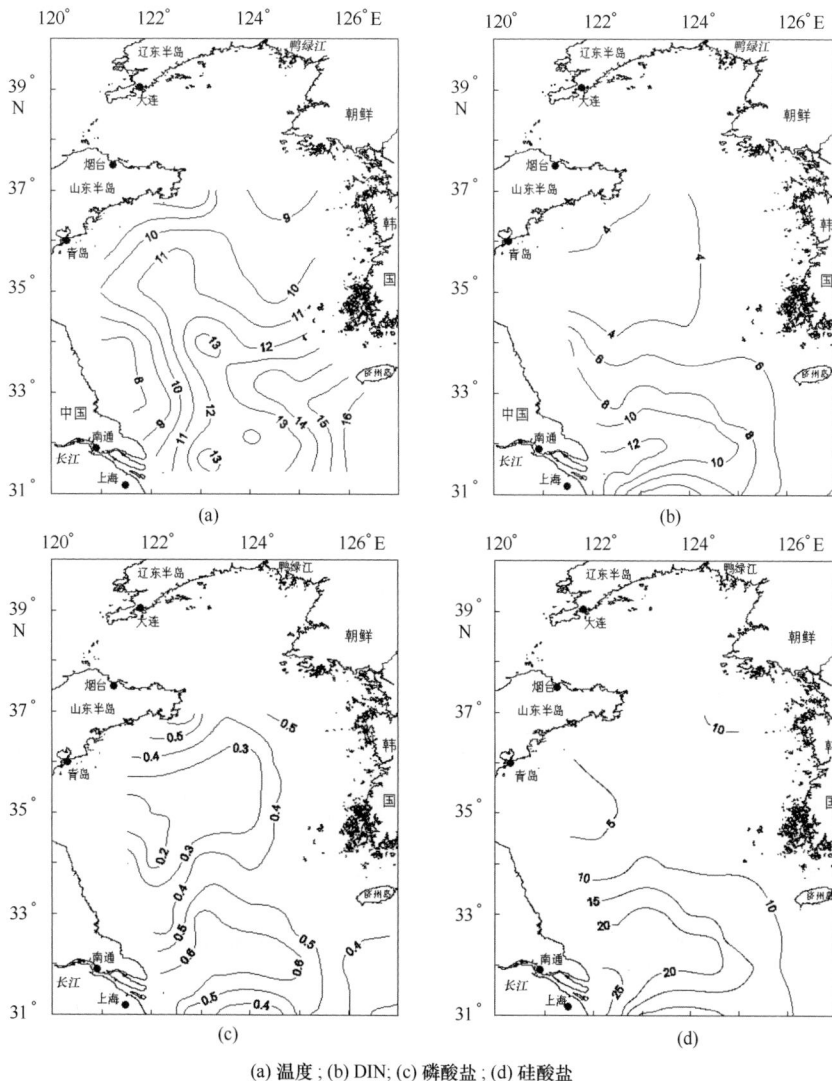

(a) 温度；(b) DIN；(c) 磷酸盐；(d) 硅酸盐

图 8.1　南黄海冬季（1999 年 1 月）温度（℃）和营养盐（μmol/L）平面分布

春季（4—5 月），北黄海整个海区表层 DIN 浓度的平均值由冬季的 8.00 μmol/L 大幅降至 3.46 μmol/L（藏路，2009），体现了春华期浮游植物大量繁殖的同时对于营养盐的大量消耗。在 37.5°～39°N，121°～123°E 的海域范围内，表层 DIN 浓度基本低于 1 μmol/L。高值分别出现在靠近鸭绿江口的位置、北黄海中东部以及山东半岛靠近桑沟湾海域。其中，鸭绿江口的高值区是由陆源输入所致（刘素美等，2000）。底层，DIN 从胶东半岛近岸到渤海海峡并一直延伸至大连附近海域范围内，是整个海区底层浓度的低值范围（低于 2 μmol/L），北黄海中东部绝大部分区域 DIN 浓度均高于 6 μmol/L。南黄海表层硝酸盐的分布仍然以南黄海西南部及朝鲜半岛西南角近岸海域为最高，并分别由南向北和由东向西快速递减（图 8.2a）；南黄海中、北部（34°N 以北），除成山头近岸硝酸盐含量稍高外，其他海域含量均极低，这是由于南黄海中央海域正值浮游植物春花期，浮游植物的大量快速繁殖和生长使营养盐几近耗尽；济州岛以西海域硝酸盐含量仍比其邻近海域的低。底层（如图 8.2b），硝酸盐含量最高值区仍在长江口东北部海域，并由此向北和东北方向伸展；南黄海中、北部（34°～37°N），与表层的情况相反，底层硝酸盐含量中央海域高于近岸海域，这是由于春季黄海上层水体开始增温，尤其是在中央水深海域，垂直交换作用已不能达至海底，因而下底层水体中仍保留了冬季的营养盐。此外，济州岛以西近岛海域硝酸盐含量仍比其邻近海域的低；南黄海西北部近岸硝酸盐含量仍为最低值区。

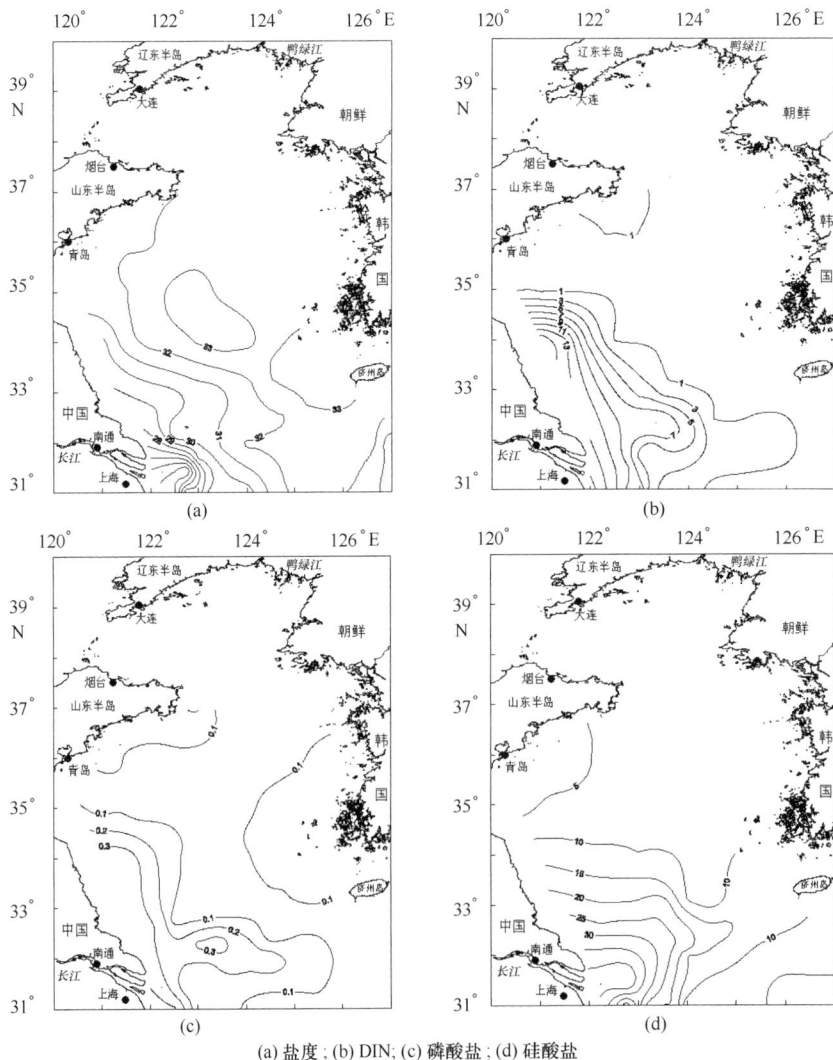

(a) 盐度；(b) DIN；(c) 磷酸盐；(d) 硅酸盐

图 8.2　南黄海春季（1998 年 5 月）盐度和营养盐（μmol/L）平面分布

　　夏季，北黄海表层绝大部分海域 DIN 浓度均低于 2 μmo/L，约 1/3 海域低于 1 μmol/L，仅在辽东半岛近岸一片狭窄海域有高值，出现在鸭绿江口附近，此与近岸陆源输入密切相关，并且在 5—10 月间盛行的东南风也有助于沿岸水向西南方向的运移。底层的 DIN 在整个海区的浓度比上层水有较大提高，绝大部分区域的浓度均高于 4 μmol/L，并且在渤海口门外和东部近朝鲜半岛海域存在浓度高于 6 μmol/L 的高值区，但在鲁北近岸则依然是低值区，浓度低于 2 μmol/L（藏路，2009）。表层，南黄海南部（E、F 断面）硝酸盐含量最高，其浓度自南向北快速递减［图 8.3（a）］，这是夏季长江冲淡水左转北上所致；南黄海中、北部（34°N以北），硝酸盐含量极低，说明表层的营养盐几乎被浮游植物耗尽。底层，南黄海南部硝酸盐含量仍很高；南黄海中、北部中央海域（即黄海冷水团盘踞海域），存在一硝酸盐含量高值封闭区［图 8.3（b）］，其范围和量值明显较春季时大，这是自春季以来下、底层水体中有机物分解产生的大量营养盐累积的结果；此外，南黄海西部近岸海域及济州岛以西近岛海域，硝酸盐含量仍为最低值区。

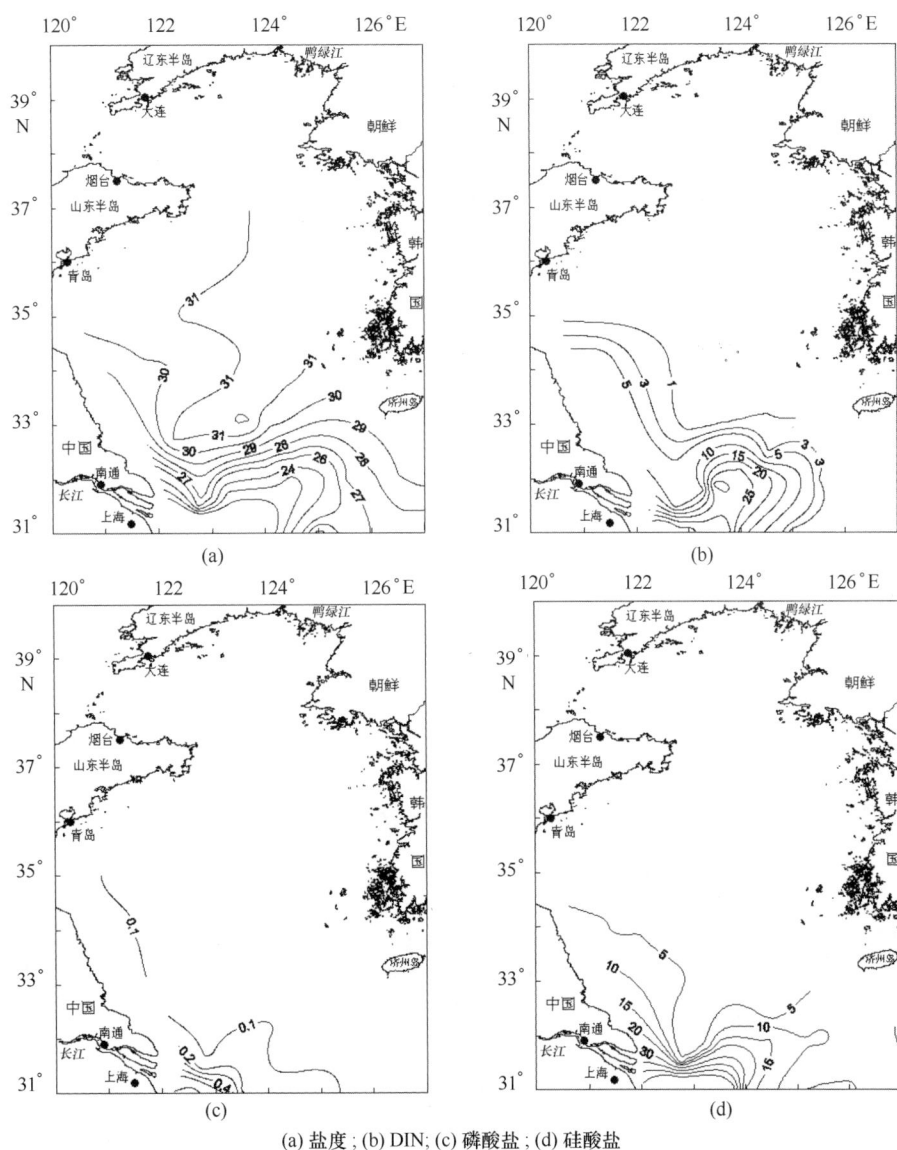

(a) 盐度；(b) DIN；(c) 磷酸盐；(d) 硅酸盐

图 8.3　南黄海夏季（1998 年 8 月）盐度和营养盐（μmol/L）平面分布

秋季（11月），北黄海表层DIN在鲁北及辽东半岛近岸都有较高浓度，尤其是在鲁北的烟台周边海域最大浓度达到19 μmol/L，在辽东半岛的长山群岛附近也达到了10 μmol/L，平均水平是夏季的3倍之多。底层则由鸭绿江口向西南方向逐渐升高，到北黄海中部出现高值区，这一高值区与秋季北黄海冷水团所处的位置相吻合，其高浓度的DIN可能由夏季积累而来；而最大值仍出现在烟台的近岸海域（藏路，2009）。南黄海表层硝酸盐的分布以南黄海西南部含量为最高，并自南向北和东北快速递减；南黄海中北部（34°N以北），表层硝酸盐含量极低；朝鲜半岛近岸表层硝酸盐含量较高（图8.4）。底层，硝酸盐分布与夏季十分相似，且中央海域硝酸盐含量较夏季有所增加，其成因与夏季同理。

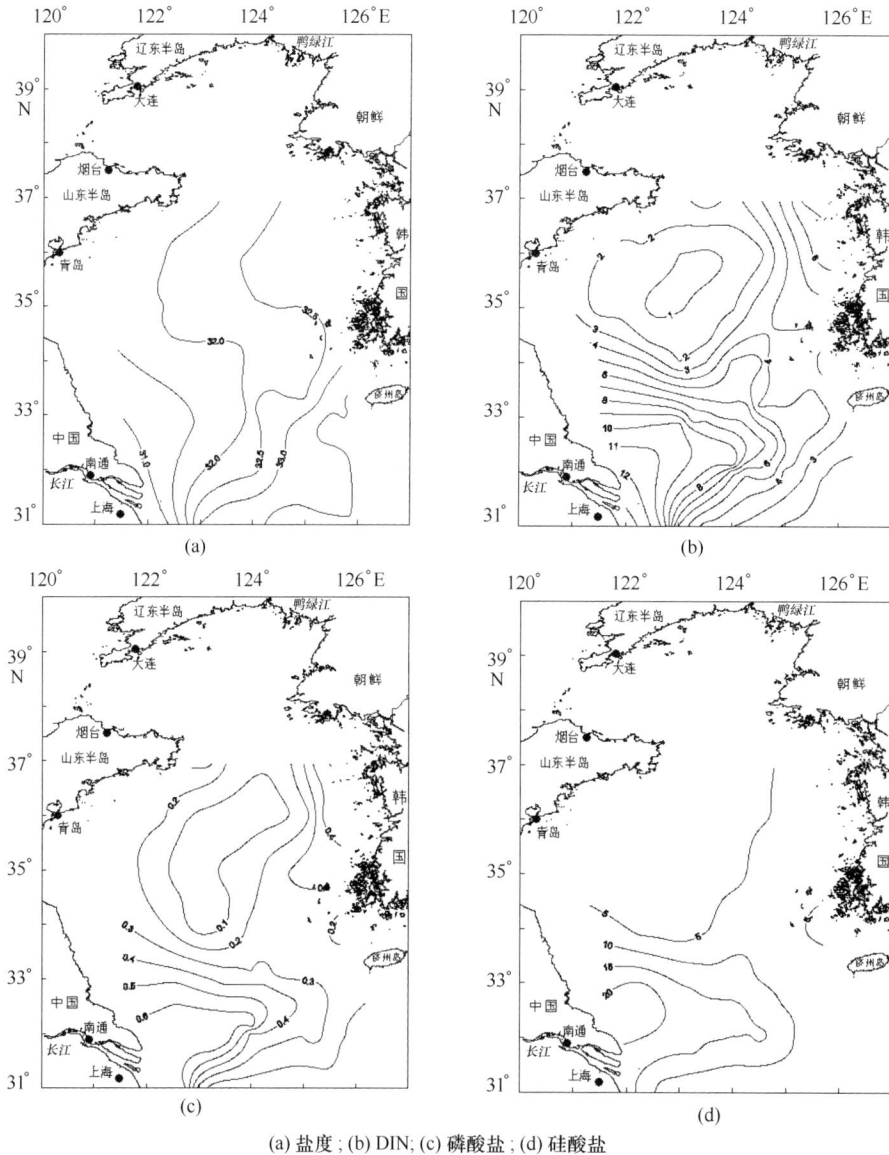

(a) 盐度；(b) DIN；(c) 磷酸盐；(d) 硅酸盐

图8.4 南黄海秋季（1997年11月）盐度和营养盐（μmol/L）平面分布

8.2.2 断面分布

在4—11月间的黄海冷水域，上层水中（0~30 m）硝酸盐几乎被浮游植物耗尽（<0.5或1.0 μmol/L，见图8.5）；在密跃层以下硝酸盐逐渐累积，而且在黄海槽中心及其西侧斜坡上

分别存在一硝酸盐高值中心，其位置与黄海冷水团两个冷中心的位置基本一致，这是由于下层水及沉积物中因有机体分解而再生的营养盐在温密跃层以下的水体中逐渐累积的结果。温跃层附近硝酸盐等值线的起伏趋势或马鞍形形态表明，黄海冷水团中的垂直环流存在将下层的营养盐向上层扩散的趋势。11月，硝酸盐等值线的起伏现象消失，这与等温线的分布形态一致。秋末冬初，强烈的垂直涡动混合作用，将积聚在黄海冷水团中的营养盐带至上层，营养盐垂向分布均一（图8.5）。因此，虽然可将黄海冷水团看做是黄海的一个重要的营养盐贮库，但总的来讲，黄海冷水团的存在对黄海浮游植物的繁殖和生长是一个不利因素，因为它阻碍了营养盐自下层向真光层的输送。

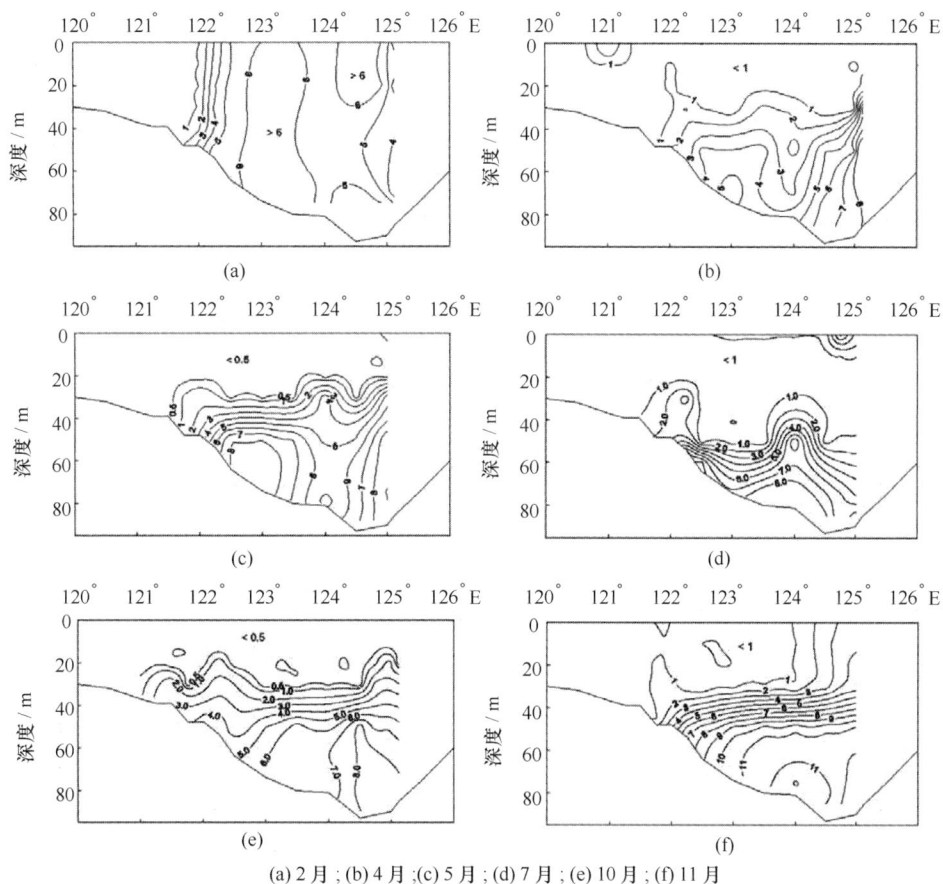

(a) 2月；(b) 4月；(c) 5月；(d) 7月；(e) 10月；(f) 11月

图8.5　黄海典型断面（35°N）硝酸盐（μmol/L）分布

8.3　黄海营养盐的输运规律

南黄海营养盐的输运规律与黄、东海的环流状况是密不可分的。下面将根据黄、东海的环流模式和硝酸盐的平面分布及断面分布变化规律，对南黄海营养盐的横向和垂向物理输运规律按季节进行讨论。

冬季，从冬季硝酸盐的平面分布特征来看（见图8.1），南黄海西南部为本次调查硝酸盐含量最高值区，这是由于长江冲淡水中的营养盐扩展至该海域。南黄海中央海域的高营养盐分布，一方面，由于冬季强烈的垂直涡动混合作用，将夏、秋以来冷水团下层水体中因有机物分解而积聚的大量营养盐带至上层；另一方面，虽然黄海暖流水本身营养盐含量并不高，然而在其北上至约34°N附近时，与南下的西朝鲜沿岸流西分支相遇，部分富营养盐的冷水汇入黄海暖流水中而一起北上，从营养盐的平面分布和断面分布中均可看出这一趋势。因此，从这个意义上讲，冬季朝鲜半岛西海岸近岸水质，在很大程度上影响着南黄海中央海域的水质。也可以说，冬季的黄海暖流为南黄海营养盐的内部运移提供了动力条件。苏北沿岸流流经海域为贫营养海域，其将该海域的低营养盐冷水向南和东南方向输送，甚至可输入东海。

春季，南黄海西南部，营养盐的输送同冬季相似，但其扩展范围已达 33.5°N（见图8.2）。由于春季黄海暖流强度较弱，因此其携带的低营养盐暖水对黄海的营养盐分布无显著影响；朝鲜半岛西南角的陆地径流对朝鲜半岛近岸海域的营养盐分布有一定影响。此外，鲁北沿岸流将含有较高营养盐的近岸水输入南黄海，但其影响范围较小；苏北沿岸流仍将低营养盐海水向东南方向输送，但其影响范围较冬季时小。春季，黄海冷水团已开始发育，因此在中央海域的底层积聚了大量营养盐，而且在某些海域存在底层水涌升现象，将下层水体中的营养盐向真光层输送。

夏季，长江冲淡水左转北上，将营养盐输入南黄海南部、尤其是西南部海域，其向东输送几近济州岛，向北可达33.5°N（见图8.3）；此外，尤其在底层，台湾暖流前缘水对南黄海西南部下层的营养盐有一定贡献，因为台湾暖流冬弱夏强，其夏季北上范围足可越过长江口（苏育嵩，1986）。苏北沿岸流仍将低营养盐海水向东南方向输送。由于黄海冷水团的存在，在其下层水体中积聚了大量营养盐，而且硝酸盐等值线的马鞍形分布说明黄海冷水团垂直环流将下层营养盐向真光层输送。此外，南黄海东南部，来自东海北部的底层冷水沿坡爬升，亦将营养盐向上层水体中输送。

秋季，营养盐的横向输送规律与夏季大致相似。南黄海西南部海域的高营养盐水仍应归功于部分长江冲淡水和台湾暖流前缘水的横向输送；黄海暖流的影响则不甚明显；由于10月和11月黄海冷水团尚未消失，受其影响，在南黄海中北部中央海域的下层水体中仍积聚了大量营养盐，但11月时营养盐的垂直输送已不甚明显；同其他季节一样，苏北沿岸流继续将低营养盐的海水向东南方向输送。南黄海东南部，营养盐的垂直输运同夏季相似。

8.4 黄海营养盐结构特征

受长江高 N/P 比值的营养盐输送的影响，长江口及其东北部海域水体中无机氮相对过剩，而无机磷相对缺乏，因而水体中浮游植物的生长很可能受到磷酸盐供给的限制。图8.6显示 N/P 比值的水平分布与无机氮的平面分布极为相似，即无机氮浓度高的区域，N/P 比值亦高。胡明辉等（1989）曾根据长江口浮游植物的现场培养实验结果，提出了长江口海域浮游植物生长的营养盐限制标准，即当 N/P 比值大于 30 时，为磷限制；当 N/P 比值小于 8 时，为氮限制。Dortch 和 Whitledge（1992）提出了一个更为保守的营养盐限制标准：N 限制：$DIN < 1 \ \mu mol/L$，$DIN/PO_4 < 10$；P 限制：$PO_4 < 0.2 \ \mu mol/L$，$DIN/PO_4 > 30$；Si 限制：$SiO_3 < 2 \ \mu mol/L$，$SiO_3/DIN < 1$，$SiO_3/PO_4 < 3$。我们采用后者应用于受长江冲淡水影响的海域，结果表明，长江口及黄海海域不存在氮限制，也不存在硅限制，但存在磷限制。春季磷限制海域为黄海西南部近岸海域（见图8.6a）；夏季磷限制海域覆盖了南黄海西南部、30°～33°N，126°E 以西海域（见图8.6b），磷限制海域范围大于春季；秋季，黄海西南部近岸海域仍为磷限制区域（见图8.6c）；冬季则不存在磷限制。

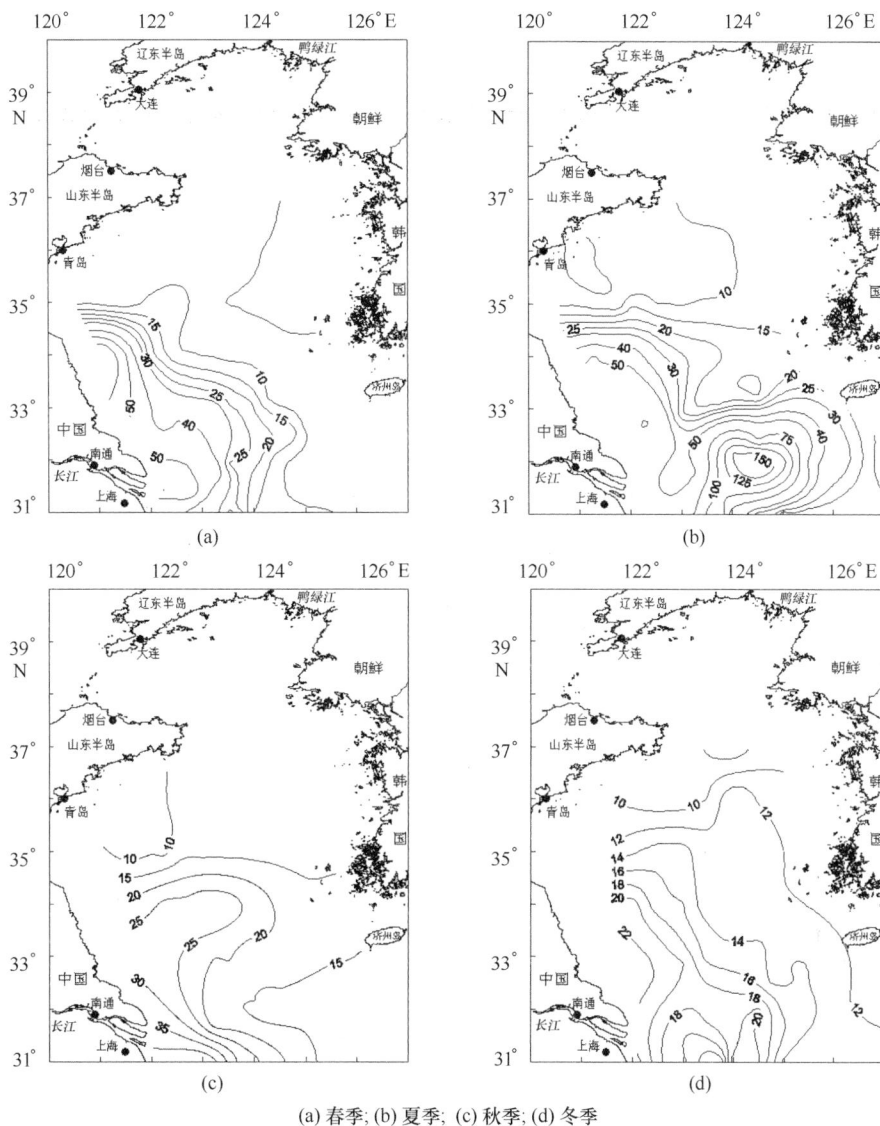

(a) 春季；(b) 夏季；(c) 秋季；(d) 冬季

图 8.6　黄海上层水体（0～20 m）N/P 比值平面分布

8.5　黄海营养盐的季节变化和长期变化

8.5.1　季节变化

图 8.7 黄海冷水团中某一典型站位硝酸盐的季节分布。4—11 月上层水中硝酸盐几乎被浮游植物所耗尽，但在密跃层以下，硝酸盐逐步累积。这是由于下层水有机物的分解使营养盐得以再生，加之沉积物间隙水中因有机物的分解而再生的高浓度营养盐，越过沉积物－海水界面扩散至其上覆水中。

在同一年度内（即 1997 年 2 月、7 月和 11 月），在整个南黄海冷水团的下底层水中（50 m 层以下），硝酸盐平均含量随时间呈线性递增，磷酸盐、活性硅酸盐和溶解无机氮（DIN）的季节变化与硝酸盐的基本一致。这说明在黄海冷水团的下底层水中营养盐含量基本不受生物的扰动，主要是有机物的分解使营养盐得以再生。

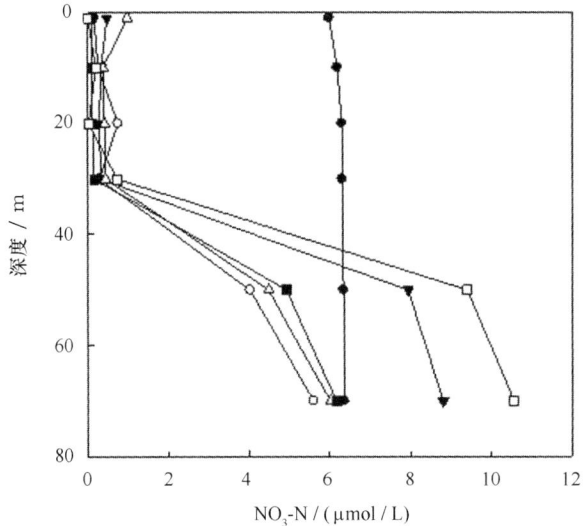

●1997 年 2 月；○1996 年 4 月；▼1998 年 5 月；△1997 年 7 月；■1996 年 10 月；□1997 年 11 月

图 8.7　黄海典型站位（35°N，124°E）硝酸盐（μmol/L）季节变化

8.5.2　长期变化

海水中的无机化合氮、磷酸盐和硅酸盐与海洋中的生物活动息息相关，而且这些营养要素的含量分布规律都具有明显的时间性和地区性，直接反映了海区的生物生命、活动规律和水文条件的综合影响。这样，研究这些营养要素浓度水平的长时期变化趋势，会有助于认识海区环境的演变并预测发展趋势，为海域生态环境的保护与修复提供依据。

图 8.8 是黄海海域中磷酸盐、硅酸盐和无机化合氮浓度在 1976—2007 年间的变化趋势（调查站位见图 7.5）。此期间，黄海磷酸盐和硅酸盐浓度基本保持不变（见图 8.8）。这 30 多年间，表层和底层水体磷酸盐多年平均浓度分别为 5.45 μmol/L，8.92 μmol/L，磷酸盐浓度的年际变化趋势可能与沙尘从戈壁沙漠到海洋的空气输运有关；而磷酸盐在表底层水体中的多年平均浓度分别为 0.24 μmol/L，0.50 μmol/L。在 1976—2007 年期间，黄海海域 DIN（包括 $NO_3 - N$、$NO_2 - N$）浓度呈现明显的逐年升高趋势（见图 8.8）。1976—2007 年间，表层和底层水体 $NO_3 - N$ 和 $NO_2 - N$ 总浓度的变化范围分别为 0.62 ~ 6.20 μmol/L，2.43 ~ 11.85 μmol/L。其中，在 2006—2007 年，表层和底层水体中 $NO_3 - N$ 和 $NO_2 - N$ 总浓度均是 1984—1985 年相应值的 2.2 倍。

此观测期间 DIN 浓度的正向增长趋势与全球陆缘海的增长趋势相一致。伴随着中国经济的快速发展和沿岸地区城市化发展，生活污水排放量及流域内化肥使用量增加且以氮肥为主，过量的氮肥随农田排灌和雨水冲刷而大量流失经过河流交换排入海洋［State Oceanic Administration（SOA），2001］，并且大气沉降也是海洋中无机氮的重要来源之一，这样中国沿海和陆架海地区的 DIN 浓度显著增加。通过大气沉降（主要为降水）和河流输入（长江），大量的 DIN 被输送入黄海和东海，其中黄河径流对于黄海 DIN 的输送占 10%（王保栋等，2002a，b）。Zhang 和 Liu（1994）、Chung 等（1998）和万小芳等（2002）指出溶解无机营养盐的主要来源是黄海中心区域的大气沉降。1992—1998 年黄海东海岸降雨中 DIN 浓度增加了 2.29 倍（Chung et al.，1998），西海岸则增加了 2.84 倍（Zhang 和 Liu，1994；张金良等，2000）。而且，1990 年长江对黄海 DIN 的输送比 1960 年高出了一个数量级（Hydraulics & MacDonald，

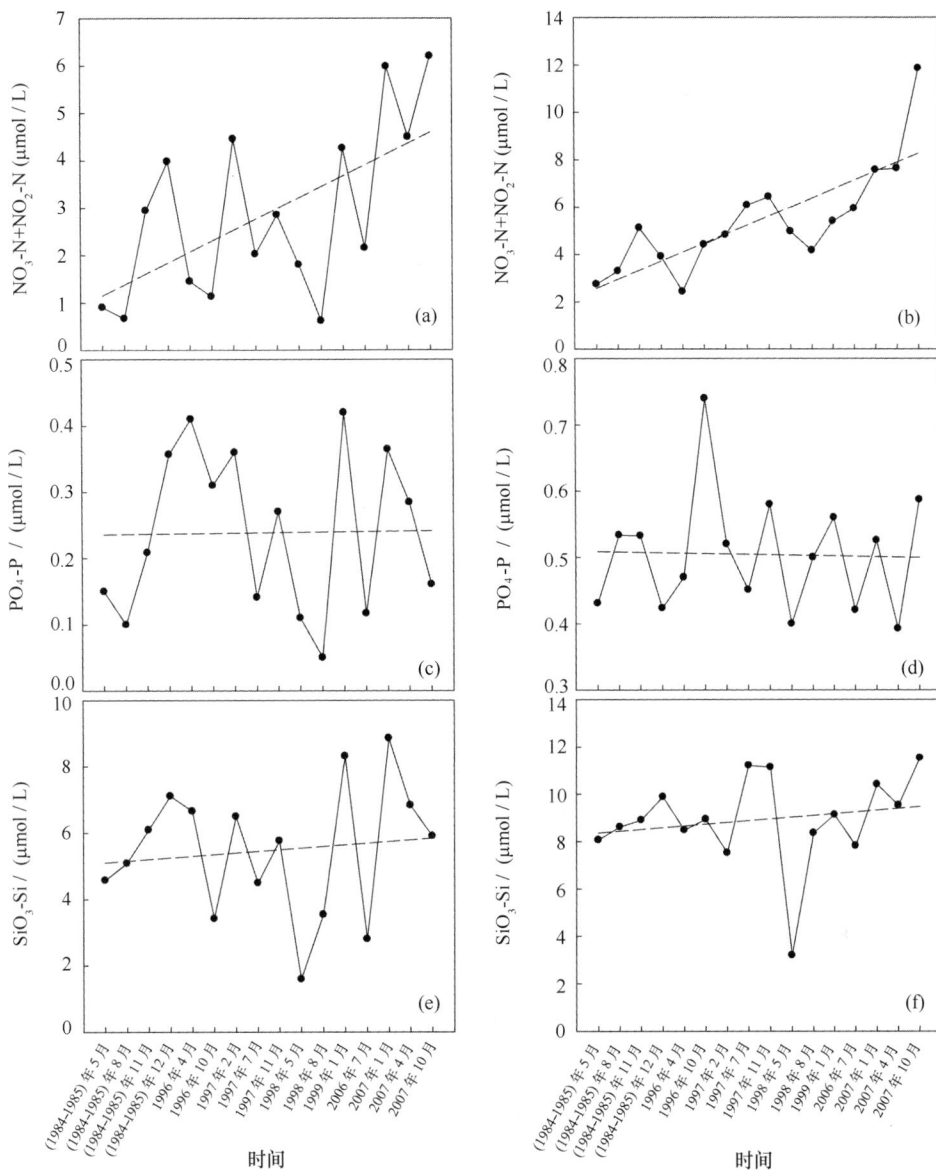

(a) 表层 NO_3-N+NO_2-N 总浓度的年平均值;(b) 底层 NO_3-N+NO_2-N 浓度的年平均值;(c) 表层 PO_4-P 浓度的年平均值;
底层 PO_4-P 浓度的年平均值;(e) 表层 SiO_3-Si 浓度的年平均值;(f) 冬季底层 SiO_3-Si 浓度的年平均值;

图 8.8　黄海营养盐浓度的年际变化趋势
虚线表示相应的线性回归

1995);1985—1998 年期间,长江三角洲地区硝酸盐浓度增加 1.9 倍,通量增加 1.3 倍。所有这些人为环境影响导致了沿岸和离岸海域的富营养化,特别是长江三角洲。而且,长江三角洲地区的高 DIN 会通过长江冲淡水输送入黄海。

8.6　黄海冷水团的营养盐储库作用

黄海冷水团是中国海浅海水文学最突出、最重要的现象之一,它不仅控制着黄海环流等物理海洋学过程,也控制着黄海的生物、化学过程。

在黄海冷水团存在期间（5—11 月），由于浮游植物大量摄取营养盐，黄海冷水域上层水体中的营养盐几近耗尽，并一直持续到秋末冬初黄海冷水团消失为止。但在温、密跃层以下的冷水团中，营养盐却逐步累积（刁焕祥和沈志良，1985；王保栋，2000），且营养盐浓度呈线性逐月递增（王保栋，2000）。温、密跃层与绕冷水团锋面的存在无疑是冷水团内外物质交换的屏障。然而，近年来越来越多的研究表明，通过湍流混合过程存在穿越海洋内部界面的物质输运，通过锋面涡旋和上升运动存在跨锋面的物质输运。因而富营养水体侵入寡营养一侧，带来初级生产的大幅度增长和低营养系统的快速响应。黄海冷水团被认为是黄海的营养盐储库（王保栋，2000），黄海冷水团中营养盐库存的提取不仅包括贯跃层的营养盐垂直输运，还应包括横跨冷水团锋面的水平输运，以及因冷水团体积的缩小而被遗留在冷水团外的那部分营养盐。

图 8.9 显示了南黄海营养盐总储量和南黄海冷水团营养盐储量的季节变化情况。南黄海营养盐的总储量以冬季为最高，这是由于冬季初级生产力很低，营养盐的再生和外部补充速率远远大于浮游植物的摄取速率，因此营养盐得以逐步累积并被保留下来；至春季，浮游植物开始大量繁殖，浮游植物大量摄取营养盐，因此春季南黄海营养盐储量锐减；这一过程一直持续到夏季，南黄海营养盐储量减至最小，只有冬季储量的一半左右；从夏季至秋季，南黄海营养盐储量又开始回升，至秋末（11 月末）大致恢复到冬季时的水平。这说明南黄海营养盐的年内循环基本处于稳态平衡。从各种营养盐储量的季节变化幅度看，N 和 P 的变化幅度基本相同，且变化幅度大，而硅酸盐的变化幅度较小。

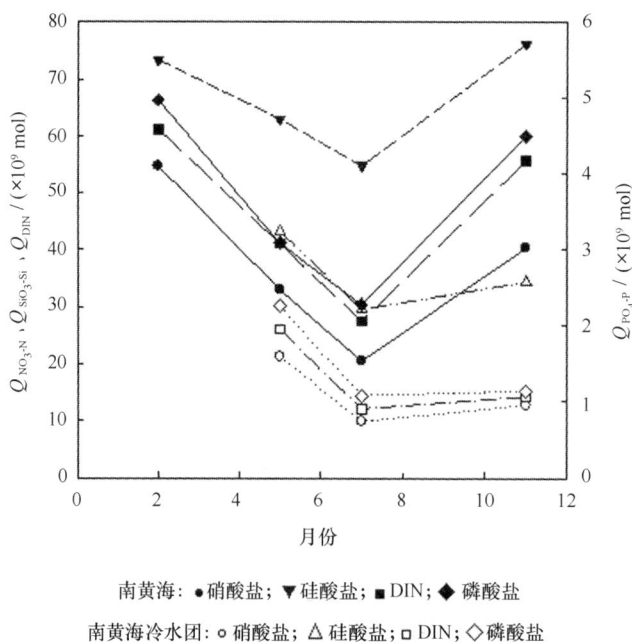

图 8.9　南黄海和南黄海冷水团中营养盐储量的季节变化

黄海冷水团形成以后，南黄海冷水团中营养盐储量以春季最大，夏季最小，至秋季又略有回升，其变化趋势与南黄海营养盐总储量的季节变化相似。表 8.4 显示春季冷水团的体积虽然不到南黄海总体积的一半，但其磷酸盐储量却占南黄海磷酸盐总储量的近 3/4，无机氮和硅酸盐约占 2/3；夏季冷水团的体积约占南黄海总体积的 1/3，但其营养盐储量却占南黄海总储量的近一半；秋季冷水团的体积约为南黄海总体积的 1/7，但其营养盐储量却占南黄海总储量的 1/4 多。可见冷水团的营养盐储量所占南黄海总储量的百分数，远比冷水团体积所占南黄海总体积的百分数大，此乃黄海冷水团中营养盐浓度从冬季至秋季呈线性逐月增大之故（王保栋，2000）。至于冷水团的营养盐储量秋季大于夏季，也是出于同样的原因。

表 8.4　南黄海和黄海冷水团的体积、营养盐储量及初级生产力

区域时间	南 黄 海				南黄海冷水团		
	2 月	5 月	7 月	11 月	5 月	7 月	11 月
体积/（$\times 10^3$ km³）	13.50	13.50	13.50	13.50	5.76（42.7%）	4.60（34.1%）	2.00（14.8%）
PO_4 – P/（$\times 10^9$ mol）	4.97	3.09	2.28	4.50	2.26（73.3%）	1.08（47.5%）	1.14（25.4%）
SiO_3 – Si/（$\times 10^9$ mol）	73.42	62.95	54.77	76.25	41.3（65.6%）	29.6（54.1%）	34.4（45.1%）
NO_2 – N/（$\times 10^9$ mol）	—	1.39	1.54	4.35	0.97（69.6%）	0.53（34.5%）	0.12（2.7%）
NH_4 – N/（$\times 10^9$ mol）	6.45	6.67	5.45	10.95	3.82（57.3%）	1.70（31.1%）	1.37（12.6%）
NO_3 – N/（$\times 10^9$ mol）	54.75	33.01	20.51	40.39	22.3（67.6%）	10.9（53.2%）	12.7（31.5%）
DIN/（$\times 10^9$ mol）	61.20	41.11	27.50	55.69	27.1（65.9%）	13.1（47.6%）	14.2（25.5%）
PP/（mg /m² d）（以 C 计）*	311	540	664	385	—	—	—

注：括号内数字为南黄海冷水团体积占南黄海总体积的百分数，或南黄海冷水团营养盐储量占南黄海总储量的百分数。
　　"—"表示数据未检测。

资料来源：吕瑞华，2002。

　　那么，在黄海冷水团消长过程中，究竟有多少营养盐从冷水团内输出到冷水团外呢？单纯从冷水团营养盐储量的变化无法获得这一数据。为此，首先从考察黄海冷水团内生源要素之间的化学计量关系入手。黄海冷水团真光层以下（即 50 m 以下）水体中的溶解氧和营养盐不受浮游植物光合作用的影响，因此可以进行有机物分解耗氧并再生营养盐的化学计量关系的计算。如图 8.10 所示，黄海冷水团内真光层以下水体中各种营养盐的平均浓度从冬季到秋季呈线性逐月递增，而溶解氧却呈线性逐月递减，这是冷水团内有机物分解而再生营养盐并同时消耗溶解氧之故。那么，溶解氧的消耗速率是否与营养盐的增加速率相匹配？按照 Redfield 比值即 $O_2/C/N/P = 138/106/16/1$（Dortch and Whitledge，1992）即每消耗 138 mol 的氧气可产生 1 mol 的 P、16 mol 的 N 和 106 mol 的 CO_2。但是，对黄海冷水团中各季节营养盐数据的统计分析结果表明，黄海冷水团中 N/P 比值的平均值为 12.8，其偏离 Redfield 比值可能是由于存在脱氮作用（王保栋，2000）。这里，我们按 $O_2/N/P = 138/12.8/1$。计算结果表明，按溶解氧的消耗速率（图 8.10b 中直线之斜率）算出的 N 和 P 的再生速率要比其实际增加速率（图 8.10a 中直线之斜率）分别高出 0.454 μmol/月和 0.035 5 μmol/月，均比其实际增加速率高出 80%。高出的这 80% 即为冷水团内 N 和 P 的损失量，也即由冷水团内向冷水团外输送的 N 和 P 的量。根据各季节南黄海冷水团的体积，可以算出春、夏、秋季由冷水团内向冷水团外输送的 N 的通量分别为 2.6×10^9 mol/月、2.1×10^9 mol/月、1.0×10^9 mol/月，P 的通量分别为 2.0×10^8、1.7×10^8、0.8×10^8 mol/月。在黄海冷水团存在的全部时期内（按 5—11 月共 7 个月估算），由冷水团内向冷水团外输送的 N 和 P 的总通量分别为 13.9×10^9 mol 和 1.1×10^9 mol。其量值大致与夏季和秋季冷水团的营养盐储量相当。

　　此外，黄海冷水团的体积从 5 月至 11 月逐渐缩小，其体积的缩小是通过温跃层位置的下移和冷水团底部边界向黄海中央推移而实现的。若取冷水团边界附近无机氮平均浓度为 2.5 μmol/L，无机磷为 0.2 μmol/L，则从 5 月至 11 月底，因黄海冷水团体积的缩小而遗留在冷水团外的营养盐的物质的量为：$n_{无机氮} = 2.5 \times （5.76 - 2.00） \times 10^9$ mol $= 9.4 \times 10^9$ mol，

$$n_{无机氮} = 0.20 \times （5.76 - 2.00） \times 10^9\ mol = 0.75 \times 10^9\ mol。$$

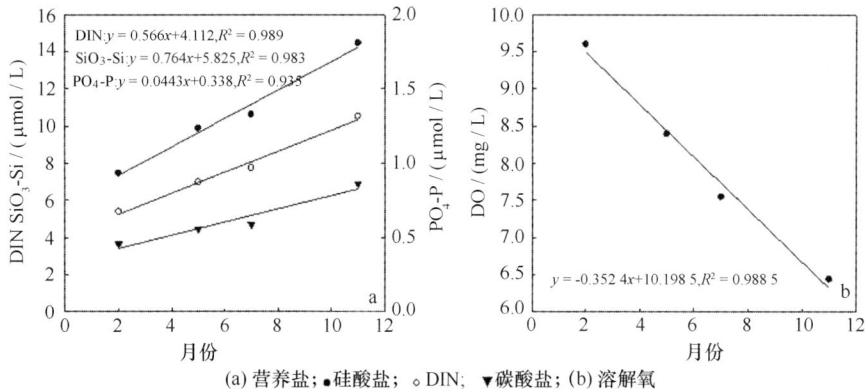

(a) 营养盐；●硅酸盐；○DIN；▼碳酸盐；(b) 溶解氧

图 8.10　南黄海冷水团真光层以下水体中营养盐和溶解氧平均含量的季节变化

综合上述两种输送途径，由南黄海冷水团向南黄海真光层输送的无机氮和无机磷的总通量分别为 $23.3 \times 10^9\ mol$ 和 $1.8 \times 10^9\ mol$。这些营养盐可为南黄海带来 $2.1 \times 10^{12}\ g$（以 C 计）的新生产力，占黄海冷水团存在时期（按 5—11 月共 7 个月估算）南黄海冷水团海域（按 7 月份南黄海冷水团海域面积 $1.5 \times 10^5\ km^3$，即南黄海总面积的一半计算）总初级生产力 $[1.7 \times 10^{13}\ g]$ 的 12%。

Chung 等根据南黄海东、西两岸岸基站多年的观测资料，给出南黄海无机氮和无机磷的大气沉降通量分别为 63.9 mmol/（$m^2 \cdot a$）和 0.59 mmol/（$m^2 \cdot a$）。若按冷水团存在期间的大气沉降通量占全年的 70% 估算，则黄海冷水团存在期间南黄海冷水团海域无机氮和无机磷的大气沉降通量分别为 $6.7 \times 10^9\ mol$ 和 $6.2 \times 10^7\ mol$。与冷水团的输出总量相比较可以看出，冷水团 N 输出总量是大气沉降通量 3.5 倍，冷水团 P 输出总量是大气沉降通量的近 30 倍。由此可见，黄海冷水团的营养盐输出是热成层期间黄海冷水域真光层中营养盐的主要外部补充源。

从南黄海营养盐储量的季节变化来看，冬季所保存的营养盐从春季开始被浮游植物大量消耗，至夏季营养盐储量达到最低，秋末又大致恢复到冬季时的水平。南黄海冷水团中营养盐储量的季节变化趋势与南黄海营养盐总储量的变化相似。但是，南黄海冷水团中的营养盐储量所占南黄海总储量的百分数，远比冷水团体积所占南黄海总体积的百分数大。在黄海冷水团存在期间，通过冷水团体积的缩小、穿越跃层和冷水团锋面向真光层中输送的营养盐，可为南黄海冷水团海域带来占总初级生产力 12% 的新生产力。黄海冷水团的营养盐输出是热成层期间黄海冷水域真光层中营养盐的主要外部补充源。

此外，对黄海冷水团下底层水体中生源要素之间的相互关系进行了统计分析，因为该水体基本不受生物扰动及外界因素的影响。对同一年度（即 1997 年 2 月、7 月和 11 月）整个南黄海冷水团的下底层（50 m 层以下）生源要素之间的化学计量关系进行了统计分析。结果表明，硝酸盐与活性磷酸盐和活性硅酸盐之间、溶解氧与硝酸盐和磷酸盐之间均存在良好的相关性：

$$C_{PO_4-P} = 0.076\ C_{NO_3-N} + 0.084\ 1 \qquad r = 0.89 \quad （n = 120）$$

$$C_{NO_3-N} = 0.527\ C_{SiO_3-Si} + 1.304 \qquad r = 0.90 \quad （n = 120）$$

$$C_{NO_3-N} = -0.022\ 3\ C_{(O)} + 17.91 \qquad r = 0.79 \quad （n = 120）$$

$$C_{PO_4-P} = -0.001\ 8\ C_{(O)} + 1.464 \qquad r = 0.73 \quad （n = 120）$$

这些结果进一步说明，黄海冷水团中真光层以下水体中的溶解氧消耗于有机物的分解，而营养盐则通过有机物的分解而得以再生。然而，真光层以下水体中的平均 N/P 比值明显低于雷氏常数（1997 年 2 月、7 月和 11 月的平均 N/P 比值分别为 11.8、12.9 和 12.2），氮磷增量的平均比值 $\Delta N/\Delta P$ 为 14，亦小于雷氏常数 16。此外，按 Richards 再矿化作用方程式进行的化学计量计算表明，真光层以下水体中的无机氮和无机磷的实测值，远低于按表观耗氧量得到的计算值。这说明可能存在氮和磷的丢失现象，尤其在缺氧的沉积物间隙水中可能存在一定程度的脱氮作用。

8.7　黄海营养盐收支

黄渤海的能量和物质通量变化主要受控于海 – 气交换、与东海的水交换以及入海径流。大气对海洋强迫具有显著的季节特征，主要依赖于东亚季风。冬季，强烈、干燥的偏北风诱导了南向的沿岸流；夏季则盛行偏南风且强度较弱。丰水期太阳辐射和径流使黄海强烈层化，在下底层形成黄海冷水团；长江冲淡水的左转北上对黄海的环流产生重大影响。黑潮及其分支也是黄渤海的主要外部强迫项因子。潮汐本身为非强迫力，但其对近岸海域的海流和混合产生重大影响。

渤海的环流，冬季在渤海海峡中部存在一支西向的高温、高盐水，低温、低盐的鲁北沿岸流向东流入黄海；夏季在渤海海峡北部近岸存在一西向的低盐水，鲁北沿岸流仍然存在。黄海的环流亦分为冬、夏两个季节类型：冬季，高温、高盐的黄海暖流自济州岛以西进入黄海，两侧则分别为南下的低温、低盐的苏北沿岸流和西朝鲜沿岸流；夏季，支配黄海的主要是气旋式冷水团环流。部分长江冲淡水向黄海南部扩散，有的年份甚至可达南黄海中部海域。

黄渤海的盐度呈现出显著的季节变化，一般以 4 月最高、10 月最低。据此，将黄海和渤海含盐量的年变化分为两个阶段，即增盐期（11 月至翌年 4 月）和降盐期（5—10 月），增盐期内盐度单调增加，降盐期内盐度单调降低。

箱式模型：考虑两种情况：一是把渤海和黄海分别作为 1 个箱子（分别为箱子 1 和箱子 2）；二是把整个黄渤海作为 1 个箱子（箱子 3）。为了避开济州岛周围环流状况和水团结构的复杂性，采用长江口北角至朝鲜半岛西南角连线为黄海的开边界，而不是通常的黄海与东海的分界线即长江口北角至济州岛连线。

基于黄渤海海洋学特征（水文、气象、环流等）的两个季节类型以及盐度年变化的两个时期，将分增盐期和降盐期 2 个时间段分别建立箱式模型控制方程。在每一个箱子中，水量的收支包括陆地径流、降水、蒸发、跨越开边界的输入量和输出量。水量平衡方程为：

$$\Delta Q = Q_{Ri} + Q_P - Q_E + Q_{In} - Q_{Out}, \tag{8.1}$$

式中，ΔQ 代表每一个箱子中海水质量的增量，下标 Ri、P、E、In、Out 分别代表陆地径流、降水、蒸发、跨越开边界的输入量和输出量。$Q = V \cdot \rho$，V 为海水总体积，ρ 为海水密度，故有：

$$\Delta Q = \Delta(V \cdot \rho) = \Delta V \cdot \rho + \Delta \rho \cdot V, \tag{8.2}$$

由于海平面随季节而变化，就黄渤海而言，以夏季最高、冬季最低。因此，黄渤海的海水总体积以夏季最大、冬季最小，而海水密度则反之。以黄海为例，根据连云港 1975—1994 年 20 年的海平面资料，10 月海平面较 4 月平均高出 15 cm。10 月和 4 月黄海海水密度分别为

1.022 0 和 1.025 5。代入式（8.2）得：$\Delta Q = 0.2 \times 10^9$ t，此值约占黄海海水总质量的 0.001%，与其他界面水通量（陆地径流、降水、蒸发、跨越开边界的输入量和输出量等）相比，此值可以忽略。故式（8.1）可写成：

$$\Delta Q = Q_{Ri} + Q_P - Q_E + Q_{In} - Q_{Out} = 0, \tag{8.3}$$

盐量平衡方程为：

$$\Delta(Q \cdot S) = S_{Ri}Q_{Ri} + S_{In}Q_{In} - S_{Out}Q_{Out} = Q_A, \tag{8.4}$$

式中，S 为盐度，下标意义同方程（8.1）。伴随着降水与蒸发的盐通量忽略不计。Q_A 为每一箱子各时期的增盐量或降盐量，稳态下一年中增盐量与降盐量相等。Q_A 可根据每一箱子中平均盐度的季节变化算得，根据表 8.5 中渤海和黄海 4 月和 10 月平均盐度及其海水总量，算得箱子 1、2、3 的 Q_A 值分别为 1.4×10^9 t、13.0×10^9 t、14.4×10^9 t。

根据前面所述渤海和黄海的环流和水系状况，跨越开边界的水、盐通量，对于渤海（箱子 1），冬季为渤海海峡中部高盐水的输入量和鲁北沿岸流的输出量，夏季为渤海海峡北部近岸低盐水的输入量和鲁北沿岸流的输出量。对于整个黄渤海（箱子 3），冬季为黄海暖流的输入量和苏北沿岸流与西朝鲜沿岸流的输出量，考虑到西朝鲜沿岸流远较苏北沿岸流弱，按苏北沿岸流流量的 1/3 计算；夏季则为长江冲淡水的输入量和苏北沿岸流的输出量。箱子 2 则包含了上述 2 个开边界的水、盐通量。

表 8.5 中黄海的平均盐度、黄海暖流水、长江冲淡水、苏北沿岸流水和西朝鲜沿岸流水的盐度和营养盐浓度系根据"中韩黄海水循环动力学合作研究项目"（1996—1999 年）6 个航次的现场调查资料、"黄、东海海洋环境补充调查"（1997—2001 年）4 个航次的调查资料及北黄海标准断面监测资料（1986—1996 年）。渤海各季节的平均盐度系根据渤海历史资料（1970—1996 年）获得（方国洪，2002）。渤海和黄海的入海径流量系分别根据黄河、辽河、海河和鸭绿江、汉河、大同江等近 20 年的平均径流量算出（冯士筰，1999）。其中，由于中国北方近 20 年持续干旱，近 20 年渤海入海径流量较 20 世纪 60—70 年代减少了近一半（方国洪，2002）。渤海和黄海的降水量系分别根据近 30 年环渤海沿岸台站平均降水量（563 mm/a）（方国洪，2002）和位于黄海中部的韩国安山 1960—1997 年平均降水量（1 110 mm/a）。渤海和黄海的蒸发量系分别利用多年平均的月潜热通量算得（王宗山，1996）。

表 8.5　黄渤海水通量及各水系的盐度和营养盐浓度

		降盐期（5—10 月）	增盐期（11 月至翌年 4 月）	参考文献
计算输入值				
径流量（$\times 10^9$ t）	黄海	60	15	Chung et al.，1999
	渤海	38	10	Lin et al.，2001
降水（$\times 10^9$ t）	黄海	320	80	Chung et al.，1999
	渤海	35	9	方国洪等，2002
蒸发（$\times 10^9$ t）	黄海	130	320	王宗山等，1996
	渤海	30	60	

		降盐期 （5—10 月）	增盐期 （11 月至翌年 4 月）	参考文献
盐度	黄海 *	32.2	33.0	本节
	渤海 *	30.3	31.3	刘哲等，2003
	苏北沿岸流	31.5	32.0	本节
	黄海暖流	—	34.0	本节
	鲁北沿岸流	31.0	31.0	郭炳火等，2001
	西朝鲜沿岸流	—	33.0	本节
	渤海海峡中部	—	31.8	郭炳火等，2001
	渤海海峡北部	30.2	—	郭炳火等，2001
	长江冲淡水	28.0	—	本节
	陆地径流	0.31	0.31	张经，1996
营养盐浓度/（μmol/L）	苏北沿岸流	DIN：5 $PO_4 - P$：0.3 $SiO_3 - Si$：10	DIN：10 $PO_4 - P$：0.4 $SiO_3 - Si$：15	本节
	黄海暖流	—	DIN：6 $PO_4 - P$：0.4 $SiO_3 - Si$：10	本节
	长江冲淡水	DIN：8 $PO_4 - P$：0.1 $SiO_3 - Si$：10	—	本节
	西朝鲜沿岸流	—	DIN：10 $PO_4 - P$：0.4 $SiO_3 - Si$：10	本节
计算结果：跨越开边界的输入和输出水通量				
输入通量/（×10^9 t）	黄　海 渤　海 黄海和渤海	1 490 100 1 490	3 320 160 3 320	本节
输出通量/（×10^9 t）	黄　海 渤　海 黄海和渤海	1 780 140 1 780	2 290 a + 760 b 120 2 290 a + 760 b	本节

注：* 此处指 4 月或 10 月盐度值；a 苏北沿岸流；b 西朝鲜沿岸。

　　将表 8.5 中的模型参数值代入方程（8.3）和方程（8.4），解得增盐期和降盐期跨越开边界的水通量结果列入表 8.5。

　　表 8.5 中的结果表明，把整个黄渤海作为 1 个箱子与把黄海和渤海分别作为 1 个箱子的计算结果完全一致。对黄海而言，由于强的海洋锋的阻隔，秋季黄海与东海间基本不存在水交换。因此，增盐期进入黄海的水通量实际上就是冬季黄海暖流水进入黄海的通量（即 3 320

$\times 10^9$ t），它是黄海含盐量增加的主要贡献者。此外，根据黄海暖流的流量，可大致估算一下黄海暖流的流速。若将冬季暖流入口处10℃等温线之间的距离（约150 km）作为黄海暖流的流幅，入口处平均水深为50 m，暖流存在时间约为4个月（12月至翌年3月），则估算得黄海暖流入口处的平均流速约为4.3 cm/s，接近于目前关于黄海暖流流速的普遍看法（5～10 cm/s）。

夏半年，由于黄海暖流不复存在，黄海与东海之间的水交换主要通过长江冲淡水的左转北上和苏北沿岸流的南下，而且由于长江冲淡水密度较小，因此其主要自表层（0～15 m）进入黄海南部。夏半年长江冲淡水的左转北上进入黄海的流量约为 $1\,486 \times 10^9$ t，它是夏半年黄海含盐量减少的主要原因。若把长江冲淡水的流入量换算成所需长江淡水量，则约相当于 165×10^9 t（约 165 km³）的长江水流入黄海，此值相当于丰水期长江径流量（932 km³ × 71.3%）的约1/4。关于长江冲淡水对黄海的物理海洋学过程和生物地球化学过程究竟有多大影响，一直是人们极为关心的问题。这一通量的首次获得，使得定量研究长江冲淡水对黄海的物理海洋学过程和生物地球化学过程的影响成为可能。

根据跨越开边界的水通量和各海域海水的总量，可以估算海水停留时间。根据表8.5中的跨越开边界的水通量，算得渤海的海水停留时间约为4.7年，即渤海海水约每5年更新一次。黄海的海水停留时间约为3.0年，即黄海海水每3年更新一次，该值小于 Lee 等（1999）的估算值（7年），而与 Choi（1998）根据气象诱导环流模型的估算值（2.3年）十分接近。

根据表8.5中跨越黄海和东海边界不同时期的水通量和各水系的营养盐浓度，算得跨越黄海和东海边界不同时期的营养盐净交换通量（表8.6）。从表8.6中的数据可以看出：①黄海和东海之间无机氮和活性硅酸盐的净交换主要发生在冬半年；②不同时期各种营养盐的源/汇情况是不同的；③从年交换净通量来看，营养盐是从黄海净输入东海。然而，不同时期各种营养盐的源/汇情况是不同的。增盐期（11至翌年4月），黄海和东海营养盐的净交换通量：无机氮为 -10.7×10^9 mol/a，无机磷为 $+0.11 \times 10^9$ mol/a，活性硅酸盐为 -12.6×10^9 mol/a；降盐期（5—10月）：无机氮为 $+3.0 \times 10^9$ mol/a，无机磷为 -0.38×10^9 mol/a，活性硅酸盐为 -2.9×10^9 mol/a。

表8.6 黄海和东海之间营养盐净交换通量　　　　　　　　　　单位：$\times 10^9$ mol

时 期	DIN	PO_4 – P	SiO_3 – Si
增盐期（11月至翌年4月）	10.7	+0.11	12.6
降盐期（5—10月）	+3.0	0.38	2.9
年交换净通量	7.7	0.27	15.5

注："+"营养盐输入；"−"营养盐输出。

黄海营养盐总体收支情况如图8.11所示，图中标明了大气沉降（P），河流输入（Q）、黄海和渤海交换（xb）、黄海和东海交换（xd）、黄海和渤海净输送（Rb）、黄海和东海净输送（Rd）以及净收支（Δ）。结果表明（Liu 等，2003），营养盐最重要的汇是 NO_3^-、NH_4^+ 和 SiO_3^{2-} 从水体到沉积物的迁移或氮其他形式的转化（如颗粒态和气态），其中，NO_3^- 大约为 $(55.4 \pm 21.4) \times 10^9$ mol/a，NH_4^+ 大约为 $(40.3 \pm 17.8) \times 10^9$ mol/a，SiO_3^{2-} 约为 $(56.6 \pm 23.2) \times 10^9$ mol/a。PO_4^{3-} [$(0.97 \pm 0.47) \times 10^9$ mol/a] 最重要的源是沉积物中的释放或其他形态磷的转化。来自河流和大气的 NO_3^-、NH_4^+ 和 SiO_3^{2-} 的输入主要从水体流失，分别占到净汇的66%、99%和43%。PO_4^{3-} 的净源占到外源输入的74%，说

明 PO_4^{3-} 主要是从黄海输出。

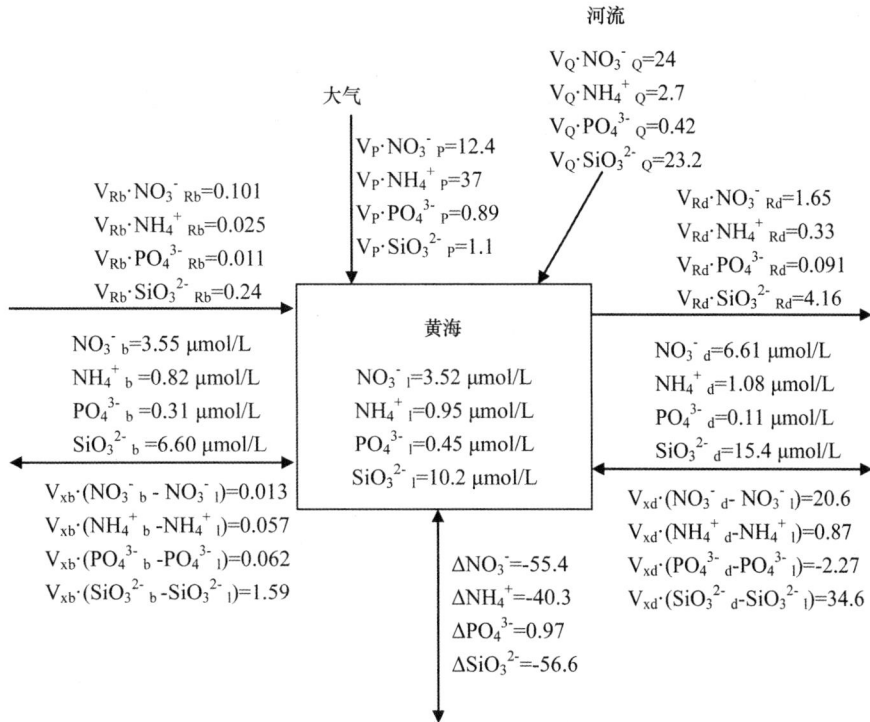

河流

$V_Q \cdot NO_3^- {}_Q = 24$
$V_Q \cdot NH_4^+ {}_Q = 2.7$
$V_Q \cdot PO_4^{3-} {}_Q = 0.42$
$V_Q \cdot SiO_3^{2-} {}_Q = 23.2$

大气

$V_P \cdot NO_3^- {}_P = 12.4$
$V_P \cdot NH_4^+ {}_P = 37$
$V_P \cdot PO_4^{3-} {}_P = 0.89$
$V_P \cdot SiO_3^{2-} {}_P = 1.1$

$V_{Rb} \cdot NO_3^- {}_{Rb} = 0.101$
$V_{Rb} \cdot NH_4^+ {}_{Rb} = 0.025$
$V_{Rb} \cdot PO_4^{3-} {}_{Rb} = 0.011$
$V_{Rb} \cdot SiO_3^{2-} {}_{Rb} = 0.24$

$V_{Rd} \cdot NO_3^- {}_{Rd} = 1.65$
$V_{Rd} \cdot NH_4^+ {}_{Rd} = 0.33$
$V_{Rd} \cdot PO_4^{3-} {}_{Rd} = 0.091$
$V_{Rd} \cdot SiO_3^{2-} {}_{Rd} = 4.16$

$NO_3^- {}_b = 3.55\ \mu mol/L$
$NH_4^+ {}_b = 0.82\ \mu mol/L$
$PO_4^{3-} {}_b = 0.31\ \mu mol/L$
$SiO_3^{2-} {}_b = 6.60\ \mu mol/L$

黄海

$NO_3^- {}_l = 3.52\ \mu mol/L$
$NH_4^+ {}_l = 0.95\ \mu mol/L$
$PO_4^{3-} {}_l = 0.45\ \mu mol/L$
$SiO_3^{2-} {}_l = 10.2\ \mu mol/L$

$NO_3^- {}_d = 6.61\ \mu mol/L$
$NH_4^+ {}_d = 1.08\ \mu mol/L$
$PO_4^{3-} {}_d = 0.11\ \mu mol/L$
$SiO_3^{2-} {}_d = 15.4\ \mu mol/L$

$V_{xb} \cdot (NO_3^- {}_b - NO_3^- {}_l) = 0.013$
$V_{xb} \cdot (NH_4^+ {}_b - NH_4^+ {}_l) = 0.057$
$V_{xb} \cdot (PO_4^{3-} {}_b - PO_4^{3-} {}_l) = 0.062$
$V_{xb} \cdot (SiO_3^{2-} {}_b - SiO_3^{2-} {}_l) = 1.59$

$\Delta NO_3^- = -55.4$
$\Delta NH_4^+ = -40.3$
$\Delta PO_4^{3-} = 0.97$
$\Delta SiO_3^{2-} = -56.6$

$V_{xd} \cdot (NO_3^- {}_d - NO_3^- {}_l) = 20.6$
$V_{xd} \cdot (NH_4^+ {}_d - NH_4^+ {}_l) = 0.87$
$V_{xd} \cdot (PO_4^{3-} {}_d - PO_4^{3-} {}_l) = -2.27$
$V_{xd} \cdot (SiO_3^{2-} {}_d - SiO_3^{2-} {}_l) = 34.6$

图 8.11 黄海营养盐（$\times 10^9$ mol/a）收支箱式模型

包括黄海与渤海、东海的营养盐交换。营养盐交换中的负值、正值分别代表系统的营养盐输出和输入

资料来源：Liu et al.，2003

第9章 黄海 CO_2 与碳化学[①]

黄海是一个全部位于大陆架上的浅海，地处温带，属东亚季风气候。黄海的碳化学除了受北向的黄海暖流（冬季最为强盛）及南下的黄海沿岸流影响之外，冬季偏北风对水柱的垂直混合，夏季偏南风对表层水团的运移都对黄海碳化学的行为特征产生重要影响。与东海相比，黄海由于受黄河输入泥沙的影响，具有高 DIC 的特性。本章主要依据 2001 年 7 月（夏季）、2005 年 3 月初（冬季）、2005 年 5 月和 2006 年 4 月（春季）的调查，对黄海碳化学参数的平面分布、季节变化和主要调控机制加以阐述。

9.1 海区无机碳（DIC）及二氧化碳分压（$p CO_2$）分布特征

由于缺乏 2001 年 7 月（夏季）DIC 的数据，仅以 2005 年 3 月初（冬季）、2005 年 5 月和 2006 年 4 月（春季）的调查，讨论黄海 DIC 的分布特征。并用有限的断面数据建立多元线性回归方程，通过 Fu 等（2009）在 2007 年秋季测得的黄海温度，盐度和叶绿素 a 等相关参数，计算黄海秋季的 $p CO_2$。

9.1.1 溶解无机碳（DIC）的分布特征

黄海经盐度校正的 NDIC 分布（见图 9.1）近岸相对较高，为（2 304 ±67）μmol/kg，且季节变化不显著，尽管 3 月略低于 4 月和 5 月。而远岸 NDIC 季节变化较大，最高值在 3 月份为（2 309 ±59）μmol/kg，最小值在 4 月和 5 月仅为（2 064 ±106）μmol/kg，这可能是由于 3 月份（冬季），在季风作用下富含 CO_2 的底层水体被垂直混合至表层所致，而春季水体层化后，持续的浮游植物光合作用对无机碳的吸收，以及降雨的稀释作用使 DIC 浓度降低。

9.1.2 春、夏、冬季 $p CO_2$ 的分布

黄海表层海水 $p CO_2$ 分布在时间和空间上均存在着很大的差异（图 2.9.1.2），从 3 月份到 7 月各个航次均是如此。近岸区，在调查的航次中基本都相对于大气 CO_2 过饱和，$p CO_2$ 为（434 ±56）μatm，最高值发生在 7 月为（475 ±81）μatm，而最低值在 3 月份为（413 ±17）μatm。在离岸区，$p CO_2$ 季节变化更加明显，经历了源/汇的转变。$p CO_2$ 最高值发生在 3 月份，为（534 ±52）μatm，相对大气 CO_2 高度过饱和，而在 4 月、5 月 $p CO_2$ 较低，为（328 ±33）μatm，相对大气 CO_2 欠饱和。7 月由于长江水的输入，34.5°N 以南的长江冲淡水区域出现了 $p CO_2$ 极低值（302 ±70）μatm；而在 34.5°N 以北，$p CO_2$ 值较高，为（432 ±18）μatm，相对大气 CO_2 过饱和。

---

① 本章撰稿人：张龙军，薛亮，刘志媛。

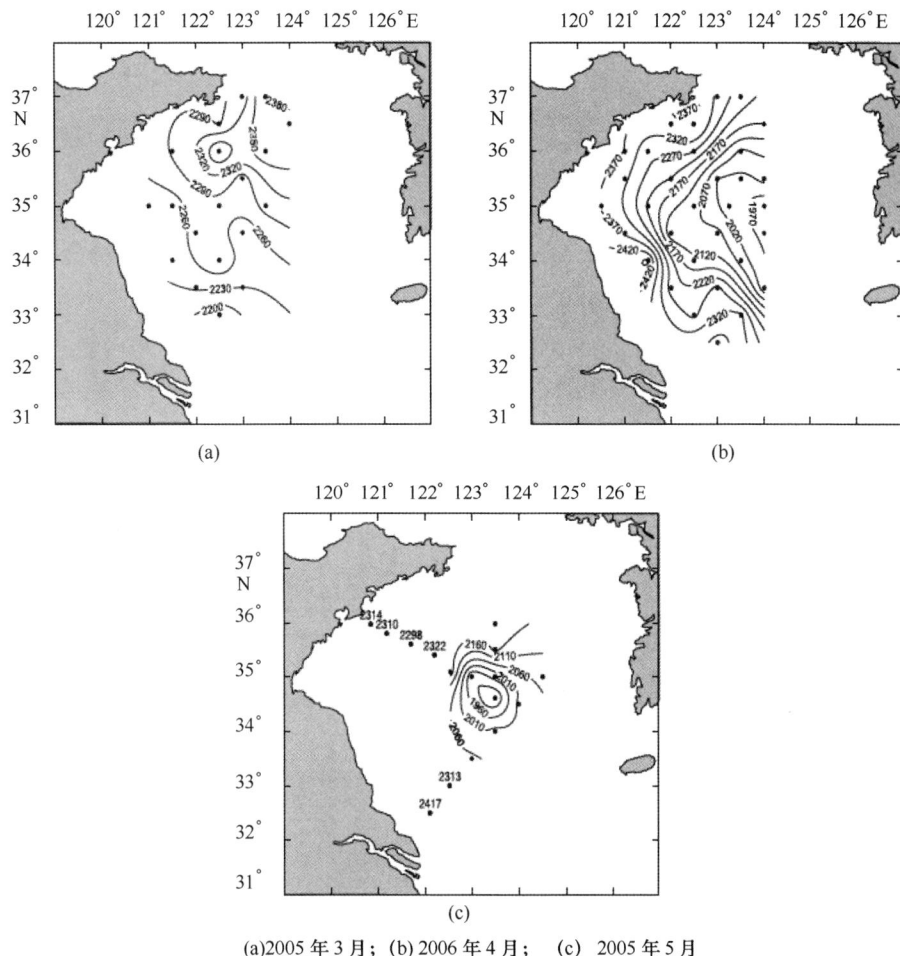

(a)2005 年 3 月；(b) 2006 年 4 月； (c) 2005 年 5 月

图 9.1 2005 年 3 月、2006 年 4 月及 2005 年 5 月经盐度校正的
黄海表层海水 DIC（NDIC）分布（μmol/kg）

在所有的调查航次中，pCO_2 都存在较大的空间梯度变化（至少 100 μatm）和不同的空间分布趋势。3 月黄海表层海水 pCO_2 呈现出近岸低、远岸高的梯度分布趋势；4 月和 5 月份 pCO_2 分布正好与 3 月相反，近岸高、远岸低；7 月在 34.5°N 以南长江冲淡水所形成的羽状锋区出现 pCO_2 最低值，且 pCO_2 从北向南逐渐降低（最低值达 125 μatm），而在近岸水域 pCO_2 维持相对高值。

上述结果表明，自冬季至夏季黄海表层海水 pCO_2 的区域分布表现出极大的差异性，与之对应，海水的水文特征、生物活动等也发生着剧烈变化。

9.1.3 秋季 pCO_2 的估算

由于缺乏秋季黄海大面站的 pCO_2 数据，我们使用在 2007 年秋季获取的南黄海与北黄海交界处调查的 B1 和 B2 断面数据，根据 pCO_2 与温度，盐度和叶绿素 a 间的相关性建立了多元线性回归方程，使用 Fu 等（2009）在 2007 年秋季得到的黄海温度，盐度和叶绿素 a 等相关参数，计算了黄海秋季的 pCO_2（见图 9.3）。利用有限断面数据建立的多元线性回归方程如下：

pCO_2 = （553.84 ± 250.90）-（3.25 ± 7.84）SSS -（0.63 ± 2.01）SST -（32.60 ± 6.18）Chl a（R^2 = 0.95，n = 11），

式中，SSS 表示海水表面盐度；SST 表示海水表面温度；Chl a 表示叶绿素 a 的浓度。

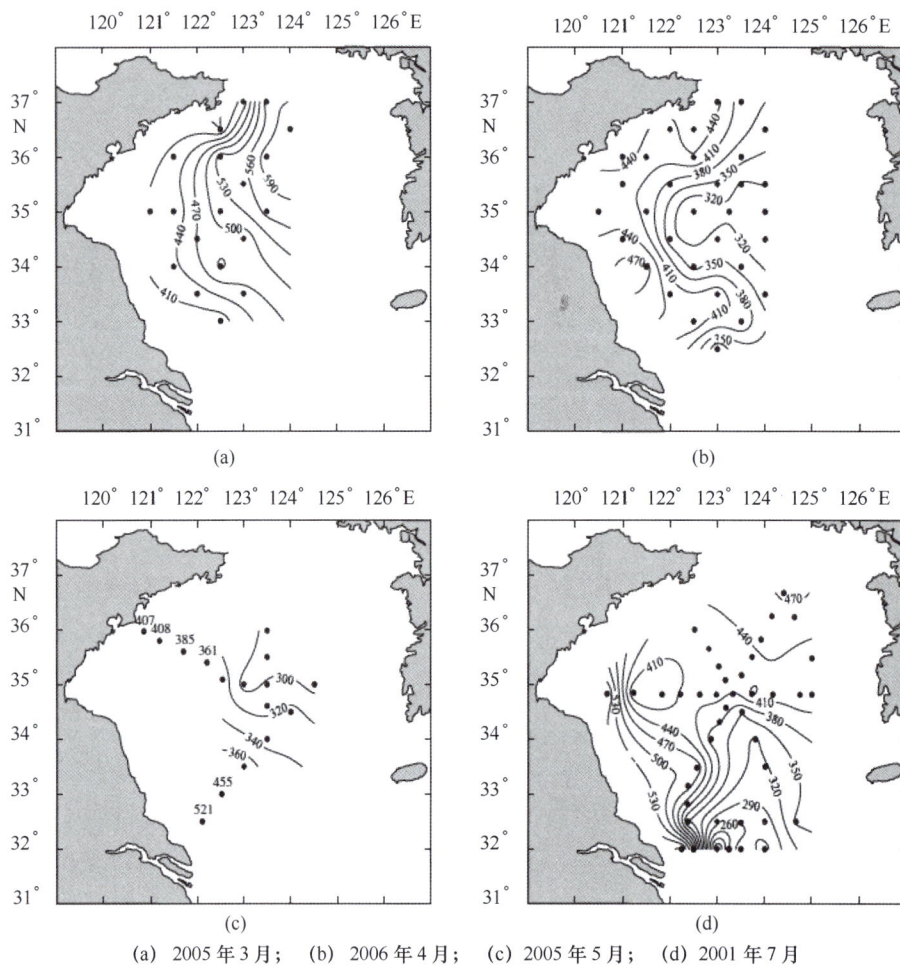

(a) 2005 年 3 月； (b) 2006 年 4 月； (c) 2005 年 5 月； (d) 2001 年 7 月

图 9.2　2005 年 3 月、2006 年 4 月、2005 年 5 月及 2001 年 7 月黄海表层海水 $p\mathrm{CO_2}$ 分布（µatm）

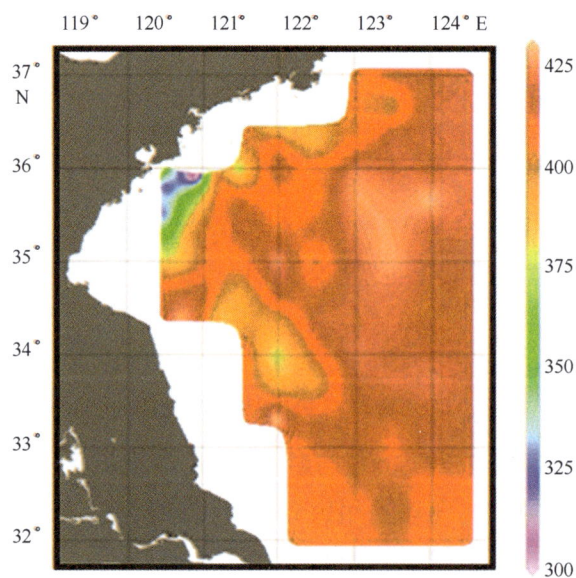

图 9.3　利用多元线性回归所得秋季 $p\mathrm{CO_2}$ 的分布（µatm）

我们利用建立的线性回归方程，利用获得的黄海春季（4月份）和夏季（7月份）的温度，盐度和叶绿素 a 等相应数据对 pCO_2 数值进行了反演，结果显示实测方法与计算方法得到的 pCO_2 相差在 20 μatm 范围内，保持了较好的一致。我们还用计算所得 2007 年秋季的 pCO_2 和 Shim 等（2007）分别在 2004 年和 2005 年秋季在黄海东南部部分区域测定的 pCO_2 进行比较，结果也是相当的。2004 年 10 月和 2005 年 11 月的黄海 pCO_2 的测量值分别为 372 ~ 517 μatm 和 340 ~ 510 μatm。

本章接下来将从温度变化，垂直混合过程，浮游植物生长以及长江冲淡水对 pCO_2 的影响等诸方面讨论黄海表层海水 pCO_2 的季节变化过程。

9.2 海区 pCO_2 控制因素分析

9.2.1 温度对 pCO_2 分布的影响

图 9.4 是 4 个航次中所有调查站位现场表层海水 pCO_2 同温度的关系图，可以看到温度对远岸和近岸 pCO_2 的季节变化影响不同。在远岸区，pCO_2 与表层水温呈一定的负相关。海区温度从冬季 3 月的 6.34 ~ 14.80℃ 升至夏季 7 月的 23.83 ~ 30.17℃，而相应的 pCO_2 分别为 274 ~ 605 μatm 和 237 ~ 478 μatm。这种负相关关系说明并非是温度直接控制着 pCO_2 分布，而很可能是温度升高对生物活动的促进而使 pCO_2 降低所致。而在近岸区，pCO_2 和温度关系比较凌乱，虽有弱的正相关的趋势但相关性较差。

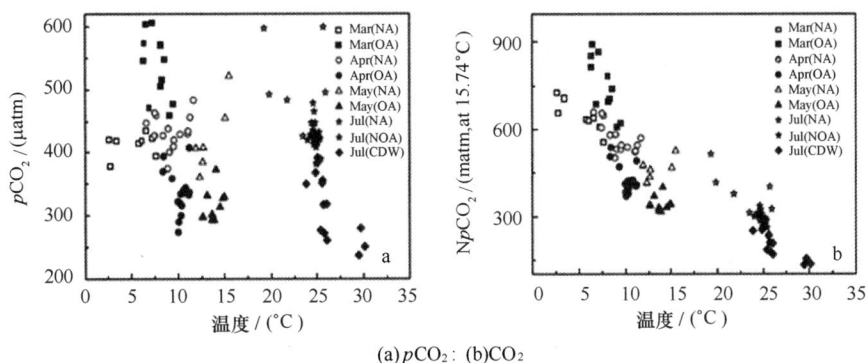

(a) pCO_2: (b) CO_2

图 9.4 所有 4 个航次 pCO_2 与温度（a）及校正到平均温度下的 pCO_2（$NpCO_2$）与温度（b）的相关性
NA 代表近岸区；OA 代表离岸区；CDW 代表长江中冲淡水区域；NOA 代表北部远岸区域

我们利用（Takahashi et al.，1993）提出的公式将各航次 pCO_2 校正到所有调查航次的平均温度 15.74℃ 下，得到 $NpCO_2$ 与温度呈负相关性（见图 9.4b）。这一关系说明从季节变化角度来讲，温度不是影响黄海 pCO_2 分布的主要因素。这与中国南海北部（Zhai et al.，2005）、地中海陆架区（Borges et al.，2006）以及南大西洋湾等（Jiang et al.，2008）的情况是不同的。这可能与黄海是具有丰富营养的陆架海（Liu et al.，2003；Wang et al.，2003）有关。Takahashi（2002）指出季节的升温造成的温度校正后的 $NpCO_2$ 的降低是由生物活动对 CO_2 的吸收造成的。

9.2.2 垂直混合对 pCO_2 分布的影响

在调查的 4 个航次中，垂直混合主要发生在近岸区和冬季 3 月份。3 月水体具有冬季的特征，整个水柱垂直混合良好，富含 CO_2 的底层水与表层水充分混合，从而造成了表层极高的

NDIC 浓度，尤其在冬季生物活动相对弱的黄海中部区域，由于水体较深，加之黄海暖流具有大洋水的特性，使得表层 NDIC 达到调查航次的最高值（2 309 ± 59）μmol/kg。3 月，NpCO$_2$（温度标准化的 pCO$_2$）与 NDIC 显著正相关（$r = 0.96$，$p < 0.000\ 1$）（图 9.5），说明了垂直混合是造成了 3 月 pCO$_2$ 相对大气 CO$_2$ 高度过饱和的主要原因。再来看生物活动的影响，在 3 月份，黄海叶绿素 a 近岸高，远岸低，而且 NpCO$_2$ 与叶绿素 a 呈负相关（$r = -0.69$，$p < 0.001$）（图 9.6a），表明浮游植物的光合作用显著的影响着表层海水 pCO$_2$ 近岸低中部高的分布趋势，但从 pCO$_2$ 分布的量值来看，生物活动没有从根本上改变 3 月 pCO$_2$ 相对大气 CO$_2$ 高度过饱和的状态，因此垂直混合对 pCO$_2$ 的贡献超过了浮游植物对 CO$_2$ 的吸收作用，使得冬季的黄海成为 CO$_2$ 的源区。

黄海中国一侧的近岸区，由于水深较浅（尤其在苏北浅滩一带），终年无跃层存在（邹娥梅等，2001）。高泥沙含量的黄河在 1495—1851 年间以现在的淮河口为入海口在此入海，形成的水下辐射状沙洲脊的再悬浮使得该海域泥沙含量特别高，而这些泥沙主要来自古黄河的沉积（宋召军等，2006；Yuan et al.，2008）。而黄河流经富含碳酸盐的黄土高原，黄土碳酸盐含量可达到 10%~20%（Zhang et al.，1995）。最近对黄河流域的研究显示，黄河 PIC 含量为 0.12~17.68 mg/L（其中，低值出现在库区），同时黄河主流 DIC 含量与 PIC 含量具有非常好的正相关性，DIC = 0.797 3PIC + 33.668，$R^2 = 0.865\ 9$（张龙军等，2009）。由此看来，尽管 3 月由于较强的生物活动使 NDIC 略有降低，但富含 PIC 的泥沙再悬浮，并通过固液平衡维持水体较高的溶解态碳酸盐，是黄海中国一侧的近岸区 NDIC 始终相对较高 [（2 304 ± 67）μmol/kg，2 254~2 329 μmol/kg] 的主要原因。而这也是造成黄海中国一侧的近岸区 pCO$_2$ 始终相对大气 CO$_2$ 过饱和的一个主要原因，当然，陆源物质的直接输入对近岸过饱和的 pCO$_2$ 也有较大影响。

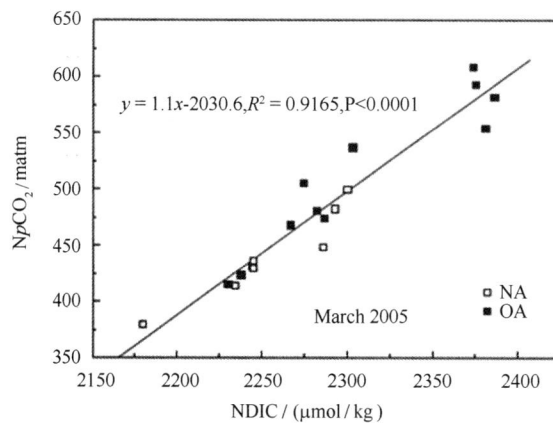

图 9.5　3 月校正到平均温度下的 pCO$_2$（NpCO$_2$）与 NDIC 的相关性

9.2.3　浮游植物水华对 pCO$_2$ 分布的影响

从叶绿素水平和浮游植物细胞丰度来看，在所调查的航次中，4 月黄海，中部发生了浮游植物水华（徐宗军，2007），但在黄海中国一侧沿岸区域由于泥沙含量大而不具备发生水华条件（胡好国等，2004；Tian et al.，2005）。4 月，黄海整个调查区域 NpCO$_2$ 和叶绿素 a（图 9.6 b）呈显著负相关（$r = -0.92$，$p < 0.000\ 1$）充分体现了浮游生物活动对 pCO$_2$ 分布的控制作用，中部 pCO$_2$ 在 274~394 μatm 之间。另外，弱的层化也有利于表层生产和底层再矿化过程的分离，这也为 CO$_2$ 汇区的形成创造了条件。持续而强烈的浮游植物光合作用吸收了大量的 DIC，加之 3 月垂直混合造成黄海中部区域表层有很高的 DIC，从而使 3 月与 4 月相比 DIC 在黄海中部区域有

了较大程度的降低。当然，春季的降雨也有影响，这一点从盐度的变化可以佐证。

5 月，pCO_2 的分布（图 9.6 c）与 4 月类似，也是中部低、近岸高的分布趋势，但观测到的叶绿素 a 分布却并不与 pCO_2 分布相对应。$NpCO_2$ 与叶绿素 a 呈现正的相关性（$r = 0.81$，$p < 0.001$）（图 9.6 c）。5 月，黄海中部的 NDIC 浓度范围与 4 月类似。较低的浮游植物现存量（叶绿素 a）对应着较低的 pCO_2，可能与浮游动物的摄食作用有关。

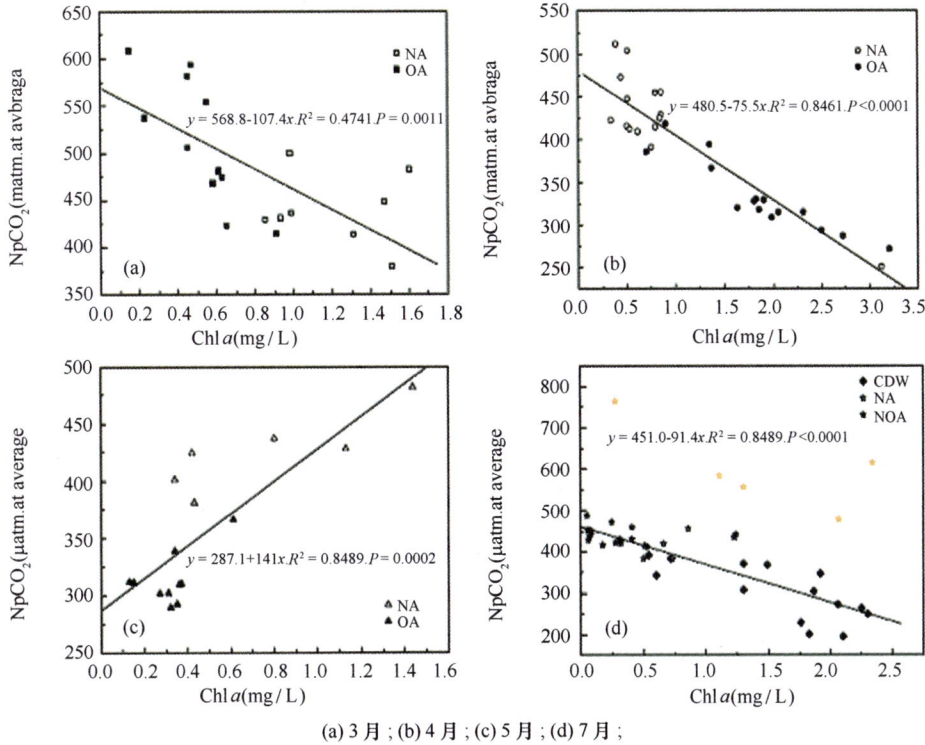

(a) 3 月 ; (b) 4 月 ; (c) 5 月 ; (d) 7 月 ;

图 9.6　3 月、4 月、5 月、7 月 $NpCO_2$ 与叶绿素 a 的相关性（7 月红色星点代表上升流区）

9.2.4　长江冲淡水对 pCO_2 分布的影响

7 月份长江处在丰水期，再加上东南风等因素的影响，大量长江水进入黄海，形成了长江冲淡水羽状峰区，并在近岸出现了底层水的涌升现象，这是夏季黄海最典型的水文特征。在长江冲淡水区域由于长江水的输入造成了高营养盐和强烈的生物活动，从而使 pCO_2 极度不饱和（125 ~ 392 μatm），叶绿素 a 含量也证实了这一现象。在某种程度上，7 月的黄海中南部更像一个外河口区（Wang et al.，2003）。河流带来高的营养盐提高了生物活动，降低了 pCO_2。而在长江冲淡水几乎不能到达的 34.5°E 以北海域（盐度 31 ~ 33），水柱的强烈层化阻止了硝酸盐和亚硝酸盐的供应，限制了浮游植物的生长，使叶绿素 a 浓度处在较低的水平，这一区域的 pCO_2 测值在 409 ~ 478 μatm 之间，相对大气过饱和，与长江冲淡水区域形成了鲜明的对比。近岸区 pCO_2 相对大气也处于过饱和态，测值范围为 382 ~ 599 μatm。

尽管 7 月叶绿素 a 和 pCO_2 的分布极其不均匀，但是 pCO_2 与叶绿素 a 的高度负相关关系（$r = -0.91$，$p < 0.000\ 1$）（未考虑受涌升流影响的站位）表明 7 月黄海大部分海区 pCO_2 的分布受控于浮游植物的生物活动，其中，CO_2 的汇区主要是长江水输入引起的。

黄海如此明显的 pCO_2 季节变化是由其独特的水文特征确定的，这很好地反映了陆架海的 CO_2 分布的复杂性，这在某种程度上告诫我们在水环境复杂的近海，由某个断面外推整个海

区的 CO_2 分布时一定要谨慎，因为这可能得出相反的结论。

当然，要精确认识黄海表层海水 pCO_2 分布的控制机制，还需要更多其他航次的补充以获得时间和空间上具有更高分辨率的数据。另外，由于这里所用数据不是由连续航次获取，航次间可能存在一定的年际差异，但对于勾勒黄海这一陆架海区的 pCO_2 分布季节差异和其控制因素的演变，还是科学的。

9.3 海区的海 – 气 CO_2 通量

我们采用 Wanninkhof（1992）的气体交换公式，并根据 Wanninkhof 等（2002）和 Jiang 等（2008）的方法对气体交换系数进行校正（Liang Xue et al.，2010），以此计算了黄海调查海区海 – 气 CO_2 通量（图9.7）。由于5个调查航次的调查区域不完全一致，而且调查站位分布不均匀，以及涉及计算海 – 气 CO_2 通量的数据如温度，盐度，pCO_2 和风速的空间分辨率不一致，我们利用 surfer8.0（kriging 插值）将这些数据内插到 0.1×0.1 的网格上。

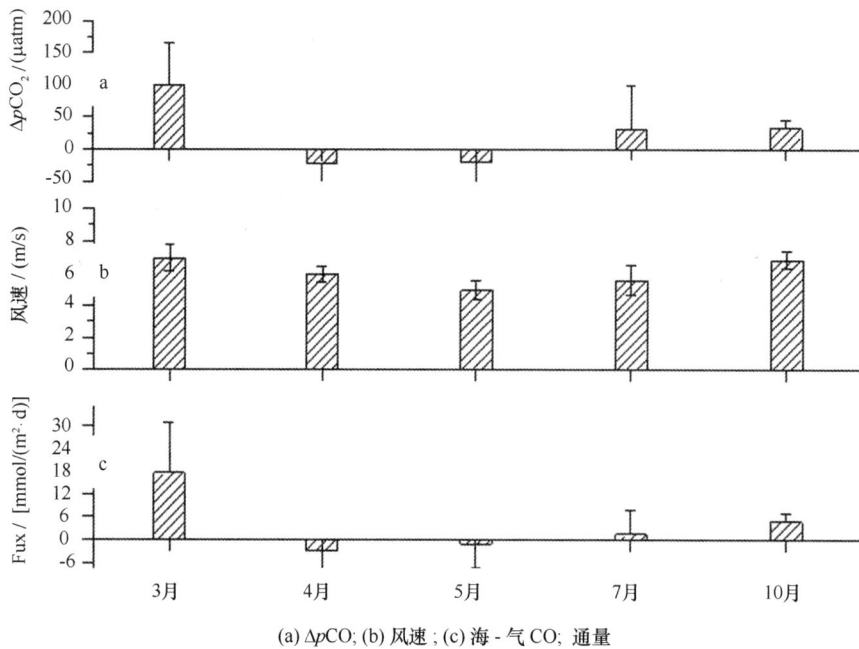

(a) ΔpCO_2；(b) 风速；(c) 海 - 气 CO_2 通量

图 9.7　利用 Wanninkhof（1992）及月平均风速计算所得各月海 – 气 CO_2 通量 ［mmol/（$m^2 \cdot d$）］

图9.8 是用 Wanninkhof（1992）公式计算的海 – 气 CO_2 通量的空间分布，显示在不同季节 CO_2 通量有很大的空间差异，总体来说，冬季黄海为大气 CO_2 的强源区，夏、秋季为大气 CO_2 弱的源区，春季为大气 CO_2 的净汇区。而在远岸区（黄海中部），秋季和冬季是大气 CO_2 的源，春季是大气 CO_2 的汇，夏季又变为弱源（见图9.8）。夏季由于长江水输入的影响情况较复杂，我们认为夏季长江水向黄海的入侵造成了长江羽状峰区 CO_2 的强汇（Zhang et al.，2010）。垂直混合作用和冬季黄海暖流入侵造成的升温导致了冬季黄海 pCO_2 过饱和。秋季 CO_2 的强源（大气 CO_2 以 378 μatm 计）可能是由于低的生物活动（Fu et al.，2009）和相对高温所致。近岸，除了在3月份由于水温较低和相对强烈的生物活动，pCO_2 略显饱和，或同大气 CO_2 处于平衡状态外，其他时间始终为大气 CO_2 的源。黄海近岸由于人类输入的影响及其常年处于垂直混合良好的状态使其始终处于大气 CO_2 饱和状态（Zhang et al.，2010）。

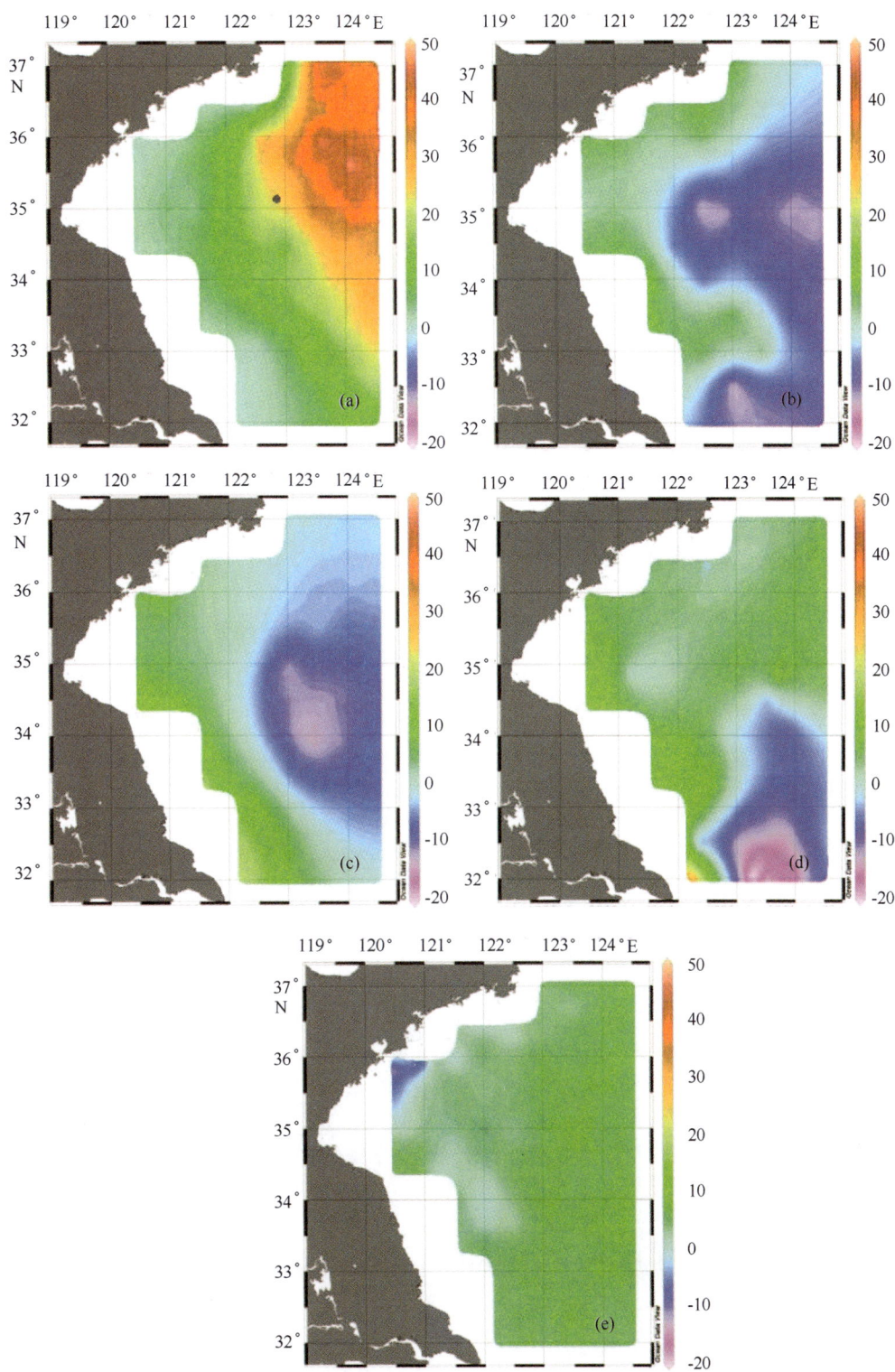

(a) 2005 年 3 月 ;(b) 2006 年 4 月 ; (c) 2005 年 5 月 ;

(d)2001 年 7 月 ; (e)2007 年 10 月

图 9.8　利用 Wanninkhof（1992）公式得到的海 – 气 CO_2 通量分布 $[mmol/(m^2 \cdot d)]$

如果以3月，4月和5月，7月和10月分别代表冬季，春季，夏季和秋季黄海海－气 CO_2 通量，那么黄海将以（1.99 ± 3.10）$mol/（m^2 \cdot a）$ 的速率向大气释放 CO_2，即每年向大气释放7.38 Tg C（面积以 $0.309 \times 10^6 km^2$ 计）。

尽管本研究用覆盖了4个季节的表层 pCO_2 估算黄海 CO_2 海－气通量，但仍存在着一定的不确定性。首先，秋季对于 pCO_2 数值的估算存在一定的不确定性，尤其在近岸区，这里的 pCO_2 很难用其他参数进行估算。其次，我们的研究区域没有覆盖整个黄海，这也将产生较大的不确定性。我们没有对靠近朝鲜半岛的黄海东部（124°E以东）进行调查，那里的 CO_2 状态可能同我们的调查区域存在一定的差别。再次，一个航次测量的 pCO_2 由于在通量计算中将忽略很多短暂且重要的过程，因此可能不能很好地代表整个季节黄海的 CO_2 状态。另外一个不确定性来自于气体交换系数的估计。因为风速不是影响气体交换系数的唯一因素，其他因素如气泡，扬程（fetch），表明活性剂和降雨等也对其有影响（Wanninkhof et al.，2009）。

第 10 章 黄海海水中的有机物[①]

10.1 总有机碳

黄海是位于我国大陆和朝鲜半岛之间的半封闭浅海,注入黄海的河流主要有鸭绿江、大同江、汉江、淮河等。在可查数据中,鸭绿江是黄海污染调查的重点,1996 年王江涛等 (1998) 就已研究了鸭绿江溶解有机碳的情况,估算出溶解有机碳的输入量为 1.5×10^5 kg/d。2002 年鸭绿江污染物入海总量 73 935 t,其中,COD 67 484 t,石油类 997 t(国家海洋局,2002)。

本次调查共获得黄海 TOC 数据 1 625 个,其含量范围为 0.15 ~ 13.8 mg/L,平均值 1.85 mg/L。由于南北黄海受到不同海区的影响,将南北黄海分开统计。由表 10.1 可见,春冬两季北黄海 TOC 平均值高,夏秋两季南黄海 TOC 平均值高,冬季北黄海 TOC 平均值含量远高于其他海区季节,可能是由于冬季北黄海的生物活动是最不旺盛的季节有关。四个季节的最大值均出现在南黄海。

表 10.1 黄海 TOC 含量调查结果 单位:mg/L

海区	季节	量值	水 深				全部数据
			0 m	10 m	30 m	底层	
北黄海	春季	范围	1.29 ~ 4.79	1.31 ~ 2.79	1.27 ~ 3.44	1.29 ~ 2.81	1.27 ~ 4.79
		平均值	1.98	1.87	1.83	1.82	1.88
	夏季	范围	1.35 ~ 2.20	1.20 ~ 1.92	0.95 ~ 2.24	1.01 ~ 2.25	0.95 ~ 2.25
		平均值	1.64	1.51	1.35	1.49	1.51
	秋季	范围	1.42 ~ 2.11	1.29 ~ 1.92	1.35 ~ 1.96	1.32 ~ 2.07	1.29 ~ 2.11
		平均值	1.65	1.60	1.55	1.63	1.62
	冬季	范围	1.45 ~ 6.50	1.67 ~ 5.03	1.78 ~ 5.33	1.76 ~ 6.19	0.68 ~ 6.50
		平均值	3.33	3.11	3.25	3.36	3.27
南黄海	春季	范围	0.95 ~ 2.49	0.53 ~ 7.10	0.97 ~ 2.63	0.15 ~ 3.08	0.15 ~ 7.10
		平均值	1.64	1.72	1.58	1.58	1.64
	夏季	范围	1.01 ~ 5.72	0.91 ~ 2.23	0.97 ~ 2.31	0.91 ~ 2.48	0.91 ~ 5.72
		平均值	1.75	1.69	1.51	1.52	1.65
	秋季	范围	0.91 ~ 6.87	0.15 ~ 6.93	1.08 ~ 12.9	0.32 ~ 13.8	0.15 ~ 13.8
		平均值	1.84	1.84	2.08	2.11	1.95
	冬季	范围	0.75 ~ 6.50	0.96 ~ 6.04	1.07 ~ 3.61	0.68 ~ 5.80	0.68 ~ 6.50
		平均值	2.23	1.83	1.64	1.81	1.96

[①] 本章撰稿人:邝伟明,暨卫东,张元标。

10.1.1 平面分布特征

1）春季

表层：由图 10.1（a）可以看出，北黄海东北部有 TOC 大于 2.6 mg/L 相对高值区，可能是由于鸭绿江输入造成的。烟台市近岸、辽东半岛南部山东半岛的成山角东部有 TOC 含量大于 2 mg/L 的封闭区域。南黄海 TOC 含量相对于北黄海较低，在青岛市胶州湾近岸和海州湾近岸有 TOC 含量大于 2 mg/L 的区域，受到长江冲淡水的影响，南黄海南部 TOC 低值区（< 1.5 mg/L）向东向北延伸，最北端达到 36°N。

10 m 层［图 10.1（b）］：北黄海在烟台市近岸有 TOC 大于 2.5 mg/L 的相对高值区，辽宁省与朝鲜交接海域有 TOC 相对高值区，其余北黄海海域 TOC 含量均在 1.5 ~ 2 mg/L 之间。南黄海胶州湾和海州湾有高值区（> 2.5 mg/L），与表层相似，TOC 低值区仍影响到 36°N，但是在 35°N 附近有一片 TOC 大于 2.5 mg/L 的高值区。

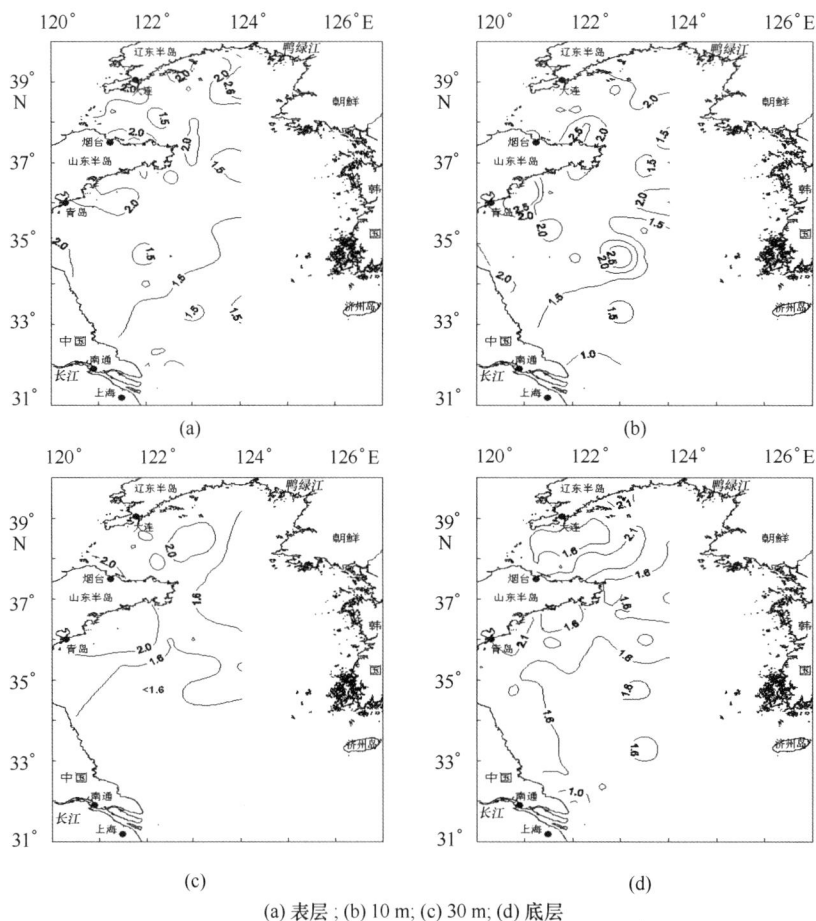

(a) 表层；(b) 10 m；(c) 30 m；(d) 底层

图 10.1 黄海春季 TOC 平面分布（mg/L）

30 m 层［图 10.1（c）］：春季黄海 30 m 层 TOC 含量大于 2 mg/L 的封闭海域有山东半岛南部沿岸、蓬莱市近岸及北黄海中部的一片海区。36°N 以南和山东半岛往东约 123°E 以东均是 TOC 小于 1.6 mg/L 相对低值区。

底层［图 10.1（d）］：北黄海辽东半岛南部有一片 TOC 小于 1.6 mg/L 的封闭区域，而陆源的 TOC（> 2.1 mg/L）水舌向西北延伸，山东半岛东面是 TOC 低于 1.6 mg/L 的海区；

南黄海海州湾和胶州湾有 TOC 大于 2.1 mg/L 的相对高值区，鳌山湾近岸有 TOC 的封闭区，南黄海南部 36°N 以南，122°E 以东大部分海域 TOC 小于 1.6 mg/L，在上海陆家嘴东部近岸有 TOC 的低值区（<1.0 mg/L）。

2）夏季

表层 [图 10.2（a）]：夏季北黄海西南海域 TOC 含量在 1.6～2.1 mg/L 之间，东北海域除了近岸有一小片 TOC 含量大于 1.6 mg/L，其他海域 TOC 含量为 1.3～1.6 mg/L；南黄海胶州湾南部海域有一 TOC 大于 2.1 mg/L 的相对高值区，江苏沿岸至上海陆家嘴则是 TOC 小于 1.3 mg/L 的低值区。

10 m 层 [图 10.2（b）]：夏季北黄海靠近山东半岛的 TOC 大于 1.6 mg/L，中部 TOC 含量小于 1.3 mg/L。南黄海大部分山东沿岸和江苏沿岸 TOC 含量都是 TOC 大于 1.9 mg/L 的相对高值区，向南 TOC 含量逐步递减，至靠近上海长江口出现 TOC 小于 1.3 mg/L 的低值区。

30 m 层 [图 10.2（c）]：总体来说黄海夏季 30 m 层 TOC 含量是西高东低，北黄海除了蓬莱市西北海域有一片 TOC 的高值区（>2 mg/L），向东北递减，北黄海中部小于 1.3 mg/L。南黄海在约 123°E 以东 TOC 含量小于 1.5 mg/L，34°N，122°E 附近有一片 TOC 高值区，最大值大于 2 mg/L。

底层 [图 10.2（d）]：黄海夏季底层 TOC 含量分布比较均匀，大体上是近岸高，远海低。胶州湾近海有一片 TOC 高于 2 mg/L 的高值区，远海含量大部分在 TOC 含量 1.5 mg/L 以下。南黄海中部分布着两片 TOC 含量小于 1.2 mg/L 的低值区和 TOC 含量大于 1.5 mg/L 的区域。

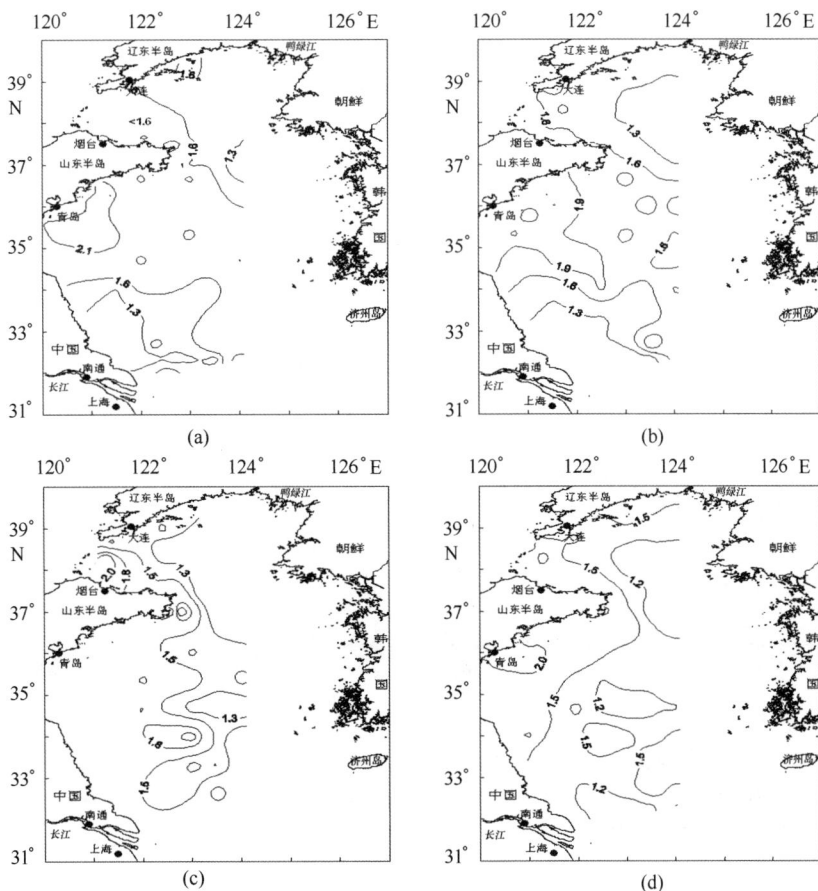

(a) 表层；(b) 10 m; (c) 30 m; 底层

图 10.2 黄海夏季 TOC 平面分布（mg/L）

3）秋季

表层［图 10.3（a）］：北黄海 TOC 含量分布比较均匀，西部 TOC 含量大于 1.5 mg/L，而东部小于 1.5 mg/L。南黄海分布则比较复杂，在 124°E 附近有三片不同 TOC 含量分布，在 37°N 和 34°N 附近海域有密集的 TOC 高等值线分布，最大值大于 3.5 mg/L。而在两片高值区之间分布相对较大面积的 TOC 小于 1.5 mg/L 的相对低值区。江苏近岸在 33°N、122°E 附近海域有等值线密集分布的 TOC 大于 3.5 mg/L 高值区，往南则出现密集的 TOC 等值线降低海区，最南端 TOC 含量小于 1 mg/L。

10 m 层［图 10.3（b）］：秋季北黄海 TOC 分布较均匀，调查范围内大部分海域 TOC 含量在 1.5~2.5 mg/L，在辽东半岛东部近岸和靠朝鲜一带海域有 TOC 含量小于 1.5 mg/L 的低值区。南黄海在调查边缘区域有一小块海域 TOC 含量大于 3.0 mg/L，南黄海分布着数片 TOC 含量低于 1.5 mg/L 的 TOC 相对低值区，TOC 含量最大值出项在江苏上海交界处沿岸外，最大值超过 3.5 mg/L。而上海陆家嘴近岸 TOC 含量则低于 1.5 mg/L。

30 m 层［图 10.3（c）］：北黄海 30 m 层，TOC 含量为 1.5 mg/L 的等值线大致将北黄海区域分成两部分，靠近山东半岛 TOC 含量大于北部靠近辽东半岛的含量。南黄海山东半岛外仍然有 TOC 的高值区分布，在 124°E 附近 TOC 含量大于 3 mg/L。山东半岛往南 TOC 含量逐渐增加，在 34°N 以南 TOC 等值线向南靠近长江口迅速增加，由 3 mg/L 增加至 10 mg/L，而在总体来看 TOC 含量北低南高，特别是靠近长江口附近海域 TOC 含量较高。

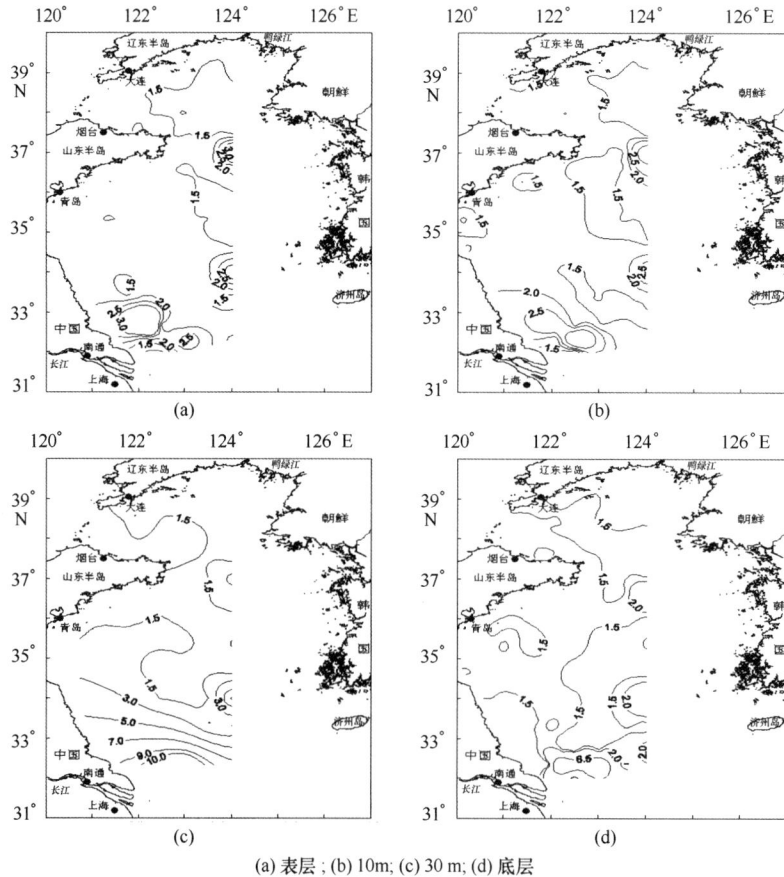

(a) 表层；(b) 10m；(c) 30 m；(d) 底层

图 10.3　黄海秋季 TOC 平面分布（mg/L）

底层［图10.3（d）］：北黄海总体来说是近岸高，中部低于的1.5 mg/L等值线水舌延伸至大连市近岸。南黄海山东和江苏沿岸TOC含量大都在1.5～2 mg/L之间，此外南黄海还分布着3块TOC小于1.5 mg/L的相对低值区，以盐城到上海近岸海域和33°～36°N，122°～124°E附近海域面积较大。在调查区域边界124°E附近的36°N及34°N仍出现TOC大于2 mg/L的小片封闭区域。靠近长江口大约32°N，122°～123°E的一个近似椭圆形区域出项TOC大于含量6.5 mg/L的高值区，该层次的最大值13.8 mg/L就出现在这个区域。

4）冬季

表层［图10.4（a）］：北黄海有3片南北走向的TOC大于3 mg/L相对高值区，面积最小的是辽东半岛大连市至北隍城岛的海域，山东近岸至辽宁省庄河市之间海域TOC的区域面积最大，北部较窄，南部较宽；在123°E以东大部分海域TOC含量大于3 mg/L，在近124°E海域出现TOC大于4.5 mg/L的高值区。南黄海分布着数片TOC小于1.5mg/L的低值区，江苏南通市近岸有TOC低值区向北延伸，南黄海中部的TOC低值区有一片区域向西北延伸且面积最大，另一片低值区向西延伸。山东半岛南部近岸海域和江苏连云港海域TOC含量大于2 mg/L，在33°N，123°E附近海域有一片TOC含量大于3mg/L的高值区。

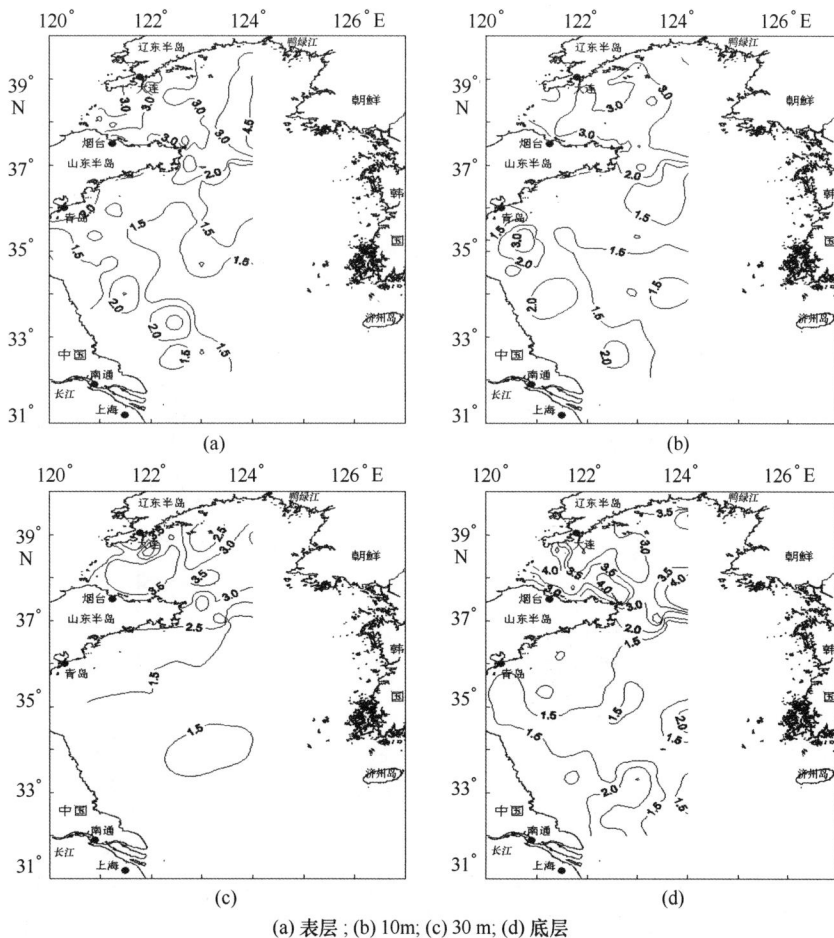

(a) 表层；(b) 10m; (c) 30 m; (d) 底层

图10.4　黄海冬季TOC平面分布（mg/L）

10 m 层 [见图 10.4 (b)]：北黄海中部大部分海域 TOC 含量在 2～3 mg/L，近岸含量大于 3 mg/L。南黄海胶州湾近海 TOC 含量小于 1.5 mg/L，在 32°～35°N 有小片的封闭海区 TOC 含量大于 3 mg/L，源于外海的 TOC 低值区向西延伸，最远端达 35°N，121°E，另在 35°N 有 TOC 含量小于 1.5 mg/L 的低值区向西南延伸，3 片 TOC 的相对低值区以胶州湾近海的面积为小。在这 3 片 TOC 的相对低值区外大量的 TOC 含量 1.5～2 mg/L 的海域中分布着数片大于 2 mg/L 的海域，特别是在 35°N，121°E 的小片海域 TOC 含量大于 3 mg/L。

30 m 层 [见图 10.4 (c)]：北黄海在烟台市向北延伸出一片 TOC 含量大于 3.5 mg/L 的相对高值区，大连市近海 TOC 含量也大于 3.5 mg/L，长山群岛近海有 TOC 含量小于 2.5 mg/L 的相对低值区，低值区向南延伸少许。南黄海由成山头向南 TOC 逐步递减，35°N 以南海域大部分 TOC 含量低于 1.5 mg/L，只有在 33°～34°N，122°～124°E 海域有一封闭的 TOC 含量大于 1.5 mg/L 的海域。总体是趋势 TOC 含量是北高南低。

底层 [见图 10.4 (d)]：北黄海 TOC 分布情况较复杂，辽东半岛靠近渤海海域的 TOC 含量较高，大于 4 mg/L，东部海域 TOC 含量低于 3 mg/L，是整个冬季北黄海 TOC 的相对低值区，向南延伸至 38°N，向东延伸至 123°E。山东成山头北部海域有一封闭的 TOC 含量大于 4 mg/L 的高值区，东部至 124°E 也有 TOC 含量大于 4 mg/L 的高值区。南黄海源于外海的 TOC 低值区一直延伸至 120°E，在这大片的 TOC 含量相对低值区中，分布着数片 TOC 含量大于 1.5 mg/L 的海域，特别是 34°N，124°E 附近 TOC 含量大于 2 mg/L；南部有小片大于 2 mg/L 的 TOC 向北延伸至接近 34°N。

10.1.2 断面分布特征

南、北黄海各选取一条断面作图 10.5，断面 1 位于北黄海，由大连附近海域向北黄海东南方延伸。断面 2 位于南黄海，向东延伸。

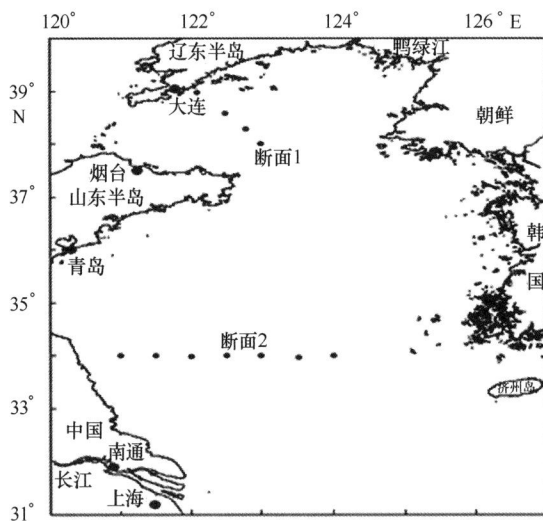

图 10.5 黄海断面示意图

1) 断面 1

由图 10.6 可以看出，春季 C701 站 TOC 含量大于 1.8 mg/L，向外 TOC 含量减少，C705 底层为春季断面 1 的相对低值区（<1.4 mg/L），外海有 TOC 含量较高的水舌由 C1006 站底层向 C707 站中层延伸，最大区域出现在 C707 站中层。夏季则是表层高，底层低，随着水深增加 TOC 含量逐渐减少，最低值出现在 C1006 站的底层，小于 1.1 mg/L。秋季 TOC 含量小

于 1.5 mg/L 低值区仍出现在 C705 至 C1006 的底层，C1006 中层有一 TOC 高值水舌向 C705 延伸，最大值区域出现在 C1006 站中层。冬季 TOC 含量分布比较复杂，C701 至 C705 表层 TOC 含量小于 2.8 mg/L，C701、C707 和 C1006 底层含量也低于 2.8 mg/L，在 C707 底层还有 TOC 含量的低值水舌向上涌升。含量大于 4 mg/L 的高值区出现在 C703 和 C1006 中层，其中，C703 中层高值区面积较大。

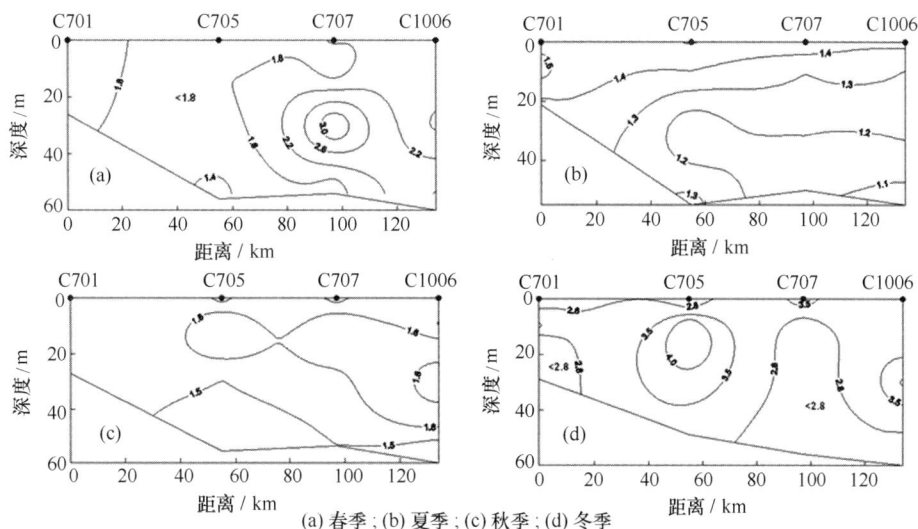

(a) 春季；(b) 夏季；(c) 秋季；(d) 冬季

图 10.6　北黄海 TOC 断面（断面 1）分布图（mg/L）

2）断面 2

　　春季 TOC 含量大体来说近岸高远岸低，最大值出现在 HH207 表层，最小值出现在 HH211 表层 [图 10.7（a）]。夏季近岸高值出现在底层，小于 1.4 mg/L 的相对低值出现在 HH205 站由表层至底层 [图 10.7（b）]。大于 1.8 mg/L 的相对高值区出现在陆坡处底层、HH215 表层和 HH203 底层。秋季小于 1.5 mg/L 低值区出现在陆坡处 HH209 至 HH213 之间的中底层，高值区出现在远离陆地的 HH215 站中层，大于 6 mg/L，其他各站含量介于 1.5 ~ 2.5 mg/L 之间 [图 10.7（c）]。冬季 HH205 站出现大于 2.6 mg/L 的相对高值区，陆坡处垂直分布计较均匀，多数区域小于 1.3 mg/L，自 HH211 站向外 TOC 含量增加，在中层形成葫芦状分布的 TOC 含量大于 1.8 mg/L 的区域 [图 10.7（d）]。

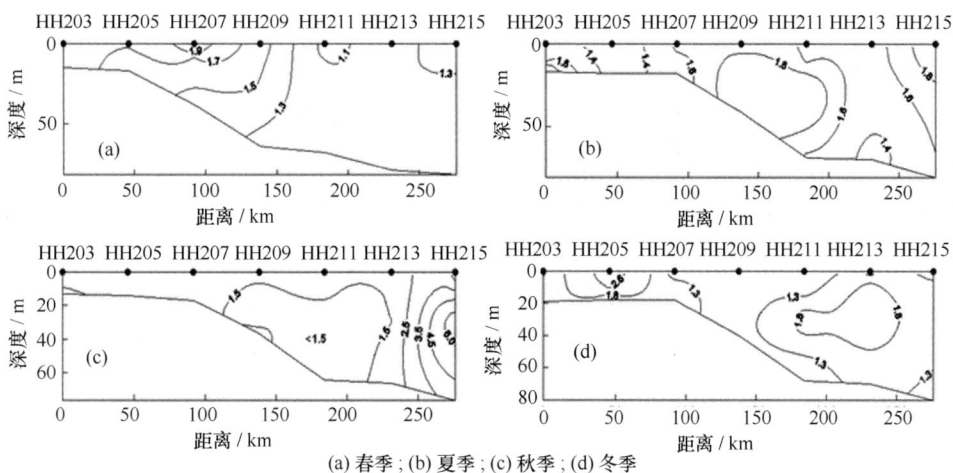

(a) 春季；(b) 夏季；(c) 秋季；(d) 冬季

图 10.7　南黄海 TOC 断面（断面 2）分布（mg/L）

10.1.3 季节变化

由图 10.8 和图 10.9 可以发现 TOC 最大值出现在秋季南黄海。南北黄海 TOC 季节变化明显不同，北黄海冬季 TOC 含量最高，夏秋两季低，主要原因可能是生物活动消耗 TOC 量不同。南黄海四个季节 TOC 含量较平均。

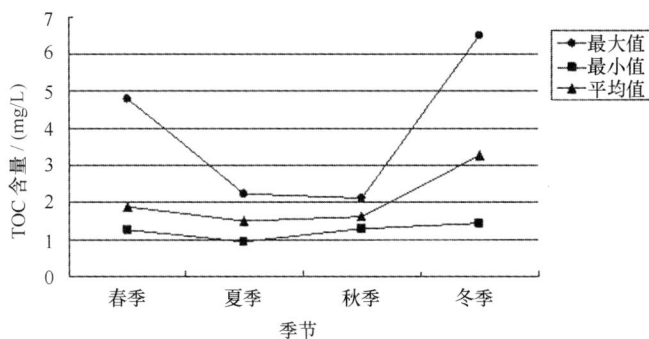

图 10.8 北黄海 TOC 季节含量变化

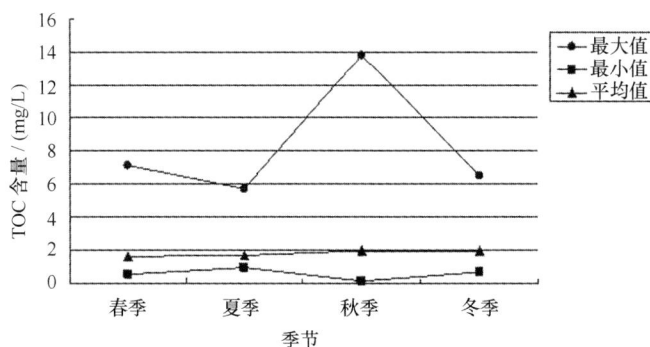

图 10.9 南黄海 TOC 季节含量变化

10.1.4 变化趋势分析

如此大范围的海域 TOC 调查在我国不多见，目前能找到以往的调查资料仅有 1997—1999 年的调查资料，且该资料仅调查到南黄海，北黄海不是调查区域。因此，就南黄海 TOC 含量分析其长期变化趋势。

1997—1999 年四个季度调查所得南黄海表层 TOC 含量在 0.44 ~ 16.4 mg/L 之间，平均值为 3.22 mg/L。2006—2007 年调查南黄海表层 TOC 含量为 0.32 ~ 13.8 mg/L，平均值 1.95 mg/L。总体来看，整个南黄海表层 TOC 含量统计特征值是下降的。就季节变化而言，1997—1999 年季节统计特征如表 10.2，参考表 10.2，2006—2007 年调查数据中仅冬季表层 TOC 平均含量大于之前的调查数据，过了近 10 年，南黄海 TOC 含量呈下降趋势。

在平面分布变化上，如图 10.10a ~ d，发现黄海表层中部的 TOC 高值区均已消失，最近调查 TOC 表层高值大多出现在近岸，近 10 年，TOC 含量由黄海中部高变为近岸海域高。

表 10.2 1997—1999 年黄海调查结果（郭炳火，2004）   单位：mg/L

海 区	季 节	量值范围	平均值
黄 海	春 季	1.37 ~ 10.82	5.03
	夏 季	1.32 ~ 16.4	4.86
	秋 季	0.44 ~ 5.05	1.37
	冬 季	1.12 ~ 11.09	2.01

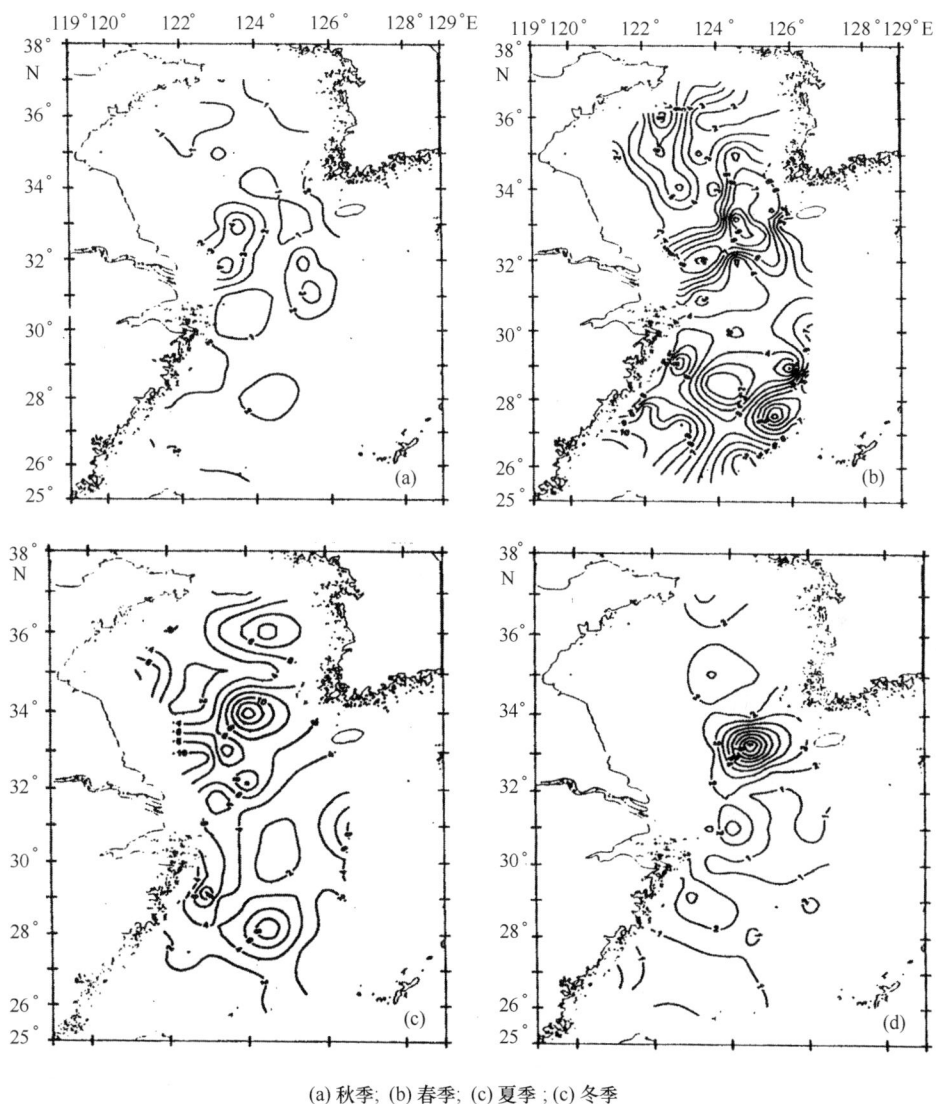

(a)秋季; (b)春季; (c)夏季 ;(c)冬季

图 10.10 1997—1999 年调查黄海、东海表层 TOC 平面分布（mg/L）

10.2 石油类

10.2.1 概况

本次调查共获得黄海油类数据 460 个，数据范围 1.75 ~ 178 µg/L，平均值 24.6 µg/L。

各季节统计结果如表 10.3。由统计表可以看出，北黄海石油类含量远高于南黄海，有两个季节平均含量甚至达到国家水质标准的Ⅲ类，北黄海石油类平均含量为调查航次我国近海较高的海区，特别是夏季有受到石油类污染的可能。南黄海胶州湾近海一向是我国石油类污染严重的地方（国家海洋局，2008）。

表 10.3 黄海油类各季节统计结果　　　　　　　　　　单位：μg/L

海区	季节	量值范围	平均值
北黄海	春季	10.0 ~ 47.0	21.7
	夏季	43.3 ~ 154.2	95.9
	秋季	18.0 ~ 43.0	27.0
	冬季	12.0 ~ 178.0	55.6
南黄海	春季	6.00 ~ 29.0	14.1
	夏季	1.75 ~ 150.8	15.2
	秋季	6.00 ~ 37.5	10.5
	冬季	9.00 ~ 74.9	15.8

10.2.2 平面分布特征

1）春季

北黄海总体石油类含量均高于南黄海［见图 10.11（a）］。渤海海峡至里长山列岛近岸海域是北黄海石油类含量较低的海域，小于 20 μg/L，另外在 39°N，124°E 附近也有油类小于 20 μg/L 的海域存在，以前者面积为大。其他海域石油类含量介于 20 ~ 30 μg/L 之间，分布着面积很小的两片大于 30 μg/L 的海域。南黄海自成山头海域向南石油类含量就降低不少，南黄海大部分海域石油类含量小于 15 μg/L，山东江苏沿岸有石油类大于 15 μg/L 的封闭海区，自上海近岸延伸出的石油类含量大于 15 μg/L 的水舌向北延伸至 34°N，向东约 124°E。

2）夏季

从图［见图 10.11（b）］可以看出，北黄海石油类含量呈两边高、中间低。靠近渤海石油类含量大于 110 μg/L，向东降低至 80 μg/L 以下，至 122°E 附近石油类含量又开始增加，到调查海域边缘靠近朝鲜海域石油类含量甚至达到 130 μg/L。成山头南部海域石油类含量迅速降低，整个南黄海石油类分布比较均匀，山东、江苏、上海沿岸石油类含量大于 10 μg/L，南黄海中部大部分海域石油类含量低于 10 μg/L，在这广大海域中分布着 3 片石油类含量大于 10 μg/L 的封闭区域。

3）秋季

北黄海仍然是中部底，两边高［见图 10.11（c）］。成山头至大连市连线以西海域石油类含量大于 25 μg/L，这个区域还分布着 3 片石油类含量大于 30 μg/L 的海域，而烟台市近岸海域石油类含量则低于 25 μg/L，123°E 以东石油类含量又逐渐增加至大于 25 μg/L，靠近朝鲜海域还有大于 30 μg/L 的海域分布。南黄海分布均匀，山东、江苏和上海近岸石油类含量高于 10 μg/L，苏南沿岸石油类大于 10 μg/L 的水舌还稍微向外延伸，调查海区边缘也有一海域石油类含量大于 10 μg/L，其余南黄海石油类含量相对较低，均不超过 10 μg/L。

4）冬季

由图 10.11（b）可以发现，最大值出现在接近渤海海峡的海域上，该海域石油类含量大于 130 μg/L，大连市南部海域有一小块石油类含量低于 30 μg/L 的北黄海相对低值区，成山头海域的低值石油类水舌向北延伸，辽宁省南部近海和山东省北部近海石油类含量大部分大于 30 μg/L。南黄海山东南部沿岸石油类含量大于 15 μg/L，江苏中部和南部沿岸海域石油类含量也大于 15 μg/L，靠近长江口附近石油类含量增加至超过 50 μg/L。除了近岸石油类含量较高，外海也有石油类含量大于 15 μg/L 的一片较大海域分布，其他海域石油类含量相对较低，小于 15 μg/L。

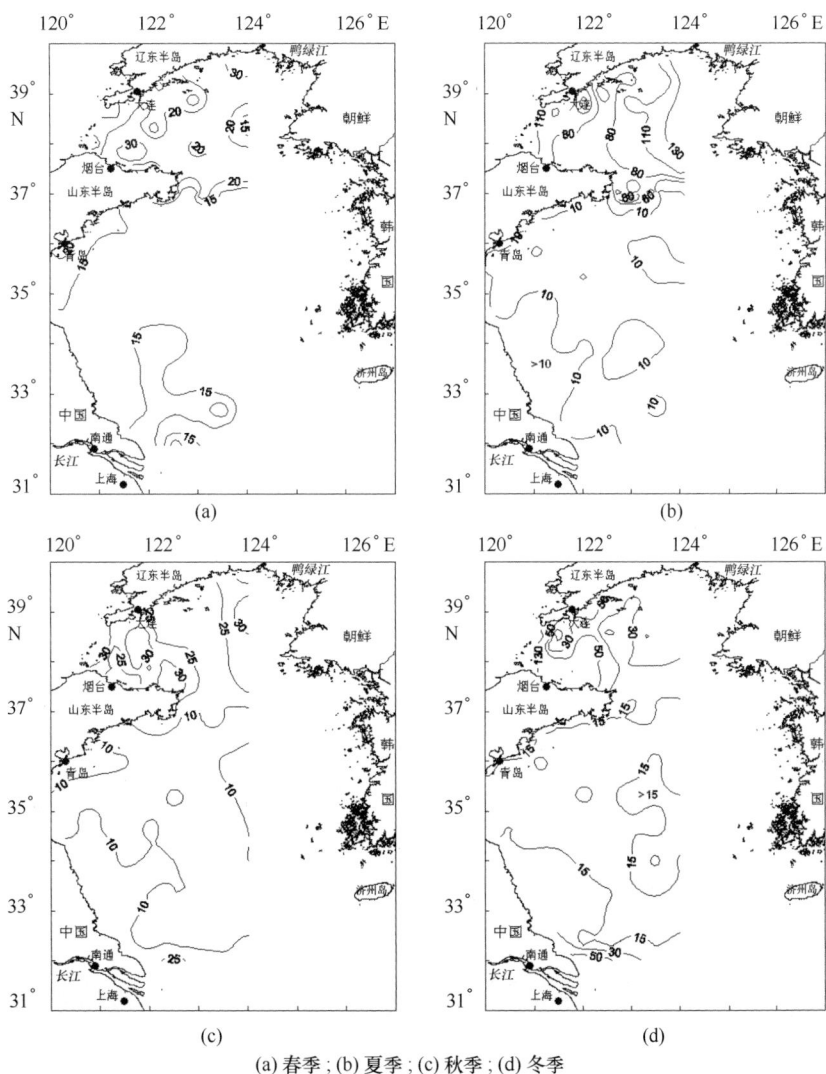

(a) 春季；(b) 夏季；(c) 秋季；(d) 冬季

图 10.11 黄海石油类平面分布（μg/L）

10.2.3 季节变化

由图 10.12 和图 10.13 可以发现南北黄海春秋两季石油类平均值较低，夏季平均值高，夏季为航运和捕鱼的高峰期，大量船只的含油废水随机排放给黄海特别是北黄海带来大量的石油类，造成较大程度上的石油类污染。

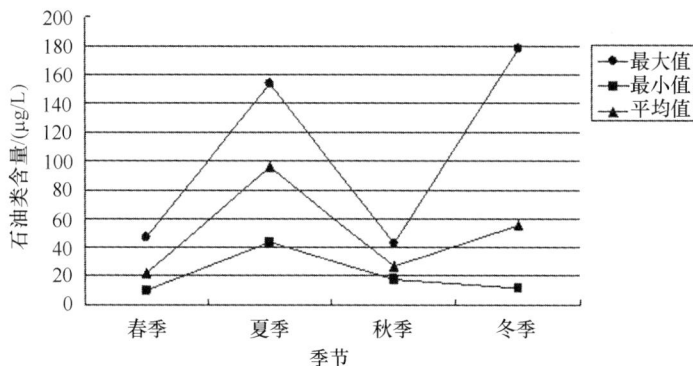

图 10.12　北黄海石油类季节变化

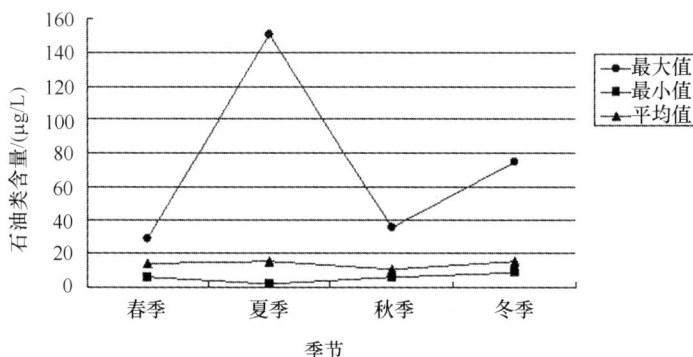

图 10.13　南黄海石油类季节变化

10.2.4　变化趋势分析

与 TOC 相同，讨论南黄海石油类的长期变化。如表 10.14，1997—1998 年调查仅有夏冬两季石油类分布，与表 10.3 相比，夏冬两季的最大值、平均值均有较大幅度升高。随着我国经济的发展，海上运输及海上油田的开发，含油废水排放入海量大增，黄海又是我国海上交通的重要通道，总体看来黄海海水中石油类含量有所增加。

表 10.4　1997—1999 年南黄海石油类调查结果　　　　　　　　　　单位：μg/L

海区	季节	量值范围	平均值
南黄海	夏季	1.20 ~ 4.90	2.50
	冬季	1.90 ~ 22.60	5.61

资料来源：郭炳火等，2004

在平面分布方面，山东南部近岸海域仍然是石油类的高值区，只是含量有所增加，成山头附近海域石油类两次冬季调查均较高。本次调查较 10 年前江苏近岸的石油类含量有明显增加。

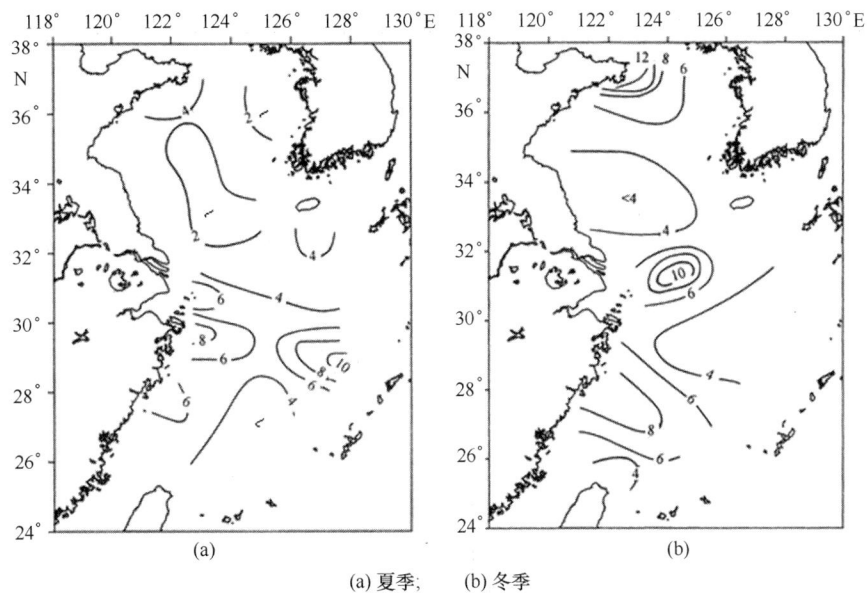

(a) 夏季;   (b) 冬季

图 10.14　1997—1999 年黄东海石油类平面分布图（μg/L）

资料来源：郭炳火等，2004

第 11 章　黄海海水中的主要重金属元素[①]

11.1　主要重金属元素的分布特征

黄海是全部位于大陆架上的半封闭浅海。黄河径流量约占全国主要河流径流总量的 2.7%，却每年向黄海输入 10^9 t 泥沙（冯士筰，1999），占全国主要河流年输沙量的 61% 以上。大量泥沙的入海，必定对黄海海水中重金属的迁移转化产生重大影响。黄海沿海分布辽宁、山东、江苏三大省，还东邻朝鲜和韩国，为黄海的陆源污染调查及污染物总量控制增加了难度。"908"专项调查期间（2006 年 7 月—2007 年 10 月），对黄海海域（37.0°～39.7°N，121.0°～124.0°E）表层海水中的重金属进行了调查，其含量及变化范围列于表 11.1。从调查结果看，黄海海水中重金属的质量情况基本良好，除了冬季轻度的铅污染，其他重金属四个季节的平均含量都符合国家 I 类海水水质标准。图 11.1～图 11.7 给出了黄海表层海水中主要重金属元素含量四个季节的平面分布。

表 11.1　黄海表层海水夏冬季重金属含量　　　　　　　单位：μg/L

季节		Cu	Pb	Zn	Cd	Cr	Hg	As
春季	范围	0.10～2.30	0.04～1.33	0.1～8.8	0.010～0.807	0.1～4.8	0.010～0.087	0.9～4.6
	平均值	0.78	0.25	2.7	0.179	1.0	0.029	2.2
夏季	范围	nd～1.60	0.03～3.86	nd～74.6	0.060～0.650	0.1～4.5	nd～0.084	0.9～4.4
	平均值	0.69	0.73	10.0	0.151	0.7	0.014	1.7
秋季	范围	0.03～4.50	0.02～2.81	0.5～10.6	0.012～0.464	0.1～4.5	nd～0.300	0.0～4.2
	平均值	1.26	0.42	4.3	0.191	1.2	0.035	2.2
冬季	范围	0.40～19.60	nd～6.39	0.8～19.7	0.030～0.540	nd～5.3	0.002～0.084	1.0～7.8
	平均值	1.26	1.04	6.1	0.118	0.7	0.032	2.2

11.1.1　铜（Cu）

黄海春夏季表层海水中溶解态 Cu 的含量明显低于秋冬季（见图 11.1），4 个季节表层海水中溶解态 Cu 的含量基本上都符合国家 I 类海水水质标准，只有冬季有个别站位超标，分别达到 9.4 μg/L、19.6 μg/L，这可能和局部海域的点源污染有关。从图 11.1 可见，春、秋、冬 3 个季节的浓度高值均分布于江苏的如东和启东沿岸，秋冬季浓度都高于 2.0 μg/L，春季也达到 1.3 μg/L，这可能与江苏发达的工业及其随之而来的大量的入海排污有关。但是夏季在江苏沿岸却没有形成浓度高值区，山东半岛沿岸的浓度相对较高。夏季长江冲淡水向东北方向进入黄东海的交界，由于长江冲淡水中大量的泥沙对 Cu 的吸附沉降作用及冲淡水的稀释作用，导致长江口外东北海域的浓度较低。

　　① 本章撰稿人：潘建明，孙维萍，于培松。

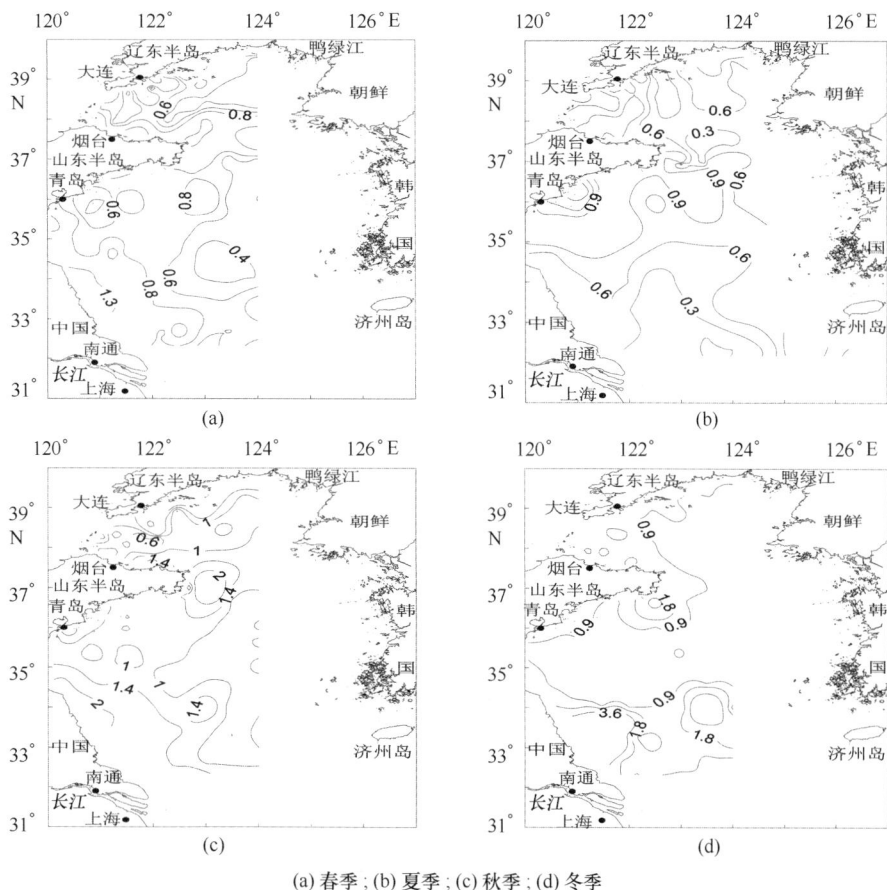

(a) 春季；(b) 夏季；(c) 秋季；(d) 冬季

图 11.1　黄海表层海水中 Cu 含量（μg/L）四季平面分布

11.1.2　铅（Pb）

夏冬季海水中 Pb 的含量明显高于春秋季，尤其是北部海域（见图 11.2）。春秋季大部分海域的 Pb 浓度都小于 0.5 μg/L，而夏冬季只有山东半岛以南部分海域的浓度低于 0.5 μg/L，尤其是冬季，山东半岛以北海域的铅浓度基本上都大于 1.0 μg/L，超过了国家 I 类海水水质标准。从平面分布特征看，4 个季节具有较为相似的分布趋势，都具有北部海域高于南部的分布特征。黄海北部与渤海存在着海水交换，而渤海海水中高浓度铅的输入，可能是导致黄海北部海域的含量高于南部海域的原因之一。另外也可能受朝鲜湾海域浓度高值区的影响，而该高值区的出现可能与陆源污染相关。

11.1.3　锌（Zn）

从季节变化上看（见图 11.3），表层海水中 Zn 的含量具有与铅相似的变化特征，夏冬季明显高于春秋季，也主要表现在黄海北部海域，印证了前面提到的黄海北部海域受渤海水体影响的这一观点，因为黄海北部海域 Pb、Zn 的季节变化与渤海海域具有一致性。四个季节浓度平面分布的相对高值区都位于调查海域的北部，其原因可能与 11.1.2 节的铅相似，与渤海海水及朝鲜湾陆源输入的影响有关。夏冬季山东半岛以北海域的 Zn 浓度基本上都大于 10.0 μg/L，而春秋季大部分海域的 Zn 浓度都小于 5.0 μg/L，分布相对较为均匀。

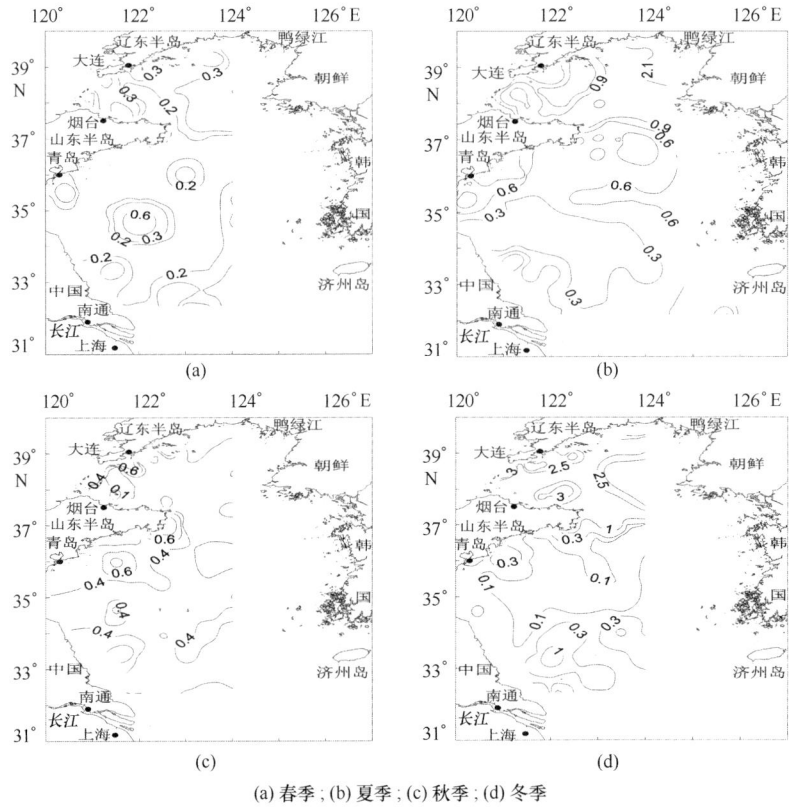

(a) 春季；(b) 夏季；(c) 秋季；(d) 冬季

图 11.2 黄海表层海水中 Pb 含量（μg/L）四季平面分布

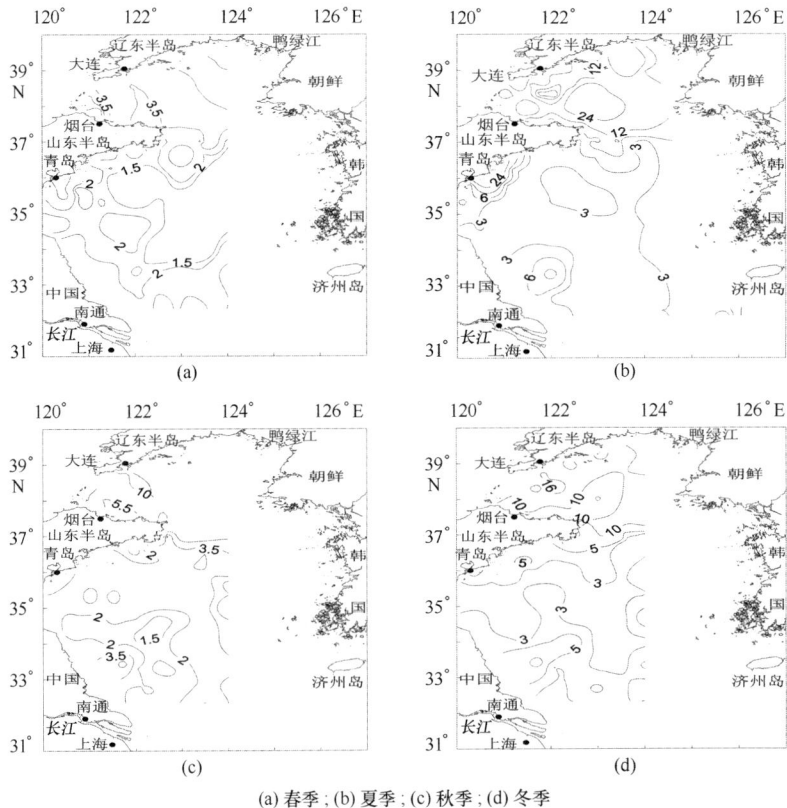

(a) 春季；(b) 夏季；(c) 秋季；(d) 冬季

图 11.3 黄海表层海水中 Zn 含量（μg/L）四季平面分布

11.1.4 镉（Cd）

夏冬季表层海水中溶解态 Cd 的含量春秋季略高于夏冬季（图 11.4），4 个季节的 Cd 浓度均符合国家 I 类海水水质标准。从整体上看，Cd 的平面分布也较为均匀，春夏季山东半岛以南海域的镉浓度略高于以北海域，而冬季大部分海域的 Cd 浓度均小于 0.1 μg/L，只在青岛、烟台附近海域及渤海口出现大于 0.15 μg/L 的相对高值区，主要可能受山东半岛青岛和烟台这两个大城市陆域排污以及渤海水的影响。

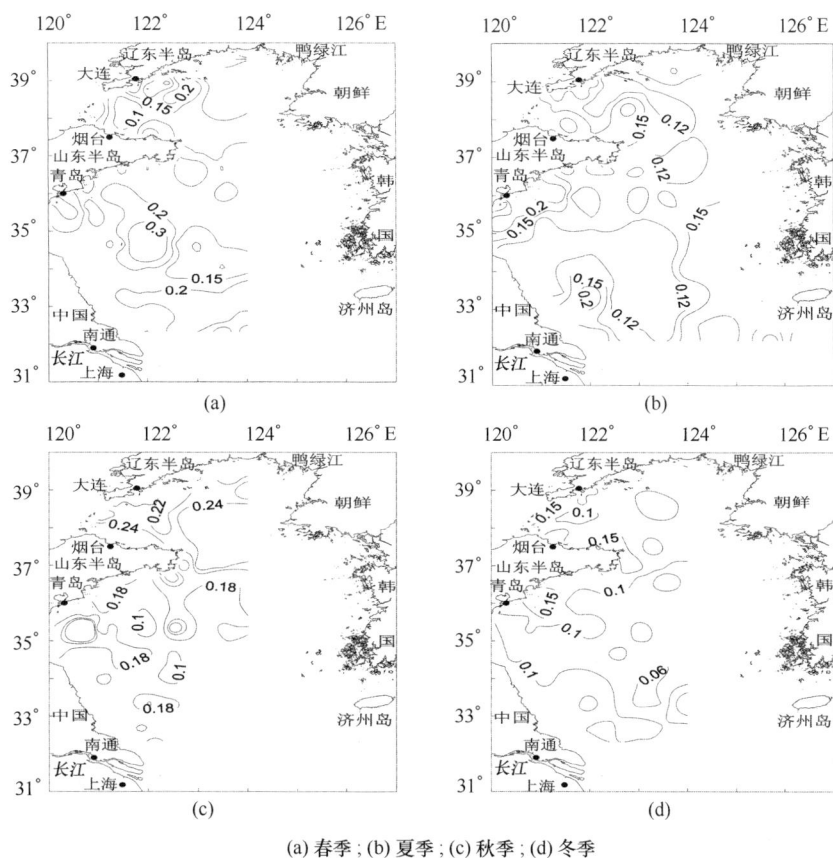

(a) 春季；(b) 夏季；(c) 秋季；(d) 冬季

图 11.4　黄海表层海水中 Cd 含量（μg/L）四季平面分布

11.1.5 总铬（Cr）

夏冬季表层海水中溶解态 Cr 的平均含量分别为 1.0 μg/L 、1.2 μg/L，高于春秋平均含量 0.7 μg/L（见图 11.5）。表层海水中的 Cr 浓度基本上都符合国家 I 类海水水质标准。四个季节海水中 Cr 含量的平面分布特征较为相似，山东半岛以北海域的 Cr 含量基本上都大于 1.0 μg/L，而南部海域 Cr 含量基本上都小于 0.5 μg/L，北部海域明显高于南部海域。四个季节的浓度高值区都出现在辽东半岛大连的邻近海域，可能受渤海海水的影响较大。

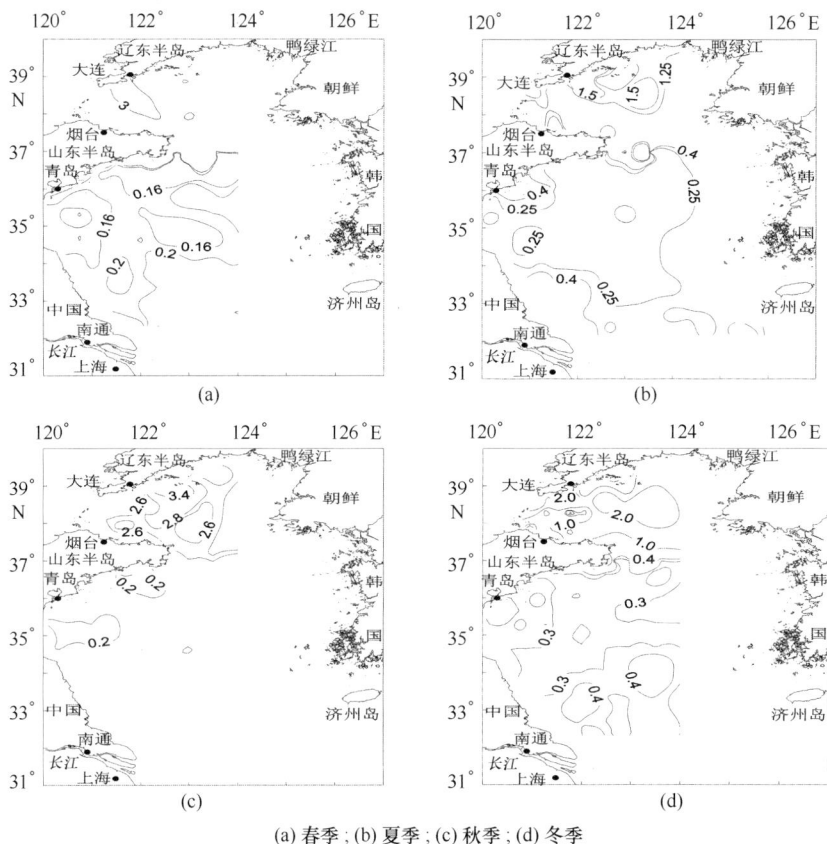

(a) 春季；(b) 夏季；(c) 秋季；(d) 冬季

图 11.5　黄海表层海水中 Cr 含量（μg/L）四季平面分布

11.1.6　汞（Hg）

夏季黄海表层海水中溶解态 Hg 的含量明显低于其他 3 个季节，其浓度均值为 0.014 μg/L，不到其他 3 个季节浓度均值的 1/2。从含量平面分布图 11.6 上看，4 个季节表层海水中 Hg 的含量普遍具有以山东半岛为界，北部海域高于南部海域的平面分布特征。夏季大部分海域的 Hg 含量都在 0.01～0.02 μg/L 之间，相对高值区出现在辽东半岛与朝鲜半岛之间的朝鲜湾，渤海口浓度较低。而其他 3 个季节的浓度高值均出现在渤海口邻近海域，尤其是冬季，渤海口邻近海域的含量都大于 0.05 μg/L，超过了国家 Ⅰ 类海水水质标准，约有 20% 站位的含量属于国家 Ⅱ 类海水水质标准。

11.1.7　砷（As）

黄海表层海水中 As 含量的季节变化与 Hg 相似，夏季浓度均值为 1.7 μg/L，略低于其他 3 个季节的浓度均值（2.2 μg/L）。从含量平面分布图 11.7 上看，黄海海域 As 含量的平面分布较均匀，大部分海域的含量都在 2.0 μg/L 左右，青岛与丹东附近海域的含量稍高。其他三个季节都具有山东半岛以北海域的含量明显高于以南海域的分布特征，以北海域的 As 含量基本上都在 2.0～3.0 μg/L 之间，以南海域的含量大部分都在 1.0～2.0 μg/L 之间。

(a) 春季；(b) 夏季；(c) 秋季；(d) 冬季

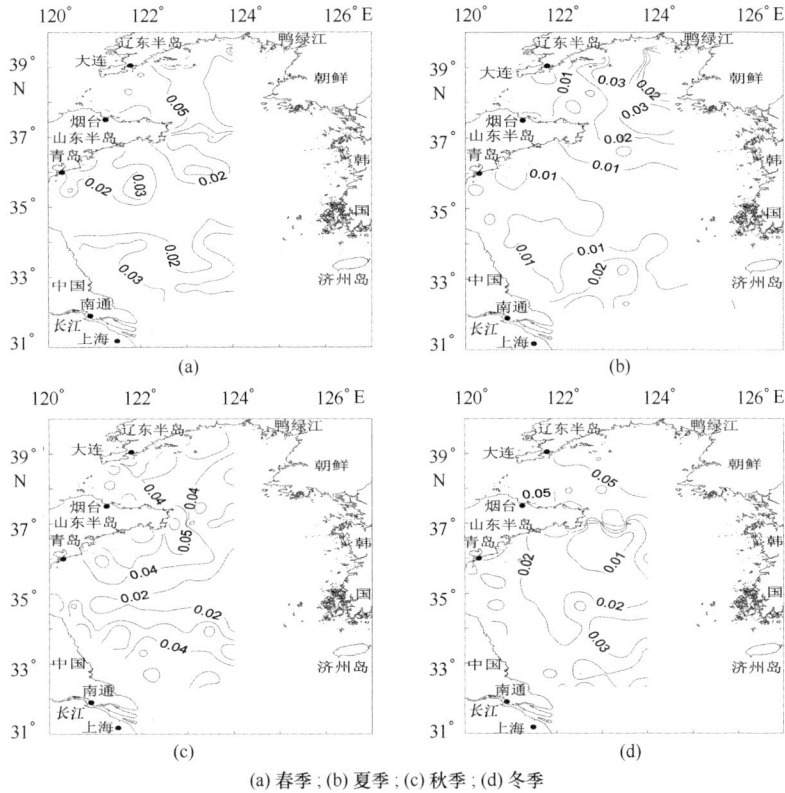

图 11.6 黄海表层海水中 Hg 含量（μg/L）四季平面分布

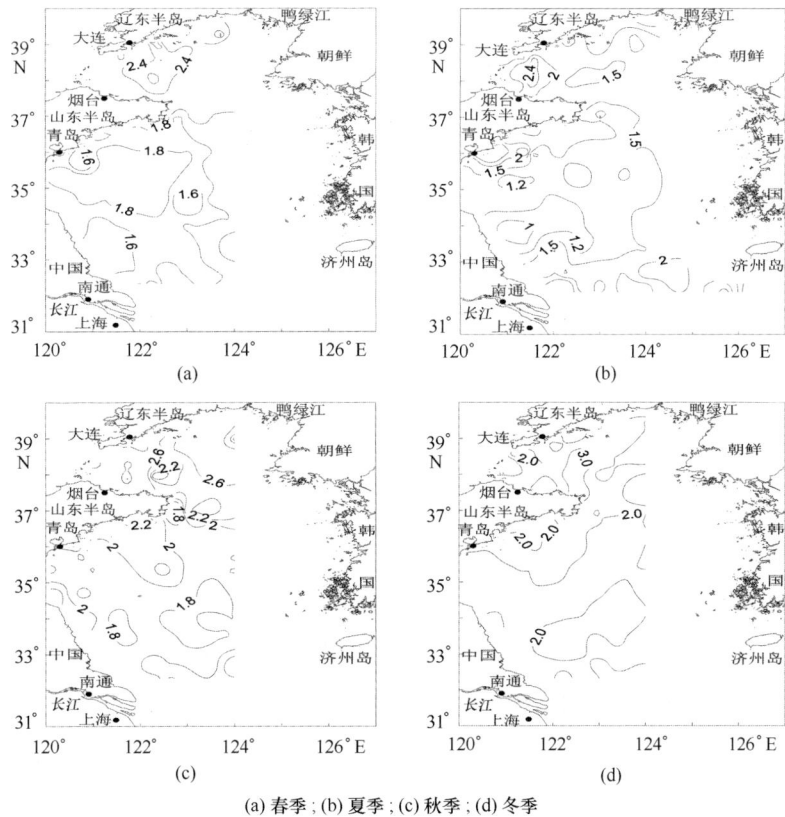

(a) 春季；(b) 夏季；(c) 秋季；(d) 冬季

图 11.7 黄海表层海水中 As 含量（μg/L）四季平面分布

11.2 胶州湾主要重金属元素分布变化及生态效应分析

11.2.1 重金属分布及变化趋势分析

胶州湾位于黄海西部，山东半岛的南部，介于 35°58′ ~ 36°18′N，120°04′ ~ 120°23′E 之间，以团岛与薛家岛连线为界，与黄海相通，湾口长 3 km，是典型的半封闭性海湾（图 11.8）。湾内岸线长 163 km，总水域面积 423 km²，其中，滩涂面积 125 km²，0 m 以下水域面积 298 km²，平均水深 6 ~ 7 m，最大水深 64 m。汇入胶州湾的河流有十几条，其中，径流量和含沙量较大的为大沽河和洋河。胶州湾的潮汐和潮流均为正规半日潮性质，潮流为往复流，湾口流速最大，由湾口向湾内流速逐渐减小（杨东方，2010）。

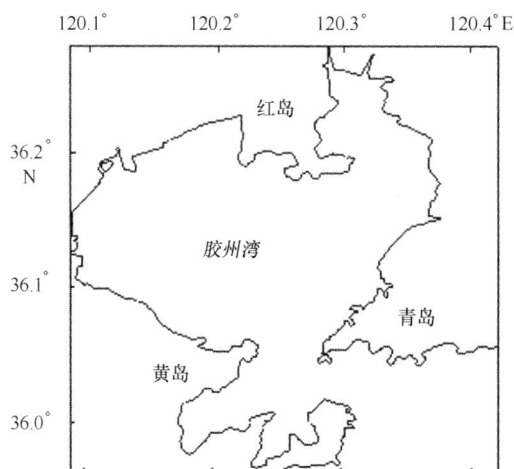

图 11.8 胶州湾区域图

胶州湾属于受海洋影响的季风型大陆性气候，冬无严寒，夏无酷暑，降水集中在夏季，约占全年的 60%。胶州湾东岸是青岛市工业集中区，人口密集，工业发达，排污量大。随着经济的持续高速发展，人口不断增加，大量污染物排入胶州湾海域，造成湾内水质不断恶化，海洋生态系失衡，这一系列海洋生态环境问题已经成为社会经济可持续发展的重大制约因素。

胶州湾内海水中几种主要的重金属 Cu、Hg、Pb、Cd、Cr 和 Zn 含量在 20 世纪 80 年代达到一个高值，后随着对污染问题的重视，在 90 年代的调查中大部分重金属的含量有所下降，污染现状得到缓解。但在 2003—2004 年的水质调查中发现 Cu、Hg、Cd 和 Zn 含量又有增加的趋势。对胶州湾海域沉积物中的 Cu、Cd、Hg 和 Pb 等监测发现重金属污染较重（徐晓达，2005），尤其在胶州湾东部的河口附近，情况更加严重。总体上重金属含量分布随着离岸距离及水深的增加，有逐渐减小的趋势，这表明重金属污染主要是由于工业污染及人为排污所致，而且海底沉积物是重金属迁移转化的重要途径之一。

1）铜（Cu）

胶州湾海水中 Cu 含量从 1989 年至今，呈现出先降低，后又逐渐升高的变化趋势。其中，1995—1999 年间 Cu 的平均含量约为 2.5 μg/L（徐晓达，2005），在 21 世纪初 Cu 含量上升趋势明显。在 2002—2003 年的调查中，总体上 Cu 平均含量低于国家 I 类海水水质标准（5 μg/L），但在部分站位 Cu 含量很高，甚至高达 18.5 μg/L，远远超过国家 I 类海水水质标准。

在季节变化上，胶州湾海水中 Cu 含量四季变化较大。春夏季 Cu 含量高值主要集中在东部各河口区，2003 年春季表层海水中 Cu 含量为 1.62 ~ 4.14 μg/L，夏季则为 0.59 ~ 9.66 μg/L。秋季 Cu 含量高值区向湾内中西部移动，含量范围在 0.95 ~ 18.5 μg/L 之间，出现 Cu 含量监测最大值。冬季 Cu 含量高值主要出现在湾的西北部，浓度为 0.94 ~ 7.12 μg/L。2003 年四季整个调查期间 Cu 的平均含量为 3.49 μg/L（李玉，2009）。

此外，胶州湾内表层水体 Cu 含量在夏秋季较高，这可能是由于这两个季节雨水较为充沛，河流径流量较大，而重金属污染的陆源比例较大。且四季中只有春季底层水中 Cu 含量高于表层水，这主要由于春季陆源输入量较小，Cu 大量迁移到底层和沉积物中。

2）汞（Hg）

胶州湾海水中 Hg 年平均含量基本呈现出早期浓度大幅度增加，之后逐渐降低，近年来又逐渐增加的变化趋势。20 世纪 80 年代初，胶州湾海水中 Hg 年均浓度为 0.07 μg/L，略超过国家 I 类海水水质标准（0.05 μg/L），到 80 年代中后期增加到 0.14 μg/L。之后胶州湾海水中 Hg 年均浓度逐年降低，到 20 世纪 90 年代中后期基本维持在 0.03 μg/L。然而，自 21 世纪初又呈现增加趋势，在 2003—2004 年调查中，Hg 的平均含量为 0.049 μg/L（李玉，2009）。

Hg 含量在湾内整体上呈现由东向西降低的分布趋势。早在 1979 年春季的监测结果显示 Hg 平均含量达到了 0.19 μg/L，远远超过了国家 I 类海水水质标准（0.05 μg/L），但在当年冬季 Hg 含量则降低为 0.01 ~ 0.03 μg/L 之间（杨东方，2008）。在 20 世纪 90 年代至今的调查中发现，Hg 含量超过国家 I 类海水水质标准的面积逐年减少。在 20 世纪 90 年代初夏季，高值区主要集中在湾口附近水域，而到 20 世纪 90 年代末夏季，相对高值区则主要集中在北部红岛附近水域。而 2003—2004 年 4 个季节的 Hg 高浓度值都主要出现在排污口、港口及人为活动比较频繁的海域。

海水中 Hg 含量在垂直变化上并不显著，基本上表层 Hg 含量稍大于底层含量，这表明表层、底层 Hg 含量变化相对处于动态均衡状态，这可能主要由于海水混合作用的影响，也说明 Hg 向下迁移较快。

3）镉（Cd）

胶州湾海水中 Cd 含量年平均浓度自 1989 年后呈现出先降低后又逐渐增加的变化趋势，1995—1999 年胶州湾海域 Cd 含量（徐晓达，2005）与 1989 年的调查数据（国家海洋局，1992）相比要有所下降，而 2003—2004 年期间胶州湾海域的调查结果与 1989 年相比又有所升高。目前胶州湾海水中 Cd 含量基本维持在 0.3 μg/L，低于国家 I 类海水水质标准（1.0 μg/L）。

虽然近年来 Cd 含量呈逐渐增加的趋势，但在 2003—2004 年调查中 Cd 平均含量为 0.12 μg/L（李玉，2009），远低于国家 I 类海水水质标准。Cd 含量高值区主要集中在河口和码头等人类活动频繁的区域。2003 年春季 Cd 含量为 0.020 ~ 0.526 μg/L，高值主要出现在娄山河口、大沽河口、码头及轮渡海区。夏季 Cd 含量为 0.035 ~ 0.527 μg/L，高值主要集中在湾东北部。秋季 Cd 浓度为 0.034 ~ 0.870 μg/L，高值主要集中在东部排污口。冬季 Cd 浓度为 0.06 ~ 0.35 μg/L，高浓度值出现在湾西部的大沽河口等受人类活动影响较为严重的海域。自 20 世纪 90 年代至 21 世纪初，胶州湾表层海水中 Cd 含量相对高值区面积也呈逐年减少的趋势。到 21 世纪初，夏季 Cd 浓度相对高值区（≥0.25 μg/L）面积维持在 40%，仍主要集中在大沽河口附近水域。

4）铅（Pb）

胶州湾海区 Pb 污染非常严重。在 20 世纪 80 年代初，胶州湾海水中 Pb 含量约为 1.1 μg/L，到 80 年代后期增加至 24 μg/L，超过国家 III 类海水水质标准（10 μg/L）2 倍以上（王修林，2006）。自 20 世纪 90 年代初，胶州湾海水中 Pb 含量有所下降，在 2003—2004 年监测中 Pb 平均含量为 0.77 μg/L，但在夏季个别站位的浓度高达 5.53 μg/L，超过国家 II 类海水水质标准（5 μg/L）。

在 20 世纪 90 年代初，夏季胶州湾表层海水中 Pb 分布基本呈现东北部和中部较高、东部的海波河口附近水域较低的趋势。到 90 年代末，夏季表层海水中 Pb 分布却发生显著变化，基本呈现由西部向东部递减的趋势。2003—2004 年监测结果显示胶州湾表层海水中 Pb 分布又呈现出由东部向西部递减的趋势（李玉，2009），2003 年春季 Pb 含量为 0.06 ~ 5.53 μg/L，且在湾内分布较为均匀。夏季 Pb 高值主要集中在湾中部及东北部，胶州湾西岸 Pb 排海通量成为影响夏季胶州湾海水中 Pb 浓度平面分布的主要因素。秋季高值主要出现在 4 个主要河口，而冬季高值则主要分布在海泊河口。胶州湾海水中 Pb 含量相对高值区在湾内东部与西部之间的变换可能主要与胶州湾 Pb 排海通量分担率波动有关（王修林，2006）。在 20 世纪 90 年代初和 21 世纪初，胶州湾东岸的 Pb 排海通量远远大于西岸，分担率大约为西岸的 6 倍。但在 20 世纪 90 年代末来源于胶州湾东岸的 Pb 排海通量则仅为西岸的 2 倍。

5）锌（Zn）

2003—2004 年监测的胶州湾海水中 Zn 含量比 1989 年的调查结果要高，这表明该海域已受到了重金属 Zn 的污染。胶州湾海水中 Zn 的高浓度值主要分布在东部排污口和人类活动比较频繁的海区。2003 年春季 Zn 的浓度为 4.41 ~ 107 μg/L（李玉，2005），高浓度值主要分布在娄山河口、李村河口、海泊河口、湾北部红岛附近、大沽河口及黄岛轮渡口；夏季 Zn 含量为 4.66 ~ 62.85 μg/L，秋季则在 2.86 ~ 85.9 μg/L 之间波动，而且两个季度的高值都主要集中在东部河口及青岛码头附近；冬季 Zn 的浓度范围在 6.1 ~ 41.93 μg/L 之间，高值出现在湾东北部海区。胶州湾 Zn 的污染可能与该区域工业中橡胶和轮胎制造业较多，导致工业污水排放中 Zn 含量较高。另外煤和垃圾焚烧严重，使得大气沉降中 Zn 含量也较高。

11.2.2 重金属污染来源和迁移转化分析

通过上述胶州湾重金属的分布可以看出，重金属的浓度高值区主要集中在东部沿岸排污口和人类活动较为频繁的海区，这说明陆源污染是胶州湾重金属污染最重要的来源。而陆源排海污水主要有工业废水、城市生活污水和农业污水等。此外，大气沉降也是重金属污染来源的一部分，胶州湾 Pb 和 Cd 等重金属污染物部分来源于大气沉降。胶州湾 Pb 排海总量由 20 世纪 80 年代初的 35 t/a 增加到 90 年代初的 190 t/a，之后逐年减少，目前基本维持在 50 t/a，而大气沉降约占胶州湾 Pb 排海总量的 6%（王修林，2006）。Cd 排海总量由 20 世纪 80 年代初的 0.150 t/a 增加到 90 年代初的 24 t/a，之后逐年减少，目前基本维持在 1.3 t/a，大气沉降约占胶州湾 Cd 排海总量的 7%。除陆源输入和大气沉降外，湾外水域也是胶州湾重金属的污染来源之一。如海底火山喷发将地壳深处的重金属 Cd 带上海底（杨东方，2009），再经过海洋水流作用进入水体，船舱水也会带来重金属 Pb 等（杨东方，2006a）。

胶州湾东部海泊河口、李村河口、娄山河口和青岛港等邻近海域表层沉积物中重金属 Cu、Zn、Pb、Cd、Hg 和 Cr 含量较高（李玉，2005）。结合重金属含量在表层水体和底层水体中的季节差别，可以看出重金属向底层迁移是迁移转化的一条重要途径。此外，通过与海水中的浮游动植物以及颗粒物的结合、在生物体内富集以及与湾外水体交换也是重金属迁移转化的途径。如 Cr^{3+} 是 Cr 在海水中的主要存在形式之一，具有很强的形成配位化合物的能力，易于海水中的浮游动植物以及浮游颗粒结合，吸附能力强（王振来，2001）。胶州湾水域春季 Cr 含量要比夏季高很多，5 月是海洋生物大量繁殖，数量迅速增加的时期，由于浮游生物的繁殖活动以及悬浮颗粒物表面形成胶体，吸附了大量的 Cr 离子，随着水流被带走。Hg 具有在生物体内富集的特性，浓缩系数达到 10^5（杨东方，2006b），浮游生物数量高、活动频繁时，吸附大量的 Hg 元素并带到表层水体，再将 Hg 元素释放到水体中，通过沉降 Hg 到达海底沉积物中。

11.2.3　重金属污染综合评价及生态效应分析

对于目标海域具有相似环境效应的系列化学污染物，需要污染综合评价指数进行相应水质分析。自 20 世纪 80 年代至 21 世纪初，随着海域内重金属含量的变化，重金属综合评价指数（P）先呈大幅度上升趋势，到 90 年代初达最高值，之后又大幅度下降并趋于稳定。具体讲，20 世纪 80 年代初，P 值约为 0.8，胶州湾处于重金属轻度污染状态。然而，自 20 世纪 80 年代至 90 年代初，P 值由 0.8 大幅度增加到 4.0 左右，使胶州湾处于重金属中度污染状态。到 20 世纪 90 年代中期，P 值又迅速下降至约 0.6 并趋于稳定，根据 2006 年和 2007 年在胶州湾海域的调查显示，P 值稳定在 0.55 左右，说明胶州湾近年来处于重金属轻度污染状态。

进一步的分析表明，自 20 世纪 90 年代至 21 世纪初，胶州湾 P 值分布呈现出一定的变化规律，不仅超过重金属中度污染海域面积逐渐减小，而且相对污染严重的水域也有所变化。在 20 世纪 90 年代初，夏季胶州湾海域均处于中度以上重金属污染状态（$P \geqslant 1$），约 95% 水域处于重度污染状态（$P \geqslant 2$），约 20% 的水域 $P \geqslant 3$，主要集中在东北部娄山河口附近合湾中部水域。到 90 年代末，夏季胶州湾重金属污染状态大幅度减轻，平均 $P < 0.6$，但整体却呈现由西北部向东南部和东部降低的分布趋势，超过中度污染水域（$P \geqslant 1$）的面积只有 30%，主要位于湾西北部，而东部基本为轻度污染。然而，到 21 世纪初，夏季胶州湾重金属污染程度进一步大幅度减轻，但平面分布整体上却呈现由东部向西部降低的趋势，没有出现中度污染（$P \geqslant 1$）的海域。

根据 2003 年 5 月至 2004 年 2 月期间对胶州湾海域的调查资料，对水质进行有毒污染评价。结果表明，整体上胶州湾海域重金属污染等级为轻度污染，只有胶州湾东部的娄山河口达到中等程度的污染。就各因子水质污染指数而言，重金属 Pb 和 Zn 在部分海区受到轻度污染，其余各因子则未受到污染（李玉，2009）。

生物体对重金属具有富集作用，生物体从环境中吸收重金属，可经过食物链的放大作用，逐级在较高的生物体内成千上万倍地富集起来。胶州湾海洋生物体中重金属含量表现为底栖生物大于鱼类，以沉积物为主要饵料的杂食性底栖动物内重金属含量也要高于鱼类（崔毅，

1996）。调查中发现表层海水中重金属的平均浓度从大到小依次为 Zn，Pb，Cu，Cd，在被检测的生物体内重金属含量顺序也与上述结果相同。由此可见，海洋生物体内重金属含量受环境海水中痕量重金属浓度的支配。

重金属具有生态毒害效应，会造成植物细胞的膜透性、光合代谢和酶代谢等发生改变，对植物的正常生长造成影响（杨世勇，2004）。实验室培养实验表明，高浓度的 Pb、Hg 和 Cd 等重金属对胶州湾海洋浮游植物典型优势种中肋骨条藻的生长起抑制作用（王修林，2006），相反较低的浓度则有一定的促进作用。虽然胶州湾海水中部分重金属实际浓度超过国家 I 类海水水质标准，甚至在历史上最高浓度曾超过国家 III 类海水水质标准，但是通过研究发现重金属对胶州湾浮游植物优势种群的生长效应并不显著（王修林，2006）。但是，这并不意味着胶州湾海水重金属污染可以不予重视，因为重金属污染物的长期环境生态效应也是不容忽视的，为了避免生物多样性的下降和生物生产力的降低以及保证人类的健康必须加强对胶州湾海水中重金属污染的防治。

第 12 章 黄海沉积物化学[①]

12.1 黄海的沉积特征

黄海大陆架沉积物多来自黄河输入，区域性环流模式控制着这些沉积物的输送过程，如图 12.1 所示，黄海西部几乎完全被黄河输入的泥质物覆盖（粉砂质、黏土质淤泥），山东半岛南部以砂质沉积物为主（砂、泥沙和沙质泥）。在长江河口北侧存在大型鸟爪形砂体，该沉积形态形成于南移之前的老长江黄海入海口，乃是潮流筛选的结果。在这些砂质沉积之间的是老黄河三角洲沉积。黄海中部以黄河源的粉质砂与黏土质淤泥为主，济州岛西南部以及长江口南向沿岸亦以泥质沉积为主。在黄海的东部，有两个明显不同的沉积类型：约以 36°N 为分界线，北部为砂质沉积，南部则为泥质砂、砂质泥及泥质沉积。前者，向北延伸至 Aprok 河，平均粒径为 2~3 φ。对于后者，其砂质沉积在全新世海平面上升期间构成了海噬平台。在朝鲜半岛的西南沿岸，存在明显的南延至济州岛的泥质沉积带，其粉砂质与黏土的含量相当。该泥质沉积带北部为松散的全新世泥质沉积，南部主要是老的、半松散的泥质沉积（Lee and Chough，1989）。

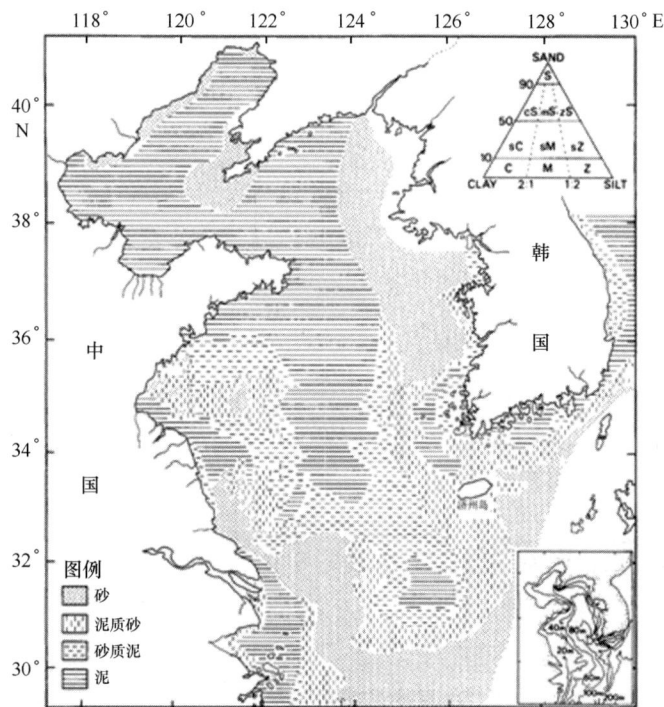

图 12.1 黄海及临近海域表层沉积物类型

资料来源：Lee and Chough, 1989

---

① 本章撰稿人：宋金明，张英，袁华茂。

有关黄海区域的调查研究一般以山东半岛的最东端到成山角与朝鲜半岛的长山串间的连线为界，将黄海分为北黄海与南黄海。南黄海中央海域及盐城以东老黄河入海口附近海域，沉积物粒度较细，细粒度组分的含量可达70%以上，平均含量为80.55%，即这两个区域的沉积物主要是泥质沉积物。在朝鲜半岛附近海域和山东半岛青岛以南、石臼所以北向东南方向延伸的狭长海域，细粒度组分的含量低于30%，平均仅19.66%，沉积物粒度较粗，主要为砂质沉积物。也就是说，主要由现代沉积物和部分残留沉积物组成的南黄海沉积物，在海水的动力作用下，不断受到侵蚀、冲刷，因此由岸向海，沉积物中细粒度组分的含量越来越高，除江苏盐城以东海域，沉积物中细粒度组分的含量范围从岸到海为：20.40% < 44.32% < 81.41%，造成南黄海中央海域细粒度组分含量较高（吕晓霞等，2005）。而在南黄海西部江苏盐城以东海域，主要受老黄河及古长江入海物质的堆积（秦蕴珊等，1989），在中国沿岸流的长期侵蚀、冲刷、搬运作用下，形成了细粒度沉积物含量较高的区域，细粒度组分的含量可达75.82%（见图12.2），是南黄海近岸的典型泥区（吕晓霞等，2005）。

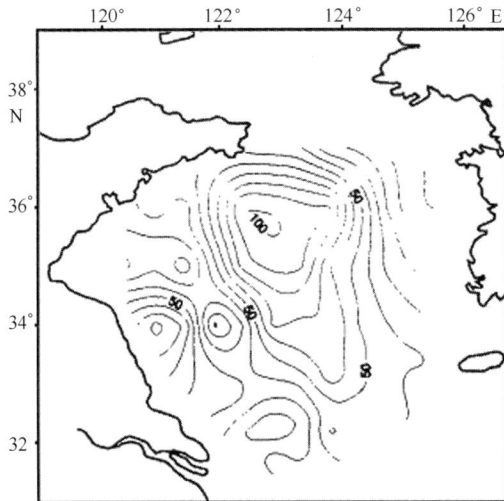

图12.2　南黄海表层沉积物中细粒度组分含量分布

资料来源：吕晓霞等，2005

12.2　黄海沉积物中的生源要素

12.2.1　黄海沉积物中碳

有关现代海洋沉积物中有机碳组分的研究不仅有助于探讨有机物质沉积后的初期转化和聚集问题，同时也为沉积的环境特征及沉积物中各种化学成分的演变提供重要信息。为此，秦蕴珊等（1989）对黄海北部（35°~38°N，120°~124°E）进行了有机碳组分的调查研究，研究表明表层沉积物中有机碳含量范围为0.18%~1.42%，平均为0.78%。其中，粉砂有机碳平均含量为0.5%，黏土中的平均含量为0.98%。Yang等（2007）曾对南黄海表层沉积物样品进行了研究，获得南黄海表层沉积物中总有机碳与$CaCO_3$的分布特征，表层沉积物中总有机碳含量范围为0.3%~1.3%，$CaCO_3$分布范围为2.8%~10.5%。

海洋沉积物中有机碳的分布亦从属于"粒度控制律",即有机碳含量随沉积物粒度减小而增加,上述黄海有机碳含量分布特征与颗粒物粒度存在良好的线性关系(图12.3)。因为有机成分和细质点二者沉降的速度基本相近,在颗粒沉积区,强大的海流经常冲走细颗粒物质,同样也冲走有机碎屑(秦蕴珊等,1989)。另外,沉积物的粒度越细,堆积越紧密,使沉积物处于不透气的厌氧环境中,Eh值就越低,沉积环境越还原,有机质在这样的还原环境下容易保存,矿化分解反应难以进行,因而细粒度的泥区有机物含量较高(贺志鹏,2008)。贺志鹏等(2008)获得南黄海表层沉积物总有机碳含量分布图与该区沉积物粒度亦存在较高的相似度(图12.4)。2007年"908"专项调查结果同样表明,南黄海表层沉积物中有机碳含量的高值也出现在沉积物粒度较细的中央海域(图12.5),该区域有机碳含量为0.6% ~ 1.2%,而在西部的沿岸区域有机碳的含量较低,有机碳含量范围为0.2% ~ 0.6%。

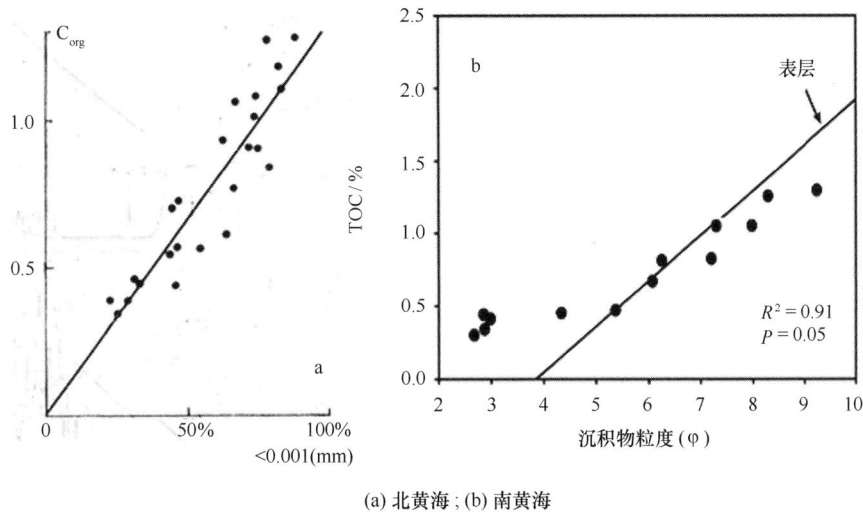

(a) 北黄海;(b) 南黄海

图 12.3 黄海不同海区总有机碳与粒度的相关关系

资料来源:秦蕴珊等,1983;Yang et al.,2001

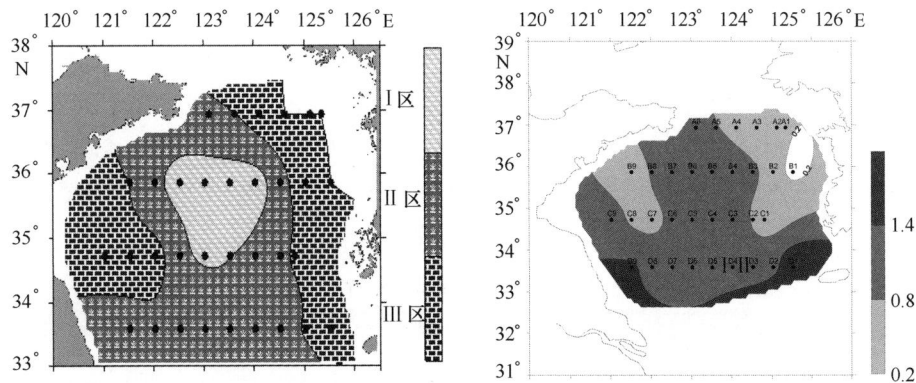

图 12.4 2003 年南黄海表层沉积物中表层沉积物细颗粒组分(粒径 <31μm)平面分布

左图,细颗粒组分含量 I 区 65% ~ 100%, II 区 35% ~ 65%, III 区 0% ~ 35%

与右图,总有机碳平面分布

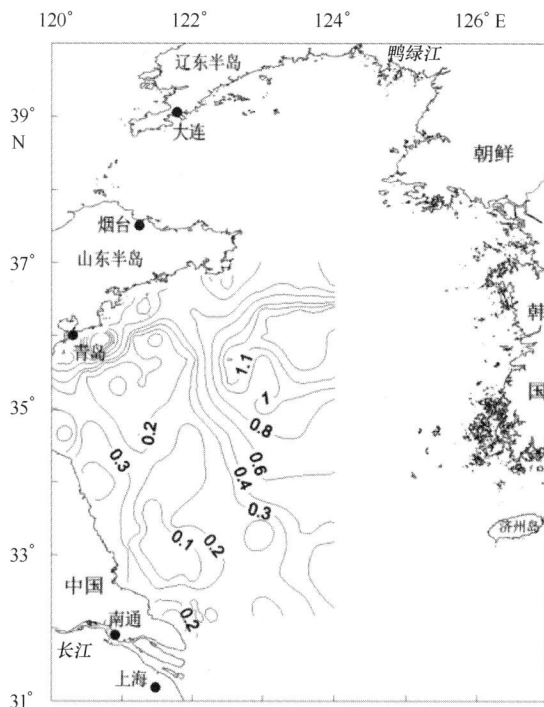

图 12.5 "908"专项调查南黄海表层沉积物中总有机碳（%）的平面分布

现代沉积物中的有机质，大部分是不溶的干酪根，小部分是沥青和烃类。虽然沉积物中的沥青通常含量不是很大，但却是有机质的主要成分之一。沥青总量指的是溶解于苯－乙醇有机溶剂的有机组分的总量。秦蕴珊等（1989）对研究区域的表层沉积物中分析结果表明，沥青总量的一般均小于 500×10^{-6}，平均 240×10^{-6}，粉砂中平均为 196×10^{-6}，黏土中平均 310×10^{-6}，岩心中粉砂沥青总量平均含量 160×10^{-6}，黏土中的平均含量 300×10^{-6}。由此可见，无论是表层或是岩心中，同样是粒度变细而沥青的总量增高。

在碳循环过程中，河流输入的碳是整个碳循环体系中关键的环节，因此识别边缘海沉积物中有机碳的组成，示踪河流搬运而来的陆源碳物质在陆架区的分布，是认识中国陆架边缘海碳循环的重要命题。在开放的"河口－陆架"体系中，为解决示踪标记在输送过程中发生的变化，需要选定足够数量的物理化学性质和来源均稳定的天然示踪物作为标志，其中，正构烷烃就是这样一类标志物，其精确的分子结构（分子"指纹"）及其组成特征既可用作地质环境演化的指示标志，又可作为物质来源的表征（朱纯等，2005）。

朱纯等（2005）于 2002 年 9 月开展航次调查，于黄海冷涡区及黄东海交界处取得沉积物样品。定量研究了正构烷烃（n－Alk）、无环类异戊二烯烷烃［姥鲛烷（pristine）和植烷（phy－tance）］两种天然示踪物，应用其碳分子峰群分布和分子组合特征指数 L/H、$(C_{21} + C_{22}) / (C_{28} + C_{29})$、CPI 和 Pr/Ph（pristine/phytance）值等进行物源对比研究分析结果表明：黄海中南陆架区代表站位 A9（约 $33°29'$N，$123°56'$E）和 E3（约 $32°24'$N，$123°50'$E）样品沉积物中正构烷烃分布为双峰型。A9 站位样品沉积物以高碳烃峰群占绝对优势，表明该区沉积物以陆源高等植物输入为主；E3 站位样品沉积物中正构烷烃分布为双峰型，低碳烃峰群加强，表明该区沉积物中陆源物质与海洋自生源物质共存；黄海南部 E2（约 $34°29'$N，$122°52'$E）站位样品沉积物中正构烷烃气相色谱图有明显的色谱不能分辨包状组分，其不可分离组分与完全分离组分的比值（U/R）大于 4，且 CPI 指数接近 1，为典型的原油污染特征，表明人类活动产物已进入了边缘海区，中国黄东海沿海已受到石油烃的污染。

12.2.2 黄海沉积物中的氮

黄海沉积物中氮的平均丰度约为 624×10^{-6}，略高于渤海，与东海、南海含量相当，其含量变化同样是泥中高（990×10^{-6}），粉砂次之（500×10^{-6}），砂中最低（440×10^{-6}），即粒度由粗至细，氮的含量增高（赵一阳，鄢明才，1994）。现有对黄海沉积物中氮的含量研究多集中在南黄海区域，该海区总氮在 $(240 \sim 1\ 360) \times 10^{-6}$ 之间。南黄海表层沉积物的分布基本上呈现出自岸到海逐渐变细的规律，这与该海区沉积物粒度分布存在密切的相关关系。若将沉积物中细粒度（$<31\ \mu m$）组分所占的百分数大于 65%，35% ~ 65%，小于 35% 将南黄海海域分为 Ⅰ、Ⅱ、Ⅲ 3 个区域（图 12.4）在江苏盐城以东老黄河入海口附近海域，受老黄河入海物质的影响，有一细粒度沉积物聚集区（Ⅰ区），该区域总氮含量为 $820 \times 10^{-6} \sim 1\ 360 \times 10^{-6}$，平均含量为 $1\ 090 \times 10^{-6}$，Ⅱ区含量次之，平均为 870×10^{-6}，而在朝鲜半岛附近海域和山东半岛青岛以南、石臼所以北向东南方向延伸的狭长海域，沉积物粒度较粗，主要为砂质沉积物（Ⅲ区），氮的含量最低，为 $240 \times 10^{-6} \sim 960 \times 10^{-6}$，平均含量为 $640 \times 10^{-6} \times 10^{-6}$（吕晓霞等，2005）。"908"专项调查结果也证实了南黄海表层沉积物中总氮的分布受粒度控制，中部海区的细颗粒沉积区总氮的含量明显高于近岸的砂质区，其分布与总有机碳的分布颇为相似（图 12.4）。

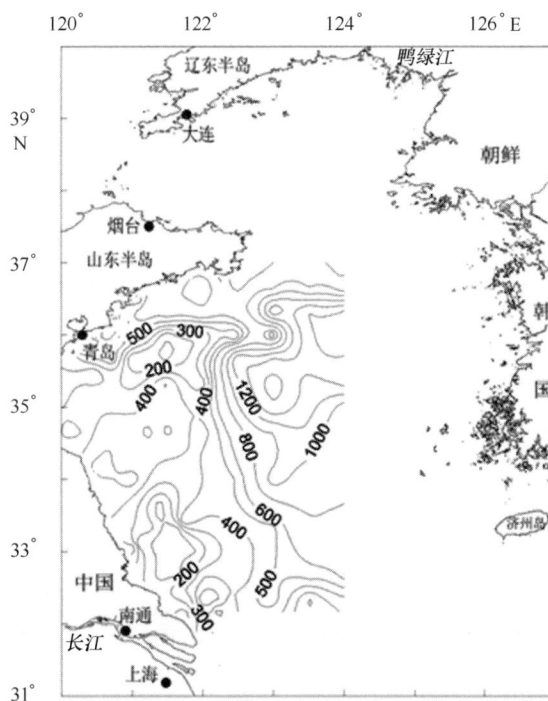

图 12.6 "908"专项调查南黄海表层沉积物中总氮（$\times 10^{-6}$）的平面分布

不同粒级沉积物中不同形态氮的含量不同，直接揭示了不同粒级沉积物中的氮与沉积物粒级的相关关系，从而为进一步研究不同粒级沉积物中的营养元素在海洋生物地球化学循环中的作用和贡献，提供基础资料。用连续浸取的方法可将南黄海表层沉积物中的氮在海水环境下分为，离子交换态氮（IEF－N），弱酸可浸取态氮（WAEF－N），强碱可浸取态氮（SAEF－N），强氧化剂可浸取态氮（SOEF－N）等不同形态的氮。吕晓霞等（2005）在 2001 年 4 月于黄海南部海域采集了 48 个表层沉积物样品，对不同粒度沉积物中不同形态的氮含量进行了系统的分析比较，得到不同形态氮的区域分布特征，继而深入探讨沉积物中的氮的分布及其生物地球化学特征。结果如表 12.1 所示，随着沉积物粒级的由粗到细，沉积物中可转化不同形态氮的绝对含量也越来越高，沉积物中不同形态氮随着粒级由粗到细的增长倍数分别为：1∶1.76∶2.52（IEF－N），1∶1.35∶1.93（WAEF－N），1∶1.42∶2.19（SAEF－N），1∶4.42∶9.23（SOEF－N），1∶3.25∶6.37（总可转化态氮）。其中，SOEF－N 的含量随粒级由粗到细的增量最大，在细粒级沉积物中的含量是在粗粒级沉积物中含量的 9 倍多，也就是说，细粒级沉积物对 SOEF－N 的赋存有很强的承载作用。这是因为新形成的氮或从沉积物中释放的氮大多存在于细粒级物质中，所以细粒级沉积物中氮的含量最高。

表 12.1　南黄海不同粒级沉积物中不同形态氮的含量范围及平均值　　　　　×10^{-6}

粒级		>63 μm	31~63 μm	<31 μm
IEF－N	含量范围	11.06~32.48	15.40~43.68	22.54~74.90
	平均值	17.92	31.50	45.08
WAFE－N	含量范围	4.62~11.06	5.46~12.74	7.42~22.12
	平均值	6.44	8.68	12.46
SAEF－N	含量范围	6.30~20.30	6.02~39.06	12.60~78.54
	平均值	11.06	15.68	24.22
SOEF－N	含量范围	14.14~138.9	44.94~542.2	143.4~899.5
	平均值	50.82	224.7	468.9
总可转化态氮	含量范围	47.60~170.8	35.56~602.6	208.0~963.8
	平均值	86.38	280.6	550.6

资料来源：吕晓霞等，2005。

通过计算沉积物中氮的埋藏通量和埋藏效率，可以间接地得到沉积物中氮的可能释放量，为估算其对海洋新生产力的贡献、评估其在海洋生物地球化学循环中的作用和贡献奠定基础。黄海表层沉积物中不同形态氮的埋藏通量可以通过公式（赵一阳等，1991；Ingall and Jahnke，1994）计算得到：

$$BF_j = C_{i,j} \times S_j \times \rho_{dj} = \frac{C_{i,j} \times S_j(l\,W_{cj})}{\dfrac{l\,W_{cj}}{\rho_s} + \dfrac{W_{cj}}{\rho_w}},$$

式中，BF_j 为 j 站位沉积物中氮的埋藏通量，$C_{i,j}$ 为 j 站位沉积物中 i 种形态氮的含量，S_j 为 j 站位沉积物的沉积速率，ρ_{dj} 为 j 站位沉积物的干密度，W_{cj} 为 j 站位沉积物的含水率，ρ_s 为沉积物的颗粒密度，ρ_w 为海水密度。

沉积速率是影响不同形态氮埋藏通量的显著性因素，与不同形态氮的埋藏通量呈现出显著的正相关，与上覆水体的盐度及 NO_3^- 的含量呈现出一定的负相关，与上覆水体的 pH 值及温度呈现出正相关，因此，沉积速率的高低是决定沉积物中不同形态氮埋藏通量的决定性因素。这是因为，沉积速率越大，沉积物的堆积速率就相对越快，沉积物中的有机氮还来不及氧化分解，或已矿化了的有机质还来不及发生交换就随快速沉降的沉积物一起被埋藏，致使沉积物中不同形态氮的埋藏通量较高（吕晓霞等，2005）。

在细粒度沉积物含量高的 I 区（图 12.4），不同形态氮的埋藏效率较低，假设沉积物中的氮除去埋藏的部分都能释放参与再循环，则南黄海细粒度沉积物中的大部分氮都通过沉积物海水界面进入水体而参与再循环，其总氮的释放效率可达 83.48% 以上。这是因为细粒度沉积物本身的比表面积较大，与上覆水体的接触面积也相对较大，受水动力或生物扰动等环境条件的影响较强，沉积物中的氮很容易释放进入上覆水体参与再循环，因此，尽管细粒度沉积物是氮等营养元素的主要载体，但由于其中的氮在沉降的过程中大部分都通过沉积物 – 海水界面释放进入上覆水体，致使其被埋藏的部分较少；而对于粗粒度沉积物来说，其受水动力和生物扰动的影响较小，对氮的吸附和承载作用很低，且有一部分氮包裹在大颗粒沉积物内部或进入矿物晶格结构内，在水动力或生物扰动等环境因素的作用下，很难破坏其原来的结构使其释放出来，因此，尽管粗粒度沉积物本身承载的氮量很低，其埋藏效率依然较高，可达 30.21%，则释放的氮量占沉积物中总氮量的 69.79%，因此在南黄海表层沉积物中约有 70% 以上的氮都可参与再循环，在氮的循环中起着非常重要的作用（吕晓霞等，2005）。

12.2.3　黄海沉积物中的磷

在黄海沉积物中，磷的含量分布具有显著的区域差异性。黄海沉积物中总磷（TP）含量变化范围为 $(116 \sim 694) \times 10^{-6}$，平均值为 411×10^{-6}。比较明显的特征是其平面分布存在 3 个总磷大于 600×10^{-6} 的聚集区，分别位于北部、东南部和西南部，亦即分别位于南黄海中部海域、射阳的东北海域（即老黄河口）以及北黄海中部（王菊英等，2002）。南黄海中部属现代沉积环境，南黄海中部磷的高值区恰为黄海冷水团位置，所以水动力相对平静，造成细土在此集中，形成南黄海中部所谓的"多源现代泥"区（赵一阳等，1991），因而成为众多元素的聚集区，包括 Cu、Co、Ni、Cr 等。至于老黄河口亦属现代沉积环境，水动力也相对稳定，该区域沉积物的粒度较细，为"老黄河口"泥区。另外，无疑该处会受到原来黄河物质的影响，故而也成为多种元素的聚集区（王菊英等，2002）。

对于北黄海中部的高磷区，其情况与上述两区截然不同。该区不仅为水动力活跃区，而且以粗碎屑沉积物为主，对于大多数元素（亲黏土）而言，为元素分散区，而对 Fe、Mn、P 则恰恰相反。这是由于粗粒砂质沉积物孔隙度大，氧含量高，Eh 值大，属氧化环境，因而有较多的自生组分参与进来，如生成了氧化锰、氧化铁以及铁的磷酸盐，因而形成了磷的高值区（王菊英等，2002）。

黄海沉积物中总磷的分散区主要受控于水动力作用以及沉积物的粒度。由表 12.2 可见总磷的含量分布受沉积物粒径的控制不明显。其含量范围虽大致随着粒度变细而升高，但值得指出的是最大平均值出现于粉砂沉积物中，表现出异常。可能是由于北黄海中部的元素聚集区的砂质沉积物处于氧化环境，有自生的磷酸铁生成的缘故。

表 12.2　不同类型沉积物中总磷的含量

沉积物类型	样品数	$TP/ \times 10^{-6}$	
		范围	平均值
砂	18	197 ~ 628	381
粉砂	11	339 ~ 628	498
黏土	18	166 ~ 694	378

资料来源：王菊英等，2002。

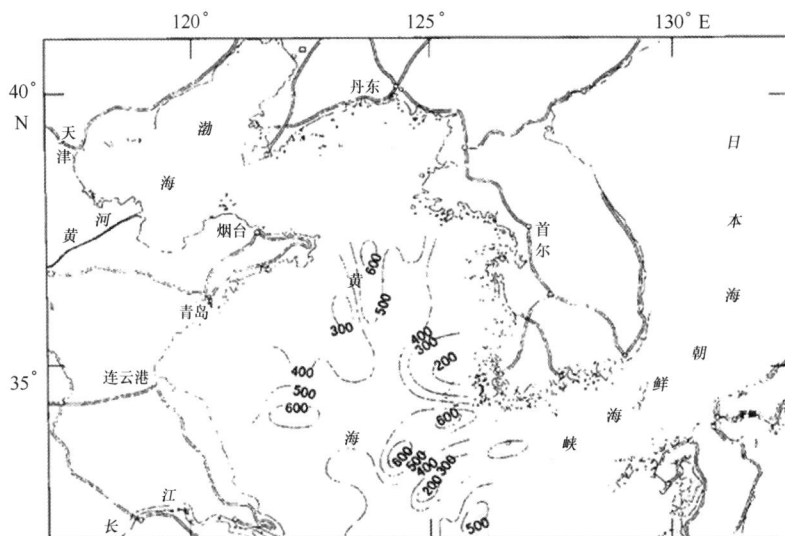

图 12.7　黄海表层沉积物中总磷的平面分布（×10⁻⁶）

（资料来源：王菊英等，2002）

　　通过对黄海表层沉积物与其他地域（包括陆地及海洋）中总磷的丰度值及部分富集系数值的比较（表 12.3），可以肯定的是，黄海表层沉积物中总磷含量与长江、黄河及中国大陆沉积物中的总磷含量相距较远，因此不具备明显的"亲陆"特征，亦即黄海沉积物中的磷是非陆源的（王菊英等，2002）。2007 年"908"专项调查结果表明，南黄海表层沉积物中总磷的含量分布呈现近岸高远岸低的特征，受粒度控制的影响很小，这可能与总磷的来源不同有关。近岸受陆源输入的影响较大，整个沿岸区总磷的含量都比较高，而远岸区的磷主要以海洋自生为主，为非陆源输入，因此含量较低。

表 12.3　黄海沉积物中总磷的含量与其他区域丰度值的对比

区域	TP/×10⁻⁶	富集系数		参考文献
黄海	411	黄海/中国大陆沉积物	0.63	王菊英等，2002
中国大陆沉积物	650			中国国家标准，2007
长江	650			赵一阳，鄢明才，1992
黄河	600			赵一阳，鄢明才，1992
中国浅海沉积物	500	中国浅海沉积物/中国大陆沉积物	0.77	赵一阳，鄢明才，1993
冲绳海槽沉积物	640	冲绳海槽沉积物/中国浅海沉积物	1.28	赵一阳，鄢明才，1993
西太平洋褐色黏土	1570	西太平洋褐色黏土/中国浅海沉积物	2.42	赵一阳，鄢明才，1993

资料来源：王菊英等，2002。

　　宋金明等 2004 年对黄海 4 个站位的沉积物磷的垂直分布研究表明：磷在次表层（5～30 cm）多出现最大值，随着深度的增加，磷含量变化不大，稳定在 300×10⁻⁶～400×10⁻⁶ 之间。一般而言，在柱状沉积物中，磷的最大值出现在更靠沉积物－海水界面附近，而氮的最大值更靠深层一些，这明显反映了在沉积物－海水这一界面突变区的特性。氮的早期成岩活

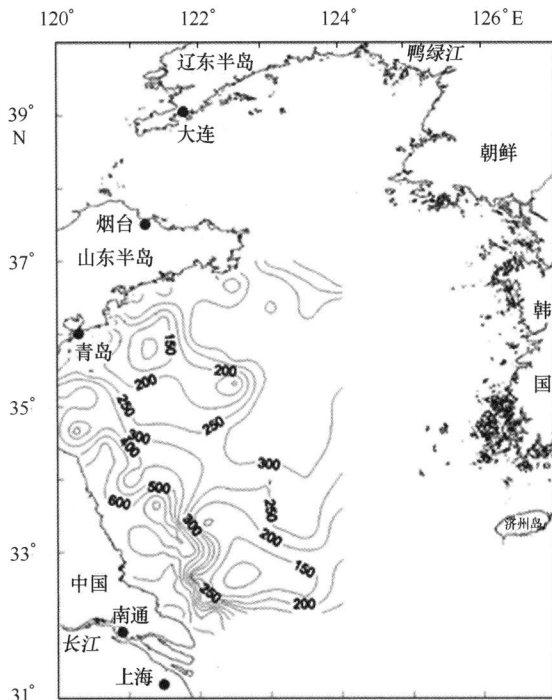

图 12.8 "908" 专项调查南黄海表层沉积物中总磷（$\times 10^{-6}$）的平面分布

性比磷要强，也就是说磷更不易受环境变化的影响。氮、磷垂直分布的共同特点是在一定的深度层以下，其浓度趋于稳定。同样可发现，磷浓度趋于稳定对应的沉积物深度比氮浅，即磷浓度趋于稳定对应的沉积物深度更接近沉积物 – 海水界面，而氮相比而言则远离这一界面。4 个研究站位，氮浓度稳定值平均为 289×10^{-6}，磷为 329×10^{-6}，磷的浓度稍高于氮。一般而言，在表层沉积物中，南黄海沉积物中氮的浓度比磷高，但本研究中作者发现，在柱状样中磷稳定时的浓度高于氮，可以认为这是经过早期成岩作用后，氮更多被释放而进入水体的证明。相对而言，磷被释放参与再循环的更少，这与渤海及南海的结果是一致的（宋金明，2004）。

12.2.4 黄海沉积物中的硅

硅是地球上第二丰度元素，通过硅酸矿物的化学风化释放到水圈。在水环境 pH 值在 4 ～ 9 范围内时，它的主要存在形式是没有解离的 H_4SiO_4。H_4SiO_4 被带到海洋并被硅质浮游植物主要是硅藻、放射虫，硅质海绵吸收利用，经过硅质生物体内的同化作用形成硅藻的硅质细胞壁，随着生物的生长，不断从外界吸收养分，硅不断在体内富集形成生物硅（BSi）。随着人类活动以及农业耕种、森林开采、污水排放的增多，水体中氮、磷的输入剧增，这些营养元素的输入，通常会先导致硅藻生物量的增加，加速生物硅的沉积（Schelske and Stoemer，1971），但是随着水体中溶解态硅的不断消耗，硅藻的生长开始减慢，最终受到硅的限制（Conley and Schelske，1993）。生物硅在沉积物中的积累，可用于反映不同历史时期水体的富营养化及硅的消耗情况（Schelske et al.，1983；Schelske et al.，1986）。沉积物中生物硅的变化记录了人类活动导致的水体富营养化以及筑坝等原因引起的硅生物地球化学循环的变化，因此对生物硅的研究具有重要的意义（吕伟香，2007）。

在南黄海，表层沉积物中生物硅的水平分布如图 12.9 所示。在所调查的海区中部有一个高值中心，此外西部沿岸较东部要高。硅藻是春季黄海浮游植物的主要组成，占其总量的69.5%。海区西侧为 5 月浮游植物分布密集区，数量高于 2.0×10^4 个/m^3，其中部地区数量大于 15×10^4 个/m^3，而在东部海域则小于 0.3×10^4 个/m^3（王俊，2001）。受黑潮水系影响的黄海东部和南部海域初级生产力终年较低，而西部近岸及冷暖水系交汇的中部海域，初级生产力相对较高（宁修人等，2000）。可见，沉积物中生物硅的分布与上层水体中的硅藻生物量及初级生产力分布吻合较好（叶曦雯等，2004）。

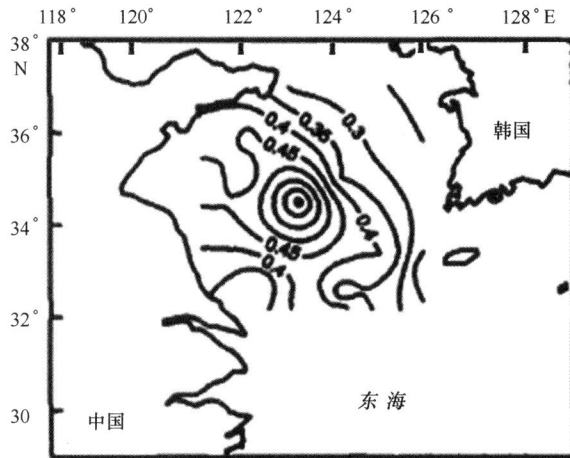

图 12.9　南黄海表层沉积物中生物硅的分布（%）

资料来源：叶曦雯等，2004

吕伟香等（2007）于 2002 年于黄海 E2 站位于南黄海中部（34°30′N，123°06′E）取得 154 cm 柱状样，分析其生物硅含量。该站位于黄海冷水槽附近，地势低洼，水深 76 m，此区域的物质主要来源于黄河，沉积物为粉砂质软泥，颗粒较细；同时该站位受冷水团和上升流的影响，营养盐供给充足浮游植物繁殖旺盛，硅藻数量也比较丰富（Slomons and Gerritse，1981；秦蕴珊等，1987）。沉积物中生物硅的含量深度分布如图 12.10 所示。

由图 12.10 可知 E2 站沉积物中生物硅的平均含量为 0.46%。0～154 cm 之间沉积物中生物硅的含量总趋势是随深度的增加而逐渐降低。在某些层次出现峰值，在 25 cm 处有最大值 0.74%，在 25～90 cm 处总趋势是减小，层次间生物硅的含量变化较大，变化范围在0.28%～0.69% 之间，并在 45 cm、57 cm 出现极小值 0.30%，在 65 cm、85 cm 处出现极大值 0.6%。在 85～154 cm 生物硅随着深度增加含量明显减小，层次间的差异也减少，生物硅含量分布在 0.15%～0.4% 之间，在 148 cm 处有极小值 0.15%。E2 站沉积速率为0.152 g/（cm^2·a）（杜俊民等，2004），则该站 154 cm 可以代表近几个世纪的生物硅的储存。0～13 cm 可以代表 20 世纪 50 年代到 21 世纪初的沉积情况，从图中明显地看到生物硅的含量在不断增加，主要原因可能是人类活动的影响导致海洋中营养元素的增加，这使得水体中硅藻数量增加，沉积物中生物硅的含量随之增加（吕伟香，2007）。

生物硅含量 BSi/%

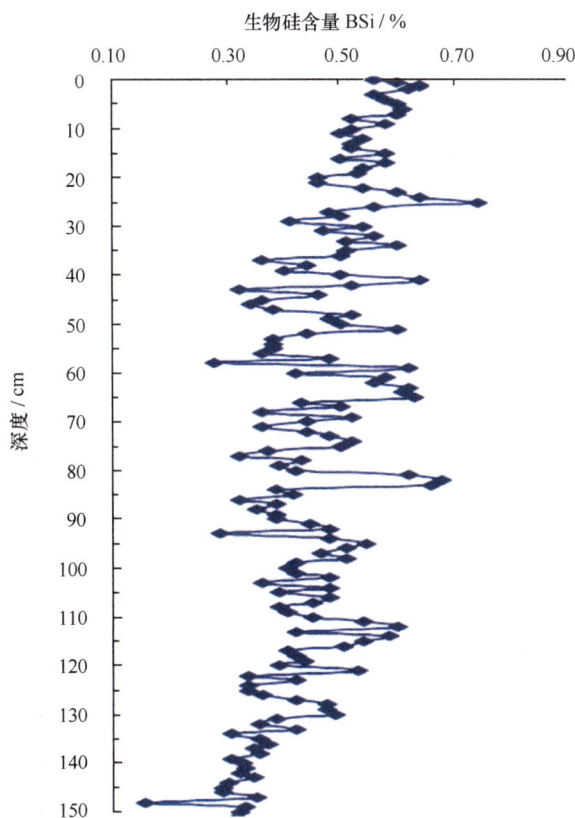

图 12.10　南黄海柱状样中生物硅含量

资料来源：吕伟香，2007

12.3　黄海沉积物中的硫化物

黄铁矿（FeS）是沉积物中硫的主要存在形式（Wijsman et al.，2001），是海洋沉积物中最稳定的铁硫化物矿物。自生黄铁矿是黄海表层沉积物中最常见的自生矿物，分布广泛，但在黄海富集区仅有两个：一个为渤海海峡中部（威海以北海域），二为海州湾东部。在上述二区域中，自生黄铁矿在表层沉积物中富集度很高，最高含量可达 86.5%（系重矿物中的百分含量），而在其他区域虽有出现，但含量不高。姜学钧等（1991）对黄海东部的 YSDPl02 孔的重矿物进行了研究，其中自生黄体矿的含量为 0 ~ 0.32%，平均值为 0.04%（3.33 μmol/g）。王红霞等（2004）对南黄海西部表层沉积物中碎屑矿物的分布进行了研究，发现自生黄铁矿是南黄海表层沉积物中的主要自生矿物，主要分布于南黄海 122°E 以东及老黄河口（海州湾）局部海域。在黄河改道入海后，由于老黄河口水动力条件变弱，沉积物中有机质含量增高，处于还原性沉积环境，片状矿物富集，并形成了大量微球晶自生黄铁矿。自生黄铁矿的形态有生物壳形和非生物壳形，生物壳形表现为黄铁矿交代充填在各种形状的生物壳和植物根茎中；非生物壳形形态各异，有圆珠粒状、葡萄状、不规则粒状等，其颜色呈现不同的浅黄铜色、暗黑色、靛色等，属自生成因矿物，形成于水动力条件弱的还原环境（蒲晓强，2005）。

柱状样的自生黄铁矿的分布富集区与表层沉积物相同，但在剖面上的含量变化幅度很大。

161

黄铁矿的形成条件并不严格，但富集条件却十分严格，因而它广泛分布于沉积物中，但仅富集于局部的沉积环境中。在不同的粒级中，自生黄铁矿的含量亦不相同。生物状黄铁矿主要富集在沉积物的 0.25 ~ 0.1 mm 粒级中，而球粒状黄铁矿富集的粒径范围则较宽，可在大于 0.25 mm、0.25 ~ 0.1 mm 与 0.1 ~ 0.05 mm 的 3 个粒级中富集（秦蕴珊等，1989）。根据对黄海自生黄铁矿两个富集区（渤海海峡中部与海州湾东部）沉积环境的研究，发现此类矿物的富集度与沉积类型、有机质、SO_4^{2-} 的含量、Fe^{3+}/Fe^{2+} 的比值、pH 值与 Eh 值的高低有关。陈庆（1981）与彭汉昌（1979）曾分别对海州湾东部海域与渤海海峡中部地区自生黄铁矿高含量测站中的上述各要素进行了研究，认为自生黄铁矿大量形成的沉积环境为泥质沉积类型，有机质含量高，pH 值为 8 ~ 9，Eh 值为负，$Fe^{3+}/Fe^{2+} < 1$，SO_4^{2-} 含量高的强还原沉积环境（蒲晓强，2005）。

12.4 黄海沉积物中的有机污染物

J. R. Oh 等（2002）对黄海西部进行了有机污染物分布的综合调查，研究表明：如表 12.4 所示，黄海表层沉积物中总 PCBs 含量为 0.17 ~ 1.37 ng/g，其中，PCB18、66、110 为主要成分；总杀虫剂的含量为 0.38 ~ 7.75 ng/g，其中，在 23 份样品中分别有 17 份和 12 份样品能够检出 γ – HCH 和 δ – HCH。而，1，2，4，5 – tetrachlorobenzene，α – 氯丹（α – chlordane），七氯（heptachlor），艾氏剂（aldrin），狄氏剂（dieldrin），硫丹（en 溶解氧 sulfal Ⅱ），cis – 九氯（cis – nonachlor），mires 和 p，p' – DDT 均为检出（Oh et al.，2005）。

表 12.4 沉积物中有机氯的含量（n = 23）　　　　　　单位：ng/g（干重）

	最小值	最大值	平均值	SD
∑chlorobenzenes	0.02	0.31	0.16	0.08
Pentachloroanisole	n.d.	0.04	0.02	0.01
∑HCHs	0.17	6.69	1.17	1.36
∑Chlordanes	0.024	0.18	0.06	0.04
Endrin	n.d.	0.18	0.07	0.06
∑DDTs	n.d.	1.29	0.48	0.30
∑pesticides	0.38	7.72	1.97	1.48
∑PCBs	0.17	1.37	0.69	0.36

∑chlorobenzenes = sum of 1，2，4，– TCBZ, pentachlorobenzene and hexachlorobenzene

∑HCHs = sum of α – HCH，β – HCH，γ – HCH and δ – HCH

∑Chlordanes = sum of cis – Chlordane and trans – Nanochlor

∑DDTs = sum of DDTs and their metabolites

∑pesticides = sum of pesticides mentioned in this table

∑PCBs = sum of 21 PCB congeners

资料来源：Oh et al.，2005.

北黄海表层沉积物中检测出的 PAHs 的总浓度在 222.1 ~ 776.3 ng/g 之间，具有南北两端高、中部低，西部高、东部低的大致特征（见图 12.11）。化石燃料的不完全燃烧是北黄海 PAHs 的主要来源。然而位处于渤海海峡口的站位研究结果表明，作为航船进出渤海的主要通道，来自航船燃料油的污染可以从 PAHs 的参数得到指征。陆源物质在北黄海表层沉积物中有明显积累，来源主要是鸭绿江携带入海的陆源物质。芘在鸭绿江口附近沉积下来，形成较高的变化梯度；同时部分未沉降下来的芘在辽南沿岸流作用下向南运移（李斌等，2002）。

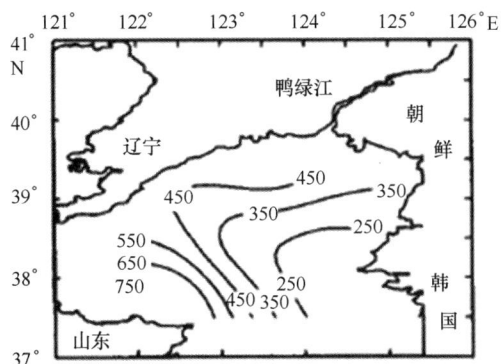

图 12.11　北黄海表层沉积物中 PAHs 总浓度（ng/g）的分布

（资料来源：李斌等，2002）

张蓬等研究的南黄海表层沉积物 PCBs 含量范围为 518~5 848 pg/g，平均值为 1 715 pg/g，低于国家环保总局污染控制标准（50 mg/kg，GB 18668—2002），处于全球近岸表层沉积物中 PCBs 的含量范围（200~400 000 pg/g）（Fowler，1990）的低值区域，与 .12.5 所示的国内外河口区、港口和湖泊表层沉积物的检测结果相比较，南黄海的 PCBs 的浓度尚属较低水平（Zhang et al.，2007）。

表 12.5　典型近海表层沉积物中 PCBs 含量的比较

海域	最小值（pg/g，干重）	最大值（pg/g，干重）	参考文献
地中海（意大利）	200	400 000	Bressa et al.，1997
香港维多利亚港	6 000	81 000	Maskaoui et al.，2005
大连湾	452	6 686	刘现明等，2001
厦门西港	2 141	6 065	张元标，林辉，2004
长江口	10 700	28 600	陈满荣等，2003
渤海湾	未检出	510	Wu et al.，1997
美国 Sheboygan 河	4×10^4	1.6×10^9	Park and Jaffe，1993
白令海阿拉斯加湾	140	2 000	Hong et al.，1997

图 12.12 显示，PCBs 在南黄海的分布显现出中部海域浓度最高，东部朝鲜半岛沿岸海域次之，西部中国沿岸海域最低，南部的沉积物中 PCBs 含量高于北部的特征；在南黄海的东西海岸，PCBs 的等值线大致与海岸线平行，并且邻近汉江口位置和邻近长江口的表层沉积物中的 PCBs 含量处于所有站位检测值的中低水平，未出现异常高值。以上现象说明，影响 PCBs 在沉积物中分布的控制因素的作用更强于来源。

南黄海的表层沉积物的粒度与 PCBs 有明显的相关性，随着黏土含量的增加而增加（表

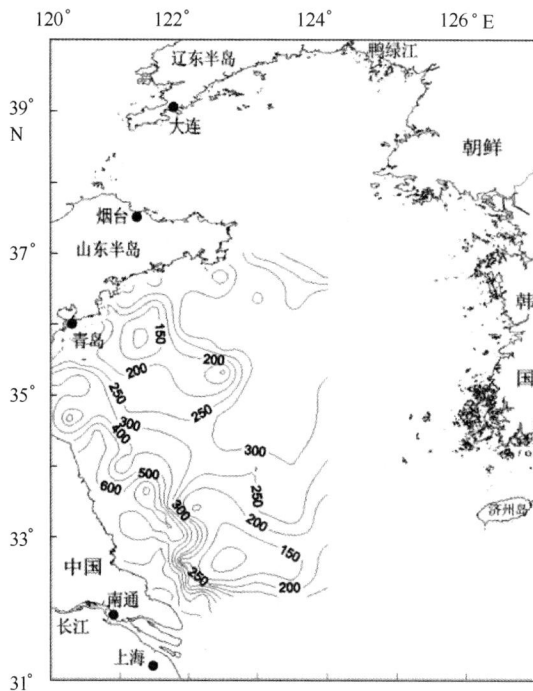

图 12.12　南黄海表层沉积物中 PCBs 的平面分布

12.6），在黏土中的含量最高，粗粒砂中最低，粉砂居中，这可能与表层沉积物中不同粒级组分对 PCBs 的吸附有关；PCBs 的含量与总有机碳（TOC）具有一定的正相关性（见图 12.13），表明 PCBs 作为有机碳的组成部分，对有机碳的循环过程有一定的影响，浮游生物量与 PCBs 的负相关表明 PCBs 确实来源于陆源输入，随着重金属元素 Cd、Cu、Hg、Pb 和 Zn 含量的增加，PCBs 含量略有增加，暗示影响它们分布的因素类似，综合分析的结果表明，水动力条件是控制 PCBs 在南黄海表层沉积物中分布的最重要因素。

表 12.6　南黄海不同粒度区域表层沉积物中的 PCBs

	砂/%	粉砂/%	黏土/%	平均粒径 ($\varPhi = -\log D$)	PCBs 含量 范围/（pg/g）	PCBs 含量 平均值/（pg/g）
Ⅰ区	5.4	17.4	77.2	9.28	1 342～3 489	2 545
Ⅱ区	28.3	30.1	41.6	7.70	589～3 166	1 387
Ⅲ区	69.1	17.7	13.2	4.51	762～5 848	1 193

"908"专项调查了南黄海山东半岛南部沿岸区域有机污染物的含量（见表 12.7），较之 J. R. Oh 等和张蓬的研究结果，其调查的有机污染物含量相对较高，这可能是由于调查的区域集中在近岸以及胶州湾湾内（见图 12.14），而有机污染物主要来源于陆源输入所致。

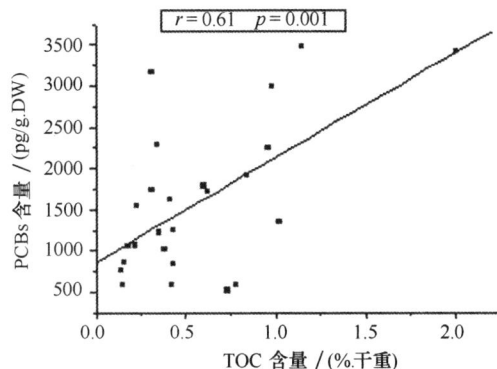

图 12.13 总有机碳含量与 PCBs 分布的关系

表 12.7 "908" 专项调查南黄海表层沉积物中有机污染物的含量（$n=30$）

单位：ng/g（干重）

	最小值	最大值	平均值	SD
$\sum$ HCHs	2.09	19.96	8.08	5.17
$\sum$ DDTs	0.49	15.57	5.83	4.72
$\sum$ PCBs	1.53	36.65	6.87	6.39
$\sum$ PAHs	256	1884	685	415

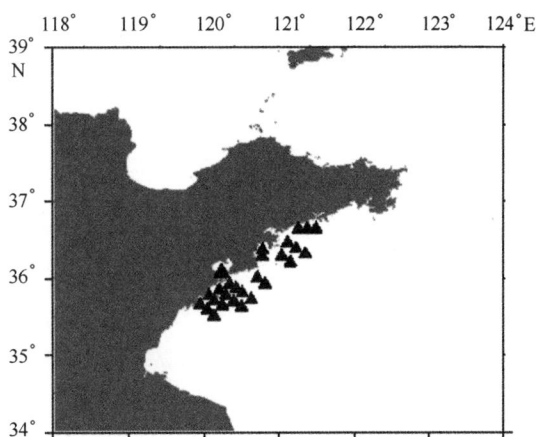

图 12.14 南黄海表层沉积物中有机污染物的 "908" 专项调查站位

12.5 黄海沉积物中的重金属及放射性物质

12.5.1 黄海沉积物中的重金属

李淑媛等对北黄海表层沉积物中重金属含量分析调查结果表明：调查区域表层沉积物 Cu、Pb、Zn、Cd 平均含量依次为：25.99 mg/kg、23.46 mg/kg，88.48 mg/kg，0.29 mg/kg，变化范围分别为 12.9 ~ 52.5 mg/kg，10.52 ~ 71.20 mg/kg，58.6 ~ 172.0 mg/kg，0.05 ~ 0.66 mg/kg。重金属高值区位于海湾、河口近岸，最大值位于近西朝鲜湾，Cu、Pb、Zn、Cd

165

含量各为 42.6 mg/kg、62.5 mg/kg、133.5 mg/kg、0.54 mg/kg；低值区位处海区中部及渤海海峡。通过对北黄海岩心样品的分析获得北黄海重金属背景值如表 12.8 所列（李淑媛等，1994）。

表 12.8　北黄海细颗粒（0.063 mm）沉积物中重金属环境背景值　　　单位：mg/kg

		Cu	Pb	Zn	Cd
岩心样	平均值	26.07	17.53	84.29	0.121
	标准差	11.927 9	5.711 6	16.000 0	0.099
背景值	平均值	23.84	16.25	80.82	0.108
	标准差	3.4117	4.3298	13.217	0.051

资料来源：李淑媛等，1994。

贺志鹏（2008）等通过对南黄海 10 年的观测数据获得了南黄海沉积物中重金属的分布模式及其生物地球化学特征。南黄海表层沉积物中重金属 As、Cd、Cu、Hg、Pb、Zn 的平均浓度分别为 3.64 mg/kg、0.159 mg/kg、22.20 mg/kg、0.025 mg/kg、13.85 mg/kg、61.35 mg/kg 和 0.931 mg/kg。区域分布呈现高 Cd – Cu – Pb – Zn 区，高 Hg 低 As – Cu – Zn 区以及高 As 区低 Cd – Hg – Zn 区三个地球化学分区（见图 12.15）。

（1）高 Cd – Cu – Pb – Zn 区

与南黄海中部泥的分布区相一致，属现代沉积环境，水动力相对稳静，为黄海流系冷涡之所在，沉积物以细粒黏土物质居多。4 种重金属在沉积物中的存在形态以碎屑态居多数。

（2）高 Hg 低 As – Cu – Zn 区

在黄海和东海的分界附近的 D 断面，该区域范围内泥质粉沙沉积可能来源于长江与韩国河流输入的物质，也可能是来自在复杂的水动力条件下侵蚀、悬浮、重沉积的早先形成的沉积物，由此推断出该区泥为多源现代沉积（李凤业等，1999）。

（3）高 As 区低 Cd – Hg – Zn 区

与北黄海临近的海域，在 36°~37°N 之间，与残留砂区相一致，该区现代沉积作用不显著，水动力活跃，细粒黏土物质难以沉积，有冲刷侵蚀现象，呈氧化环境，分布着粗粒砂质沉积物，氧化条件下有较多的自生组分参与（如形成氧化锰、氧化铁及铁的磷酸盐）。该区域受北黄海影响比较大，且临近南黄海东西两岸，受人为影响因素多（秦蕴珊等，1989）。

此外，各区之间，为各种类型的"混合"过渡区。

沉积物中重金属分布是径流、大气沉降、pH 值、盐度和重金属自身性质等各种影响因子耦合的结果，这其中沉积物的粒度是控制表层沉积物重金属分布的最主要因素，次要的因素包括沉积物有机质的含量、沉积速率以及重金属存在形态等。表层沉积物中各重金属的含量与有机质有良好的相关，尤其是 Hg，2003 年沉积物中 Hg 的浓度同 TOC 的线性相关较好，$[Hg]=0.006[TOC]+0.0197$（$R=0.41$，$p<0.05$），其他各元素虽然整体上相关性高低不一，但是在大于 50% 的站位都显示了同有机质含量的一致性，即有机质含量高的区域，往往重金属含量也较高，如在黄海中部；有机质含量低的区域，重金属含量也较低，如山东半岛近岸，韩国近岸。

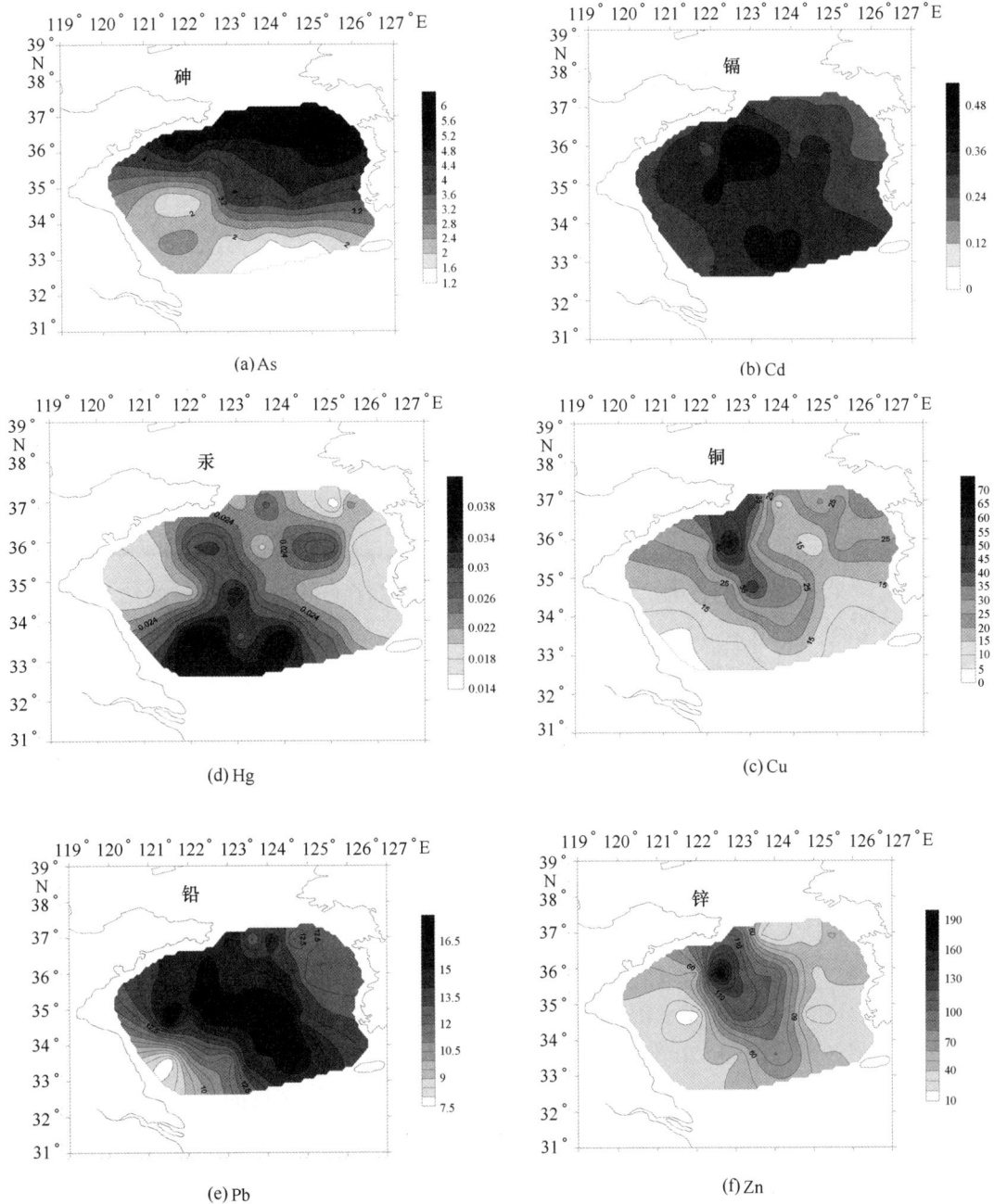

图 12.15　2003 年南黄海表层沉积物中 6 种重金属分布（mg/kg）

　　南黄海重金属的 8 年均值与背景值基本持平略显偏高，这反映出重金属并未对调查区域造成明显污染。如表 12.9 所示，北黄海（李淑媛等，1994）的重金属浓度明显偏高，这主要是由于在北黄海的研究中大部分站位都分布在离岸较近的区域，而且北黄海相对南黄海而言，水动力不活跃，更多地受到了沿岸排污的影响。

表 12.9　各海区表层沉积物中重金属含量的比较　　　　单位：mg/kg

调查区域		As	Cd	Cu	Hg	Pb	Zn	参考文献
南黄海	启东近岸	9.58	0.96	49.55	0.085	21.24	66.36	袁旭音等，2003
	2003 年	3.64	0.159	22.20	0.025	13.85	61.35	贺志鹏，2008
	8 年均值	6.89	0.135	17.72	0.022	16.27	69.95	贺志鹏，2008
	背景值	5.78	0.103	15.92	0.016	14.54	60.00	Lu 和 Zhu，1987
	胶州湾	7.16	0.082	24.93	0.088	32.3	69.68	Chen et al.，2005
	射阳近岸	10.08	1.92	35.50	0.069	24.90	61.65	袁旭音等，2003
渤海	背景值	ND[1)]	0.040 ~ 0.136	17.94 ~ 26.26	ND	10.61 ~ 17.31	55.30 ~ 75.00	李淑媛，1995
	中部海域	ND	0.082	22.57	ND	15.16	67.74	李淑媛等，1994
北黄海		ND	0.29	25.99	ND	23.46	88.48	李淑媛等，1994
东中国海		19.6	0.063	13.00	0.126	20.27	66.1	王菊英等，2003
长江口		ND	0.27	31.9	ND	27	105.6	王贵，张丽洁，2002

注：ND 为未测定或无相关数据。

　　2007 年"908"专项调查的 7 种重金属 Cu、Pb、Zn、Cd、Cr、Hg、As 的结果显示，不同重金属的分布不尽相同，可能受其来源的不同和粒度控制的共同影响（见图 12.16）。As、Cu 和 Hg 的分布呈现出近岸高，远岸低的特征，显示其来源主要为陆源输入。Cd 的分布受粒度控制的影响较为显著，其高值区主要分布在中央海区附近，其他区域含量较低。Cr 和 Pb 的分布受粒度和来源的共同影响，在射阳河口出现 Cr 的最高值，在山东半岛南部沿岸出现 Pb 的最高值，说明其受陆源输入的影响显著，而在粒度较细的中央海区也出现了 Cr 和 Pb 的高值区，说明 Cr 和 Pb 的分布还受粒度控制的影响。Zn 整体上分布较为均匀，但在长江口外以北区域出现高值区，可能其受长江的输入影响所致。

　　依据 2005 年所采集于 35.855°N，124.533°E 的沉积物柱状样基于此获得南黄海百年来重金属的演变趋势并分析产生此变化的影响因素：依据中韩两国经济的发展史、流域洪水、黄河改道历史的分析，可将百年来南黄海重金属的变化分为 3 个阶段：20 世纪 60 年代以前，20 世纪 60 年代至 90 年代和 20 世纪 90 年代至今。第一个阶段的 60 年可以看做是南黄海未明显受人类活动影响的一个时期，该段时期内明显的特征是重金属含量的变化受径流输入不均等多种因素影响，变化规律性不强；第二阶段是南黄海近岸工农业迅猛发展的阶段，由近岸传输到这一海域的重金属量增加，南黄海沉积物重金属浓度增加，沉积物质量有下降的趋势，这一阶段是人类活动影响南黄海最为明显的一个阶段；第三个阶段是 20 世纪 90 年代至今，南黄海沉积物重金属浓度呈降低趋势，与中韩两国减排及治污措施有关，近几年，南黄海沉积物的环境质量较 20 世纪末期有了较明显的改善。

　　戴纪翠等（2006）对胶州湾沉积物重金属的研究结果表明，Cr 的浓度在 37.1 ~ 82.6 μg/g 之间，平均值为 66.6 μg/g；Cu 的浓度在 54.2 ~ 87.8 μg/g 之间，平均值为 66.5 μg/g；Zn 的浓度在 49.6 ~ 112 μg/g 之间，平均值为 87.2 μg/g；Cd 的浓度在 0.48 ~ 1.79 μg/g 之间，平均值为 0.76 μg/g；Pb 的浓度在 18.2 ~ 36.3 μg/g 之间，平均值为 28.9 μg/g；Co 的浓度在 8.41 ~ 18.7 μg/g 之间，平均值为 14.1 μg/g；Ni 的浓度在 18.9 ~ 42.7 μg/g 之间，平均值为 31.4 μg/g。根据国家沉积物的质量标准（GB 18668—2002），Cu、Cd 属于二类沉积物，污染相对严重。其他的重金属污染如 Pb、Zn 和 Cr 的污染相对较轻，均属一类沉积物。大部分重金属的含量自下而上呈逐渐增大的趋势，但 Cd、Cu 和 Zn 的含量波动较大。所研究的重金属含量最小值在沉积层的底部，最高值除 Cu 表层外，其余的都在次表层，这种分布模式从一定程度上说明了该段时期内胶州湾的重金属的污染历史。对应于 20 世纪七八十年代是环胶州湾地区工农业的迅猛发展时期，重金属污染状况较严重，而由于采用了较为得力的管理和治污措施，从 90 年代末到 20 世纪初重金属的污染程度已经大大减轻（戴纪翠等，2006）。

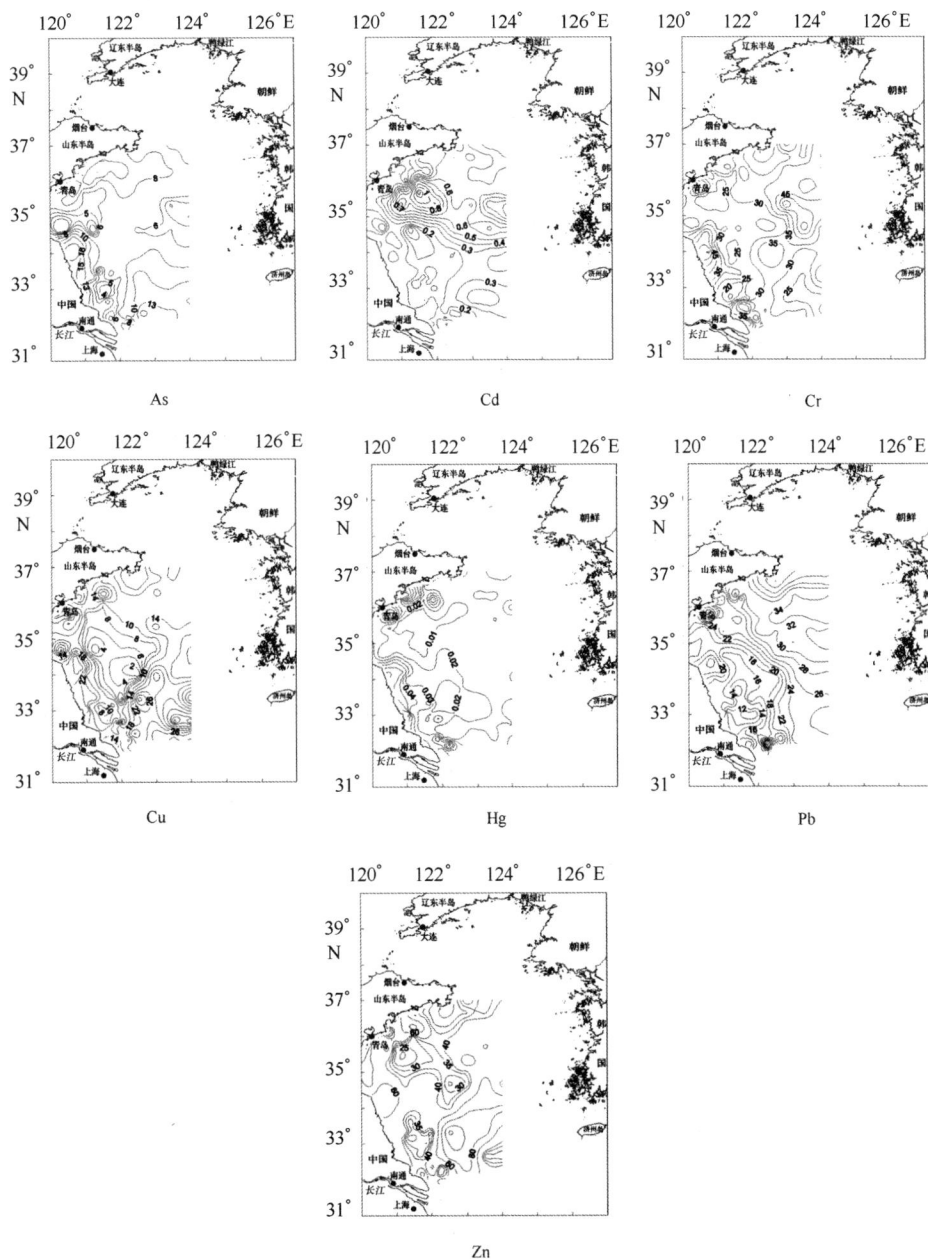

图 12.16　"908" 调查南黄海表层沉积物中 7 种重金属分布（mg/kg）

12.5.2　黄海沉积物中放射性核素

有关黄海的放射性污染的研究报道并不多。陈进兴与张平清（1989）通过测定部分海区沉积物^{226}Ra，研究结果测得黄海^{226}Ra 的含量为 0.013 Bq/g，与世界其他海区含量相当，主要源于陆源物质，该结果与陈敏对胶州湾的研究结果 0.009 Bq/g 相差不大（陈敏等，1997）。

贾成霞等测定了胶州湾表层沉积物中放射性核素含量。样品中^{40}K、^{137}Cs、^{210}Pb、^{226}Ra、^{228}Ra、^{228}Th 和^{238}U 的平均含量分别为 0.688、3.128、6.11、2.615、4.013、4.418、3.912Bq/g；东部海区沉积物^{40}K 和^{137}Cs 含量比其余海区低，但^{210}Pb、^{226}Ra、^{228}Ra、^{228}Th 和^{238}U 比其他海区高；除湾东部样品中的^{210}Pb、^{226}Ra、^{228}Ra、^{228}Th 和^{238}U 之外，粒径小于 0.063 mm 部分中的放射性核素含量高于粒径大于 0.063 mm 部分（贾成霞等，2003）。除东部海区外，湾内其余海区表层沉积物中放射性核素含量和矿物组成基本一致，说明东部海区的沉积物的物质来源与其余海区不同。胶州湾表层沉积物与流域土壤放射性核素含量水平一致，所以胶州湾沉积物主要物源为流域陆源碎屑。表层沉积物中放射性核素含量与矿物组成具有相关性。铀和钍放射系衰变不平衡，总体样品和粒径小于 0.063 mm 部分，铀系中^{210}Pb 相对于^{226}Ra 过剩，^{226}Ra 相对于^{238}U 亏损，^{228}Th 相对于^{228}Ra 过剩（见表 12.10）。

表 12.10　四大海区沉积物中^{226}Ra 的含量

海区		北纬（N）	东经（E）	^{226}Ra 含量/（Bq/g）	备注
近岸河口区	珠江口			0.006	2 个站平均
	九龙江口	24°25′~24°35′	117°55′~118°15′	0.014	20 个站平均
	长江口	31°0′~31°50′	122°6′~122°30′	0.012	2 个站平均
	黄海	36°7′~36°30′	120°17′~121°11′	0.013	3 个站平均
南海中部深海区	渤海	13°30′	120°20′	0.012	水深 2 300 m
	8351 站	13°30′	122°0′	0.016	水深 3 100 m
	8352 站	13°30′	123°0′	0.108	水深 4 000 m
	8353 站	13°30′	124°0′	0.022	水深 4 000 m
	8354 站	13°30′	125°0′	0.042	水深 4 000 m
	8355 站	13°30′	126°0′	0.042	水深 4 000 m
	8356 站	13°30′	127°0′	0.013	水深 4 000 m
	8357 站	13°30′	128°0′	0.043	水深 4 000 m

资料来源：陈进兴、张平清，1989。

第3篇　东　海

东海位于我国大陆中部的东侧，北连黄海，南接南海，东濒太平洋，是中国陆架最宽的边缘海。它的北界为启东角与济州岛西北角的连线，南界为东山岛南端至台湾南隅的鹅鸾鼻之连线，东边以日本的九州岛、琉球群岛和中国台湾岛连线为界，与太平洋相分隔。面积约 $77 \times 10^4 \ km^2$。平均水深 370 m，最大水深在冲绳海槽，为 2 719 m。

大陆流入东海的江河，长度超过百千米的河流有 40 多条，其中，长江、钱塘江、瓯江、闽江四大水系是注入东海的主要江河，以长江的径流量最大，平均年径流量达 $9 \ 414 \times 10^8 m^3$。因而，东海形成一支巨大的低盐水系，成为我国近海营养盐比较丰富的水域。

东海海底地形似扇形，由西北向东南作台阶式加深。台湾岛与五岛列岛连线的西北侧为陆架浅海，东南侧为陆坡和海槽深海。陆架面积占东海总面积的 1/3。海底沉积物呈带状分布，近岸为粉砂、粉砂质软泥和软泥；中部为细砂、中砂和砾石，间或有软泥细粒沉积；冲绳海槽为黏土质软泥。东海海域比较开阔，大陆海岸线曲折，港湾众多，岛屿星罗棋布，我国一半以上的岛屿分布在这里，主要有台湾岛、舟山群岛、澎湖群岛、钓鱼岛等。

东海海域广阔，与太平洋及南海水交换方便，环流发育相当充分。东海环流由沿岸流和黑潮暖流两大流系组成，西有浙闽沿岸流，东有九州沿岸流，尤其是黑潮、台湾暖流和对马暖流更是人所熟知。

东海位于亚热带，年平均水温 20～24 ℃，年温差 7～9 ℃。与渤海和黄海相比，东海有较高的水温和较大的盐度，潮差 6～8 m，水呈蓝色。又因东海属于亚热带和温带气候，利于浮游生物的繁殖和生长，是各种鱼虾繁殖和栖息的良好场所，也是我国海洋生产力最高的海域。广阔的东海大陆架海底平坦，水质优良，又有多种水团交汇，为各种鱼类提供良好的繁殖、索饵和越冬条件，是中国最主要的良好渔场，盛产大黄鱼、小黄鱼、带鱼、墨鱼等。舟山群岛附近的渔场被称为中国海洋鱼类的宝库。

第 13 章　东海溶解氧与 pH[①] 值

13.1　溶解氧

溶解氧作为海洋学上的一个最基本参数，几乎在每个航次调查中都要进行观测。它不仅与海–气相互作用联系紧密，更重要的是它还与海洋中的各种生物、化学和物理过程密切相关。除了极少数的光合化能细菌以外，海洋中绝大多数的生命都需要氧的维持。通过对一个海区溶解氧的分析，可以从一定程度上了解该海区的生物地球化学过程。另外，中尺度范围长时间的溶解氧状况还能揭示其与海洋与气候变化的关系。

本节所用数据来自于以下 5 个部分：①日本气象厅海洋数据中心搜集的海洋学观测数据，本研究选取时间跨度为 1950—2000 年；②全国海洋综合调查溶解氧数据。③"我国近海有害赤潮发生的生态学、海洋学机制及预测防治"项目在长江口至浙江近海 2002—2007 年连续 6 年的海上调查溶解氧数据；④"中国东部陆架边缘海海洋物理环境演变及其环境效应演变"项目 2006 年夏季航次的溶解氧数据；⑤国家海洋局部分内部资料。以上 5 部分数据相互独立，将其调整为统一的数据表格应用格式。实测站位如图 13.1 所示。对于上述数据进行必要的质量控制（包括去重，范围检测，统计检测）和垂直方向上按照海洋标准层的差值后，将实测站位所在的区域划分为 210 个 0.5×0.5（经纬度的网格单位，以每个网格中心作为统计站位进行气候态溶解氧各个参数的计算）。

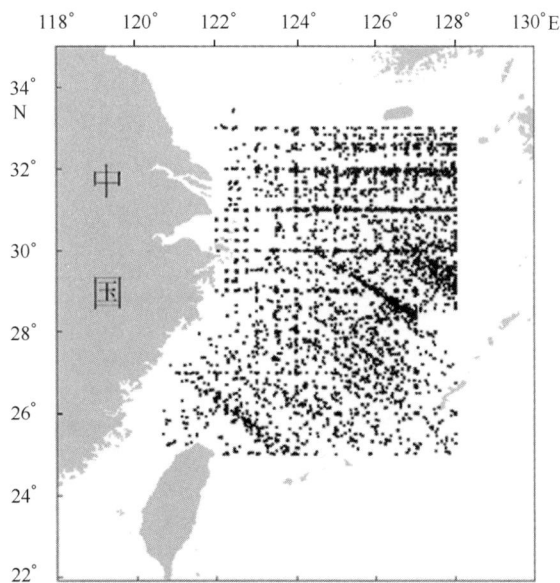

图 13.1　东海溶解氧观测站位

---

①　本章撰稿人：王保栋，宋国栋，厉丞烜，石晓勇。

利用上述处理后的数据分别绘制东海溶解氧（溶解氧）和氧饱和度的气候态平面分布图。在绘制季节气候态分布图时按照以下定义的月份进行，即 12 月、1 月、2 月为冬季；3月、4 月、5 月为春季；6 月、7 月、8 月为夏季；9 月、10 月、11 月为秋季。

13.1.1 溶解氧平面分布特征

1）春季

图 13.2 为东海春季溶解氧、溶解氧饱和度的平面分布。从图中可以看出，春季，表、底层溶解氧与饱和度等值线均呈扇形由西北向东南方向递减，且可以明显地看出在北部的长江口与济州岛间有一高氧水舌向东南延伸，与西黄海沿岸流高氧水携带有关。表层溶解氧在整个陆架区均高于 8 mg/L，在黑潮流经的区域维持在 7 mg/L 左右；底层东海大部分陆架维持在 7 mg/L 以上，黑潮底层水的溶解氧在 4 mg/L 以下，在底层近岸有一明显的低氧水舌向北扩展，前端可到达长江口外，此为高温高盐低氧的台湾暖流北上所致。溶解氧的饱和度处于饱和状态，且陆架中部表现出稍微过饱和，说明在春季东海陆架浮游植物活动比较旺盛。

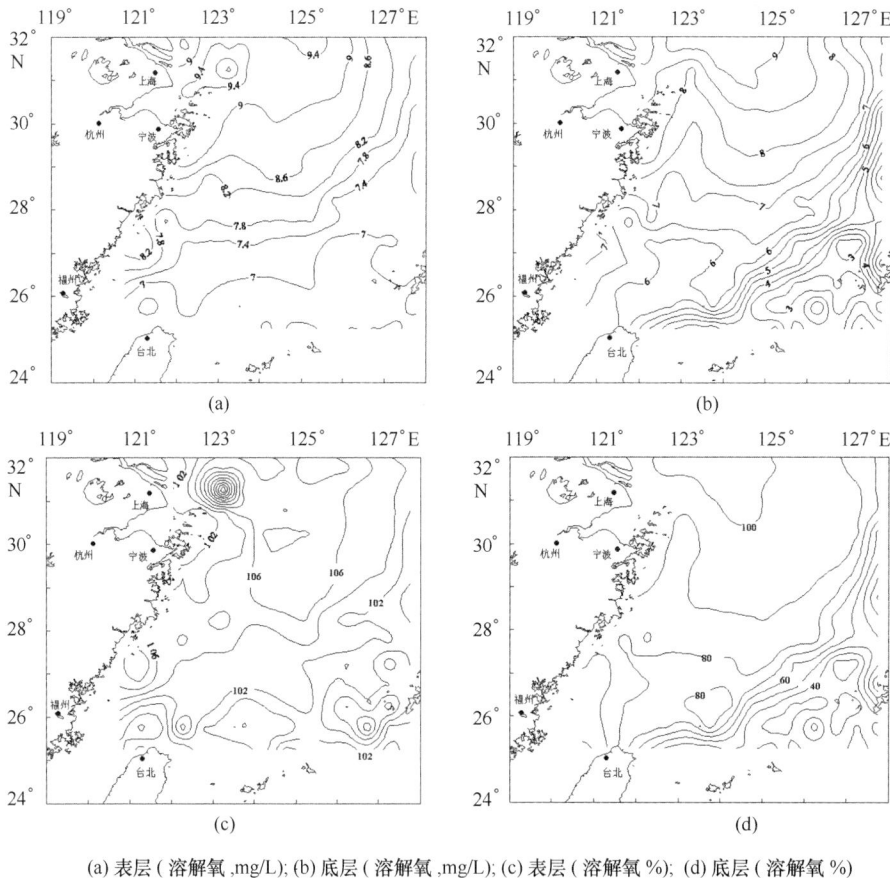

(a) 表层 (溶解氧 ,mg/L); (b) 底层 (溶解氧 ,mg/L); (c) 表层 (溶解氧 %); (d) 底层 (溶解氧 %)

图 13.2　东海春季溶解氧各参数的平面分布

2）夏季

图 13.3 为东海夏季溶解氧、溶解氧饱和度的平面分布。由于温度的升高，溶解氧溶解度降低，整体上溶解氧含量低于春季的水平。与春季相比，溶解氧等值线有规律的扇形分布被

打破，在表层及近岸，受长江冲淡水和陆地径流的影响，溶解氧值较高，一般大于7 mg/L，处于过饱和状态，饱和度大于105%。在底层，各参数分布规律与表层大不相同，明显地分为西北和东南两块，此时，在长江口外底层存在低氧区，溶解氧饱和度小于50%。在低氧区的东部，济州岛西南部出现一团高氧水，与这一海区的冷水有关；在东南部黑潮流经的深水区规律与春季相同；中部的陆架区底层水的溶解氧维持在 5 mg/L 左右。

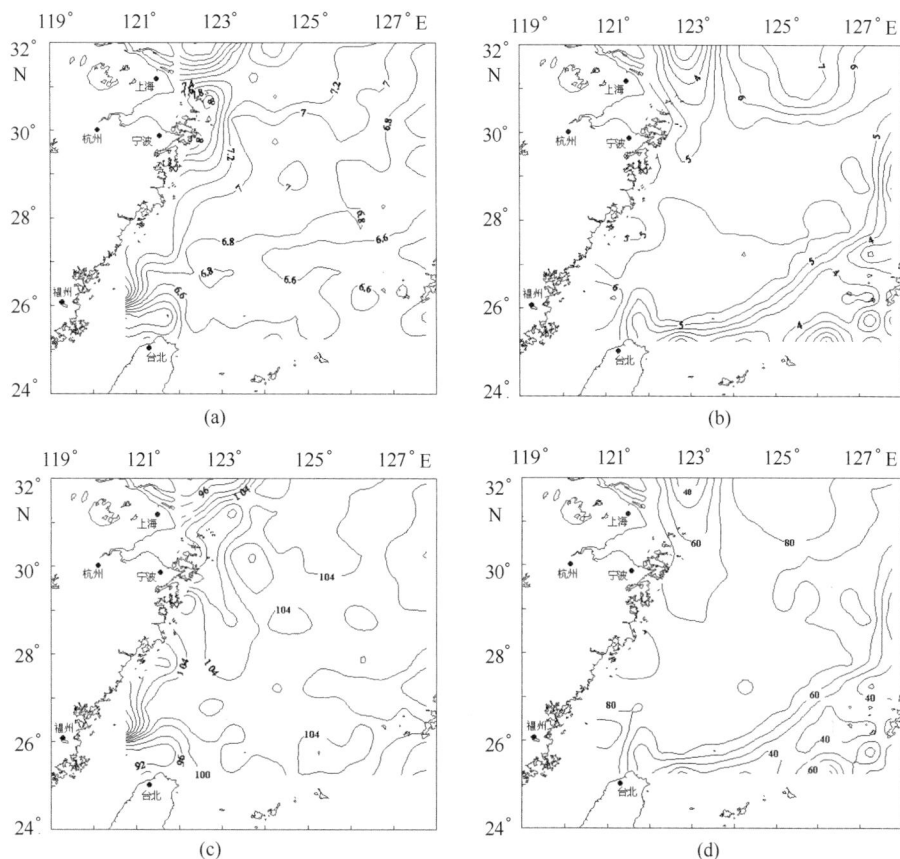

(a) 表层 (溶解氧 ,mg/L); (b) 底层 (溶解氧 ,mg/L); (c) 表层 (溶解氧 %); (d) 底层 (溶解氧 %)

图 13.3　东海夏季溶解氧各参数的平面分布

3）秋季

图 13.4 为东海秋季溶解氧、溶解氧饱和度的平面分布。整体而言，表层溶解氧依然表现出近岸高、外海低的趋势，近岸一般在 7.2 mg/L 左右；大部分陆架区溶解氧分布比较均匀，一般在 6.8 mg/L 左右，氧饱和度北部海区一般维持在 100% 左右，南部海区溶解氧饱和度处于稍微过饱和状态，维持在 102% 左右。底层溶解氧比表层低，依然表现出近岸高、外海低的趋势，西黄海沿岸流携带得高氧水自长江口东北部向东南方向扩展，进入东海北部，使得该海域底层氧含量最高。中部陆架溶解氧一般处于 5 mg/L 左右，饱和度在 80% 左右，与夏季相比处于同一水平。东南部黑潮流经的海区底层的溶解氧依然维持在 4 mg/L 以下，饱和度在 40% 以下。

4）冬季

图 13.5 为东海冬季溶解氧和溶解氧饱和度的平面分布。总体上表层与底层溶解氧的分布

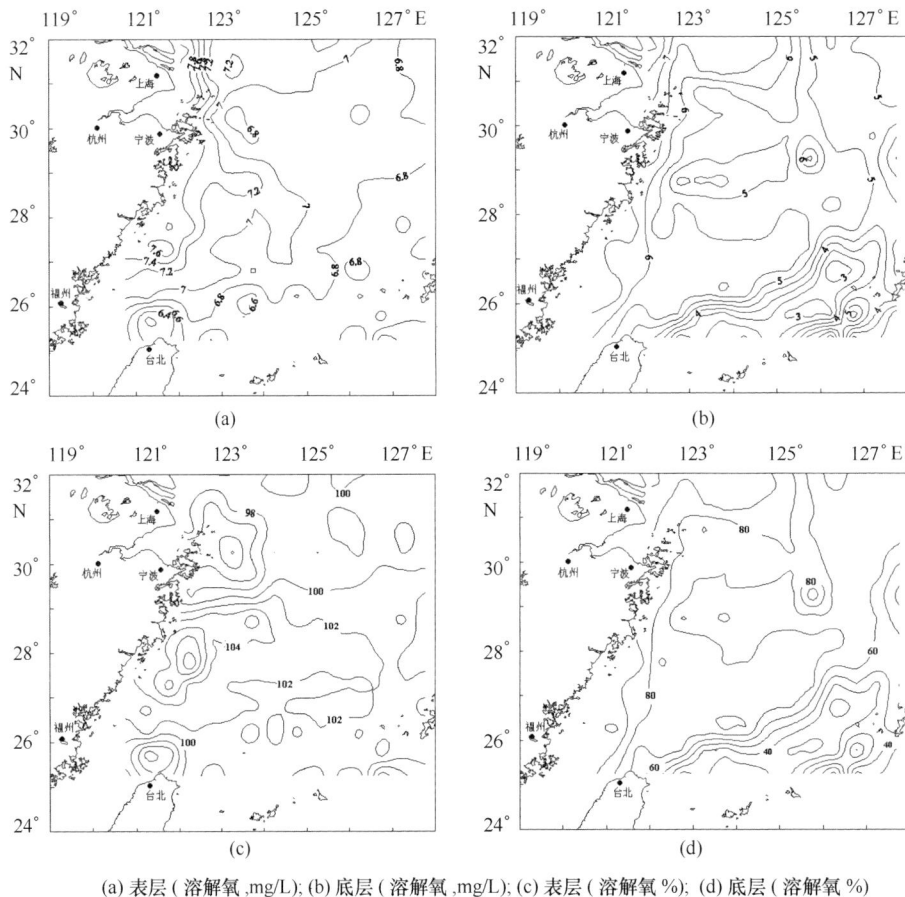

(a) 表层 (溶解氧 ,mg/L); (b) 底层 (溶解氧 ,mg/L); (c) 表层 (溶解氧 %); (d) 底层 (溶解氧 %)

图 13.4　东海秋季溶解氧各参数的平面分布

与春季比较相似。沿西北—东南方向呈扇形逐渐递减。东海北部，溶解氧含量和分布受西黄海沿岸流高氧水的影响和控制；中陆架区则体现出台湾暖流水的影响；陆架坡折处溶解氧等值线十分密集，出现明显的锋面，此为陆架水与黑潮水交汇所致。海区表层溶解氧饱和度维持在 100% 左右，显示出此时表层海水与大气交换达到平衡状态且浮游植物活动不是很强烈。只有在长江口外偏北有一小块区域饱和度在 105% 左右，疑为低温高氧的长江冲淡水与海水混合所致。底层溶解氧饱和度在陆架大部分区域处于饱和状态，显示出近陆架区海水垂直混合均匀，在陆坡区饱和度下降比较剧烈，至黑潮流经的区域饱和度降至 40% 以下，且终年变化不大，显示出黑潮底层水的稳定性较高。

关于东海溶解氧的断面分布特征，请参见第 14 章第六节。

13.1.2　溶解氧的季节变化和长期变化

1）季节变化

海水溶解氧主要来源于大气中氧气的溶解和海洋植物光合作用所产生的氧，其含量变化与海水中生物过程及水文条件等有密切关系，这样海水溶解氧含量会存在着规律性的季节变化。根据日本海洋数据库（JODC）提供的东海 PN 断面（该断面及其延长面见图 13.6 所示）溶解氧的多年按月观测数据，在 2007 年至 2008 年东海 PN 断面溶解氧的季节变化如图 13.7 所示。其中，PN 断面位于冲永良部岛西北，西起 31°30′ N，122°30′ E，东至 26°30′ N，

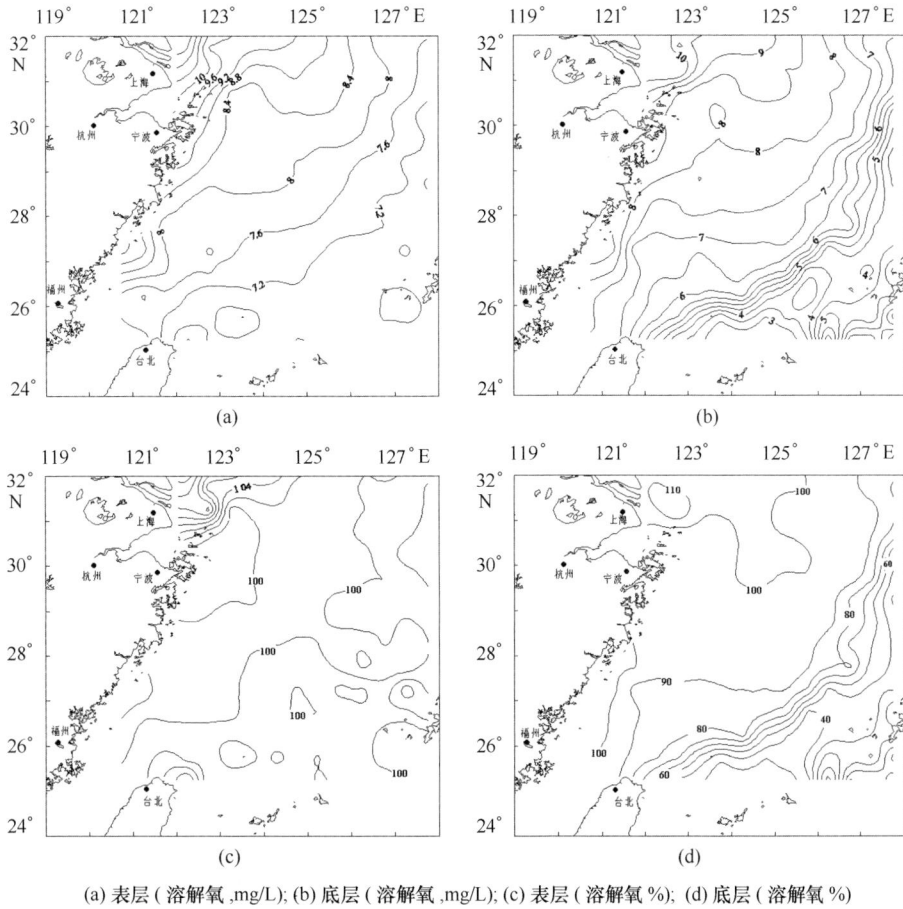

(a) 表层 (溶解氧 ,mg/L); (b) 底层 (溶解氧 ,mg/L); (c) 表层 (溶解氧 %); (d) 底层 (溶解氧 %)

图 13.5　东海冬季溶解氧各参数的平面分布

129°30′ E，横切东海黑潮主干，跨越冲绳海槽、大陆坡和大陆架，与纬线成 37°交角。

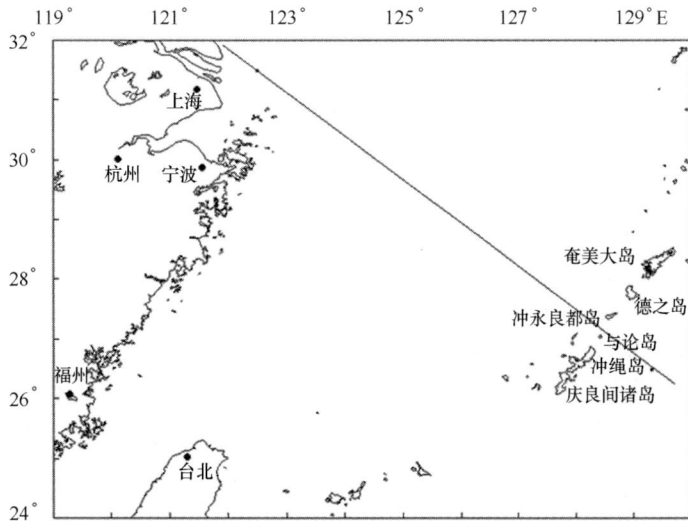

图 13.6　PN 断面位置及其所在区域海底地形

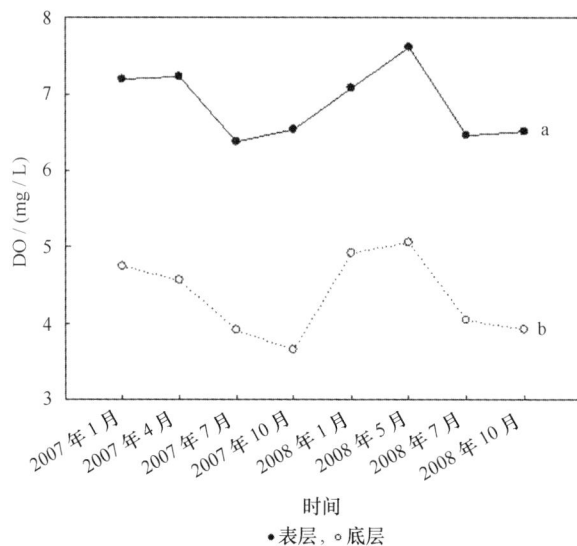

•表层，。底层
(a) 表层溶解氧含量的季节变化；(b) 底层溶解氧含量的季节变化

图 13.7　2007—2008 年东海 PN 断面溶解氧（溶解氧）含量季节变化趋势

　　在季节分布上，冬、春季表层海水溶解氧含量较高，最高可达 7.62 mg/L，而在夏季和秋季表层溶解氧的含量分布比较均匀。而且，底层海水中溶解氧的季节分布也呈现出相同的特征。影响海水中溶解氧含量的因素很多，一般认为起主导作用的是温度。这是气体溶解度与温度呈反比的特性所决定的。当然耗氧过程也会使氧含量减少，但这种过程往往也是随温度的增高而加速的。因此对于表层海水来说，由于温度的分布为冬、春季低于夏、秋季，溶解氧的分布为夏、秋季低于冬、春季。但是，底层水温几乎保持不变，这样海水的垂直输送和生物活动可能是影响底层溶解氧含量的重要因素。此外，高温、高盐的黑潮水流量的季节性变化也会影响水体溶解氧含量的季节变化（Kawabe，2001）。

2）长期变化

　　依据于日本海洋数据库（JODC）1971—2008 年 PN 断面的数据资料，通过分析 37 年来（1971—2008 年）东海 PN 断面的溶解氧浓度，在此以该断面为例探讨东海溶解氧的年际变化趋势。

　　如图 13.8 所示，在 1971—2008 年间，东海 PN 断面表层和底层水体中的溶解氧含量皆呈现明显的下降趋势。对于表层海水来说，1974 年达到 7.17 mg/L，而在 2007 年则仅为 6.68 mg/L；相似地，在底层海水中，溶解氧含量最大值出现在 1981 年，达到 5.52 mg/L，而最低值则为 2001 年的 4.30 mg/L。海水溶解氧的含量主要会受到海水的温度、盐度和生物活动的影响（沈国英和施并章，2002），是生物消耗与混合带给的物理补充的净结果，主要会涉及径流和外海水等物理过程，以及浮游植物光合作用和有机物分解等生物化学过程。在此 37 年间，表层海水的温度和盐度呈现明显的上升趋势，如图 13.9 和图 13.10。当海水中温度和盐度升高时，由于气体在海水中溶解度受温度和盐度控制，温度升高，盐度升高，氧在水中的溶解度降低，这样就导致了表层海水溶解氧含量在这 30 几年间出现显著的降低。而对于底层海水来说，温度未呈现出明显的年际变化，而盐度出现一定的升高，此结果说明在底层海水中，盐度可能是比温度更重要的一个溶解氧的物理影响因子。而且，自 1962 年至 1995 年，高温、高盐的黑潮水年流量呈现出一定的上升趋势（Kawabe，2001），其对于 PN 断面水体中溶解氧含量的逐年降低具有一定程度的贡献。

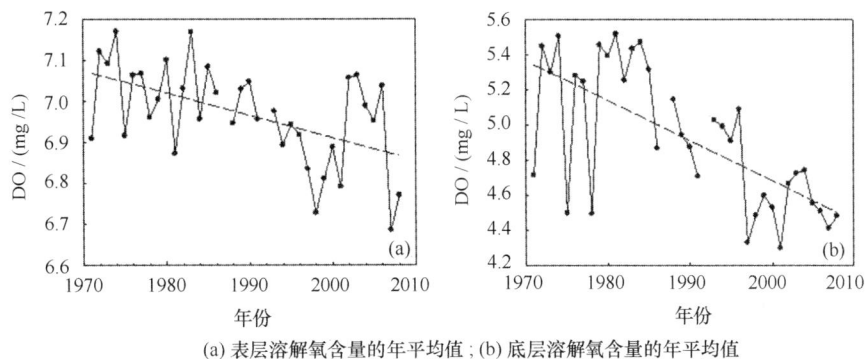

(a) 表层溶解氧含量的年平均值；(b) 底层溶解氧含量的年平均值

图 13.8 东海 PN 断面溶解氧（溶解氧）含量的年际变化趋势

虚线代表相应的线性回归

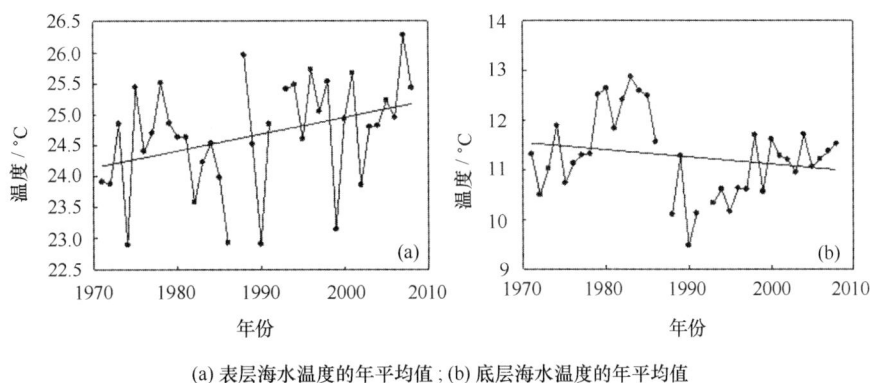

(a) 表层海水温度的年平均值；(b) 底层海水温度的年平均值

图 13.9 东海 PN 断面海水温度的年际变化趋势

虚线代表相应的线性回归

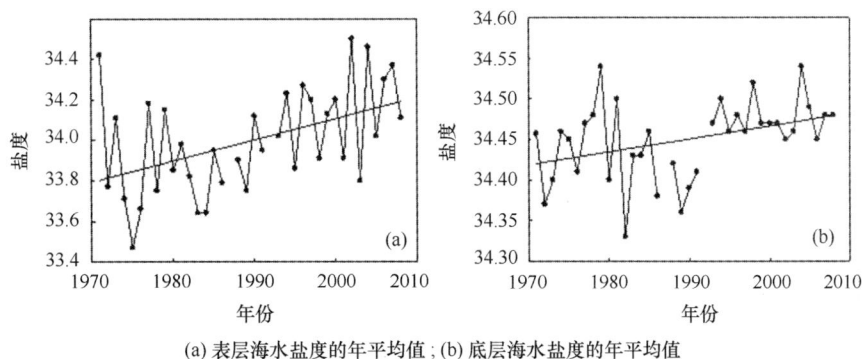

(a) 表层海水盐度的年平均值；(b) 底层海水盐度的年平均值

图 13.10 东海 PN 断面海水盐度的年际变化趋势

虚线代表相应的线性回归

13.1.3 长江口外海域的低氧现象

　　海水中溶解氧含量维持着海洋生物生长和繁殖，是反映海洋生态环境质量的重要指标。海水中溶解氧含量过低可导致海洋生物死亡率增加、生长速率减小及其分布和行为的改变，所有这些都将引起整个食物网的重大改变（石晓勇等，2006）。通常将溶解氧含量低于 2 mg/L 的水体称为低氧水体（hypoxia），在该临界值以下，鱼类要逃离该水体，而底栖生物濒临死亡（石晓勇等，2006）。由于低氧对海洋生态系统造成极大的改变和危害，因此低氧区又称"死亡区"（dead zone）。自20世纪80年代发现美国长岛湾底层海水夏季低氧的严重事件以来，各国纷纷报道低氧现象，世界范围内出现了以低氧现象（hypoxia）或无氧现象（anoxia）为特征的不稳定河口生态系统，屡见报道的有墨西哥湾、切萨皮克湾、北海、东京湾等（许淑梅，2005）。据报道，全球"死亡区"的数量和面积都在扩大，1994年全球海洋共有149个"死亡区"，但2006年已多达200个（朱卓毅，2006）。"死亡区"对渔业形成了潜在的威胁，成为制约河口和近海生态环境可持续发展的一个关键问题。

在我国东海长江口外和南海珠江口外海域夏季的底层均存在低氧区（张莹莹等，2007）。近几年来，关于长江口外海域夏季底层低氧区的观测研究越来越受到关注和重视。尽管对长江口外夏季低氧区的形成机制有初步的认识，但这些认识均缘于某个航次偶然的发现。因此，关于长江口外低氧区的认识尚存在若干问题。如：长江口外低氧区究竟是自然现象还是近年来水体富营养化的结果？是自古有之还是开始于哪个年代？低氧区地理位置、面积和最低氧含量的年际变化规律或趋势如何？低氧区的形成机制及边界条件有何区域性特征？长江口外低氧区与世界其他低氧海区相比有何特点等。这里根据近50年来长江口及其邻近海域的观测资料，拟对上述问题进行系统的总结和探讨。

1）长江口外低氧区的早期记录

关于长江口外低氧区的最早记录，作者查阅了1958—1959年全国海洋综合调查资料（顾宏堪，1980），发现1958年9月和1959年7—8月黄东海化学要素大面观测记录资料中，在长江口外3处海域的底层溶解氧含量低于2 mg/L（具体位置和量值见表13.1）。这应该是迄今长江口外低氧区最早的观测记录，同时也表明长江口外低氧区的存在至少可追溯到20世纪50年代末。然而，20世纪50年代末长江口海域还远未达到富营养化的程度（全国海洋综合调查资料第一册，1961），因此，海水富营养化并不是长江口外低氧区形成的必要条件。

2）长江口外低氧区的地理位置

图13.11给出历年来观测到的长江口外低氧区中心位置的分布状况。从地理位置来看，低氧区中心位置分布在长江口外凹槽中；从水深变化来看，其分布在20~55 m之间的海域，且由南向北、自东向西水深递减；从出现频率来看，以123°00′E，30°50′N附近海域出现频率最高，该处水深约40 m。总体来看，低氧区中心位置的分布与长江口外凹槽的走势十分相似。

3）长江口外低氧区面积和最低氧含量的变化

表13.1给出了近50年来在长江口外观测到低氧区的时间、中心位置、最低氧含量及面积的变化情况。低氧区的最低溶解氧含量及面积不同年份差别较大。总的来看，近50年来低氧区的最低溶解氧含量没有明显的降低或增大趋势（见图13.12）；但低氧区面积超过5 000 km²的超大面积低氧区均是在20世纪90年代以后观测到的。因此，总的来说目前长江口外的低氧状况似乎较20世纪80年代以前更严重。

在此需要指出的是，顾宏堪（1980）在研究黄海溶解氧垂直分布最大值现象时，为了与黄海冷水团中溶解氧的垂直分布特征进行比较，曾给出了长江口东北部海域某一站位溶解氧的垂直分布，该站底层溶解氧含量为2.57 mg/L。有些研究者误将此值作为1959年8月长江口外海域溶解氧最低值，实际上顾宏堪的原文中并未指明该值是长江口外海域溶解氧最低值。

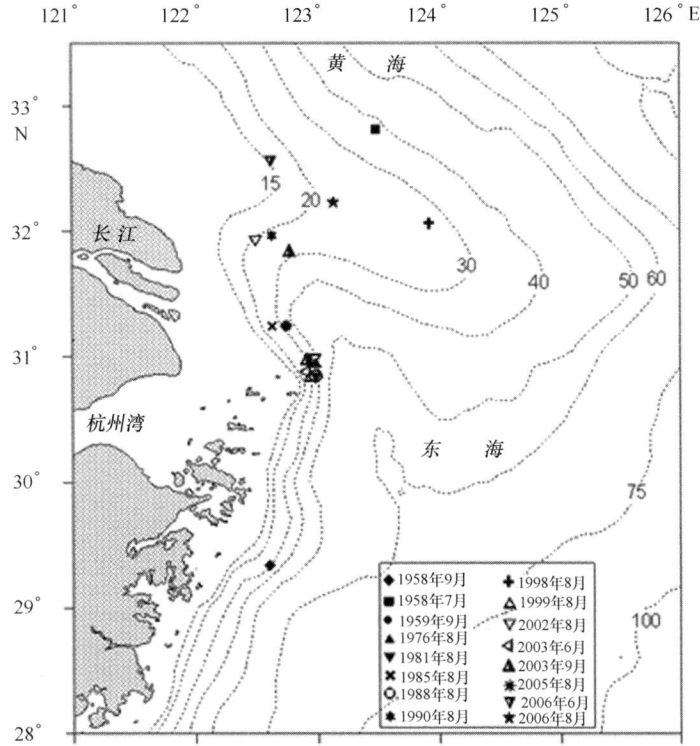

图 13.11 长江口邻近海域海底地形及近 50 年来观测到的低氧区中心位置的分布

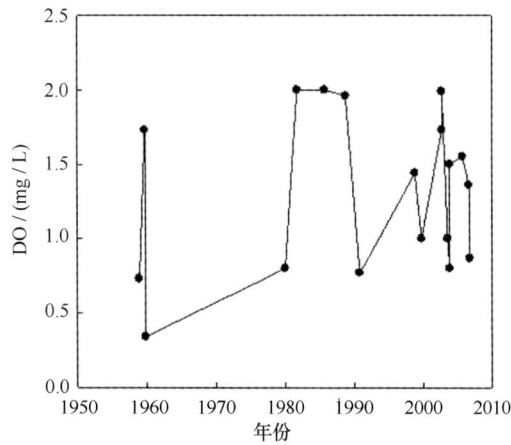

图 13.12 近 50 年来长江口外低氧区最低溶解氧含量的变化

表 13.1 长江口外低氧区中心位置、面积和最低氧含量的历史记录

时 间	地 点		最低氧含量	低氧区面积	参考文献
	北纬（N）	东经（E）	/（mg/L）	/km²	
1958-09	29°14′	122°28′	0.73	2 300	5
1959-07	32°59′	123°32′	1.73	—	5
1959-08	31°15′	122°45′	0.34	1 600	5
1976—1985-08	31°00′	123°00′	≥0.80	14 700	7
1981-08	30°50′	123°00′	2.0	<100	8

续表 13.1

时 间	地 点		最低氧含量	低氧区面积	参考文献
	北纬（N）	东经（E）	/（mg/L）	/km²	
1985-08	31°15′	122°30′	2.0	—	9
1988-08	30°50′	123°00′	1.96	<300	10
1990-08	32°00′	122°30′	0.77	>2 800	11
1998-08	32°10′	124°00′	1.44	600	12
1999-08	30°51′	122°59′	1.0	13 700	4
2002-08	32°00′	122°29′	1.73	<500	13
	31°00′	123°00′	1.99		
2003-06	30°50′	122°50′	1.0	5 000	14
2003-09	30°49′	122°56′	0.8	20 000	15
	31°55′	122°45′	<1.5		
2005-08	32°09′	122°46′	1.55	—	16
2006-07	32°42′	122°23′	1.36	—	表注
2006-08	32°30′	123°00′	0.87	17 000	17

注：韦钦胜，战闰，魏修华等. 2009. 长江口东北部海域溶解氧的分布特征研究。

此外，对低氧现象多发区 123°E，32°N 海域近 50 年来的底层溶解氧观测数据的统计分析结果表明，底层溶解氧与溶解氧饱和度月变化趋势基本一致，呈现出明显的"V"字形变化（图 13.13）。从 1 月到 2 月，随着水温的降低，水体溶解氧溶解度增大，故底层水氧含量增大；从 2 月开始，二者便呈现出急剧下降趋势，到 8 月降至最低，形成明显的低氧现象；9 月二者又开始回升，到 12 月基本达到饱和状态。即长江口低氧区的月变化存在两个过程，2 月到 8 月的耗氧过程和 8 月到来年 2 月的充氧过程。

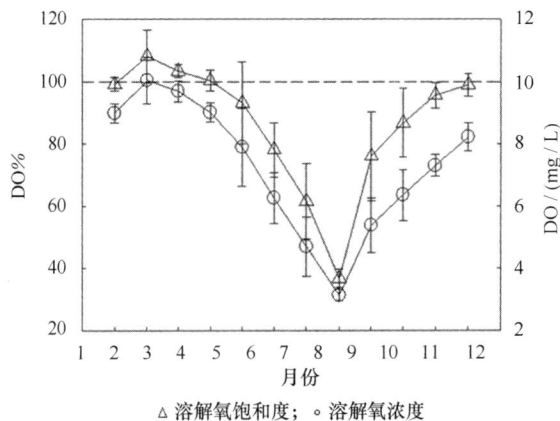

△ 溶解氧饱和度；○ 溶解氧浓度

图 13.13 长江口低氧区溶解氧和饱和度气候态月平均值的变化

（4）长江口外低氧区的形成机制

综观世界海洋中低氧区，易于形成低氧区海域的基本特征是具有弱的水动力条件（潮汐、海流、风）和大的淡水径流输入，由此形成水体的层化或在近底层形成稳定的水团，当底层得不到表层水中溶解氧的补充时便形成低氧区（许淑梅，2005）。因此，以往的研究者主要从生物地球化学和海洋学的角度对长江口外低氧区的形成机制进行探讨。一般认为，长江口外海域存在着由长江冲淡水和台湾暖流形成的强温盐跃层，限制了表层高含量氧向底层扩散，底层水由于有机物分解耗氧而使氧含量逐渐减小，由此形成长江口外低氧区（张莹莹等，2007）。但关于有机物的来源则存在不同的看法，有的认为是表层浮游植物光合作用产生的大量颗粒态有机碳向底层输送，而且长江 N、P 输入的增加更加剧了这一过程（张莹莹等，2007）；而有的认为有机物不是当地产生的，也不是长江径流的输入，而是由台湾暖流携带而来的（Limeburner et al.，1983）。

强温盐跃层的存在和有机物分解耗氧是形成长江口外低氧区的必要条件，但不是充分条件。强温盐跃层的存在只能说明该处水体具有垂直稳定性，但不能保证该处水体水平方向的稳定性。例如，在海底地形较平坦的海域，虽然强温盐跃层的存在阻挡了表层水中溶解氧向底层的扩散，但由于底层水可与周围高氧水体进行横向交换，即便底层水氧含量也会降低，但却很难达到低氧程度。实际上，在长江口外海域几乎处处都满足上述 2 个条件，但低氧区却仅出现在少数几处海域。因此，一定存在另外的条件影响着长江口外低氧区的形成。

从长江口外海域地形图（图 13.11）中可以看出，长江口外存在一个十分陡峭且较狭窄的凹槽，低氧区中心位置恰好分布在凹槽中。夏季，台湾暖流底层水顺凹槽走向由南向西北方向延伸，当到达长江口外海域后，因受海底地形的阻挡而流速减小（Guan B X，1994）；叠置其上的是巨量的高温、低盐的长江冲淡水，在 2 个水团之间形成了强温盐跃层（张莹莹等，2007；UNEP. 2006；Limeburner et al.，1981）。台湾暖流底层水本身具有低溶解氧特征（UNEP，2006），当其进入凹槽后，海底地形阻挡了其与相邻水体的横向交换，而强温盐跃层的存在则阻挡了表层高含量氧向底层扩散。因此，底层水由于有机物分解耗氧却又得不到氧的补充，其氧含量逐渐减小，最终形成低氧区（Wang，2009）。

（5）结语

长江口外低氧区的形成是由长江口外独特的海底地形和水文状况决定的。它是一个自然现象，也许自古有之。从近 50 年来的出现频率来看，长江口外低氧区的出现并非周期性的；从长江口外低氧区面积的变化来看，似乎人类活动导致的长江口富营养化加剧了长江口外的低氧状况。长江口外低氧区的存在必然对该水域底栖生态系统乃至东海陆架区生源物质的生物地球化学循环产生较大影响，因此，必须给予足够重视并进行长期观测和全面研究。

13.2 pH 值

13.2.1 pH 值平面分布特征

从图 13.14 中可以看出，春季，表层，在东海北部（30° ~ 32°N，122° ~ 128°E）存在一"U"形 pH 高值条带（pH 值 > 8.2）。此 pH 高值条带恰好与长江冲淡水的扩展（盐度 29 ~

31 等值线）十分吻合，说明是由于长江冲淡水带来的了丰富的营养盐，促进了浮游植物生长繁殖，造成该区域 pH 值均较高。此外，浙江及福建近岸 pH 值亦较高（pH 值 > 8.2）。在台湾岛西北部海域有一低 pH 水舌向东北部扩展，其与台湾暖流水的扩展相对应。其他海域 pH 值在 8.1 ~ 8.2 之间。底层，长江口东北部海域 pH 值仍较高，但在长江口外存在以 31°N，123°E 为中心的低 pH 值封闭区（pH 值 < 8.0），此区域与长江口外夏季低氧区大致一致，说明是由于有机物分解导致低 pH 值。此外，在陆架坡折及黑潮区 pH 值小于 8.0，这是低 pH 值黑潮水涌升所致。

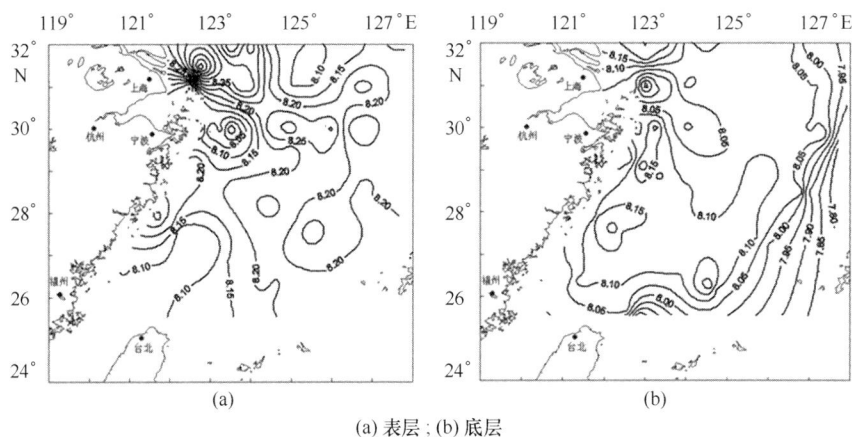

(a) 表层；(b) 底层

图 13.14 东海春季（1998 年 5 月） pH 值平面分布

夏季，表层，东海北部外海出现一个东西—东南走向的较大范围的舌状 pH 高值区（pH 值 > 8.3），水舌前沿最南端可达 29°N ［图 13.15 （a）］。浙江近岸 pH 值也较高（pH 值 > 8.2），东海东南部（即黑潮区） pH 值较低（pH 值 < 8.15）。其他海域 pH 值在 8.1 ~ 8.2 之间。底层，pH 的分布趋势与表层明显的不一致 ［图 13.15 （b）］，东海北部海域 pH 值均较低（pH 值 < 8.1），而杭州湾以南海域 pH 值大多在 8.1 以上，东海的中部海域（30°N，127°E）出现一个小的 pH 高值中心（pH 值 > 8.20）。

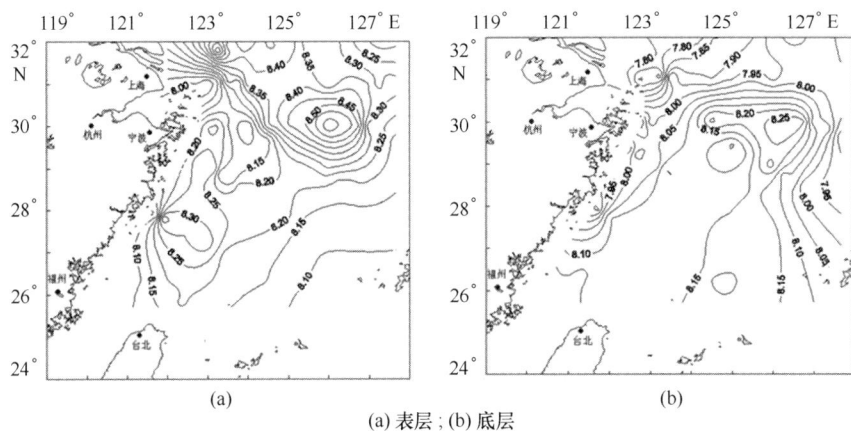

(a) 表层；(b) 底层

图 13.15 东海夏季（1998 年 8 月） pH 值平面分布

秋季，表层，整个东海 pH 值变化不大，均在 8.1 左右。底层，除了在东海东南部外海（即黑潮区）出现一个较大范围的 pH 低值区外（pH 值 < 8.0），整个调查海域 pH 值的含量相差不大，亦在 8.1 左右（见图 13.16）。

冬季，表层，长江口外存在一 pH 高值区（pH 值 >8.2）。其他海域 pH 值的变化不大，在 8.1 左右。底层 pH 值的分布趋势与表层相似（见图 13.17）。

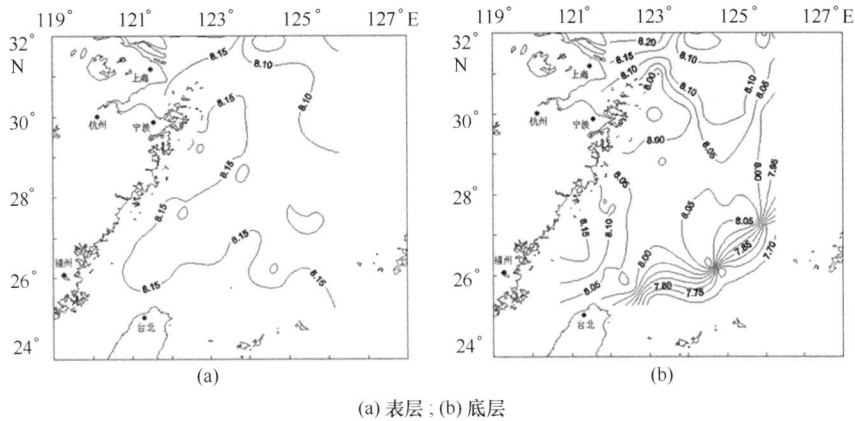

(a) 表层；(b) 底层

图 13.16 东海秋季（1997 年 11 月）pH 值平面分布

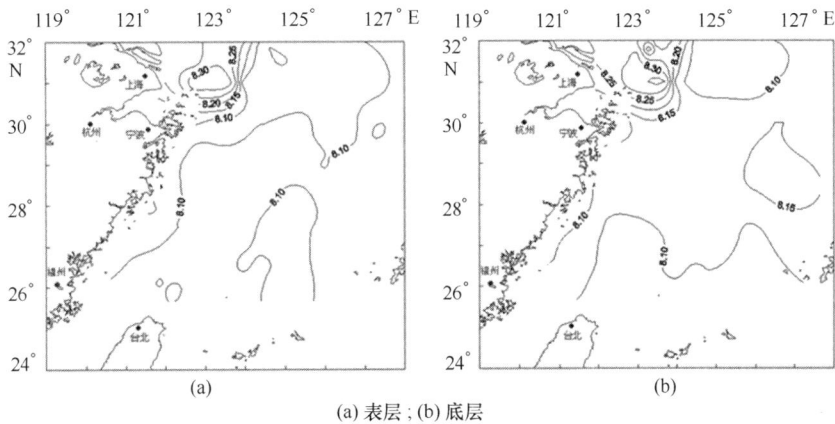

(a) 表层；(b) 底层

图 13.17 东海冬季（1999 年 1 月）pH 值平面分布

13.2.2 pH 值断面分布特征

这里以 30°N 断面为例来说明东海 pH 值的断面分布特征，如图 13.18。春季（5 月），pH 值呈现明显的分层结构，上层水体（20 m 以浅）pH 值较高（pH 值 >8.15），下、底层水体 pH 值较低。近岸 pH 高值呈圈状出现在表层或是 10 m 层，周围还伴随着个别低值中心；外海（125°E 以东）pH 值呈带状分布，pH 值随深度的增加而降低。这是浮游植物的光合作用，使上层水体中 CO_2 的含量降低，因而 pH 值较高；而有机物分解产生 CO_2 使底层水体 pH 含量降低。近岸受陆地径流、沿岸流等影响较大，故 pH 值呈圈状分布，而外海水文动力的影响比较单一，故 pH 值呈带状分布。夏季（7 月），pH 值的分布趋势与春季相似，也呈现上层高、下层低的分层结构，与之所不同的是上层水体 pH 值要比春季高得多，大多在 8.30 以上，在近岸及外海（127.65°E 附近）均出现低 pH 值的水舌由底层涌升的现象。这主要是受台湾暖流水和黑潮水涌升的影响。秋季（11 月），pH 值的分布趋势也与春季相似。冬季（1 月），随着水体上下混合的加强，pH 值在水层之间变化不明显，基本在 8.1 左右。

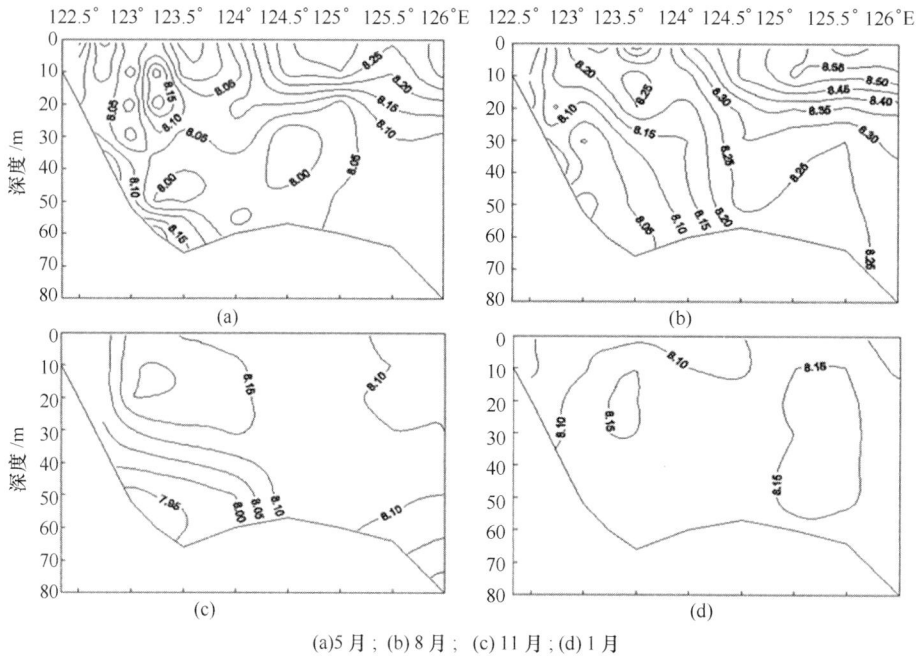

(a)5月；(b)8月；(c)11月；(d)1月

图 13.18　东海 30°N 断面四季 pH 值分布

13.2.3　pH 值的季节变化和长期变化

1）季节变化

根据对东海 PN 断面两个站位的多年连续的按月监测结果表明（见图 13.19 和图 13.20），对于表层海水来说，夏、秋季的 pH 值大致高于冬、春季的值。而在底层海水，站位 A（29°N，126°E）的结果显示 pH 值高值出现在冬季，而站位 B（28.4°N，126.9°E）的 pH 值的季节变化则没有一定的规律性。

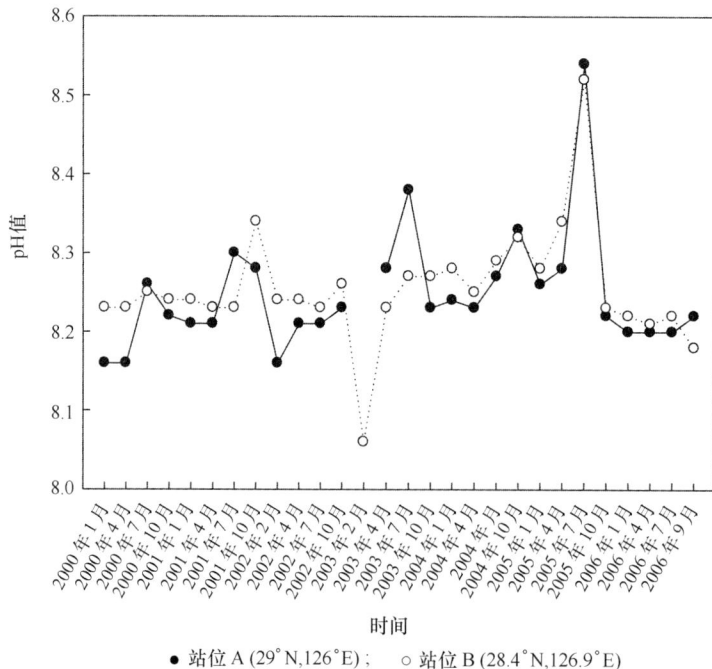

● 站位 A（29°N,126°E）；　○ 站位 B（28.4°N,126.9°E）

图 13.19　2000—2006 年东海 PN 断面上两站位表层海水 pH 值的季节变化趋势

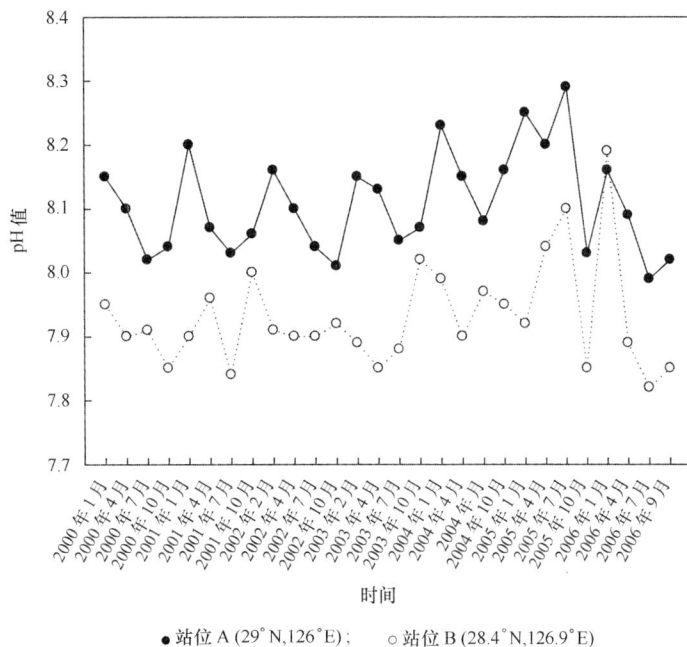

● 站位 A (29°N,126°E)；　○ 站位 B (28.4°N,126.9°E)

图 13.20　2000—2006 年东海 PN 断面上两站位底层海水 pH 值的季节变化趋势

2）长期变化

海水的 pH 值反映了海水的酸碱性质，它不仅是研究海洋二氧化碳系统的一个重要参数，而且对研究海洋和沿岸环流的循环过程，海洋生物活动和其他地球化学过程等方面都起着重要的作用。由于 CO_2 在海洋和大气中的分压具有一定的年际差别，因此海水中的 pH 值会有着一定程度的年际变化。图 13.21 和图 13.22 是东海 PN 断面上的两个站位表层和底层海水 pH 值的年际变化情况［数据来自于日本海洋数据库（JODC）］。其中，对于站位（28.4°N，126.9°E）来说，其表层和底层海水中 pH 值呈现明显的降低趋势；而在站位（30°N，124.5°E），其表层海水 pH 值几乎未发生变化，但底层海水的 pH 值则明显下降。此结果可能是由于海水二氧化碳系统（如 pCO_2、DIC、PIC、溶解氧 C、POC 等）的变化较为复杂，具有一定的时空差别。而且，这两个站位温度和盐度的长期变化并未与其 pH 值年际变化相一致。这说明影响海水 pH 值的因素较多，如径流、大气交换、降雨、氧化还原环境等物理和化学作用，而且 pH 值与海洋生物的生长繁殖也有着密切的关系，海洋生物（特别是浮游植物）的光合作用、呼吸作用以及海洋有机物的分解对沿岸海域海水 pH 值的分布变化也有较大影响。

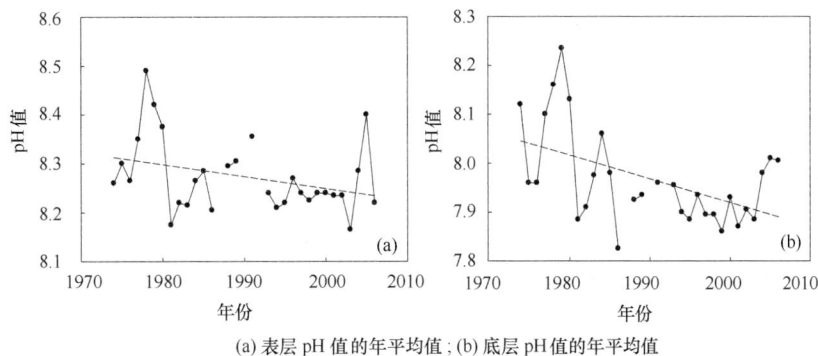

(a) 表层 pH 值的年平均值；(b) 底层 pH 值的年平均值

图 13.21　东海 PN 断面上站位（28.4°N，126.9°E）pH 值的年际变化趋势

虚线代表相应的线性回归

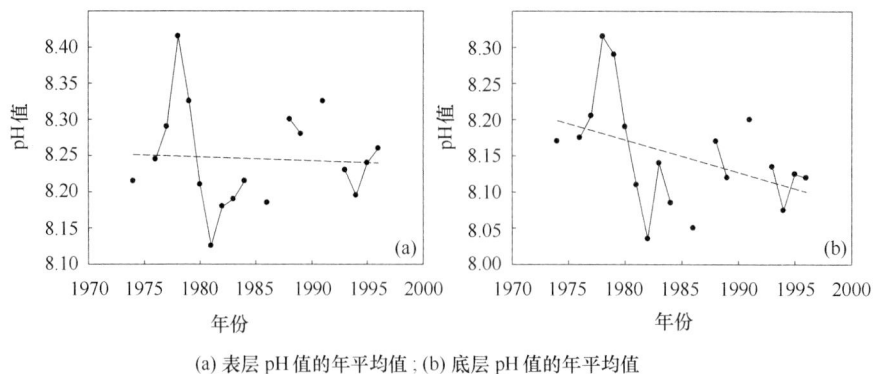

(a) 表层 pH 值的年平均值；(b) 底层 pH 值的年平均值

图 13.22 东海 PN 断面上站位（30°N，124.5°E）pH 值的年际变化趋势

虚线代表相应的线性回归

第 14 章　东海海水中的营养盐[①]

在过去的一个世纪中，由于土地利用的改变和人类活动产生的营养盐排放，导致河口和沿岸海域的营养盐累积和营养盐比例的巨大变化（Nixon，1995；Paerl，1997）。作为对上述营养盐输入变化的响应，河口和沿岸生态系统中浮游植物种群动力学发生了改变，并进而引起食物链的改变，导致群落结构上行控制和下行控制的变化（Landry et al.，1997）。与那些小型河流相比，来自大型河流的陆源输入信号在到达开阔海域之前经历了小得多的变化，因此，受大型河流影响的沿岸海域，是研究营养盐状况及其与生物过程之间关系的最佳场所（Dagg et al.，2004）。最近，Dagg 等（2004）和 Mckee 等（2004）对世界大型河口的生物地球化学特性及其对沿岸生态系统的潜在影响进行了总结和评述。

长江是我国第一大河，也是注入西太平洋最大的河流。长江的多年平均径流量高达$932 \times 10^9 \, m^3$，占全国入海总流量的51%以上；年均输沙流量为$4.86 \times 10^8 \, t$，占全国入海输沙量的23%（沈焕庭等，2001）。长江中的物质输入长江口及东海，不仅对河口和沿岸海域的水文、沉积、地貌、生物等产生重要影响，而且直接或间接地影响着沿海渔业（尤其是舟山渔场和吕四渔场），也对东海乃至西太平洋物质循环有重要影响。

关于长江口及其邻近海域营养盐的分布变化规律，已有不少研究报道。黄自强等（1994）对长江口各种形态磷（包括总磷、有机磷和活性磷酸盐）的研究表明，长江冲淡水中的磷具有向南、北双向扩展的趋势；青岛海洋大学在长江口及济州岛邻近海域的调查资料表明，长江冲淡水中的营养盐终年存在向长江口东北部输送的趋势（孙秉一等，1986a；1986b）。然而，由于上述现场调查的区域范围有限，未能覆盖长江口邻近的较大范围的海域，因而无法对长江口及其邻近海域营养盐分布与运移规律做出全面、明确地回答。

许多学者对长江口区域营养盐的混合行为进行了研究，不同的研究者所得的结果也不尽相同。黄尚高等（1986）、叶仙森等（2000）及王正方等（1985）认为长江口区硝酸盐和硅酸盐与盐度负相关，具有良好的保守性。如王正方等（1985）通过对长江口海域的调查研究，将调查所得的 NO_3^- 和 SiO_3^{2-} 浓度与盐度进行相关分析，其相关系数分别为 -0.96（$n = 139$）和 -0.99（$n = 204$），由此而提出 NO_3^- 和 SiO_3^{2-} 主要受海水稀释作用的控制。黄尚高等（1986）亦研究认为长江口中硝酸盐和硅酸盐具有良好的保守行为，而磷酸盐则存在缓冲作用。但是，沈志良等（1992）则认为长江口营养盐除了存在海水稀释作用外，还存在明显的生物转移作用。他们通过营养盐与盐度之间的线性相关分析发现：在长江口海区，营养盐在从河口向海洋迁移的过程中，物理混合即海水稀释起着主要作用，但同时由于长江口海区浮游植物量很高，浮游植物大量摄取营养盐，一部分营养盐因此而发生生物转移。造成上述观点不一致的原因，可能是其具体研究区域、范围及季节和年代不同所致。

[①]　本章撰稿人：王保栋，厉丞烜，孙霞，谢琳萍。

14.1 东海营养盐的来源和通量

14.1.1 长江营养盐入海通量

自20世纪60年代初到90年代末，长江水中营养盐（溶解无机氮和无机磷）呈指数增长了5倍多［图14.1（a）］，这主要是由于流域化肥用量和废水排放量的迅猛增长（胡敦欣等，2001）。与此相反，同期活性硅酸盐的浓度呈指数降低了2/3［图14.1（a）］。在20世纪90年代以前，长江水中的硅酸盐浓度比溶解无机氮高得多，但到90年代中期二者达到了大致相同的量值。长江水中氮和磷浓度持续增大而硅浓度持续降低，其结果是长江水中营养盐组成（即 N∶Si∶P 比值）发生了巨大变化。虽然 N/P 比值波动较大，但其总趋势是逐渐增大［图14.1（b）］。1965—1975年长江水中 N/P 比值约为50，但到了1985年 N/P 比值陡升至125，且随后在此值上下波动。与此相反，Si/N 比值从20世纪60年代的15以上呈指数降低至90年代的接近于1［图14.1（b）］。

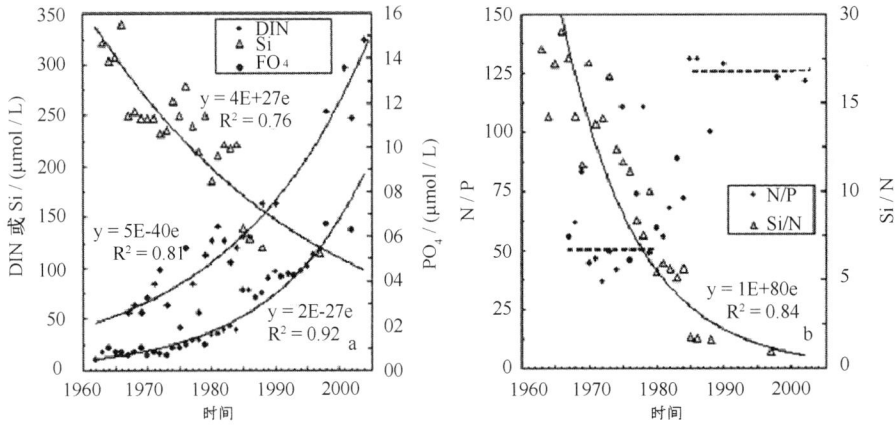

(a) 营养盐浓度；(b) Si/N/P 比值

图 14.1　近40年来长江水中营养盐浓度和 Si/N/P 比值的变化

14.1.2 大气沉降通量

大气沉降是营养盐，特别是无机氮，进入我国近海生态系统的重要渠道。在东海，营养盐（包括无机氮、磷）的大气沉降通量以湿沉降为主，主要发生在夏季（雨季）；但就干沉降而言一般是冬季较高（旱季）（Zhang et al.，2007）。

由表14.1可以看出，东海海域营养盐干沉降通量冬季达最大值，春季次之。而就湿沉降而言，春夏两季湿沉降通量最大，冬季最小。对比各种物质的干、湿沉降通量，发现在夏季湿沉降通量一般比干沉降通量大。氮盐的沉降以湿沉降为主。而 P 在降水中浓度较低，所以其与 N 相反，以干沉降为主。将东海海域营养盐的大气年总沉降通量与河流输送量进行比较，对氮盐来说，大气沉降输送较之河流输入不可忽视。尽管 NO_3^- 以河流输送为主，但 NH_4^+ 以大气沉降为主，两者的输 N 总量甚至比河流输送量更大一些。而尽管磷酸盐大气总沉降量较小，但与河流输送相比，仍略占优势。硅酸盐以河流输送为主，其河流输送量估计约占90%。

此外，一些模拟计算也对东海营养盐大气输入进行说明。Nakamura 等（2005）根据气溶胶的航测数据估算，2002 年东海，氨氮和硝酸氮的年干沉降量将分别为 17×10^4 t 和 10×10^4 t。其中氨氮的年沉降量已远远超出了东海主要入海径流——长江全年氨氮的输入量 9×10^4 t（2005 年中国海洋环境质量公报）。Uno 等（2007）利用模式也得出类似结果，2002 年通过大气沉降输入至东海的硝酸氮总量达 14×10^4 t，干、湿沉降比例为 6∶4，因此可以计算出硝酸氮的大气干沉降量为 8.4×10^4 t。2004 年整个东海海域的氨氮输入量为 25.1×10^4 t，其中大气氨氮沉降为 16.6×10^4 t，径流氨氮输入（生活污水、工业废水和主要河流入海）8.5×10^4 t（中国环境年鉴 2005），大气沉降占输入总量的 66%（陈莹等，2010）。长期来讲，大气沉降会不断增加东海生态系统的氮磷总存储量，对东海富营养化有着不可忽视的作用。

表 14.1 东海各季节营养盐大气沉降通量

	季节	NO_3^-	NH_4^+	PO_4^{3-}	SiO_3^{2-}
大气干沉降通量 /（mg/m³）	春	5.7	92.6	1.95	
	夏	8.3	57.3	1.49	
	秋	5.2	81.2	2.68	
	冬	10.4	98.5	3.25	
	年平均	7.3	82.5	2.34	
大气湿沉降通量 /（mg/m³）	春	120	31.1	2.46	36.2
	夏	79.8	28.7	0.81	56.4
	秋	56.8	7.1	2.49	32.5
	冬	45.8	30	1.29	31.4
	年平均	73.9	25.4	1.8	39.4
大气总沉降量/（$\times 10^{10}$ g/a）	年平均	75	99.7	3.8	36.4
河流输入量/（$\times 10^{10}$ g/a）	年平均	127	17	3.2	485.6

资料来源：万小芳等，2002。

14.2 营养盐分布特征

14.2.1 平面分布

1）春季

东海表层高盐水主要来自黑潮，其次来自台湾暖流，这些高盐水的盐度通常不低于 33.7（Chen et al.，1995；Su and Weng，1994）。因此，东海盐度低于 33.7 的水域是这些高盐水与陆地径流、特别是长江冲淡水的混合水。长江水中富含无机氮和硅酸盐，曾有报道称长江水中硝酸盐浓度高达 100 μmol/L，硅酸盐浓度可超过 100 μmol/L（Tang et al.，1990）。春季（5 月），由于长江径流量大并受偏南风的共同作用，一部分长江冲淡水开始左转北上，进入苏北近岸；另一部分则南下，而且有一部分南下的冲淡水以窄带形继续向东伸展至东海外陆架区 [图 14.2（a）]。受长江冲淡水的影响，苏北近岸、长江口和东海近岸海域为营养盐高值区（DIN > 3 μmol/L，PO_4 – P > 0.2 μmol/L，SiO_3 – Si > 15 μmol/L）；东海 50 m 以深的陆架区营养盐含量较低。比较盐度与营养盐的分布可以看出，盐度分布中冲淡水以窄带形向东伸展至东海外陆架区的情形，在营养盐的分布中并不十分明显，这可能是冲淡水向陆架区运移过程中，其中营养盐被浮游植物大量消耗所致。

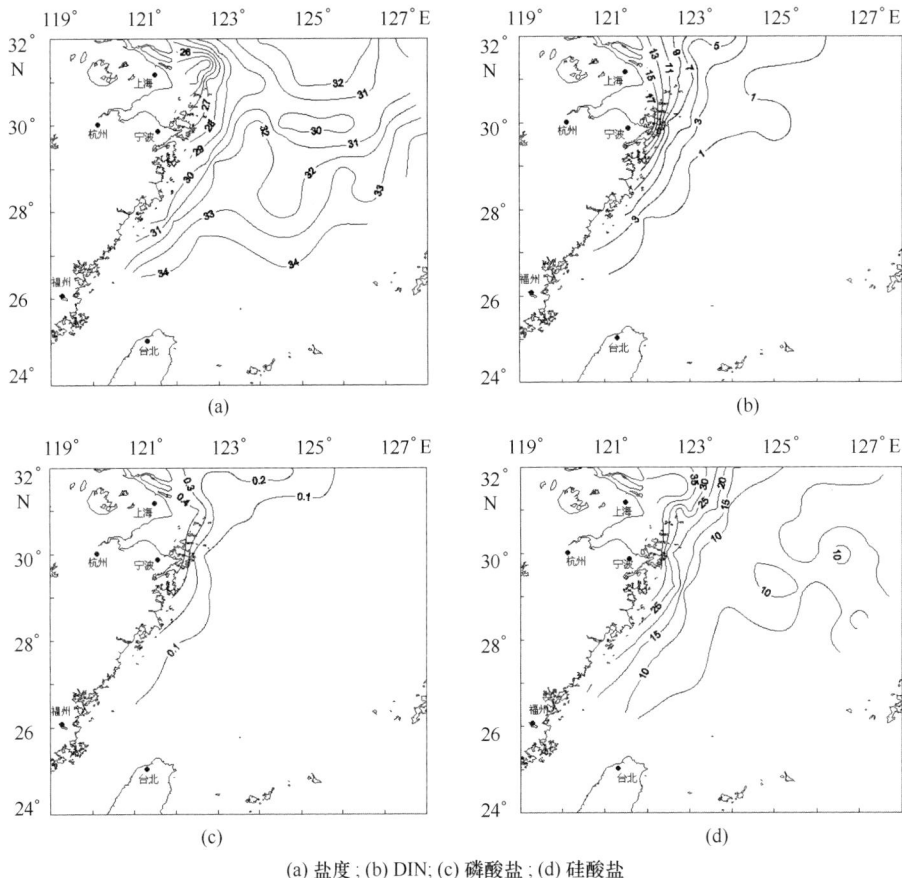

(a) 盐度；(b) DIN；(c) 磷酸盐；(d) 硅酸盐

图 14.2　1998 年春季（5 月）东海表层盐度和营养盐（μmol/L）分布

2）夏季

1998 年夏季长江流域爆发特大洪水，其程度仅次于 1954 年。1998 年长江年径流量高达 $1\,240 \times 10^9\,m^3$（沈志良等，2001），比常年高出 30%。从 6 月 25 日至 8 月底共 65 d 的洪水期中长江径流量为 $422 \times 10^9\,m^3$，占年径流量的 1/3。1998 年长江入海的硝酸盐净通量达到创纪录的 $103 \times 10^9\,mol$（沈志良等，2001），约为常年的 2 倍。以往的研究表明长江冲淡水为一"射形流"，即长江冲淡水主流的流向与表层盐舌的主轴一致（乐肯堂，1986；毛汉礼等，1963）。根据表层盐度的分布［见图 14.3（a）］，1998 年夏季洪水期长江冲淡水的扩散形态大致可分为 3 个阶段：第一阶段为长江径流入海段，即径流入海向东南冲溢，然后在 31°N，122.5°E 附近左转，转向点的表层盐度小于 7.0；第二阶段为射形流冲溢阶段，冲淡水以舌形形态向济州岛方向伸展，盐度从 7.0 增大到 26.0，长江冲淡水核心区（$S < 26.0$）达到 125.5°E；第三阶段为扩散阶段，在 125.5°E 以东，冲淡水向东南扩散，然后向东，盐度小于 28.0 的表层水扩散范围可达 128°E。黑潮转弯处的表层水也受到重大影响，其盐度小于 31.0。东海南部近岸，长江冲淡水向南可达 28°N。与盐度的分布相似，高无机氮水舌约在 31°N，122.5°E 附近左转向东北伸展直指济州岛，转向点处无机氮浓度大于 40 μmol/L。无机氮 1 μmol/L 等值线范围向东接近 128°E［见图 14.3（b）］。这是迄今调查发现的长江冲淡水中无机氮的最大扩散范围。苏北浅滩、浙江沿岸海域无机氮含量亦较高（> 5 μmol/L），并分别由近岸向远岸、由长江口分别向南、北快速递减至 1 μmol/L 以下。活性硅酸盐的分布与无机氮大致相似［见图 14.3（d）］。但磷酸盐的分布明显不同［见图 14.3（c）］，富含磷酸盐的水舌向东南扩展进入东海，但并未出现明显左转的现象，其扩展范围也比无机氮小得多。这可能是长江口羽状锋区（盐度为 20~28 区域）浮游植物大量摄取磷酸盐所致。

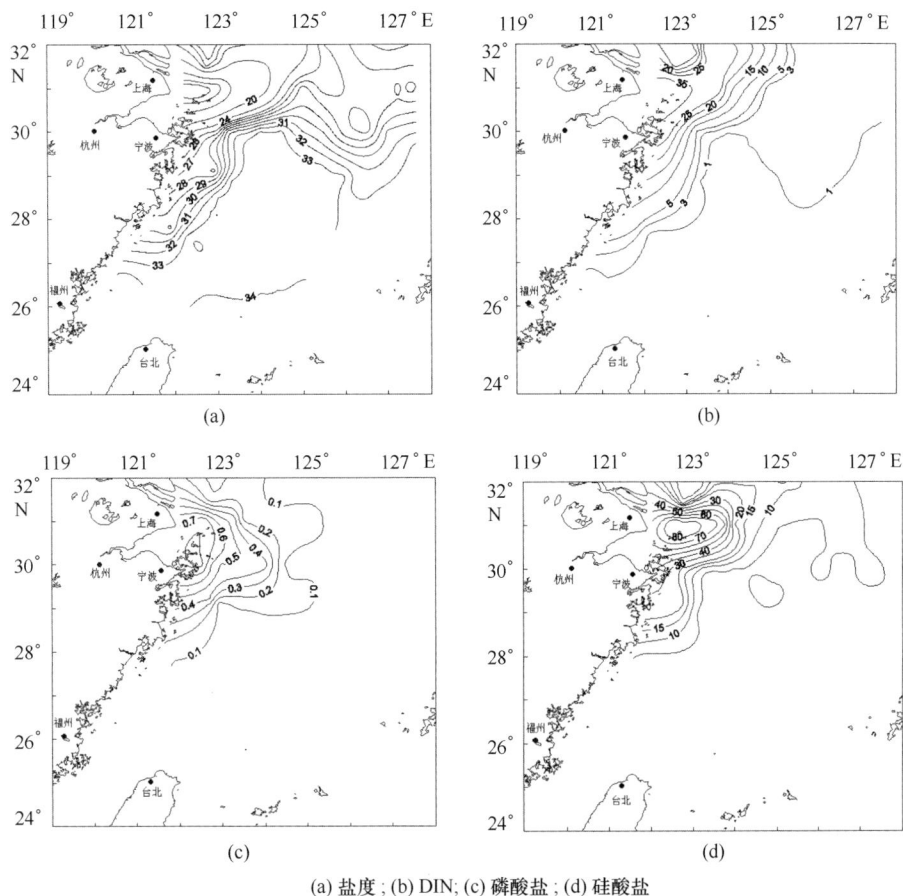

(a) 盐度；(b) DIN；(c) 磷酸盐；(d) 硅酸盐

图 14.3　1998 年夏季（8 月）东海表层盐度和营养盐（μmol/L）分布

3）秋季

由于长江径流量小并受东北风的影响，长江冲淡水穿过杭州湾口南下，并限于靠岸的一狭带［见图 14.4（c）］。长江口东北部海域存在一范围很大的营养盐高值区，无机氮、磷酸盐和硅酸盐浓度分别为 5 μmol/L、0.3 μmol/L 和 10 μmol/L 的等值线向东可达 125°E（见图 14.4）。东海近岸海域营养盐含量亦很高，且等值线几乎与海岸线平行，但仅限于靠岸的一狭带，且此处等值线十分密集，形成明显的营养盐锋面。自此向外营养盐含量快速递减。

4）冬季

长江冲淡水的扩展与秋季相似。水温的平面分布比盐度的分布更好地体现了东海的环流状况。图 14.5 显示高温、高盐的黑潮水自台湾东北部入侵陆架，台湾暖流北上可达 31°N。低温、低盐的苏北沿岸水向东南方向扩展，呈钝水舌形态进入东海北部。冬季营养盐分布（见图 14.5）表明，长江口东北部海域为营养盐高值区，并呈钝水舌形态朝东南方向伸展进入东海北部，营养盐高值区范围大致与秋季相似。东海近岸海域硝酸盐含量很高（>10 μmol/L），营养盐等值线走向几乎与海岸线平行，但仅限于靠岸的一狭带，且此处等值线十分密集，形成明显的营养盐锋面。自此向外硝酸盐含量快速递减。在台湾岛东北部海域可见

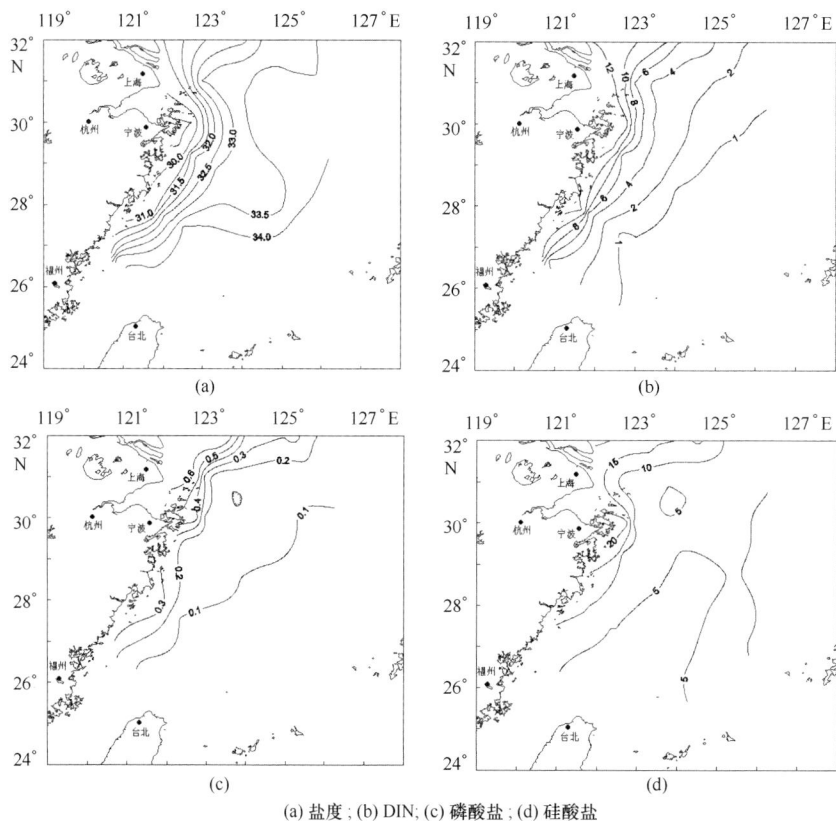

(a) 盐度 ; (b) DIN; (c) 磷酸盐 ; (d) 硅酸盐

图 14.4 1997 年秋季（11 月）东海表层盐度和营养盐（μmol/L）分布

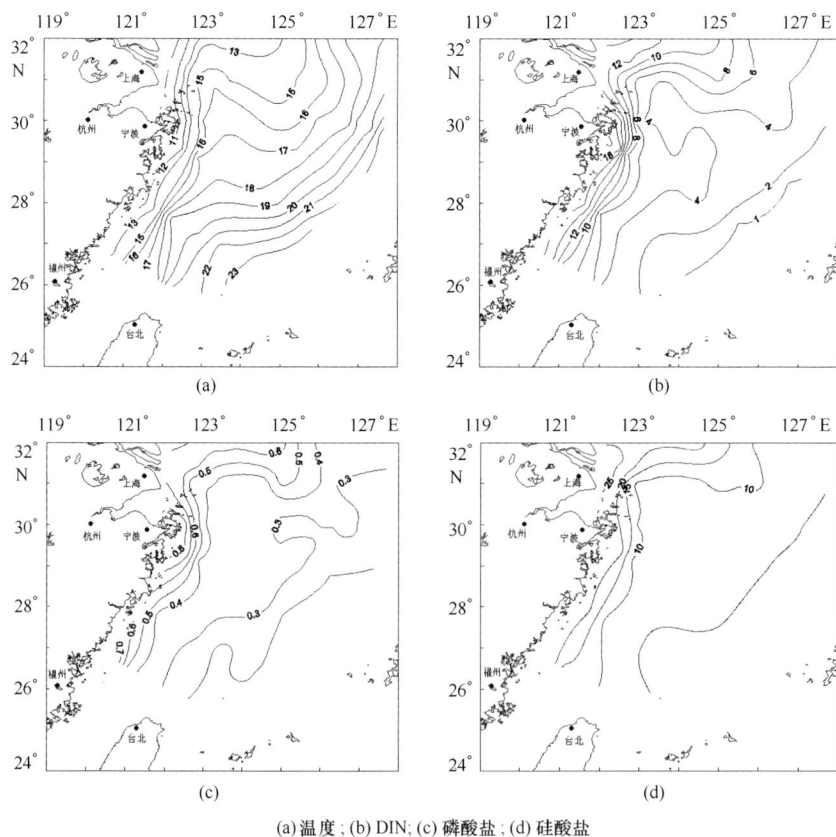

(a) 温度 ; (b) DIN; (c) 磷酸盐 ; (d) 硅酸盐

图 14.5 1999 年冬季（1 月）东海表层温度（℃）和营养盐（μmol/L）分布

低营养盐的黑潮表层水呈钝水舌状入侵陆架。而夹在沿岸锋与黑潮锋之间的是东海混合水，营养盐含量居中。总的来看，冬季营养盐平面分布趋势与秋季十分相似。

14.2.2 断面分布

(1) 春季

东海中北部（I 断面），受长江冲淡水影响，营养盐在该断面总的分布趋势是近岸水域的浓度较高，向外海逐渐降低。在近岸浅水区，营养盐垂向分层现象不明显，但在离岸深水区营养盐层化明显。且在 124°～126°E 之间营养盐的等值线向上凸起，其涌升高度可达 20 m 层（见图 14.6）。

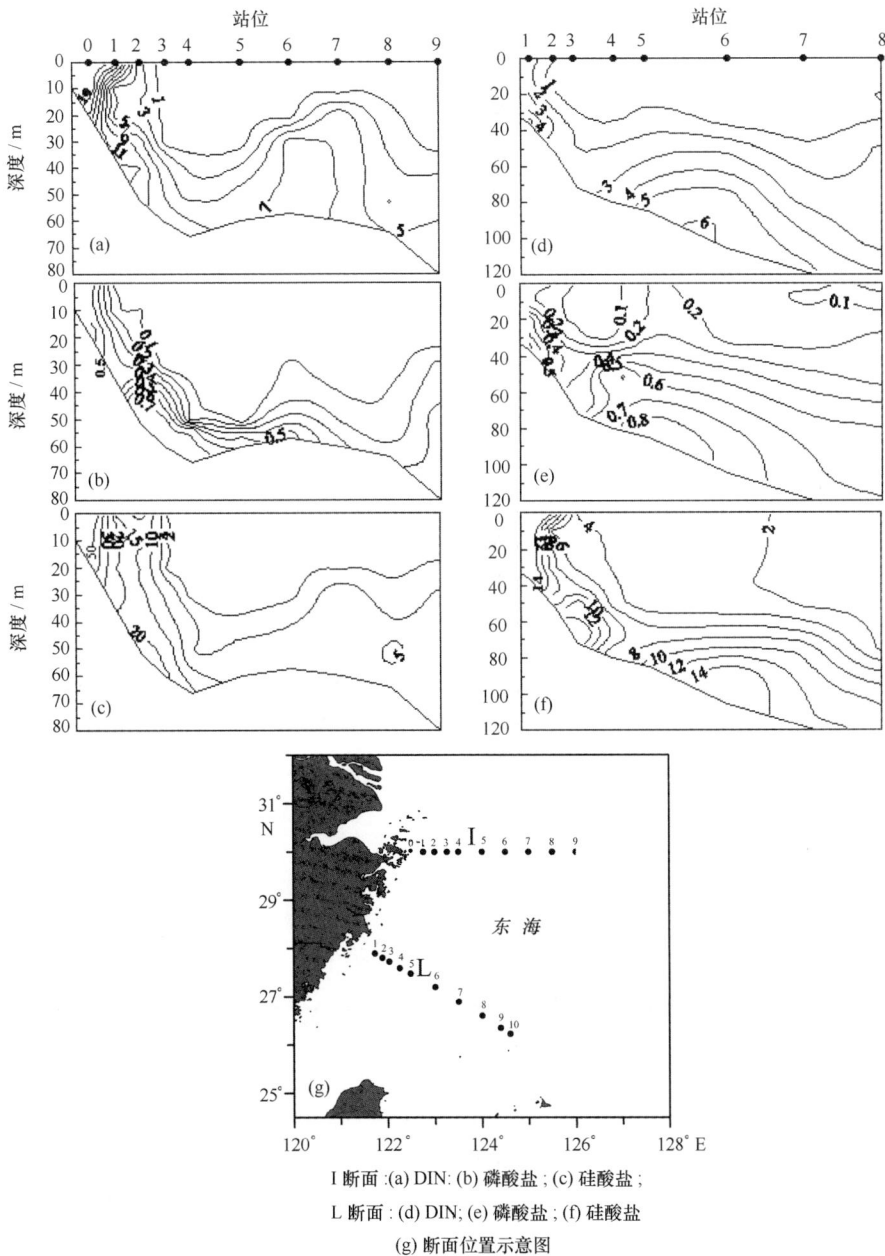

I 断面：(a) DIN；(b) 磷酸盐；(c) 硅酸盐；

L 断面：(d) DIN；(e) 磷酸盐；(f) 硅酸盐

(g) 断面位置示意图

图 14.6 1998 年春季（5 月）东海典型断面营养盐（μmol/L）分布

东海南部（L断面），上层水体营养盐的浓度也是近岸高、远岸低。在离岸深水区营养盐层化十分明显，尤其在底层营养盐的浓度较高，可能是受冬季黑潮滞留水的影响所致。

2）夏季

营养盐的垂直分布与春季相似。但在近岸海域营养盐等值线明显向上凸起，其影响深度可达10 m层以上，表明该海域夏季存在明显的上升流（见图14.7）。此外，在陆架坡折处可明显见到高营养盐的黑潮次表层水沿坡爬升或涌升现象。

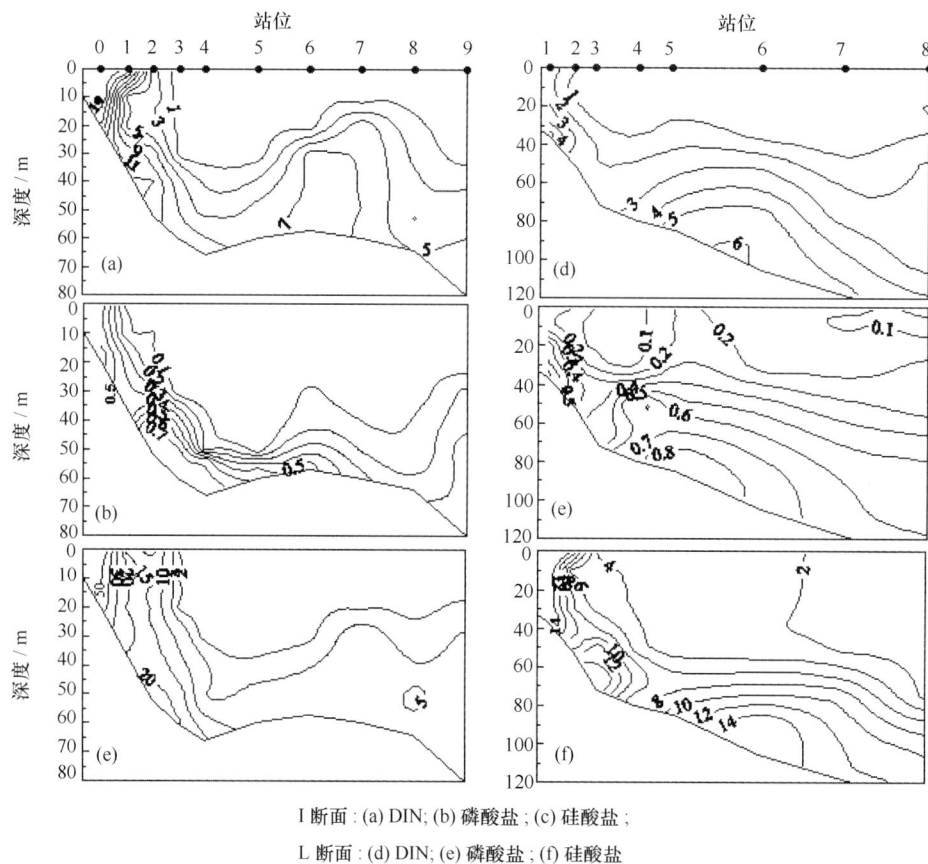

I 断面：(a) DIN；(b) 磷酸盐；(c) 硅酸盐；
L 断面：(d) DIN；(e) 磷酸盐；(f) 硅酸盐

图14.7　1998年夏季（8月）东海典型断面营养盐（μmol/L）分布

3）秋季

由于对流作用加强，近岸海域营养盐垂直分布比较均匀，远岸海域营养盐跃层变深（见图14.8）。

4）冬季

由于强烈的垂直混合作用，东海中北部营养盐的垂直分布比较均匀，但在东海南部的远岸区的近底层仍存在营养盐跃层，只是其强度较其他季节弱得多（见图14.9）。

14.2.3　长江口营养盐的混合行为

由于1997—1999年航次调查在低盐度区的调查站位较少，无法获得关于营养盐河口混合行为的详细、准确的信息。这里只给出冬季和夏季部分海域的营养盐混合情况。

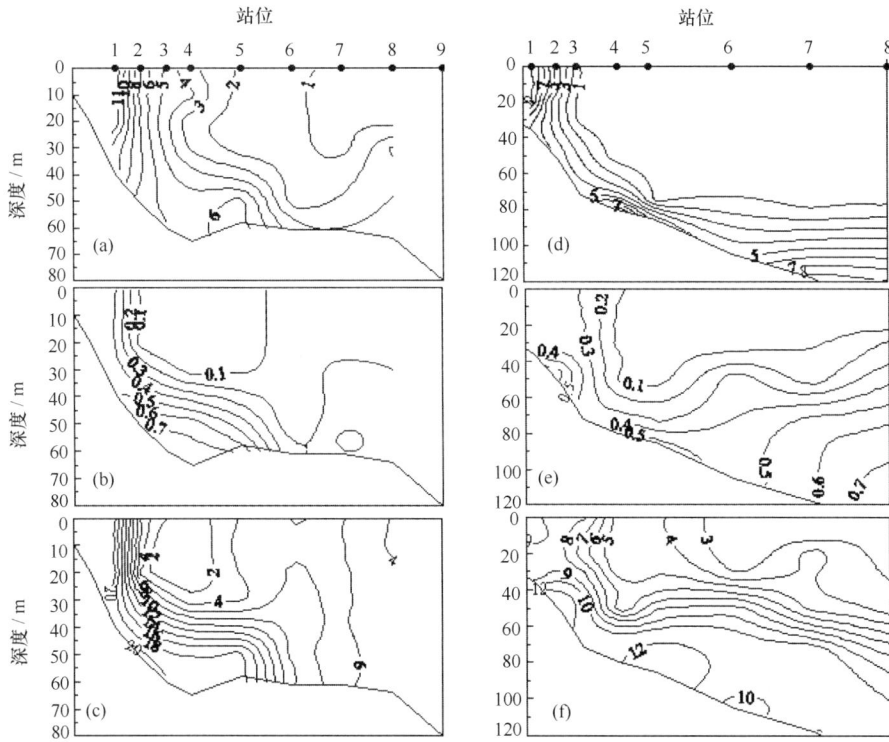

I 断面：(a) DIN；(b) 磷酸盐；(c) 硅酸盐；

L 断面：(d) DIN；(e) 磷酸盐；(f) 硅酸盐

图 14.8　1997 年秋季（11 月）东海典型断面营养盐（μmol/L）分布

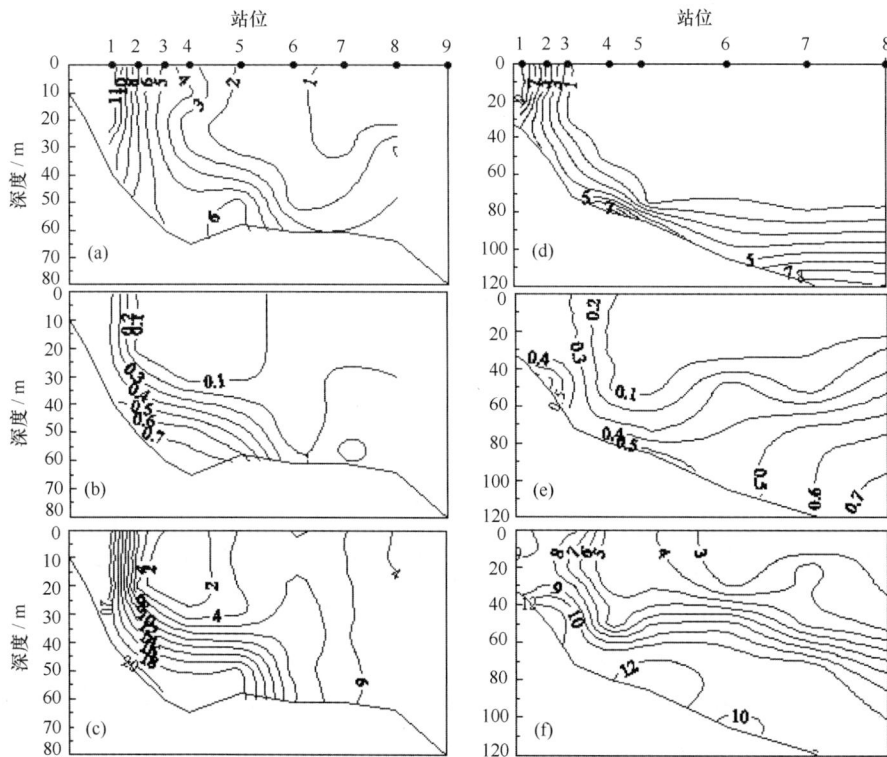

I 断面：(a) DIN；(b) 磷酸盐；(c) 硅酸盐；

L 断面：(d) DIN；(e) 磷酸盐；(f) 硅酸盐

图 14.9　1999 年冬季（1 月）东海典型断面营养盐（μmol/L）分布

1）冬季

在33°N以南的近岸海域（33°~28°N，124°E以西），表层无机氮与盐度呈良好的负相关〔见图14.10（a）〕，表明在33（N以南近岸海域，营养盐分布主要受长江冲淡水扩展的控制。这可能是由于冬季生物因素处于低谷期，其对营养盐分布的影响不明显。

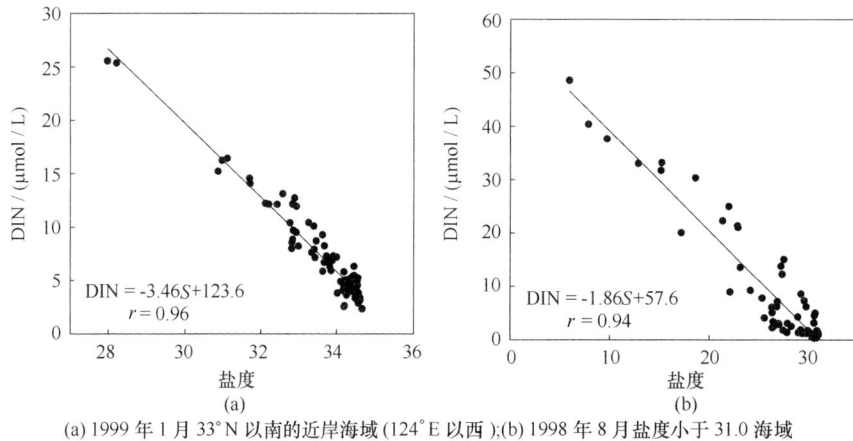

(a) 1999年1月33°N以南的近岸海域(124°E以西);(b)1998年8月盐度小于31.0海域

图14.10　长江口及东海表层无机氮与盐度的相关关系

2）夏季

在盐度小于31的冲淡水区的表层，虽然盐度－硝酸盐相关图中数据点较为离散，但无机氮与盐度基本呈线性关系〔图14.10（b）〕，表明在研究的盐度范围内，无机氮基本呈保守性混合行为。这可能是因为，1998年8月调查期间适逢长江流域发生特大洪水，表层水体中悬浮物含量很高，限制了浮游植物的生长和繁殖，因此浮游植物对营养盐的移出作用表现得不明显。除了上述规律外，其他季节、其他海区营养盐与盐度之间无明显的规律性。

2002—2003年航次调查资料提供了长江口营养盐河口混合行为的较为详细的信息。

通过营养盐/叶绿素－盐度关系图（见图14.11），可以了解盐度混合梯度上营养盐/叶绿素的分布情况以及相互之间的关系。

（3）春季

盐度为0附近无机氮平均浓度为57 μmol/L。在淡、咸水混合初期（$S<15$），无机氮浓度基本保持不变；在中等盐度区（$15<S<30$），无机氮浓度随盐度的增大而降低；在较高盐度区（$S>30$），无机氮浓度随盐度的增大而快速降低〔见图14.11（a）〕。总的来看，在研究的盐度范围内，无机氮浓度高于理论稀释线，在盐度10~30区域内高出理论稀释线达20~30 μmol/L。对这种现象的一个可能的解释是，在河口混合过程中悬浮粒子的解吸作用以及有机物的再矿化作用使营养盐发生添加作用。在密西西比河口（Lohrenz et al.，1990，1999；Dortch and Whitledge，1992）和亚马孙河口（Edmond et al.，1981；DeMaster and Pope，1996）的研究表明，有机物的再矿化作用在解释营养盐浓度高出理论稀释线这一现象中是很重要的。有机物的来源包括浮游植物的现场生产与河流输入的颗粒态和溶解态有机物。通过解吸或再矿化作用从河流颗粒物上释放的营养盐，最终也添加到水体中。

其他一些在长江口海域的研究工作，也支持关于微生物群落具有快速再生无机营养盐能力的观点。如 Zhang（1996）调查发现长江口最大混浊带中细菌活性是淡水端和海水端的 2 倍。

　　盐度为 0 附近无机磷平均浓度为 1.0 μmol/L。在淡、咸水混合初期（$S<5$），无机磷浓度随盐度的增大而增大（见图 14.11a），这一区域大致位于动力过程很强的最大混浊带；随后，无机磷浓度随盐度增大而减小。总的来看，在研究的盐度范围内，无机磷浓度高于保守混合线，说明磷酸盐在长江口海域具有明显的缓冲作用。在研究的盐度范围内，活性硅酸盐基本呈保守混合行为（见图 14.11a）。

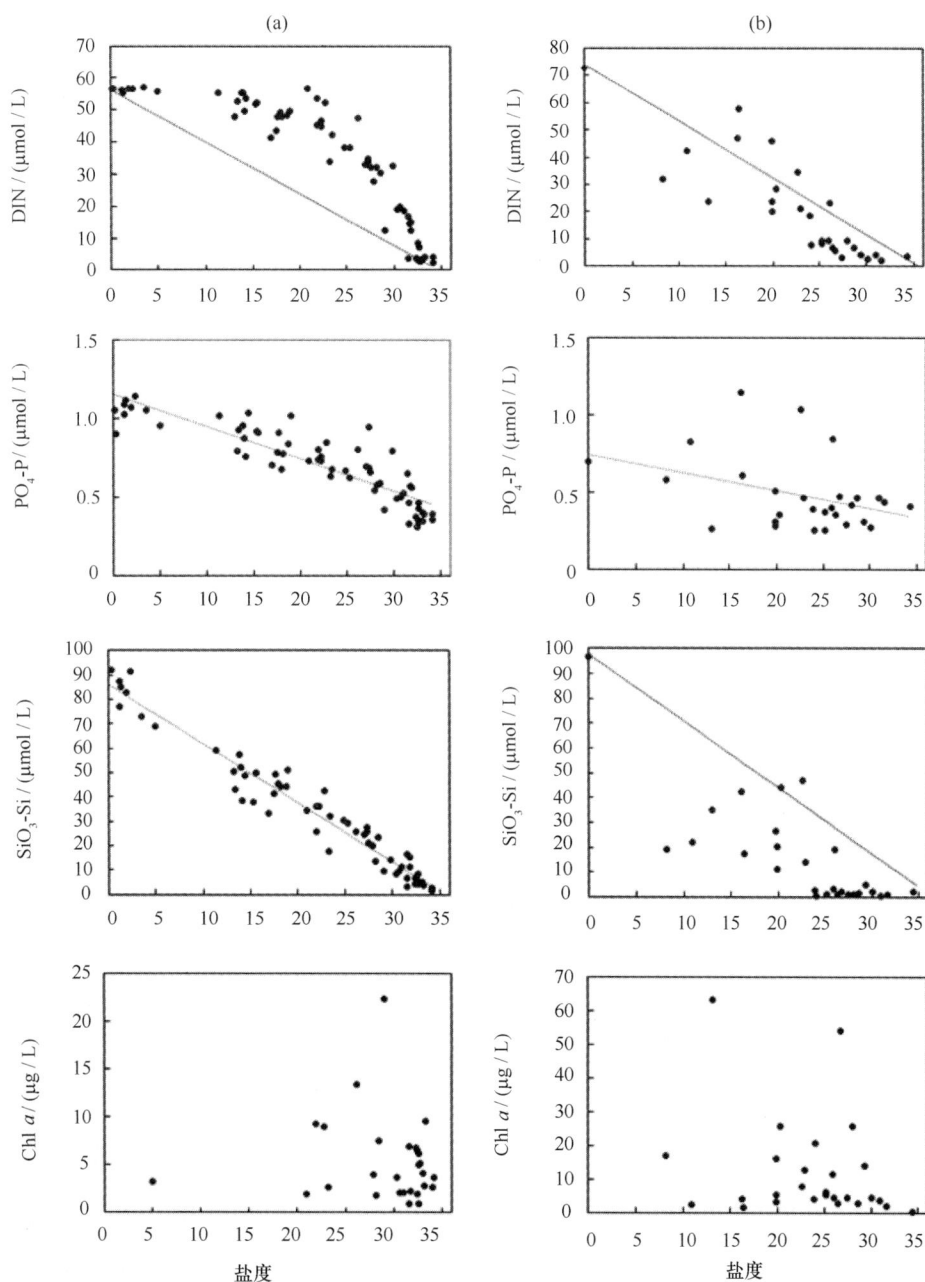

(a):2002 年 4—5 月；(b):2002 年 8—9 月

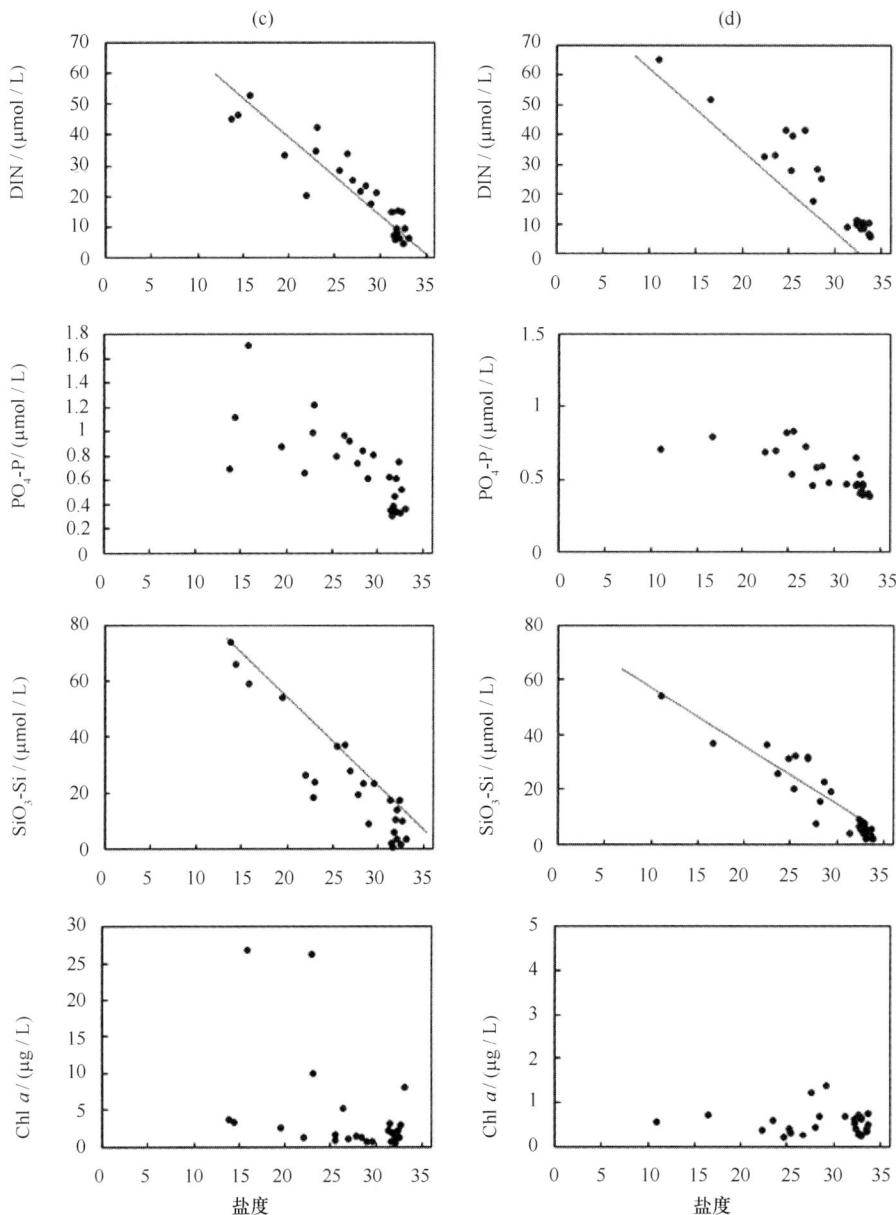

(c):2002 年 11 月；(d):2003 年 1 月

图 14.11 长江口及邻近海域表层水中营养盐 – 盐度，叶绿素 – 盐度关系图

纵坐标轴上菱形点为河水端员营养盐浓度。资料来源：Duan and Zhang，2001；Yan and Zhang，2003

1）春季

叶绿素 a 高值区出现在盐度为 22 ~ 33 的区域内，在盐度小于 20 的低盐区叶绿素 a 浓度很小(<3 μg/L)。

2）夏季

虽然营养盐 – 盐度散点图中数据点相当分散，但仍然可以获取一些有用的信息。磷酸盐仍呈现添加作用，而无机氮和活性硅酸盐在相当多的站位显著低于理论稀释线［图 14.11

（b）]。而且，无机氮和活性硅酸盐实测浓度低于理论稀释线的最大的那些站位，也正是叶绿素浓度最高的站位。而且，夏季叶绿素 a 浓度普遍远高于春季，这说明浮游植物的光合作用对营养盐的移出作用十分明显。

3）秋季

由于缺少河口混合初期站位的资料，因此无法获得营养盐在河口混合初期行为的信息。从所调查的盐度范围内的资料来看，虽然数据点较分散，但无机氮和活性硅酸盐基本呈现出保守性混合行为 ［图 14.11（c）］。由于磷酸盐在河口的缓冲作用，磷酸盐仍像其他季节一样表现出添加作用 ［图 14.11（c）］。在本航次调查中，在 2 个站位观测到叶绿素 a 最大值 （分别为 26.7 μg/L 和 26.2 μg/L），这 2 个站位的盐度分别为 16 和 23。与此相对应的，这 2 个站位无机氮和活性硅酸盐的浓度偏离理论稀释线也最大。说明营养盐的移出与浮游植物的活动有关。

（4）冬季

营养盐的混合行为与秋季非常相似 ［见图 14.11（d）］。冬季是本海区叶绿素含量最小的季节 （<2 μg/L），因此生物因素对营养盐的混合行为的影响较小，营养盐的分布是主要受非生物因素 （吸附/解吸）的影响。

在以前的研究中，磷酸盐表现出不同程度的添加作用，其程度依不同混合阶段和不同的颗粒物含量而不同 （Edmond et al.，1985；Tian et al.，1993；Zhang，1996）。本节的研究也得出了相似的结果。然而，对硝酸盐来说，既表现出保守性混合 （Edmond et al.，1985；Tian et al.，1993），也有添加作用的情况存在 （Zhang，1996），也有移出的情况存在 （沈志良，2001；本节结果）。活性硅酸盐也有类似情况。不同季节、不同年代硝酸盐和活性硅酸盐的这种不一致，甚至互相矛盾的混合行为，说明影响其在长江口混合行为的因素，既有生物因素，也有非生物因素。硝酸盐和活性硅酸盐的实际分布取决于生物因素和非生物因素彼此之间的消长和平衡 （Zhang，1996）。

受长江径流营养盐输入的影响，长江口及其邻近海域为终年营养盐高值区。长江冲淡水中的营养盐具有同时向南、北 2 个方向输送的特点，但其比例因季节而异。丰水期 （5—9月），长江冲淡水中的营养盐以向东北方向扩展为主、以向南扩展为辅；枯水期 （10 月至翌年 4 月）则以贴岸向南扩展为主、以向东北方向扩展为辅。河口混合过程中营养盐的行为极为复杂，同一营养盐在不同季节、不同盐度区域的混合行为各不相同，既存在营养盐添加作用，也存在营养盐移出作用。说明既有生物因素、也有非生物因素影响其在长江口混合行为，营养盐的实际分布取决于生物因素和非生物因素彼此之间的消长和平衡。

14.3 营养盐结构特征

海洋中的浮游植物是按一定比例自海水中吸收营养盐，这一恒定比例称为 Redfield 系数。海水中营养盐摩尔比值偏离 Redfield 系数过高或过低，均可导致浮游植物的生长受到某一相对低含量元素的限制，并显著影响水体中浮游植物的种类组成 （Healey and Hendzel，1980；Hecky and Kilham，1988）。一般认为，淡水环境中的初级生产力受 P 的限制，而在海洋及河口环境中则受 N 的限制 （Healey and Hendzel，1980；Hecky and Kilham，1988）。Fisher 等研究指出，N 或 P 的限制性是有空间变化的，甚至在同一海区还有 N、P 营养盐限制的季节性交替变化。近年来有研究者指出 Si 也可能成为限制性因素（Dngdale et al.，1995；Humborg et al.，1997，2000）。Fe、Mn 等亦可成为限制因子（Martin et al.，1992，1994）。

长江口及其邻近海域是我国重要的陆架海区，向以生产力高而著称。关于这些海区浮游植物生长的营养盐限制因素的研究报道较少。在长江口内部，强烈的湍流和水体高浑浊度限制了浮游植物的光合作用，因此，光或透明度成为这一水域初级生产力的限制因素，营养盐对初级生产力没有明显的限制作用（沈志良等，1992）；但在长江口外，浮游植物的生长受 P 的限制，离河口 500 km 以上的区域则受 N 限制（Harrison et al.，1990；赵卫红等，2004）。Wong 等（1998）研究了夏季东海北部表层水中的"过量"氮，认为该海域浮游植物的生长可能受到 P 的限制。然而，上述结果并不能反映整个长江口及其邻近海域不同季节营养盐限制状况。根据 1997—1999 年的现场调查资料，拟对整个长江口及其邻近海区不同季节浮游植物生长的限制状况进行探讨，这对于了解东海赤潮频发的成因及赤潮防治具有重要意义。

14.3.1　Si/N 比值及 Si 限制

对长江口及其邻近海域上层水体（0~20 m）中的 Si/N 比值进行了统计分析（表 14.2）表明，绝大多数站位的 Si/N 比值大于 1，只有在长江口低盐度区少数站位的 Si/N 比值小于 1，但这些站位的实际硅酸盐浓度均大于 10 $\mu mol/L$。按照 Dortch 和 Whitledge（1992）提出的硅营养盐限制标准：$SiO_3 < 2$ $\mu mol/L$、$SiO_3/DIN < 1$、$SiO_3/PO_4 < 3$，长江口及其邻近海域不构成硅限制。

表 14.2　长江口及其邻近海域上层水体中 Si/N 比值统计结果

调查时间	Si/N 比值范围	平均值	标准偏差	总站位数	Si/N < 1 站位数
春季（1998-05）	0.83~13.40	4.50	±3.28	151	6
夏季（1998-08）	0.85~10.54	4.09	±2.69	127	8
秋季（1997-11）	0.82~8.58	2.14	±1.24	129	6
冬季（1999-01）	1.00~2.97	1.66	±0.34	122	0

14.3.2　N/P 比值及 P 限制状况

资料表明，长江水的 DIN/PO_4 比值高达 125，远远超过适宜于海洋浮游植物生长的 Redfield 系数（N/P = 16）（段水旺等，2000）。因此，受河流营养盐输送的影响，长江口及其邻近海域水体中无机氮相对过剩，而无机磷相对缺乏，因而水体中浮游植物的生长很可能受到磷酸盐供给的限制。图 14.12 显示 N/P 比值的水平分布与无机氮的平面分布极为相似，即无机氮浓度高的区域，N/P 比值亦高。胡明辉等（1989）曾根据长江口浮游植物的现场培养实验结果，提出了长江口海域浮游植物生长的营养盐限制标准，即当 N/P 比值大于 30 时，为磷限制；当 N/P 比值小于 8 时，为氮限制。Dortch 和 Whitledge（1992）提出了一个更为保守的营养盐限制标准：N 限制：$DIN < 1$ $\mu mol/L$，$DIN/PO_4 < 10$；P 限制：$PO_4 < 0.2$ $\mu mol/L$，$DIN/PO_4 > 30$；Si 限制：$SiO_3 < 2$ $\mu mol/L$，$SiO_3/DIN < 1$，$SiO_3/PO_4 < 3$。我们采用后者应用于受长江冲淡水影响的海域，结果表明，长江口及其邻近海域不存在氮限制，也不存在硅限制，但存在磷限制。春季磷限制海域为 29°~34°N，123°E 以西海域［见图 14.12（a）］，但磷酸

盐浓度大于 0.2 μmol/L 的长江口及沿岸海域除外（见图 14.1）；夏季磷限制海域覆盖了南黄海西南部、30°～33°N，126°E 以西海域［见图 14.12（b）］，但磷酸盐浓度大于 0.2 μmol/L 的长江口近口区及其东南部以及东海沿岸海域除外（见图 14.3），磷限制海域范围大于春季；秋季，虽然长江口及其以东、东海近岸一狭带 DIN/PO$_4$ > 30，但该海域磷酸盐浓度大于 0.2 μmol/L（见图 14.4），不构成磷限制；冬季也无磷限制海域［见图 14.12（d）］。此外，东海东南部及黑潮区 N/P 比值小于 10，且 DIN 小于 1 μmol/L，符合氮限制标准。

此外，从图 14.12（b）可以看出，夏季 N/P 比值最高的区域不是在长江口，而是在以 32°N，124.5°E 为中心的周围海域。受长江冲淡水的影响，该海域无机氮浓度很高［20 μmol/L 左右，见图 14.3（b）］，但磷酸盐浓度却极低［0.1 μmol/L 左右，见图 14.3（c）］，此区域又刚好位于长江口羽状锋区，浮游植物大量摄取营养盐，使磷酸盐浓度几近耗尽，但由于无机氮显著过量，因此无机氮仍保持很高的浓度。由此导致该海域极高的 N/P 比值，浮游植物的生长明显受 P 限制。

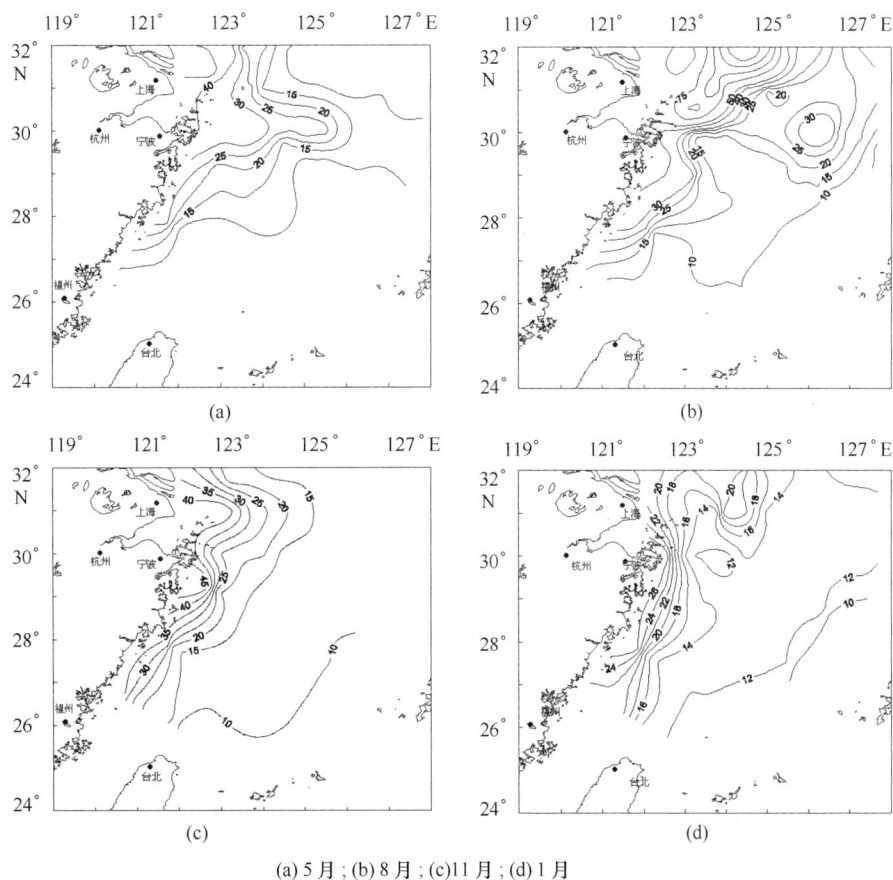

(a) 5 月；(b) 8 月；(c) 11 月；(d) 1 月

图 14.12　1997—1999 年东海不同季节 N/P 比值分布

14.4　营养盐的季节变化和长期变化

14.4.1　季节变化

1997—1999 年航次调查资料中选取与 2002—2003 年航次相同的调查区域（即 29°～32°N，122°～123.5°E）的数据，进行季节变化的统计分析。在这 2 次调查中，2002—2003 年航次属于一般年份，而 1997—1999 年航次属于特殊年份（因为 1998 年夏季长江流域发生特大洪水）。因此，我们首先分析2002—2003年航次的季节变化规律，然后再分析特殊年份规律的变化。

2002—2003年航次长江口及其邻近海域表层盐度、营养盐和叶绿素的季节变化如图14.13所示。这里，盐度的季节变化可以看做是淡水（长江）输入量变化的一个指标。冬季盐度最高，说明淡水输入量最少；春季和秋季次之；夏季盐度最低，说明淡水输入量最大。以上规律与长江径流的季节变化完全一致。营养盐浓度的季节变化也表现为从冬季到春季持续减小，到夏季降至最低，至秋季又回升。而叶绿素a浓度的季节变化与营养盐恰好相反。从理论上来讲，假如不存在生物活动对营养盐的影响的话，那么，长江口及其邻近海域的营养盐浓度应该是夏季最高、冬季最低，因为来自长江的营养盐输入量是夏季最大、冬季最小。但是，营养盐浓度的实际变化恰好与以上推论相反，说明生物活动在营养盐季节变化中起主导作用。例如，虽然夏季来自陆地径流的营养盐输入量最大，但长江口海域的营养盐实际浓度却最低。这是由于夏季叶绿素a浓度最大，是其他季节的2~20倍，强烈的光合作用大量摄取营养盐，使营养盐浓度成为所有季节中最低的；冬季，虽然来自陆地径流的营养盐输入量最小，但长江口海域的营养盐实际浓度却最高。这是由于冬季叶绿素a浓度最小，浮游植物对营养盐的吸收也最少，因此营养盐浓度成为所有季节中最高的。

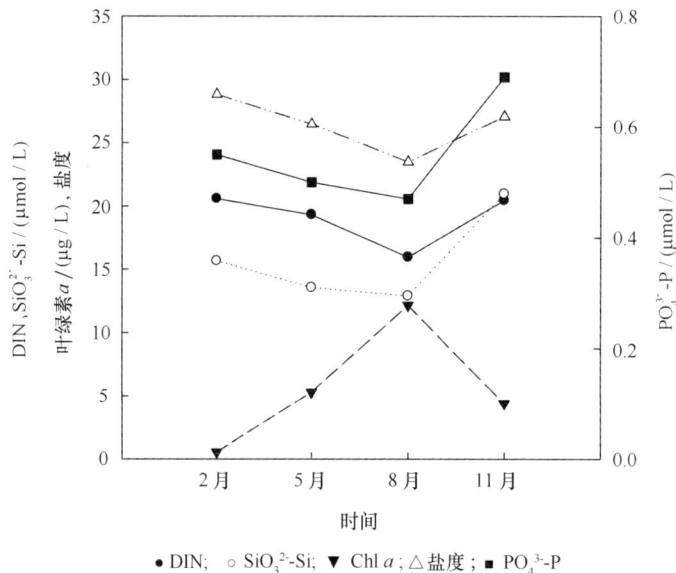

图14.13　2002—2003年长江口及邻近海域表层盐度、营养盐和叶绿素的季节变化

1997—1999年航次营养盐的季节变化，就冬季、春季和秋季三个季节的变化规律而言，其与2002—2003年航次大致相似，即从冬季到春季营养盐含量降低，秋季又回升（图14.14）。但不同的是，夏季的营养盐含量在四季中最高（磷酸盐除外）（图14.14）。正如前面所述，1998年夏季长江流域发生特大洪水，其营养盐输入量是常年的2倍，加之水体浑浊限制了浮游植物的光合作用，使得浮游植物的光合作用在长江口海域营养盐含量和分布中处于次要地位。

基于以上分析，我们认为，长江口及其邻近海域的营养盐同时受浮游植物的光合作用和陆源营养盐输入的共同影响，其季节变化模式取决于这两种影响因素之间的消长和平衡。在一般年份，长江口及其邻近海域营养盐的季节变化模式主要受浮游植物的光合作用控制，而陆地径流的营养盐输入只影响或平衡营养盐季节变化幅度。

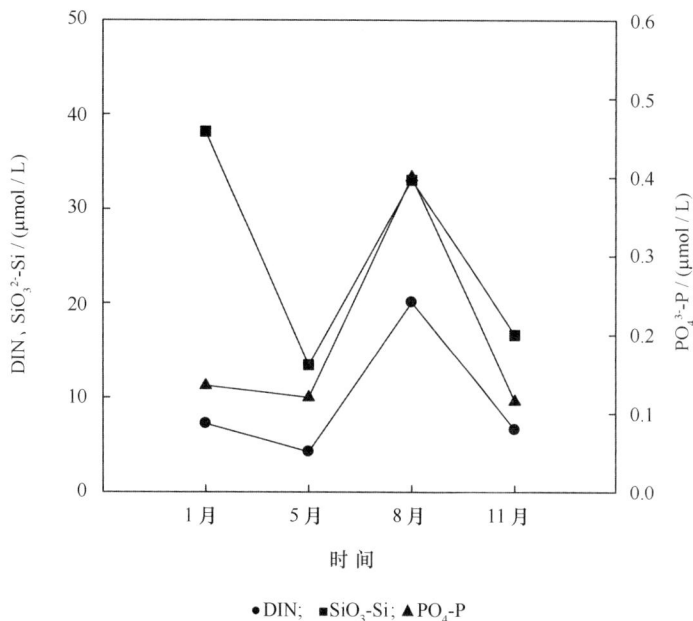

●DIN; ■SiO₃-Si; ▲PO₄-P

图 14.14　1997—1999 年航次东海表层营养盐的季节变化

14.4.2　长期变化

根据近 20 几年东海 PN 断面海域的历史监测资料［数据来自于日本海洋数据库（JODC），观测站点见图 14.15］，在此对于该海域营养盐的年均浓度的长期变化情况进行分析（见图 14.16）。结果表明，在 1972—2008 年期间，调查海域表层海水中的磷酸盐浓度几乎保持不变，稳定在 0.12 μmol/L；$NO_3 - N$ 和 $NO_2 - N$ 总浓度低且变化幅度较小，范围在 0.51～1.46 μmol/L。而对于底层海水来说，磷酸盐浓度和 $NO_3 - N$ 和 $NO_2 - N$ 总浓度逐年增加，在调查期间分别增长了 0.6 μmol/L 和 6.61 μmol/L。底层营养盐浓度逐年增长可能是由于高浓度无机氮和无机磷水体从近岸海域通过底层水体逐年向海域中部迁移和扩散，表层水体的营养盐浓度易受外界物理因素的影响（如风、降水、表层海流、太阳辐射等）而发生转换和位移，因此，东海 PN 断面底层海水的无机氮浓度具有比表层更明显的年际变化特征，能比较稳定地反映海水的富营养化程度。此外，浮游植物、藻类和底栖生物等的繁殖和聚集密度程度的年变化对于无机氮和无机磷浓度的年际变化也有重要影响。

14.5　长江冲淡水中营养盐的输运

长江口及其邻近海域营养盐的运移规律，与黄、东海的环流状况、尤其是长江冲淡水的扩展途径是密不可分的。物理海洋学家们一般认为（毛汉礼等，1963；乐肯堂，1984，1986），长江冲淡水首先顺河口走向朝东南方向流动，然后在春、夏季（5—9 月）自口门处左转，向东北方向（济州岛）扩展；其他季节（10 月至翌年 4 月）则右转，穿过杭州湾口及舟山群岛一带沿岸南下，其范围仅限于靠岸的一狭带。但有时其在夏季也右转南下，有时其在秋、冬季也左转北上（林金祥，王宗山，1985）。上述表述隐含着这样一层意思或给人这样一种误解，即长江冲淡水不可能同时向两个方向扩展。实际上，上述表述中所指的长江冲淡水是指长江冲淡水的主体，而并非其全部。Yu 等（1983）研究指出，夏半年长江冲淡水的

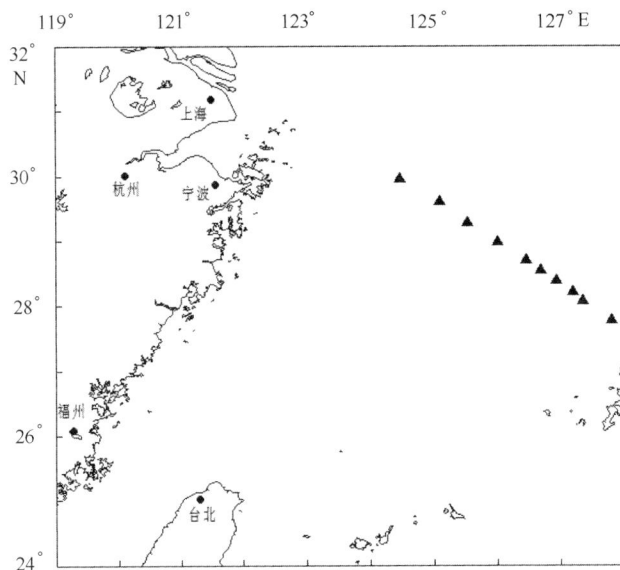

图 14.15 东海 PN 断面营养盐观测站点分布

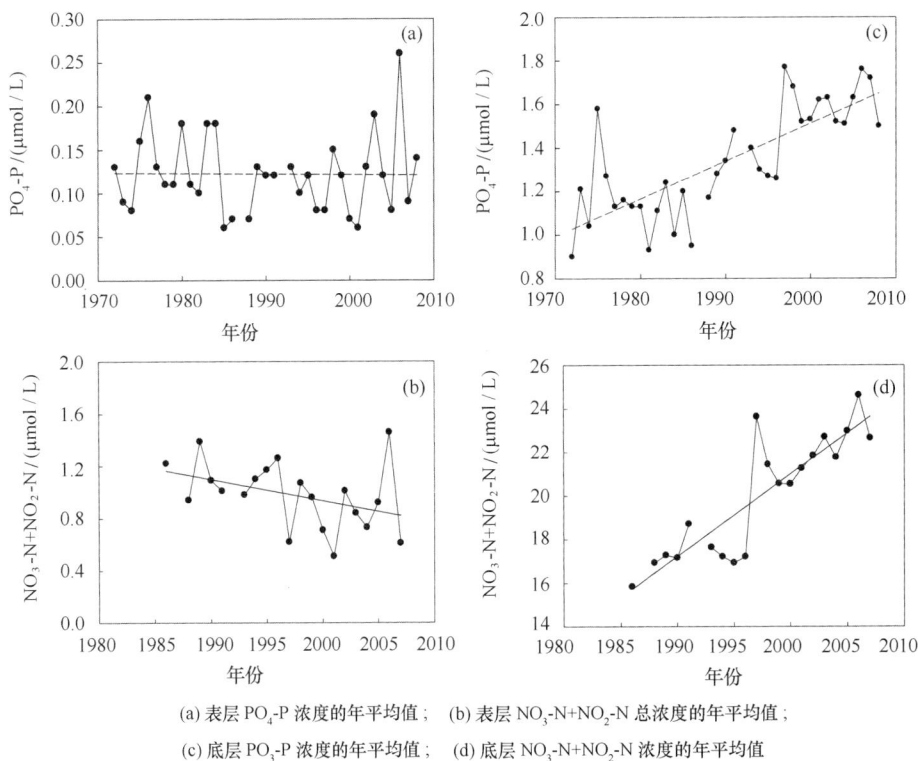

(a) 表层 PO_4-P 浓度的年平均值；　(b) 表层 NO_3-N+NO_2-N 总浓度的年平均值；

(c) 底层 PO_4-P 浓度的年平均值；　(d) 底层 NO_3-N+NO_2-N 浓度的年平均值

图 14.16　东海 PN 断面 PO_4 – P 浓度和 NO_3 – N + NO_2 – N 总浓度的年际变化趋势

虚线为趋势线

主体左转朝东北方向扩展，少部分冲淡水右转贴岸南下；冬半年长江冲淡水的主体右转贴岸南下，但仍有少部分冲淡水右转扩展至长江口东北部。从长江口及其邻近海域多年的盐度分布及数值模拟结果看（于克俊，1990；朱建华等，1998），后一种观点似乎更符合实际情况。

下面将根据营养盐（主要是无机氮和硅酸盐）的平面分布，并参考长江口附近海域的环流状况，对长江口及其邻近海域营养盐的横向输运规律进行初步分析。

春、夏季，长江水入海后营养盐的输送途径可根据长江冲淡水的扩展路径来解释。春季为转换季节，受偏南风的作用，也可以说浙江沿岸流北上，导致长江冲淡水主体开始由南向北偏转，将营养盐向东北方向输送。但是，从春季营养盐的分布来看，春季营养盐的扩展范围较冬季小。笔者认为这与浮游植物大量摄取营养盐有关，因为春季是浮游植物大量繁殖的季节，硝酸盐等的保守行为仅限于长江口中，而在长江口以外，营养盐在向外扩散的过程中，不断地被浮游植物所消耗而使其浓度锐减。此外，苏北浅滩海域的高营养盐含量在很大程度上是受苏北沿岸陆地径流的影响所致。

夏季长江入海径流量最大，长江水入海后营养盐首先向东南方向输送，然后在31°N，123°E附近左转，以舌形形态向济州岛方向伸展。营养盐的扩散形态与长江冲淡水的扩散形态非常吻合。

秋、冬季，长江冲淡水主体右转，穿过杭州湾口及舟山群岛一带贴岸南下，其范围仅限于靠岸的一狭带。从浙江近岸存在明显的营养盐锋面可以看出，营养盐的输运亦遵循上述规律。那么，长江口东北部海域的高营养盐水究竟来自何处？冬季该海域无上升流存在，因此该海域的营养盐不可能来自外海底层高营养盐水；该海域夏季长江冲淡水中的营养盐也不可能保留到秋、冬季。这样，长江口东北部海域营养盐的唯一来源只能是陆地径流。苏北沿岸的陆地径流对苏北浅滩海域的营养盐含量应有很大影响，因为苏北浅滩水深很浅（<20 m），受陆地径流的影响明显。秋、冬季黄海西部沿岸水在偏北风的作用下南下，而又受长江堆的阻碍，转向东南，入侵到东海北部。乐肯堂等（1986）指出苏北沿岸流要比通常认为的更贴近海岸。这样，贴岸南下的苏北沿岸流携带着高营养盐水一起向东南方向扩展。温度、盐度的平面分布表明，苏北近岸（包括长江口海域）的低温、低盐水入侵到东海北部，与东海水混合后逐渐增温、增盐，形成钝舌状的入侵水舌。其形状和范围与高硝酸盐水舌（>5 μmol/L）相似。但是，由于苏北浅滩海域海水总体积很小，仅凭苏北浅滩沿岸陆地径流的影响是不可能导致图3.14.2.7所示那样大的营养盐浓度和范围。图3.14.2.7和图3.14.2.8中营养盐等值线呈舌形自长江口门处向东北伸展，说明有一少部分来自长江的营养盐向北输送至长江口东北部后，与贴岸南下的苏北沿岸流混合后一起向东南方向扩展。

此外，统计分析结果表明，33°N以南，1999年1月表层硝酸盐与盐度之间呈显著负相关（$r=-0.94$，$n=95$），表明冬季硝酸盐在南黄海南部和东海具有较好的保守性，说明南黄海南部和东海近岸海域具有相同或相似的营养盐来源。而南黄海中北部（33°N以北）表层硝酸盐与盐度之间相关性很差，表明其与33°N以南海域具有不同的营养盐来源。

在此值得强调的是，上节所述长江口及其邻近海域营养盐的平面分布特征并不是偶然的、孤立的现象。经过多次调查均得到大致相同的营养盐分布规律，如1984—1985年的现场调查，在上述海域得到了与上节所述相似的营养盐分布规律，尤其是秋季和冬季（海洋图集编委会，1991）；1996—1998年"中韩黄海水循环及物质通量合作研究"项目在南黄海的调查资料，亦显示出上述分布趋势（王保栋等，1999）。因此，上述长江口及其邻近海域营养盐的分布变化规律基本反映了该海域的一般规律。此外，以往一直认为长江水中的物质主要输入东海，对黄海影响较小。然而，上述结果提醒我们，有必要重新评估和认识长江冲淡水对黄海的生物地球化学过程及海洋环境的影响。

14.6 上升流对东海陆架区营养盐的贡献

上升流是近海的最重要的海洋过程之一。从海洋生物的角度来看，上升流最重要的贡献是对表层水体补给营养盐。虽然沿岸上升流区域的总面积只占世界海洋面积的 0.1%，然而，上升流区的初级生产占全球海洋初级生产的 5%，其渔获量占全球海洋的 17%（Pauly and Christensen，1995）。由于盛行风的一致性，沿岸上升流普遍发生在信风带，但上升流也可发生在风致水体离岸输运的任何区域（Bowden，1983）。世界上最重要的上升流区有秘鲁和智利沿岸、纳米比亚沿岸、西北非洲沿岸及加利福尼亚沿岸，其中，研究最广泛和彻底的是俄勒冈沿岸、西北非洲沿岸和秘鲁沿岸的上升流（Bowden，1983；Tomczak and Godfrey，1994）。

沿岸上升流也普遍发生于中国海沿岸海域，如黄海、东海、南海沿岸及台湾沿岸区域，但各处的上升流均具有独特的发生机制（Yan，1991）。东海沿岸上升流是其中最重要的一处，且此处有舟山渔场等著名渔场。毛汉礼等（1964）最先研究指出，浙江沿岸以 29°N 为中心夏季存在上升流，但其到秋季很快减弱并于冬季消失。基于浙江沿岸上升流的动力结构分析，胡敦欣等（1980）指出，浙江沿岸上升流不只在夏季存在，而且在其他季节也存在。许建平等（1983，1986）为冬季浙江沿岸上升流的存在提供了证据。

以往对东海沿岸上升流的研究主要是利用温度、盐度和海流等物理海洋学参数以及数值模拟的方法进行研究。然而，关于东海沿岸上升流的化学水文学和生物地球化学特性的研究却鲜有报道。本节拟从化学水文学角度研究东海沿岸上升流的季节变化，并估算通过上升流进入东海近岸海域真光层的营养盐通量。

14.6.1 东海沿岸上升流的季节变化

1）春季

由于盛行偏南季风，东海沿岸流贴岸向北流动，且其流幅和流速越向北越大（Guan，1994）。台湾暖流在表层以下沿等深线向北或东北方向流动（Guan，1994）。

沿岸水（CW）由陆地径流（主要是长江）冲淡水构成，其占据上部 15 m 水层，并离岸伸展，以在东海北部的离岸伸展最远。其特征温度为 20～22℃、盐度低于 31.0 [见图 14.17（a）～（b）]。在东海南部，沿岸水被限制在贴岸的一狭带 [图 14.17（g）～（h）]。沿岸水具有高溶解氧（>7.04 mg/L）和高营养盐特点。

太阳辐射和陆地径流（主要来自长江）使水体明显分层，尤其在东海北部陆架区。在东海北部的内陆架区（即 I 断面的西部）10～30 m 深度，存在一较强的盐度、营养盐和溶解氧跃层，但温跃层强度稍弱（见图 14.17）。在跃层以下是台湾暖流深层水，其特征为低温（<19.0℃）、高盐（>34.0）、低氧（<6.4 mg/L）和高营养盐含量 [见图 14.17（a）～（f）]。在东海北部的外陆架区（即 I 断面的东部）10～20 m 深度，存在一较强的温度和盐度跃层，跃层以下则是东海北部底层冷水（Wang and Chen，1998；Wang et al.，2000）。在近岸海域，温度、盐度、溶解氧和营养盐等值线均向上倾斜，且等值线在 I1 站垂直向上冲顶。这些特征表明该海域存在上升流。

在东海南部陆架区（L 断面），温跃层深度比东海北部更深，但其跃层强度则较东海北部

弱 [见图 14.17 (e) ~ (f)]。在下底层只有一个冷水中心, 此处水体表现为低温 (<20℃)、低氧 (<6.4 mg/L)、高盐 (>34.6) 和高营养盐 [见图 14.17(g) ~ (l)], 其仍然是台湾暖流深层水。在近岸海域, 温度、盐度、溶解氧和营养盐等值线均向上倾斜, 虽然其强度要较北部弱得多, 而且这些参数的等值线在 L2 站垂直向上冲顶。这些特征表明在东海南部也存在

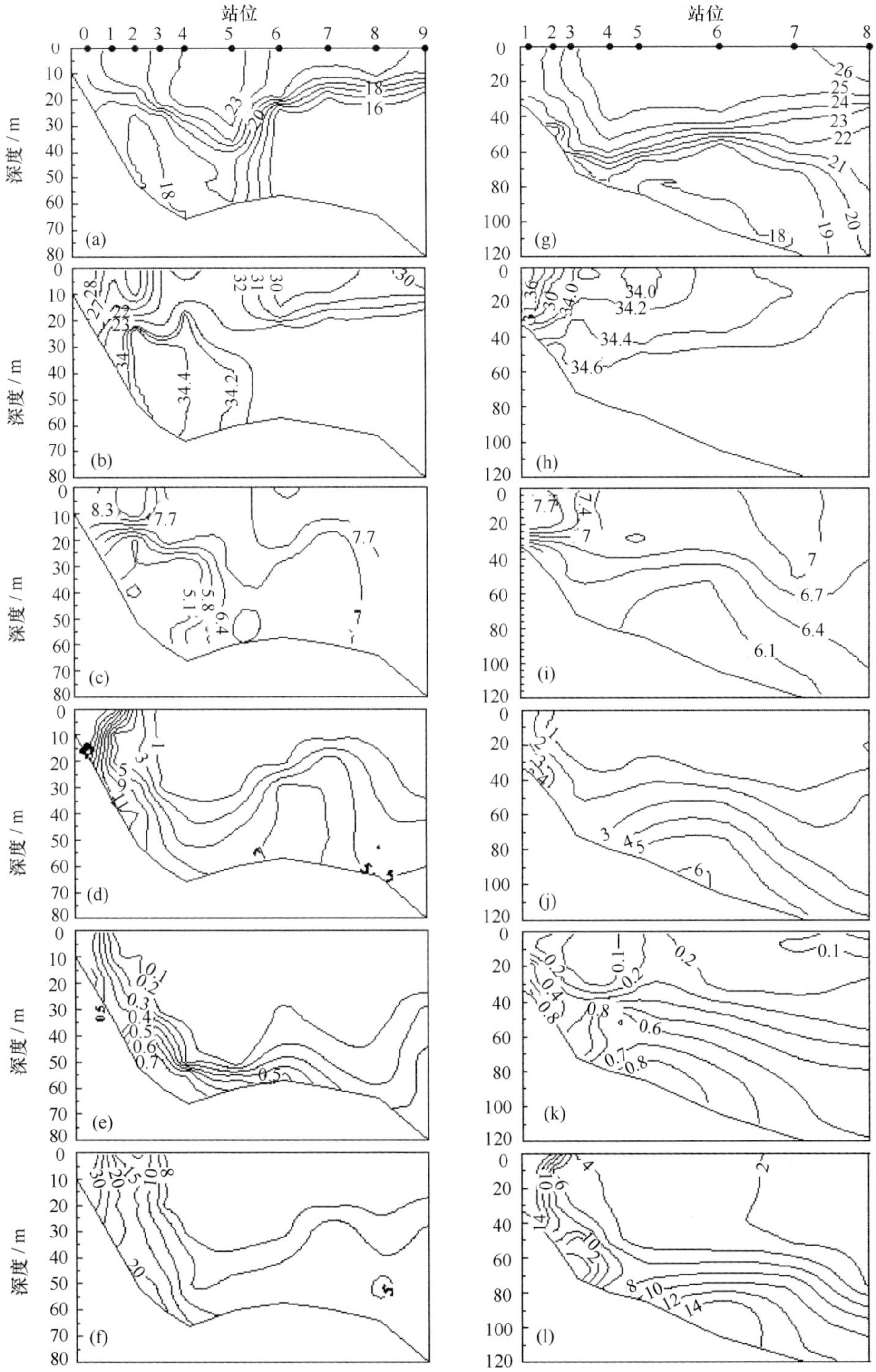

I 断面: (a) 温度; (b) 盐度; (c) 溶解氧; (d) DIN; (e) 磷酸盐; (f) 硅酸盐;

L 断面: (g) 温度; (h) 盐度; (i) 溶解氧; (j)DIN; (k) 磷酸盐; (l) 硅酸盐

图 14.17　1998 年春季东海陆架区水文和化学要素断面分布

温度: ℃; 溶解氧: mg/L; 营养盐: μmol/L

上升流,但其强度要较北部弱。

春季30 m层温度的平面分布显示[见图14.18(a)]:在东海陆架的东北部存在一冷水中心(<13℃),此为东海北部底层冷水(Wang and Chen,1998;Wang et al.,2000)。总的来看,温度分布以东高、西低和南高、北低为特征。但是,在东海中部的近岸区存在一温度低于18℃的封闭区,封闭区内温度低于周边海域的温度,说明此处的上升流强度最强。同一区域低氧中心(<5.12 mg/L)的存在也证实了上述推论[见图14.18(c)]。

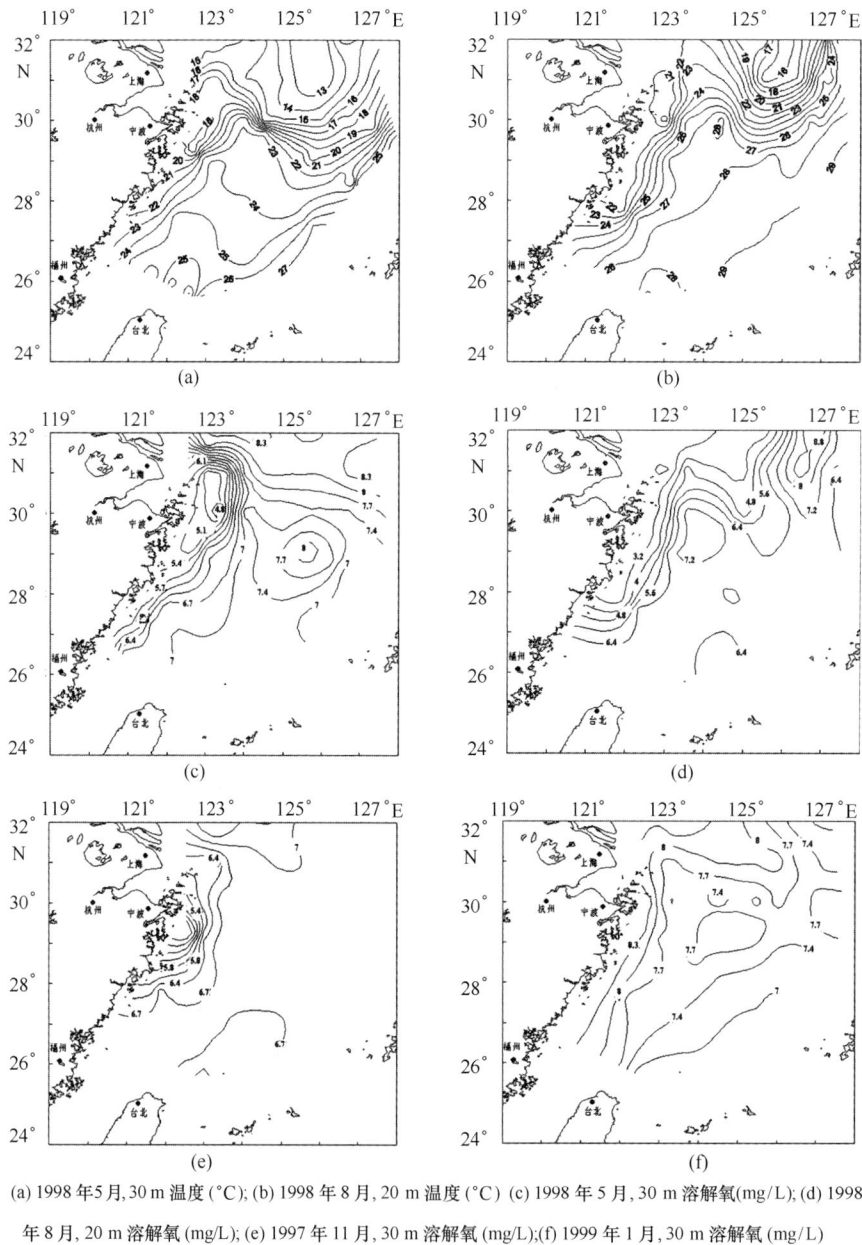

(a) 1998年5月,30 m温度(℃); (b) 1998年8月,20 m温度(℃) (c) 1998年5月,30 m溶解氧(mg/L); (d) 1998年8月,20 m溶解氧(mg/L);(e) 1997年11月,30 m溶解氧(mg/L);(f) 1999年1月,30 m溶解氧(mg/L)

图14.18 东海陆架区温度和溶解氧平面分布

2)夏季

该海域环流模式和水团构成与春季相似。不过,由于陆地径流量的增大和偏南风势力的加强,沿岸流和台湾暖流的势力加强(Guan,1994)。太阳辐射和陆地径流使得东海陆架区水体垂直分层较春季更强(见图14.19)。

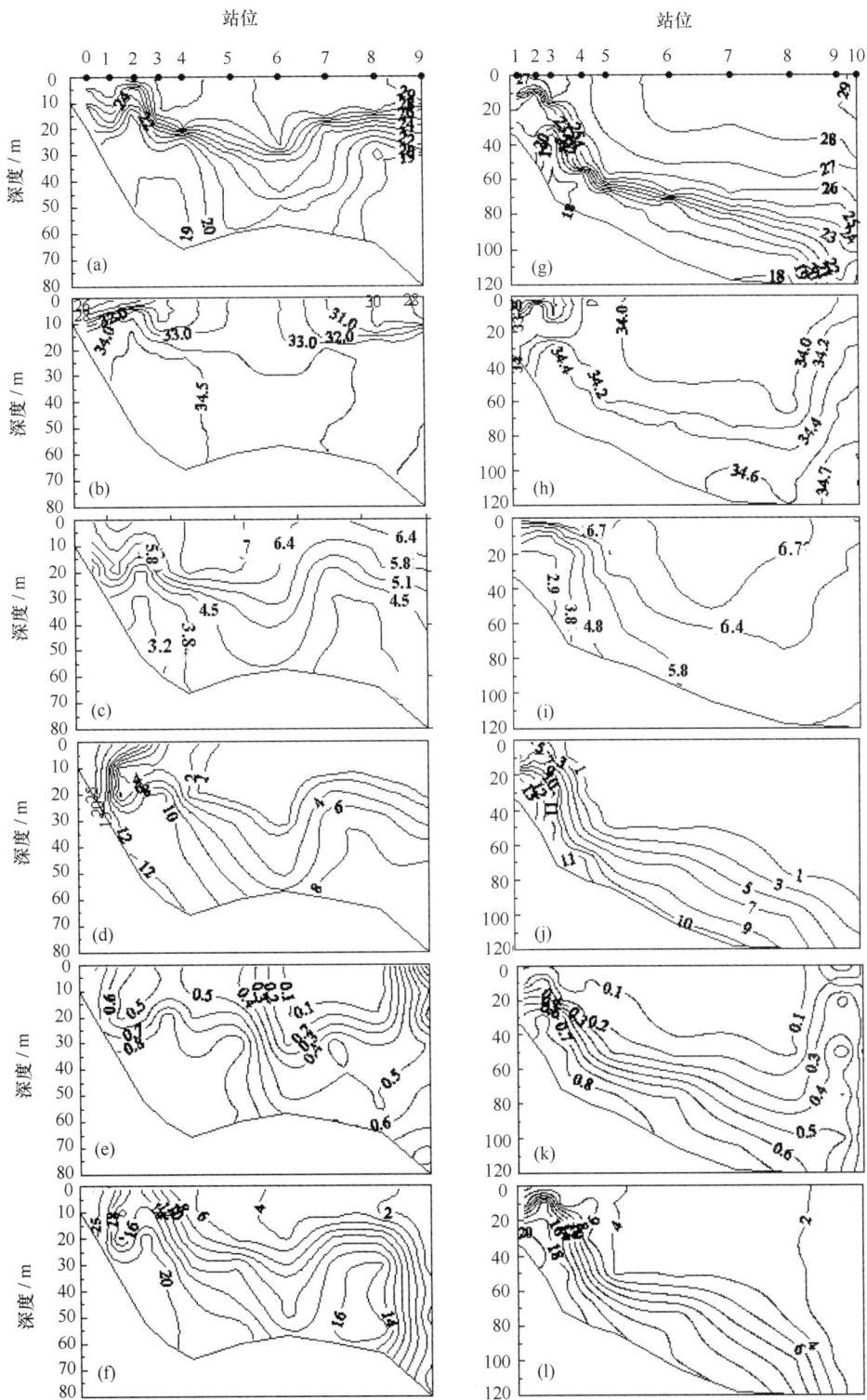

I 断面：(a) 温度；(b) 盐度；(c) 溶解氧；(d) DIN；(e) 磷酸盐；(f) 硅酸盐；

L 断面：(g) 温度；(h) 盐度；(i) 溶解氧；(j)DIN；(k) 磷酸盐；(l) 硅酸盐

图 14.19　1998 年夏季东海陆架区水文和化学要素断面分布

温度：℃；溶解氧：mg/L；营养盐：μmol/L

在东海北部的内陆架区（即 I 断面的西部）5～30 m 深度，存在很强的温度、盐度、营养盐和溶解氧跃层［见图 14.19（a）～（d）］。上层水体完全被盐度小于 31.0 的沿岸水所占据。在跃层以下仍然是台湾暖流深层水，其特征为低温（< 19.0 ℃）、高盐（> 34.0）、低氧（< 6.4 mg/L）和高营养盐含量［见图 14.19（a）～（f）］。在近岸海域的 I2 站，温度、盐度、溶解氧和营养盐等值线均呈舌状垂直向上冲顶。这些特征表明该海域存在很强的上升流。

在东海南部内陆架区（断面 L 西部），温度、盐度、溶解氧和营养盐等值线均呈舌状垂直向上冲顶，与北部的情形非常相似，表明在东海南部也存在很强的上升流。

夏季 20 m 层温度和溶解氧的平面分布见图 14.19（g）、（i）。夏季东海陆架的温度分布特征与春季极为相似。除了东海最南部外，东海近岸海域的溶解氧含量均小于 3.2 mg/L，其范围较春季低氧区范围大得多。这说明，夏季东海沿岸上升流无论是强度还是范围，均较春季大得多。

3）秋季

东海陆架区的环流结构明显与春、夏季不同。沿岸流沿海岸自北向南流动，而不是像春、夏季那样向北流动。台湾暖流与沿岸流的流向相反。秋季由于偏北风的作用使得台湾暖流更贴近海岸，且流幅和流速均减弱（Guan，1994）。随着秋季表层水温的降低和对流作用的加强，上层水体（0～30 m）性质大致均匀（见图 14.20）。

在东海北部的陆架区（即 I 断面），水体性质几乎是垂直均匀的。但在水深较深的海沟区域，仍然残存有自夏季保留下来的台湾暖流底层水。虽然温度、盐度、溶解氧和营养盐等值线均呈向上倾斜，但其强度较春、夏季弱得多［见图 14.20(a)～(f)］。

在东海南部陆架区（L 断面），上层 20 m 水体也几乎是均匀的。然而，溶解氧和营养盐等值线向上倾斜的强度似比北部的强，说明东海南部的上升流强度可能比北部要强一些。

由于冷却作用和对流作用的加强，东海陆架上层水体（0～30 m）的性质几乎呈垂直均匀分布。因此，从上层水体温度的平面分布（略）中看不出上升流的迹象。但是，在 30 m 层溶解氧的平面分布中，在东海中部近岸海域存在一溶解氧低值区，此处最低溶解氧含量为 4.16 mg/L［见图 14.18（e）］。这说明秋季东海沿岸上升流以东海中部近岸最强。

4）冬季

东海陆架环流模式与秋季相似，但其强度势力减弱。在东海中、内陆架区只存在两个水团，即沿岸水和台湾暖流上层水。台湾暖流底层水在冬季已消失（Guan，1994）。低盐的沿岸水被限制在靠岸的一狭带，而台湾暖流上层水占据了内陆架区的大部分海域。台湾暖流西侧紧靠低盐的沿岸流，在两个海流之间形成了很强的锋面（见图 14.21）。

由于冬季海水的冷却作用，底层海水的温度要比表层海水高。因此，假如存在上升流的话，涌升上来的海水的温度要比周边海域的水温高。但在温度和溶解氧的平面分布中看不出任何上升流的迹象，说明即使存在上升流，其强度也很弱。在东海北部，整个水体垂直分布均一，说明该处并无上升流存在。但在东海南部内陆架区，温度、盐度、溶解氧和营养盐等值线存在不同程度的上倾现象。假如没有上升流存在的话，这些参数的等值线应该是垂直均匀的，因为此处水浅，冬季强烈的垂直混合作用应该可直达海底。许建平等（1986）观测到了相似的现象并得出了相同的结论。

在东海，夏季盛行西南风，有利于沿岸上升流的产生。但在冬季，虽然盛行的东北风不利于上升流的产生，似乎也有上升流存在。这说明风不是东海沿岸上升流的唯一驱动因素，

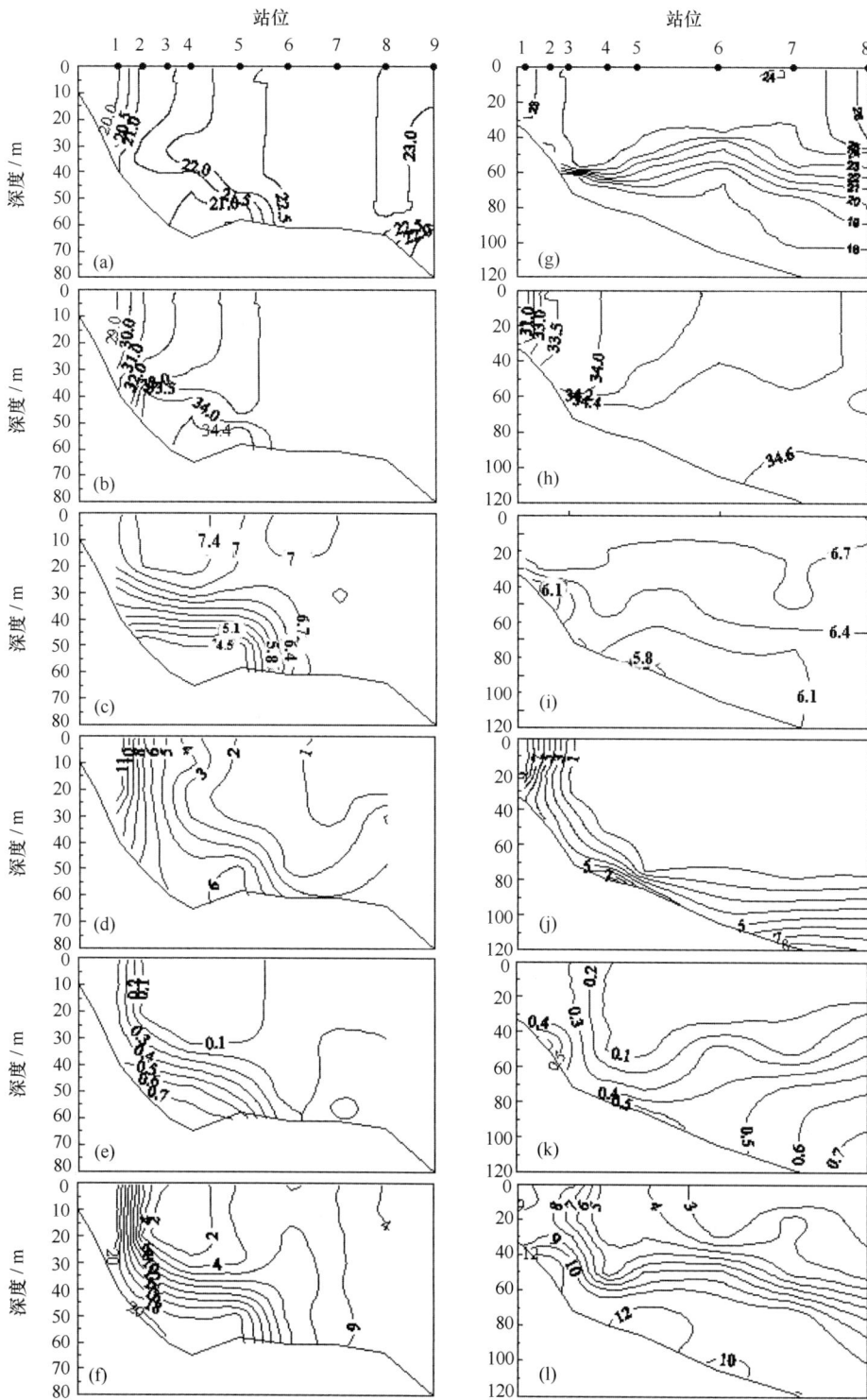

I 断面：(a) 温度；(b) 盐度；(c) 溶解氧；(d) DIN；(e) 磷酸盐；(f) 硅酸盐；

L 断面：(g) 温度；(h) 盐度；(i) 溶解氧；(j)DIN；(k) 磷酸盐；(l) 硅酸盐

图 14.20　1997 年秋季东海陆架区水文和化学要素断面分布

温度（℃）；溶解氧（mg/L）；营养盐（μmol/L）

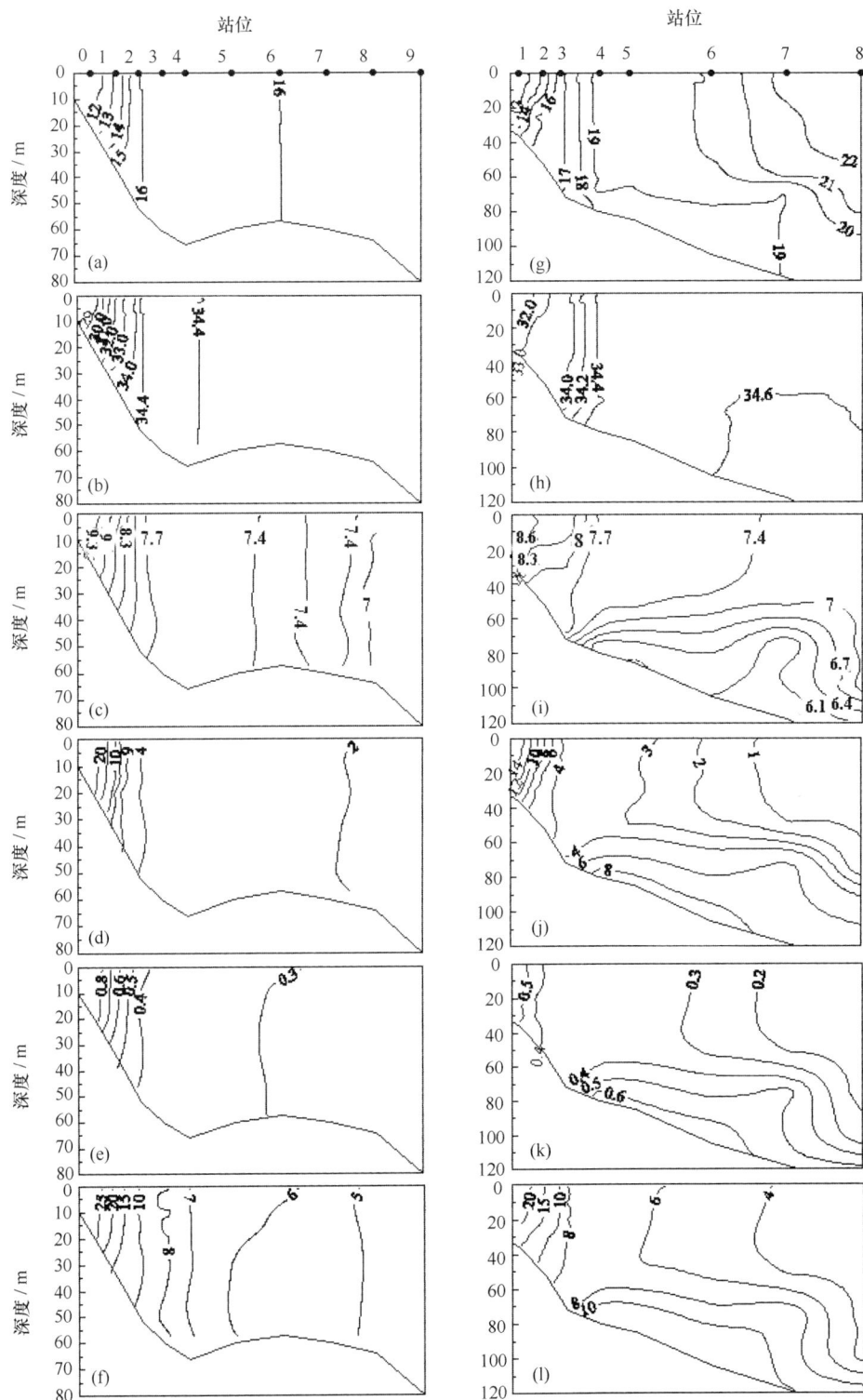

I 断面：(a) 温度；(b) 盐度；(c) 溶解氧；(d) DIN；(e) 磷酸盐；(f) 硅酸盐；

L 断面：(g) 温度；(h) 盐度；(i) 溶解氧；(j)DIN；(k) 磷酸盐；(l) 硅酸盐

图 14.21　1999 年冬季东海中部陆架区水文和化学要素断面分布

温度（℃）；溶解氧（mg/L）；营养盐（μmol/L）

必定存在其他产生上升流的动力机制。胡敦欣等（1980）指出，在台湾的东北部存在一支黑潮分支（即台湾暖流），当在台湾暖流向北流动的过程中，随着水深变浅，低 Ekman 螺旋形效应引起海水向岸涌升。潘玉球等（1985）估算了由台湾暖流河堤形效应引起的上升流速率，发现其量值与夏季由风引起的上升流速率是同一量级。丁宗信（1983）也得出了相似的结果。因此，总体来看，目前比较一致的看法是：东海沿岸上升流是由风和海流 – 地形效应共同驱动而产生的（颜廷壮，1991）。

14.6.2 上升流对东海近岸真光层营养盐的贡献

许多调查研究表明，东海沿岸海域已成为营养盐富集区（Wang et al.，2003；Wong et al.，1998）。来自长江的大量营养盐是该海域营养盐的主要来源之一（Edmond et al.，1985；Liu et al.，2002；Wang et al.，2003）。然而，沿岸上升流将底层的富营养盐海水带至真光层，亦将对该海域的初级生产做出贡献。

通过上升流输入真光层的营养盐通量，可以通过营养盐浓度和上升流速度的乘积而估算。由于难以获得整年的上升流速度，并考虑到该海域上升流以夏季最强，因此我们只估算夏季上升流营养盐通量。

不同作者利用各种方法估算了夏季东海沿岸上升流的速度，所得结果也不尽一致（表14.3）。

表 14.3　夏季东海沿岸最大上升流速度

上升流速度/（cm/s）	参考文献
8.4×10^{-4}	许建平等（1983）
8.0×10^{-3}	胡敦欣等（1980）
1.0×10^{-3}	赵保仁（1991）
6.5×10^{-3}	罗义勇（1998）
7.0×10^{-3}	刘先炳和苏纪兰（1991）
8.9×10^{-3}	王辉（1996）
5.4×10^{-3}	平均值

根据夏季化学和水文要素的断面分布和平面分布，夏季上升流区域取宽度为 50 km、长度为 300 km，面积为 1.5×10^4 km^2。上升流水的营养盐浓度（以 20 m 层浓度）分别为：无机氮 10 μmol/L，磷酸盐 0.65 μmol/L，硅酸盐 15 μmol/L。取最大上升流速度平均值的一半即 2.7×10^{-3} cm/s，作为夏季东海沿岸上升流的平均速度。按下式计算营养盐通量：

$$F = C \cdot W \cdot A \cdot t, \tag{14.1}$$

式中，F 为营养盐通量，C 为营养盐浓度，W 为上升流速度，A 为上升流区域面积，t 为时间（这里按夏季 100 天计算）。估算得到营养盐通量分别为：无机氮 35×10^9 mol，磷酸盐 2.3×10^9 mol，硅酸盐 53×10^9 mol。该通量值与 20 世纪 80 年代长江的营养盐通量相比，无机氮和硅酸盐通量约为长江年通量的 2/3，无机磷通量为长江年通量的 4 倍多；与 20 世纪 90 年代末长江的营养盐通量相比，上升流无机氮通量约为长江的营养盐通量的 1/3，无机磷通量约为长江年通量的 2 倍（见表 14.4）。若考虑长江冲淡水水营养盐的影响范围较沿岸上升流影响范围要大，且同期（即夏季）长江的营养盐通量较年通量小，则上升流对真光层的贡献率较长江的影响还要大。此外，由于长江水中的 N/P 比值异常高（N/P = 125），导致长江口及其邻近海域高的 N/P 比值，浮游植物生长受磷限制（Harrison et al. , 1990；Wang et al. , 2003）。上升流水较低的 N/P 比值（N/P≅15）将有利于东海沿岸的磷限制的程度。

表 14.4　夏季东海沿岸上升流营养盐通量与长江营养盐年通量比较

	DIN $/(\times 10^9\ mol)$	$PO_4 - P$ $/(\times 10^8\ mol)$	$SiO_3 - Si$ $/(\times 10^9\ mol)$	出处
长江（20 世纪 80 年代）	56	4.8	79	沈志良，1991
	44	5.3	88	Zhang，1996
长江（20 世纪 90 年代末）	125	10.6	—	沈志良，2004；本节
沿岸上升流	35	23	53	本节

根据对东海陆架海域化学水文学特征的分析表明，东海沿岸上升流终年存在，但上升流的区域面积和强度不同季节差异很大。从上升流区域的季节变化来看，春季和夏季东海沿岸的所有海域均存在上升流，而秋季只在东海中部沿岸、冬季只在东海南部沿岸海域产生上升流；从上升流强度的季节变化来看，以夏季最强，春季次之，秋季第三，冬季最弱。从地理位置来看，东海沿岸上升流以东海中部沿岸最强，东海南部和北部较弱。估算结果表明，通过上升流进入东海近岸海域真光层的营养盐通量与 20 世纪 90 年代末长江的营养盐通量相比，上升流无机氮通量约为长江的营养盐通量的 1/3，无机磷通量约为长江年通量的 2 倍。因此，认为沿岸上升流是长江口及邻近海域真光层中无机磷的主要补充机制，且上升流可改善长江口及邻近海域营养盐结构，有利于减小长江口及邻近海域的磷限制状况。

14.7　营养盐收支

欲了解东海的营养盐循环，需先了解东海的水循环。东海陆架边缘的海水由大陆架表层水（SSW）、黑潮的表层水（SW）、热带水（TW）和中层水（IW）组成。后三者主要沿着 200 m 等深线向北流，但也有一部分流到大陆架上。流入东海的游长江等河水 R_i，雨水（P）和台湾海峡水（TSW）；流出东海的除 SSW 外，还有蒸发之水（E）。所以东海水量平衡为

$$Q_{Ri} + Qp + Q_{TSW} + Q_{SW} + Q_{TW} + Q_{IW} = Q_{SSW} + Q_E \qquad (14.2)$$

盐量平衡为

$$Q_{Ri} \cdot S_{Ri} + Q_{TSW} \cdot S_{TSW} + Q_{SW} \cdot S_{SW} + Q_{TW} \cdot S_{TW} + Q_{IW} \cdot S_{IW} = Q_{SSW} \cdot S_{SSW} \qquad (14.3)$$

Chen 和 Wang（1999）按质量平衡进行了计算，得到东海各水团通量（见图 14.22）、磷通量（见图 14.23）、氮通量（见图 14.24）和碳循环模式（见图 14.25）。

在 P 的通量平衡中，还要考虑沉积物中 P 的沉降量（S_B），沉积物的再分解量（Q_{Re}）以及经由大陆斜坡向外和向下移动的沉积物量（Q_{SS}）。由图 14.22 和图 14.23 还可见，黑潮中层水涌升陆架的水量虽不高，但因其中含 P 量甚高，因此黑潮中层水成为东海陆架上 P 的主要来源，它远超过河水的供应量。N 循环较为复杂，与 P 相比还有固氮作用和硝化作用，此两者在东海均缺少实测值。图 14.24 的 N 循环，通过假设 Q_{SS} 是 P 的 16 倍，从而得硝化作用和固氮作用之差值 Q_{AS}。黑潮中层水提供给陆架的 N（硝酸盐）虽仍超过河水所提供的，但比例不像 P 那么高。

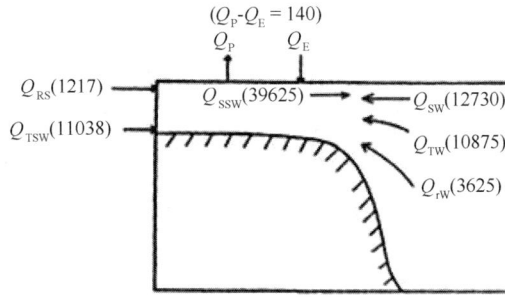

图 14.22 东海水量平衡（km^3/a）；
图内括号内是通量数值

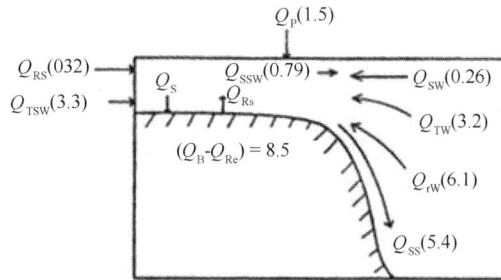

图 14.23 东海磷通量（$\times 10^9\ mol/a$）；
图内括号内是通量数值

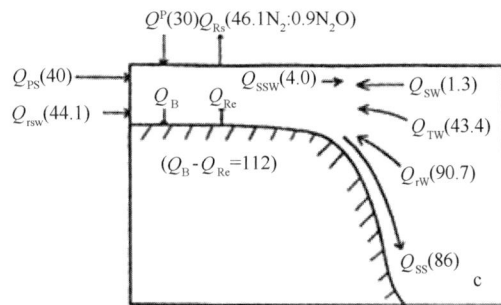

图 14.24 东海氮通量（$\times 10^9\ mol/a$）；
图内括号内是通量数值

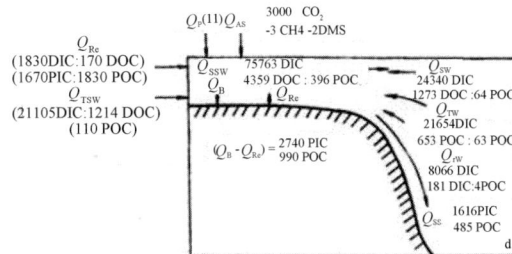

图 14.25 东海碳通量（$\times 10^9\ mol/a$）
图内括号内是通量数值

第 15 章　东海 CO_2 与碳化学[①]

东海的碳化学受长江冲淡水、沿岸水、台湾海峡水，以及黑潮水的综合影响，季节变化显著。本章主要根据 2007 年 4—5 月（春季）、7 月（夏季，引自 Chou et al.，2009a）、10—12 月（秋季）、2008 年 1 月（冬季，引自 Chou et al.，2011）和 2008 年 8 月（夏季）的调查，对东海碳化学参数的平面分布、季节变化和主要调控机制加以阐述。

15.1　海区的无机碳分布特征

夏季东海大部分海域表层碱度分布在 2.18 ~ 2.22 mmol/L 范围，通常内陆架海域较低而受黑潮影响的冲绳海槽附近比较高；但在长江口外侧及杭州湾附近受河流冲淡水影响的海域，夏季表层碱度可小于 2.14 mmol/L；冬季由于水体垂直混合作用，东海绝大部分海域碱度分布在 2.32 ~ 2.34 mmol/L 的狭窄范围；春、秋两季，东海北部大部分海域的碱度都与冬季相当，而比夏季高（图 15.1）。

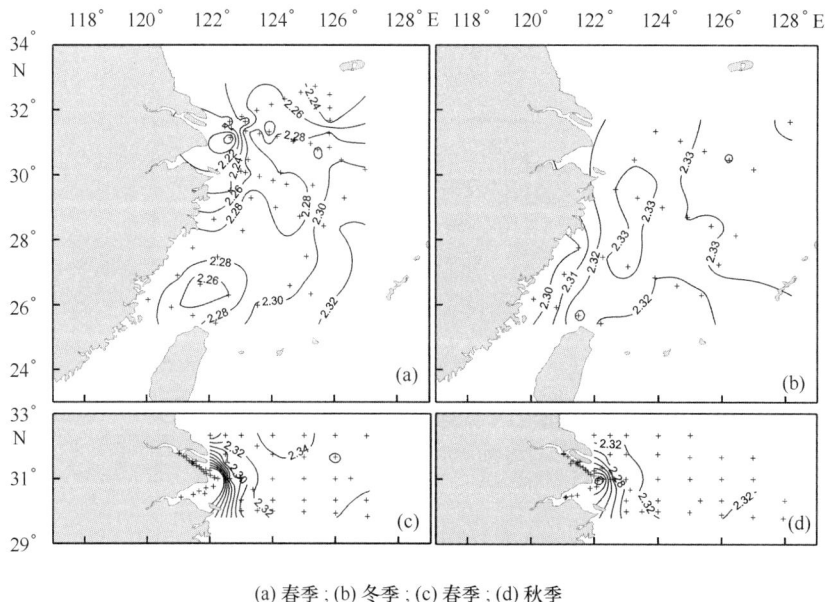

(a) 春季；(b) 冬季；(c) 春季；(d) 秋季

图 15.1　东海表层碱度的季节分布（mmol/L）

夏季资料主要来源：Chou et al.，2009a；冬季资料来源：Chou et al.，2011，均有修改

海区的表层溶解无机碳（DIC）分布在 1.85 ~ 2.10 mmol/L 范围，季节变化明显（见图 15.2）。夏季，受长江冲淡水稀释和浮游植物初级生产活动旺盛的双重影响，海表 DIC 基本上处于 1.85 ~ 2.00 mmol/L 的较低水平。夏季最高值 2.06 mmol/L 出现在长江口以南的沿岸

---

① 本章撰稿人：翟惟东，洪华生。

上升流影响区域。春、秋季，北部部分海域受到黄海沿岸水南侵的影响，DIC 呈现北高南低的趋势，春季曾在海区北侧观测到 2.16 mmol/L 的 DIC 最高值。冬季 DIC 的空间分布变化较为平缓，北高南低的趋势十分明显。由于受到冬季流场的主控，西侧浙闽沿岸流区域的 DIC 也较高。

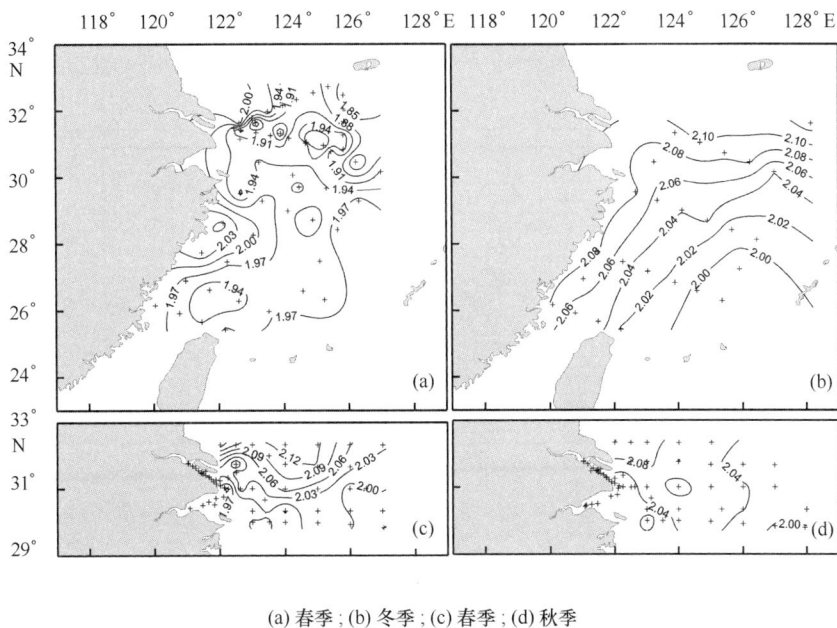

(a) 春季；(b) 冬季；(c) 春季；(d) 秋季

图 15.2　东海表层溶解无机碳的季节分布 （mmol/L）

夏季资料来源：Chou et al.，2009a；冬季资料来源：Chou et al.，2011，均有修改

15.2　海区的无机碳行为

15.2.1　长江径流的无机碳——低盐端

根据 2005 年 10 月、12 月和 2006 年 1 月、4 月的调查，长江河口混合区域的无机碳混合行为十分复杂，这主要是受长江口外众多高盐水团的影响。总体而言，长江口淡水端的碱度和 DIC 都超过 1.70 mmol/L （见图 15.3），在世界河流中属于比较高的。

河口上游的碱度与 DIC 数据基本上呈现 1∶1 关系 （见图 15.4），结合长江径流弱碱性 （pH 值为 8.0）和低 CO_2 释放通量 （Zhai et al.，2007）的特征，可推断长江口淡水端的碱度和 DIC 都以 HCO_3^- 为主。

研究还发现，由于长江上游与中、下游汛期不同步，导致长江口淡水端 DIC 和碱度与流量的关系并非线性相关关系：每年最低的 DIC 和碱度不是出现在水量最大、稀释作用最强的 7 月、8 月，而是出现在长江上游冰雪融水开始增多的 4、5 月份 （Zhai et al.，2007）。根据这个发现，我们将 2005—2006 年度有限的现场数据扩展到全年，从而得出调查期间长江输送入海的溶解无机碳年通量 1.54×10^{12} mol/a，这与通过多年平均数据得出的长江输送入海的碱度通量很接近，占全球陆地入海无机碳的 5%，十分显著。

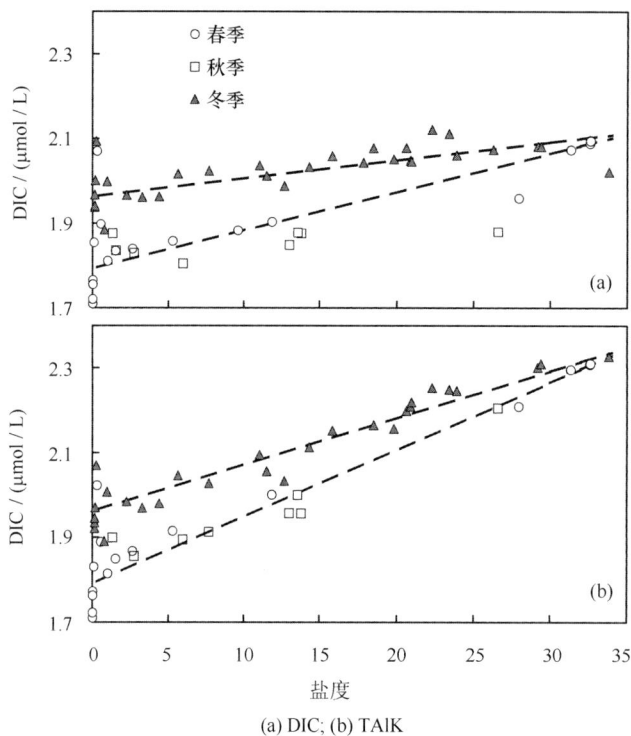

(a) DIC; (b) TAlK

图 15.3　河口混合区域溶解无机碳（DIC）和总碱度（TAlk）与盐度的关系

资料来源：Zhai et al. 2007，有修改

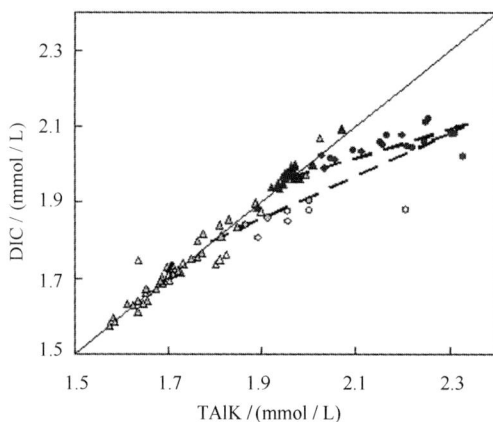

图 15.4　长江口内（上三角符号）和口外低盐区域（圆形符号）
溶解无机碳（DIC）与总碱度（TAlk）的关系

资料来源：Zhai et al.，2007，有修改

15.2.2　东海黑潮区的无机碳——高盐端

　　根据 2009 年 8 月的调查，东海受黑潮影响区域的无机碳主要受不同深度的 4 个水团混合作用控制：表层混合水、位于 125 m 深的黑潮热带水、水深 500 m 左右的黑潮中层水和 800 m以深的深层水（见图 15.5）。图 15.6 表明，黑潮热带水及其上覆表层水的碱度特征相似，校正到盐度 35 的数值为 2.35～2.36 mmol/L。

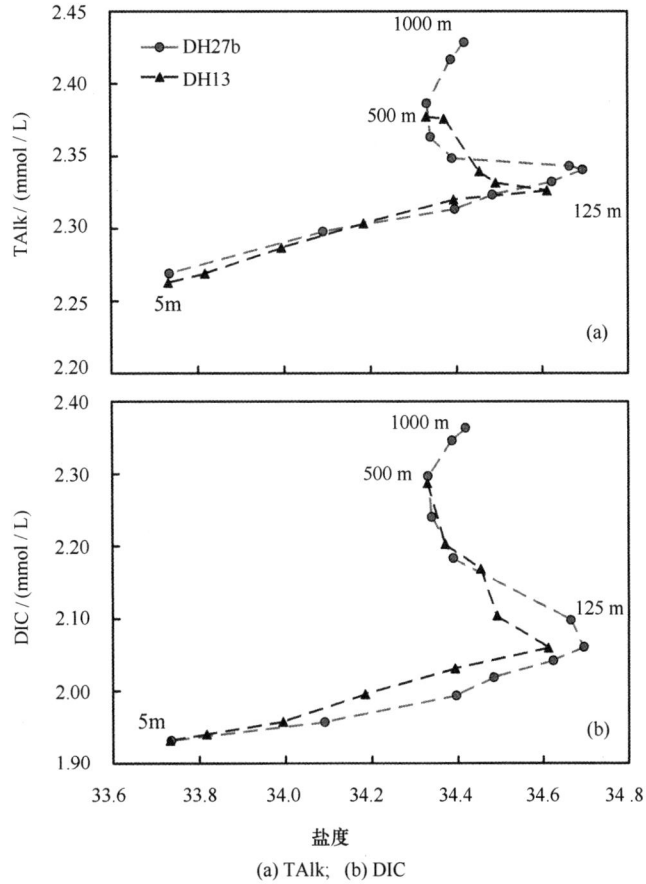

(a) TAlk；(b) DIC

图 15.5　东海受黑潮影响区域不同水深总碱度（TAlk）
和溶解无机碳（DIC）与盐度的关系（2009 年 8 月数据）

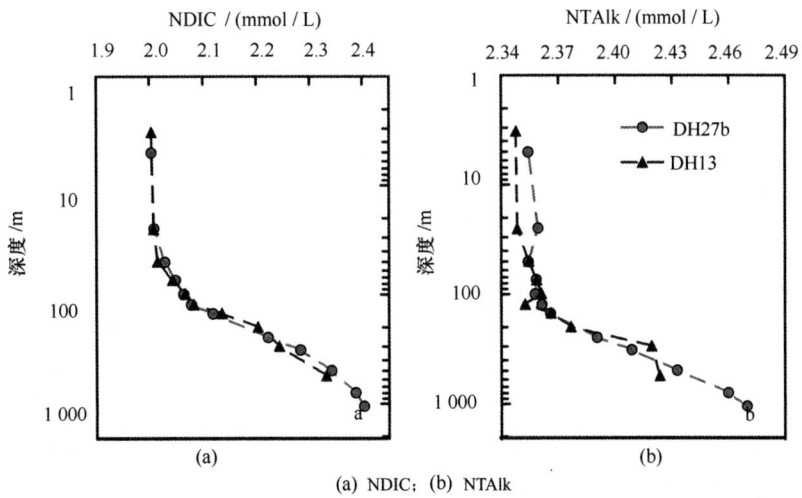

(a) NDIC；(b) NTAlk

图 15.6　校正到盐度 35 的溶解无机碳（NDIC）和总碱度（NTAlk）
在东海受黑潮影响区域的垂直分布（2009 年 8 月数据）

15.2.3 邻近长江口海域的无机碳混合行为

根据 2007 年 4—5 月的调查（站位设置参见图 15.1），邻近长江口海域春季的碱度主要受长江冲淡水与黑潮热带水混合控制，而调查区域北侧站位还表现出黄海水团与黑潮热带水混合的特征（图 15.7）。该海域春季的 DIC 在上述 3 个水团混合过程之上又叠加了显著的生物去除效应（见图 15.7）。

相比于春季，该海域秋季的无机碳混合行为显得更加复杂，主要表现在盐度 33 以上的碱度亏损而 DIC 呈现显著添加特征（图 3.15.2.6）。这可能是由于夏季蓄积在长江口外底层缺氧区的超额无机碳在秋季释放出来的缘故。

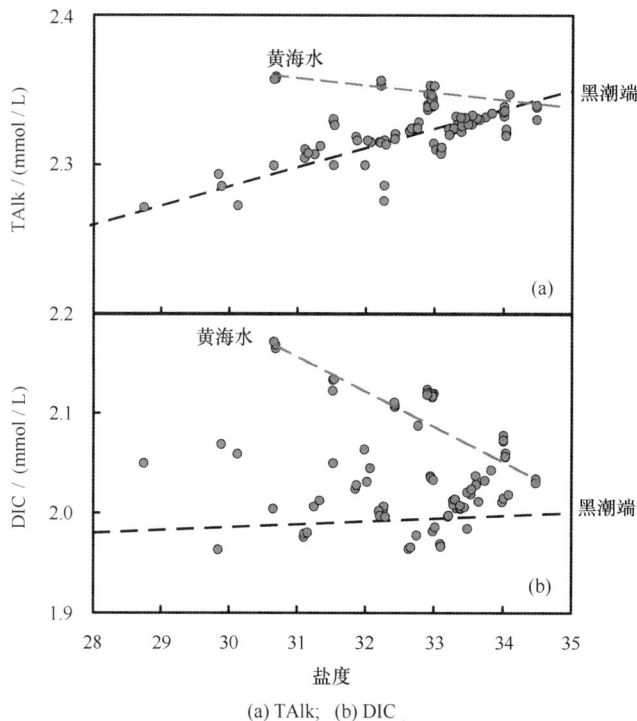

(a) TAlk; (b) DIC

图 15.7　2007 年春季长江口及邻近海域表层总碱度（TAlk）、溶解无机碳（DIC）与盐度的关系
虚线表示不同端元之间的保守混合线

15.3　海区的海 – 气 CO_2 通量

早在 20 世纪末，科学界就发现东海总体上是从大气吸收 CO_2 的，例如，张远辉等（1997）最早根据全海域 45 个站位春、秋季的调查数据，估算大气输入东海的 CO_2 净通量为 1.0 mol/（$m^2 \cdot a$）；日本科学家将跨陆架的一条断面上 12 ~ 14 个测点的资料扩展到整个东海，认为东海从大气吸收 CO_2 的净通量可达 2.9 mol/（$m^2 \cdot a$）（Tsunogai et al.，1997，1999）；而胡敦欣等（2001）根据全海域四季观测的数据，认为东海每年可从大气吸收大约 430×10^4 t 碳，净吸收通量相当于 0.46 mol/（$m^2 \cdot a$）。此外，台湾科学家估算东海东部海域吸收大气 CO_2 的净通量为 1.2 ~ 2.8 mol/（$m^2 \cdot a$）（Peng et al.，1999；Wang et al.，2000）。因此，虽然目前公认东海是大气 CO_2 的净汇区，但是到底东海每年能吸收多少 CO_2，尚无定论。

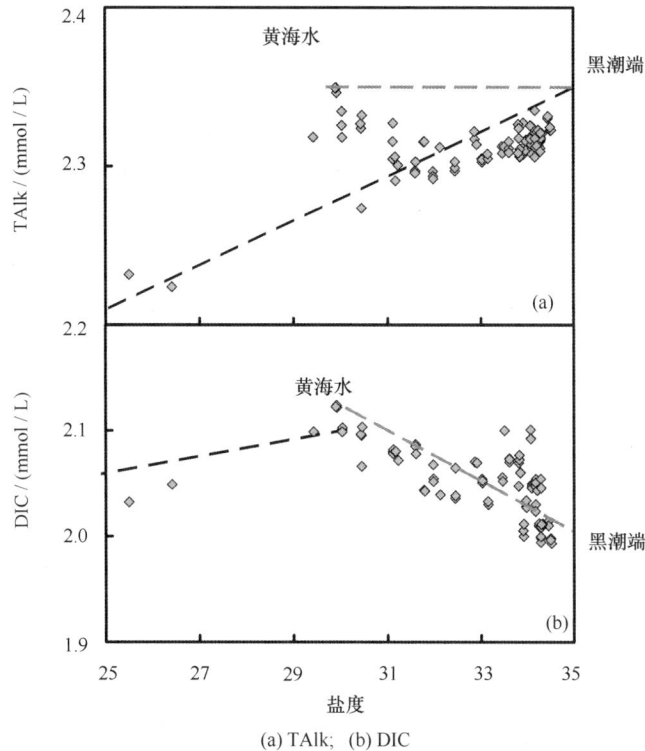

(a) TAlk; (b) DIC

图15.8 2007年秋季长江口及邻近海域表层总碱度（TAlk）、溶解无机碳（DIC）与盐度的关系
虚线表示不同端元之间的保守混合线

目前，对长江口及邻近海域的海－气CO_2通量的季节变化及其调控已经了解得比较清晰。大致上，长江口及邻近海域在秋季主要是向大气释放CO_2（Shim et al.，2007；Zhai and Dai，2009），而在其他季节都是海区从大气吸收CO_2（Wang et al.，2000；Shim et al.，2007；Zhai 和 Dai，2009；Chou et al.，2009a；2011）。这是因为，春季水华引起海表CO_2分压显著低于大气（见图15.9）；这样的水华及其引发的吸收CO_2的过程可以一直持续到夏季（见图15.10），与之相伴的是次表层、底层水体的超额无机碳积累（Chou et al.，2009b）；秋季，春、夏两季积累的超额无机碳大规模地向大气释放（见图15.11，图15.12），至次年一月份超额无机碳消耗殆尽（见图15.9）。全年汇总起来，靠近韩国的东海北部海域海－气CO_2净通量的保守估计为0.87 mol/（$m^2 \cdot a$）（Shim et al，2007，冬季资料为春、秋季插值数据）；长江口附近海域的CO_2净吸收通量则为1.9 mol/（$m^2 \cdot a$）（Zhai and Dai，2009）。

总之，对于东海及类似的中、高纬度陆架海域，要想在周年或更长的时间尺度上净吸收人为CO_2，必须要解决碳埋藏或者碳输出到深海封存的问题，否则在春、夏季通过浮游植物大量生长而吸收的人为CO_2，可能在秋末、冬初水体层化现象打破时就大部分又释放回大气。已有研究表明，东海的碳埋藏量不足东海碳储量的20%（Deng et al.，2006），而且大都发生在水深不到100 m的浅水区域，不能说明东海为什么能大量吸收人为CO_2的问题。为此，日本科学家根据他们在东海所做的碳化学研究提出，东海除了水温较低能溶解比较多的CO_2，以及较高的初级生产水平加速海水吸收大气CO_2以外，溶解碳沿海水等密度面由陆架向大洋输送是陆架去除CO_2的另一个重要机制，即所谓的"陆架泵"假说（Tsunogai et al.，1999）；然而，我国科学家根据东亚季风环流的季节变化，提出"风驱输运"假说，认为东海在冬季向大洋物质输运的动力主要是东北季风驱动的底层离岸流（胡敦欣和杨作升，2001）。目前这两种假说都还有待检验。

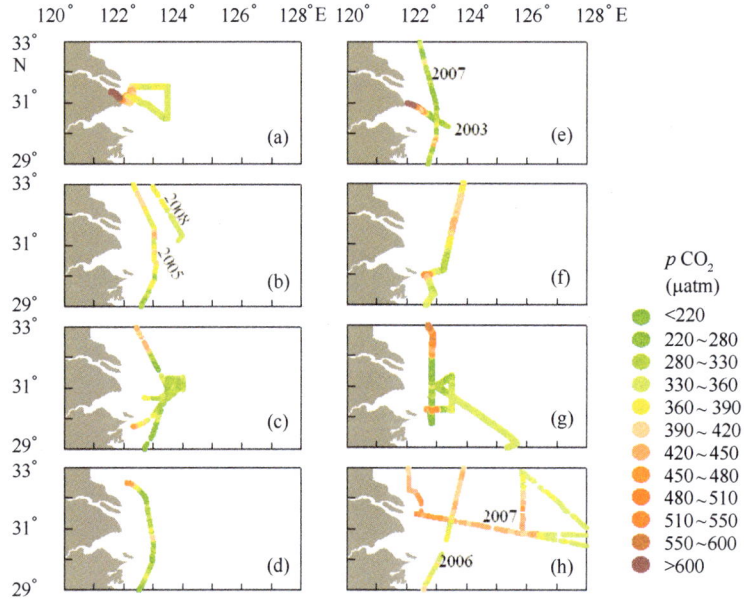

(a) 2006 年 1 月；(b) 2005 年 4 月初和 2008 年 3 月底；(c) 2008 年 4 月；(d) 2005 年 5 月；

(e) 2003 年 8 月和 2007 年 7 月；(f) 2006 年 9 月；(g) 2006 年 10 月；(h) 2006、2007 年的 11 月

图 15.9　长江口及邻近海域的表层 CO_2 分压（pCO_2）。

黄色表示与大气平衡，红色表示向大气释放 CO_2，绿色表示从大气吸收 CO_2。

资料来源：Zhai 和 Dai，2009，有修改

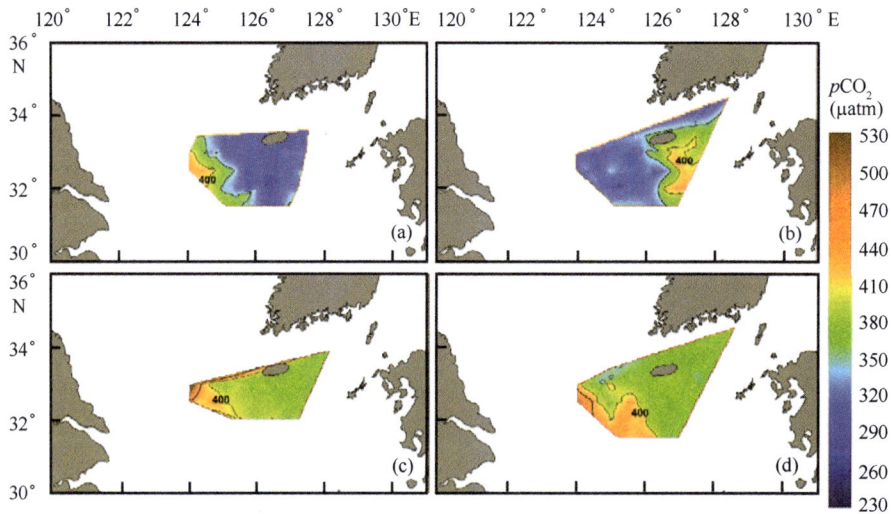

(a)　2004 年 5 月；(b)　2003 年 8 月；(c)　2004 年 10 月；(d)　2005 年 11 月

图 15.10　长江口以东海域的表层 CO_2 分压（pCO_2）季节分布

绿色表示与大气平衡，暖色表示向大气释放 CO_2，冷色表示从大气吸收 CO_2

资料来源：Shim et al.，2007

第 16 章　东海海水中的有机物[①]

16.1　总有机碳

本次调查共获得东海 4 个季节 TOC 含量数据 2 080 个，范围为 0.15 ~ 8.04 mg/L，含量最大值出现在春季底层。由统计特征表 16.1 可以看出，4 个季节东海 TOC 含量表底层均大于中间的 10 m 层和 30 m 层。TOC 含量各季节平均值比较接近，相对于其他 3 个季节秋季 TOC 含量比较高。

表 16.1　东海总有机碳统计特征　　　　　　　　　　　单位：mg/L

海区	季节	量值	水深				全部数据
			0 m	10 m	30 m	底层	
东海	春季	范围	0.15 ~ 6.13	0.15 ~ 5.44	0.15 ~ 2.24	0.15 ~ 8.04	0.15 ~ 8.04
		平均值	1.11	1.04	1.01	1.12	1.08
	夏季	范围	0.45 ~ 3.39	0.42 ~ 2.11	0.34 ~ 7.64	0.15 ~ 2.42	0.15 ~ 7.64
		平均值	1.14	0.93	0.93	1.01	1.01
	秋季	范围	0.31 ~ 7.09	0.26 ~ 3.84	0.15 ~ 2.81	0.15 ~ 1.89	0.15 ~ 7.89
		平均值	1.25	1.09	0.94	1.28	1.16
	冬季	范围	0.15 ~ 2.39	0.15 ~ 2.62	0.15 ~ 1.88	0.15 ~ 3.23	0.15 ~ 3.29
		平均值	1.08	0.94	0.85	1.11	1.01

16.1.1　平面分布特征

1）春季

春季长江口 TOC 含量大于 1.2 mg/L 的水舌向北延伸，源于杭州湾的 TOC 向东影响至 123°E 的海域，在舟山市东部有一片 TOC 含量大于 2 mg/L 的相对高值区，春季表层 TOC 最大值出现在该区域［见图 16.1（a）］。整个 30°N 以北的东海 TOC 含量均大于 0.6 mg/L。象山县和温州市海域有一大片 TOC 含量低于 0.6 mg/L 的相对低值区，一直延伸至外海，仅在 28° ~ 29.5°N，125° ~ 126°E 海域有 TOC 含量大于 0.6 mg/L 的海域。整个台湾海峡 TOC 含量较高，宁德三都湾外有一片 TOC 含量大于 1.2 mg/L 的封闭区域，莆田兴化湾至厦门海域 TOC 含量均大于 1.2 mg/L，且海域有一小片 TOC 含量大于 2 mg/L 的高值区。

10 m 层［见图 16.1（b）］：源于长江的 TOC 含量大于 1.5 mg/L 的水舌向南延伸至舟山群岛以北附近海域，在长江以东海域分布着 3 块 TOC 含量小于 1 mg/L 的海区。在 27° ~ 30°N 之

---

① 本章撰稿人：邝伟明，暨卫东，张元标。

间的调查海区中的 TOC 含量相对较低，舟山市西南 TOC 含量小于 0.5 mg/L 低值水舌向西延伸，台州市外海分布 TOC 含量小于 0.5 mg/L 封闭区域，该区域外海区域有大片 TOC 含量小于 0.5 mg/L 的相对低值区。从宁德海域起向南至漳州市附近海域 TOC 含量均大于 1 mg/L，特别是莆田兴化湾至漳州市大澳湾的近岸海域的 TOC 含量大于 1.5 mg/L。

30 m 层［见图 16.1（c）］：长江口和杭州湾外海域总体含量较低，高值区出现在远离陆地的外海，约 32°N，123°E 海域向东延伸至调查区域边界拐向南延伸至约 30°N。宁波市至温州市近岸海域 TOC 含量低于 0.6 mg/L。自宁德三都湾以南海域至台湾海峡大部，TOC 含量均大于 1.2 mg/L。

底层［见图 16.1（d）］：杭州湾和长江口 TOC 含量均大于 1.3 mg/L，本层次的最大值 8.04 mg/L 出现在岱山岛和秀山岛之间的 02 站。长江口以东海域被一片 TOC 低值区分成 3 片不同 TOC 含量的分布，中部南北走向的 TOC 含量低于 0.8 mg/L，约 124°E 以东海域 TOC 含量又高于 0.8 mg/L。源于外海的 TOC 低值向西延伸至 122°E 后向北转向影响至舟山市的南部海域。宁德海域以南起至整个台湾海峡大部 TOC 含量均大于 1.3 mg/L。

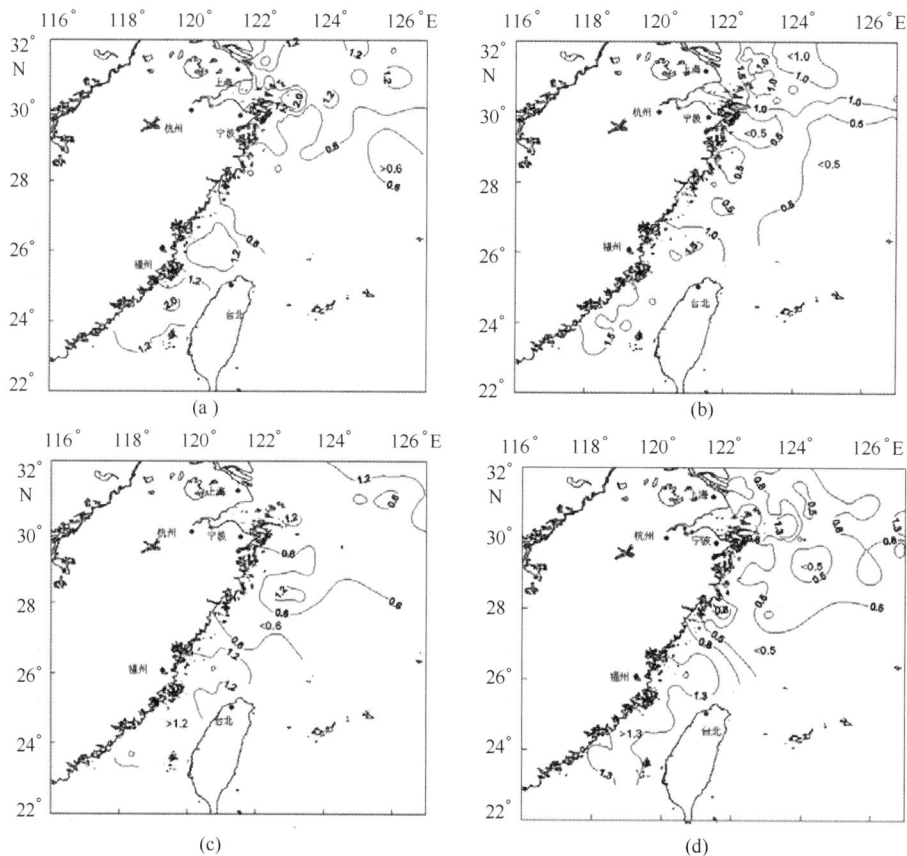

(a) 表层；(b) 10 m；(c) 30 m；(d) 底层

图 16.1 春季东海 TOC 平面分布（mg/L）

2）夏季

表层［见图 16.2（a）］：长江口及杭州湾以东的东海大部分海域 TOC 含量大于 1.2 mg/L，再向南除了舟山群岛近海 TOC 含量在 0.8～1.2 mg/L 之间，大部分海域 TOC 含量小于

0.8 mg/L，宁德三都湾以南的海域 TOC 含量均高于 0.8 mg/L，在三都湾至闽江口、兴化湾和围头近海有 TOC 含量大于 1.2 mg/L 的相对高值区，特别是闽江口外后有一小片封闭的 TOC 含量大于 2 mg/L 的高值区。

10 m 层［见图 16.2（b）］：10 m 层分布比较均匀，杭州湾和长江口 TOC 含量大于 1 mg/L，向东有部分海域 TOC 介于 0.6 mg/L 和 1 mg/L 之间，在 122°E 以东 TOC 含量又高于 1 mg/L。杭州湾以南至宁德三都湾大部海域近海 TOC 含量在 0.6 ~ 1 mg/L 之间，外海 TOC 含量更低，低于 0.6 mg/L，在调查区域边缘甚至出现 TOC 含量小于 0.5 mg/L 的低值区。三都湾以南的东海 TOC 含量大于 1 mg/L，厦门近海和靠近台湾岛的近海有两片 TOC 含量低于 1 mg/L 的海区。

30 m 层［见图 16.2（c）］：长江口和杭州湾 TOC 30 m 层含量较低，小于 0.6 mg/L，整个台湾以北的东海夏季 30 m 层 TOC 含量较均匀，大部分海域 TOC 含量在 0.6 ~ 1 mg/L 之间。123°E 以东，30°N 以北海区 TOC 含量高于 1 mg/L。福建海域三都湾以南至台湾海峡 TOC 含量大于 1 mg/L，在平潭岛东北部有一片 TOC 含量大于 2.5 mg/L 的相对高值区，泉州至漳州近岸海域和台湾近岸海域 TOC 含量低于 1 mg/L。

底层［见图 16.2（d）］：长江口和杭州湾内 TOC 含量大于 1.8 mg/L，东部近海大于 1 mg/L，在 124°E 以东，31°N 以北海区 TOC 含量高于 1 mg/L。浙江沿岸大部 TOC 含量介于 0.6 ~ 1 mg/L 之间。福建北部海域 25.5° ~ 26.5°N，120° ~ 122°E 海域 TOC 含量大于 1 mg/L，台湾海峡北部靠福建一侧 TOC 含量低于 1 mg/L，中南部靠台湾一侧 TOC 含量低于 1 mg/L。

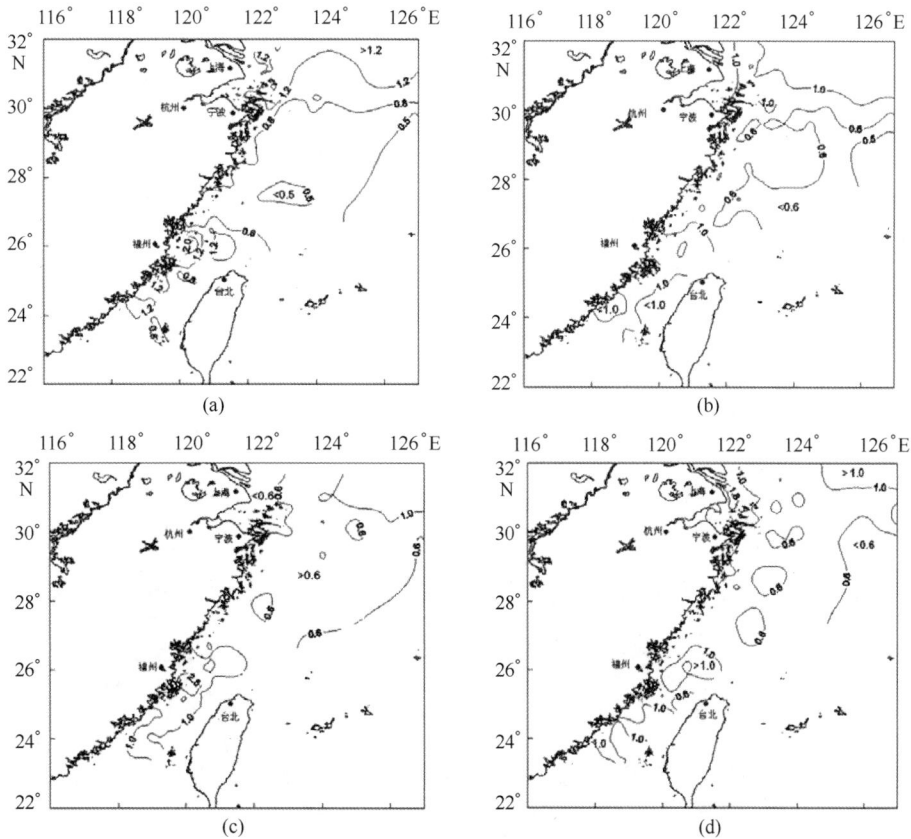

(a) 表层; (b) 10 m; (c) 30 m; (d) 底层

图 16.2　夏季东海 TOC 平面分布（mg/L）

3）秋季

表层［见图16.3（a）］：长江口南岸、杭州湾北岸均为 TOC 含量大于 1.8 mg/L 的高值区，整个长江口和杭州湾近海 TOC 含量都大于 1.1 mg/L，长江口外海有一片面积较大的 TOC 含量大于 1.1 mg/L 高值区，在 30°N，125°E 附近海域还有小片 TOC 含量大于 1.8 mg/L 的相对高值区。杭州湾以南大部分海域 TOC 含量较低，在南田岛东部有一大片 TOC 含量小于 0.5 mg/L 的相对低值区，近岸有两片 TOC 含量大于 1.1 mg/L 的封闭海域，面积较小。福建海域北高南低，在闽江口外海域 TOC 含量大于 1.8 mg/L，台湾岛西北部海域 TOC 含量也大于 1.8 mg/L，南部有 TOC 低值水舌有海峡中间向北延伸至约 25°N。

10 m 层［见图16.3（b）］：长江口和杭州湾近岸 TOC 含量大于 2 mg/L，舟山岛附近海域 TOC 含量也大于 2 mg/L。源于长江和杭州湾的 TOC 向东延伸至 125°E 海域。杭州湾以南浙江沿岸 TOC 近岸含量大于 1 mg/L，外海大部分海域 TOC 含量介于 0.5～1 mg/L，在此海域分布着数片 TOC 含量小于 0.5 mg/L 的相对低值区，其中，有一封闭低值区在象山县近海。台湾北部分布着一块 TOC 大于 2 mg/L 的区域，宁德三都湾外分布着小块 TOC 含量小于 1 mg/L 的海域。台湾海峡 TOC 分布比较均匀，在平潭岛有小片 TOC 含量大于 2 mg/L 的相对高值区，澎湖列岛和漳州海域 TOC 含量小于 1 mg/L。

30 m 层［见图16.3（c）］：舟山岛以东有一片 TOC 含量大于 2 mg/L 的相对高值区，源自 27°～28°N 的 TOC 含量小于 0.6 mg/L 的水舌向西延伸影响至宁波市近海。温州至宁德近海有 TOC 含量小于 1 mg/L 的低值区存在，台湾西北部有大片凹状区域的 TOC 含量大于 1 mg/L 的海区，整个台湾海峡 TOC 含量介于 1～1.5 mg/L。

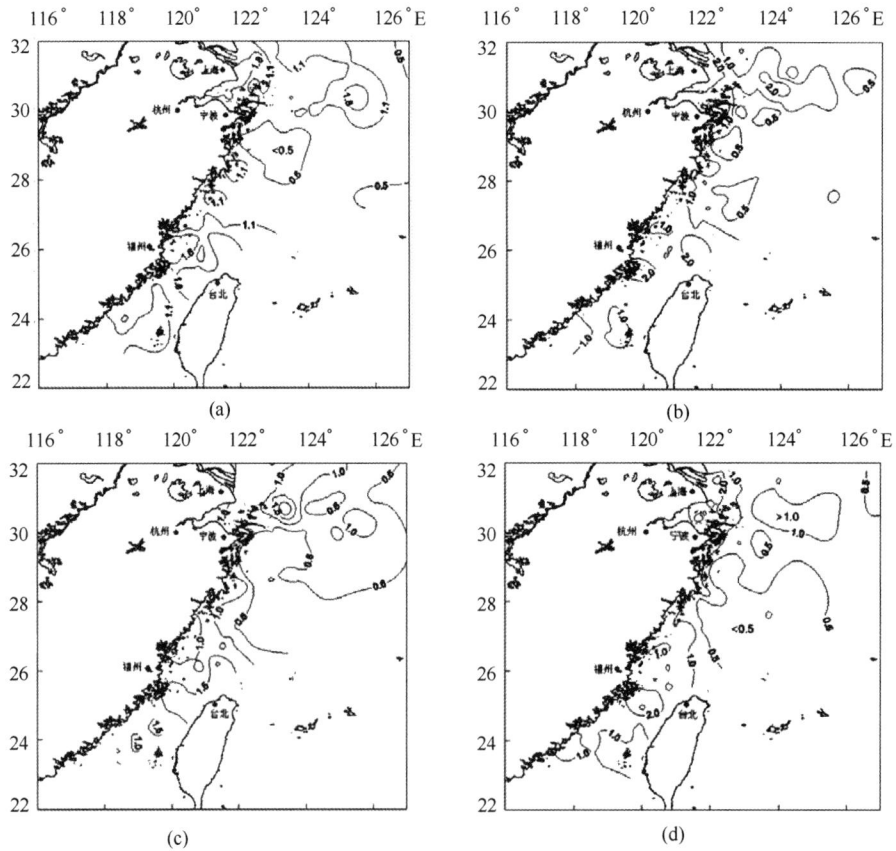

(a) 表层；(b) 10 m；(c) 30 m；(d) 底层

图 16.3　秋季东海 TOC 平面分布（mg/L）

底层［见图 16.3（d）］：底层仍然是长江口和杭州湾的 TOC 含量高，大于 2 mg/L，外海有一片封闭的 TOC 含量大于 1 mg/L 的海区。杭州湾以南浙江沿海 TOC 含量均大于 1mg/L，26°～29°N，122°～125°E 海域 TOC 含量低于 0.5 mg/L，是秋季底层的低值区。平潭岛外有一片 TOC 大于 2 mg/L 的高值封闭区一直延伸到接近台湾岛，漳州漳浦县近海和澎湖列岛有 TOC 含量低于 1 mg/L 的海区，后者面积较大。

4）冬季

表层［见图 16.4（a）］：长江口和杭州湾分布着两片 TOC 大于 1.5 mg/L 的高值区，TOC 高值区水舌向东延伸至 30°N，123°E，向南影响至宁波市近岸。除了以上高值区，台湾岛北部的大部分东海海域 TOC 含量介于 0.5～1 mg/L 之间，源于大洋的 TOC 含量小于 0.5mg/L 的低值水舌延伸至 29°N，123°E。福建沿海自闽江口起向南大部海域 TOC 含量大于 1mg/L，而台湾海峡东部 TOC 含量低于 1mg/L，仅在台湾西北部有一小片 TOC 的高值区。

10 m 层［见图 16.4（b）］：舟山群岛有一片 TOC 含量大于 2 mg/L 的相对高值区，TOC 含量等值线向东递减。30°N 以北海域 TOC 含量大于 0.7 mg/L，该 TOC 水舌在 123°E 附近向南延伸影响。台湾海峡 TOC 分布与表层相似，西部高东部低。

30 m 层［见图 16.4（c）］：总体来说 30 m 层 TOC 含量是近岸高。源于长江口和杭州湾的 TOC 高值向东影响至 125°E 附近。在 30°N，123°～124°E，126°E 以东分布着 TOC 的高值区，宁波市近至海福建近海 TOC 含量均大于 1 mg/L，在三门湾至台州湾、三都湾至闽江口海域 TOC 含量甚至达到 1.2 mg/L。而在 27°～30°N，122°～126°E 海域分布着西南东北走向的 TOC 小于 0.6 mg/L 低值区。

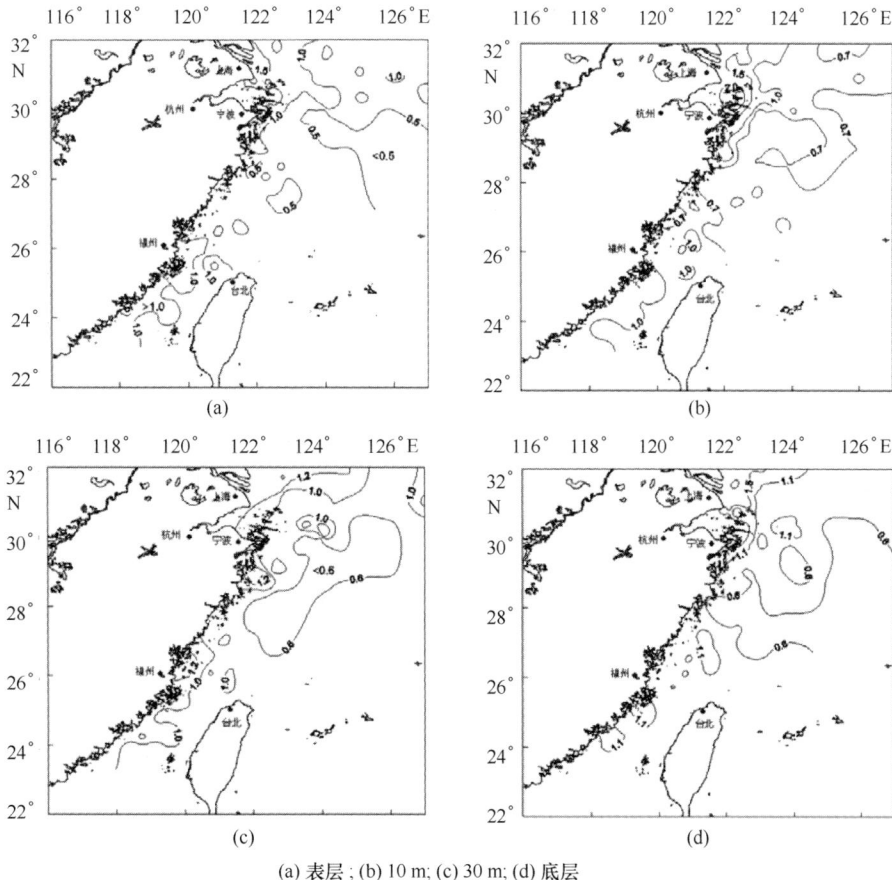

(a) 表层；(b) 10 m；(c) 30 m；(d) 底层

图 16.4　冬季东海 TOC 平面分布（mg/L）

底层［见图 16.4（d）］：长江口及杭州湾 TOC 含量仍是东海的相对高值区，大于 1.5 mg/L，向东则 TOC 含量迅速降低，介于 0.6~1.1 mg/L 之间。源于大量的 TOC 低值水舌向东延伸可影响至浙江省近岸。台湾海峡大部 TOC 含量为 0.6~1.1 mg/L，在厦门湾和兴化湾外海域有 TOC 含量大于 1.1 mg/L 的两小片封闭区域。

16.1.2 断面分布特征

断面示意图（见图 16.5）在长江口和杭州湾外各选一条断面分别为断面 1、断面 2，台湾海峡选取厦门外的一条断面为断面 3。

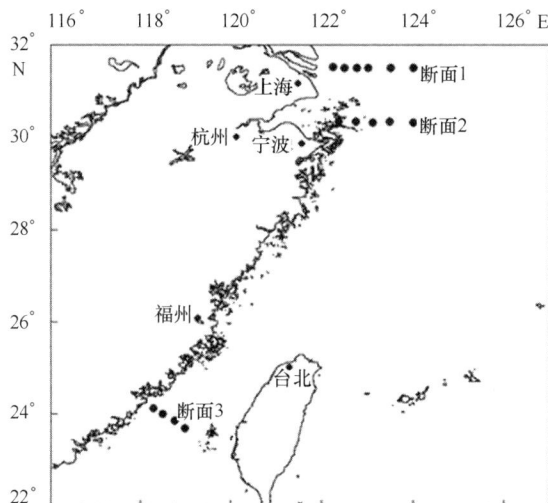

图 16.5 东海典型断面 TOC 示意图

1）断面 1

由图 16.6(a)~(d)可以看出，春季 TOC 断面变化明显呈近岸高远岸低的特点，大于 1.8 mg/L 的区域在离岸最近的 M2-2 点，最小值区域在 M2-10 和 M2-12 的底层海域。夏季断面分布于春季不同，总体来看是表层高，底层次，相对高值区出现在 M2-6 至 M2-12 的广大海面上，底层 TOC 含量大多小于 0.8 mg/L。秋季分布比较凌乱，近岸 M2-2 底层为 TOC 含量大于 2.8 mg/L 的相对高值区。断面中部海域是秋季的相对低值区，有 3 片小于 0.8 mg/L 的相对低值区分布，近岸 20 km 的 TOC 含量高于外海的。冬季主要以 M2-8 为分界，M2-8 外海大部 TOC 含量小于 1.1 mg/L，在 M2-10 表层和 M2-12 中层有相对低值区。近岸站位中只有 M2-4 中底层出项密集等值线分布，最大值甚至超过 1.9 mg/L。

2）断面 2

春季陆架区 TOC 含量较高，离岸最近的 06-2 站底层 TOC 含量大于 6 mg/L［见图 16.7(a)］。自陆坡起外海 TOC 分布比较均匀，06-8 站表层有一大于 4 mg/L 的分布，外海底层 TOC 含量较低，最小值出现在远离陆地的 0-15 站中层。夏季总体来说是近岸高远岸底，且底层 TOC 含量低于表层含量，06-5 站表层为夏季 TOC 含量的相对高值区［见图 16.7（b）］。秋季 TOC 断面分布大体来说是表层低，底层高，除了 06-8 站以外，06-8 底层有一 TOC 含量小于 0.8 mg/L 的封闭区域，06-2 底层出现含量大于 2 mg/L 的该季节相对高值区［见图 16.7

（c）］。冬季近岸 TOC 含量较高，06 - 2 站表中层 TOC 含量大于 2.4 mg/L，中间海域站位的 TOC 含量较低，最低值出现在 06 - 8 的中底层，含量小于 1 mg/L ［见图 16.7（d）］。

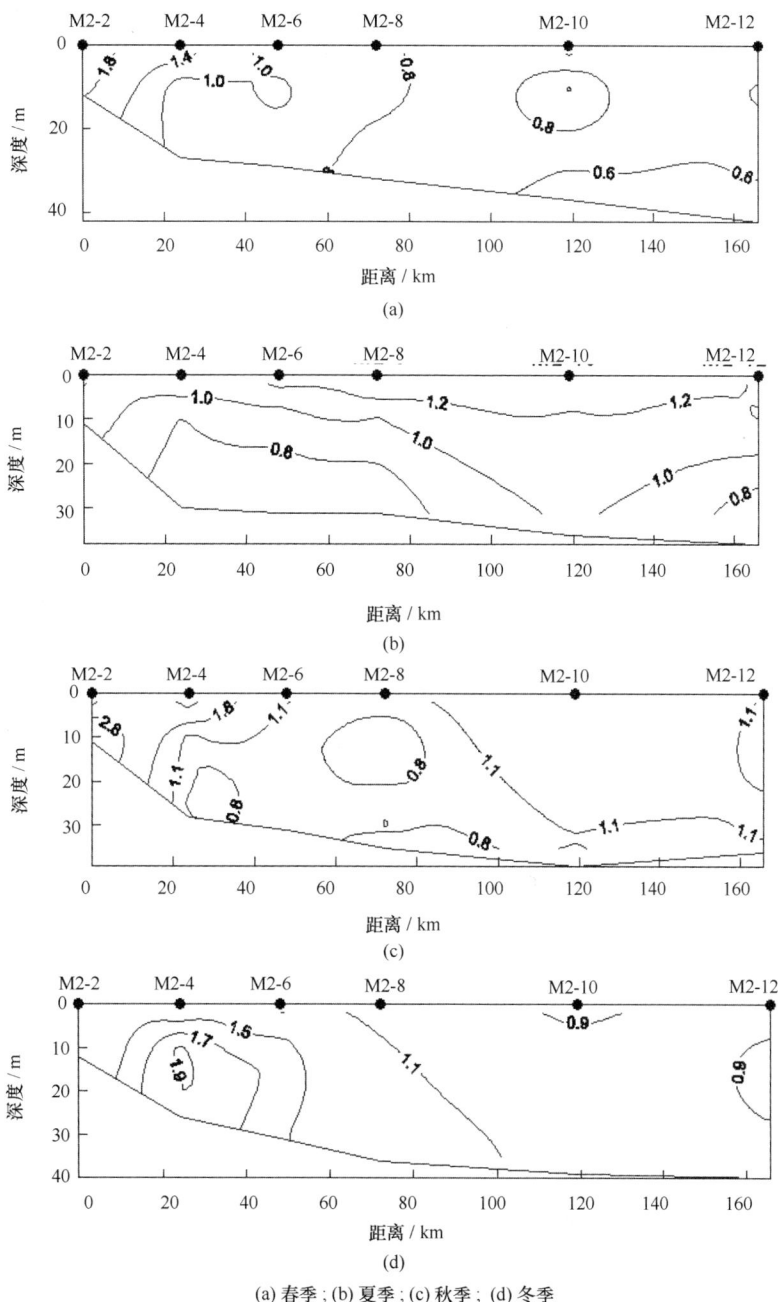

(a)春季；(b)夏季；(c)秋季；(d)冬季

图 16.6 东海 TOC 断面（断面 1）分布（mg/L）

3）断面 3

　　春季总体趋势是近岸和远岸高，中间海域低，最大值出现在离岸最远的 ZD - XM615 站底层，大于 2 mg/L，中间两个站分布着 TOC 含量小于 1.3 mg/L 的大片区域 ［见图 16.8（a）］。夏季近岸分布比较均匀，大部海域介于 0.9 ~ 1 mg/L 之间，远岸垂直变化较大，相对高值区出现在 ZD - XM613 表中层，相对低值区出现在 ZD - XM613 与 ZDXM615 底层 ［见图 16.8（b）］。秋季断面中间海域 TOC 含量较高 ［见图 16.8（c）］，在 ZD - XM611 站底层有一 TOC 含量大于

1.6 mg/L 相对高值区，离岸最远的 ZD－XM615 表底层出现该季节的相对低值区（＜1 mg/L）。冬季近岸等值线分布较密，最大值出现在近岸站 ZD－XM609，远岸站位底层有一 TOC 含量小于 0.9 mg/L 的低值区分布，抬升至 ZD－XM613 的中层［见图 16.8（d）］。

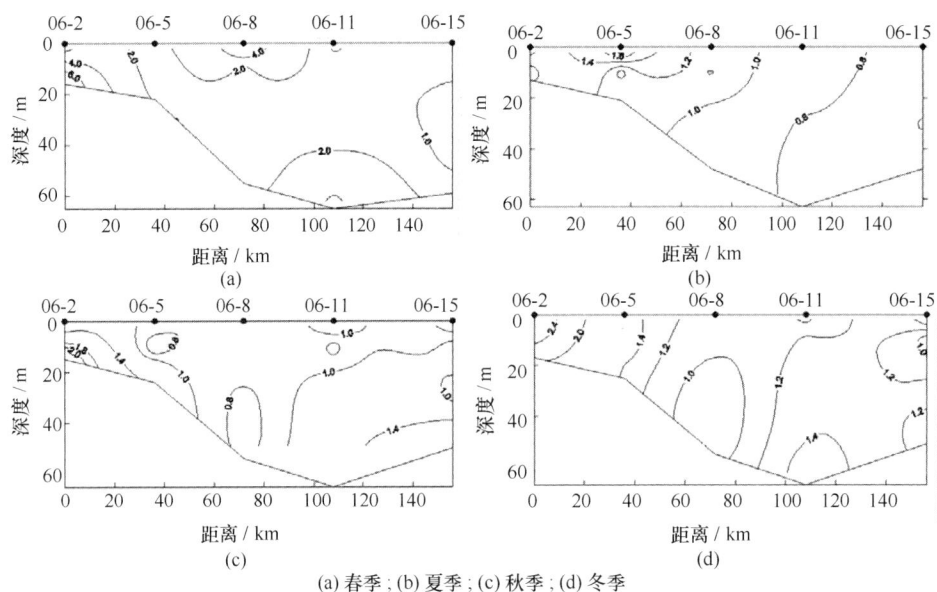

(a)春季；(b)夏季；(c)秋季；(d)冬季

图 16.7　东海 TOC 断面（断面 2）分布（mg/L）

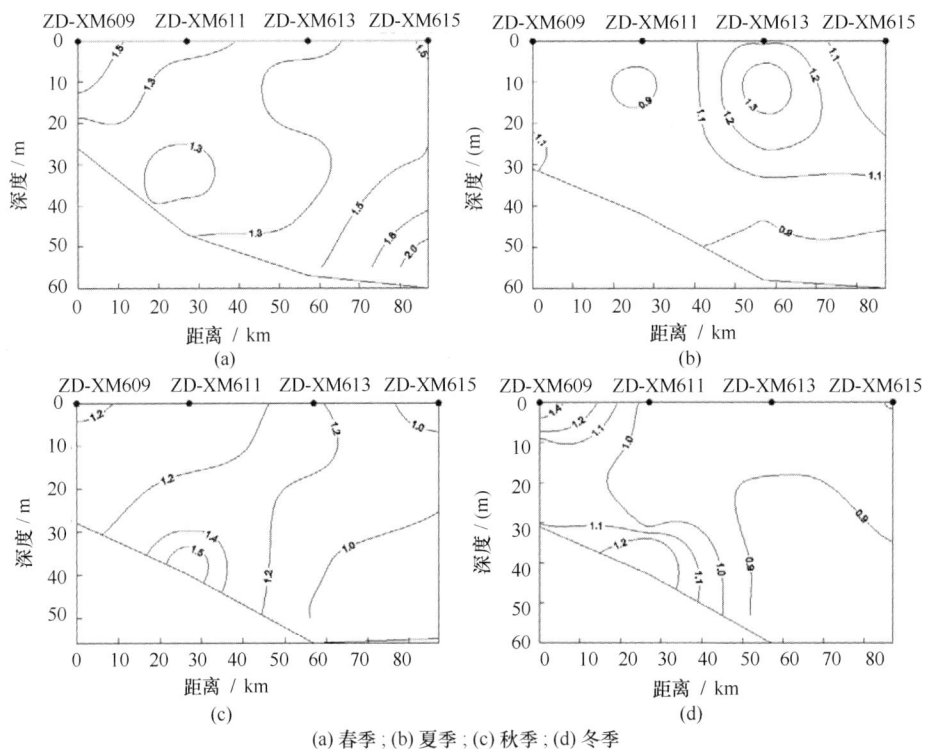

(a)春季；(b)夏季；(c)秋季；(d)冬季

图 16.8　东海 TOC 断面（断面 3）分布（mg/L）

16.1.3　季节变化

由图 16.9 可以发现冬季 TOC 含量最大值远小于其他三季，平均值秋季稍高于其他三季，这现象可能与季节降水导致河流输送减少和生源活动有关。

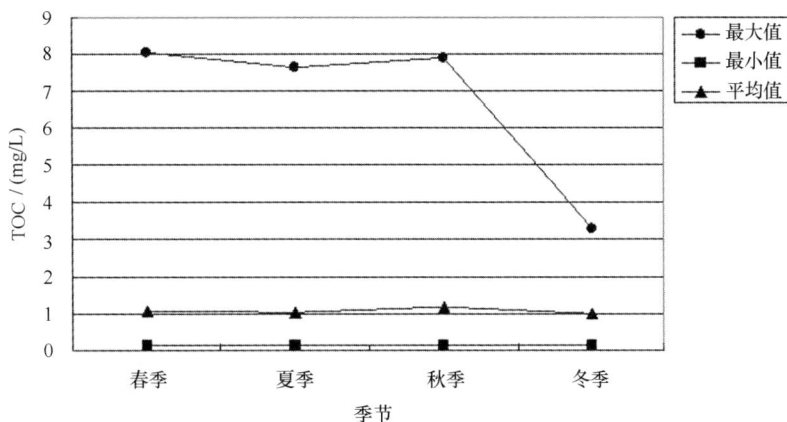

图 16.9　东海 TOC 季节变化

16.1.4　变化趋势分析及统计特征比较

TOC 反映水体的有机污染情况。表 16.2 为 10 年前东海海水 TOC 调查结果。相对于 10 年前的调查，本次调查海域多为近岸海域，表层平均值仍然低于 10 年前的调查数据，总体看来东海 TOC 含量近 10 年来有所下降。在平面分布方面，比较图 10.10 与图 16.1a～图 16.4a，本次调查杭州湾以北 TOC 含量较高，外海 TOC 含量高值区明显减少。

表 16.2　1997—1998 年东海海水表层 TOC 的调查结果　　　单位：mg/L

海　区	季　节	量值范围	平均值
东　海	春　季	0.63～12.06	5.35
	夏　季	0.61～13.46	4.67
	秋　季	0.41～3.81	1.87
	冬　季	0.46～3.97	1.55

16.2　东海石油类

16.2.1　概况

长江是我国第一大河，年径流量为全国河流之首。根据 2006 年及 2007 年海洋环境公报，长江 2006 年入海油类 29 416 t，2007 年为 36 401 t，给长江口海域带来了大量的石油类污染。另外公报中指出杭州湾也是石油类污染严重的海域，钱塘江排放入海石油类分别为 4 720 t 和 4 240 t，闽江、九龙江等也将大量的石油类排放入东海（国家海洋局，2006；国家海洋局，2007）。

本次调查共获得东海表层石油类数据 612 个，数据范围 1.75～1 726.1 μg/L，平均值 59.0 μg/L。秋季东海在舟山岛以东海域出现 5 个数据大于 1 000 μg/L 的站位，怀疑有船只排放造成如此高的石油类污染，剔除这 5 个数据后，数据范围 1.75～657 μg/L，平均值 47.4 μg/L。各季节数据统计结果如表 16.3。

表 16.3 黄海油类各季节统计结果 单位：μg/L

海区	季节	量值范围	平均值
东海	春季	4.31~64.5	18.6
	夏季	3.90~649.6	49.9
	秋季	1.75~1726.1	137.7
	冬季	4.70~122.6	35.0

16.2.2 平面分布特征

1）春季

从图 16.10（a）看出，杭州湾内和长江口石油类含量大于 30 μg/L，舟山群岛东部海域有一小片石油类含量大于 30 μg/L 的封闭区域。向东远离杭州湾和长江和石油类含量迅速下降至小于 12 μg/L，只有一大于 12 μg/L 的水舌在 125°E 附近向北延伸。杭州湾以南的浙江省的东海海域石油类含量大于 20 μg/L，分布着两片石油类含量大于 30 μg/L 的海域和数片介于 12~20 μg/L 之间的海域。福建省宁德三都湾外有面积较小的石油类含量大于 30 μg/L 的相对高值区，台湾海峡北部靠近台湾海域是石油类含量小于 12 μg/L 的相对低值区，厦门海域至澎湖列岛连线出现了石油类含量小于 12 μg/L 的东西走向的区域。

2）夏季

大体来说夏季石油类分布是近岸高，远岸低见图 16.10(b)。长江口与杭州湾内均为石油类含量大于 80 μg/L 的相对高值区，特别是杭州湾内石油类含量甚至达到 180 μg/L 以上，主要是由于人类生产活动导致的。石油类含量往外海逐渐递减至小于 25 μg/L，在调查海区边界有一大片海域石油类含量大于 25 μg/L。浙江省南部海域至福建省北部海域石油类含量大于 25 μg/L，但在温州市近海有一石油类含量低于 25 μg/L 的封闭区域，三都湾外有一石油含量大于 40μg/L 的区域，近岸甚至达到 40 μg/L。台湾海峡石油类含量为夏季东海的相对低值区，靠近福建近岸石油类含量介于 6~10 μg/L，而靠近台湾岛的石油类含量低于 6 μg/L。

3）秋季

从图 16.10（c）可以看出，杭州湾内石油类含量大于 200 μg/L，源于长江的大于 200 μg/L 的高值区一直向东延伸至 126°E 附近，在这大片的高值区中，31°N，123°~125°E 附近一狭长的海区石油类含量大于 600 μg/L，秋季石油类含量最大值 1726.1μg/L 出现在该区域。杭州湾南部浙江近岸石油类含量大于 30 μg/L，在 28°N 有一水舌向东延伸至 124°E 附近，29°N 附近有一由西向东延伸的石油类含量低于 10 μg/L 的低值区。福建厦门海域，兴化湾外有小片石油类含量大于 10 的海域，台湾东北部有一石油类含量低于 10 μg/L 的相对低值区。整个台湾海域石油类含量介于 10~30 μg/L。

4）冬季

由图 16.10（c）可见，长江口向东延伸出的石油类含量大于 50 μg/L 的水舌达到 125°E，在这区域中有两片大于 70 μg/L 的冬季的相对高值区。杭州湾石油类含量在 20~30 μg/L 之间。浙江外海海域大片石油类含量小于 20 μg/L 的区域，在调查海区边缘还出现了小于 10 μg/L 的相对低值区，另外温州市外海也有一封闭的石油类含量低于 20 μg/L 的海区。福建海域石油类含量在 30 μg/L 以上，台湾海峡中有两片由东向西延伸的小于 30 μg/L 的海域分布。

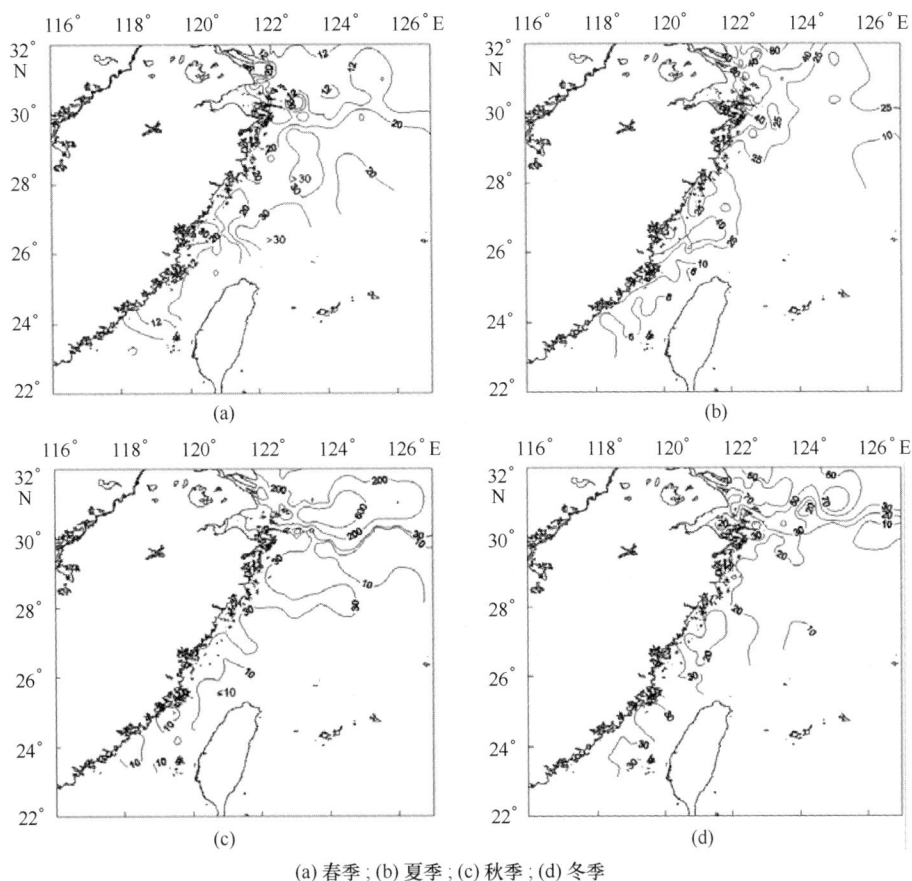

(a) 春季 ; (b) 夏季 ; (c) 秋季 ; (d) 冬季

图 16.10　东海石油类平面分布（μg/L）

16.2.3　季节变化

由于秋季东海出现 5 个石油类含量高于 1 000 μg/L 的站位且在外海，怀疑有船只随机排放造成如此高的数据，季节变化将这 5 个数据剔除后统计。由图 16.11 可以看出秋季是东海石油类平均含量最大的季节，春季平均含量最小。由本节第二部分的平面分布图就能发现，除了春季长江口和杭州湾石油类含量较低外，其余 3 个季节石油类含量都偏高，闽江口海域春夏两季高。

16.2.4　变化趋势分析

东海是西太平洋的一个边缘海，拥有广阔的大陆架，东部有深海槽，兼有浅海和深海的特征。注入东海的河流主要有长江、钱塘江、闽江等河流，年径流量均大于黄河。2006 年、2007 年长江口、杭州湾仍为严重污染海域，石油类是主要污染源之一，闽江口和厦门外海域也受到石油类污染。东海有舟山渔场和台湾海峡渔场，捕鱼业发达，渔船活动频繁，东海 2007 年的 2 个石油生产平台，生产污水排放量 186 × 10⁴ m³。长江是我国第一大河，流域人口超过 6 亿人，入海口又是我国经济较为发达长江三角洲地区，长江口石油类含量变化能够一

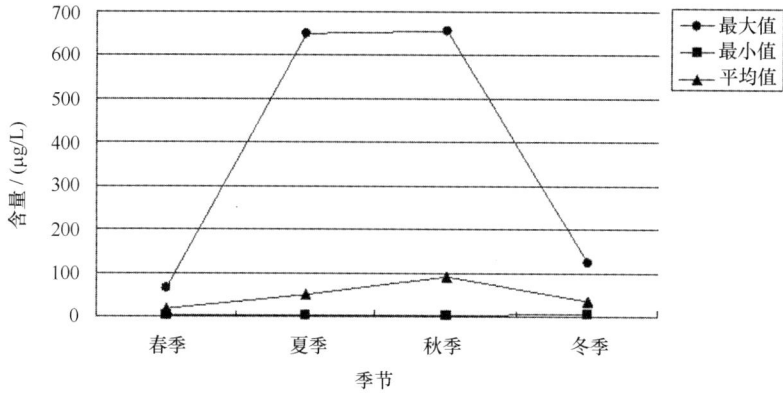

图 16.11 东海石油类季节变化

定程度地体现出东海的石油类变化趋势。袁骐等（2005）根据 2000—2003 年春夏季长江口及邻近海域海水调查数据，结果表明主要的石油类污染区域位于长江口近岸、舟山、大衢山等岛屿附近。唐洪杰等（2007）在长江口及其邻近海域、舟山渔场等东海赤潮高发区 29°～32°N，122°～124°E 进行了石油类浓度的季节变化调查，结果表明调查海域的石油类含量均超过国家 Ⅱ 类水质，受到石油类的轻度污染，含量范围为 6～187 μg/L。

将本次调查数据与 1997—1998 年的调查数据相比，了解东海石油类近 10 年的基本变化现状。如表 16.4 所示，两个季节的石油类含量都不高，而本次调查夏冬两季的石油类平均值分别为 49.9 μg/L 和 35.0 μg/L，远高于 10 年前的调查结果。虽然两次调查的范围有所不同，但通过与第二篇第 10 章的图 10.14 的平面分布图比较，长江口高值区有所扩大，主要为向东扩展，且本次调查的高值高于 10 年前调查的高值。

表 16.4　1997—1998 年东海海水中石油的调查结果　　　　　　单位：μg/L

海区	季节	量值范围	平均值
东海	夏季	1.40～22.70	5.70
	冬季	1.40～11.40	4.96

第 17 章　东海海水中的主要重金属元素[①]

17.1　主要重金属元素的分布特征

东海是世界上具有最广阔大陆架的海区之一，兼有浅海和深海的特征。东海西邻上海市和浙江、福建两省，都是中国经济最为发达的地区。中国的第一大河——长江以占全国诸河总量 1/3 的总水量注入东海，而钱塘江、闽江等注入东海的水量也相当大（年径流量都在黄河之上），每年输送大量沿海经济发达地区产生的污染物进入东海。根据对全国主要河流入海污染物总量的监测，2009 年通过径流输入东海的重金属污染物就达到 28 819 t，远大于南海的 4 826 t、渤海的 756 t、黄海的 609 t（国家海洋局，2010）。东海的生物资源相当丰富，在长江口、舟山、鱼山、温台、闽东、台北、闽南、济州岛和对马分布大量的渔场，舟山渔场也是我国最大的渔场。大量重金属污染物的入海，将会对东海的生态环境及渔业资源造成极大的破坏。"908" 专项在 2006 年 7 月—2007 年 10 月期间，对东海海域（30.0°～32.3°N，121.0°～127.0°E）表层海水中的重金属进行了调查，其含量及变化范围列于表 17.1。从调查结果看，汞是东海水体中的主要重金属污染物，四个季节的浓度均值都属于国家 II 类海水水质标准。早在 1996 年，东海海域的汞污染情况就不容乐观，通过陆源和海上作业输送入海的汞，东海就占了四大海区入海总量的 65% 以上（国家海洋局，2004）。"908" 调查表明，东海汞污染的情况并没有得到较大的改善。其他重金属的质量情况尚可，四个季节的浓度均值都符合国家 I 类海水水质标准。图 17.1～图 17.7 给出了东海表层海水中主要重金属元素含量的四季平面分布。

表 17.1　东海表层海水四季重金属含量　　　　　　单位：μg/L

季 节		Cu	Pb	Zn	Cd	Cr	Hg	As
春季	范围	nd～2.51	nd～6.08	0.1～28.7	0.003～0.370	nd～3.4	0.011～0.350	0.9～6.8
	平均值	0.68	0.75	7.3	0.083	0.3	0.089	2.5
夏季	范围	0.09～2.70	0.01～3.55	nd～22.6	nd～0.600	nd～1.2	nd～0.432	0.5～7.0
	平均值	0.95	0.80	7.8	0.052	0.3	0.071	2.5
秋季	范围	nd～3.99	nd～4.92	nd～28.7	nd～1.470	nd～2.8	0.006～0.260	nd～7.8
	平均值	1.21	0.60	7.7	0.202	0.4	0.067	2.7
冬季	范围	0.04～2.70	0.01～4.58	nd～23.3	nd～0.230	nd～0.9	nd～0.232	0.7～6.7
	平均值	1.12	0.79	9.3	0.053	0.3	0.059	2.5

17.1.1　铜（Cu）

东海表层海水中溶解态 Cu 的浓度春夏季略低于秋冬季，四个季节的 Cu 浓度均符合国家

---

① 本章撰稿人：潘建明，孙维萍，于培松．

Ⅰ类海水水质标准。从 Cu 浓度的平面分布图（17.1）上看，4 个季节都具有相似的浓度分布趋势，即从长江口、浙江沿岸向外梯度递减的分布趋势，等值线向东北方向扩张。近岸海水中溶解态 Cu 的主要来源是陆源物质，其含量主要受入海排污及径流的影响。长江、黄浦江、甬江等携带的大量地壳岩石风化产物、沿江的污染物质以及沿岸分布的众多入海排污口是造成沿岸海水中溶解态 Cu 含量高的主要因素。尤其是杭州湾内，其北岸密集分布的金山石化、奉新、星火等年排放量达 1×10^8 t 以上的工业废水排污口，使湾内溶解态 Cu 的含量明显升高（上海市海洋局，2007）。海水具有自净能力，表层海水中溶解态 Cu 在从近岸向外海迁移的过程中，伴随着盐度和 pH 值的升高，不断与海水、海水中的其他金属离子以及悬浮颗粒物等发生混合稀释、离子交换、吸附沉降等理化作用，转移至深层水柱或沉积物中，表层海水中 Cu 的含量也随之降低。

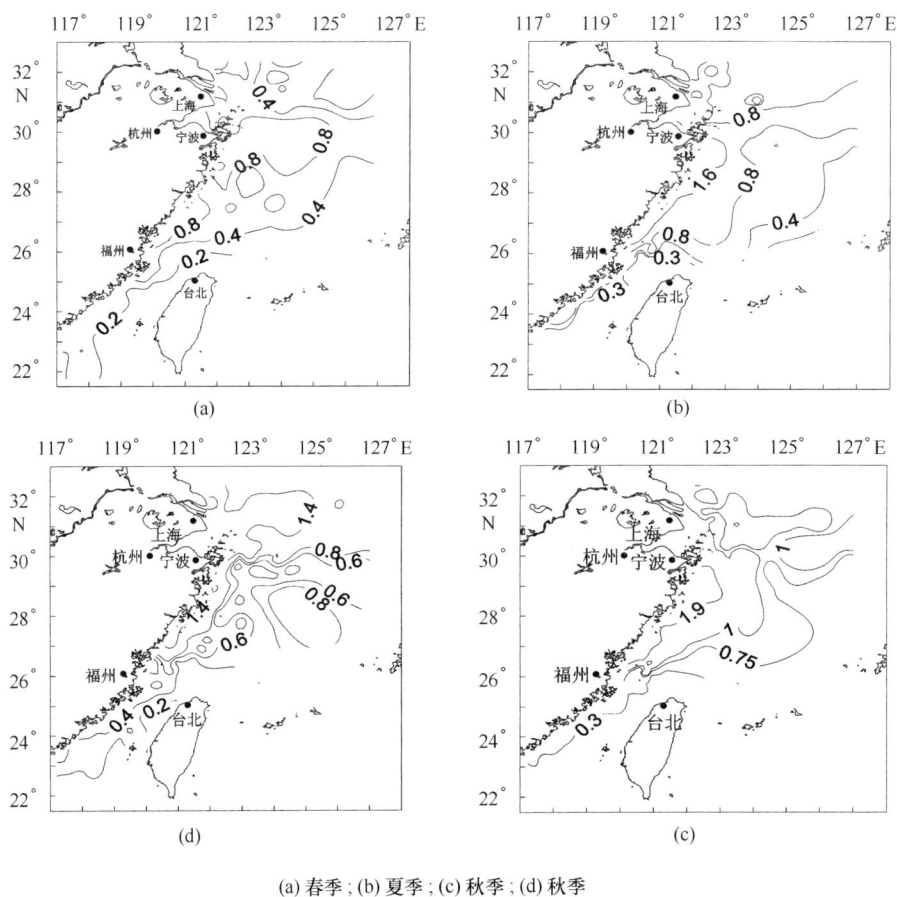

(a) 春季；(b) 夏季；(c) 秋季；(d) 秋季

图 17.1　东海表层海水中 Cu 含量（μg/L）四季平面分布

17.1.2　铅（Pb）

东海表层海水中溶解态 Pb 的浓度季节变化不大，浓度均值在 0.60 ~ 0.80 μg/L 之间，秋季的含量略低，夏季最高，可能与夏季洪水期径流携带大量的陆源物质入海相关。从 Pb 浓度的平面分布图 17.2 上看，春秋季大部分海域的 Pb 浓度都低于 1.0 μg/L，南北方向上具有两端低中间高的分布特征，浙江邻近海域的 Pb 浓度较高。夏冬季则在浙江沿岸形成大于 1.0 μg/L 的高值区，超过了国家Ⅰ类海水水质标准，并具有从近岸向外海浓度梯度递减的分布趋势，尤其是夏季，1.0 μg/L 的等值线向东北方向扩张到了 123°E 以东海域。海水中的溶解态 Pb 主要来源于工业废水的排放和大气沉降等人为污染源。调查海域溶解态 Pb 以陆源输入为主，主要受上海、浙江等地入海排污及长江、黄浦江、钱塘江、甬江等径流的影响。长三角地区蓬勃发展的工农业经济，不但造成沿岸直接排污的剧增，而且所产生的大量污染物质也被径流携带，输入长江口与杭州湾，造成了浙江沿海表层海水中 Pb 含量明显高于外海。

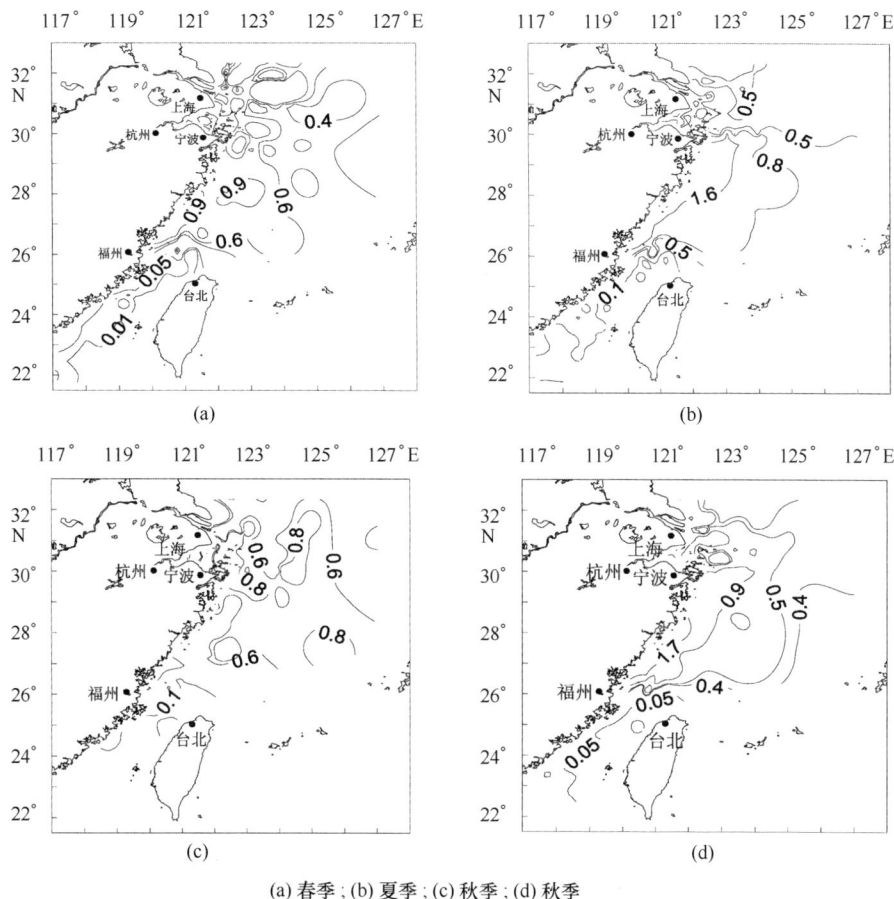

(a) 春季；(b) 夏季；(c) 秋季；(d) 秋季

图 17.2 东海表层海水中 Pb 含量（μg/L）四季平面分布

17.1.3 锌（Zn）

东海表层海水中溶解态 Zn 含量季节变化不大，浓度均值在 7.3 ~ 9.3 μg/L 之间，春季略低，冬季最高。Zn 是浮游植物生长必需的微量元素之一，参与浮游植物的呼吸过程和氧化还原，叶绿素和生长素的合成，碳水化合物的转化等过程（廖自基，1992）。春季浮游植物的旺发，导致其对溶解态 Zn 的吸收加强，大大降低了海水中 Zn 的含量，而冬季则正好相反。因此生物过程可能是影响东海表层海水中溶解态 Zn 春低冬高的季节变化特征的原因之一。从东海表层海水中 Zn 的浓度分布图 17.3 上看，4 个季节的浓度都具有从近岸向外海逐渐降低的分布趋势，等值线向东北方向扩张，浓度高值区均出现在浙江沿岸海域。这说明陆源输入是东海表层海水中 Zn 分布的主要影响因素。

17.1.4 镉（Cd）

东海表层海水中溶解态 Cd 的含量秋季明显高于其他 3 个季节，浓度均值达到 0.202 μg/L，

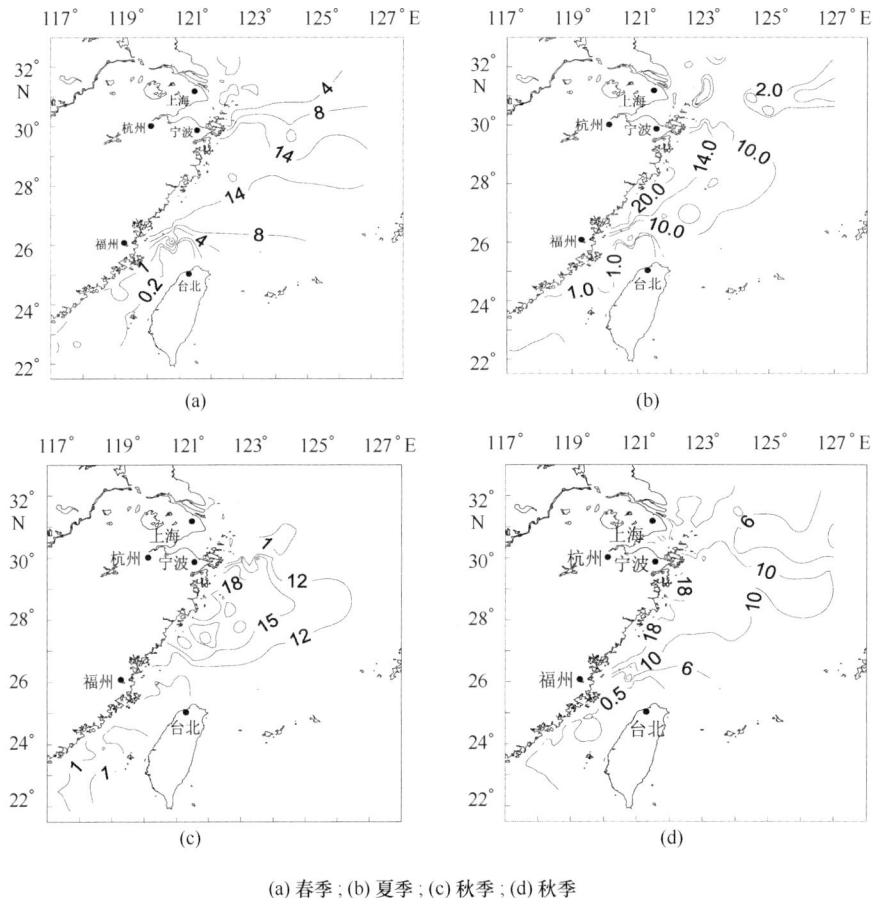

(a) 春季；(b) 夏季；(c) 秋季；(d) 秋季

图 17.3　东海表层海水中 Zn 含量（μg/L）四季平面分布

夏季浓度均值最低，只有 0.052 μg/L。从 Cd 浓度的平面分布图 17.4 上看，Cd 浓度的高值区都出现在长江口外海域，其中，夏季长江口外海域的浓度较其他 3 个季节低，这可能与夏季洪水期长江冲淡水的稀释作用有关；从沿岸向外海，表层海水中溶解态 Cd 的含量具有梯度递减的平面分布趋势，说明陆源输入是东海表层海水中溶解态 Cd 分布的主要影响因素，尤其是长江、甬江等径流以及长江口沿岸排污口对陆源物质的输入，使长江口海域的 Cd 含量明显升高。

17.1.5　总铬（Cr）

东海表层海水溶解态 Cr 含量的季节变化不大，秋季较低，浓度均值为 0.4 μg/L，其他 3 个季节都为 0.3 μg/L。Cr 也是一种生物体所必需的微量元素，一般浮游植物和藻类体内的 Cr 含量可以达到 3.5×10^{-6}（廖自基，1992）。春季是海洋生物生长繁殖最旺盛的季节，对海水中 Cr 的吸收也明显加强，从而导致春季海水表层 Cr 的含量较低的季节变化特征。从浓度的平面分布图 17.5 上看，水体中的 Cr 含量具有近岸向外海梯度递减的总体分布趋势，说明陆源输入是东海表层海水中溶解态 Cr 平面分布的主要影响因素。

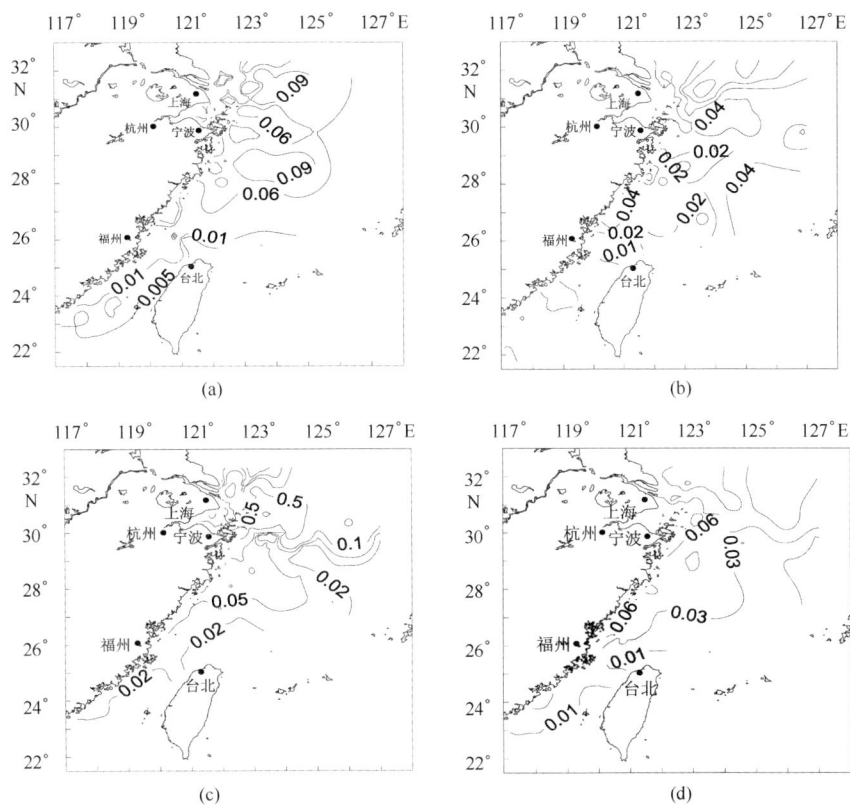

(a) 春季；(b) 夏季；(c) 秋季；(d) 秋季

图 17.4　东海表层海水中 Cd 含量（μg/L）四季平面分布

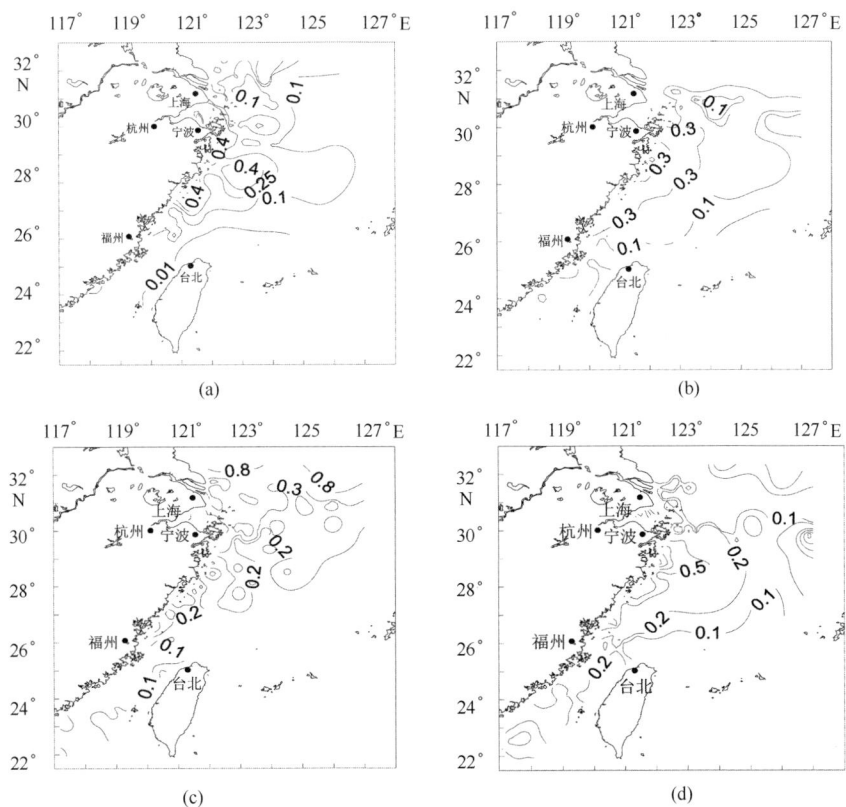

(a) 春季；(b) 夏季；(c) 秋季；(d) 秋季

图 17.5　东海表层海水中 Cr 含量（μg/L）四季平面分布

17.1.6 汞（Hg）

4 个季节东海表层海水中 Hg 的平均含量在 0.059 ~ 0.089 μg/L 之间，都超过了国家 I 类海水水质标准（0.05 μg/L）。其中，春季最高，秋冬季较低。从表层海水溶解态 Hg 的平面分布图 17.6 上看，春季大部分海域的含量都在 0.05 μg/L 以上，尤其是长江口外海域，形成了大于 0.1 μg/L 的浓度高值区。秋冬季节的浓度高值区（> 0.05 μg/L）也都出现在长江口外海域。而夏季的浓度高值却在浙江沿岸，长江口外浓度相对较低，这可能与夏季洪水期长江冲淡水的稀释作用有关。东海表层海水中的 Hg 含量总体上具有近岸高于外海的分布趋势，说明陆源输入是东海海水中 Hg 的主要来源。

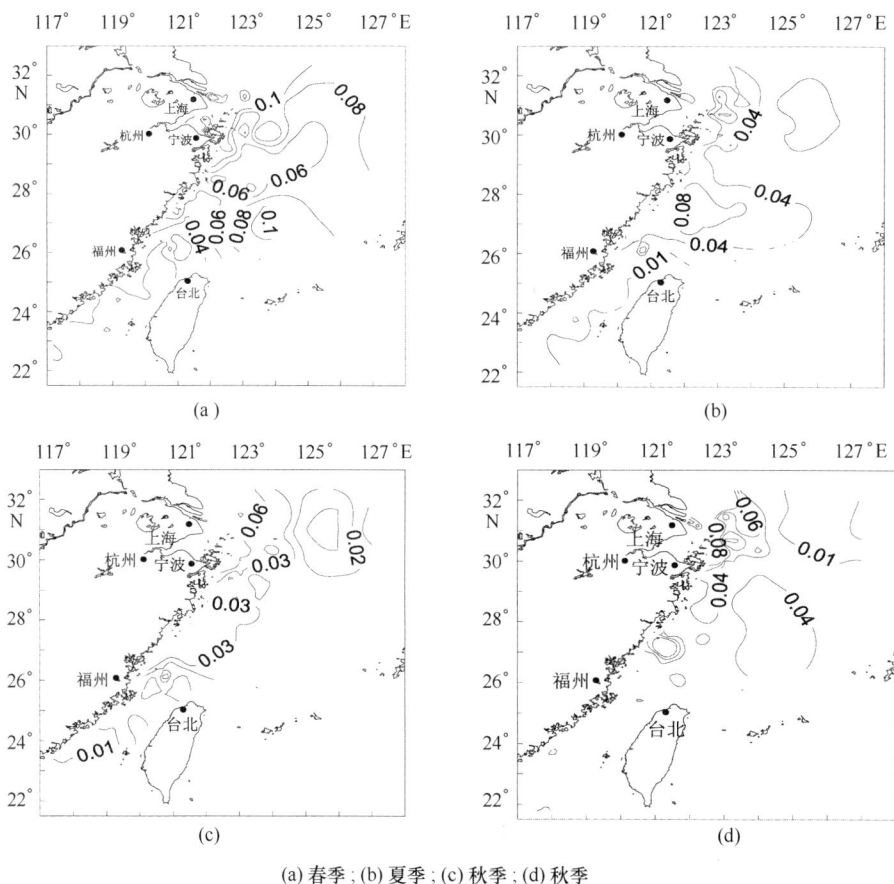

(a) 春季；(b) 夏季；(c) 秋季；(d) 秋季

图 17.6　东海表层海水中 Hg 含量（μg/L）四季平面分布

17.1.7 砷（As）

东海表层海水中溶解态 As 的含量季节变化不大，秋季略高，平均含量为 2.7 μg/L，其他 3 个季节均为 2.5 μg/L。从 As 含量的平面分布图 17.7 上看，4 个季节的浓度高值区都出现在长江口外，普遍具有长江口外海域高于长江口以南海域的平面分布特征，同时具有近岸海域高于外海的分布趋势。环境中的 As 污染主要来自农药及冶金、半导体工业，陆源输入是海水中砷的主要来源，同时杭州湾地区、上海等地高度发达的工农业，导致污染物输入的剧增，造成了长江口外 As 的浓度明显高于其他东海海域的现象。

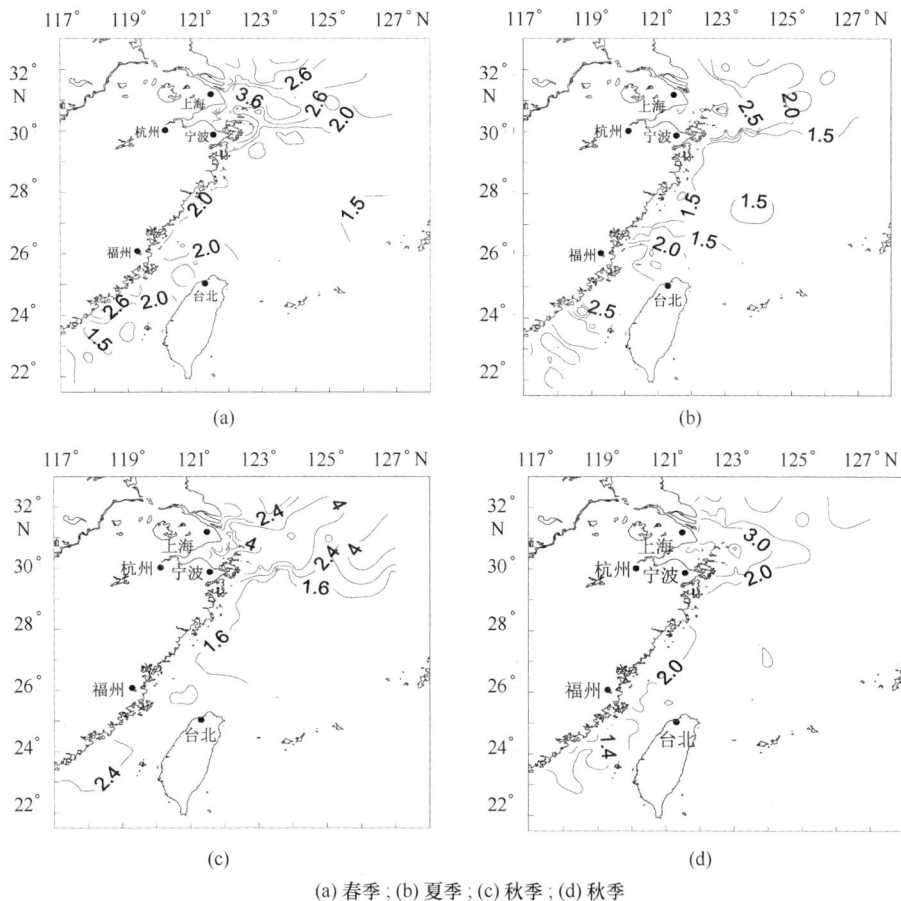

(a) 春季；(b) 夏季；(c) 秋季；(d) 秋季

图 17.7 东海表层海水中 As 含量四季平面分布（μg/L）

17.2 长江口主要重金属元素分布变化及污染评价分析

17.2.1 重金属分布及变化趋势分析

长江为亚洲第一长河，全长 6 397 km，总流域面积约 1.8×10^6 km²。整个长江流域均处于北半球的温带与亚热带气候控制之下，降水主要来自于夏季东南与西南季风的输送。长江的年输水量为 928.2×10^9 m³，输沙量为 0.5×10^9 t/a，水体含沙量较高，年度与季节性变化均比较显著（张经，1996）。长江口自徐六泾被崇明岛分为南支和北支，主流为南，北支由于日益淤浅，流量可以忽略。南支河口的常兴岛又将南支分为南港和北港，而九段沙把南港分成了北槽和南槽，形成了"三级分汊、四口分流"的格局（余国安，2007）（见图 17.8）。

长江流域盆地人口稠密，农业活动强度高，近年来随着长江流域经济、社会快速发展，人类活动对长江流域的干扰日益加剧，对其支流的水质影响显著，中、下游地区是我国的工业集中区，污水和废弃物排放的急剧增加，使得长江干流的重金属等污染物能量明显增加（段水旺，2000；许世远，1997）。长江口处于海陆互为衔接的过渡带，由于人类活动频繁，对环境变化影响敏感，其中，以富营养化和重金属污染最为突出（方圣琼，2004）。

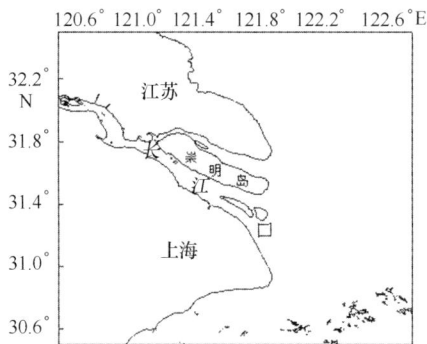

图 17.8　长江口区域

　　长江口悬浮物中重金属含量高于表层沉积物，且二者又都远高于水相中重金属含量。长江口水体、悬沙和表层沉积物中的重金属含量除 Cd 与 Mn 的相关性较差外，其他元素间都有良好的相关性，这表明重金属在河口具有较为相似的行为（车越，2002）。长江口海域溶解态重金属 Hg、Pb、Cd 和 Cu 的分布变化具有波动性，沿中值水平线上下变化（王百顺，2003）。而各重金属的浓度是枯水期高于洪水期，底层各重金属的浓度比表层高（傅瑞标，2000）。总体而言，河口重金属的分布受到离子交换、吸附、解吸、稀释以及水动力等诸多因素的影响，含量由陆向海方向，随海水盐度和 pH 值的升高及化学耗氧量的降低而降低（柯东胜，1991）。

　　利用 2006 年夏冬季两个航次在长江口及杭州湾近岸海域采集的海水样品，对该海域溶解态重金属分布特征进行了分析和研究。结果表明，研究海域表层海水中溶解态 Cu、Cd 和总 Cr 的含量都达到国家 Ⅰ 类海水水质标准（孙维萍，2009a）；其中 Pb 的部分站位以及冬季 Zn 的部分站位质量浓度达到国家 Ⅱ 类海水水质标准。影响重金属分布的主要因素有陆源污染物及沿岸径流、水动力条件及季节变化等。

1）铜（Cu）

　　从年际变化来看，表层海水中 Cu 的浓度在 20 世纪 80 年代较高，而近几年则呈下降趋势。图 17.9 为 1985 年以来长江口表层海水中 Cu 的中值浓度变化趋势，可以看出 20 世纪 90 年代以前 Cu 浓度变化较大，有个别年份测值高于 10 μg/L，但自 1990 年后其浓度变化幅度较小，大部分维持在 2～5 μg/L 范围内（王百顺，2003），2000 年前后 Cu 浓度有一个小的峰值。2006 年和 2007 年 Cu 的浓度范围分别为 0.13～2.72 μg/L（孙维萍，2009a）和 0.22～3.42 μg/L。总体上看，Cu 的浓度呈逐渐降低的趋势，最高值出现于长江口，向外海随着盐度和 pH 值的升高，Cu 的含量逐渐降低。

2）铅（Pb）

　　图 17.10 为 1985 年以来长江口表层海水中 Pb 的中值浓度变化趋势，可以看出在 20 世纪 90 年代以前 Pb 含量变化较大，自 1990 年后其变化幅度减小，浓度稳定于 2 μg/L 水平线上下（王百顺，2003）。2006 年和 2007 年 Pb 的浓度范围分别为 0.02～4.58 μg/L（孙维萍，2009a）和 0.05～4.92 μg/L，但中值浓度均小于 0.9 μg/L，相较于前几年有所下降。从近岸向外海，总体上表层海水中 Pb 浓度同样有逐渐降低的分布趋势，在 122°30′E 附近海域出现

条带状的离岸带高值区。

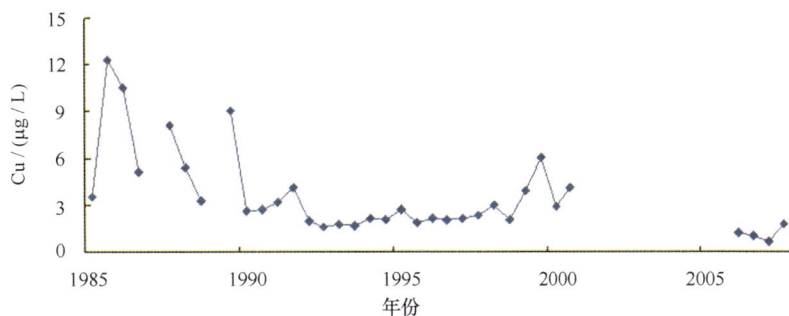

图 17.9　1985—2007 年长江口海域表层海水 Cu 含量变化

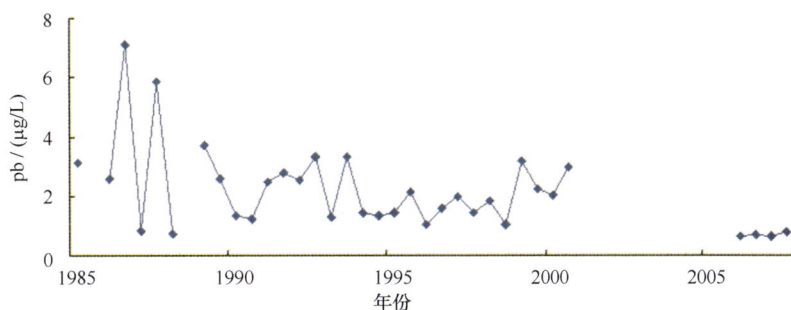

图 17.10　1985—2007 年长江口海域表层海水 Pb 中值浓度变化

3）镉（Cd）

　　图 17.11 为 1985 年以来长江口表层海水中 Cd 的中值浓度变化趋势，可以看出 20 世纪 80 年代 Cd 含量变化幅度较大，尤其是 1985—1988 年间更为明显，随后 Cd 含量逐渐减小，且变化趋于平稳（王百顺，2003）。2006—2007 年 Cd 含量略有升高的趋势，从近岸向外海，Cd 的浓度随着盐度的升高呈梯度递减，其季节性差异表现为夏季含量高于冬季，而冬季等值线也有向东南方向扩展的趋势（孙维萍，2009a）。

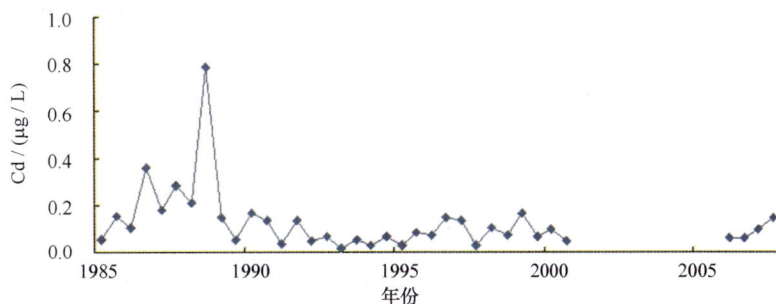

图 17.11　1985—2007 年长江口海域表层海水 Cd 中值浓度变化

4）汞（Hg）

　　图 17.12 为 1985 年以来长江口表层海水中 Hg 的中值浓度变化趋势，1985—2000 年表层水中溶解态总 Hg 的中值浓度为 0.026 μg/L，总体上，总 Hg 浓度沿中值线 0.035 μg/L 波动，但起伏较大，个别年份 Hg 浓度偏高（王百顺，2003）。近年来，长江口 Hg 含量上升趋势明

显，2006 年和 2007 年监测 Hg 浓度明显高于往年，均在 0.1 μg/L 以上。

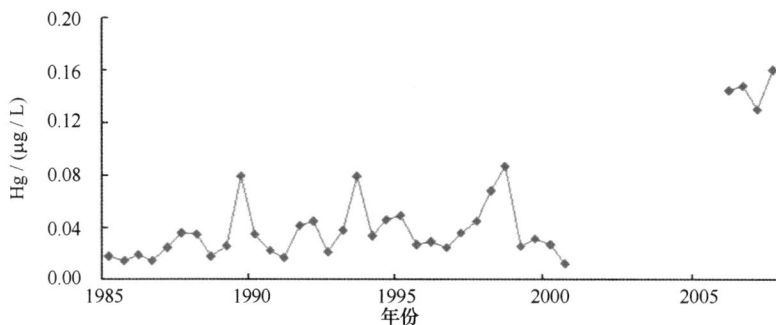

图 17.12　1985—2007 年长江口海域表层海水 Hg 中值浓度变化

5）锌（Zn）

2006 年长江口海域表层海水中 Zn 浓度的平面分布与 Cu 相似，夏季的浓度变化范围为 0.94～15.70 μg/L，平均值为 5.80 μg/L；冬季的变化范围为 1.07～23.83 μg/L，平均值为 9.32 μg/L（孙维萍，2009a）。表层水中的 Zn 浓度是近岸高于外海，冬季高于夏季。从近岸向外海，Zn 浓度在夏季呈梯度递减的趋势，高值区出现在上海市石洞口市政排污口的邻近海域；冬季 Zn 浓度等值线具有东南向扩展的趋势。

6）铬（Cr）

2006 年长江口海域表层海水中溶解态总 Cr 的含量较高，且近岸高于外海，夏季明显高于冬季。夏季浓度的变化范围为 0.17～0.81 μg/L，平均值为 0.46 μg/L，冬季的变化范围为 0.07～0.85 μg/L，平均值为 0.31μg/L（孙维萍，2009a）。影响总 Cr 分布的两个重要因素是盐度和营养盐含量，低盐度海水的水体相对稳定，混合作用不强烈，总 Cr 的含量相对较高，二者呈负相关关系，而总 Cr 含量与营养盐含量则呈正相关关系（GIESE，1997）。

17.2.2　重金属来源和迁移转化分析

陆源物质中的重金属元素主要通过径流、排污口以及大气沉降等形式输入近岸海水中。据《2006 年中国海洋环境质量公报》和《第二次全国海洋污染基线调查报告》的报道，2006 年由长江和黄浦江进入海域的重金属分别为 16 690 t 和 40 t。在受重金属污染的水体中，一般水相中的重金属含量很低，即使接近污染物排放口，水中重金属的含量也不高（贾振邦，1997）。而且随机性很大，常受排放状况与水力学条件影响，含量分布往往不规则，大部分赋存于悬浮物中。水体中重金属的检出与水相 pH 值有关，一般在碱性条件下，重金属易受泥沙吸附而沉淀；而在酸性条件下，底泥中的重金属会向水体释放（王艳，2007）。

长江口水体中重金属的主要来源是陆源物质，其含量主要受径流量及排污的影响。长三角地区工农业经济蓬勃发展，导致沿岸排污量迅速增加，并且其中大量的污染物质随径流输入长江口，因此造成溶解态重金属浓度偏高，此外，大量的地壳岩石风化产物也会随径流进入长江口。

从近岸向外海，由于 pH 值和盐度升高，表层水中的 Cu 离子与其他金属离子、悬浮颗粒等混合，在离子交换、吸附沉降等作用下向深水层及沉积物转移（孙维萍，2009a），从而降低了浓度。在近海盐度较大的区域，水体中的 Fe、Al 等离子形成的胶体可发生凝聚，致使其表面电位降低（车越，2002），因此 Cu 离子易于被捕获，造成该区域的浓度有较低值。

Pb 在长江口海域表层海水的迁移转化行为与 Cu 相似。从近岸到外海，随着海水的混合作用增强，盐度升高，离子间的竞争吸附改变了吸附剂的电性，致使悬浮颗粒发生解吸作用，使得部分颗粒态 Pb 转化成了溶解态（王百顺，2003），再加上冬季长江冲淡水的稀释作用较小，近岸排污和往来的货运船只等会使 Pb 浓度有所升高（孙维萍，2009a），故而会形成离岸带高值区。由此可见，长江冲淡水的稀释作用对 Pb 浓度的季节差异有一定影响。

从近岸向外海 Cd 的浓度逐渐降低，其主要影响因素是沿岸江河的径流和排污口废水的排放，而海水盐度变化的影响同样不可忽视，水中 Cl⁻ 的含量也是支配 Cd 分布的主要因子（陈国珍，1990）。随着盐度升高，Cl⁻ 的含量自然也增加，可促进其与水中的 Cd 生成络合物，在络合物的絮凝或吸附沉降等作用下，致使水中的 Cd 浓度降低（孙维萍，2009a）。另外，Cd 浓度的季节变化以及冬季等值线东南扩展的分布趋势，其原因与 Cu 基本一致。

冬季 Zn 的浓度高于夏季，原因在于冬季的长江冲淡水种类稀释作用减弱以及海洋生物对锌的吸收转化。作为海洋生物的必需营养元素，Zn 可被生物体直接吸收，并经食物链的传递而在较高营养级富集，富集倍数可达 $1 \times 10^3 \sim 1 \times 10^5$ 倍（孙维萍，2009a）。例如，水藻对 Zn 的富集系数为 $1 \times 10^3 \sim 4 \times 10^3$ 倍，无脊椎动物为 $4 \times 10^4 \sim 2.5 \times 10^5$ 倍，鱼类为 $1 \times 10^3 \sim 2 \times 10^3$ 倍（廖自基，1992）。夏季生物体活跃的新陈代谢促使其吸收更多的 Zn，因此海水中含量较低。

对于溶解态总 Cr 的季节变化，同样与长江冲淡水的季节变化相关。由于夏季长江冲淡水的稀释作用，外海表层水的盐度明显低于冬季，同时又携带了丰富的营养盐入海，因此，海水中溶解态总 Cr 的浓度较高。这一变化规律与 GIESE（1997）研究的结果相吻合。

对于重金属离岸带高值区的形成，目前有两种观点：悬浮体解吸说和海底沉积物释放说。悬浮体解吸说认为吸附态重金属随河流进入河口，在离开海岸一定距离后解吸出来，部分颗粒态转化为溶解态，由此形成离岸高值带区。1980—1981 年"中美海洋沉积过程联合研究"项目和 1986 年中法"长江口及其邻近海域污染物与营养盐的生物地球化学联合研究"分别对表层沉积物和悬浮体中重金属形态进行分析，证实了解吸作用的存在。海底沉积物释放说则认为沉积物中重金属释放造成了离岸带高值区（中国海湾志编纂委员会，1998）。根据吸附等温式，如果表层沉积物向水质释放重金属，则间隙水与表层沉积物吸附态重金属浓度、底层水与表层沉积物间隙水溶解态重金属浓度，这两者之间则必然存在一定的平衡关系。

总体而言，鉴于海水中重金属的迁移转化过程的复杂性，对表层水的重金属进行单独监测，并不能很好地解释其来源及迁移机制。因此，今后海洋环境重金属研究的一个重要方面应着重于海水中重金属的垂直分布研究及海洋环境不同介质（海洋沉积物、生物体和水体）中的重金属研究。

17.2.3　主要重金属元素的污染评价

1）水体中的重金属污染评价

长江口是陆地径流与海水的交汇区域，物理、化学和生物作用较河流和开阔大洋更为活跃。巨量的陆源径流每年除带来巨大的水沙和营养物质外，还带来大量的重金属等污染物。对江苏、上海和浙江三省的入海排污口（包括养殖区和航道区）的监测结果表明，水质均为劣四类，生态环境质量等级为差或极差。可见，排污口水体的重金属污染非常严重。

长江口水质状况不容乐观，重金属 Hg 含量超标，其中，吴淞口水体水质最差，不仅 Hg 含量超标，As、Pb 和 Cr 含量也均为 9 处采样点中最高，吴淞口水体是污染长江口水质的重要原因。2005 年夏季对从长江口上游到下游 9 处河段水体水质进行分析的结果表明，长江口 9 处测点表面水体 Hg 含量全都超过地面水质 II 类标准汞含量上限值 0.05 μg/L，其中，除了北支口和浏河口以外，其余都超过 III 类标准汞含量上限值 0.1 μg/L（余国安，2007）。而其他金属含量均值都在地面水质标准规定的 I 类水质各类金属含量的限值范围内，且均远低于 I 类标准限值，部分主要指标分布特征见表 17.2。

表 17.2　长江口水质部分主要指标分布特征　　　　单位：μg/L（金属）；mg/L（其余）

统计指标	As	Pb	Cd	Zn	Cu	Hg	Cr	TP	TN	Cl⁻
最低含量	1.100	0.056		1.300	1.300	0.063		0.011	1.460	10.890
最高含量	3.500	0.120		18.00	5.300	0.720		0.210	2.870	670.71
平均含量	1.711	0.077		8.533	2.144	0.116		0.044	1.944	21.767
标准偏差	0.715	0.021		4.865	0.555	0.031		0.064	0.481	23.064
变异系数	0.418	0.268		0.570	0.259	0.270		1.462	0.248	1.060

注：Pb 吴淞口含量为 0.17，其余点含量小于 0.1；Cr 吴淞口含量为 1.5，其余点含量小于 1.0。

根据《海水水质标准 GB3097—1997》，运用单因子指数法对 2007 年秋季航次长江口及杭州湾表层海水溶解态重金属的调查结果（表 17.3）进行评价，结果表明表层海水中溶解态 As、Cu、Zn 和总 Cr 含量均符合 I 类水标准，而 Hg 污染较为严重（孙维萍，2009a），大部分站位的水质属于 II～III 类水，个别站位水质属于 IV 类水。Pb 的含量总体不高，但有部分站位水质属于 II 类水。

表 17.3　长江口及杭州湾海域表层海水溶解态重金属检测结果　　　　单位：μg/L

	Hg	As	Cu	Pb	Zn	Cd	总 Cr
范围	0.049～0.327	0.7～7.8	0.84～3.99	0.10～2.76	0.6～15.4	0.002～1.470	0.07～2.71
平均值	0.172	3.6	1.99	0.90	6.1	0.387	0.58
I 类以下	0.050	20	5	1	20	1	50

为了更加客观合理地评价各重金属元素对海水水质的综合影响，参照国家海水水质标准 GB3097—1997，通过灰类白化权函数来确定海水水质分级界限及各参评指标对不同重金属等级的聚类权，分析了长江口表层海水的质量状况（孙维萍，2009b）。结果表明调查海域海水中重金属总体情况良好，Hg 和 Pb 是长江口海域主要的重金属污染元素，含量偏高。

2）沉积物中的重金属污染评价

水体中重金属因受到多种因素的影响，具有多变和动态的特点，而沉积物中污染物是长期积累的结果，污染物浓度因而较为稳定（陈春华，1997）。河流输入携带的重金属能快速在河口和近岸区富集沉积，底质沉积物中重金属含量水平往往要比其上覆海水高得多。因此，在长江口区域环境评价和监控中，对于沉积物中重金属含量水平应给予高度的重视，防止潜在的化学定时炸弹的形成（张丽浩，2003）。

在三峡一期蓄水后早期（2003 年），长江口及其邻近海域表层沉积物总的潜在生态风险指数和单个污染物的潜在生态风险系数较蓄水前有所增加，而 2007 年的风险水平又降到了1988—1992 年的水平。分别利用合适的评价参数和标准，从不同角度对三峡工程一期蓄水后（2003 年和 2007 年）长江口及其邻近海域表层沉积物中重金属（Cu，Cr、Pb、Zn 和 Cd）的综合污染状况及其潜在生态风险进行了定量评价（王蓓，2008）。结果表明：①在三峡工程一期蓄水后早期（2003 年），Cr 在二类沉积物中的比例下降，Cu 在二类沉积物中的比例上升，Pb、Zn 和 Cd 在不同沉积物标准中所占比例基本不变；达到二类沉积物质量标准的重金属元素主要位于长江口外泥质沉积区。②在三峡工程一期蓄水后早期，Cu 偶尔对生物产生的负面效应有增加趋势，Cr 则恰好相反。对生物的负面效应减小；Pb、Zn 和 Cd 三种元素对生物的负面效应较低。③从总的污染程度来看，长江口及其邻近海域污染程度和潜在生态风险为低级，典型污染要素的污染程度由高到低的顺序为：Cr > Cu > Zn > Pb > Cd，Cr 是研究区表层沉积物中的主要环境污染因子，各污染物对生态风险影响程度由大到小的顺序为：Cd > Cu > Cr > Pb > Zn。Cd和 Cu 潜在生态风险指数所占贡献的比例达 60% 以上，是研究区的主要风险因子。

德国学者 Muller 于 1979 年提出的地积累指数法（Forestner，1989），共分为 7 级，即 0 ~ 6级，表示污染程度由无至极强。表 17.4 列出了地积累指数（Igeo）与污染程度的关系。

表 17.4　地积累指数（Igeo）与地积累污染级数

类别	污染程度						
	极强	强—极强	强	中—强	中	无—中	无
沉积物 Igeo	>5	>4 ~ 5	>3 ~ 4	>2 ~ 3	>1 ~ 2	>0 ~ 1	0
Igeo 分级	6	5	4	3	2	1	0

采用地积累指数法对 2005 年 12 月长江口北支启东市河口滩涂沉积物重金属进行生态风险评价。表 17.5 是长江口不同采样点沉积物中 5 种重金属的地积累指数（张银龙，2006）。5种重金属污染等级从大到小依次为 Cd > Cu > Pb > Zn > Ni。其中，Cd 的地积累指数在 3 ~ 5，属于强至极强污染级别，污染已经相当严重。

表 17.5　启东长江口沉积物重金属的地积累指数及等级

元素	江滩内侧		江滩外侧		大堤内		海滩内侧		海滩外侧	
	表层	下层	表层	下层	表层	下层	表层	下层	表层	下层
Cd	3.978 7	4.549 9	4.134 8	4.682 3	3.604 3	4.630 8	4.849 4	4.464 2	4.404 0	4.404 0
Cu	2.269 0	2.333 4	1.800 5	1.860 6	0.616 7	2.313 2	2.225 0	1.973 9	1.935 5	1.200 6
Ni	0.199 3	0.170 4	-0.478 1	-0.402 8	-0.200 3	0.079 9	-0.367 9	-0.594 2	-0.466 6	-1.320 9
Pb	1.971 2	2.009 6	1.408 1	1.485 8	0.366 9	1.880 6	1.916 6	1.698 6	1.705 4	0.898 7
Zn	0.917 6	1.104 1	0.93 0	1.019 8	-0.302 9	1.226 3	1.680 5	1.220 3	0.954 5	0.597 0

3）生物体中的重金属污染评价

重金属的不可降解性以及生物富集效应，使重金属成为海洋生态系统以及海产品食用安全的一大隐患。长江口北支区域重金属的调查研究显示 Cd 容易在生物体内积累（张银龙，2006），并随着食物链逐级富集。长江口有大量的贝类、蟹类和鱼类养殖场，对人体健康存在一定的潜在风险。因而 Cd 污染的生态风险极高，需要高度重视。软体动物也是重金属富集的主要载体，而且其体内的重金属含量差别较大，对长江口南岸边滩 5 个站点的 7 种软体动物分析表明，其体内 Zn 和 Cu 的含量最高（李丽娜，2005），5 种主要重金属 Cu、Zn、Pb、Cr 和 Ni 的含量如图 17.13 所示。

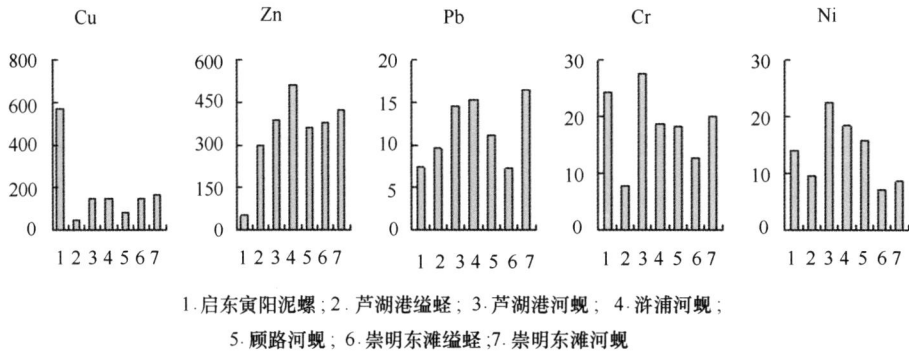

1. 启东寅阳泥螺；2. 芦潮港缢蛏；3. 芦潮港河蚬；4. 浒浦河蚬；
5. 顾路河蚬；6. 崇明东滩缢蛏；7. 崇明东滩河蚬

图 17.13 5 种重金属元素在软体动物体内的含量（mg/kg）

此外，不同区域采样点生物体内的重金属含量也有差别。以长江口地区分布最为广泛的河蚬为例（表 17.6），选择有河蚬分布的四个采样点（芦潮港、浒浦、顾路及崇明东滩），分析测定河蚬体内的重金属含量，并用金属污染指数 MPI（Usero，1997）评价河蚬积累重金属的总体状况。比较 MPI 值的大小结果表明芦潮港＞浒浦＞崇明东滩＞顾路（李丽娜，2005），芦潮港和浒浦的河蚬对这 5 种重金属元素的总体积累量最高。将四个采样点的重金属污染指数 MPI 进行聚类分析，发现芦潮港和浒浦聚为第一类，崇明东滩聚为第二类，顾路是第三类，进一步证明了不同采样点间河蚬重金属积累情况总体上是不一样的，芦潮港与浒浦河蚬体内重金属污染最严重。

表 17.6 河蚬体内各种重金属积累量   单位：mg/kg

	Cu	Zn	Pb	Cr	Ni	MPI
芦潮港河蚬	143.8	390.5	14.5	27.3	22.0	54.7
浒浦河蚬	145.6	506.2	15.4	18.2	18.3	51.9
顾路河蚬	81.1	361.3	11	17.9	15.5	38.9
崇明东滩河蚬	171.6	409.6	16.3	19.7	8.6	45.5

综上所述，长江口海域生物体内的重金属污染情况较为严重。国家海洋局对长江口（面积 13 668 km²）进行了连续三年的监测（国家海洋局，2006），监测内容包括环境质量、生态群落结构、产卵场功能以及开发活动等。结果表明长江口以北海域生态监控区的水质和生物群落结构略有好转，但生态系统处于亚健康状态，部分生物体内 Cu、Zn、As、Cd 和 Pb 的含量偏高。

随着长江三角经济的快速发展，如果排污情况得不到改善，长江口海域水质的前景则不容乐观。虽然重金属在海水中的含量甚微，有些痕量的重金属元素还是海洋生物不可或缺的营养元素，但由于沉积物的积累作用和生物体的富集作用，其对生物体以及生态环境的潜在危害较大。为了促进海洋生态环境系统与海洋经济的可持续发展，必须切实加强对大江大河的陆源入海污染物的监督管理，控制工农业及生活污水排放浓度及排放总量。通过税收、补贴等优惠政策，鼓励企业建设污染处理设施，发展循环经济、绿色经济，减少污染物排放，从源头控制、消减、消除污染的发生。

第18章 东海沉积物化学[①]

东海是由中国大陆、中国台湾岛、琉球群岛和日本九州所围绕的一个边缘海，是世界上最宽阔的陆架之一，陆架坡度非常平缓，沉积物沉降速率大，且长江、黄河每年输入巨量的泥沙，但由于陆岸距离的影响，物质的来源、水文要素、地形地貌及生物作用等不同，在各种环境中形成的沉积物，除具有一定的共性之外，同时也存在着差异，这不仅表现在以沉积物的粒度、矿物组成为代表的沉积物类型上，而且也表现在沉积物化学成分上。东海沉积物类型以砂、粉砂和黏土为主，并呈明显的带状分布（图18.1，1987年），因不同类型沉积物的物质交换、吸附能力不同，沉积物中营养盐、重金属、持久性有机污染物等物质的活性有较大差别，本节重点对沉积物中这些化学物质的分布特征、来源及迁移转化行为进行阐述。

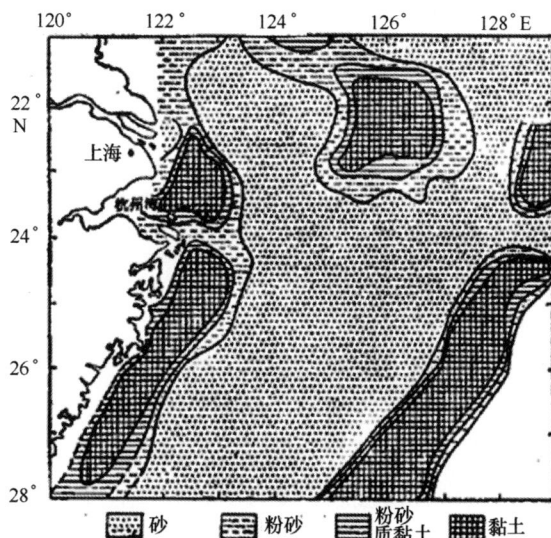

图18.1 东海沉积物类型的分布特征

资料来源：秦蕴珊等，1987

18.1 沉积物中的有机碳与碳酸盐

海洋碳循环是当前海洋物质循环的研究焦点之一，东海作为世界上最宽阔的陆架之一，其碳源汇特征备受关注（宋金明等，2008）。经过多年的研究，对东海海－气间CO_2交换已有了明确的结论。就整个东海来说是大气CO_2的汇，每年可吸收碳（0.07 ± 0.02）Gt（Chen et al.，2004）。但在不同区域其源/汇强度相差很大，长江口口门附近海域及浙江近岸海域为CO_2的源区，而123°E以东的调查海域则表现为大气CO_2的汇，尤其是以123°E，32°N为中心，存在着一个极强的大气CO_2汇区（谭燕等，2004）。虽然东海陆架沉积物中碳酸盐含量较高，但有关该区沉积物中的无机碳在海洋碳循环中所起的作用并未引起足够的重视，有关

[①] 本章撰稿人：宋金明，李学刚，李 宁。

研究报道并不多。

18.1.1 东海沉积物中的有机碳

东海沉积物中有机碳的分布与沉积物类型关系密切，基本上表现为沉积物的粒度越细沉积物的含量越高（图18.2）。在陆架中部的砂质沉积物中有机碳的含量很低（<0.4%），特别是在仅靠长江口东北角的一小块地区，沉积物中有机碳含量特别低（<0.10%）。在黏土含量较高的沉积区，沉积物中有机碳的含量一般大于0.7%，特别是在冲绳海槽海域，沉积物中有机碳的含量大于1%。在长江口和杭州湾邻近海域以及东海北部沉积物中有机碳的含量在0.4%~0.7%之间（王成厚，1995）。

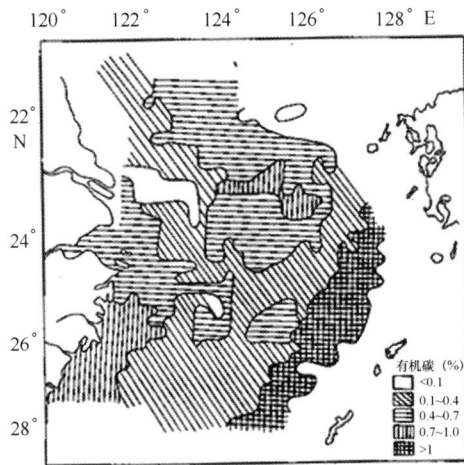

图18.2　东海表层沉积物中有机碳含量（%）的区域分布

资料来源：王成厚，1995

2007年"908"专项调查结果表明，东海表层沉积物中的有机碳高值主要分布在浙江南部和福建北部沿海，该区域有机碳含量可达0.4%~0.8%；而长江口以东以北海区的有机碳含量只有0.1%~0.2%，甚至低于0.1%，是东海有机碳含量的低值区（图18.3）。这一分布规律与王成厚（1995）报道的基本一致。

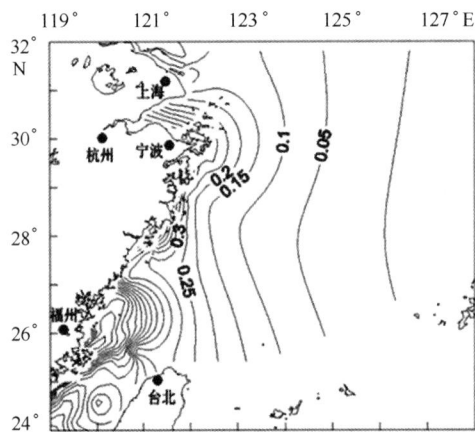

图18.3　"908"专项调查东海表层沉积物中有机碳含量（%）

东海沉积物中有机碳的含量主要受控于粒度大小，同时受生物生产力的影响。在泥质区及其周围海域具有较丰富的生物生产量，同时具备了接受大量细粒沉积物的沉积动力条件及海底为还原环境的良好保存条件，因而在该区有机碳含量高。远离泥质区，沉积物粒度变粗，沉积速率减小，有机碳在表层沉积物中的保存变得困难，其含量降低。

18.1.2 东海沉积物中的碳酸盐

东海沉积物中的碳酸盐含量在绝大部分海域都大于5%，并表现为从近岸向远海增加的趋势，在冲绳海槽沉积物中碳酸盐的含量最高，可大于30%（图18.4）。东海碳酸盐主要来源于陆源碳酸盐、现代海洋生物骨骼和低海平面时沉积的滨海钙质生物残骸，其分布受环流控制。

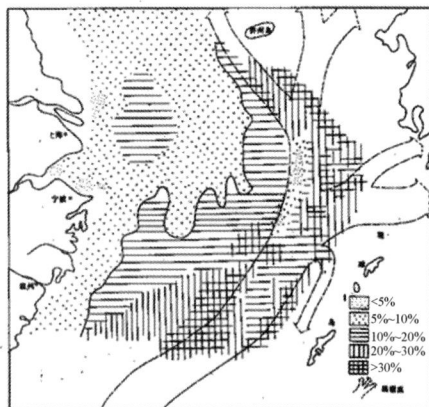

图18.4 东海表层沉积物中碳酸盐含量的区域分布

资料来源：王成厚，1995

18.1.3 长江口及其邻近海域沉积物中碳酸盐形态及其对海洋碳循环的贡献

依据无机碳在沉积物中结合强弱的不同，用不同强度的浸取剂将沉积物中的无机碳分成不同的形态。长江口沉积物中不同形态无机碳含量特征明显，即 NaCl 相 < 氨水相 < NaOH 相 < 盐酸羟胺相 < 盐酸相，表层沉积物中 NaCl 相的平均含量为 0.33 mg/g；氨水相的平均值为 0.58 mg/g；NaOH 相的平均值为 0.68 mg/g；盐酸羟胺相的平均值为 3.89 mg/g；盐酸相的平均值为 5.13 mg/g；总无机碳的平均含量为 10.61 mg/g，各形态无机碳含量分布的频数特征见图18.5。

沉积物中各种形态的无机碳在沉积物的早期成岩过程中不断发生溶解与沉淀，从而导致各形态无机碳之间发生相互转化，特别是 NaCl 相、氨水相、NaOH 相和盐酸羟胺相无机碳向盐酸相无机碳的转化。根据各形态无机碳的性质，从 NaCl 相无机碳到盐酸相无机碳，它们在沉积物中的结合强度不断增强，其中 NaCl 相、氨水相、NaOH 相和盐酸羟胺相无机碳可能返回到水体参与再循环，而盐酸相无机碳将被沉积物长期埋藏，很难参与再循环。从各形态无机碳占总无机碳的比例在沉积物中的垂直变化可以看出 NaCl 相、氨水相、NaOH 相和盐酸羟胺相无机碳转化为盐酸相无机碳有利于无机碳的保存；NaCl 相、氨水相、NaOH 相和盐酸羟胺相无机碳可参与再循环，是潜在的碳源；盐酸相无机碳将被长期埋藏，可能是大气 CO_2 的最终归宿之一。

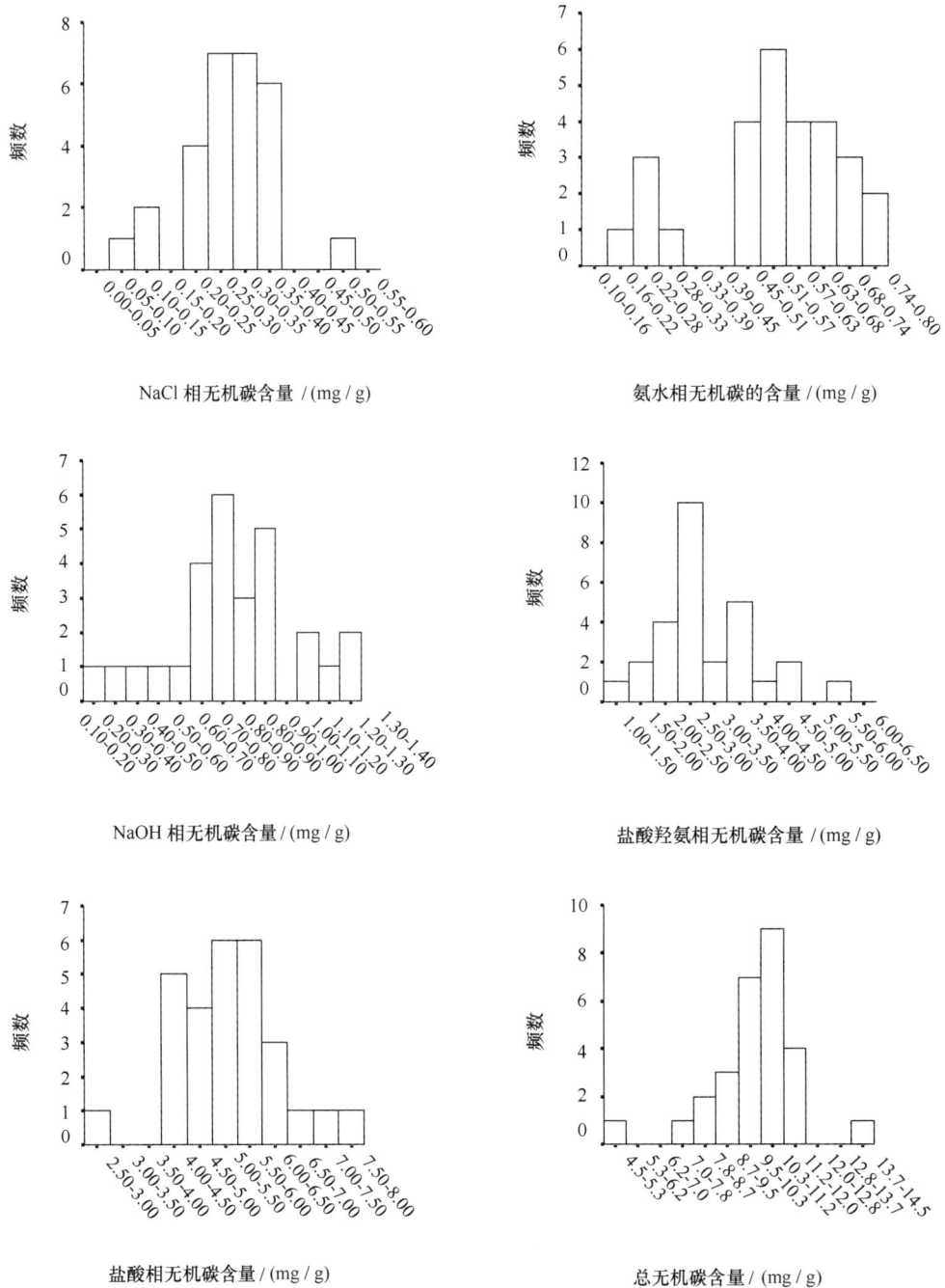

图 18.5　长江口表层沉积物中不同形态无机碳含量的分布频数

资料来源：Li et al.，2006

每年进入长江口沉积物中的无机碳约为 11.17×10^{11} g，其中，至少有 5.93×10^{11} g 无机碳被永久埋藏，有 5.23×10^{11} g 无机碳可返回到水体参与再循环（表 18.1）。

表 18.1　长江口不同形态无机碳的年固定量　　单位：$\times 10^{11}$ g/a（以 C 计）

有机碳	NaCl 相	氨水相	NaOH 相	盐酸羟胺相	盐酸相	总无机碳
7.11	0.32	0.60	0.88	3.43	5.93	11.17

18.2 东海沉积物中的氮、磷及其来源

氮（N）和磷（P）是水生生态系统的重要生源要素，氮和磷的过度富集可导致水体发生富营养化。而近海沉积物正是氮、磷等生源要素的重要蓄积库，它在承担对上覆水环境净化功能的同时，也在一定程度上发挥着营养源的作用，不断向上覆水释放营养盐，对水体富营养化具有重要的贡献（宋金明，2004）。因此，沉积物中氮和磷的含量特征是评价沉积物质量的重要参数之一。东海是陆海相互作用的典型海域，长江年平均入海水量近 $9.24 \times 10^{11} \, m^3$，由于人类活动的影响，长江口和近海水域富营养化程度不断升高。30 多年来，长江口无机氮、磷含量数倍增加，长江每年把大约 $9.12 \times 10^5 \, t$ 无机氮输入大海，N/P 比最高超过 100，海域富营养化日趋严重，东海海域赤潮有逐年增多的趋势。因而，对东海海域营养盐变化特征的研究日益引起科学家的重视。

18.2.1 沉积物中氮、磷的分布特征

沉积物中氮的化学形态包括有机态和无机态，其中，无机态又可细分为 $NH_3 - N$、$NO_2 - N$ 和 $NO_3 - N$，一般来说有机氮是沉积物中氮的主要形态。东海沉积物中总氮的分布和有机碳基本一样（图 18.6），这可能是由于东海沉积物中的氮主要以有机氮的形式存在，无机氮含量很低（王成厚，1995）。

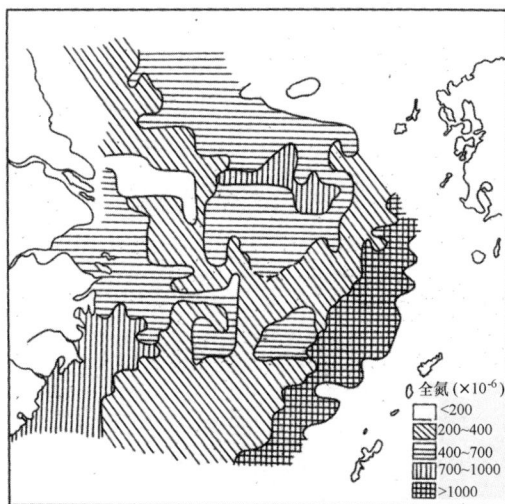

图 18.6　东海表层沉积物中总氮含量的区域分布

资料来源：王成厚，1995

"908" 专项调查资料显示，东海总氮的分布，在长江口及临近海区表现为近岸高远岸低。高值区出现在浙江和福建北部沿海，总氮含量可达 $600 \times 10^{-6} \sim 800 \times 10^{-6}$ 以上；离岸越远，总氮含量越低，最低值出现在 124°E，约为 1×10^{-6}。外海区域，在 126°E，29°M 出现一个相对高值中心，总氮含量为 $200 \times 10^{-6} \sim 300 \times 10^{-6}$，而东海的东南部海区呈现明显的低值区，总氮含量低于 60×10^{-6}（见图 18.7）。该调查结果与王成厚（1995）的报道在规律上基本类似。

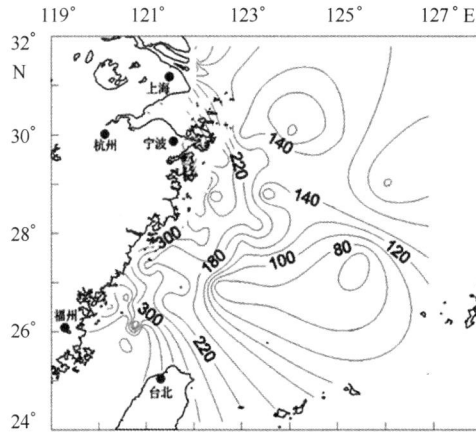

图 18.7 "908" 专项调查东海表层沉积物中总氮含量($\times 10^{-6}$)

在长江口附近海域沉积物中有机氮平均占总氮的 62.81%，总氮的含量在 263×10^{-6} 和 508×10^{-6} 之间，其中，有机氮含量最高为 442×10^{-6}，无机氮的含量最高为 182×10^{-6}（吕晓霞，2005）。在上海滨岸潮滩表层沉积物中可交换态无机氮中，以 $NH_3 - N$ 为主，含量在 $5.5 \times 10^{-6} \sim 27.5 \times 10^{-6}$ 之间，占可交换无机氮的 70% ~ 85%；其次为 $NO_3 - N$，含量 $0.83 \times 10^{-6} \sim 4.6 \times 10^{-6}$，占 15% ~ 30% 左右，$NO_2 - N$ 的含量很低，甚至未检出。潮滩沉积物中可交换无机氮的组成序列为 $NH_3 - N > NO_3 - N >> NO_2 - N$（高效江等，2002）。

长江口及其邻近海域表层沉积物中总磷的含量分布和总氮分布规律非常接近（图 18.8）。磷含量最高的区域位于浙江近岸现代浅海沉积区。较高含量的有机质和构成生物骨骼碎片的磷酸盐可能是沉积物中总磷含量增高的物质源。但在不同海域有机磷或无机磷占总磷的比例可能有较大的差异，这也是导致东海外海区域总磷分布较为均匀，与总氮和有机碳分布规律明显不同的原因（王成厚，1995）。

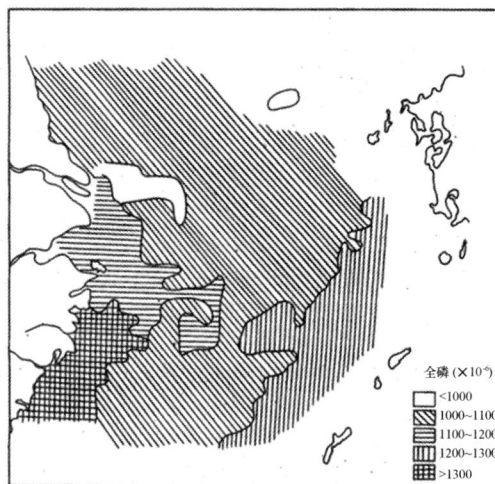

图 18.8 东海表层沉积物中总磷含量的区域分布

资料来源：王成厚，1995

2007 年 "908" 专项调查结果表明，东海表层沉积物中的总磷高值主要分布在浙江南部和福建北部沿海，该区域总磷含量可达 400×10^{-6} 以上；而长江口以东以北海区的总磷含量分布比较均匀，为 $25 \times 10^{-6} \sim 36 \times 10^{-6}$（图 18.19）。这一分布规律与王成厚（1995）报道的基本一致。

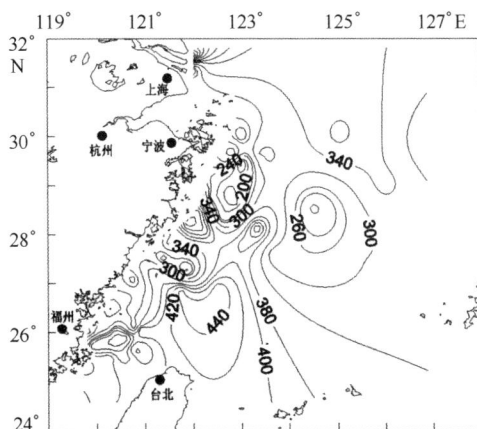

图 18.9　"908" 调查东海表层沉积物中总磷含量（$\times 10^{-6}$）

18.2.2　沉积物中氮、磷的来源

一般来说，沉积物中的 N、P 的来源在一定程度上和上层海水中 N、P 的来源基本一致，水体中的溶解和颗粒态的营养盐通过生物过程、化学过程、物理过程及物理化学过程可最终进入沉积物（宋金明，2004）。长江口、舟山渔场及其临近海域的营养盐的主要来源包括长江、钱塘江径流输入的营养盐、闽浙沿岸流和台湾暖流北上携带的营养盐以及大气沉降等。各种来源的营养盐如表 18.2 所示，其中，最终进入沉积物氮、磷分别达 9.3×10^4 t 和 52.1 $\times 10^4$ t。

表 18.2　不同方式下营养盐年输入量的比较　　　　　单位：$\times 10^8$ mol

输入方式	$NO_3^- - N$	$NO_2^- - N$	$NH_4^+ - N$	$PO_4^{3-} - P$	$SiO_3^{2-} - Si$	TIN
湿沉降	2.67	0.014	3.98	0.0059	0.45	6.65
长江	492.75	3.29	67.16	4.78	792.05	563.20
沉积物	−76.7	0.29	−296	−30	560	−372
钱塘江	39.71	0.50	4.86	0.9	57.14	45.07

资料来源：张国森等，2003。

比较各种来源的营养盐可以发现，该海域的无机氮主要来自长江径流输入，大气湿沉降和钱塘江径流输入仅占很少的一部分，而磷除来自径流外，主要受闽浙沿岸流和台湾暖流北上携带磷的影响，而且这种多源性还存在时间变化。春季该海域的污染源主要为杭州湾和长江径流；秋季时 $PO_4^{3-} - P$ 的主要来源不是长江冲淡水等径流输入，而可能主要来源于台湾暖流和闽浙沿岸流（王芳等，2006）。一般认为，台湾暖流水的相当部分来自台湾东北的黑潮次表层水或台湾海峡的海水，因此营养盐，特别是 $PO_4^{3-} - P$ 含量相对丰富，台湾暖流在向西北方向延伸过程中把丰富的营养盐输送到该海域。

相对于无机氮、磷，长江口、舟山渔场及其临近海域沉积物中的有机态氮、磷主要为长江径流带来的陆源有机物沉降和浮游、底栖生物（海源）两个最主要来源。长江陆源有机物随悬沙在环流和混合扩散作用的控制下，被带到不同的区域，并最终发生沉降。而沉降后的有机物在最终进入地层之前会和细颗粒沉积物一起经历许多次的起动、搬运、沉降和堆积的循环过程，其间也会经历矿化分解等生物地球化学过程。海源有机物一部分来源于当地的生物生产力，另有一部分可能来自其他海域的生物生产力。根据沉积物中 C/N 比值和 $\delta^{15}N$ 的变化特征，在 31°N 以北地区，长江口附近沉积物中的陆源有机物来源最高，超过了 50%，且等值线呈舌状向东北方向凸出，表明了长江冲淡水的影响。至 123.5°E 陆源有机碳所占比重降低至 30%，31°N 以南地区等值线分布较密；至 123°E，陆源有机碳贡献比重迅速减小到 30%；而在 124°E 附近，其比重仅约为 10%（高建华等，2007）。

18.2.3 沉积物 – 海水界面间营养盐交换通量

虽然不同的研究者因所使用的研究方法和所选取的采样站位不同而导致所计算的沉积物 – 海水界面间营养盐的交换通量存在较大的差异，但基本规律一致，即东海营养盐的界面交换行为存在复杂的空间分异和季节变化，其中 $SiO_3^- – Si$ 和 $NH_4^+ – N$ 的交换速率相对比较大，在营养盐在沉积物 – 海水界面的交换作用中占有较大比重，$PO_4^{3-} – P$ 和 $NO_2^- – N$ 的交换速率较小，而 $NO_3^- – N$ 的交换速率则由于不同海域的氧含量不同而有较大差异（宋金明，1997）。就整个东海来说，东海沉积物 – 海水界面营养盐交换通量在春、夏季 $SiO_3^- – Si$ 的交换速率均大于 0，表现为由沉积物向水体释放，春季的交换速率变化范围为 3.17 ~ 25.4 mmol/（$m^2 \cdot d$），而夏季为 0.39 ~ 10.2 mmol/（$m^2 \cdot d$），平均交换速率为 4.12 mmol/（$m^2 \cdot d$）；春季 $PO_4^{3-} – P$ 在多数站位的交换速率大于 0，变化范围为 –19.1 ~ 14.32 mmol/（$m^2 \cdot d$），而夏季 $PO_4^{3-} – P$ 在多数站位的交换速率小于 0，变化范围为 – 105.4 ~ 10.8 mmol/（$m^2 \cdot d$）；$NH_4^+ – N$、$NO_2^- – N$ 交换速率的变化范围分别是春季：– 329.0 ~ 1 404 mmol/（$m^2 \cdot d$），– 26.3 ~ 2.8 mmol/（$m^2 \cdot d$），夏季：– 736.8 ~ 2 348 mmol/（$m^2 \cdot d$），– 156.1 ~ 26.6 mmol/（$m^2 \cdot d$）；无论春季还是夏季 $NO_3^- – N$ 在大多数站位的交换速率皆趋近于 0，这可能是由于沉积物中 DIN 主要以 $NH_4^+ – N$ 形态存在，$NO_3^- – N$ 在沉积物 – 海水界面间的交换主要受低溶解氧（O_2）条件下沉积物释放的 $NH_4^+ – N$ 的硝化过程所控制（石峰等，2004）。而在长江口槽滩，$NO_3^- – N$ 和 $NH_4^+ – N$ 的界面交换通量正负变化范围较大，分别介于 32.82 ~ 24.13 mmol/（$m^2 \cdot d$）和 18.45 ~ 10.65 mmol/（$m^2 \cdot d$）之间，而 $NO_2^- – N$ 的界面交换通量很小，仅为 – 1.15 ~ 2.82 mmol/（$m^2 \cdot d$），$NO_3^- – N$ 的界面交换具有明显的上下游季节性时空分异特征（陈振楼等，2005）。在长江口北支潮滩沉积物 – 水界面无机氮的交换通量也具有明显的季节变化。在春季，沉积物是 $NH_4^+ – N$ 的汇，由水体向沉积物中扩散；而夏季和秋季，沉积物为 $NH_4^+ – N$ 的源，向水体中释放 $NH_4^+ – N$。$NO_3^- – N$ 的界面交换通量在春季是全年最大的，但在不同地区源汇特征可能完全相反；在夏季，$NO_3^- – N$ 都是由水体向沉积物中扩散，而到秋季，沉积物可能由汇转变为源（张兴正等，2003）。

根据交换速率，可计算东海沉积物 – 海水界面间营养盐交换通量（见表 18.3）。通过沉积物向海水释放的营养盐能提供维持东海初级生产力 13% ~ 55% 的 $SiO_3^{2-} – Si$ 和 5.1% 的 DIN，而 $PO_4^{3-} – P$ 仅在春季为东海初级生产力提供 1.5% 的 $PO_4^{3-} – P$，在其他季节则向沉积物迁移而不能提供维持东海初级生产力所需的 $PO_4^{3-} – P$。因此，维持东海初级生产力的 $SiO_3^{2-} – Si$

主要来自于沉积物的释放，而海水中的 $NO_3^- - N$ 和 $PO_4^{3-} - P$ 则通过沉积物－海水界面在沉积物积聚（戚晓红等，2006；石峰等，2004）。

表 18.3　东海沉积物－海水界面间营养盐交换通量　　　　　　　　　　单位：mmol/d

输入方式	$SiO_3^{2-} - Si$	$PO_4^{3-} - P$	$NH_4^+ - N$	$NO_2^- - N$	$NO_3^- - N$	DIN
2002 - 04 - 05	3.15×10^{12}	5.47×10^9	2.71×10^{11}	-1.58×10^{10}	-1.15×10^{11}	1.40×10^{11}
2002 - 08 - 09	3.20×10^{12}	-2.02×10^{10}	4.71×10^{11}	-2.09×10^{10}	0	4.50×10^{11}

资料来源：石峰，2004。

营养盐在沉积物－水界面的迁移和转化，各环境因子最终需要通过影响沉积物－水界面的氧化还原边界层来实现。氧化还原边界层的上移，就使沉积物处于一个还原环境中，此时反硝化作用的进行，使沉积物成为 $NO_3^- - N$ 的汇、$NH_4^+ - N$ 的源；而氧化还原边界层的下移，就使表层沉积物处于一个氧化的环境中，此时硝化作用的进行，就使沉积物成为 $NH_4^+ - N$ 的汇、$NO_3^- - N$ 的源。在这个过程中，生物因子起到了最关键的作用，因为无论矿化作用、硝化作用还是反硝化作用，都需要生物的参与才能顺利进行，同时也伴随着磷与硅的累积与释放（宋金明，1997）。

18.3　沉积物中重金属的分布与迁移

沉积物作为重金属元素的赋存介质，其物理化学性质、物质组成、粒度等差异，都会造成重金属含量变化的很大差异。东海沉积物类型主要有粉砂质黏土、黏土质粉砂、砂质粉砂、细砂等，各类型沉积物中重金属含量如表 3.18.3.1 所示，表现为沉积物的粒度越细，重金属含量越高的特征，符合粒度控制律。

表 18.4　不同沉积物类型中重金属平均含量　　　　　　　　　$\times 10^{-6}$

元素	粉砂质黏土	粉砂	细砂
Cu	86.72	24.27	5.58
Zn	95.77	86.04	54.64
Pb	31.10	30.97	17.08
Cd	0.089	0.045	0.045
Hg	0.126	0.110	0.093
Cr	106.60	94.32	60.98

资料来源：栗俊等，2007。

18.3.1　东海沉积物中重金属的分布

栗俊等（2007）对东海表层沉积物中重金属的分布进行过系统研究，其研究认为：东海表层沉积物中铜含量在 $(1.86 \sim 35.91) \times 10^{-6}$ 之间，平均值为 13.01×10^{-6}。其高值区位于长江口以南的近岸海域，呈带状分布，最高值为 35.19×10^{-6}，向东部变低；中国台湾岛以东亦分布有高值区（其值 $> 30 \times 10^{-6}$），向北部递降；长江口以北，铜的含量普遍较低 $(10 \sim 20) \times 10^{-6}$，最低值分布在长江口外，其值为 1.86×10^{-6}。东海表层沉积物中锌含量为 $(33.5 - 105.1) \times 10^{-6}$，平均值为 69.72×10^{-6}，其区域分布特征与铜相似。高值区分布在西南部及中国台湾岛东侧（$>100 \times 10^{-6}$），由此向北部及东部降低；长江口外东侧为最低值（33.5×10^{-6}）。东海表层沉积物中铅含量为（$9.67 \sim 44.34$）$\times 10^{-6}$，平均值为22.21×10^{-6}。高值区分布在中国台湾岛东侧，最高值为44.34×10^{-6}，由此向北及东部递降；长江口以南近岸段亦为 Pb 含量高值带（其值$>30 \times 10^{-6}$），呈条带状分布，向东及北部递降，最低降为9.67×10^{-6}。东海表层沉积物中镉含量在（$0.016 \sim 0.27$）$\times 10^{-6}$之间，平均值为0.06×10^{-6}。高值区分布在中国台湾岛东侧，由此向北及东部递降，近岸区域镉的含量大于0.1×10^{-6}，呈条带状向东递降；东部大部分区域小于0.05×10^{-6}，最低值（0.016×10^{-6}）。东海表层沉积物中铬含量为（$30.20 \sim 167.30$）$\times 10^{-6}$，平均值为72.95×10^{-6}。高值区分布于南部近岸段，呈带状、扁豆状分布，东部与北部为低值区。东海表层沉积物中汞含量为（$0.026 \sim 0.394$）$\times 10^{-6}$，平均值为0.116×10^{-6}。高值区（其值$>0.3 \times 10^{-6}$）分布于杭州湾外东南侧及长江口外，高值区呈带状分布，向东及向北降低，最低值位于中国台湾岛东侧，局部区域亦有高低相间变化。

2007 年"908"专项对东海表层沉积物中的重金属含量进行全面的调查（见图 18.10）。与之前的报道相比，"908"专项调查在东海沿岸设置了更多站位，更详尽地反映出东海近海包括台湾海峡重金属的分布规律。

"908"专项调查中铜含量在（$3.03 \sim 82$）$\times 10^{-6}$之间，平均值为23.26×10^{-6}。其高值区位于长江口以南的近岸海域（包括杭州湾和浙江近岸），呈带状分布，最高值为82×10^{-6}，向西、向南部逐渐变低；福建沿海铜含量普遍较低，低于30×10^{-6}，并向南逐渐降低；最低值分布在福建南部沿海外，其值为3.03×10^{-6}。

"908"专项调查中锌含量为（$15.15 \sim 182$）$\times 10^{-6}$，平均值为91×10^{-6}。高值区分布在浙江南部及福建北部近海（$>100 \times 10^{-6}$），由此向南部及西部降低；最低值出现在福建南部沿海（15.16×10^{-6}）。

"908"专项调查中铅含量为（$1.00 \sim 99.8$）$\times 10^{-6}$，平均值为24.41×10^{-6}。其区域分布特征与铜相似。其高值区位于长江口以南的近岸海域（包括杭州湾和浙江近岸），呈带状分布，最高值为99.8×10^{-6}，向东、向南部逐渐变低；福建沿海和台湾海峡铅含量普遍较低，低于20×10^{-6}，并向南、向西逐渐降低；最低值分布在台湾西南部沿海，其值为1.00×10^{-6}。

"908"专项调查中镉含量为（$0.005 \sim 0.3$）$\times 10^{-6}$，平均值为0.102×10^{-6}。其区域分布特征与铜、铅相似。其高值区位于长江口以南的近岸海域（包括杭州湾和浙江近岸），呈带状分布，最高值为0.3×10^{-6}，向东、向南部逐渐变低；福建沿海和台湾海峡铅含量普遍较低，并向南、向西逐渐降低；最低值分布在台湾西南部沿海，其值为0.005×10^{-6}。

"908"专项调查中铬含量为（$1.3 \sim 124$）$\times 10^{-6}$，平均值为42.88×10^{-6}。其高值区位于长江口以南的近岸海域（包括杭州湾和浙江近岸），以该海区为中心呈环状分布，最高值为124×10^{-6}，向环外缘逐渐变低；福建沿海和台湾海峡铅含量普遍较低，并向南、向西逐渐降低；最低值出现在福建南部沿海，其值仅为1.3×10^{-6}。

"908"专项调查中汞含量为（$0.003 \sim 0.153$）$\times 10^{-6}$，平均值为0.045×10^{-6}。其区域分布特征与铜相似。其高值区位于长江口以南的近岸海域（包括杭州湾和浙江近岸），呈带状分布，最高值为0.153×10^{-6}，向东、向南部逐渐变低；福建沿海和台湾海峡铅含量普遍较低，低于0.04×10^{-6}，并向南、向西逐渐降低；最低值分布在台湾海峡西南部，其值为0.003×10^{-6}。

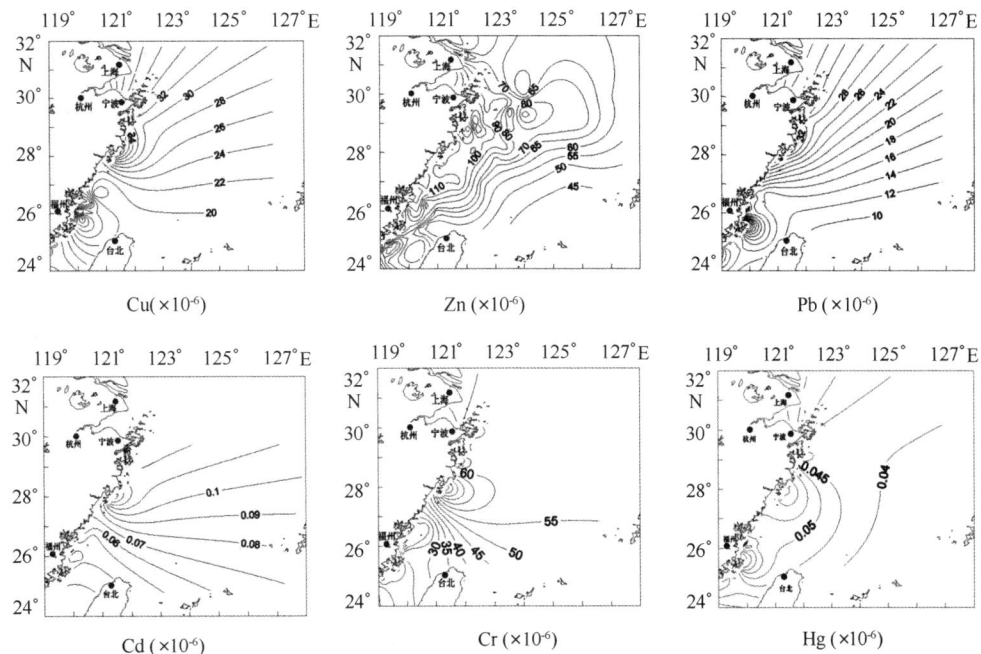

图 18.10　"908"专项调查东海表层沉积物中重金属含量

总体上看，东海表层沉积物中重金属元素区域分布的基本特征是：高值区分布于中国台湾岛东北侧和大陆近岸区域（呈带状分布）；低值区分布于东部及北部浅海大沙滩区。台湾岛东北侧的高值区位于冲绳半深海海槽的西南端（即弧状扩张盆地端头），水深超过1 000 m，海槽的物源主要是陆源泥质沉积物，除了泥质沉积物富集大量重金属元素外，还有火山喷发、热水喷出物带来的物质，这些都是该区域成为高值区的主要因素；大陆近岸区域高值区的形成主要是长江、钱塘江、闽江等若干大小河流携带经风化而产生的陆源碎屑物质（年输沙量 $>5 \times 10^8$ t），在长江口外 WS 向沿岸流的作用下，沿浙、闽顺岸搬运南下，在海水电解质作用下发生凝集和沉淀，泥质沉积物呈带状分布，物源效应与沉积物粒度效应对重金属元素的富集和分散起着决定性的作用。

18.3.2　沉积物中重金属的来源

一般来说，河口区的重金属主要来源于陆地、海洋及大气沉降三个部分，其中，陆源部分又包括自然来源即流域内土壤及岩石的风化产物和人类活动来源，如工农业生产排污和生活污水排放等部分。对长江口海域来说，相对于河流巨量泥沙的输送，来源于大气沉降和海洋输送的重金属所占份额微乎其微。由长江进入河口的颗粒态重金属的通量分别为 Fe 25 900 $\times 10^3$ t/a、Mn 554.5 $\times 10^3$ t/a、Cd 0.16 $\times 10^3$ t/a、Cr 61.2 $\times 10^3$ t/a、Cu 31.2 $\times 10^3$ t/a、Pb 25.1 $\times 10^3$ t/a、Zn 60.1 $\times 10^3$ t/a，其中约有一半的颗粒态重金属在河口地区发生沉降与累积（Zhang，1995）。从沉积物中重金属含量的分布看，长江口海域沉积物中重金属含量从长江口南支内向口外方向递减，Cu、Cr、Zn、Pb 高值区主要分布在南支口外的长江水下三角洲地区；杭州湾沉积物重金属亦有湾内向湾外方向降低的趋势，但湾中部沉积物重金属含量较高，都表现出以陆源物质沉降为主要来源的特征。运用主成分分析对舟山群岛区域重金属来源的研究表明，陆源输入仍是舟山群岛大多数金属元素进入沉积物的主要途径，部分重金属如 Zn、Cr 可能通过海洋自生过程进入沉积物（郭笑宇，2006）。

18.3.3 重金属的迁移转化

沉积物中重金属的迁移转化主要是通过溶解与沉淀、吸附和解吸、沉降和再悬浮等生物、物理、化学过程实现的，并且与氮、磷等有机物的迁移转化密不可分。对长江口南槽上段白龙港排污口邻近水域 14 h 不间断定点剖面上采集的水体中颗粒态和溶解态重金属元素 Zn、Cu、As、Cd、V、Cr、Ni 和 Pb 浓度的研究表明，中层单位质量悬沙的重金属浓度始终大于底层，随着含沙量增大，单位悬沙的各重金属浓度减小，水体中各重金属颗粒态浓度增大，溶解态浓度减小，当含沙量大于一定值时，单位悬沙的各重金属浓度趋向稳定值，含沙量分别在涨憩和落急时达到峰值，所以涨憩时刻有利于重金属的吸附，但落急时刻因流速较大，不利于重金属的吸附（成凌等，2007）。除沉积物的再悬浮是影响沉积物中重金属迁移转化的重要因素外，重金属自身的物理化学特征、海水的盐度和 pH 值对沉积物重金属迁移的影响也不可忽视。如铅是重要的污染金属，在天然水环境中容易被颗粒物吸附，主要以颗粒态形式进行迁移，调查表明，长江口表层沉积物对海水 Pb 的富集系数达 $10^4 \sim 10^5$，水体中 Pb 的转移明显地受颗粒动力学控制。陈松等（1999）的吸附动力实验表明，盐度对吸附速率产生很大影响。在其他条件相似情况下，当盐度由 30 降低到 1 时，吸附速率升高约 1 个数量级，吸附率由 67% 升高到 94%，盐度对吸附速率的影响明显高于对平衡的影响。对长江口来说，当河海水混合，长江冲淡水渗入高盐度海水时，悬浮沉积物对 Pb 的吸附速率将急剧下降，而吸附率只下降约 30%，最终仍可保持在 70% 的水平上。表明长江口沉积物 Pb 吸附以化学作用为主，静电作用其次。盐度对吸附产生最大影响是在 S 小于 10 的低盐度区，即在河海水混合的初始阶段，当 S 大于 10 时，这种影响要缓慢得多。在天然水体重金属的转移过程中，pH 值也是一种非常重要的控制因素，在其他条件相似的情况下，pH 值由 8 降低为 5 时，吸附速率降低 5 ~ 6 倍，吸附率下降约 50%，pH 值对速率和平衡都产生明显影响，但对速率的影响更大，水体中 $[H^+]$ 不但对吸附平衡不利，更大大地抑制了吸附的过程。

18.4　沉积物中的持久性有机污染物

持久性有机污染物（persistent organic pollutants，POPs）是指具有长期残留性、生物蓄积性、半挥发性和高毒性，通过各种环境介质（大气、水、生物体等）能够长距离迁移，并对人类健康和环境带来严重危害的天然或人工合成的有机污染物。目前世界上 POPs 物质大概有几千种，大都为某一系列物或者是某一族化学物。常见的有多氯联苯（PCBs）、多环芳烃（PAHs）和有机磷（Ops）等几类。

18.4.1　多环芳烃的分布特征

东海不同泥质区表层沉积物中多环芳烃的分布特征为：沿岸南部泥质区 > 沿岸北部泥质区 > 冲绳海槽 > 济州岛西南泥质区。其中，沿岸北部泥质区位于长江口，该区总多环芳烃含量为 $180.3 \times 10^{-9} \sim 424.4 \times 10^{-9}$，平均值为 299.6×10^{-9}；沿岸南部泥质区是东海 PAHs 含量最高的区域，平均含量为 362.3×10^{-9}，并且表现为由北到南 PAHs 含量逐渐增加的趋势（由 296.0×10^{-9} 增至 424.8×10^{-9}）；济州岛西南泥质区 PAHs 的含量为 $117.1 \times 10^{-9} \sim 211.7 \times 10^{-9}$，平均值为 171.4×10^{-9}。冲绳海槽为 211.7×10^{-9}。在各单组分中（见表 18.5），以包括苉在内的 4 环以上多环芳烃含量最多，可占总量的 60% ~ 90%；2 环多环芳烃含量最低，苊和二氢苊含量仅占多环芳烃的 0.19% ~0.35% 。苊含量在各泥质区均为最高，其次是苯并 [b] 荧蒽、荧蒽、菲等。东海泥质区表层沉积物中 16 种 EPA 优控多环芳烃均有检出，总多环芳烃的含量介于 117.1×10^{-9} ~424.8×10^{-9} 之间，平均值为 287.8×10^{-9}。与国内外其他地区相比，东海泥质区多环芳烃污染程度在国内属于中等水平，比湄洲湾（196.7×10^{-9} ~299.7 $\times 10^{-9}$）表层沉积物 PAHs 含量高，与北黄海（221.2×10^{-9} ~776.3×10^{-9}）中浓度大体相当，但低于珠江口（156×10^{-9} ~$9\,220 \times 10^{-9}$）、闽江口（316.8×10^{-9} ~$1\,260.7 \times 10^{-9}$）、胶州湾（82×10^{-9} ~$5\,118.3 \times 10^{-9}$）和渤海（440×10^{-9} ~800×10^{-9}）中 PAHs 含量。与国外相比，污染程度则属较低，远低于国外地中海（50×10^{-9} ~$1\,798 \times 10^{-9}$）、卡斯科湾（16×10^{-9} ~$2\,100 \times 10^{-9}$）等地区（张宗雁等，2005b）。东海泥质区多环芳烃的含量分布主要受控于离释放物源的远近、沉积物粒度、有机碳含量，而泥质区的形成、分布格局、粒度特征和碳"汇"效应直接与东海的环流体系有关，也直接影响着东海泥质区 PAHs 的分布。

表 18.5　东海泥质区表层沉积物中多环芳烃组分的含量　　　　　　　　$\times 10^{-9}$

化合物	沿岸北部泥质区			沿岸南部泥质区			济州岛西南泥质区			冲绳海槽
	最小值	最大值	平均值	最小值	最大值	平均值	最小值	最大值	平均值	
萘	1.06	7.31	4.24	4.69	6.83	5.83	3.00	5.13	3.89	5.86
苊	0	1.04	0.61	0.54	1.45	0.94	0.41	0.86	0.58	0.59
二氢苊	0.52	1.21	0.94	1.20	1.45	1.29	0	0.56	0.32	0.53
芴	2.50	9.31	5.86	6.10	8.73	7.58	2.12	6.41	4.34	2.13
菲	7.69	39.82	22.62	22.39	41.99	32.20	7.99	32.26	19.90	14.23
蒽	1.10	3.89	2.35	2.25	4.64	3.33	1.26	2.65	1.64	1.47
甲基菲	6.85	25.33	16.21	15.61	32.98	22.67	7.34	21.16	13.64	16.70
荧蒽	8.84	29.75	17.99	16.06	31.29	23.26	10.70	18.04	13.27	13.59
芘	6.68	20.61	12.61	11.91	21.89	17.06	5.74	10.29	7.47	11.04
苯并 [a] 蒽	5.00	12.21	7.61	8.21	14.55	10.85	2.07	5.64	3.85	8.20
䓛	7.01	18.18	11.57	11.78	17.65	15.08	4.19	9.69	7.25	14.46
苯并 [b] 荧蒽	10.57	34.27	21.98	24.97	36.81	30.59	12.22	34.48	24.26	36.68
苯并 [K] 荧蒽	2.98	6.91	4.46	4.78	7.47	6.19	2.06	6.66	4.80	7.79
苯并 [a] 芘	3.92	13.88	7.76	9.16	15.22	10.93	1.82	5.61	3.79	8.35
苊	98.45	177.40	141.46	140.13	166.32	154.03	25.01	73.70	47.36	38.15
茚并 [1，2，3 - cd] 芘	4.55	12.74	7.71	9.19	12.14	10.61	5.06	14.00	9.12	20.15
二苯并 [a，h] 蒽	1.12	3.00	2.10	1.77	4.07	2.62	0.67	2.71	1.50	4.06
苯并 [g，h] 芘	3.28	9.22	6.07	5.14	8.66	7.26	2.22	7.00	4.45	7.68
2 +3 环（%）	9.00	19.05	15.69	16.25	21.44	18.61	10.23	36.48	25.33	16.85
4 环（%）	11.84	19.03	15.64	16.20	20.14	18.13	16.43	20.29	18.78	22.34
5 +6 环（%）	60.53	78.73	66.41	57.66	65.96	61.65	40.62	71.76	53.57	58.04

资料来源：张宗雁等，2005a。

　　2007 年"908"专项对长江口海域进行了综合调查（见图 18.11），获得了 PAHs 在该海域的含量数据（见表 18.6）。在该海区总 PAHs 含量为（$8.94 - 70.4$）$\times 10^{-9}$，平均值为 34.25×10^{-9}。这一数据明显低于之前报道的黄东海的含量，这与长江口水体大流量，低沉积的特性有关。

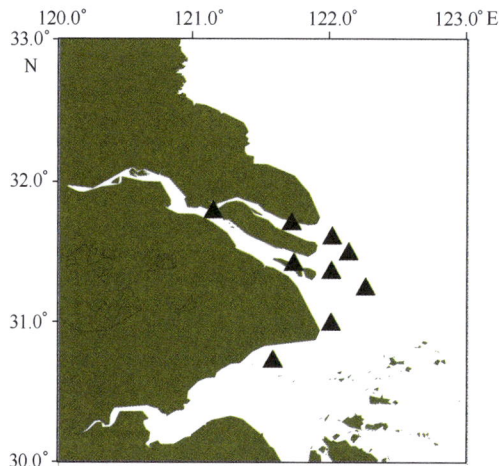

图 18.11 "908" 专项调查长江口采样站位

表 18.6 "908" 专项调查长江口表层沉积物中多环芳烃组分的含量   ×10⁻⁹

	纬度(N)	经度(E)	萘	芴	菲	蒽	荧蒽	芘	䓛	苯并[a]蒽	苯并[a]芘	苯并[e]芘	∑PAHs
SB01	31.80°	121.14°	3.48	0.09	1.23	—	0.96	1.69	1.07	0.42	—	—	8.94
SB04	31.71°	121.71°	10.2	3.69	11.1	2.62	10.6	9.27	8.5	8.3	6.14	—	70.4
SB08	31.61°	122.00°	6.34	0.61	3.64	—	1.53	1.36	1.39	0.68	1.05	—	16.6
SB10	31.50°	122.13°	4.92	0.58	2.56	0.69	3.26	3.06	3.25	3.14	2.96	—	20.9
SB12	31.42°	121.73°	11.5	3.38	11.7	2.65	10.3	9.97	8.44	8.3	5.73	—	72
SB14	31.37°	122.00°	10.1	1	3.85	—	0.83	1.02	0.83	0.27	—	—	17.9
SB16	31.25°	122.25°	5.03	0.5	1.75	0.56	1.53	1.71	1.57	0.84	1.02	—	14.5
SB17	31.00°	122.00°	4.85	0.65	2.79	0.89	3.56	3.55	3.01	2.42	1.88	—	23.6
SB19	30.74°	121.57°	8.93	2.23	10.1	2.3	9.01	8.22	8.67	8.42	5.49	—	63.4

"908" 专项调查同时对福建东南沿海表层沉积物中的 PAHs 含量进行了调查 (图 18.12, 表 18.7)。在该海区总 PAHs 含量为 (43.14 ~ 717.61) × 10⁻⁹, 平均值为 195.97 × 10⁻⁹。这一数据明显高于长江口海区, 但低于之前报道的东海泥质区。

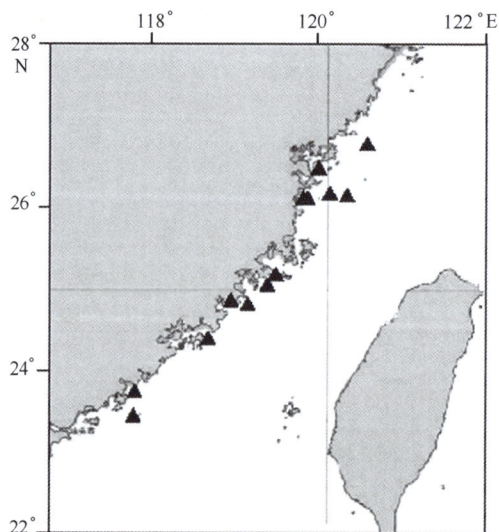

图 18.12 "908" 专项调查福建沿海采样站位

表 18.7 "908" 专项调查福建沿海表层沉积物中多环芳烃组分的含量 $\times 10^{-9}$

站位	纬度 (N)	经度 (E)	萘	芴	菲	蒽	荧蒽	芘	䓛	苯并[a]蒽	苯并[a]芘	苯并[a]芘	$\sum$ PAHs
XM22	23.73°	117.57°	79.32	33.51	71.84	6.96	92.99	62.18	26.13	44.91	13.56	—	431.4
XM04	24.84°	118.80°	30.17	11.1	31.24	4.69	12.84	32.04	14.41	21.92	6.76	—	165.17
ZD – XM591	24.79°	119.00°	19.36	4.39	6.64	0.9	6.31	5.71	2.6	3.66	1.03	—	50.6
ZD – MJK578	25.03°	119.25°	181.35	42.77	77.13	2.87	105.12	48.87	15.49	45.93	198.08	—	717.61
MJ13	25.15°	119.35°	5.27	10.24	20.56	2.22	31.07	17.39	6.69	14.45	2.79	—	110.68
JC – DH493	26.75°	120.50°	26.72	8.02	18.42	1.83	18.73	12.09	4.41	10.32	1.37	—	101.91
MJ21	26.15°	120.03°	27.05	6.56	18.99	2.4	18.92	16.84	6.93	12.59	2.88	—	113.16
XM23	23.43°	117.56°	30.33	13.79	35.61	2.31	38.85	20.3	7.22	12.94	—	—	161.35
ZD – MJK545	26.12°	120.25°	13.28	9.72	14.15	—	4.06	1.65	0.08	0.2	—	—	43.14
MJ29	26.09°	119.70°	12.48	6.19	14.62	1.45	22.44	12.59	6.69	8.82	2.36	—	87.64

18.4.2 有机氯农药分布特征

东海泥质区表层沉积物中有机氯农药的含量分布特征见表 18.8。沿岸泥质区北部总有机氯农药含量介于 $2.04 \times 10^{-9} \sim 13.00 \times 10^{-9}$（干重），平均为 6.78×10^{-9}；沿岸泥质区南部由北到南总有机氯农药含量逐渐增加，由 4.22×10^{-9} 增至 10.37×10^{-9}，均值为 7.66×10^{-9}。这种分布特征与南部泥质区沉积速率由北向南降低相一致，高的沉积速率可能对有机氯农药的含量有"稀释"作用。济州岛西南泥质区总有机氯农药的含量较低，平均为 4.99×10^{-9}，最低仅为 1.44×10^{-9}；冲绳海槽平均为 6.71×10^{-9}。东海不同泥质区表层沉积物中总有机氯农药平均含量分布特征由大到小依次为沿岸泥质区南部、沿岸泥质区北部、冲绳海槽、济州岛西南泥质区。整体看近岸泥质区含量高于远岸泥质区，表明泥质区有机氯含量与距离有机氯农药的释放源远近有关。济州岛西南泥质区离岸边达 400 km，该区沉积物主要来源于老黄河口水下三角洲的再悬浮泥沙，经黄海沿岸流搬运而来，老黄河口沉积物形成于 1855 年以前，那时中国尚未开始工业革命，受人类活动的影响小，这些沉积物相对于现代长江沉积物更为"洁净"。冲绳海槽比济州岛西南泥质区更加远离中国大陆，但其含量却高于济州岛西南泥质区，冲绳海槽距离日本和韩国比较近，有可能受到了这两个源的影响。东海泥质区表层沉积物中 HCHs 含量为 $0.01 \times 10^{-9} \sim 0.77 \times 10^{-9}$，DDTs 含量为 $0.80 \times 10^{-9} \sim 5.87 \times 10^{-9}$，与其他地区的相比较（见表 18.9），可以看出东海泥质区有机氯农药污染尚处于较低水平。

表 18.8 东海表层沉积物中有机氯农药含量 $\times 10^{-9}$

农药名称	沿岸泥质区北部	沿岸泥质区南部	济州岛西南泥质区	冲绳海槽
α – HCH	0.01 ~ 0.10 (0.05)	0.04 ~ 0.10 (0.07)	n. d. ~ 0.02 (0.01)	n. d. ~ 0.36 (0.18)
β – HCH	0.03 ~ 0.13 (0.07)	n. d. ~ 0.19 (0.12)	n. d. ~ 0.12 (0.04)	n. d. ~ 0.23 (0.11)
δ – HCH	0.05 ~ 0.22 (0.13)	0.07 ~ 0.19 (0.12)	n. d. ~ 0.12 (0.06)	0.13 ~ 0.14 (0.14)
γ – HCH	0.01 ~ 0.23 (0.07)	0.01 ~ 0.10 (0.03)	n. d. ~ 0.01 (0.00)	n. d. ~ 0.04 (0.02)
HCHs	0.19 ~ 0.52 (0.32)	0.14 ~ 0.46 (0.34)	0.01 ~ 0.23 (0.11)	0.13 ~ 0.77 (0.45)
p, p' – DDE	0.22 ~ 0.87 (0.51)	0.37 ~ 0.74 (0.54)	0.03 ~ 0.48 (0.23)	0.20 ~ 0.34 (0.27)
p, p' – DDD	0.22 ~ 0.63 (0.45)	0.30 ~ 0.79 (0.56)	0.03 ~ 0.27 (0.12)	0.10 ~ 0.12 (0.11)
o, p' – DDT	0.09 ~ 0.74 (0.38)	0.14 ~ 0.70 (0.44)	n. d. ~ 3.19 (0.96)	0.28 ~ 0.78 (0.53)
p, p' – DDT	0.16 ~ 1.53 (0.82)	0.20 ~ 3.00 (1.48)	0.52 ~ 1.93 (1.03)	0.34 ~ 1.33 (0.83)

农药名称	沿岸泥质区北部	沿岸泥质区南部	济州岛西南泥质区	冲绳海槽
DDTs	1.14~3.77（2.17）	1.59~5.03（3.02）	0.80~5.87（2.33）	0.15~2.54（1.75）
七氯	n.d.~0.56（0.23）	n.d.~0.75（0.39）	n.d.~0.68（0.27）	n.d.~0.07（0.04）
艾氏剂	n.d.~1.11（0.29）	0.32~1.20（0.66）	n.d.~0.82（0.29）	0.18~1.38（0.78）
七氯环氧化物	n.d.~0.13（0.04）	n.d.~0.13（0.04）	n.d.~0.13（0.03）	n.d.~0.01（0.01）
α-氯丹	0.14~3.03（1.34）	0.47~1.93（1.05）	0.01~1.12（0.58）	0.48~1.30（0.89）
硫丹 I	0.01~0.23（0.12）	0.04~0.23（0.14）	n.d.~0.16（0.08）	0.16~1.51（0.83）
γ-氯丹	0.11~2.11（0.98）	0.39~1.59（0.87）	0.04~0.95（0.52）	0.40~0.64（0.52）
狄氏剂	n.d.~0.10（0.02）	n.d.~0.17（0.03）	0.01~0.27（0.11）	0.07~0.27（0.17）
异狄氏剂	0.22~0.87（0.47）	0.37~0.74（0.54）	0.03~0.48（0.23）	0.20~0.34（0.27）
硫丹 II	n.d.~0.34（0.14）	0.08~0.42（0.21）	n.d.~0.32（0.14）	0.21~0.45（0.33）
异狄氏剂醛	n.d.~0.19（0.10）	n.d.~0.48（0.15）	0.03~0.20（0.11）	n.d.~0.01（0.01）
硫丹硫酸盐	0.03~0.91（0.32）	n.d.~0.17（0.04）	n.d.~0.11（0.03）	0.24~0.90（0.57）
异狄氏剂酮	0.04~0.22（0.12）	0.06~0.24（0.17）	0.05~0.29（0.16）	n.d.~0.01（0.01）
甲氧滴滴涕	n.d.~0.77（0.13）	n.d.~0.01（0.01）	n.d.~0.01（0.00）	n.d.~0.03（0.02）
总 OCPs	2.04~13.00（6.78）	4.22~10.37（7.66）	1.44~11.41（4.99）	6.64~6.78（6.71）

资料来源：张宗雁等，2005b。

长江口南支表层沉积物中有机氯农药总量（$\sum$OCPs）为 $0.46 \times 10^{-9} \sim 12.09 \times 10^{-9}$（平均值为 4.54×10^{-9}）（干重，以下同），主要检出 HCHs 和 DDTs 两类，其含量分别为 $0.05 \times 10^{-9} \sim 2.84 \times 10^{-9}$（平均值为 0.73×10^{-9}）和 $0.37 \times 10^{-9} \sim 10.84 \times 10^{-9}$（平均值为 3.73×10^{-9}），而其他 OCPs 化合物只有七氯和异狄氏剂在部分样品中检出。同 HCHs 含量相比，样品中 DDTs 的含量要高出许多，这可能与 HCHs 的物化性质有关。和其他 OCPs（如 DDTs）相比，HCHs 具有更好的水溶性和更高的蒸气压，从而导致 HCHs 更多地分散到大气和水体中，使得沉积物中的浓度偏低（刘贵春等，2007）。

长江口南支表层沉积物中 OCPs 含量的空间分布差异较大，大致趋势由大到小依次为南支南岸沿线、南航道、北航道。$\sum$OCPs 较高的地方主要为城市支流入口和排污口区域，其中在竹园排污口达到最高值（$>10 \times 10^{-9}$）；而远离这些地方的备用水源地附近有机氯污染水平较低，如青草沙、没冒沙、中央沙北端和新桥水道等地的 $\sum$OCPs 均在 1×10^{-9} 及以下。在不同功能区的分布差异性表明沿岸排污口和城市支流是长江口南支表层沉积物中有机氯农药的主要来源. 与其他地区相比，该区的有机氯农药含量较低。

表 18.9　东海表层沉积物中 HCHs 和 DDTs 含量与国内其他海域的比较　　　　　$\times 10^{-9}$

采样区域	HCHs	DDTs
香港维多利亚湾	0.1~2.3	1.38~30.30
厦门西港	0.14~1.12	4.5~311.0
珠江三角洲	0.4~6.2	3.8~31.7
大连湾	1.11~7.96	0.73~6.72
大亚湾	0.32~4.16	0.14~20.27
太湖	11.19	3.27
长江口潮滩	0.54~32.63	n.d.~0.57

采样区域	HCHs	DDTs
长江口—杭州湾	n. d. ~4. 91	0. 05 ~16. 00
西藏羊卓雍湖	4. 56	5. 37
东海泥质区沿岸北部	0. 19 ~0. 52	1. 14 ~3. 77
东海泥质区沿岸南部	0. 14 ~0. 46	1. 59 ~5. 03
济州岛西南泥质区	0. 01 ~0. 23	0. 80 ~5. 87
冲绳海槽	0. 13 ~0. 77	0. 95 ~2. 54

资料来源：张宗雁等，2005b。

2007 年"908"专项调查了长江口和福建沿海的有机氯农药的分布情况（见图 18.11，图 18.12）。在上述海域主要调查了 HCHs 和 DDTs（表 18.10）。长江口 HCHs 含量（0.1 ~ 1.33）×10^{-9}，平均值为 0.573×10^{-9}，DDTs 含量（0.09 ~3.05）×10^{-9}，平均值为 1.06×10^{-9}；福建沿海 HCHs 含量（0.01 – 0.46）×10^{-9}，平均值为 0.157×10^{-9}，DDTs 含量（0.62 ~69.33）×10^{-9}，平均值为 8.87×10^{-9}。

表 18.10 "908"专项调查东海表层沉积物中 HCHs 和 DDTs 含量 ×10^{-9}

	纬度 (N)	经度 (E)	α－666	γ－666	β－666	σ－666	666 总量	p, p′－DDE	o, p′－DDT	p, p′－DDD	p, p′－DDT	DDT 总量
SB01	31. 80°	121. 14°	—	—	—	—	—	0. 07	0. 63	—	—	0. 7
SB04	31. 71°	121. 71°	0. 11	0. 27	0. 7	0. 25	1. 33	0. 68	1. 55	0. 5	0. 32	3. 05
SB08	31. 61°	122. 00°	0. 06	0. 08	0. 28	0. 22	0. 65	0. 12	0. 22	0. 11	0. 38	0. 82
SB10	31. 50°	122. 13°	0. 05	0. 07	0. 12	0. 76	1	0. 3	0. 27	0. 12	0. 31	0. 99
SB12	31. 42°	121. 73°	0. 1	0. 08	0. 14	0. 18	0. 49	0. 38	0. 43	0. 34	1. 2	2. 35
SB14	31. 37°	122. 00°	0. 09	0. 32	—	—	0. 41	0. 09	—	—	—	0. 09
SB16	31. 25°	122. 25°	—	—	0. 11	—	0. 11	0. 14	0. 17	0. 11	—	0. 43
SB17	31. 00°	122. 00°	—	—	0. 1	—	0. 1	0. 13	0. 25	—	—	0. 38
SB19	30. 74°	121. 57°	0. 05	0. 08	0. 15	0. 21	0. 49	0. 26	0. 17	0. 26	—	0. 7
XM22	23. 73°	117. 57°	—	0. 02	—	—	0. 02	1. 48	13. 19	6. 83	47. 83	69. 33
XM04	24. 84°	118. 80°	0. 03	0. 13	—	—	0. 16	1. 34	4. 23	1. 37	7. 32	14. 26
ZD－XM591	24. 79°	119. 00°	0. 08	0. 07	—	—	0. 15	0. 52	0. 81	0. 21	0. 77	2. 31
ZD－MJK578	25. 03°	119. 25°	0. 1	0. 11	—	—	0. 21	0. 7	1. 45	0. 28	1. 36	3. 79
MJ13	25. 15°	119. 35°	0. 07	0. 11	—	—	0. 18	0. 44	0. 68	0. 18	0. 75	2. 05
MJ04	26. 46°	119. 89°	0. 12	0. 34	—	—	0. 46	1. 06	2. 78	1. 51	9. 41	14. 76
JC－DH493	26. 75°	120. 50°	0. 07	0. 2	—	—	0. 27	0. 62	0. 93	0. 19	—	1. 74
MJ21	26. 15°	120. 03°	0. 06	0. 2	—	—	0. 26	0. 5	0. 58	0. 1	1. 2	2. 38
XM23	23. 43°	117. 56°	0. 03	—	—	—	0. 03	0. 15	0. 16	0. 11	0. 2	0. 62
ZD－MJK545	26. 12°	120. 25°	—	—	—	—	—	0. 57	0. 62	0. 33	—	1. 52
MJ29	26. 09°	119. 70°	0. 04	0. 02	—	—	0. 06	0. 16	0. 35	0. 08	0. 22	0. 81
ZD－MJK548	26. 09°	119. 75°	0. 01	—	—	—	0. 01	0. 03	0. 1	0. 12	0. 5	0. 75
ZD－XM608	24. 37°	118. 50°	0. 04	0. 03	—	—	0. 07	0. 22	0. 42	0. 39	—	1. 03

18.4.3 持久性有机污染物的来源

长江口、舟山渔场及其邻近海域表层沉积物中多环芳烃的分布如图 18.13 所示。从总体分布看，靠近长江口和杭州湾北岸区域多环芳烃的含量较高，离岸越远的区域，其表层沉积物中多环芳烃的含量越低，说明沉积物中的多环芳烃主要受陆域污染源，特别是长江径流的影响。杭州湾南岸及上游沉积物中多环芳烃含量远低于杭州湾北岸。舟山海区中，岛屿附近站位的多环芳烃含量较高，而远离岛屿的区域含量较低，显示出沉积物中的多环芳烃陆域或海上交通来源特点。

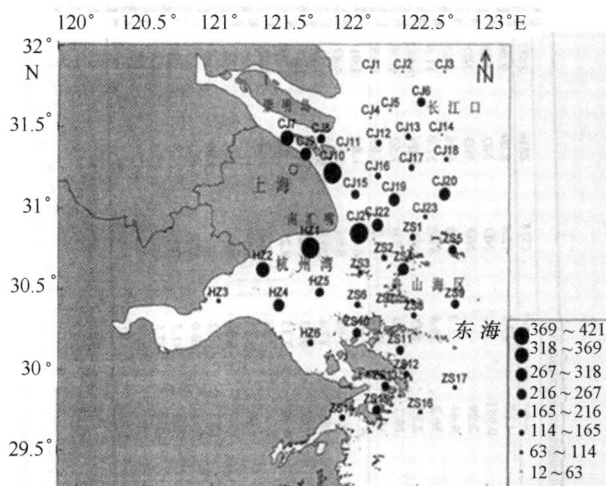

图 18.13　长江口、舟山渔场及其邻近海域表层沉积物中多环芳烃的分布（ng/g）

资料来源：方杰，2007

一般来讲，海洋沉积物中的多环芳烃主要有 3 个来源：石油类产品、高温热解和自然成岩过程。人为来源主要是指石油污染或排放和化石燃料的不完全燃烧。石油产品中二环和三环的多环芳烃含量较高，木材和煤的低温到中等温度的燃烧会产生大量的低分子量多环芳烃，化石燃料的高温热解则主要产生高分子量的多环芳烃。一般认为，低分子量母体多环芳烃（2~3 环）来源于石油产品和低、中温热解反应，而高分子量的多环芳烃（4~6 环）主要来源于高温热解如车辆尾气排放等。由于不同成因的多环芳烃具有结构和组分差异，因此多环芳烃的组分特征作为化学指纹可用于其潜在来源识别（方杰，2007）。

Yunker 等（2002）提出，荧蒽/（荧蒽＋芘）［Fl/（Fl＋Py）］小于 0.4，表示石油污染来源，大于 0.5 则主要是木材、煤的燃烧来源，而介于 0.4~0.5 之间表示石油及其精炼产品的燃烧来源。茚并［1，2，3－cd］芘/（茚并［1，2，3－cd］芘＋苯并［g，h］苝）［IP/（IP＋BghP）］小于 0.2，表示主要是石油产品排放来源，大于 0.5 则主要是木材、煤的燃烧来源，而介于 0.2~0.5 之间的比值为石油及其精炼产品的燃烧来源。方杰（2007）计算了该海域表层沉积物中 Fl/（Fl＋Py）和 IP/（IP＋BghP）比值（见图 18.14），并据此判断该海域沉积物中的多环芳烃主要是油类与木柴、煤燃烧的热成因来源，而石油产品的泄漏排放也是来源之一。

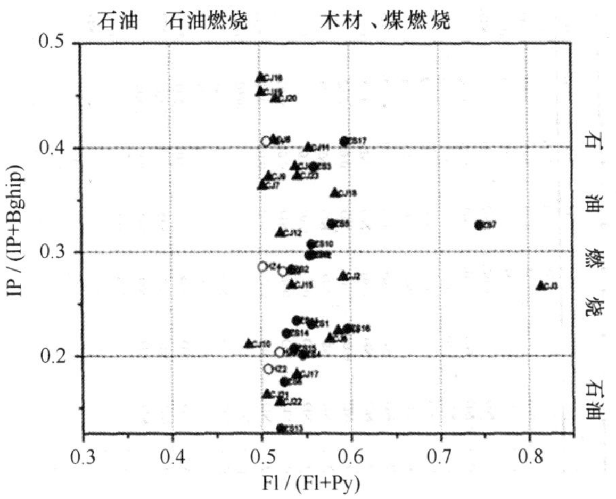

图 18.14 长江口及其临近海域表层沉积物中多环芳烃的来源分析

资料来源：方杰，2007

长江口、舟山渔场及其邻近海域表层沉积物中多氯联苯的分布如图 18.15 所示，长江口南支沿南汇嘴附近海域多氯联苯含量较高，可能与长江径流携带较高的多氯联苯污染物有关；长江口北支附近海域的多氯联苯含量较低，受长江入海污染物的影响较小，在舟山海域，在船舶化工行业较发达的岛屿附近，多氯联苯的含量较高。从多氯联苯中不同氯代数看，该区域沉积物中四氯代多氯联苯的平均含量最高，其次为三氯代和二氯代同族体，而其他氯代多氯联苯的含量较低。这说明该区域沉积物中多氯联苯的构成主要是以低氯代的多氯联苯为主。由于随着氯代数量的增加多氯联苯在水中的溶解度下降，低氯代的多氯联苯较高氯代的更容易溶于水中，其在环境介质中的分配趋势从水相向悬浮物或沉积物方向迁移。该区域表层沉积物中以低氯代同族体为主，可能就是溶解于水体的多氯联苯向悬浮物迁移并最终归宿于沉积物造成的。

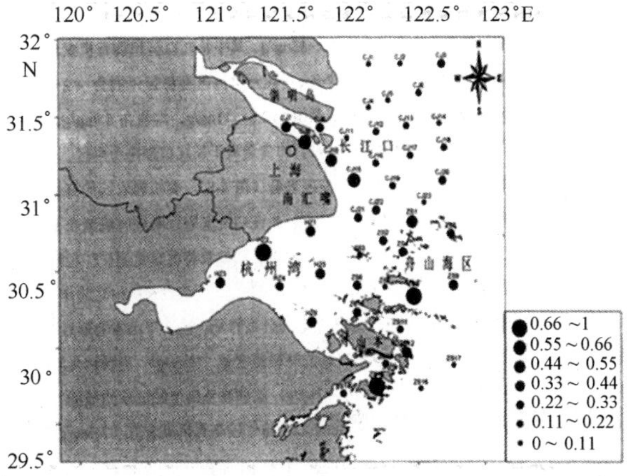

图 18.15 长江口、舟山渔场及其邻近海域表层沉积物中多氯联苯的分布（ng/g）

资料来源：方杰，2007

长江口、舟山渔场及其邻近海域表层沉积物中有机氯农药的分布如图 18.16 所示，和多环芳烃和多绿联苯的分布相似，也是在长江口南支南汇嘴附近和杭州湾北岸含量较高，而长江口北支附近海域有机氯农药含量明显低于长江口南支附近海域，这也是受长江径流的影响造成的。存留在自然环境中的 DDT 在厌氧条件下脱氯还原生成 DDD，在好氧条件下则降解为 DDE，因此 DDT/（DDD + DDE）比值可作为判断是否有新类农药输入的指标。本区域绝大部分沉积物中的比值 DDT/（DDD + DDE）小于 1，表明本区域总体上没有 DDT 类农药新的输入来源。

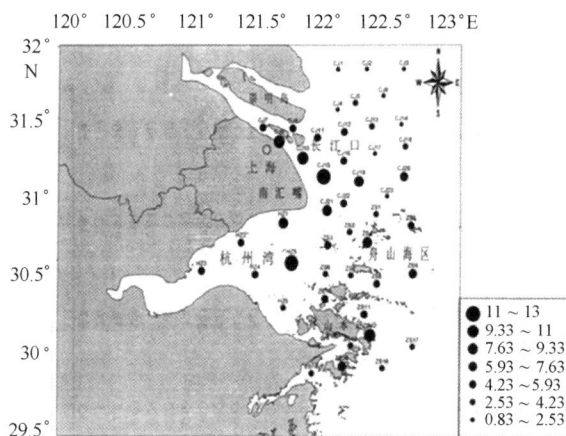

图 18.16　长江口、舟山渔场及其邻近海域表层沉积物中有机氯农药的分布（ng/g）

资料来源：方杰，2007

18.4.4　沉积物持久性有机污染物的演变趋势

东海海域不仅受经济发达的长江三角洲污染物排放的影响，而且接纳了许多来自整个长江流域的污染物质，是我国沿海海域环境污染较为严重的海域，河口及近海沉积物是陆源污染物迁移转化的归宿地与积蓄库，通过有机污染物在沉积柱状样的垂向变化，结合高精度的定年则可以恢复有机污染的历史。

尽管至 20 世纪 80 年代初世界上大多数国家已相继停止生产与使用有机氯农药，但由于它们在自然环境中性质稳定，加上这些高残留农药通过大气与河流搬运入海的滞后效应，使其对海洋环境与海洋生物的影响可持续长达数十年。我国海域的有机氯农药污染状况，自 80 年代初以来曾做过一些调查与研究。有机氯农药自做世纪 40 年代在农业上推广，至 60 年代末是世界上产量最高，用量最大的农药。我国于 50 年代开始使用，60—80 年代初，有机氯农药的使用量一直占我国农药使用量的一半以上，至 70 年代曾占到农药使用量的 80%，自 1983 年我国政府禁止生产与使用有机氯农药后，有机氯农药在表层沉积物的含量开始降低。从总体上看，图 18.17（a）大体上反映了有机氯农药从开始使用到禁用这一事件的整个过程。B7 柱样沉积速率较为稳定，平均速率为 1.2 cm/a，DDT 的峰值出现在 1976 年前后，与陆地的使用高峰期相吻合，B2 柱样 BHC 高峰也大致在 1978 年左右。图 18.17（b）则更清楚、完整地反映了有机氯农药的污染历史，G8140 柱样为 1981 年前沉积物中 BHC、DDT 的分布状况，MESO - 1 则为 1987 年以来的沉积物堆积而成，可见至 1987 年后有机氯农药含量已经很低，表明这事件从沉积记录来看已基本过去，但其在悬浮颗粒中可仍然形成高值，故对海洋环境的影响并未消除，有机氯农药之所以穿时进入 30 年代的地层，可能是由于大型底栖生物的扰动。当然，有机氯农药在全世界范围内是 40 年代开始推广使用的，它们有可能通过大气传输影响长江口，因为在极地、太平洋深海沉积物中能检测到相当浓度的 BHC 与 DDT，表明这种可能性是存在的。

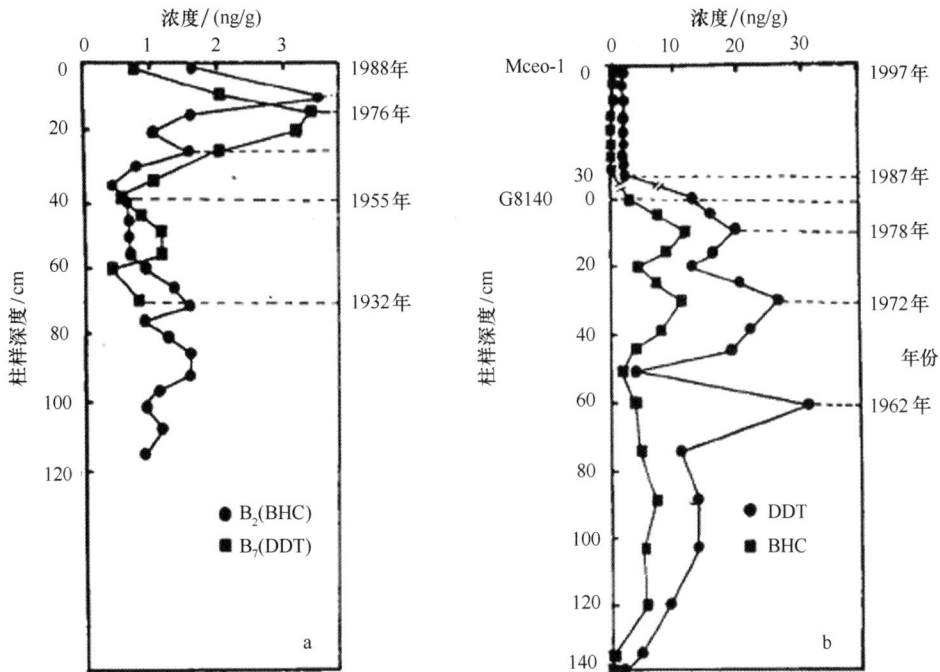

图 18.17 长江口－杭州湾柱状样中 BHC 与 DDT 含量的垂向分布

柱状样 B_2 与 B_7 于 1988 年 10 月取自杭州湾北部水下平原，Meso－1 于 1997 年 10 月采自长江口外，

G8140 于 1981 年采自长江口外（资料来源：陈建芳等，1999）

18.4.5 底质放射性元素

目前，在海洋中已测定到的放射性同位素约有 60 多种，包括天然及人工放射性核素。海洋中的天然放射性由 3 部分组成：①铀系、锕－铀系及钍系的共 43 个子体等组成的 3 个天然放射性系；②宇宙射线与大气或其他物质作用的产物，主要有 ^3H、^7Be、^{10}Be、^{14}C、^{26}Al、^{32}Si，此外还有 ^{32}P、^{35}S、^{35}Cl、^{37}Cl 和 ^{39}Ar；③单独存在于海洋中的长寿命核素，如 ^{40}K、^{87}Rb、^{50}V、^{115}In、^{138}La、^{144}Nd、^{147}Sm、^{152}Gd、^{178}Lu、^{174}Hf、^{187}Re、^{190}Pt、^{192}Pt、^{124}Sn、^{180}W 和 ^{142}Ce 等。海洋中的人工放射性物质主要有以下来源：① 核武器在大气层和水下爆炸而进入海洋的大量放射性核素，共有 200 多种，其中，^{90}Sr、^{137}Cs、^{239}Pu、^{55}Fe 以及 ^{54}Mn、^{65}Zn、^{95}Zr、^{95}Nb、^{106}Ru、^{144}Ce 等最引人注意。② 核工厂向海洋排放的低水平放射性废物。如美国的汉福特工厂和英国的温茨凯尔核燃料后处理厂。前者 1960 年排入太平洋的放射性废物主要是 ^{51}Cr、^{65}Zn、^{239}Np 和 ^{32}P；后者自 20 世纪 50 年代初起，每天大约把 100 万加仑含有 ^{137}Cs、^{134}Cs、^{90}Sr、^{106}Ru、^{244}Pu、^{241}Am 和 ^3H 等核素的放射性废水排入爱尔兰海，是爱尔兰海、北海和北大西洋局部水域的放射性主要污染源。核电站向水域排入的低水平放射性液体废物，其数量要比核燃料后处理厂少得多。③ 向海底投放放射性废物。美国、英国、日本、荷兰以及西欧其他一些国家从 1946 年起先后向太平洋和大西洋海底投放不锈钢桶包装的固化放射性废物。据调查，少数容器已出现渗漏现象，成为海洋的潜在放射性污染源。④ 核动力舰艇在海上航行也有少量放射性废物泄入海中。不可预测事故，如用同位素作辅助能源的航天器焚烧，核动力潜艇沉没，也是不可忽视的污染源。

地球上最早的放射性沉降物是在第二次世界大战末期，由在新墨西哥州、广岛和长崎发生的原子弹爆炸而产生的。到 1968 年全世界共爆炸了 470 枚核武器。核武器的燃料采用浓缩的铀和钚。铀和钚在核裂变和核聚变过程中可产生 200 多种不同的放射性裂变产物和同位素，

271

特别是在空中和水里进行的爆炸尤其如此。部分以粉尘形式存在的放射性物质，则直接进入海洋。钚－239（^{239}Pu）裂变速度快，临界质量小，有些核性能比铀－235（^{235}U）好，是核武器重要的核装料。钚的毒性很大，仅仅百分之一盎司的钚就足以对人类产生巨大的毒害。如果钚侵害到人体，它就会潜伏于人的肺、骨骼等细胞组织中，从而破坏细胞基因导致癌症。如果运输过程中发生泄露。10 kg钚就能对整个地球的环境和食物链造成毁灭性的破坏，其影响要持续很长的时间。在所有放射性元素核裂变产生大量能量的同时，所形成的废料以钚为最多，这些钚废料还有相当的能量，如能加工后再应用还可以使用无数次，直至50万～80万年后能量才会完全消失。钚与天然钍和铀具有类似的特性，即水溶性低，易沉淀，但能以有机络合物的形式在沉积物中富集起来。截至1971年，引人世界各大洋的钚的总强度为2.1×10^{5}居里，相当于3吨重。据有关消息报道，储存在核超级大国武器库里的核武器中钚的放射性强度为10^{8}居里。

放射性核素在海洋中的迁移、扩散与其在大气中扩散一样，是全球性的，但速度不如大气扩散快。一般而言，放射性核素进入海洋以后与海水中的悬浮物质发生物理化学反应，如絮凝形成胶体、被浮游生物浓集而以颗粒态、胶态或离子态存在于海水中而随着海流进行水平或垂直方向的运动，海流是转移放射性物质的主要动力。例如，美国在比基尼岛和恩尼威托克岛进行大规模海上核试验时，落入海洋中的^{90}Sr随北赤道海流向西流动，然后在西海岸向北并随黑潮而流向中国南海、日本海等，造成太平洋西岸的放射性浓度高于其他海域的现象。由于带有放射性核素与水团的运动，往往造成核素在海洋中的分布有一个明显的梯度。由于温跃层的存在，上混合层海水中的离子态核素难于向海底方向转移，只有通过水体的垂直运动，被颗粒吸着，与有机或无机物质凝聚、絮凝，或通过累积了核素的生物的排粪、蜕皮、产卵、垂直移动等途径才能较快地沉降于海洋的底部。沉积物对大多数核素有很强的吸着能力，其富集系数因沉积物的组成、粒径、环境条件有较大的差异，据室内试验，沉积物从海水中吸着核素的能力大致是：^{45}Ca < ^{90}Sr < ^{137}Cs < ^{86}Rb < ^{65}Zn < ^{59}Fe，^{95}Zr － ^{95}Nb < ^{54}Mn < ^{106}Ru < ^{147}Pm。核工厂向近海排放的低水平液体废物，大部分沉积在离排污口几千米到几十千米距离的沉积物里。海流、波浪和底栖生物还可以使沉积物吸着的核素解吸，重新进入水体中，造成二次污染。

总体来说，东海沉积物中的放射性物质的比活度较低，尚未出现放射性元素污染。1998年对瓯江口、闽江口和厦门港的调查发现：^{238}U比活度为32.9～89.7 mBq/g，^{226}Ra的比活度为16.1～42.9 mBq/g，^{232}Th的比活度为26.1～75.9 mBq/g，^{40}K的比活度为314～670 mBq/g，^{137}Cs的比活度为0.52～3.11 mBq/g（宋海青等，2002），表明东海近岸沉积物中常见放射性元素比活度均处于本底水平。而对东海远海和冲绳海槽沉积物中中^{238}U的调查发现，该海域^{238}U的比活度平均为17.9～19.1 mBq/g，与北太平洋深海沉积物、长岛海峡沉积物及印度西海岸滨海沉积物的平均^{238}U浓度相当（王中良等，2006），说明东海远海和冲绳海槽也不存在^{238}U污染。

一般来说，海洋沉积物中的人为放射性污染物质主要来源于大气沉降、陆源输入和外海输入。因东海周边国家未发生过核事故，故东海沉积物中的人工放射性污染物质主要来源于大气沉降和外海输入。

大气沉降输入的放射性核素以^{137}Cs为典型代表。^{137}Cs是一种人为产生的放射性核素，自1945年第一次核爆炸以后，通过大气扩散沉降才开始输入地表和海洋环境中，并为泥沙颗粒（尤其是黏土和有机质）所吸附沉积。1954年才开始出现较大的^{137}Cs散落量，尤其在1961年至 1963 年，由于美国、苏联的核军备竞赛，全世界大气层核试验集中在此期间进行，故^{137}Cs 散落量的最大峰值出现在 1963 年，占总当量的 80% 以上，1963 年后虽也进行过有限的大气层核试验，其当量仅占总当量的 10%；80 年代后，核试验均转入地下，^{137}Cs 大气散落量已很少；1986 年因切尔诺贝利核事故又出现一次^{137}Cs 的沉降高峰。东海沉积物中的^{137}Cs 也形成于这一时期。根据 20 世纪 90 年代对东海表层沉积物中^{137}Cs 的研究成果，三门湾、舟山潮流峡道边坡区、象山港口外浅滩表层沉积物中^{137}Cs 的比活度分别为 5.4 mBq/g、4.1 mBq/g、3.1 mBq/g（夏小明等，1999）。^{137}Cs 的区域分布与不同海区的沉积物组成和沉积环境有关。三门湾表层沉积物中黏土含量最高，超过 50%，而且富含有机质，这种沉积物极易吸附^{137}Cs，同时该海区与外海水体交换慢，不易排出而易富集。此外，该海区的高沉积速率更加剧了^{137}Cs 的高蓄积通量。象山港口外浅滩区刚明显不同，沉积物中黏土含量低（26% ~ 39%），少含有机质，海域开阔，水体交换快，且沉积速率低，导致低^{137}Cs 浓度。因此，应当加强对三门湾放射性物质的监测，以加强对三门湾核电站放射性排放物的监控。

由外海输入东海的放射性核素的典型代表是钚。东海及冲绳海槽沉积物^{240}Pu/^{239}Pu 同位素比值主要介于 0.21 ~ 0.336 之间，平均约 0.26，明显大于全球大气沉降值 0.18，说明该区域有除全球大气沉降来源之外的、具有^{240}Pu/^{239}Pu 比值特征的 Pu 源的加入（王中良等，2007）。20 世纪 50 年代早期美国在北太平洋马绍尔群岛核试验基地（PPG）进行的核炸爆实验，是东海及其临近海域除全球大气沉降外的另一重要的 Pu 来源。在马绍尔群岛的核试验基地附近海域，表层海水正好处于北太平洋赤道环流（NEC）范围内。NEC 是一个厚约 300 m、处于 10（°N）度至赤道之间，沿顺时针方向自东向西迅速运动的北太平洋条带状表层海水洋流。由于 PPG 散落物核爆炸时大部分就近沉降，在附近环礁泻湖中形成一个巨大的包括 Pu 在内的核素储库，每年从该储库因物质交换而进入 NEC 环流系统的 239 + 240Pu 约 222GBq（Nevissi and Schett，1975）。从而将 Pu 带到北太平洋的广大海域。NEC 沿赤道太平洋北侧向西到达菲律宾群岛附近后，分为向北流的"黑潮"和向南流的棉兰老岛海流，通过"黑潮"的一个分支可将 Pu 带入东海。东海沉积物中的 Pu 约有 55% 来自美国北太平洋核试验基地的核爆炸试验（王中良等，2007）。

第4篇 南 海

南海是一个半封闭的边缘海，只能通过台湾海峡、巴士海峡、民都洛海峡和马六甲海峡等水道与邻近太平洋、印度洋海域进行水交换。南海也是一个深水海盆，四周几乎被大陆和岛屿包围，北接广东、广西、台湾省，西邻越南，南邻印尼群岛，东南邻菲律宾，海底地形复杂，主要以大陆架、大陆坡和中央海盆 3 个部分呈环状分布。

流入南海的主要河流有湄公河、珠江、红河和湄南河等。湄公河是世界第八大河，每年流入南海的水量约 $4\,633 \times 10^8\,m^3$；珠江年平均径流量达 $3\,200 \times 10^8\,m^3$。这些河流携带大量泥沙，都在下游冲积成三角洲。

南海面积约为 $350 \times 10^4\,km^2$，是渤海、黄海、东海总面积的 3 倍，平均水深约 1 212 m，是我国海区中气候最暖和的热带深海，除了北部大陆沿岸海域属亚热带气候外，其余大部分海域属热带气候。其特点是终年高温，季风盛行，强风、台风频繁，干湿季分明。

南海的环流（主要指南海上层水平环流）十分复杂，其主要取决于四个因素：①盛行于南海上空的季风。冬季南海盛行东北风，夏季南海盛行西南风，受季风的影响，使南海上层的水平环流呈现出显著的差异。②黑潮的影响。黑潮通过吕宋海峡进入南海，给南海北部输送能量、热量、水量和盐量，引起海水的流动和改变南海的密度场，从而影响南海的环流。③南海沿岸。尤其是北岸和西岸，有大量河川径流入海，在当地形成沿岸流。④复杂的地形，是造成南海局部涡旋或环流的原因之一。由于制约南海环流的因子以及海区形状与渤海、黄海、东海的不尽相同，因此，南海环流与渤海、黄海、东海的也不同：渤海、黄海、东海的环流是由沿岸流系和外海流系两大系统组成；而在南海，从整体上讲，纯属这种两大流系组成的环流关系不如渤海、黄海、东海的明显。

南海的自然地理位置，适于珊瑚繁殖。在海底高台上，形成很多风光绮丽的珊瑚岛，如东沙群岛、西沙群岛、中沙群岛和南沙群岛。南海水产丰富，盛产海龟、海参、牡蛎、马蹄螺、金枪鱼、红鱼、鲨鱼、大龙虾、梭子鱼、墨鱼、鱿鱼等热带名贵水产。南海海底石油与天然气蕴藏十分丰富。

第19章 南海溶解氧与 pH[①] 值

19.1 溶解氧

19.1.1 溶解氧平面分布

南海海水中溶解氧含量的分布大致从近岸到外海即沿着西北—东南断面，表层水体中溶解氧逐渐增加到高值，而后有所降低。韩舞鹰等（1998）根据自己的观察资料总结到，南海浅海冬季溶解氧的总分布规律为近岸比外海低，表层比底层高，纬度高的海域比纬度低的海域高。

郭炳火等（2004）的调查资料显示（图 19.1），南海表层水体夏季溶解氧含量分布平面分布大致为 20°N 以北的北部海域较高，大多大于 6.40 mg/L；12°N 以南较低，大多小于 6.40 mg/L；中部海域（12°~20°N 之间）的两侧较低（<6.40 mg/L），中间的较高（大多大于 6.40 mg/L）。冬季溶解氧含量平面分布特征为从台湾海峡南部往越南东岸外延伸的 6.80 mg/L 等值线的西北海域较高（>6.80 mg/L），尤以北部陆架海域的为最高（>7.20 mg/L）。该 6.80 mg/L 等值线以东、以南海域较低（<6.80 mg/L），南部海域还出现一片小于 6.40 mg/L 的相对低值区。

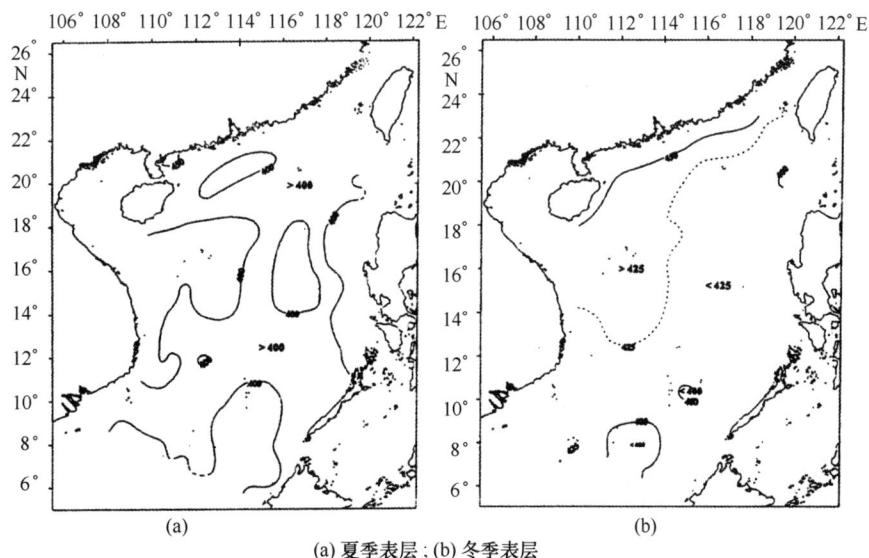

(a) 夏季表层；(b) 冬季表层

图 19.1 南海表层水体溶解氧含量（$\mu mol/dm^3$）平面分布

资料来源：郭炳火等，2004

---

① 本章撰稿人：程远月，龙爱民。

19.1.2 溶解氧垂直/断面分布

南海水体中溶解氧的垂直分布（图19.2）表现先增加到最大值，后降低到最低值。这些结果与前人（张正斌等，2004）总结结果相同，即一般把溶解氧的垂直分布分为四个区：① 表层水，氧浓度均匀，氧浓度的数值接近于在大气压力及其周围温度条件下通过海－气界面交换平衡所确定的饱和值。②光合带，由于光合作用产生氧而可以观察到氧最大值。③光合带下深水因有机物氧化等因素，使溶解氧含量降低，或可能出现氧最小值。④在极深海区将可能是无氧无生命区；但大洋底层潜流着极区下沉来的巨大水团，因此氧浓度不一定随水深而连续降低，反而可能经最小值后又上升。

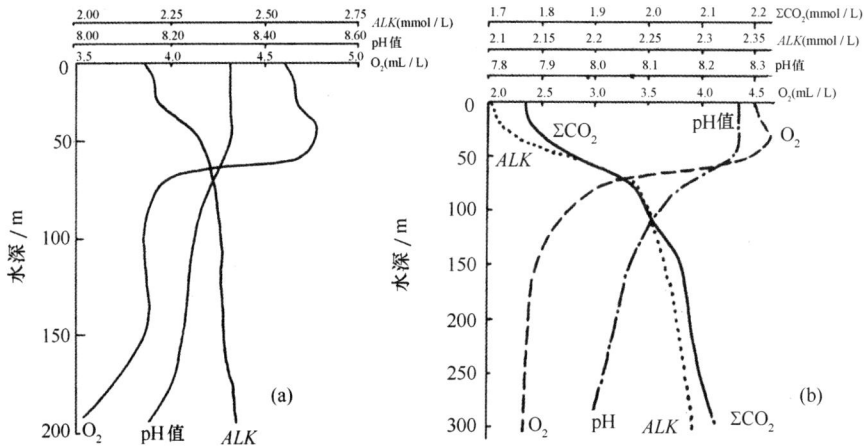

(a) 北部站位：118.02°E, 22.02°N； (b) 南部部位：111.31°E, 5.47°N

图19.2　南海水体溶解氧、pH值等参数垂直分布

资料来源：韩舞鹰等，1998

郭炳火等（2004）的调查资料发现南海水体中溶解氧的断面分布（见表19.3），夏季，表层（0～90 m）基本为大于5.60 mg/L的相对富氧水所覆盖。从表层底界至400～500 m深，溶解氧含量从约5.60 mg/L降至3.20 mg/L。约1 800 m以深水体的溶解氧含量略为增大至约3.52 mg/L，分布较均匀。冬季，从0 m至100 m，溶解氧含量变化较大，从大于6.40 mg/L降至约4.80 mg/L，等值线较密集。从100 m至300 m，溶解氧含量从约4.80 mg/L降至约4.00 mg/L。分别在450～1 100 m和450～1 500 m之间出现一小块小于3.20的低氧水体，其余水体介于3.20 mg/L－4.00 mg/L之间，分布较均匀。

19.1.3 溶解氧的季节变化

张仕勤（1985）通过对国家海洋局南海分局1976—1980年的断面调查资料的整理发现，南海北部海域溶解氧水平分布具有明显的季节变化和地区差异，一般最高值出现在冬季，最低值出现在夏季，而在珠江口则是夏季出现最高值。

韩舞鹰等（1998）对南海北部（14°00′N，114°00′E）进行了连续5年表层溶解氧的观测，发现多年平均溶解氧冬季最高，夏季最低；氧含量年际变化最大的是秋季，最小的是夏季和冬季，这些结果与郭炳火等（2004）调查资料一致（见表19.1和图19.2）。

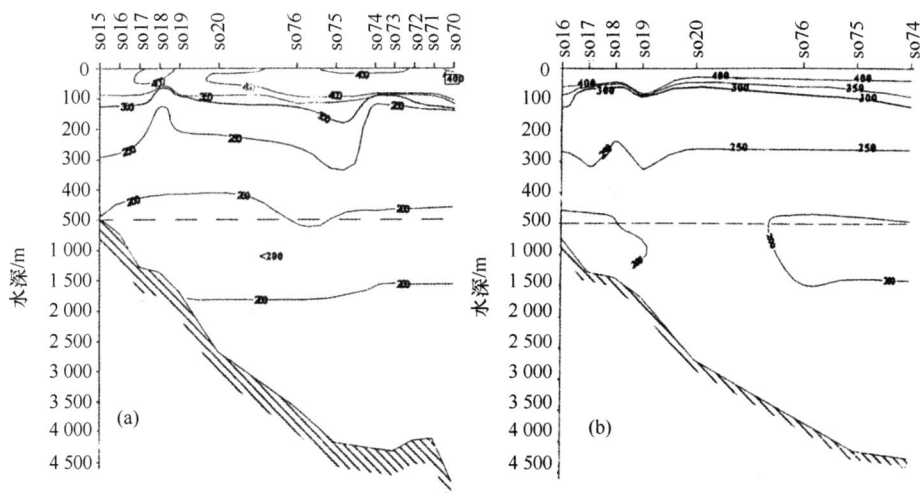

(a) 夏季；(b) 冬季

图 19.3　南海海水溶解氧含量（μmol/dm³）的断面分布

资料来源：郭炳火等，2004

表 19.1　南海海水溶解氧含量的季节变化　　　　　　　　　　　　单位：mg/L

区域	季节	春	夏	秋	冬
北部表层[a]	范围	4. 72 ~ 13.99	2. 42 ~ 11. 86	5. 50 ~ 6. 78	3. 51 ~ 8. 85
	均值	7. 26	6. 61	6. 70	7. 25
中北部[b]	范围	—	6. 12 ~ 7. 32	—	5. 98 ~ 8. 01
	均值	—	6. 44	—	6. 72
东北部表层[c]	范围	6. 43 ~ 7. 00	6. 14 ~ 7. 14	6. 43 ~ 6. 71	6. 71 ~ 7. 43
中部表层[c]	范围	6. 21 ~ 6. 79	6. 16 ~ 6. 84	6. 14 ~ 6. 63	6. 46 ~ 7. 00
	均值	6. 46	6. 40	6. 30	6. 71
南部表层[c]	范围	6. 31 ~ 6. 63	6. 23 ~ 6. 47	6. 39 ~ 6. 71	6. 39 ~ 6. 71
	均值	6. 50	6. 39	6. 57	6. 57
大亚湾表层[c]		—	6. 77	6. 39	7. 31	8. 27
大亚湾底层[c]		—	7. 04	5. 26	6. 99	8. 27

资料来源：a. "908" 调查资料；b. 郭炳火等，2004；c. 韩舞鹰等，1998。

注：原单位有 mL/L 和 μmol/dm³，现统一换算为 mg/L。

表 19.2　南海海水溶解氧观测数据的特征值　　　　　　　　　　单位：mg/L

项目	季节	水深/m	0	75	150	300
溶解氧	夏季	范围	6. 12 ~ 7. 32	4. 40 ~ 7. 26	3. 26 ~ 6. 31	3. 00 ~ 5. 53
		平均值	6. 44	6. 28	—	3. 83
	冬季	范围	5. 98 ~ 8. 01	4. 10 ~ 7. 15	3. 49 ~ 5. 83	3. 10 ~ 5. 05
		平均值	6. 72	5. 75	—	3. 88

资料来源：郭炳火等，2004。

注：原单位为 μmol/dm³，现换算为 mg/L。

韩舞鹰等（1998）解释，冬季在东北季风的作用下，气温低，表层海水降温，海水氧的溶解度升高，因此氧含量高。由于海水的垂直混合强烈，使底层氧含量也升高。因此冬季氧含量是全年最高的。夏季水温最高，海水强烈增温，河流径流量最大，在河口区海水分层明显。由于盛行稳定的西南季风，在粤东和海南岛东岸，出现沿岸上升流。溶解氧的分布特征为：河口区形成氧的低含量区，河口外则形成高含量区，在上升流区也形成低含量区。夏季氧含量全年最低。春季表层海水开始增温，季节变换，河流径流量增大，沿岸流系改变，浮游生物活动加强，从而改变了冬季溶解氧分布较均匀的格局。春季氧含量较高，仅次于冬季而高于夏、秋季。

张仕勤（1985）通过研究还发现，南海北部海域溶解氧垂直分布特征是，氧最大值出现在 10~50 m 以浅生物大量繁殖的季节。每年 4—5 月氧最大层开始形成并逐渐加强，7 月、8 月达到最大值，9 月开始逐渐消失。该海区溶解氧年变化平均幅度、含量和饱和度分别由沿岸的 0.53 mg/L 及 4% 左右递减到外海的 0.14 mg/L 及 4% 以下。这种分布趋势一方面是由于沿岸受大陆影响，水温年变化幅度大；另一方面是沿岸受径流、生物和季风的综合影响。

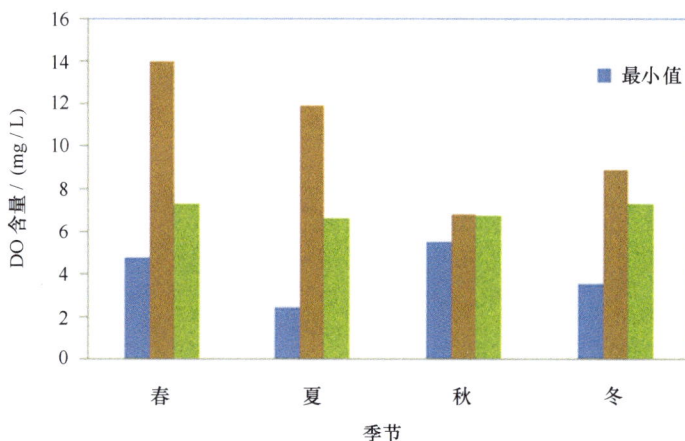

图 19.4　南海海水溶解氧含量（mg/L）的季节变化

资料来源："908" 专项调查资料

19.1.4　溶解氧垂直分布最大值现象

溶解氧垂直分布最大值现象在我国近海各海域中普遍存在，因此，中国海洋化学家对之做了较长期的研究，普遍认同顾宏堪提出的"夏季溶解氧垂直分布最大值主要由冬季保持而来"这一理论。这一理论对解释中、高纬度海区海水中氧的最大值现象十分成功。对于位于低纬度的南海，却难以用上述的理论进行解释。

刁焕祥等（1984）讨论了 1959—1960 年对氧逐月观测资料，认为南海水域夏季存在溶解氧垂直分布最大值，在 20~75 m 水层中 O_2 和 $O_2\%$ 分别高达 5.2 和 108 以上。上层 O_2 和 $O_2\%$ 小于 4.5 和 100；下层 O_2 和 $O_2\%$ 小于 4 和 90；最低值为 3 和 50 以内。韩舞鹰等（1998）同样认为，南沙海域在 20~75 m 普遍存在溶解氧垂直分布的最大值（见图 19.6）；并且指出，其实，氧在次表层存在最大值在南海是一个普遍现象。在南海北部（见图 19.6）和中部同样存在这一现象。南海北部氧最大值 4 月初已普遍形成，到夏季氧最大值是氧在海洋上层的典型分布特征，秋季在深水区还能找到氧最大值的分布，但在陆架区，氧最大值已消失，春季氧最大值的平均值约 7.11 mg/L，位于 30~50 m 之间，夏季氧最大值的平均值约 7.01 mg/L，位于 30~50 m 之间，可见春、夏季氧最大值变化不太大，具有一定的稳定性。

　　早期的研究认为，水深大（40 m 以上）的海域，易促使上层水增温而产生稳定性加强的跃层，跃层下界附近水温的保守性是溶解氧垂直分布最大值形成的决定性条件，一定厚度、强度和稳定性的跃层是氧最大值形成的条件。刁焕祥等（1984）用顾宏堪提出的氧最大值形成理论来解释南海夏季溶解氧垂直分布最大值的形成。由于氧最大值通常产生于水深大于50 m 及浮游植物量较小的水域（南海氧最大值水域中浮游植物量仅为沿岸和北部湾的 1/10 ~ 1/100），因此浮游植物对氧最大值的形成不起决定性作用，而只是影响因素。韩舞鹰等（1998）研究表明，水温跃层强度不完全是溶解氧最大值形成的决定性条件，浮游生物成层分布的典型特征是南海海域溶解氧在次表层（20 ~ 75 m）出现最大值的主要原因。此外，从垂直分布图（19.5）上还可以看出，溶解氧最大值所处的深度同时体现了 pCO_2 和 pH 最大值。因此，南海海域氧垂直分布中最大值形成的机理与中、高纬度地区氧最大值形成机理不同。

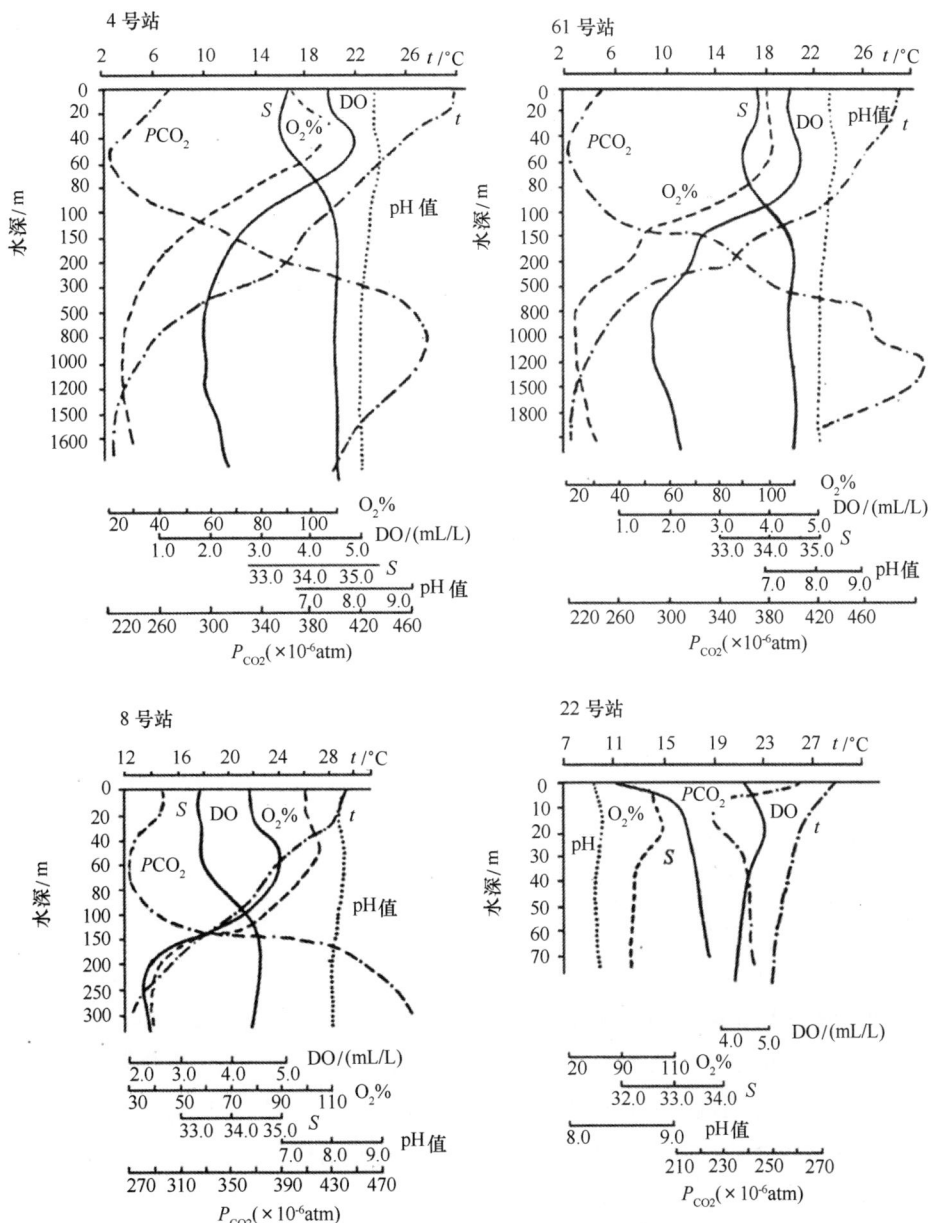

图 19.5　南沙海域溶解氧的垂直分布

资料来源：韩舞鹰等，1998

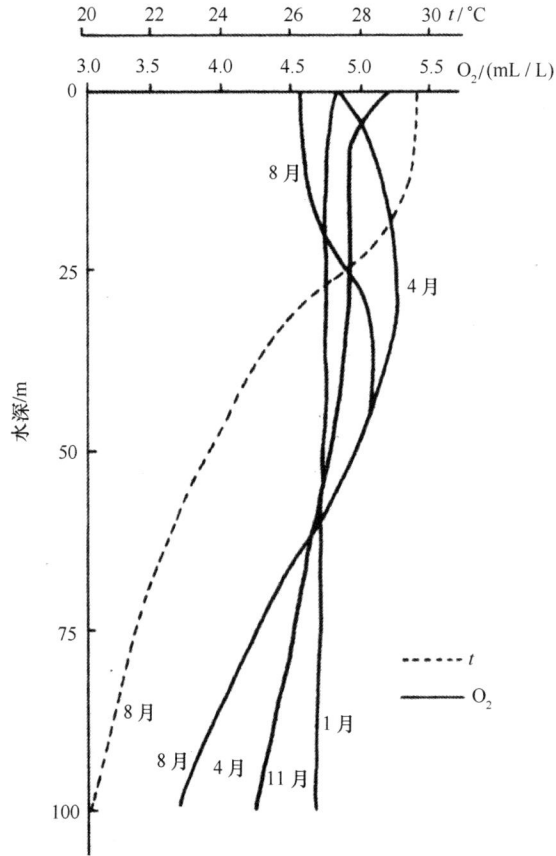

图 19.6 1980 年南海北部（19°N，114°E）溶解氧和温度垂直分布

资料来源：韩舞鹰等，1998

19.1.5 溶解氧垂直分布最小值现象

氧最小值现象普遍存在于世界各个大洋，位于水深数百米以至到 15 000 m 深处。不同海区，氧最小值所处深度是不同的，氧含量值也是不同的。南海氧最小值是南海中层水的典型特征，该特征反映了南海中层水源自西北太平洋的北部中层水，在巴士海峡入口处，北部中层水氧最小值位于 900 m 深，氧含量 3.57 mg/L，北部中层水进入南海后，在逐渐南移的过程中，位置有所抬升，而由于消耗的结果，氧含量逐渐下降。

韩舞鹰等（1998）根据多年对南海氧含量的测定对南海深层氧最小值层进行了总结（见表 19.3）。南海氧最小值的量值与深度是有季节性的，在南海北部，秋季氧最小值多在 600 m 左右深度，而到冬季则下降到 800 m 深度，春季则位于 700 m 附近，夏季则下降到接近 800 m 深度。氧最小值的含量冬季在 2.86 ~ 3.14 mg/L，其余季节多在 2.71 ~ 3.00 mg/L。在南海中部，10 月氧最小值深度出现在 800 m 左右，含量约为 2.43 mg/L，到 6 月氧最小值出现深度升至 700 m 左右，而含量却降至 2.29 mg/L 左右。在南海南部，夏季氧最小值约 2.36 mg/L，所处深度变化范围较大，在 600 ~ 800 m 范围，冬季氧最小值约 2.43 mg/L，所处深度基本上稳定在 800 m 范围。

表 19.3　南海溶解氧最小值季节波动性

位置	季节	氧最小值/（mg/L）	氧最小值的平均出现深度/m
北部	冬季	2.86 ~ 3.14	600 ~ 800
	夏季	2.71 ~ 3.00	
	均值	2.79	
中部	均值	2.43	600 ~ 800
南部	均值	2.36	700 ~ 800

资料来源：韩舞鹰等，1998。

　　南海氧垂直分布最小现象一直是海洋学中最有趣的问题之一。这种现象产生的原因被认为是海洋动力学和生物化学条件的共同作用。韩舞鹰等（1998）总结到影响南海氧最小值的诸多因素中，有机物分解耗氧是最主要的，其次是平流的影响。南海氧最小值是源于经巴士海峡进入南海的北太平洋中层水，从图 19.7 的溶解氧最小值可以看出北部中层水进入南海后向南移动的途径。在南移的过程中，由于氧的消耗，氧最小值愈来愈小。由于南海南部上层水温较北部高，有机物分解速率南部高于北部，因此南部在较浅的深度有机物便大部分分解完，这就使氧最小值所处深度南部比北部浅。

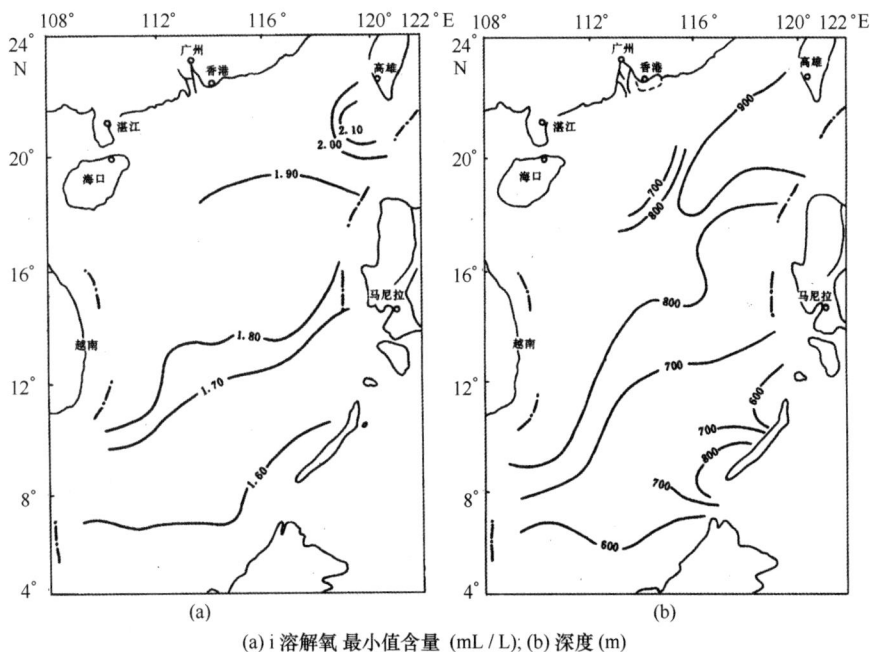

(a) i 溶解氧 最小值含量 (mL / L)；(b) 深度 (m)

图 19.7　南海夏季溶解氧最小值含量和深度分布

资料来源：韩舞鹰等，1998

19.1.6　珠江口低氧区

　　近年来，关于珠江口低氧（缺氧）现象一直是科研工作者关注的环境问题之一。这主要是由于人口增加和经济的发展，人类活动产生的污染物大量排放。

　　Yin 等（2004）通过研究分析（见图 19.8），20 世纪 80 年代，珠江口及邻近海域溶解氧属于低氧水体，低于 4 mg/L，但未发现低于 3 mg/L；并通过一个 9 年（1990—1998 年）的时间序列显示，夏季溶解氧定期降低，但未降至 3 mg/L 以下；和以往相比，1999 年夏溶解氧发生明显降低，河口大部分区域近底层溶解氧，珠江东段包括入海口区域甚至低于 2.5 mg/L。Dai 等（2006）同样研究了珠江口低氧现象，其结果表明干季珠江口上游表层水体溶解氧低于 0.4~1 mg/L。Rabouille 等（2009）表明了同样的结论。韩舞鹰（1998）指出，珠江口至三灶岛—担杆列岛一线和维多利亚港底层海水夏季出现贫氧，溶解氧低于 3 mg/L，最低测得 1 mg/。因此，珠江口夏季底层缺氧问题是一个非常值得关注的问题。

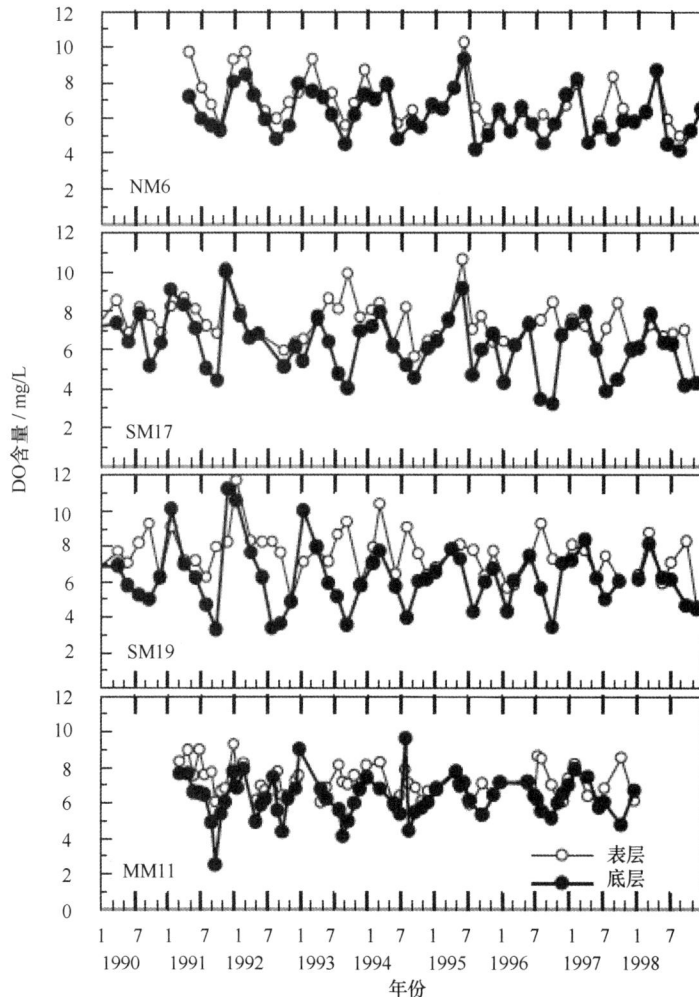

图 19.8　珠江口 4 个站位 1990—1998 年间表底层溶解氧时间序列

资料来源：Yin et al.，2004

珠江口低氧现象主要是水体强烈层化等物理过程和生化耗氧过程共同作用的结果（Zhang Heng and Li Shiyu，2010）。有机物的氧化分解首先是溶解氧的最大消耗者，其次是硝化过程，再次是需氧生物的呼吸作用。另外，低氧现象也可能与营养盐（氮、磷及氮/磷比值）含量和形态之间存在一定的相关性（Yin et al.，2004；Dai et al.，2006）。

19.2　pH 值

pH 值是海水中氢离子活度的一种度量，在一般情况下海水 pH 值主要受控于海水碳酸盐体系的解离平衡，引起海水 pH 海变化的自然因素主要是海水中二氧化碳、温度、盐度、生物活动和有机物的分解。一般盐度低、二氧化碳含量高的海区，pH 值低；浮游植物大量繁殖海区，由于光合作用，消耗大量溶解二氧化碳，同时放出氧气，pH 值随之升高；而水中生物的呼吸和有机物分解，消耗氧气，放出二氧化碳，使 pH 值降低。因此，海水 pH 值的变化通常与溶解氧含量变化趋势相似，与有机物含量的变化趋势相反。引起海水 pH 值变化的人为因素则是沿海含酸或含碱废水、废弃物的排放和淡水径流的输入。海水 pH 值则是海洋化学和海洋生物学研究的重要参数之一。本部分内容主要依据"908"专项调查部分资料和郭炳火等（2004）调查资料以及韩舞鹰等（1998）的研究资料。

19.2.1　pH 值分布特征

1）水平分布

　　南海 pH 值变化幅度较小，变化的趋势也比较简单，总体上表现出从沿岸向外海递增的趋势，这是因为近岸受河流径流影响。韩舞鹰等（1998）研究表明该研究区域 pH 值为 8.0 ~ 8.3。南海东北部表层水 pH 值在 8.23 ~ 8.27 之间（张正斌等，2004）。在浮游植物大量繁殖海区，常形成的高值区；在上升流区，出现 pH 值低值区。根据郭炳火等（2004）的调查资料（图 19.9），南海表层夏季大部分海域的 pH 值小于 8.3，分布较均匀；珠江口外至海南岛近岸海域的 pH 值相对较高，大于 8.3；北部海域和中部海域中间部分海域表层于冬季其 pH 值大于 8.2。

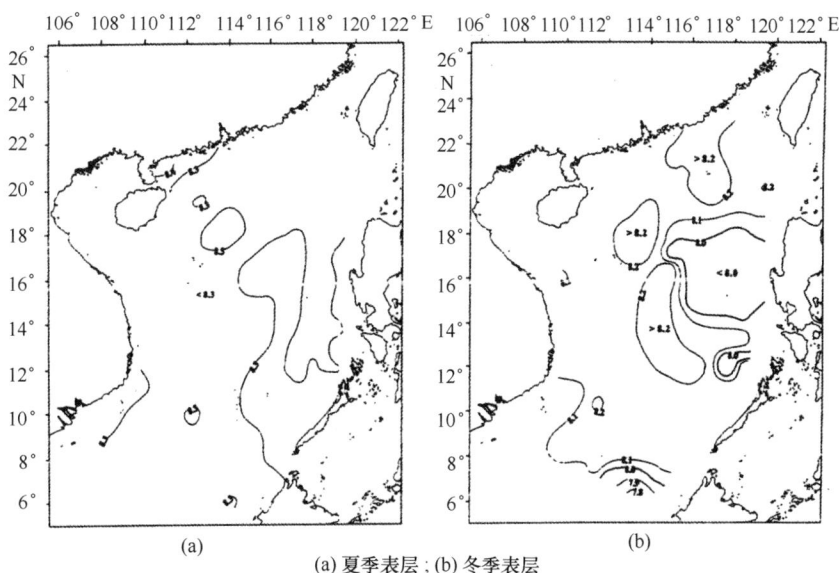

(a) 夏季表层；(b) 冬季表层

图 19.9　南海表层水体 pH 值平面分布

资料来源：郭炳火等，2004

2）垂直/断面分布

　　pH 值的垂直变化特征是随深度增加而递减（见图 19.10 和图 19.11），但变化幅度极小。郭炳火等（2004）的调查资料表明（见图 19.9），夏季断面分布的总趋势为：海水 pH 值的变化范围和平均值分别为 7.68 ~ 8.35 和 8.00；0 ~ 30 m（75 m）以浅水体 pH 值较高（大于 8.2）且较均匀；该层底界至约 550 m 范围内，海水 pH 值随水深增大而逐渐减小，尤其 400 m 以浅的变化较快，约 550 m 以深水体 pH 值较为恒定，基本在 7.7 ~ 7.8 之间。冬季，pH 值的变化范围和平均值分别为 7.64~8.22 和 7.94；变幅和均值都小于夏季的相应值。总体而言，pH 值呈上高下低分布，但等值线分布趋势与夏季的明显不同，且与同季水温、盐度的断面分布趋势不对应。

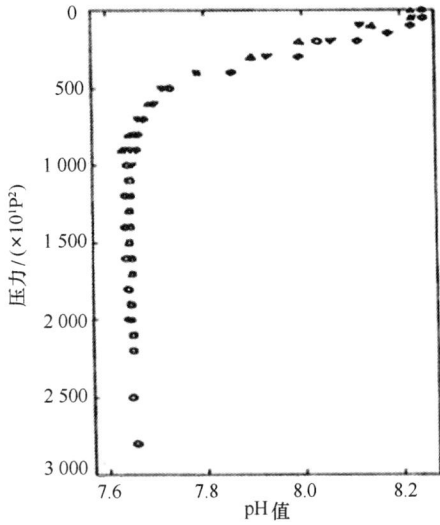

图 19.10　南海东北角 pH 值垂直分布

资料来源：张正斌等，2004

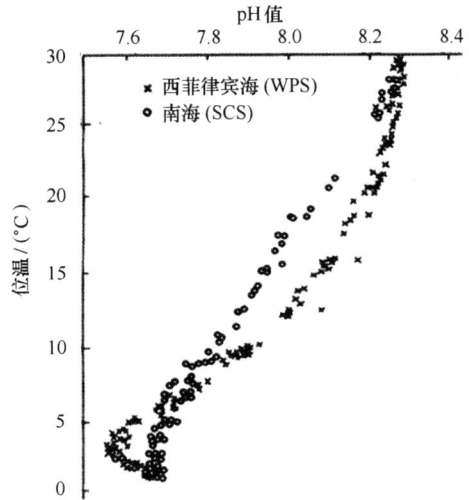

图 19.11　西菲律宾海及南海的位温与 pH 值的关系

资料来源：张正斌等，2004

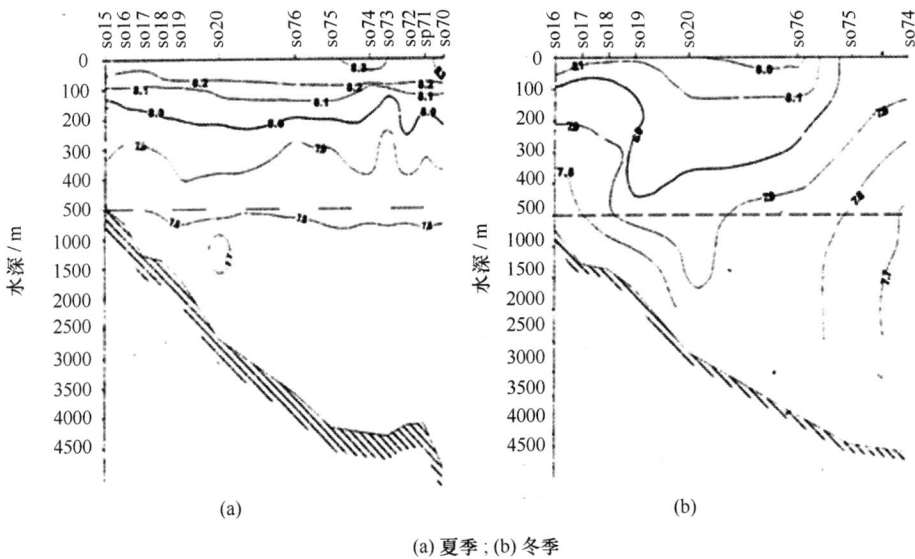

(a) 夏季；(b) 冬季

图 19.12　南海水体 pH 值的断面分布

资料来源：郭炳火等，2004

19.2.2　季节变化

通过对数据分析发现，夏季 pH 值明显高于冬季。夏季海水 pH 值的变幅和平均值都略高于冬季；同一季节 0 m、75 m、150 m、300 m 各水层的 pH 值随水深增大而减小；同一水层夏季的均值略高于冬季。"908" 专项调查结果（见表 19.5 和图 19.13）显示，pH 值季节变化并不明显。

表 19.4　南海海水 pH 值观测数据资料

层次	夏	平均值（夏）	冬	平均值（冬）
0 m	8.18 ~ 8.45	8.28	7.76 ~ 8.28	8.11
75 m	8.02 ~ 8.26	8.19	7.77 ~ 8.27	8.08
150 m	7.94 ~ 8.19	—	7.63 ~ 8.19	—
300 m	7.85 ~ 8.06	7.92	7.60 ~ 8.12	7.91

资料来源：郭炳火等，2004。

表 19.5　南海海水 pH 值的季节变化

区域	季节	春	夏	秋	冬
北部表层	范围	7.40 ~ 8.71	7.17 ~ 8.78	7.60 ~ 8.44	7.78 ~ 8.32
	均值	8.20	8.11	8.20	8.20

资料来源："908"专项调查资料。

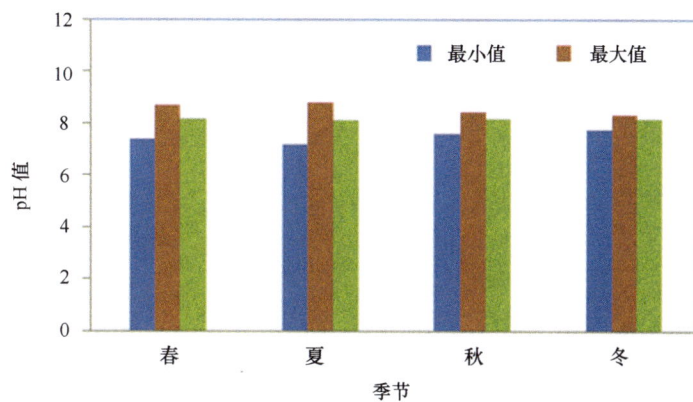

图 19.13　南海水体 pH 值的季节变化
资料来源："908"专项调查资料

第 20 章　南海海水中的营养盐[①]

　　氮、磷和硅等营养盐是海洋生物生存繁殖所需的最重要的营养物质，是构成海洋生态系统最基本的要素之一。某一种或几种要素的缺乏会影响浮游生物的生长，或者改变环境中生物的组成；而过多的营养盐输入也可能导致赤潮等有害水华的发生，对海洋生态系统和生态环境带来负面影响。本章将对南海营养盐的来源和通量、分布与结构以及南海所特有的营养盐特征进行归纳总结。

20.1　南海营养盐的来源和通量

　　营养盐的来源主要有河流径流、大气沉降、底层沉积物再释放和海水有机物的分解等。

20.1.1　陆源（径流）

　　南海北部近岸海域营养盐主要受控于沿岸大量使用化肥的农业废水、生活污水和工业废水排放，随淡水径流汇入南海。江河不断向海洋输送营养盐。据韩舞鹰等（1998）统计，南海北部入海河流，流域面积共 552 288 km^2。其中，主要河流入海的年径流总量为 3.815 185 $\times 10^{11}$ m^3，平均流量为 11 934.85 m^3/s。而珠江（西江、北江、东江）的流域面积、年入海水量及平均流量位居首位，分别为 438 886 km^2、3.26 $\times 10^{11}$ m^3 和 10 337 m^3/s，占南海北部入海河流的总流域面积的 78.7%，年平均入海径流总量的 75.1%。根据统计（宋金明等，2004），珠江口流域珠江广州至虎门段在丰水期（1982 年 5 月）和枯水期（1984 年 1 月）水体中诸营养盐含量差异不大，其变化范围和平均值列于表 20.1。根据丰水期径流量和河水中诸营养盐含量计算其流经虎门的通量分别为 $NO_3 - N$：3.61 kg/s，P：70 kg/s，Si：10.5 kg/s。珠江口桂山岛附近海域三氮含量时空分布具有夏、冬季高，春、秋季低，并随径流冲淡由内向外海海域递减的特点。珠江口 $NO_3 - N$、$NO_2 - N$、$NH_4 - N$ 的通量分布为 5 614（以 N 计，后同）、474（g/s）、221.2 g/s。

表 20.1　珠江流域营养盐含量　　　　　　　　　　单位：μmol/L

		$PO_4^{3-} - P$	$SiO_3^{2-} - Si$	$NO_3^- - N$	三氮之和	参考文献
丰水期	范围	0.39~3.31	91~130	14.0~133.0	—	宋金明等，2004
	平均值	1.2	121	56.3	77.2	
枯水期	范围	0.11~4.58	70~189	21.8~103.0	—	宋金明等，2004

20.1.2　大气沉降

　　海洋中的营养盐除受陆源径流的影响外，大气的干湿沉降也是营养盐的主要来源。风吹

[①]　本章撰稿人：程远月，龙爱民。

送大气飘尘或气溶胶进入海洋，或者自然降雨和台风等，都能为南海带来一定量的营养盐物质。雨水每年给每平方米海面带入 4 000 ~ 17 000 μmol/L $NH_4^+ - N$ 和 2 000 μmol/L $NO_3^- - N$（张正斌等，2004）。杜俊民等（2008）通过对台风"碧利斯"降雨期间诸营养盐要素的研究，得出台风期间 $NO_3^- - N$、$NH_4^+ - N$ 和 DIN 的沉降通量分别为：0.52μmol/cm^2、0.28μmol/cm^2 和 0.806 μmol/cm^2，如果按表层深度 2 m 计算（假设降雨对海水营养盐短期内只影响到 2 m 范围），此期间 $NO_3^- - N$、$NH_4^+ - N$ 和 DIN 的输入对表层海水 $NO_3^- - N$、$NH_4^+ - N$ 和 DIN 浓度的增加量分别为：2.6 μmol/L、1.4 μmol/L 和 4.03 μmol/L，经估算台风"碧利斯"的直接湿沉降对九龙江口、同安湾和台湾海峡西部表层海水 DIN 的增加量分别为 12.4%、20% 和 136%，而 PO_4^{3-} 的输入量则很小。

20.1.3　海水 - 沉积物界面交换

海底沉积物是一个巨大的营养盐储藏库，沉积物 - 水界面的营养盐交换对水体中的营养盐收支具有重要的调节作用。例如，沉积物中的营养物质可通过生物扰动、生物灌溉和沉积物再悬浮把营养盐释放到上覆水水体中。Pitkanen 等（2001）在芬兰东部海湾的研究中发现，尽管外源释放量减少了 30%，但水体的磷酸盐仍然呈上升趋势，主要原因在于沉积物内源性磷释放。Berelon（1998）在 PortPhillip 湾的营养盐循环研究中发现，内源性氮磷营养盐的产生量占外源性营养盐的比例均超过 50%。

张德荣等（2005）通过对夏季珠江口外近海沉积物 - 水界面营养盐的交换通量的研究表明（表 20.2），$NH_4 - N$、$NO_3 - N$、$NO_2 - N$、$PO_4 - P$ 和 $SiO_4 - Si$ 的沉积物 - 水交换通量分别为 - 0.197 ~ 1.93μmol/（$m^2 \cdot d$）、- 0.558 ~ 0.178、- 0.064 ~ - 0.009、- 0.079 ~ 0.126 和 - 6.89 ~ 7.00 μmol/（$m^2 \cdot d$）。$NH_4 - N$ 和 $NO_3 - N$ 净交换通量受界面间交换通量和硝化、反硝化作用相对速率的影响，磷酸盐和硅酸盐交换通量则受到自生矿物沉淀与溶解、吸附与解吸作用的影响。何桐等（2008）的研究发现（表 20.2），大亚湾表层沉积物间隙水中营养盐含量远远高于上覆水，$PO_4^{3-} - P$、$SiO_3^{2-} - Si$、$NH_4^+ - N$、$NO_2^- - N$ 和 $NO_3^- - N$ 的平均扩散通量分别为 9.22、444.99、13.49、20.71、8.99 μmol/（$m^2 \cdot d$），这表明沉积物可以为其上覆水体提供大量营养盐。

表 20.2　部分海湾沉积物 - 海水界面营养盐的扩散通量　　　单位：μmol/（$m^2 \cdot d$）

海湾	$PO_4^{3-} - P$	$SiO_3^{2-} - Si$	$NH_4^+ - N$	$NO_2^- - N$	$NO_3^- - N$	参考文献
大亚湾	9.22	444.99	13.49	20.71	8.99	何 桐等，2008
大亚湾	10.20	840	433.33	—	—	顾德宇等，1995
大亚湾	2.53	47.96	302	- 0.06	- 1.82	丘耀文等，1999
三亚湾	15.31	—	—	—	—	王汉奎等，2003
珠江口	- 0.079 ~ 0.126	- 6.89 ~ 7.00	- 0.197 ~ 1.93	- 0.064 ~ 0.009	- 0.558 ~ 0.178	张德荣等，2005

20.1.4　与外海的交换

南海为半封闭的深水海盆，平均水深约 1 200 m，最深达 5 420 m。它北靠亚洲大陆，西临中南半岛，南接加里曼丹岛，东眺台湾岛、吕宋岛和巴拉望岛，通过台湾海峡、吕宋海峡、民都洛海峡、巴拉巴克海峡、卡里马塔海峡和马六甲海峡等 10 多个海峡分别与东海、北太平洋、苏禄海、爪哇海和印度洋沟通。其中，吕宋海峡最深，平均水深约 1 400 m，它是南海与北太平洋水交换的主要通道。

20.2 营养盐的分布特征

近年来南海作为世界上最大的边缘海及其半封闭、具有大洋等特点引起了国内外诸多学者的高度关注，对南海营养盐的研究成为区域性研究的热点。韩舞鹰等（1998）对南海的营养盐分布状况曾有过比较详细的报道，但其结果比较倾向于对数据的描述，且对近岸研究的比重相对偏大。2004年对中国近海及其邻近海域环境进行了一次较为全面的普查，获得了很好的数据资料（郭炳火等，2004）。尤其是2005年启动的全国性"908"专项调查，针对中国近海海域海洋环境进行了更为全面的普查。

海洋中的营养盐主要是指三氮、活性磷酸盐和硅酸盐。同中国的其他海域（渤海、黄海、东海）相比，南海属于贫营养海域，加之南海具有热带开阔大洋的特征，使南海的生产力表现为相对较低。南海上准均匀层与下层海水由于密度跃层的阻隔，下层富营养的海水难以补充到上准均匀层。相反，上准均匀层中的营养盐被浮游植物吸收同化后，通过食物链，最终以生物残骸或者粪便颗粒等形式沉降，通过跃层垂直向下输送。因此，除非在上升流海区、在平流能带来营养盐的海区（如河口近岸海区）以及浅海区（水深小于冬季上准均匀层深度），广阔的南海上准均匀层内营养盐多是贫乏的，营养盐也就成了南海上准均匀层中生物生长的限制因子。以下主要讨论南海N、P、Si营养盐的分布特征。

20.2.1 无机氮（DIN）

海洋中的氮，主要以 NH_4^+、NO_2^-、NO_3^- 和有机氮形式存在。溶解在海水中的无机氮，除 N_2 外，主要以 NH_4^+、NO_2^-、NO_3^- 等（三氮）离子形式存在。氮是海洋生物生命活动的重要营养物质之一，其含量分布变化受水体运动、海洋生物活动和有机质氧化分解等因素的影响。

韩舞鹰等（1998）研究表明，南海上准均匀层中硝酸盐在 $0 \sim 0.5$ $\mu mol/L$ 范围，亚硝酸盐在 $0 \sim 0.1$ $\mu mol/L$ 范围，氨在 $0 \sim 0.9$ $\mu mol/L$ 范围，并且其浓度南北的水平变化和季节变化也是微小的。张正斌等（2004）研究表明，南海中部水体的三氮含量的季节变化（表20.3）幅度较小；$NH_4 - N$ 呈现春季最高，夏、秋两季逐渐减低，冬季略有回升的趋势；$NO_2 - N$ 表现为冬高春低，夏秋大致相等的规律；$NO_3 - N$ 除表层呈现出冬高春低的特征外，其他各层的变化趋势是：春、冬最高，夏季最低，秋季开始回升。冬夏季节南海海域表层水体中三氮的平面分布见图20.1—20.3。郭炳火等（2004）对南海海域三氮的冬夏季节变化调查结果列于表20.3。

表20.3 南海中部水体中三氮的季节变化 单位：$\mu mol/L$

层次	春			夏			秋			冬		
	$NO_3 - N$	$NO_2 - N$	$NH_4 - N$	$NO_3 - N$	$NO_2 - N$	$NH_4 - N$	$NO_3 - N$	$NO_2 - N$	$NH_4 - N$	$NO_3 - N$	$NO_2 - N$	$NH_4 - N$
表层	0.03	0	0.51	0.12	0.02	0.37	0.10	0.02	0.41	0.26	0.04	0.39
次表层	9.54	0.05	0.50	7.52	0.06	0.38	9.63	0.06	0.33	11.9	0.08	0.36
中层	28.2	0.01	0.47	22.9	0.03	0.39	24.8	0.03	0.30	28.2	0.05	0.34
底层	40.3	0.01	0.66	34.8	0.02	0.51	35.2	0.02	0.30	39.2	0.02	0.31

资料来源：陈劲毅等，1988。

表 20.4 南海海域水体中三氮的冬夏季节变化 单位：μmol/L

层次	夏	平均值（夏）	冬	平均值（冬）	夏	平均值（夏）	冬	平均值（冬）	夏	平均值（夏）	冬	平均值（冬）
	NO₃ – N				NO₂ – N				NH₄ – N			
0 m	0.00 ~ 12.30	0.46	0.00 ~ 6.37	0.64	0.00 ~ 0.97	0.04	0.00 ~ 1.20	0.13	0.22 ~ 7.35	1.52	0.46 ~ 2.84	1.54
75 m	0.00 ~ 11.30	1.51	0.00 ~ 13.90	3.96	0.00 ~ 0.58	0.10	0.00 ~ 1.69	0.16	0.19 ~ 2.10	1.15	0.52 ~ 2.32	1.30
150 m	2.66 ~ 17.30	—	3.71 ~ 16.90	—	0.00 ~ 0.15	—	0.00 ~ 0.48	—	0.22 ~ 2.52	—	0.64 ~ 2.76	—
300 m	14.50 ~ 27.10	22.76	14.40 ~ 24.70	19.94	0.00 ~ 0.17	0.03	0.00 ~ 0.39	0.06	0.30 ~ 2.70	1.32	0.54 ~ 2.53	1.34

资料来源：郭炳火等，2004。

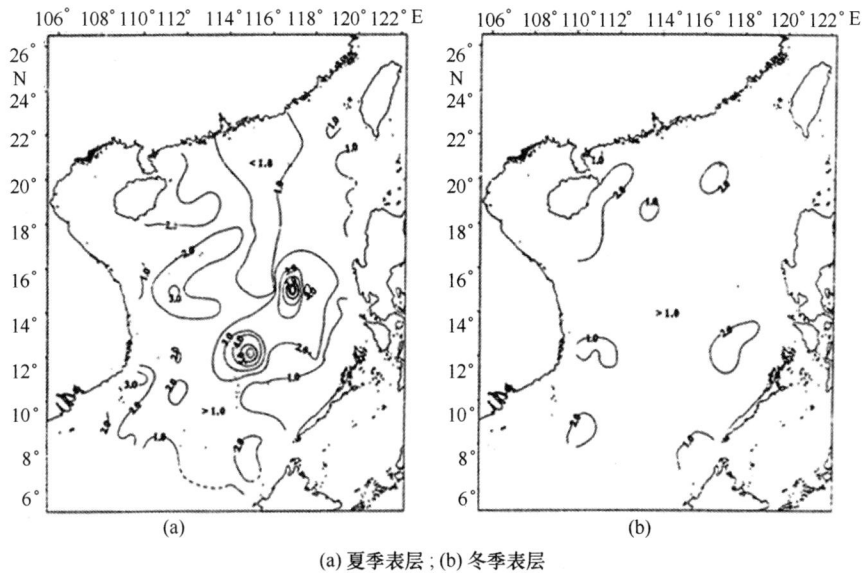

(a) 夏季表层；(b) 冬季表层

图 20.1 南海海域表层水体中铵盐含量（μmol/L）的平面分布

资料来源：郭炳火等，2004

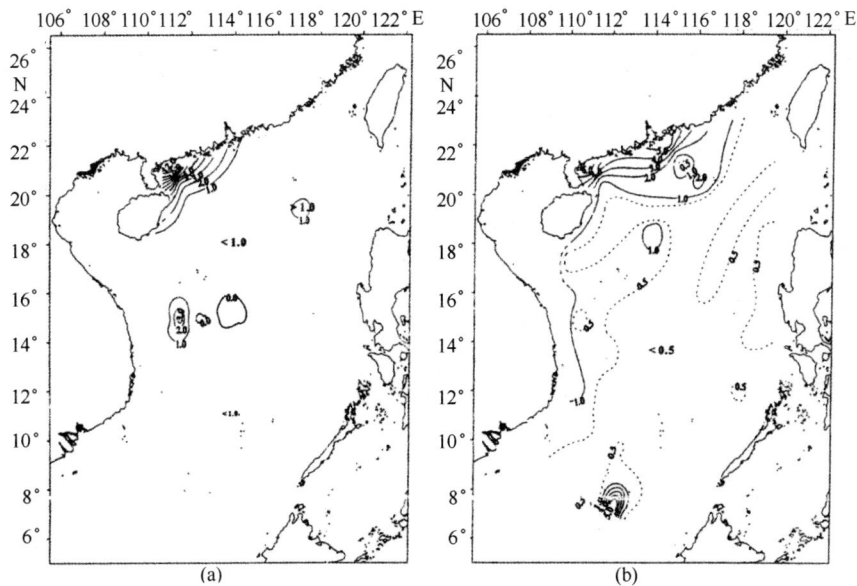

图 20.2 南海海域表层水体中硝酸盐含量（μmol/L）的平面分布

资料来源：郭炳火等，2004

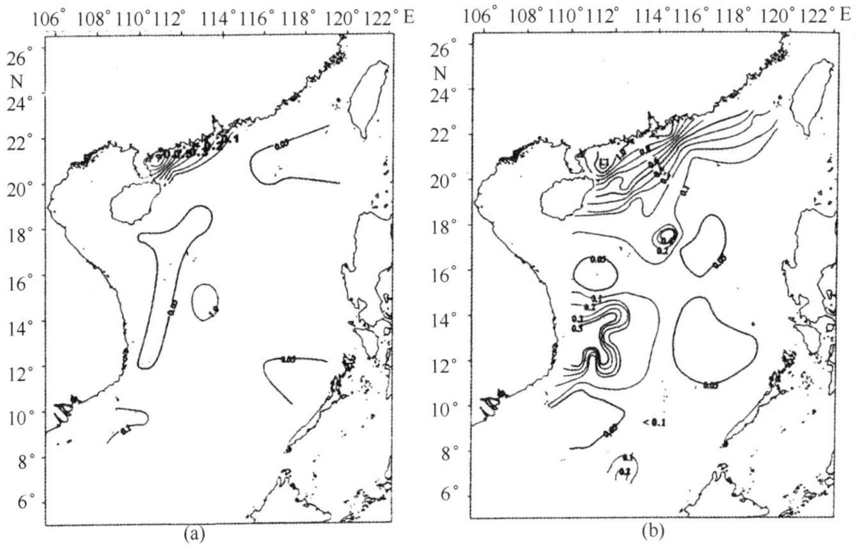

图 20.3 南海海域表层水体中亚硝酸盐含量（μmol/L）的平面分布
资料来源：郭炳火等，2004

南海海水中硝酸盐含量从痕量到 43 μmol/L 之间。在水平分布上是近岸高，向外海急剧下降（张正斌等，2004）。南海开阔海区表层硝酸盐含量极低，但是上升流区（参见本章第 3 节），如台湾海峡南部，发现有硝酸盐高含量区；南海硝酸盐的垂直分布，在混合层硝酸盐含量极低或为零，在跃层则急剧增加，一般是随着深度增加而增加。张正斌等（2004）总结，南海中部各水层硝酸盐含量分布特征（见图 20.4 和图 20.5）如下。

表层（0~50 m），$NO_3 - N$ 的含量极低，一般低于 0.20 μmol/L。春季最低，平均含量介于 0.02~0.04 μmol/L 之间；冬季最高，平均含量介于 0.08~0.74 μmol/L 之间；夏秋两季的平均含量分别介于 0.08~0.18 μmol/L 和 0.05~0.21 μmol/L 之间。

次表层（50~200 m），$NO_3 - N$ 含量随深度的增加而迅速增加；该层的跃层强度最强，并在 75~100 m 达到最大。在四个季节中，跃层强度的每 10 m 平均值都大于 1.00 μmol/L；春季是 1.25 μmol/L；夏季是 1.03 μmol/L；秋季是 1.34 μmol/L；冬季是 1.13 μmol/L。可见秋季的跃层强度最强，而夏季则最弱。该层的 $NO_3 - N$ 含量一般都介于 0.20~20.0 μmol/L 之间。

中层（200~700 m），该层的跃层强度比次表层弱；在四个季节中，跃层强度的 10 m 平均值都小于 0.50 μmol/L；春季是 0.49 μmol/L，夏、秋、冬三季分别为 0.38 μmol/L、0.35 μmol/L、0.35 μmol/L。可见春季的跃层强度最强，秋季最弱。该层的 $NO_3 - N$ 含量一般都介于 15.0~37.0 μmol/L 之间。

深层（700~2 000 m），该层的跃层强度每 10 m 平均值一般都小于 0.10 μmol/L。春季，$NO_3 - N$ 的平均含量介于 39.2~41.1 μmol/L 之间；夏季是介于 31.6~37.9 μmol/L 之间；秋季是介于 33.8~37.1 μmol/L 之间；冬季是介于 38.4~40.9 μmol/L 之间。在春、冬两季，15 000 m 层的 $NO_3 - N$ 含量略高于 2 000 m 层的 $NO_3 - N$ 含量；春季是 41.1 μmol/L、40.4 μmol/L；冬季是 40.9 μmol/L、37.8 μmol/L。

底层（2 000 m 以下），每个航次只有四个站位进行底层观测；从观测的结果可见，$NO_3 - N$ 含量比深层略高一些；而 $NO_2 - N$ 和 $NH_4 - N$ 的含量基本上与深层相等。总之，南海北部硝酸盐的垂直分布特征为：50 m 以浅垂直分布均匀；50 m 以深，$NO_3 - N$ 含量随深度的增加而增加，并在100 m附近，垂直梯度达到最大。

南海水体NH_4^+分布特征为近岸高远岸低，一般是远离大陆海区的含量很低且均匀（张正斌等，2004）。如夏季近岸表层水中NH_4^+含量平均为0.9 μmol/L左右，底层水可达3 μmol/L；远离大陆海区的含量在0.36~1.3 μmol/L之间，个别地区的NH_4^+含量甚低或接近于零。NH_4^+的垂直分布，远岸则与近岸水相反，呈表层较高，随深度增加而减小。南海中部水体中NH_4-N的垂直分布没有明显的规律；垂直方向上，常出现几个峰值，这些峰值出现的深度随季节的不同而差别较大。但根据每层各自的平均值垂直变化图可见，秋、冬两季，垂直分布均匀；春、夏两季，深层以上的水体垂直分布均匀，而在深层NH_4-N含量略有回升的趋势。在一年四季中，NH_4-N的含量大部分都在0.20~0.60 μmol/L范围内变动。

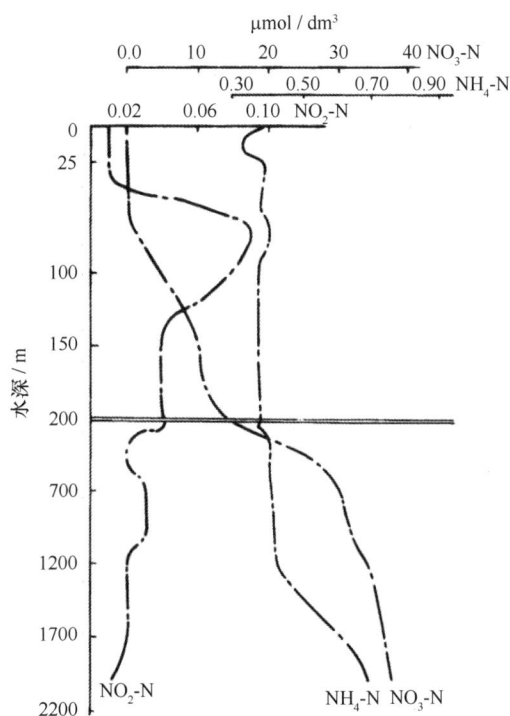

图20.4 南海中部水体三氮的垂直分布（夏季）

资料来源：林植青等，1983

南海海水中NO_2^-含量在0.1~3 μmol/L（张正斌等，2004）。南海中部水体中NO_2-N垂直分布曲线都是从分析零值或接近零值（<0.05 μmol/L）开始，在50 m层迅速增大，并在75 m或100 m层达到最大值后，从100 m以下又恢复到接近分析零值。仅有少数地区又在700 m附近出现一个较大值，这种现象常在冬季出现。

次表层亚硝酸盐薄层是南海亚硝酸盐分布的另一大重要特征，韩舞鹰（1983）最初发现在夏季南海东北部海区，随后陈劲毅等（1988）在南海中部也发现类似情况，韩舞鹰（1989）又观察到冬季南海南部亚硝酸盐薄层。亚硝酸薄层的典型特征（韩舞鹰等，1998）是位于40~100 m之间（见图20.6），薄层上、下方，海水亚硝酸氮含量近乎为零值，薄层平均厚度为20~35 m，夏季薄层亚硝酸氮浓度平均值为0.21 μmol/L，冬季则只有0.012 μmol/L（见表20.5）。

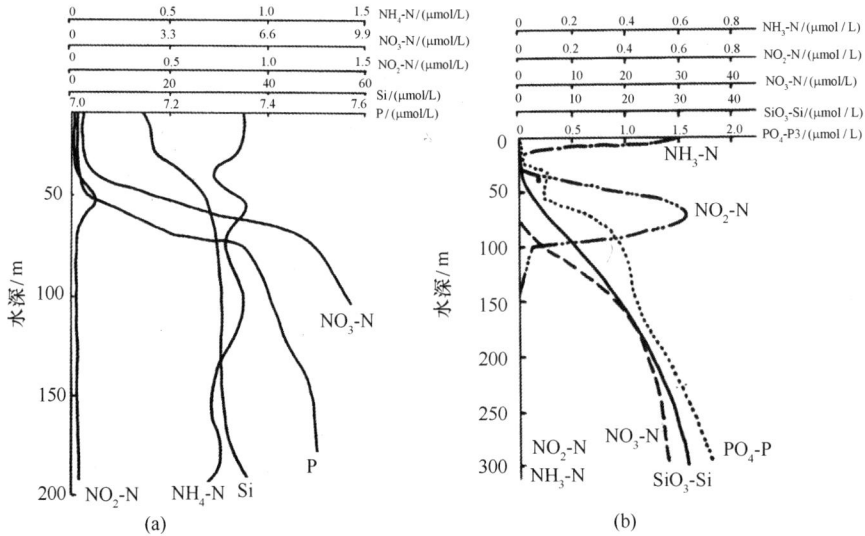

(a) 北部站位: 118.02°E, 22.02°N; (b) 南部站位: 113.95°E, 6.50°N

图 20.5　南海水体营养盐的垂直分布图

资料来源: 韩舞鹰等, 1998

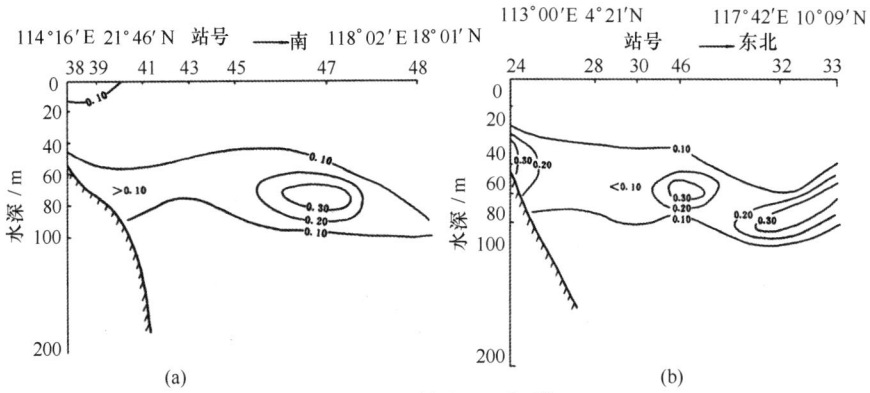

(a) 1982年6月; (b) 1985年6月

图 20.6　$NO_2 - N$（μmol/L）断面分布

资料来源: 韩舞鹰等, 1998

表 20.5　亚硝酸盐薄层特征值

海区	时间	所处深度范围/m	薄层平均厚度/m	平均浓度/（μmol/L）	浓度范围/（μmol/L）
南海东北部	1982 年 6 月	40~100	20.4	0.23	0.05~0.43
南海南部	1982 年 6 月	40~100	34.5	0.19	0.05~0.64
南海南部	1989 年 12 月	30~100	40.3	0.012	0.001~0.08

资料来源: 韩舞鹰等, 1998。

20.2.2　无机磷（DIP）

磷是海洋生物必须的生源要素之一。海水中溶解态的无机磷是正磷酸盐, 主要以 HPO_4^{2-} 和 PO_4^{3-} 的离子形式存在。海水中的活性磷酸盐是指能被海洋植物同化的无机磷酸盐（以 P

计量）的总和，主要来自于大陆径流和大陆飘尘的输入、有机物的矿化和海洋沉积物中磷的释放等。其含量分布变化受海洋水文、生物、化学等诸多因素的综合影响，具有明显的季节性和区域性。

南海低磷现象一直是海洋化学家关注的焦点，尤其是夏季表层某些区域常常低于常规方法的仪器检测限。袁梁英和戴民汉（2008）应用改进的镁共沉淀法系统测定了南海北部冬、夏两季表层海水中的纳摩尔含量级的磷酸盐，冬季其浓度在 6.6~95.0 nmol/L 范围内，平均值为 34.5 nmol/L，夏季其浓度在 6.3~66.6 nmol/L 范围内，平均值为 17.4 nmol/L，整体分布较均匀。

南海活性磷酸盐含量的分布趋势，近岸高于外海，夏季低于冬季，随水深增加而增加。张正斌等（2004）报道，南海的近岸河口区磷酸盐含量为 0~1.1 μmol/L，表层一般为 0~0.5 μmol/L，底层为 0.3~1.1 μmol/L。韩舞鹰等（1998）亦有报道，南海上层活性磷酸盐在 0~0.4 μmol/L 之间。郭炳火等（2004）调查（见图 20.7 和表 20.7）发现夏季表层活性磷酸盐含量在湛江近海、海南岛以南海域、巴拉望岛西北部海域出现大于 0.1 μmol/L 的相对磷高值区，其余海域低于 0.02 μmol/L，冬季表层磷酸盐含量北部海域低于 0.2 μmol/L，南部海域绝大部分高于 0.4 μmol/L。南海北部河口大鹏澳和珠江口的深圳湾以及大亚湾，磷酸盐季节变化（见表 20.7）是春、夏、秋、冬依次递减（张正斌等，2004）。

在南海开阔海区，垂直方向的磷含量为 0~2.5 μmol/L，具有大洋水的垂直分布特征（图 20.8），从接近于 0 的表层水开始，在 500 m 范围内急剧增加，至 800 m 左右达到最大值，再往深处仅有较小的变化；水平分布则比较均匀（图 20.7）。从表 4.20.2.5 可以看出，随深度增加，活性磷酸盐含量增加，夏季平均磷含量从表层的 0.04 μmol/L 增加到 300 m 层的 1.55 μmol/L，冬季平均磷含量从表层的 0.36 μmol/L 增加到 300 m 层的 1.66 μmol/L。郭炳火等（2004）的调查资料表明（图 20.9），夏季南海表层被低于 0.4 μmol/L 的低磷水所覆盖，从表层底界（90 m）至次表层底界（300 m）磷含量从 0.4 μmol/L 至增大 1.6 μmol/L。从次表层底界至中层底界（900 m）磷含量从 1.6 μmol/L 增大至 2.6 μmol/L 左右。1 000 m 以深水体磷含量基本维持在 2.7 μmol/L。冬季表层海水磷含量基本被小于 0.6 μmol/L 的低磷水所覆盖，0.8 μmol/L、1.0 μmol/L、1.2 μmol/L 等值线呈波浪形横贯于断面的表层、次表层、中层，1.2 μmol/L 等值线以深水体磷含量从 1.2 μmol/L 增大至 2.6 μmol/L 左右，等值线近似呈倒 "V" 形，显示下层高磷水向上的扩散涌升。张正斌等（2004）资料总结了南海中部海区磷酸盐的垂直分布特征，从接近于零的表层水开始，在 500 m 范围内急剧增加，至 800 m 左右达到最大值，再往深处仅有较小的变化。

表 20.6　南海海域活性磷酸盐的季节变化

单位：μmol/L

海区	层次/m	夏	平均值（夏）	冬	平均值（冬）
整个海区	0	0.00~0.23	0.04	0.05~1.87	0.36
	75	0.00~0.87	0.16	0.06~2.41	0.55
	150	0.16~1.53	—	0.14~3.17	—
	300	0.73~1.95	1.55	0.37~3.10	1.66

资料来源：郭炳火等，2004。

表 20.7   大鹏湾、深圳湾活性磷酸盐的季节变化   单位：μmol/L

海区	层次	春（1985－04）	夏（1985－07）	秋（1984－10）	冬（1985－01）	平均值
大鹏湾	表层	0.37	0.52	0.79	2.89	1.14
	底层	0.50	0.88	0.81	2.25	1.11
深圳湾	表层	0.44	0.92	2.49	7.26	2.76
	底层	0.52	1.12	2.15	6.51	2.58

资料来源：张正斌等，2004。

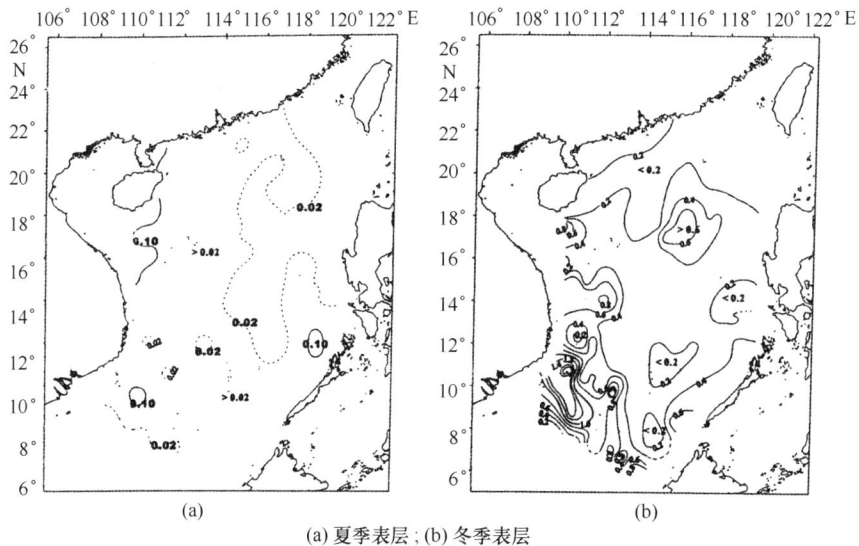

(a) 夏季表层；(b) 冬季表层

图 20.7   南海海域表层水体中活性磷酸盐含量（μmol/L）的平面分布

资料来源：郭炳火等，2004

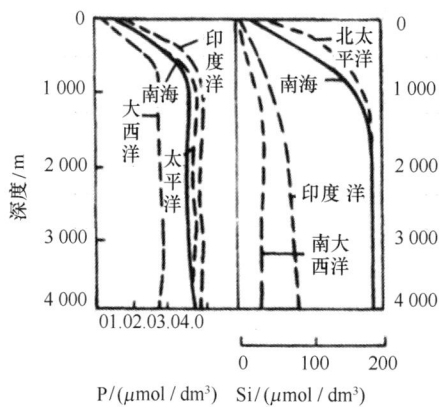

图 20.8   南海中部海域活性磷酸盐和硅酸盐含量的垂直分布特征

资料来源：张正斌等，2004

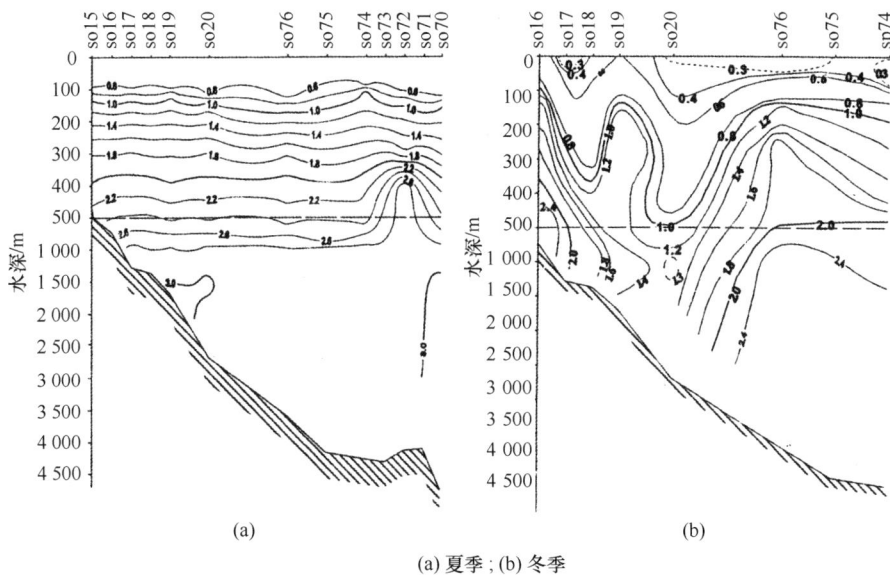

(a) 夏季；(b) 冬季

图 20.9　南海海域表层水体中活性磷酸盐含量（μmol/L）的断面分布

资料来源：郭炳火等，2004

20.2.3　活性硅酸盐（$SiO_3 - Si$）

海水中的活性硅酸盐是指能被海洋生物所吸收的那部分溶解态并可与钼酸铵试剂产生黄色反应的硅酸盐，是海洋生物所需的营养盐之一。对于硅藻类浮游植物、放射虫和有孔虫等原生动物及硅质海绵等海洋生物，硅更是构成其有机体不可缺少的组分。因此，活性硅酸盐随海域和季节不同而变化。对于南海水体中活性硅酸盐分布情况的研究，尤以郭炳火等（2004）的海域调查资料比较全面。

南海活性硅酸盐含量的分布，呈现近岸高远岸低、夏低冬高和表层低深层高的趋势（见表20.8）。河口及近岸水中硅含量在 3 ~ 100 μmol/L（张正斌等，2004）。夏季，南海活性硅酸盐含量几乎低至检测不出，因为表层生物活动较旺盛，致使活性硅酸盐的消耗量较大。早期资料（韩舞鹰等，1998）亦有报道，南海上层活性硅酸盐在 0 ~ 5 μmol/L 之间，郭炳火等（2004）报道整个南海夏季表层活性硅酸盐含量（见图20.10）都低于 5.0 μmol/L，可见活性硅酸盐的长期变化并不明显。南海东北部至中部海域表层硅酸盐含量低，深层则含量高，在 0 ~ 180 μmol/L 范围（张正斌等，2004）。

从图20.5和表20.9可以看出，随深度增加，活性硅酸盐含量增加，夏季平均硅含量从表层的 1.4 μmol/L 增加到 300 m 层的 34.8 μmol/L，冬季平均硅含量从表层的 1.8 μmol/L 增加到 300 m 层的 31.6 μmol/L。郭炳火等（2004）调查资料表明（见图 20.11），夏季南海表层被小于 5.0 μmol/L 的低硅水所覆盖；从表层底界到次表层从 5.0 μmol/L 增高至 30 μmol/L 左右；从次表层底界到中层由 30 μmol/L 增高至约 100 μmol/L；从中层底界到 3 000 m 处由 100 μmol/L 增高至 140 μmol/L 左右。该断面 100 m 以浅和 2 000 m 以深水体变化幅度较小；100 ~ 2 000 m 水体的变化幅度较大，等值线较密集且上下波动较大。冬季，在纬向断面上，表层基本上被小于 5.0 μmol/L 的低硅水所覆盖；从表层底界至中层底界从 5.0 μmol/L 增至 100 μmol/L；从中层底界至深层从 100 μmol/L 增至 136 μmol/L 左右。2 000 m 以深水体维持在 136 μmol/L 左右，分布均匀。100 ~ 300 m 水体变化幅度较大，等值线较密集且上下波动较大。

表20.8　大鹏湾、深圳湾活性硅酸盐的季节变化　　　　　　　　　　　单位：μmol/L

海区	层次	春（1985-04）	夏（1985-07）	秋（1984-10）	冬（1985-01）	平均
大鹏湾	表层	10.6	25.7	42.7	15.5	23.6
	底层	11.3	49.1	60.3	18.2	34.7
深圳湾	表层	52.4	107.8	106.7	26.1	73.3
	底层	70.2	93.0	94.9	28.6	71.7

资料来源：张正斌等，2004

表20.9　南海海域活性硅酸盐的季节变化　　　　　　　　　　　　单位：μmol/L

海区	层次	夏	平均值（夏）	冬	平均值（冬）
整个海区	0 m	0.2~7.0	1.4	0.0~22.0	1.8
	75 m	0.3~9.6	3.0	0.0~20.9	4.8
	150 m	2.6~20.2	—	3.7~38.8	—
	300 m	12.4~58.2	34.8	3.6~40.2	31.6

资料来源：郭炳火等，2004。

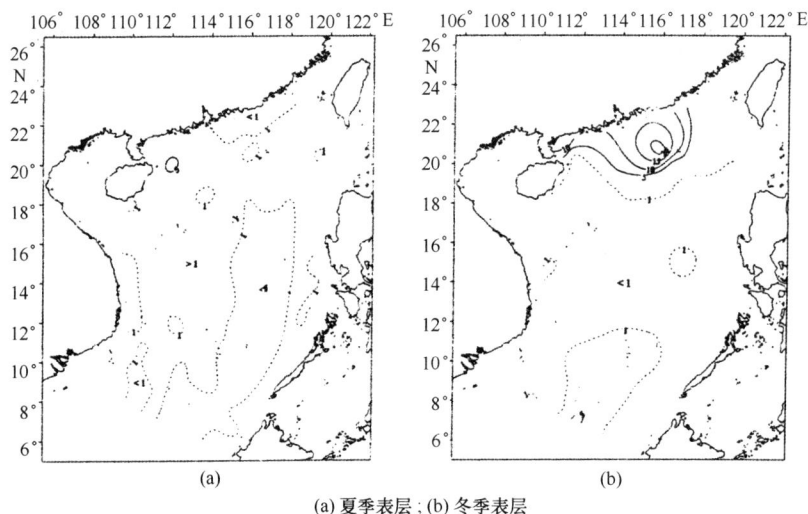

(a) 夏季表层；(b) 冬季表层

图20.10　南海海域表层水体中活性硅酸盐含量（μmol/L）的平面分布

资料来源：郭炳火等，2004

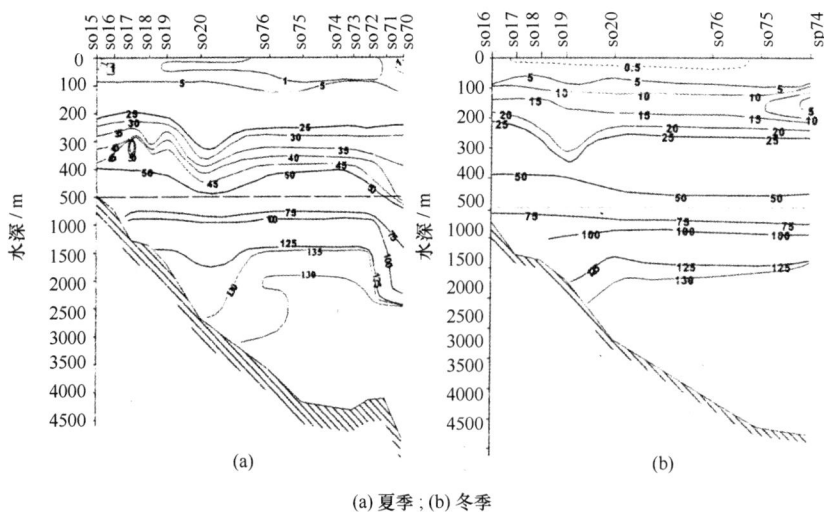

(a) 夏季；(b) 冬季

图20.11　南海海域表层水体中活性硅酸盐含量（μmol/L）的断面分布

资料来源：郭炳火等，2004

20.3　营养盐结构特征

营养盐是浮游生物生命活动的物质基础，在浮游植物的光合作用过程中，这些营养元素为海洋浮游植物所摄取，构成浮游植物的组成部分，并成为其物质和能量代谢的来源。大量的研究表明海水中氮（N）、磷（P）、硅（Si）等营养盐的水平及其供应比例极大地影响着浮游植物的初级生产水平以及生态系统结构特别是浮游植物的群落结构。因此，认识营养盐的分布和循环机制对了解海洋生态系统初级生产过程是至关重要的。

海水中氮、磷和硅等营养盐的绝对浓度水平不仅影响水体的富营养化和浮游植物的生长，而且营养盐的相对组成对浮游植物起着重要的制约作用。营养盐浓度太低会限制浮游植物的继续生长与繁殖，而营养盐之间的比例也会对某一种或数种浮游植物的生长产生限制影响。例如，硅藻的生长需要硅，硅藻的 Si:N:P 原子比基本为 16:16:1，其吸收也基本按这一比例进行。

袁梁英（2005）研究表明南海北部真光层各种营养盐通常都低于浮游植物生长的阈值，各营养盐之间的比例（冬季 N:P 为 13.2，Si:P 比值为 23.6，Si:N 比值为 1.4；夏季 N:P 比值为 12.9，Si:P 比值为 32.7，Si:N 比值为 1.9）表明，南海北部主要为氮磷共同限制。近岸海区（20°N，114°E）受珠江径流影响，秋、冬季表现出氮限制的倾向；春、夏季可能是磷限制比较重要。远岸海区冬季氮限制较明显，夏季则有磷限制的微弱信号出现。在咸淡水交界的河口地带较易出现几种营养盐同时或交替限制，Yin 等（2001）发现珠江口从河端的 P 限制向外海的 N 限制变化。

根据宋金明等（2004）统计，南海北部大亚湾海域 N/P 比值偏低，最大为 7.2（1987 年 12 月），一般为 0.8~2.2。N/P 比值远低于正常比值，P:N:Si = 1:2:36（1987 年 8 月），显然大亚湾水域相对磷而言，比较缺乏氮。该湾 SiO_3 – Si/PO_4 – P 比值年平均为 39，不同季节比值差异大，说明大亚湾水体非属大洋性水体。而北部湾水体 N/P 比值在空间和时间上的变化幅度较大，4 月、7 月由于个别测站的氮严重消耗，N/P 比值出现零值；受沿岸水影响的测站，其 N/P 比值高达 20~40 以上。整个北部湾海区 N/P 比值分布是湾内较高，湾外及浅海区较低，几乎小于 1，远低于 Redfield 比值，这与浮游植物大量消耗营养盐以及 NO_3 – N 补充源不足有关。南海中部海区的硅磷比值计算结果为 52~54，与太平洋水（55~56）较接近，而与北大西洋（20~40）、赤道印度洋（40~50）相差较远，说明南海中部海域基本属于西太平洋水体。南沙海区水体的 O:Si:N:P 原子比为 230:21.5:15.8:1（次表层水）和 189:36.6:15.1:1（中层水）。不同水层 N/P 比值变化不大，与生物体 Redfield 比值接近，但氧硅比值却有较明显的差别。林洪瑛和韩舞鹰（2001）报道南沙群岛海域上准均匀层海水中冬季 N/P、Si/P、Si/N 原子平均值均很低，说明此时海水中的无机 N 含量和无机 Si 含量均较低；春季上准均匀层海水中虽然无机 N 含量仍较低，但无机 Si 含量就相对较高；上温跃层中海水的 N/P 原子比春、冬季均偏低，无机 N 相对无机 P 不足，浮游植物生长受 N 限制；下温跃层中 N/P 原子比接近 Redfield 比值，浮游植物生长有较合适的营养比例（见表 20.10）。

郭炳火等（2004）调查资料显示，对整个南海海域来说，夏、秋季平均 N/P 比值分别为 14.7 和 15，说明南海水体是基本接近 Redfield 比值 16，夏季两者的线性关系较好，但在高浓度值时出现分叉，说明深层水体存在稳定的不同来源的水体。

表 20.10　南沙群岛海域不同层次海水中的平均 N/P，Si/P，Si/N 值

时间	层次	N/P	Si/P	Si/N
冬季 （1990 年 12 月）	上准均匀层（0~20 m）	0.026	0.0	0.0
	上温跃层（50~75 m）	1.59	0.81	8.40
	下温跃层（100~200 m）	15.99	5.49	2.82
春季 （1990 年 5—6 月）	上准均匀层（0~20 m）	6.62	35.76	7.94
	上温跃层（50~75 m）	9.06	21.12	5.43
	下温跃层（100~200 m）	14.89	18.24	1.21

20.4　上升流区营养盐的分布与结构

南海真光层基本属于贫营养水体，其初级生产力很低。但在河口近岸区，其生产力比较高。在开阔海区的 75~100 m 层，生产力也较高。在某些特定海域，如上升流海区，由于海水的向上涌升作用，把下层富营养的海水带至海洋表层，上升流海区具有相当高的初级生产力。上升流还是海洋中上层水和下层水进行物质交换的重要通道，所以上升流的营养盐一直是研究的重点问题。

夏季，南海北部盛行西南季风，5—8 月为季风风向稳定期。风向与岸线平行，海岸位于风向的左侧。根据埃克曼理论，由于风引起表层海水的离岸运动，岸边海水的"空缺"将由底层海水的涌升来补充，这样就形成了沿岸上升流。上升流的明显特征就是低温高盐。

南海北部部分海域正好位于粤东沿岸上升流和琼东沿岸上升流区。另外，在南海还存在一些上升流区，如台湾浅滩东南位置（23°N，119°E）、粤西外海（21.5°N，111°E）和季节性的中尺度涡伴生的上升流［如冬春季节出现吕宋冷涡（16°~19°N）以及夏秋季节出现的越南冷涡（13.5°N，111°E）］。这些上升流海区的营养盐分布主要受沿岸上升流和陆架坡折处下层冷水涌升或者季风驱动作用等影响。由于海水上升，把底层低温高盐而富含营养盐的海水带到表层，上升流为表层水施肥，因而能大大提高海水的初级生产力，同时改变上升流区的营养盐分布与结构。

韩舞鹰等（1998）报道，南海东北部的东沙群岛西南部海域（17.5°~21°N，114°~117.5°E）出现了终年存在的气旋型冷涡（西南冷涡），水深 1 000~3 000 m 之间，该区域上层海水溶解氧含量（见图 20.12）降低，而营养盐含量升高。春（1981 年 4 月）、夏（1982 年 6—7 月）、秋（1980 年 10 月）和冬（1981 年 12 月）三季，该涡旋区域 100 m 层的 PO_4 – P 和 SiO_3 – Si 含量的平面分布（见图 20.13 和图 20.14）表明，东沙群岛西南海域存在营养盐高值区，中心区的磷和硅等营养盐含量比周围高 1~3 倍。

20.5　台风对营养盐分布的影响

南海的另一大特征是台风多，集中发生在南海中部偏东的海面上（12°~20°N，112°~120°E），一般从 4 月开始出现，12 月结束，尤其是 7—9 月是南海台风天气的高发期。伴随台风，常常给南海海域带来大量降雨。降雨和河流径流都能为南海提供营养盐，但是这两种途径提供的营养盐含量有很大的差异。河流输送的营养盐主要是 NO_3^-、P 和 Si，而降雨输送的营养盐主要是各种无机和有机 N，而 P 和 Si 的含量则相对较少，因此，台风带来的直接湿沉降将影响海域的营养盐分布和结构。

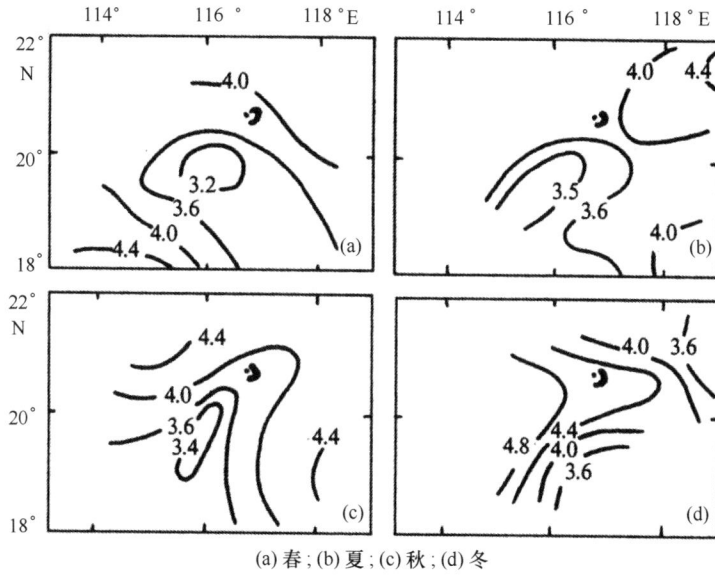

(a)春；(b)夏；(c)秋；(d)冬

图 20.12　100 m 层溶解氧平面分布（mL/L）

资料来源：韩舞鹰等，1998

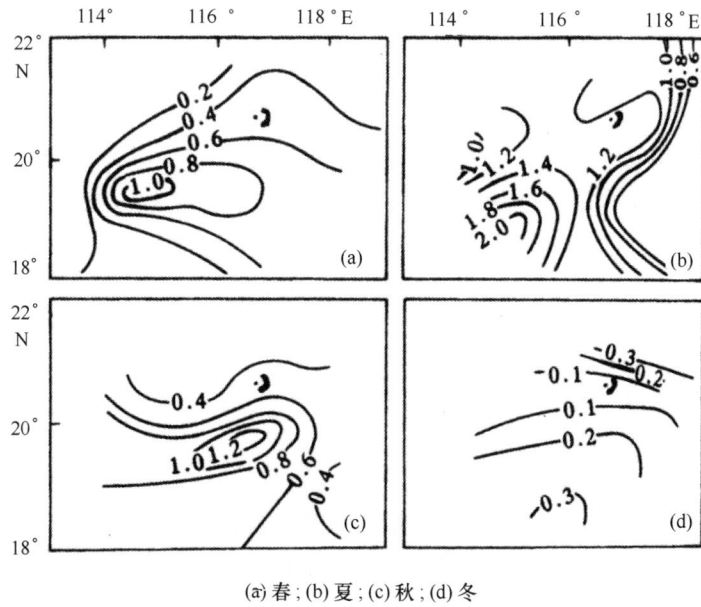

(a)春；(b)夏；(c)秋；(d)冬

图 20.13　100 m 层 $PO_4 - P$ 平面分布（μmol/L）

资料来源：韩舞鹰等，1998

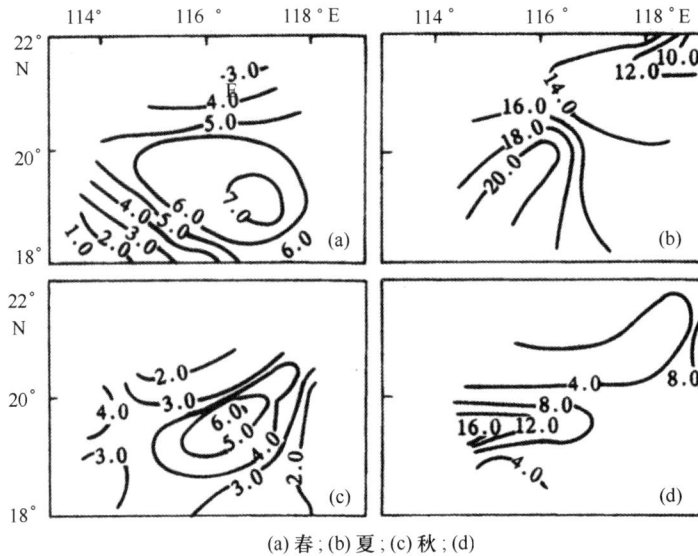

(a) 春；(b) 夏；(c) 秋；(d)

图 20.14　100 m 层 $SiO_3 - Si$ 平面分布（ $\mu mol/L$ ）

资料来源：韩舞鹰等，1998

杜俊民等（2008）通过对 2006 年第四号台风"碧利斯"期间氮、磷沉降和对海洋表层营养盐结构的影响表明，在台风初期和后期测出的 N/P 比值分别为 314∶1 和 34∶1，可以看出台风降雨的 N/P 比值都远高于 Redfield 值（16∶1）。河口海湾海域由于其他来源贡献较大，台风降雨沉降的影响较小，但对于比较外海的台湾海峡西部，台风降雨对表层海水 DIN 的直接影响是非常显著的。杜俊民等（2008）进一步分析到，台湾海峡西部的研究表明秋冬季的 N/P 比接近于 Redfield 值，而夏季受高盐高磷的外海水的影响，表层海水 N/P 比值明显下降（为 5.4∶1），如果考虑到台风"碧利斯"降雨的贡献，由于 DIN 增加了 136%，而 P 几乎没有增加，因此，受台风降雨的影响短期内表层海水 N/P 比值将达到 12.7∶1，比较接近于 Redfield 值，可以看出台风"碧利斯"对台湾海峡西部海域夏季表层海水营养盐的结构产生明显影响，进而影响海洋生物活动并促进初级生产力。

20.6　营养盐收支

若要了解南海的营养盐循环，必须先了解南海的水循环，而水循环又与南海的环流特征密不可分。南海几乎是一个半封闭的边缘海，只能通过台湾海峡、巴士海峡、民都洛海峡和马六甲海峡等水道与邻近海域进行水交换。来自西北太平洋的黑潮水的侵入，在南海东北部的巴士海峡及其西部毗邻区发生强烈的混合和交换。同时，南海是一个热带海域，海气交换强烈，而且它位于东亚热带季风区，冬季的东北季风和夏季的西南季风对南海的海洋环流变化影响重大。冬季南海表层流场为气旋式环流，夏季南海南部为反气旋式环流，北部则为气旋式环流。影响南海水量收支平衡还包括陆地径流、蒸发和降水。

假定南海于干湿季的水平面变化为 10 cm 的话，那么南海的水量平衡方程为

$$Q_{Ri} + Q_P + Q_{SSW} + Q_{MSW} + Q_{KSW} + Q_{DW} = Q_E + Q_{TSW} + Q_{SCSW} + Q_{IW} + \Delta Q \qquad (20.1)$$

Q 表示质量为单位的水通量，Ri、P、SSW、MSW、KSW、DW、E、TSW、SCSW 和 IW 分别表示河流径流输入（river input）、降雨（precipitation）、巽他陆架水（Sunda Shelf water）、民都洛海峡水（Mindoro Strait water）、黑潮表层水（Kuroshio surface water）、深层水（deep water）、蒸发（evaporation）、台湾海峡水（Taiwan Strait water）、南海表层水（SCS surface water）和中层水（intermediate water）。ΔQ 表示水量变化。上述所有通量均为每6个月干湿季的平均值。

盐量平衡方程为：

$$Q_{Ri} S_{Ri} + Q_{SSW}S_{SSW} + Q_{MSW}S_{MSW} + Q_{KSW}S_{KSW} + Q_{DW}S_{DW} = Q_{TSW} S_{TSW} + Q_{SCSW} S_{SCSW} + Q_{IW} S_{IW} + \Delta Q_S \tag{20.2}$$

S 表示盐量，ΔQ_S 表示盐量变化。

南海主要水团的盐量列于表 20.11，通过马六甲（Malacca）海峡的流量取 0。湿季，Java 和 Sulu 海输出 $2 \times 10^6 t/s$ 海水（Q_{SSW}，见表 20.11）进入南海。通过台湾海峡的海水输出量为 $0.05 \times 10^6 t/s$（Q_{TSW}）。350 m 和 1350 m 的中层水是上涌的深层水和表层水的混合。1350 m 以下的深层水每年以 $1.2 \times 10^6 t/s$ 的速率（Q_{DW}）流入南海。

表 20.11 南海各水团的盐和水通量   单位：$\times 10^6 \ t/s$

	湿季		干季		参考文献
	盐度	通量	盐度	通量	
Ri	0	0.03（±0.02）	0	0.03（±0.01）	Milliman et al.，（1995），Chenet al.，2001
$Q_P - Q_E$	0	0.13	0	0.03	Wyrtki（1961）
SSW	32.2	1.8	32.4	−3	Wyrtki（1961），Chu（1972），NOAA（1994a），Frische and Quadfasel（1990）
MSW	33.4	0.2	33.4	1	Wyrtki（1961），INDOPAC（1978），Frische and Quadfasel（1990），NOAA（1994a）
TSW	33.8	−0.5	34	−0.2	Fujien Oceamological Institute（1988），Zhang et al.，（1991），Wang 和 Chen（1992），Wang 和 Yuan（1997），Chen 和 Wang（1999）
SCSW	34.33	−13.9（±1.8）	34.4	−1.8（±0.2）	Chen et al.，（1996a, 1997, 1998），Chen et al.，2001
KSW	34.75	12.8（±1.1）	34.85	4.7（±0.4）	Chen et al.（1996a, 1997, 1998），Chen et al.，2001
IW	34.51	−1.8（±0.4）	34.52	−2.0（±0.4）	Han（1995），Chen et al.，（1996a, 1997, 1998），Chen et al.，2001
DW	34.6	1.2（±0.2）	34.6	1.2（±0.2）	Liu 和 Liu（1988），Chen et al.，（1996a, 1997, 1998）

注：正负值分别代表流入和流出。

资料来源：Chen et al.，2001。

Chen 等（2001）应用箱式模型得到南海各水团的水量收支（图 20.15）、N 收支（图 20.16）、P 收支（图 20.17）和 Si 收支（图 20.18）

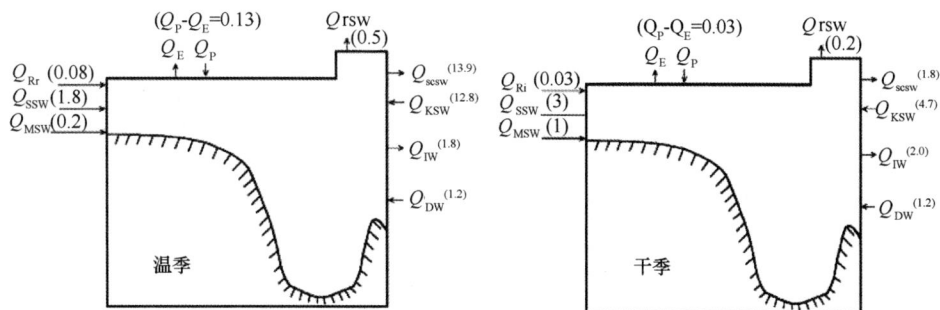

图 20.15 南海干湿季水量收支

资料来源：Chen et al.，2001

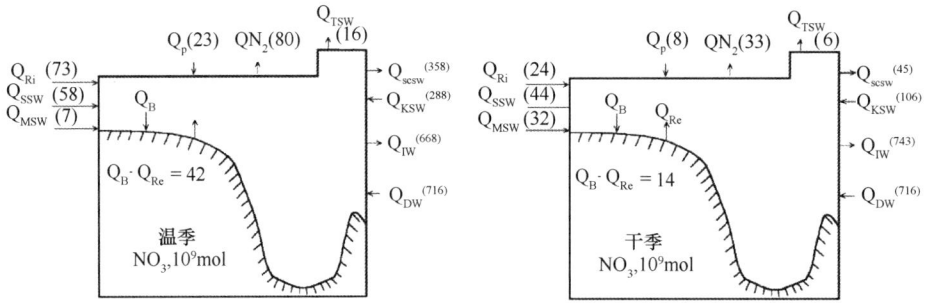

图 20.16　南海干湿季的 N 收支

资料来源：Chen et al.，2001

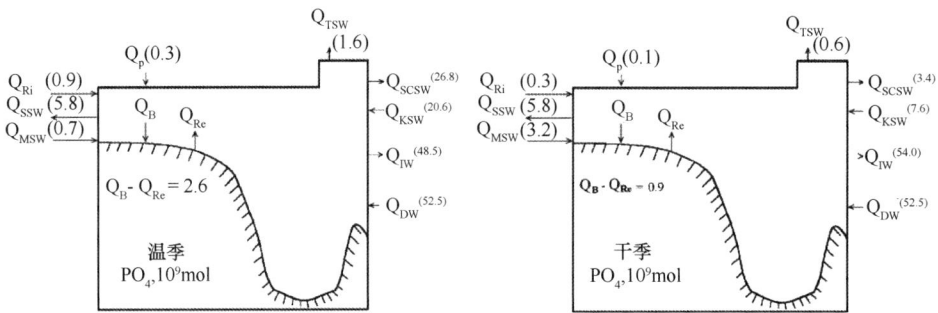

图 20.17　干湿季的 P 收支

资料来源：Chen et al.，2001

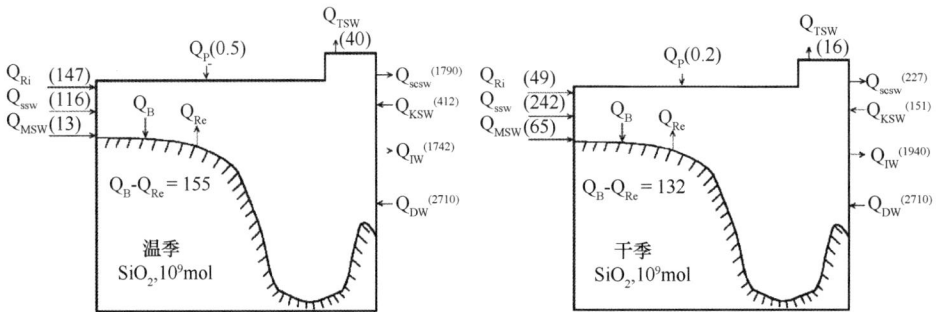

图 20.18　干湿季的 Si 收支

资料来源：Chen et al.，2001

由于湿季（5—10 月）和干季（11 月至翌年 4 月）存在巨大差异。因此，湿季，降雨量（Q_P）超过蒸发量（Q_E），约 $0.13 \times 10^6 t/s$。地下水和污水体积未知，估计为河流径流量的 10%。因此，Q_{Ri}（$0.08 \times 10^6 t/s$）代表三者之和（Wyrtki，1961；Han，1995；Milliman et al.，1995）。

N 收支的不平衡主要取决于 N 的固定和反硝化速率的差别。因此，干湿季 N 收支暗示了净反硝化作用，分别是 114（±129）× 10^9 mol/a 和 0.03（±0.04）× 10^9 mol／（$m^2 \cdot a$）（以 N 计）。河流径流流入南海，具有非常低的 P 含量，因此 N/P 比为 86，远远低于 Redfield 比值 16。如果浮游植物生长主要依靠河流输入的营养盐的话，P 将很快消耗，而 N 将过剩。

另外，通过 Sunda 陆架（仅湿季）的海流、全年的涌升流以及通过巴士海峡和民都洛海峡的海流带来的水团 N/P 比值稍低于 Redfield 比值。这些流入的水团主要是南海大部分生产力的来源。

研究发现，湿季 P 增加，增加量为 1.1×10^9 mol；干季 P 减少，P 输出量为 -1.1×10^9 mol。通过巴士海峡南海 P 输出，这是因为相对贫 P 的黑潮水团（KSW）不足以弥补相对富 P 的南海表层水团的流出。此外，需要深层水补给的流出中层水团，离开巴士海峡后转北向。随后，这股水团涌升到东海陆家区，提供 P 给相对 N 少 P 的陆架水体。河流对于东海和南海的高生产力来说作用相对较小。只有沉积物中 P 的净沉降高于河流输入。新生产力需要的 P 主要由 Sulu 海和上升流提供。

干湿季生源 Si 的净沉降分别为 132×10^9 mol 和 155×10^9 mol。相对于 N 和 P，Si 的通量均较大，但是相对于沉积物沉降，Si 的通量仍较小。这是因为，仅考虑了溶解 Si 所产生生源 Si 颗粒。通过河流输送的风送粉尘（Aeolian dust）和悬浮颗粒（如沙子）并没有包括在内。SCSW 每年输送出约 2×10^{12} mol 的 Si，而从 KSW 输入约为 0.56×10^{12} mol。净输出比河流输入高了一个数量级。

第 21 章　南海 CO_2 与碳化学[①]

　　南海是个半封闭的边缘海，既有广阔的陆架，又有水深超 4 000 m 的海盆，还有两条热带/亚热带的大河——湄公河和珠江输入。此外，南海通过深达 2 200 m 的巴士海峡与西北太平洋发生水交换，也必然对南海的碳化学产生很大的影响。本章主要根据 2007 年 7—9 月、2009 年 7—8 月的调查，对南海碳化学参数在夏季的分布特征加以简述，并综述南海 CO_2 和碳化学研究进展。

21.1　海区的无机碳分布特征

　　南海夏季大部分海域表层碱度分布在 2.23～2.28 mmol/L 范围（见图 21.1），表层溶解无机碳（DIC）分布在 1.92～1.96 mmol/L 范围（见图 21.2），都比较均匀；但在受珠江冲淡水或湄公河冲淡水影响的海域，表层碱度可低达 2.17～223 mmol/L，DIC 分布在 1.85～1.92 mmol/L 范围。在北部沿岸受上升流影响的海域，碱度略高于周边，而表层 DIC 可超过 2.00 mmol/L（见图 21.2）。

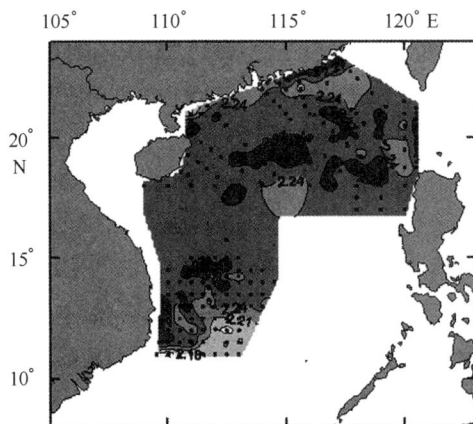

图 21.1　南海夏季表层碱度的分布（mmol/L）

　　图 21.3 显示，南海水柱的碱度和 DIC 都随着密度的增加而增加。特别是 DIC 与密度的关系尤为密切，该关系在水深 450 m 左右出现一个拐点，在这个拐点以浅和以深，DIC 与密度都呈现良好的正相关关系。而碱度与密度的关系同样在水深 450 m 左右出现拐点，这表明，南海的层化环境对无机碳的垂直分布起着决定性作用。在南海深处，DIC 从 450 m 处的 2.25 mmol/L 左右升高到 4 000 m 以深的 2.38～2.42 mmol/L，碱度从 450 m 处的 2.36～2.38 mmol/L 升高到 4000 m 以深的 2.470～2.52 mmol/L。

　　图 21.4 显示，南海北部水柱的溶解无机碳与总碱度的比值从 100 m 以浅的 0.84～0.90 升高到 1 000 m 以深的 0.96～0.97；而 CO_2 逸度（$f\,CO_2$）则从 100 m 以浅的 280～540 μatm

---

　　① 本章撰稿人：翟惟东，洪华生。

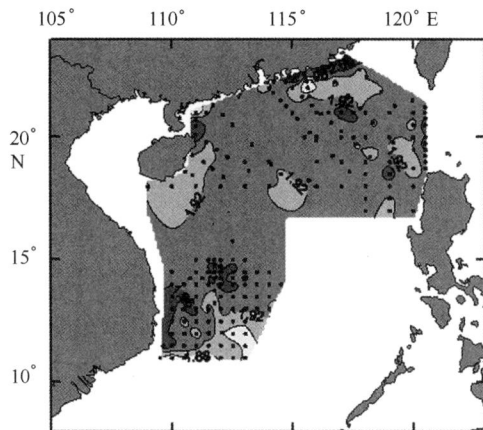

图 21.2　南海夏季表层溶解无机碳的分布（mmol/L）

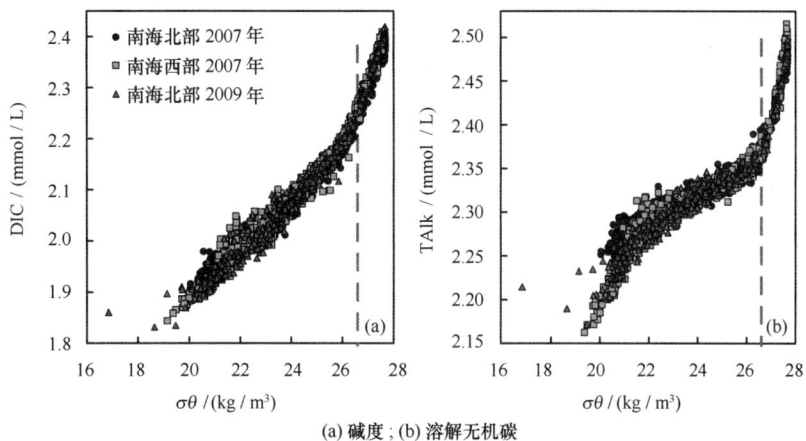

(a) 碱度；(b) 溶解无机碳

图 21.3　南海夏季碱度（TAlk）和溶解无机碳（DIC）与水柱条件密度的关系

图中虚线表示 450 m 水深位置

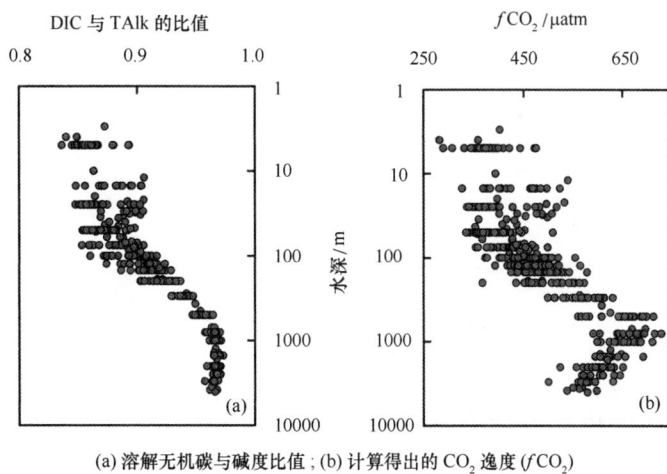

(a) 溶解无机碳与碱度比值；(b) 计算得出的 CO₂ 逸度（fCO₂）

图 21.4　2009 年夏季南海北部溶解无机碳与碱度比值以及计算的 CO₂ 逸度的垂直分布

升高到 800 m 左右的 590 ~ 730 μatm，然后随着水深的加深，fCO_2 逐渐下降至 3 000 m 以深的 500 ~ 630 μatm。这与陈镇东等报道的结果（Chen et al.，2006a）基本一致。

21.2 海区的无机碳行为

21.2.1 珠江口、湄公河口的无机碳——低盐端

根据 2000—2005 年在珠江口伶仃洋及虎门上游的调查（Guo et al.，2008），珠江口无机碳的季节变化很大（见图 21.5），冬季淡水端枯水期的碱度和 DIC 都可高达 2.50 ~ 3.00 mmol/L 或更高，丰水期淡水端的碱度和 DIC 只有 0.80 ~ 1.50 mmol/L 或更低。相比较而言，海水端（盐度 33 ~ 34）的碱度和 DIC 则稳定得多，海水端碱度在 2.30 ~ 2.33 mmol/L 范围，海水端 DIC 在 2.00 mmol/L 左右（图 21.5）。

根据 Borges 等 2003—2004 年的调查，湄公河河口区域的无机碳也发生一定的季节变化（Borges et al.，2005）。淡水端的溶解无机碳和碱度在 4 份枯水期均为 1.40 mmol/L 左右，而在丰水期（10 月）则分别降为 0.98 ~ 1.10 mmol/L 和 0.90 ~ 1.08 mmol/L（图 21.6）。湄公河口溶解无机碳和碱度的混合行为基本上属于保守混合类型，碱度的海水端（盐度高于 33）为 2.20 mmol/L 左右，而溶解无机碳的海水端呈现枯水期（4 月）高，丰水期（10 月）低的态势（图 21.6），其中丰水期的海水端（碱度 2.20 mmol/L 和溶解无机碳 1.85 mmol/L）都与 2007 年 9 月在南海西部湄公河冲淡水区域观测到的表层碱度、溶解无机碳（图 21.1 和图 21.2）接近。

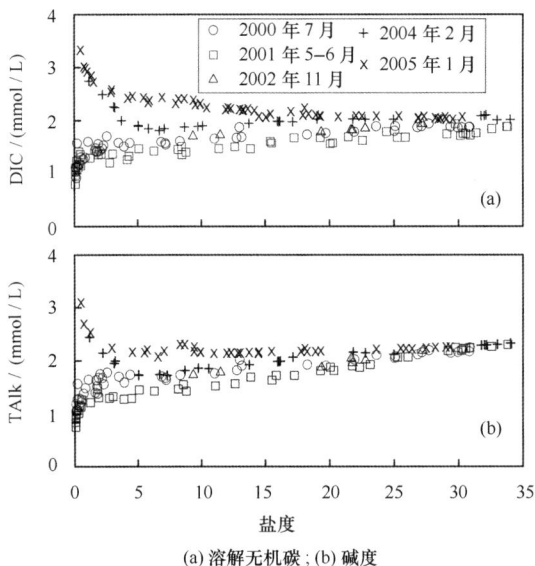

图 21.5 珠江口伶仃洋及虎门上游无机碳与盐度的关系
资料来源：Guo et al.，2008，有修改

21.2.2 南海水柱无机碳的混合行为

将图 21.3 显示的南海水柱无机碳资料通过除以盐度再乘以 35 的方法归一化到盐度 35，总碱度与溶解无机碳的相关关系清晰地显示出南海水柱无机碳主要受不同深度的四个水团混合作用控制：上层混合水，位于 150 m 深的南海次表层水，水深 450 m 左右的南海中层水和

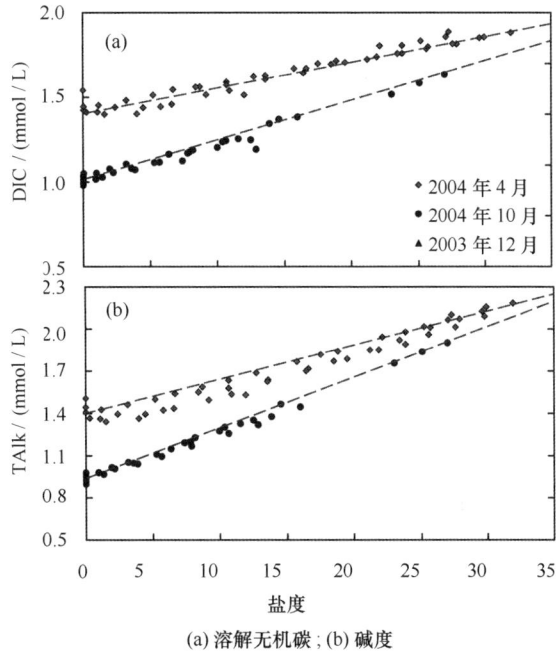

(a) 溶解无机碳；(b) 碱度

图 21.6　湄公河口无机碳与盐度的关系

资料来源：Borges et al. , 2005，有修改

南海深层水（图 21.7）。除了珠江/湄公河冲淡水区域以外，南海海盆区上层混合水的碱度特征与黑潮热带水及其上覆表层水的碱度特征一致，统一校正到盐度 35 的数值为 2.33～2.38 mmol/L。

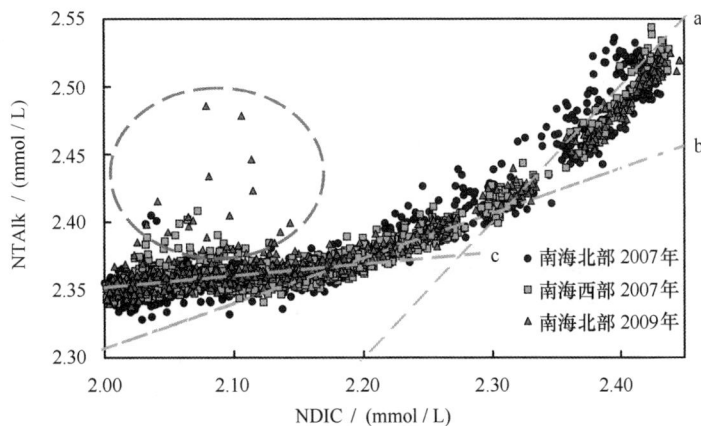

（a）NTAlk = NDIC + 0.1 mmol/L，南海 450 以深；（b）NTAlk = NDIC/3 + 1.64 mmol/L，南海 150 m～450 m；

（c）在南海 150 m 以浅，除了虚线圆圈表示的珠江/湄公河冲淡水表层水体以外，NTAlk 稳定在比较窄的

2.33～2.38 mmol/L 范围，而 NDIC 变化于比较宽的 2.00～2.17 mmol/L 范围

图 21.7　南海水柱碱度（TAlk）和溶解无机碳（DIC）归一化到

盐度 35 之后所呈现的不同相关关系

调查站位参见图 21.1 和图 21.2

21.2.3 南海上层的无机碳混合行为

根据2007年和2009年夏季的调查（站位设置参见图21.1和图21.2），除了珠江/湄公河冲淡水以外，南海上层的碱度分布主要受控于碱度为零的降水与高碱度南海次表层水的物理混合作用；而溶解无机碳则比较复杂（图21.8），在低无机碳的降水与高无机碳的南海次表层水混合的过程中发生明显的亏损，这一亏损既有生物去除的成分，也有次表层部分无机碳以游离 CO_2 形式逸失到大气的影响。

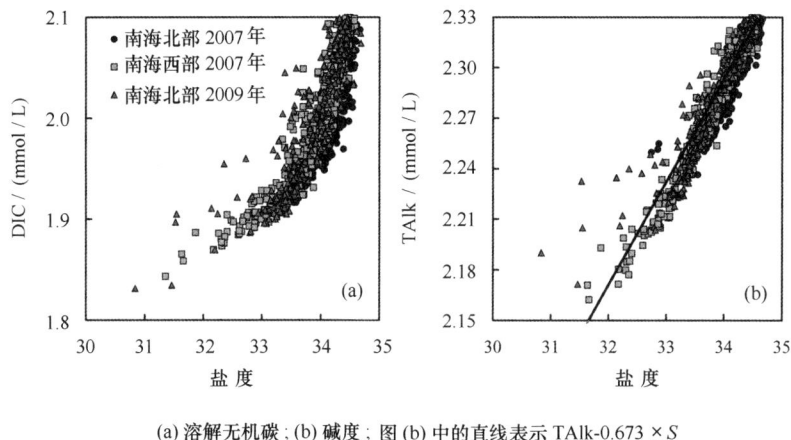

(a) 溶解无机碳；(b) 碱度；图 (b) 中的直线表示 TAlk-0.673 × S

图 21.8　夏季南海上层溶解无机碳（DIC）、碱度（TAlk）与盐度的关系

21.3　海区的海－气 CO_2 通量和人为 CO_2 积累

根据台湾科学家在南海北部海盆水深 3 800 m 的位置（18°N，116°E 附近）多年观测的结果（Tseng et al.，2007），南海北部开阔海域在暖季向大气释放 CO_2，而在冷季则从大气吸收 CO_2（图 21.9）。由于大气 CO_2 一直在升高，南海上层溶解无机碳浓度因而以每年大约 0.1% 的速度缓慢升高（Tseng et al.，2007）。

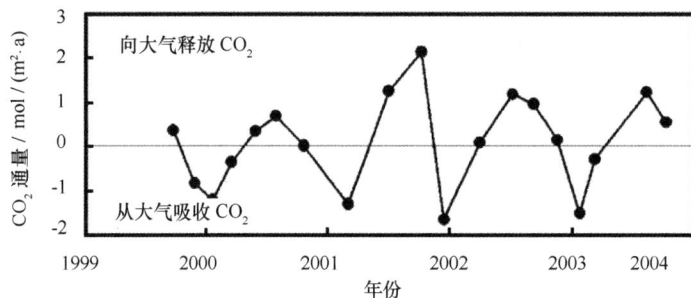

图 21.9　南海北部海盆 18°N，116°E 海－气 CO_2 通量的时间序列观测结果

资料来源：Tseng et al.，2007

而在水深比较浅的南海北部陆架、陆坡区域，环境梯度和海－气 CO_2 通量的时空变化都很大（见图 21.10）。例如，春、夏季在珠江冲淡水区域经常能观测到浮游植物大量增殖（水华）以及相伴的从大气显著吸收 CO_2 的现象（Dai et al.，2008；Zhai et al.，2009），而对于

珠江冲淡水以外的陆架、陆坡区，则主要表现为水温主导海－气 CO_2 通量的季节变化（Zhai et al.，2005），暖季主要向大气释放 CO_2（图 21.10）。

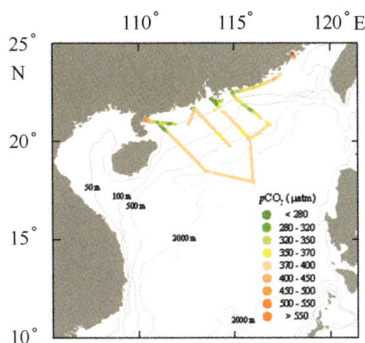

图中黄色测表示海与大气 CO_2 接近平衡，红色调的测点表示海水向大气释放 CO_2，
而绿色调的测点则表示海水大气吸收 CO_2

图 21.10　2004 年 7 月在南海北部走航观测的海表 CO_2 分压（pCO_2）分布

资料来源：Zhai et al.，2009

根据台湾科学家的研究，工业革命以来人类排放到大气中的 CO_2 已经可以在南海 1000 m 深处找到信号，南海全水柱人为 CO_2 的储量为 11 ~ 18 mol/m^2（Chen et al.，2006b；Chou et al.，2007），只有邻近的西北太平洋人为 CO_2 储量的 2/3 左右，这可能与南海深层水的涌升作用有关。

总之，南海深部的碳化学大致反映出西北太平洋中层水通过吕宋海峡进入南海充分混合的特征（Chen et al.，2006a，2006b），而上层的碳化学则在一定程度上受到河流冲淡水的调控。作为中低纬度最大的边缘海，目前南海的 CO_2 源汇作用问题颇受关注。一项包含四季的走航断面研究表明，南海北部离岸较远的陆架、陆坡区域可能在全年尺度上是向大气释放 CO_2 的（Zhai et al.，2005），这一观点得到另一项基于南海海盆若干深水站位的海水无机碳衡算结果（Chen et al.，2006b）支持；然而若将图 21.9 的结果汇总，则会得出南海北部海盆在全年尺度上从大气吸收 CO_2（Chou et al.，2005）或者 CO_2 源汇作用接近平衡（Tseng et al.，2007）的结论。导致这种分歧的原因在于，南海上层碳化学和海－气 CO_2 通量很不均匀，仅凭一个站点的时间序列研究结果，不能外推到整个南海。就目前而言，南海碳化学研究的广度和深度都还远远不够，仍需开展更广泛、深入的碳化学研究，以厘清河流冲淡水、中尺度涡旋、上升流等过程对南海海－气 CO_2 通量的实际影响，并评估它们综合在一起产生的净效果。

第22章　南海海水中的有机物[①]

22.1　总有机碳

本次调查共获得南海四个季节共 2 036 个 TOC 数据，量值范围 0.46~30.8 mg/L，平均值 2.93 mg/L。由统计特征表 22.1 可以看出春季 TOC 含量最高，秋季最低。夏季底层 TOC 含量远低于其他层次，秋季 TOC 含量各层次分布比较均匀，春季和冬季均是 10 m 层 TOC 含量低。

表 22.1　南海总有机碳统计特征　　　　　　　　　　　　单位：mg/L

海区	季节	量值	水深				全部数据
			0 m	10 m	30 m	底层	
南海	春季	范围	1.07~18.6	1.02~21.5	1.00~30.8	0.89~28.0	0.89~30.8
		平均值	4.79	3.77	4.26	4.18	4.08
	夏季	范围	0.72~8.17	0.77~9.83	0.54~10.8	0.54~10.3	0.54~10.8
		平均值	3.15	3.11	3.26	1.74	3.16
	秋季	范围	0.50~3.73	0.46~3.92	0.48~3.64	0.54~5.99	0.46~5.99
		平均值	1.40	1.32	1.35	1.34	1.36
	冬季	范围	0.53~8.52	0.76~1.37	0.73~11.4	0.66~10.5	0.66~11.4
		平均值	2.99	0.95	3.23	3.01	2.91

22.1.1　平面分布特征

1）春季

表层［见图 22.1(a)］：珠江口有一呈南北走向的 TOC 含量大于 4 mg/L 的区域，一直影响到调查边界，在调查边界 19°N，114°E 附近有一 TOC 含量大于 8 mg/L 的区域。115°E 以东 TOC 含量低于 4 mg/L，特别是在 116°~118°E 有一片近似"U"形的 TOC 含量小于 1.4 mg/L 的低值区。北部湾近岸至海南含量大于 1.4 mg/L，雷州半岛东部 TOC 含量高于 4 mg/L。海南南部 TOC 等值线分布紧密，在海南岛南部海域有一 TOC 含量大于 14 mg/L 的高值区，向西 TOC 含量迅速递减至低于 1.4 mg/L。

10 m 层［见图 22.1(b)］：源于珠江的 TOC 大于 4 mg/L 高值向南仅影响至 20°N，在 116°~118°E 有一 TOC 小于 1.4 mg/L 的相对低值区东西走向。北部湾近岸 TOC 含量与表层相似，含量大于 1.4 mg/L。海南岛南部有一 TOC 含量大于 18 mg/L 的高值区，向西 TOC 含量迅速减小，109°E 以西 TOC 含量已小于 1.4 mg/L。

---

① 本章撰稿人：邝伟明，暨卫东，张元标。

　　30 m层［见图22.1（c）］：珠江口沿岸TOC含量大于3 mg/L，在阳江市近岸TOC含量大于5.5 mg/L，广东省东部海域汕尾市以东TOC含量低于1.4 mg/L。北部湾近岸，海南岛西部近岸TOC含量大于1.4 mg/L，海南岛东部海域TOC含量高于西部，大部分海域TOC含量在3~12 mg/L之间，南部海域仍然有TOC含量大于12 mg/L的相对高值区。

　　底层［见图22.1（d）］：阳江市至珠江口近岸TOC含量大于5 mg/L，大部分广东海域TOC含量在1.4~5 mg/L之间，调查区域东部有一TOC含量低于1.4 mg/L海区。海南岛南部仍然出现TOC大于14 mg/L的高值区，最大值28 mg/L出现在靠近调查海域边缘，高值向西迅速递减，海南西部海域的TOC含量低于1.4 mg/L。

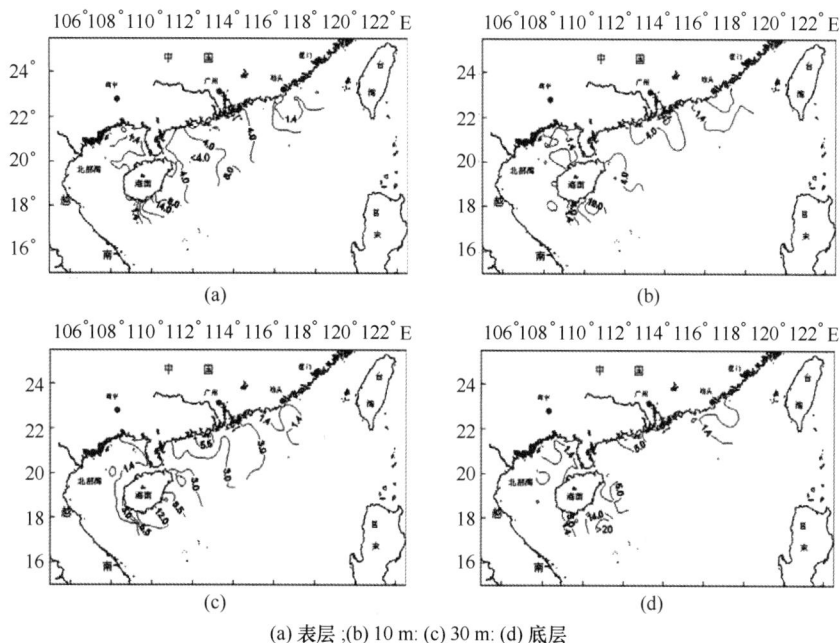

(a) 表层 ;(b) 10 m: (c) 30 m: (d) 底层

图 22.1　春季南海 TOC 平面分布 （mg/L）

　　2）夏季

　　表层［见图22.2（a）］：调查区域东部靠近广东东部的南海海域TOC含量低于1.3 mg/L，从香港附近海域延伸出一TOC含量大于4 mg/L水舌向南发展至接近调查海域边缘。112°E以西至110°E的南海大部分调查海域TOC含量均大于4 mg/L，特别是在海南岛东南部洲仔湾附近有TOC含量大于6.5 mg/L的相对高值区向南延伸。北部湾近岸TOC含量大于1.3 mg/L。海南岛西部大部海域TOC含量均低于1.3 mg/L，为相对低值区，仅在西南海域有一小片TOC含量大于1.3 mg/L的封闭区域。

　　10 m层［见图22.2（b）］：与表层相比，仍然在调查区域广东东部的南海海域有一TOC含量的相对低值区（<1.2 mg/L）。除了珠江口零星分布着数小块TOC大于4 mg/L的小片海区，112°E以东近岸大部TOC含量在1.2~4 mg/L之间，远离近岸的TOC含量反而大于4 mg/L。112°E以西南海TOC含量大于4 mg/L，其中，雷州半岛雷州湾附近海域和海南岛东南部有两片TOC含量大于6 mg/L的相对高值区分布。北部湾近岸TOC含量大于1.2 mg/L，海南岛西部海域有一片TOC含量大于1.2 mg/L的海域分布，其他海域TOC含量小于1.2 mg/L。

　　30 m层［见图22.2（c）］：广东东部海域仍然有TOC含量小于1.2 mg/L的低值区。112°E以东海域，珠江口外有一TOC含量大于4 mg/L的封闭区域呈南北走向，在近岸也有一小片大于的海域分布，其他海域 TOC 含量介于 2~4 mg/L。112°E 以西海域在雷州半岛东部以一 TOC 含量大于 6 的相对高值区，海南岛南部分布着 3 片 TOC 含量大于 6 mg/L 的相对高值区。北部湾大部分海域 TOC 含量在 1.2~2 mg/L，靠雷州半岛西岸 TOC 含量大于 2 mg/L，而海南岛西北部有一片 TOC 含量小于 1.2 mg/L 的封闭区域。

底层［见图 22.2（d）］：东部海域有 TOC 含量小于 1.2 mg/L 的低值区，向西递增，至 116°E 附近 TOC 含量增加至 3 mg/L，在 112°E 至 116°E 的大片海域中有三片 TOC 含量小于 3 mg/L 的封闭区，面积以外海的一片为大，大部分 TOC 含量介于 3~5 mg/L。雷州半岛东部有很小一片 TOC 含量大于 7 mg/L 的海域，海南岛东南部也有 TOC 含量大于 7 mg/L 的海域，面积较大。北部湾近岸和海南岛西部近岸海域 TOC 含量大于 1.2 mg/L。

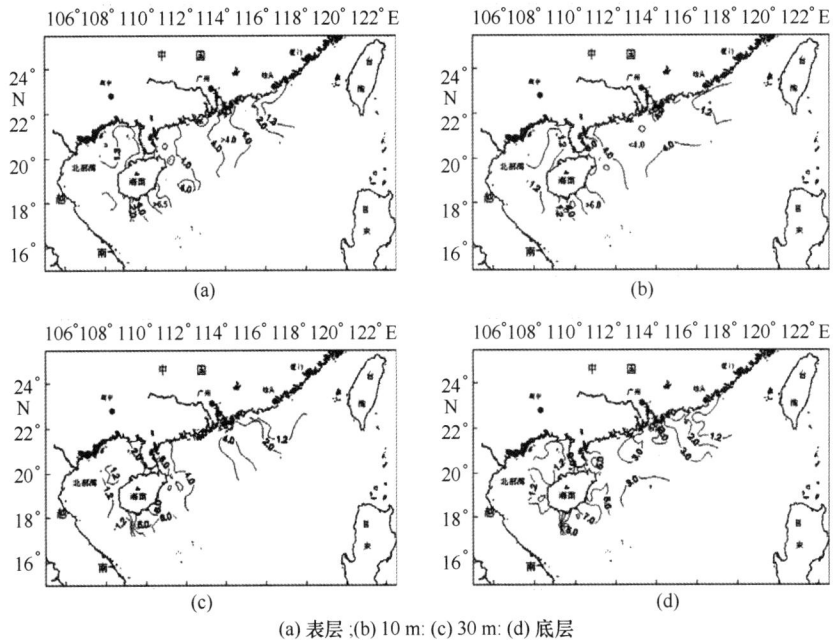

(a) 表层；(b) 10 m；(c) 30 m；(d) 底层

图 22.2　夏季南海 TOC 平面分布（mg/L）

3）秋季

表层［见图 22.3（a）］：秋季 TOC 含量平均值没有春夏两季高，最大值也远小于春夏两季。汕尾市以东近岸 TOC 含量小于 1.2 mg/L，外海有分布较密集的等值线，中心区域大于 2.5 mg/L。珠江口海域近岸分布着小片 TOC 含量较高的区域，在香港南部海域有一片封闭的等值线分布，中心部分 TOC 含量大于 2.5 mg/L。雷州半岛两侧都有 TOC 含量小于 1.2 mg/L 的海区分布，东侧为雷州湾至茂名市近岸向南延伸，西侧自琼州海峡向西延伸。北部湾近岸广西近岸大部分海域 TOC 含量大于 1.2 mg/L。海南岛南部海域分布面积较大的 TOC 含量大于 1.6 mg/L 的海区，并向东延伸至 112°E，西南部大部分海域 TOC 含量低于 1.2 mg/L。

10 m 层［见图 22.3（b）］：珠江口 TOC 含量大于 1.5，外海 TOC 含量低于 1.2 mg/L 的海域呈凹状分布，在 18°~20°N，112~114°E 海域有一片 TOC 含量大于 1.5 mg/L 的封闭海域。雷州半岛东部出现一片 TOC 含量低于 1.2 的低值区，北部湾近岸 TOC 含量为 1.2~1.5 mg/L，防城港近海 TOC 含量大于 1.5 mg/L。TOC 含量介于海南岛周围海域 TOC 含量分布比较均匀，除去小片的 TOC 含量大于 1.5 mg/L 的海域，西北部一 TOC 含量低于 1.2 mg/L 的水舌向北延伸，西南部海域 TOC 含量也低于 1.2 mg/L。

30 m 层〔见图 22.3（c）〕：调查区域的最大值出现在香港南部向南延伸的 TOC 含量大于 2 mg/L 的海域，在该区域北部还出现 TOC 含量大于 3 mg/L 的极小片海域。珠江口、阳江市均向南延伸出 TOC 含量低于 1.3 mg/L 的水舌。116°E 的南海 TOC 含量低于 1.3 mg/L，但是有一 TOC 含量大于 1.3 mg/L 的水舌由西向东延伸。海南岛西北部向北部湾中部延伸出一片 TOC 含量小于 1.3 mg/L 的相对低值区，北部湾其他海域 TOC 含量介于 1.3~2 mg/L 之间东南部近岸分布着小片低值区。

底层〔见图 22.3（d）〕：源于珠江的 TOC 向南影响至调查海区边界，在珠江口香港近海 TOC 含量大于 2 mg/L，整个珠江口海域 TOC 含量大于 1.2 mg/L。海南岛有 3 片面积较大的 TOC 高值区分布，东部近岸海域 TOC 含量大于 1.2 mg/L，南部和西部海域 TOC 含量甚至有小片海域 TOC 含量大于 1.5 mg/L。北部湾的防城港海域 TOC 含量大于 1.5 mg/L。

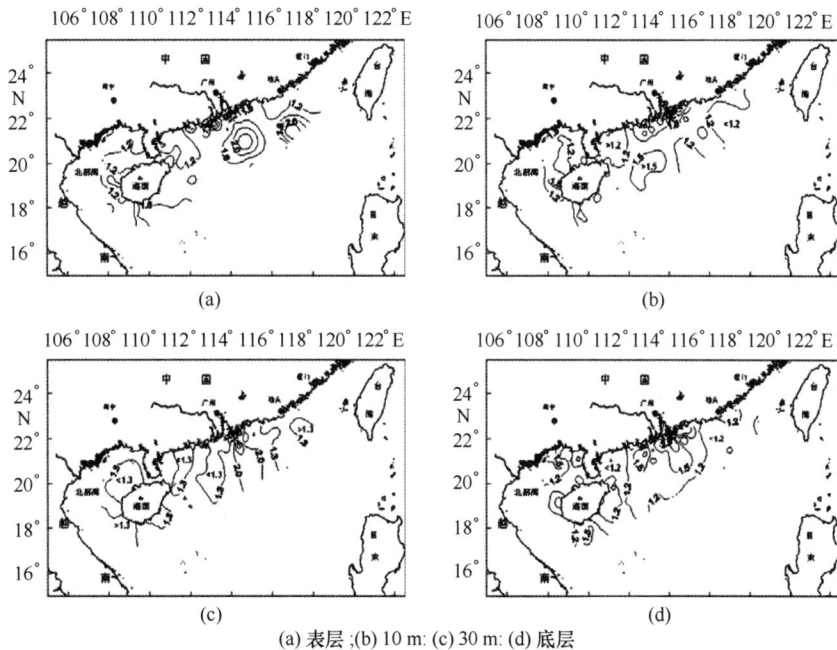

(a) 表层 ;(b) 10 m: (c) 30 m: (d) 底层

图 22.3　秋季南海 TOC 平面分布（mg/L）

4）冬季

表层〔见图 22.4（a）〕：汕头市外海大部为 TOC 含量小于 1.2 mg/L 的相对低值区，汕尾至香港近海有一片 TOC 含量大于 3.5 mg/L 的海区分布，近岸更达到 5.5 mg/L 以上，外海有一小片 TOC 含量大于 3.5 mg/L 的海域。TOC 含量小于 3.5 mg/L 的海区由澳门附近向南延伸，另有一水舌自 114°E 海域向西北延伸。海南岛三亚至琼海沿海向南延伸出 TOC 含量大于 5.5 mg/L 的高值区。北部湾近岸海域 TOC 含量大于 1.2 mg/L，海南岛西部大部海域 TOC 含量低于 1.2 mg/L。

10 m 层〔见图 22.4（b）〕：广东东部的南海海域 TOC 含量低于 1.2 mg/L，西起阳江市东至深圳市的近岸海域 TOC 含量低于 3.5 mg/L，再向南接近调查海域边界 TOC 含量也低于 3.5 mg/L，两个 TOC 含量小于 3.5 mg/L 的海域中间是 TOC 含量大于 3.5 mg/L 的大致呈东西走向的海域。海南岛东南部海域 TOC 含量较高，有一片 TOC 含量大于 7.5 mg/L 的近岸相对高值区，北部湾大部海域 TOC 含量大于 1.2 mg/L，109°E 以西的海域 TOC 含量大多在 1.2 mg/L 以下。

30 m 层［见图 22.4（c）］：靠近东海海域有一 TOC 含量低于 1.2 mg/L 的区域，116°E 附近有一大片 TOC 含量大于 3.5 mg/L 的海区。珠江口向南延伸出一片 TOC 含量小于 3.5 的海域，112°E 向北延伸出 TOC 含量小于 3.5 mg/L，将珠江口附近海域分成 3 块 TOC 含量不同的海区。雷州湾附近有 TOC 含量大于 5.5 mg/L 的等值线分布。海南岛南部有高值区分布，在三亚市近岸 TOC 含量大于 8 mg/L。北部湾大部分海域 TOC 含量大于 1.2 mg/L，在雷州半岛西侧近岸海域 TOC 含量大于 3.5 mg/L。

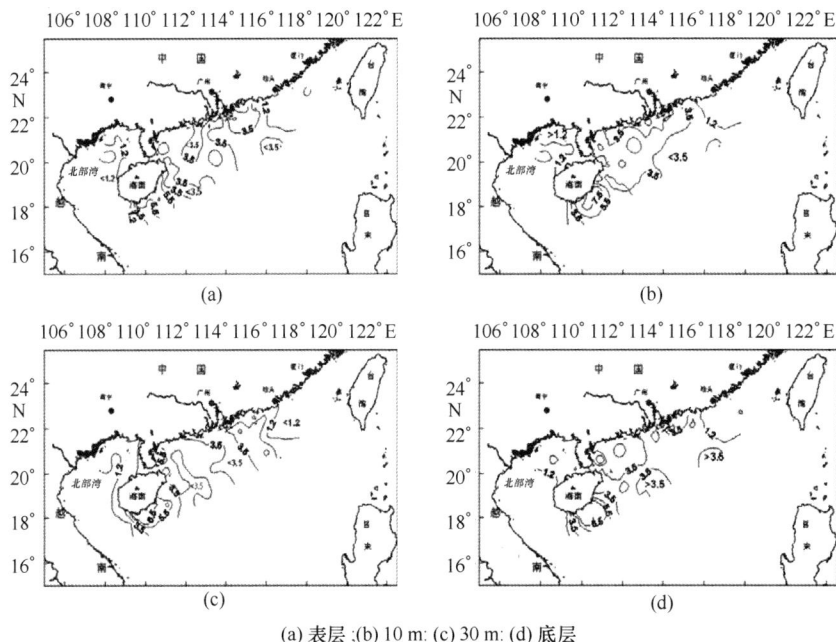

(a) 表层；(b) 10 m; (c) 30 m; (d) 底层

图 22.4　冬季南海 TOC 平面分布（mg/L）

底层［见图 22.4（d）］：冬季底层 TOC 含量分布比较分散，有 5 片明显大于 3.5 mg/L 的海区，分别是香港至深圳近海海域。琼州海峡以东至珠海海域，海南岛东南部海域，东沙群岛附近海域及 18°~20°N，114°E 附近海域。其中，海南岛的高值区面积最大，近岸处还有 TOC 含量大于 6.5 mg/L 的相对高值区分布，雷州半岛东部也分布着小片 TOC 含量大于 6.5 mg/L 的海域。北部湾 TOC 含量大多介于 1.2~3.5 mg/L，海南岛以西 TOC 含量低于 1.2 mg/L。

22.1.2　断面分布特征

选择珠江口一条断面进行作图分析，如图 22.5 所示。

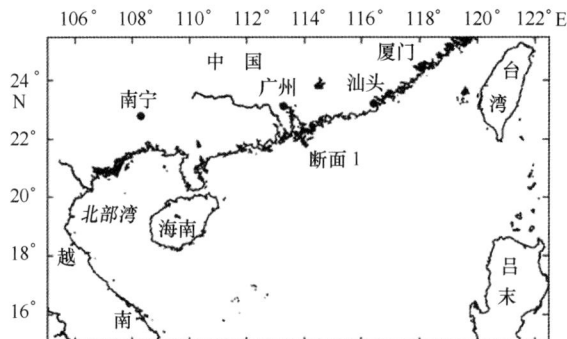

图 22.5　南海 TOC 断面站位

　　春季大体趋势是近岸高远岸低，珠江口最近的 ZD – ZJK140 站 TOC 含量大于 15 mg/L，向外海含量迅速递减，在 ZD – ZJK050 至 ZD – ZJK046 之间中底层海域中出现两片 TOC 含量小于 4 mg/L 的封闭区域 [图 22.6 (a)]，体现了明显的陆源输入影响。夏季 TOC 含量表现为近岸表层低于底层，远岸表层高于底层，最大值出现在 ZD – ZJK050 的底层，TOC 含量大于 6 mg/L。秋季出现两片等值线密集分布的海域，ZD – ZJK050 的表层和 ZD – ZJK046 的中层，最大值区域都超过 3 mg/L，离岸最远的两个站 TOC 含量低于 1.5 mg/L，并向下延伸至约 10 m 深。冬季外海 TOC 含量较高，ZD – ZJK046 站由表层向 ZD – ZJK048 站延伸出 TOC 含量大于 2.5 mg/L 的区域，最大值大于 3.5 mg/L 的区域出现在 ZD – ZJK046 站 10 m 层位置。

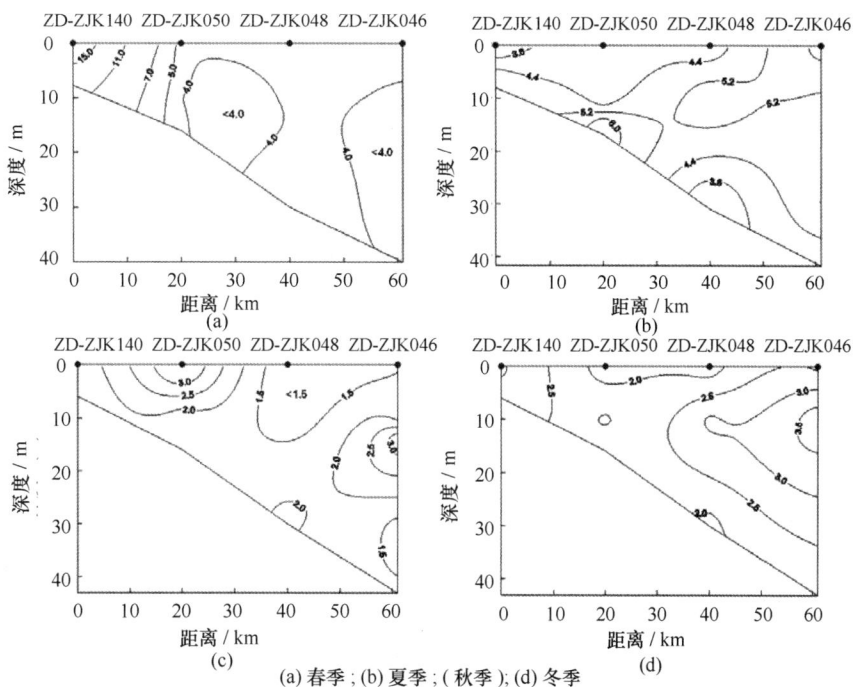

(a) 春季；(b) 夏季；(秋季)；(d) 冬季

图 22.6　南海 TOC 断面（断面 1）分布（mg/L）

22.1.3　季节变化

　　由图 22.7 可以看出春季 TOC 最大值和平均值均高于其他三季节，秋季平均值明显低于其他三个季节，可能主要与春季河流输送量大有关。

22.1.4　变化趋势分析

　　南海 TOC 数据较少，目前仅 1997—1998 年的调查数据能够比较清楚反应南海 TOC 变化情况。如图 22.8 所示，夏季 TOC 表层珠江口 TOC 含量低，而东部 TOC 含量高，本次调查珠江口有明显的 TOC 高值区向外海延伸；冬季表层高值出现在雷州半岛东部，珠江口含量不高，本次调查珠江口冬季也未出现明显的高值区。两次调查最大的不同是海南岛东南部还有一大片的 TOC 相对高值区，含量较其他海域明显偏高，除了秋季其他 3 个季节均出现。

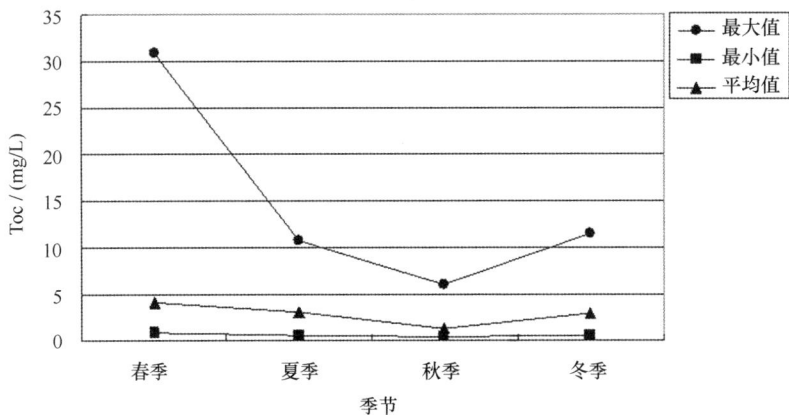

图 22.7 南海 TOC 季节含量变化

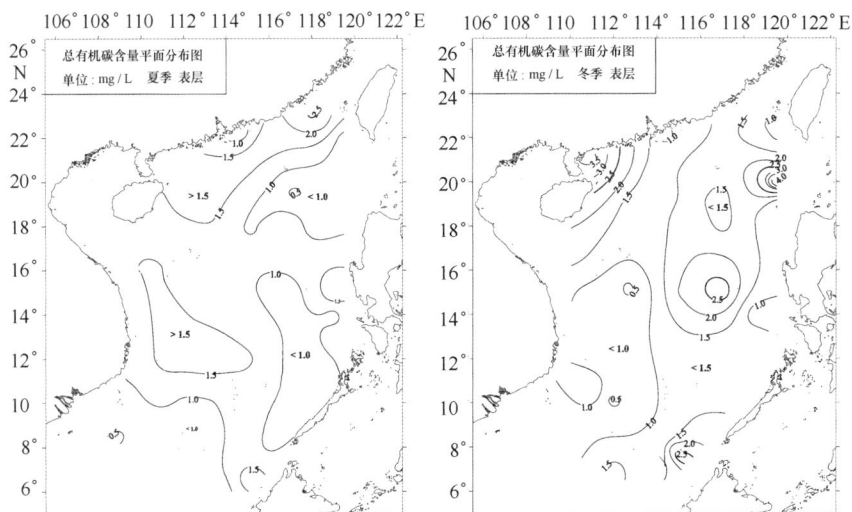

图 22.8 1998 年调查南海 TOC 平面分布（mg/L）

资料来源：郭炳火等，2004

22.2 南海石油类

22.2.1 概况

本次调查共获得我国南海近海表层石油类数据 577 个，量值范围 1.75 ~ 164 μg/L，平均值 21.8 μg/L。季节统计特征如表 22.2，总体上看南海近海石油类平均值为四个海区最低的。在我国海洋环境公报中，珠江为石油类排放入海较大的河流，2006 年珠江石油类排放入海 70 900 t，超过长江的 29 416 t（国家海洋局，2006），2007 年则降到 48 700 t（国家海洋局，2007）。调查航次石油类最高值均出现在靠近珠江口的站位。但珠江的高石油类污染并未造成珠江口大范围的石油类污染，这可能与南海水交换好，海水自净能力强有关。北部湾近岸石油类含量较高，何桂芳等（2009）以涠洲油田为例研究了海上工作油田对周围水质的影响，发现涠洲岛油田周围海域石油类有轻微的超标，大多数站位石油类仍符合我国Ⅰ类、Ⅱ类水质标准。

表 22.2　东海石油类统计特征　　　　　　　　　　　　　　　　　　单位：μg/L

海区	季节	量值范围	平均值
南海	春季	1.75 ~ 83.0	21.4
	夏季	1.75 ~ 69.0	20.0
	秋季	1.75 ~ 98.0	16.3
	冬季	1.8 ~ 164.0	29.7

22.2.2　平面分布特征

春季［图 22.9（a）］：珠江口海域为石油类含量大于 25 μg/L 的相对高值区，其中，在靠近珠江口至阳江市近岸部分海域石油类含量达到 50 μg/L 以上。汕尾市海域移动石油类含量在 12 ~ 25 μg/L 之间，调查边界东部有一片小于 12 μg/L 的低值区。海南岛东部海域石油类含量大多小于 12 μg/L，北部湾含量介于 12 ~ 25 μg/L 之间，在广西壮族自治区近岸海域有所增加，大于 25 μg/L。

夏季［图 22.9（b）］：有一石油类含量小于 20 μg/L 的水舌自西向东延伸，将珠江整个海域分为三块石油类含量不同的三个海域，靠近珠江口海域石油类含量大于 30 μg/L，然后出现一片小于 20 μg/L 的海域。再向南又有石油含量大于 30 μg/L 的海域分布，而汕头市外海域石油类含量较低，小于 10 μg/L。阳江市外小片石油类大于 40 μg/L 的高值区，可能与船舶随机排放有关。北部湾含量在 10 ~ 20 μg/L 之间，钦州湾近海有小片高值区。海南岛西部海域石油类含量大多低于 10 μg/L。

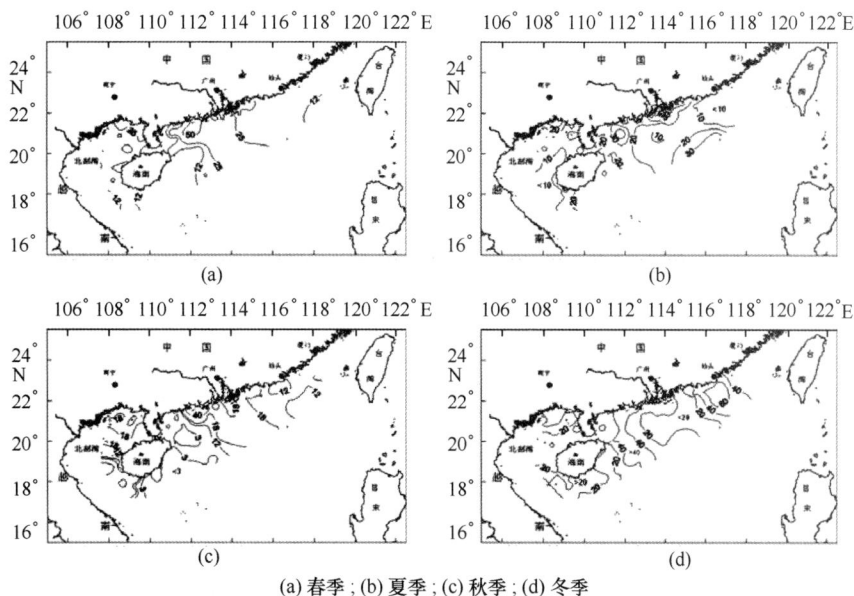

(a) 春季；(b) 夏季；(c) 秋季；(d) 冬季

图 22.9　南海石油类平面分布（μg/L）

秋季［图 22.9（c）］：珠江口向南延伸出一片大于 18 μg/L 的高值区，特别是阳江至澳门的近岸海域石油类含量大于 40 μg/L。113°E 以东至海南岛南部海域石油类含量较低，大片海域为秋季的相对低值区（3 ~ 12 μg/L），尤其在海南岛东南部海域石油类含量甚至小于 3 μg/L。北部湾广西壮族自治区海域石油类含量小于北部湾海南岛北部海域。在海南岛西部海域石油类含量大于 18 μg/L，中间有一小片石油类含量大于 40 μg/L 的相对高值区。

冬季 [图 22.9 (d)]：汕头市南部海域有一片大于 60 μg/L 的封闭区，珠江口海域油类仅向南影响到 21°N，113°N 有一南北走向高于 40 μg/L 的海域。海南岛东南部和西南部类含量低于 20 μg/L，南部海域大于 20 μg/L。北部湾近岸海域石油类含量均超过 20 μg/L。

22.2.3 季节变化

由图 22.10 可以看出冬季石油类分布冬季平均值稍高于其他三季，最大值较高。总体来说，平均值季节变化没有其他三个海区明显。

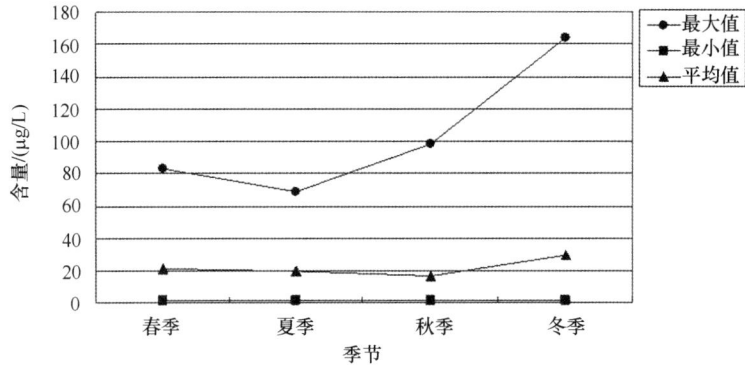

图 22.10 南海石油类季节变化

22.2.4 变化趋势分析

由图 22.11 可以看出，1998 年的调查航次整个广东和海南近海石油类含量不高，均不超过 2 μg/L。通过比较本次调查数据及平面分布图，夏冬两季的广东和海南大部分近岸海域石油类含量均超过了 10 μg/L，总体上看，近 10 年广东和海南近海海水中的石油类含量有较大的增长。

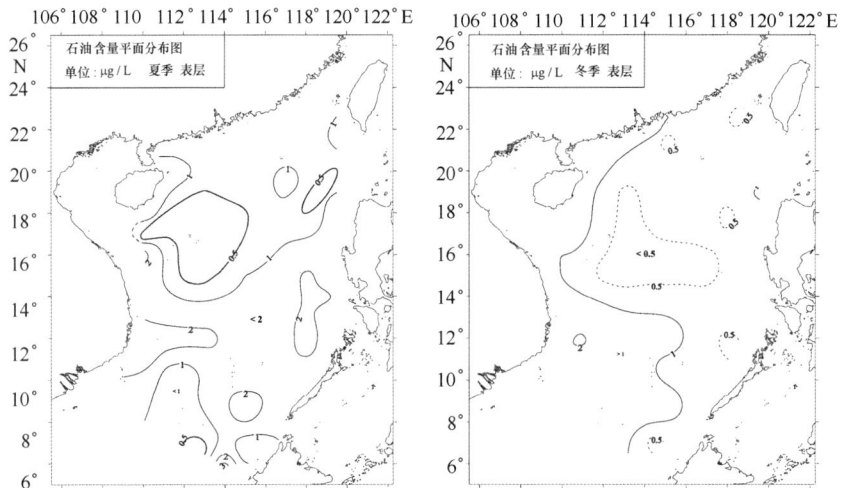

图 22.11 1998 年南海石油类（μg/L）平面分布

资料来源：郭炳火等，2004

　　珠江是我国第三长河流，按年流量为我国第二大河流。近年来，随着珠江流域的航运、工业的快速发展，大量的石油类污染物排入珠江，进而进入南海，可以说从广州流域流入南海的珠江是我国南海近岸广东海域石油类的主要输入源。魏鹏等（2010）在2003—2007年春、夏、秋的珠江口广州海域进行了表层海水的调查，该海域海水中的石油类含量为20～810 μg/L，平均值为130 μg/L，并与15年前数据相比，认为广州海域水体中石油类浓度含量有50%～367%的上升。

第 23 章　南海北部海水中的主要重金属元素[①]

23.1　主要重金属元素的分布特征

南海是我国海域面积最广的海区，几乎为其他渤海、黄海、东海面积总和的 3 倍。广阔的海域和良好的水动力条件使南海的海洋环境质量状况一向是 4 个海区中最优的。但是随着珠三角经济的蓬勃发展，南海的海域环境污染问题也日益突出，2009 年南海 17% 的海域成为严重污染海域（国家海洋局，2010），沿海尤其是珠江口、厦门湾等海域水体中的重金属情况不容乐观。2006 年 7 月至 2007 年 10 月，"908" 专项调查针对南海北部海域（17.2°N ~ 26.5°N，107.6° ~ 121.4°E）表层海水的重金属进行了调查，其含量及变化范围列于表 23.1。从调查结果看，南海的汞污染较为严重，春季的平均含量达到了 0.208 μg/L，超过了国家Ⅱ类海水水质标准。虽然四个季节铅的平均含量均属于国家Ⅰ类海水水质标准，但是部分海域也出现了铅超标情况。图 23.1 至图 23.7 给出了南海北部表层海水中主要重金属元素含量的四季平面分布。

表 23.1　南海北部表层海水四季重金属含量　　　　单位：μg/L

季节		Cu	Pb	Zn	Cd	Cr	Hg	As
春季	范围	nd ~ 6.06	nd ~ 6.33	nd ~ 24.0	nd ~ 0.190	nd ~ 1.28	nd ~ 4.800	0.2 ~ 3.8
	平均值	0.56	0.72	8.5	0.068	0.26	0.208	1.0
夏季	范围	nd ~ 3.91	nd ~ 4.13	nd ~ 25.9	nd ~ 0.350	nd ~ 1.97	nd ~ 0.096	nd ~ 4.4
	平均值	1.34	0.90	5.5	0.081	0.56	0.018	1.6
秋季	范围	0.12 ~ 2.53	nd ~ 2.80	0.4 ~ 21.0	0.001 ~ 0.200	0.03 ~ 1.38	0.007 ~ 0.059	0.3 ~ 4.4
	平均值	1.12	0.70	6.6	0.077	0.48	0.026	1.7
冬季	范围	nd ~ 9.29	nd ~ 6.54	0.1 ~ 17.0	nd ~ 0.290	nd ~ 1.96	nd ~ 0.091	0.7 ~ 3.2
	平均值	1.08	0.76	5.8	0.095	0.51	0.018	1.5

23.1.1　铜（Cu）

南海北部表层海水溶解态 Cu 的含量春季较低，平均含量为 0.56 μg/L；夏季最高，平均含量为 1.34 μg/L 之间。珠江虽然在长度和流域面积上在中国占第四位，但是其径流量仅次于长江。夏季丰水期珠江携带大量重金属铜进入南海，造成夏季表层海水中的铜含量较高。从平面分布图 23.1 上看，4 个季节具有较为一致的分布特征，在厦门、汕头沿海的含量较低，基本上都小于 0.5μg/L，而珠江口及海南岛沿岸形成浓度高值区（>2.0 μg/L），向外海方向具有递减的分布趋势。

[①]　本章撰稿人：潘建明，孙维萍，于培松。

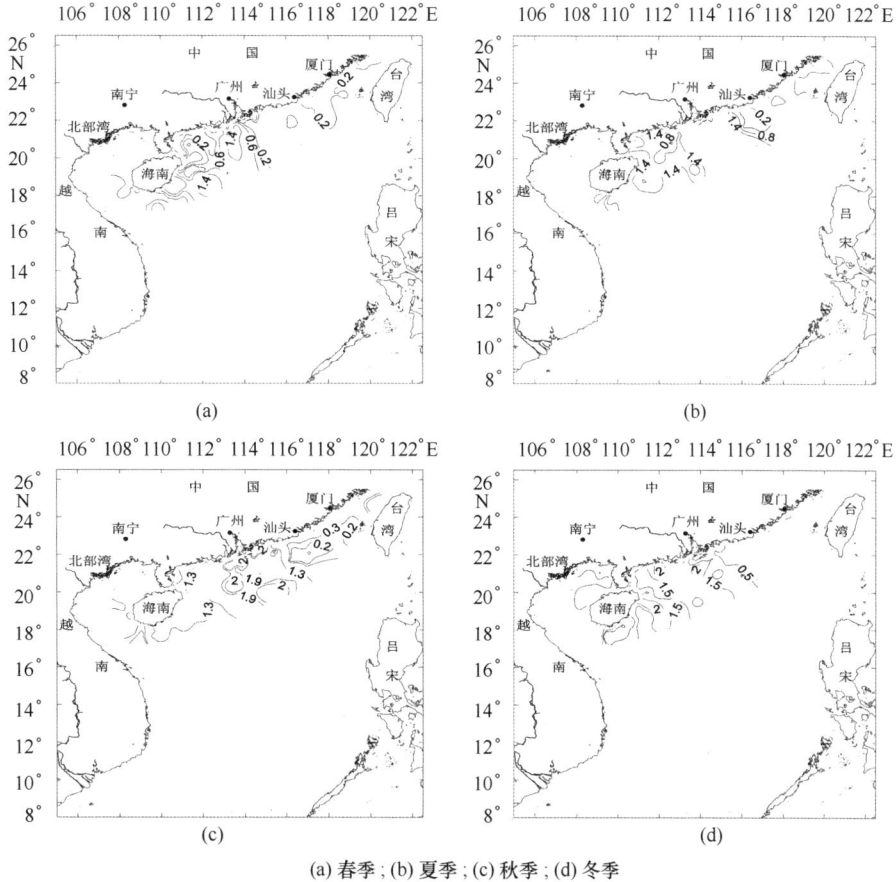

(a) 春季；(b) 夏季；(c) 秋季；(d) 冬季

图 23.1　南海北部表层海水中 Cu 含量四季平面分布（μg/L）

23.1.2　铅（Pb）

南海北部表层海水中溶解态 Pb 的含量夏季最高，平均含量为 0.9 μg/L，可能与夏季珠江等径流携带 Pb 等重金属污染物进入海域有关。其他三个季节变化不大，平均含量在 0.70 ~ 0.76 μg/L 之间。从平面分布图 23.2 上看，四个季节具有相似的分布特征，珠江口以南海域的含量基本上都小于 1.0 μg/L，而以北海域的 Pb 含量都大于 1.0 μg/L。春季在三亚邻近海域形成大于 2.0 μg/L 的浓度高值区，向外浓度递减。夏季在雷州半岛东南海域及海南岛的东南角海域出现大于 1.5 μg/L 的浓度高值区，其余海域的含量基本上都在 0.5 ~ 1.5 μg/L 之间，汕头以南海域的含量小于 0.2 μg/L。秋季海南岛西南海域的 Pb 含量较高，汕头以南海域的 Pb 含量基本都小于 0.1 μg/L，明显低于其他调查海域。冬季在雷州半岛 – 海南岛的东部近岸海域形成大于 2.0 μg/L 的浓度高值区，向南浓度梯度递减，含量大都在 0.5 ~ 1.0 μg/L 之间，北部湾的含量基本上都低于 0.5 μg/L。

23.1.3　锌（Zn）

南海北部表层海水中溶解态 Zn 的平均含量在 5.5 ~ 8.5 μg/L 之间，春秋季的含量较高，夏冬季变化不大。从 Zn 的平面分布图 23.3 上看，四个季节汕头以南海域表层水体中的 Zn 含量基本上都小于 5 μg/L。春秋季在珠江口邻近海域形成浓度高值区（> 8.0 μg/L），向两侧呈辐射状递减的分布趋势。夏冬季从北部湾海域、海南岛至厦门，表层海水中 Zn 的含量呈现递减的分布趋势。

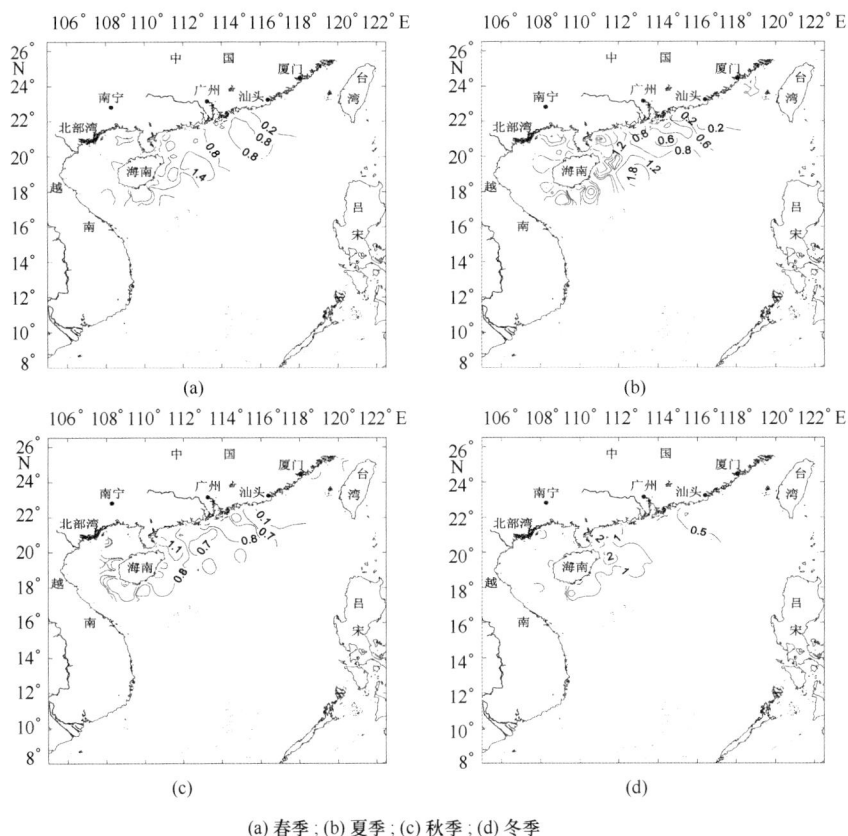

(a) 春季；(b) 夏季；(c) 秋季；(d) 冬季

图 23.2 南海北部表层海水中 Pb 含量四季平面分布（μg/L）

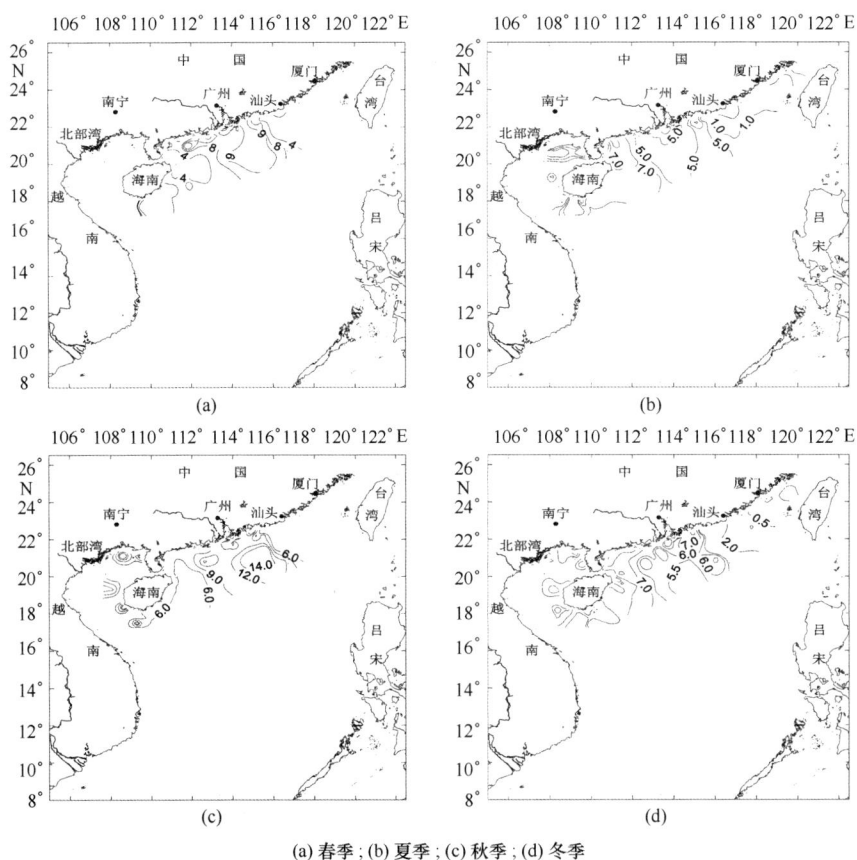

(a) 春季；(b) 夏季；(c) 秋季；(d) 冬季

图 23.3 南海北部表层海水中 Zn 含量四季平面分布（μg/L）

23.1.4　镉（Cd）

南海北部表层海水中溶解态 Cd 的平均含量在 $0.068 \sim 0.095\ \mu g/L$ 之间，春秋季的含量较低，夏冬季较高。从平面分布图 23.4 上看，四个季节均在珠江口邻近海域形成浓度高值区，冬季的 Cd 含量甚至达到了 $0.2\ \mu g/L$。以珠江口为界，向两侧呈现递减的分布趋势，但是海南岛邻近海域及北部湾海域的 Cd 含量明显高于汕头以南海域的含量，汕头以南海域的 Cd 含量基本上都小于 $0.02\ \mu g/L$。

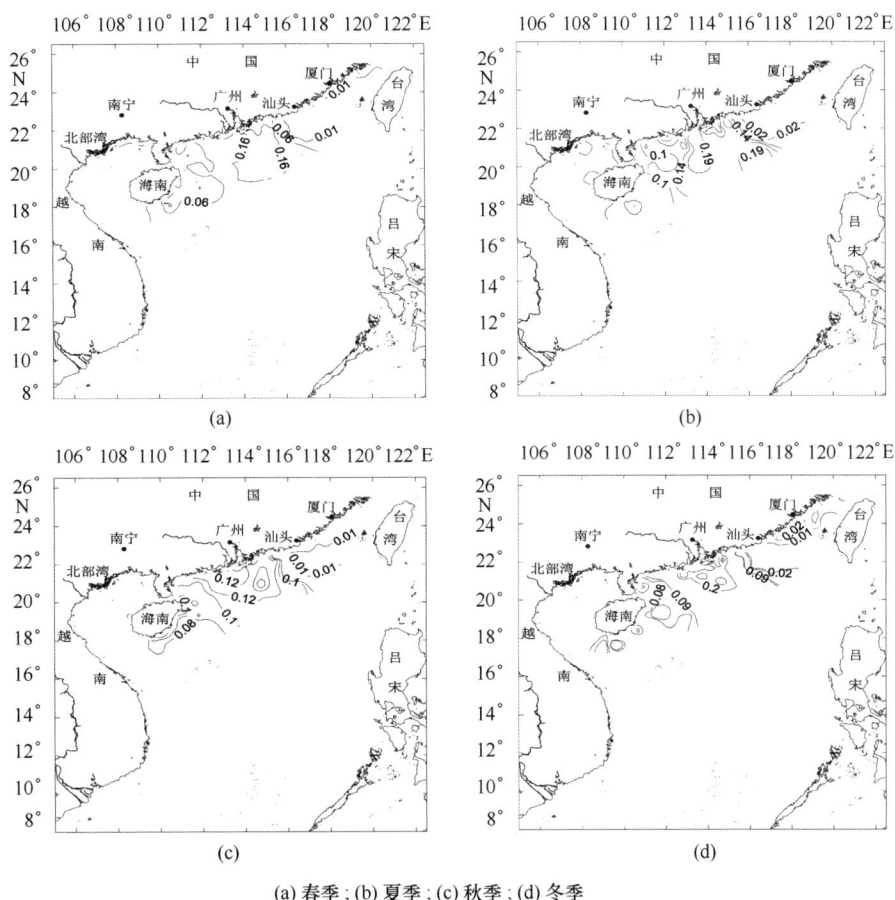

(a) 春季；(b) 夏季；(c) 秋季；(d) 冬季

图 23.4　南海北部表层海水中 Cd 含量四季平面分布（$\mu g/L$）

23.1.5　总铬（Cr）

南海北部表层海水中溶解态 Cr 的平均含量在 $0.26 \sim 56\ \mu g/L$ 之间，春季最低，可能与春季海洋生物对 Cr 的吸收作用加强有关。其他三个季节 Cr 含量的变化不大。从平面分布图 23.5 上看，春秋季在珠江口邻近海域形成浓度高值区（$>0.7\ \mu g/L$），向两侧浓度递减，汕头以南海域的 Cr 含量基本上都小于 $0.05\ \mu g/L$，海南沿海的 Cr 含量稍有上升的趋势。夏季和冬季的分布特征较相似，海南岛东南海域形成大于 $1.5\ \mu g/L$ 的浓度高值区，向两边浓度递减，珠江口以南海域的 Cr 含量迅速降低，基本上都小于 $0.1\ \mu g/L$。

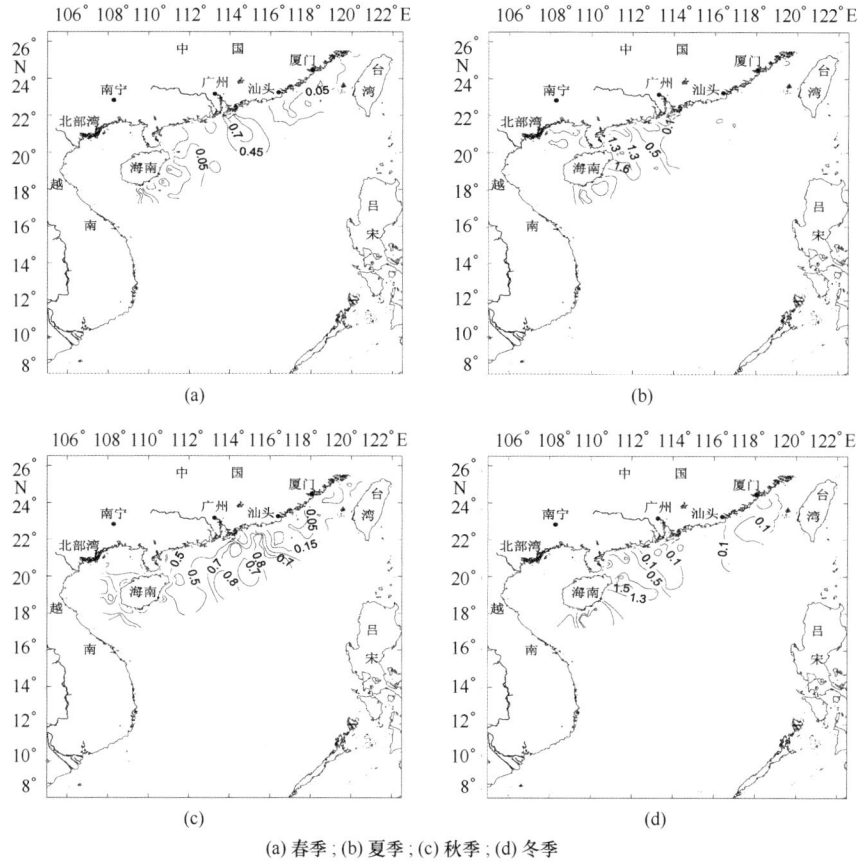

(a) 春季；(b) 夏季；(c) 秋季；(d) 冬季

图 23.5　南海北部表层海水中 Cr 含量四季平面分布　（μg/L）

23.1.6　汞（Hg）

南海北部海域表层海水中 Hg 的平均含量为 0.018 ~ 0.208，春季的平均含量较为异常，高于其他季节一个数量级。从平面分布图 23.6 上看，春季海南岛邻近海域出现了大范围的高于 0.2 μg/L 的浓度高值区，这可能与春季局部的 Hg 污染有关，因此造成其平均含量明显高于其他季节。夏秋季在雷州半岛、海南岛附近海域浓度稍高。而冬季北部湾海域的 Hg 含量明显低于其余调查海域，珠江口海域从近岸向外海浓度递减。

23.1.7　砷（As）

南海北部表层海水中溶解态 As 的平均含量在 1.0 ~ 1.6 μg/L 之间，春季略低，其他三个季节的 As 含量变化不大。从平面分布图 23.7 上看，春季的 As 含量明显呈现北高南低的平面分布特征，海南岛邻近海域的 As 含量大都在 0.5 ~ 0.75 μg/L 之间，海南岛以南的含量基本上都大于 1.3 μg/L，厦门沿岸海域则形成大于 2.0 μg/L 的浓度高值区。夏季海南岛近岸海域形成大于 2.0 μg/L 的相对高值区，向外（北）逐渐降低，但是珠江口邻近海域的含量明显升高，在汕头至厦门一带的近岸形成大于 2.4 μg/L 的浓度高值区，并具有从近岸向外海递减的浓度分布趋势。秋季珠江口以北海域的 As 含量基本上都大于 2.0 μg/L，向西南至雷州半岛海域的含量大都介于 1.0 ~ 1.25 μg/L 之间，而北部湾海域的砷含量大都低于 0.75 μg/L，与春季相似，明显具有北高南低的分布特征。广州至厦门一带的近岸形成大于 2.8 μg/L 的浓度高值区，并具有从近岸向外海递减的浓度分布趋势。冬季以珠江口邻近海域大于 1.8 μg/L 的高值带为界，具有向西南、东北两侧含量逐渐降低的分布趋势。

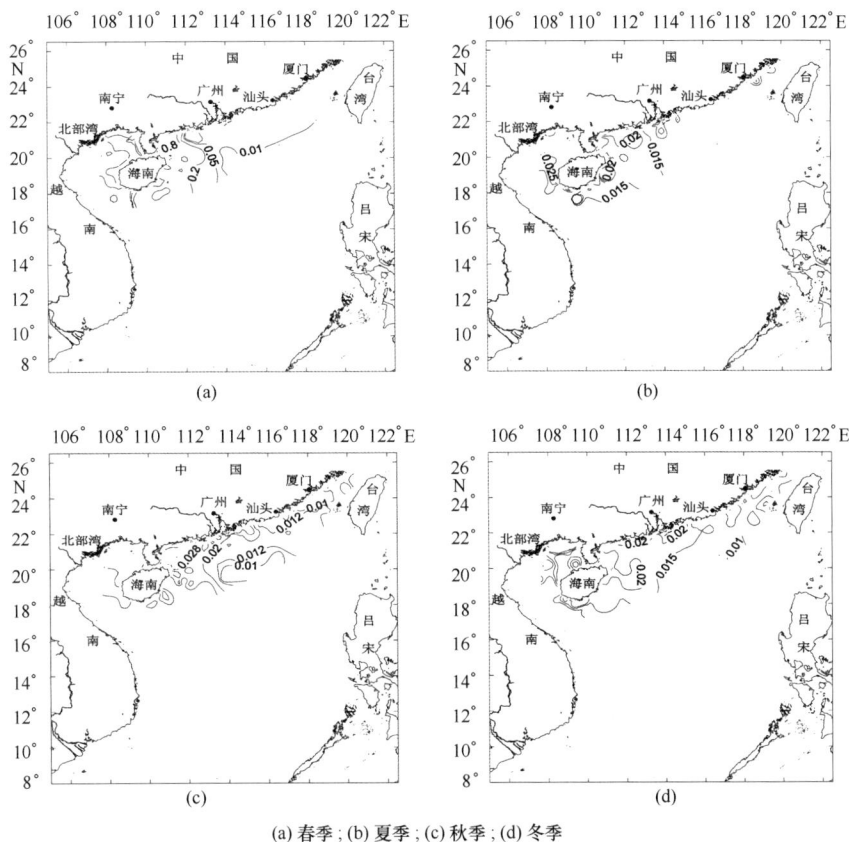

(a) 春季；(b) 夏季；(c) 秋季；(d) 冬季

图 23.6　南海北部表层海水中 Hg 含量四季平面分布（μg/L）

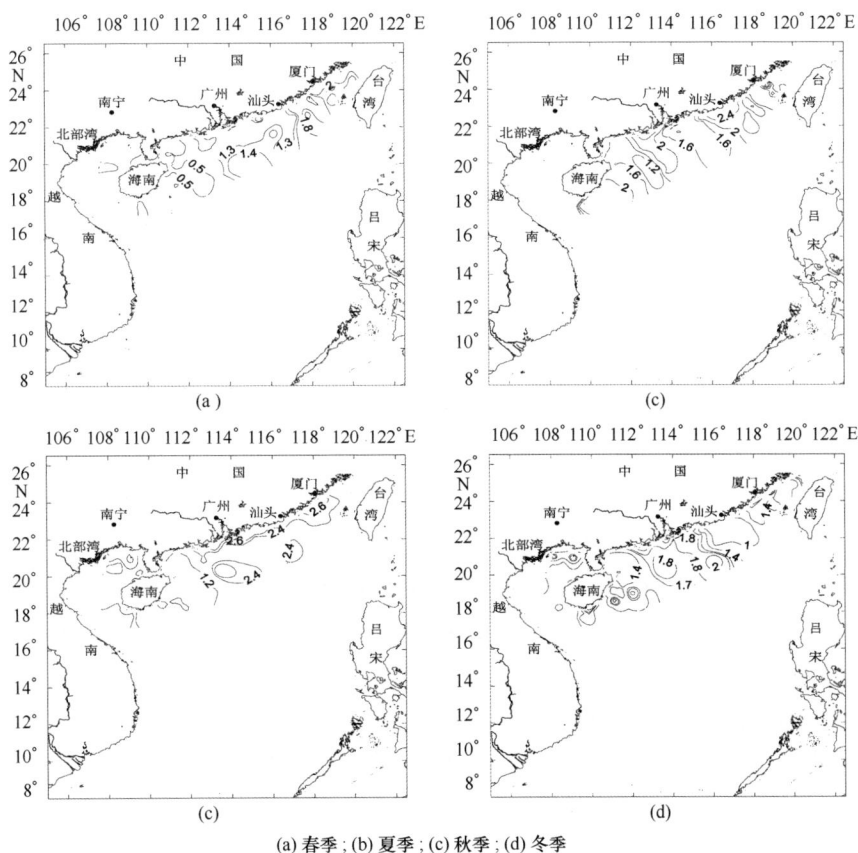

(a) 春季；(b) 夏季；(c) 秋季；(d) 冬季

图 23.7　南海北部表层海水中 As 含量四季平面分布（μg/L）

23.2 珠江口主要重金属元素分布特征及变化趋势分析

23.2.1 水体中主要重金属元素的分布及变化趋势

珠江为我国第四条长河，流量居于全国第二位，亦是华南最大的河流。珠江水系主要由西江、北江和东江组成，支流众多，河口段水道纵横交错，各河道进入珠江三角洲河网之后，自东北至西南分别由虎门、蕉门、洪奇门、横门、磨刀门、鸡啼门、虎跳门和崖门八大分流河口注入南海（蓝先洪，1996）。珠江口是上述八大分流河口和河口湾以及湾内水域的总称（图23.8），总面积约 $45.26 \times 10^4 \ km^2$。作为过渡带，河口区河流与海洋相互作用较为强烈，由于环境因素的变化而引起的反应与河流和海洋均有明显的不同。珠江口海域因其特殊的地理位置和在经济发展中的重要地位，其环境状况也备受关注（黄小平，2010）。

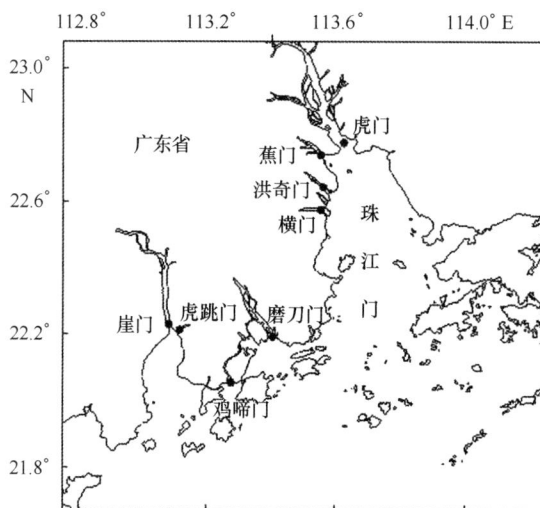

图 23.8　珠江口区域

近 20 年来，珠江八大口门入海的重金属含量也发生了明显的变化。图 23.9 所示为 1985—2005 年间重金属 Hg、Cu、Pb 和 Cd 含量的年际变化（袁国明，2007），其中，1997—2001 年间因监测工作暂停而缺失部分数据。

从图中可以看出，Hg 的年平均浓度为 $0.018 \sim 0.50 \ \mu g/L$，多年均值为 $0.11 \ \mu g/L$，浓度早期变化幅度较大，尤其是 1992—1993 年间多个水期的连续监测都异常高，随后便不断回落，后期基本维持在 $0.05 \ \mu g/L$ 以下。Cu 的年平均浓度为 $1.8 \sim 10.0 \ \mu g/L$，多年均值为 $4.3 \ \mu g/L$，浓度早期变化幅度较大，自 1988 年后呈振荡式下降，后期浓度较低，自 2002 年后基本处于 $2.0 \ \mu g/L$ 以下。Pb 的年平均浓度为 $0.57 \sim 3.2 \ \mu g/L$，多年均值为 $1.4 \ \mu g/L$，变化趋势与铜较为相似，早期浓度变幅较大，随后呈振荡式下降，到 1994 年后基本维持在 $1.0 \ \mu g/L$ 以下。Cd 的年平均浓度为 $0.037 \sim 0.29 \ \mu g/L$，多年均值为 $0.15 \ \mu g/L$，浓度普遍较低，特别在 20 世纪 90 年代监测值多在检出限以下或附近徘徊。Cd 含量变化趋势与其他重金属有所不同，呈早期较高—中期低—后期高，趋势线呈"U"形分布。

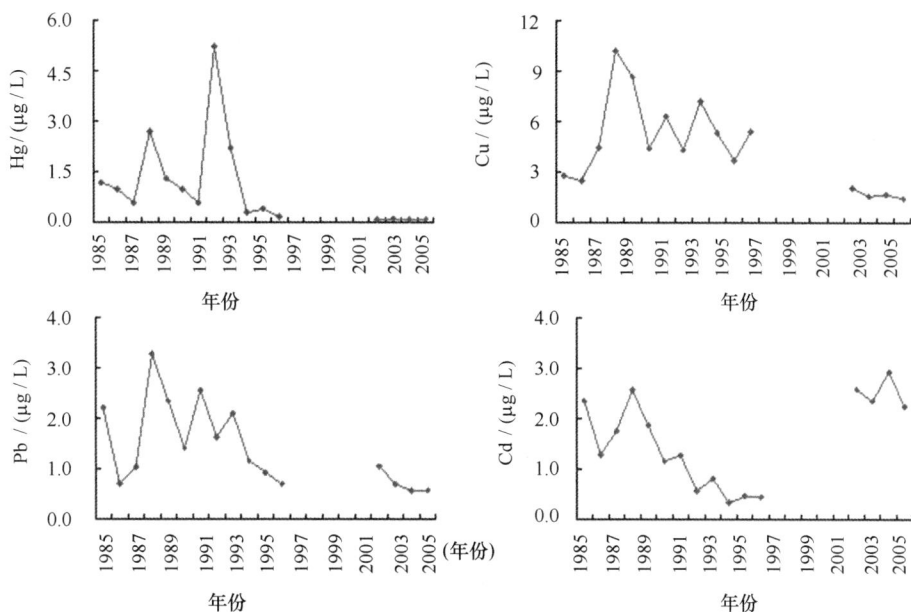

图 23.9　重金属（Hg、Cu、Pb 和 Cd）浓度的年际变化

　　总体而言，所研究的几种重金属（Cd 除外）在这 20 年间的年际变化基本呈早期较高，随后振荡式下降的变化趋势。造成这种变化趋势的原因应与珠江三角洲一带工业污水处理成效有关（袁国明，2007）。据广东统计年鉴（1985—2005）资料显示，虽然这 20 年来广东工业产值增长了约 20 倍，但工业污水的排放总量变化不大，基本保持在 1.1～1.6 Gt/a。与此同时，工业污水处理达标不断提高，珠江三角洲地区绝大部分重金属都能在出厂前得到有效处理，达到地方排放标准。因此，近 10 年来流入该流域的重金属浓度有所下降。

　　在河口上、下游的水体中 Cu、Pb、Zn 和 Cd 含量的季节变化特征不同与各重金属的存在形态、迁移转化过程有关，受水动力条件、冲淤特性、盐度、悬浮物及其他环境因素的影响，水体中部分溶解态重金属会进入沉积物中。在季节变化上，珠江口海域水体中重金属元素 Pb、Zn 和 Cd 的含量是春季高于夏季，而 Cu 则是春季低于夏季（王增焕，2004）。

　　珠江口水体 Cu、Pb、Zn 和 Cd 含量的季节变化如图 23.10 所示。可以看出在河口上游（1～11 号站），Cu 含量 8 月高于 5 月。这是由于 8 月的珠江口河水径流量增加（王增焕，2004），河水中腐殖质和悬浮颗粒等增多（李飞永，1989），对于 Cu 的吸附与络合作用增强。而在下游（12～20 号站），8 月的 Cu 含量则低于 5 月。这是由于大部分悬浮物因絮凝沉降而转移到沉积物中，吸附在其表面的 Cu 也随之迁移，水体得到净化（林植青，1982）。Zn 含量 8 月明显低于 5 月，季节性差异显著。这可能是由于 8 月径流量大，冲淡水的稀释作用造成水体中 Zn 的含量降低（王增焕，2004）。

　　Pb 和 Cd 的含量则是在河口上游站位中，8 月与 5 月没有显著差异（$P=0.05$，$n=11$）；在下游站位中，8 月含量低于 5 月（$P=0.05$，$n=9$）。珠江口河流与海洋两种水体的混合过程中，腐殖质等有机胶体表面会吸附大部分的重金属，从而形成不稳定的有机化合物，随后再与铁锰氧化物、硅酸盐等相互作用，形成稳定的结合态（郑建禄，1982）。相较于 Cu 而言，该机制可能更适合于 Pb 和 Cd。因此，8 月因径流量大而携带了较多的颗粒物质，在下游近海站位中河水与海水混合，盐度升高，大量的颗粒物和有机质通过吸附、络合或共沉淀等方式作用于 Pb 和 Cd，从而使其迁移到沉积物中，水体中含量便降低。反之，5 月由于径流量小，这种净化作用相对减弱，同时由于潮流等作用，使得表层沉积物再悬浮，进一步增加了

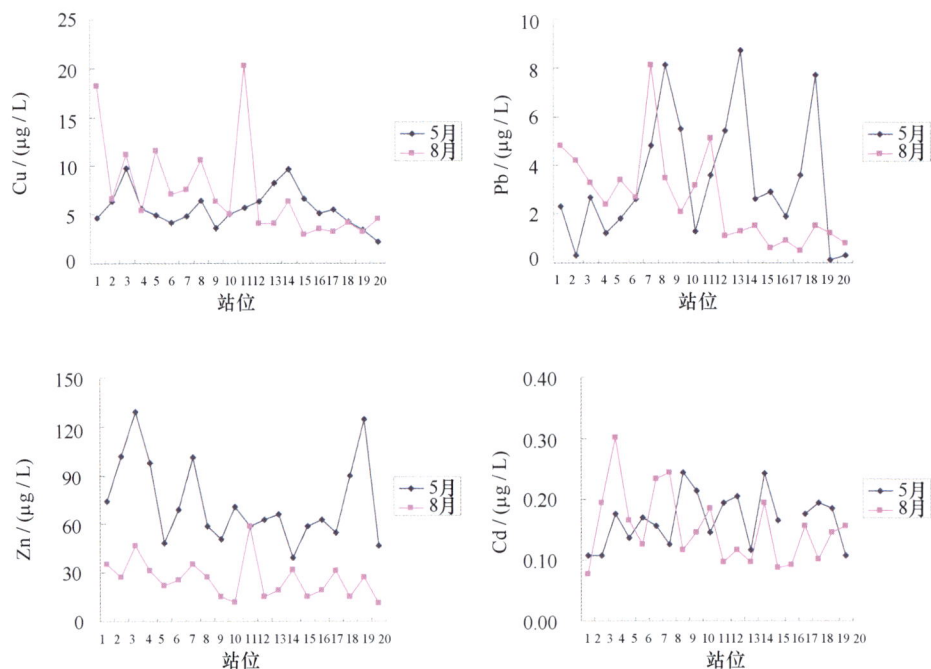

图 23.10　珠江口水体 Cu、Pb、Zn 和 Cd 的含量

水体中的 Pb 和 Cd 的含量。

23.2.2　主要重金属元素的迁移转化及生态效应分析

作为我国的三大河口之一，珠江口海域有着丰富的生物多样性，是鱼虾幼苗的繁殖保护区，同时也是许多珍稀水生生物的重要栖息地，其生态环境质量越来越受到重视。对珠江口海域的调查研究主要在于重金属元素的化学形态、分布模式、迁移转化规律及影响因素（邱礼生，1989；罗伟权，1984，1985；郑建禄，1982，1985；林植青，1982，1984；李飞永，1983），这些工作集中开展于 20 世纪 70 年代末期至 80 年代初期。近几十年来，珠江三角洲发展加快，污染加剧，对珠江口生态环境产生极大的影响，相关的生态环境监测和影响评价较少（刘芳文，2002；王增焕，2004）。总结珠江口的生态环境影响及危害性评价，可为珠江口重金属污染状况和潜在危害性的评价提供科学依据。

入海河流、沿岸直接排放以及大气干湿沉降是重金属污染物输送入海的主要方式，进入水体后的重金属环境中进行迁移转化，最终蓄积于沉积物中（黄小平，2010）。其中，吸附与释放过程是水体中重金属迁移转化非常重要的环节，其影响因素主要有包括 Eh、pH、生物活动、潮汐、风暴潮等作用以及人为活动影响等（王艳，2007）。沉积物的累积作用可降低重金属对环境的影响，但沉积物的再悬浮作用则可能使污染物重新进入环境中（黄小平，2010）。影响重金属在沉积物 - 水界面循环和迁移的主要因素有竞争吸附对重金属释放的影响、沉积物中重金属释放的酸度效应、氧化还原条件对重金属释放的影响、重金属释放的温度效应以及有机络合剂对沉积物中重金属释放的影响（王艳，2007）。

水相中的重金属分布能够反映出其污染来源以及迁移过程中沉积的影响。水体中痕量金属浓度及其变化具有一定的规律性。首先，水相中的重金属含量很低，即便是排污口附近区域，其含量也不高（贾振邦，1997）。并且由于排污情况和水力学条件的影响而存在着较大的随机性，大部分存在于悬浮物中，其含量分布往往不规则。其次，水相的 pH 值会影响重金属的检出，一般水体呈碱性时，重金属易受泥沙吸附而沉淀，呈酸性时重金属由底泥向水体释放。再次，河口中各重金属间大都有良好的相关性（车越，2002），说明重金属具有相似的行为。此外，近海水域（柯东胜，1991）由陆向海方向重金属含量随海水盐度、pH 值的升高及化学耗氧量降低而降低。各种重金属元素与水体中有机物的相关程度从大到小顺序为 Cu、Zn、Pb、Cr、Hg、As。而陆源污染物及沿岸径流、水动力条件及季节等是影响其分布的主要因素（王艳，2007）。

河口区的地理位置及水文条件特殊，其物理化学和生物作用比海洋更为强烈，重金属元素在吸附、絮凝和沉淀等作用下大量累积于沉积物中（蓝先洪，1996），并表现出相对惰性，因此，河口沉积物是重金属重要的汇。研究表明，珠江口海域柱状沉积物中重金属的分布近 20 年来重金属（特别是 Pb）呈增加趋势（Li，2000，2001）。

1985—2005 年间珠江口海域出现营养盐含量上升而重金属含量有所下降的相反趋势（袁国明，2007）。而 2008 年珠江口环境监测资料显示，该水域呈富营养化状态，部分生物体内 Pb、Cd、As 和总 Hg 含量偏高（国家海洋局，2009）。深圳湾柱状沉积物中重金属含量分布与氮、磷有同样的趋势（黄小平，2010）。因此，珠江口水域营养盐的浓度上升，也可能会影响重金属的含量及分布，由于重金属的絮凝沉积及生物富集作用，使得生物体和沉积物中的重金属含量增加，从而在水相中的含量减少。

对 1986 年、1999 年和 2000 年生物体肌肉的残留重金属进行分析比较，结果见表 23.2。从各年度重金属的污染负荷比可以看出，残留的主要污染物是 As、Pb、Cd 和 Zn。以均值变化来看，Cu、Zn 和 Pb 的污染下降，Cd 和 As 的污染 2000 年与 1999 年相似，较 1986 年上升，Cr 的污染 2000 年比 1999 年高（魏泰莉，2002）。

表 23.2　1986 年、1999 年和 2000 年水产品重金属残留比较

年份	项　目	重金属						污染综合指数	污染综合指数均值
		Cu	Zn	Pb	Cd	As	Cr		
1986	平均值/（mg/kg）	0.369	7.726	0.673	0.016	0.165	0.313	3.75	0.63
	负荷比/%	1.9	41.3	17.9	8.5	22.1	8.3		
1999	平均值/（mg/kg）	0.722	5.713	1.072	0.038	0.199	0.025	4.13	0.69
	负荷比/%	3.4	27.6	25.9	18.2	24.2	0.7		
2000	平均值/（mg/kg）	0.256	1.233	0.507	0.033	0.191	0.152	2.58	0.43
	负荷比/%	2.3	9.7	19.8	25.6	36.8	5.8		
评价标准/（mg/kg，湿重）		5.0	5.0	1.0	0.05	0.2	1.0		

重金属元素以各种形态分布在水体、沉积物和生物体中，表现出了各种环境地球化学行为特点和毒性特征，其中，以生物毒性较为严重。研究结果表明（CCM，2005），珠江口水生生物体内的痕量金属平均浓度总体上高于中国其他海区，并且在最近几年仍有增长趋势。

23.2.3　珠江口重金属污染及生态环境质量评价

水环境重金属污染的评价主要包括水质直接评价和沉积物评价。水质的评价方法主要有指数法、分级评分法、概率统计法和模糊数学法等；沉积物的评价方法则包括化学分析指数

法、生物监测评价法及化学与生物学相结合的 C – B – T 质量三合一方法（Triad）以及相平衡分配方法（Eqp）等。一般认为以化学和生物学相结合的方法来评价比较合适（王艳，2007）。通过运用模糊数学综合评价模式，对近 20 年（1985—2005）以来珠江口海域的水质状况进行综合评价，结果表明珠江口水质有不断恶化的趋势，其主要污染物质也由初期的重金属过渡到后期的营养盐（何桂芳，2007）。自 1990 年后珠江口海域水质基本处于四类（或劣四类）状态。

重金属在水体和沉积物中的含量是衡量海洋生态环境质量的重要指标。对珠江口 Cu、Pb、Zn 和 Cd 等重金属元素的含量状况进行评价，评价标准值分别采用海水水质标准（GB 3097—1997）中的二类（适合水产养殖）以及海洋沉积物质量标准（GB 18668—2002）中的一类（适用于海洋渔业水域与海水养殖）的数值。结果表明，5 月和 8 月珠江口水体分别为中污染和较清洁，沉积物分别为轻污染和中污染（王增焕，2004）。如前所述，8 月径流量大，水体净化作用较好，重金属由水体向沉积物中迁移，因此相较于 5 月，8 月的水质较好，但沉积物的污染较大。

虽然沉积物的累积减轻了水体的重金属污染，但其对环境有着较大的潜在危害性。瑞典学者 Hakanson 提出了生态危害指数法（Hakanson，1980），沉积物中第 i 种重金属元素的潜在生态危害系数 E_r 和 n 种重金属元素的生态危害指数 RI 分别为

$$E_r^i = T_r^i \ c_f^i, RI = \sum_{i=1}^{n} E_r^i = \sum_{i=1}^{n} T_r^i \ c_f^i$$

式中，T_r^i 为重金属元素 i 的毒性系数；c 为重金属元素 i 的富集系数（$c_f = c_s / c_n$），其中 c_s 和 c_n 分别是表层沉积物重金属元素 i 的实际含量和参照值，参照值采用工业化以前全球沉积物中重金属元素的最高背景值（邱耀文，1997）。

利用该方法对珠江口沉积环境的生态危害性进行评价，结果见表 23.3（王增焕，2004）。从评价结果看，潜在生态危害系数最高的是 Cd，最低的是 Zn，季节差异小的是 Cu、Pb 和 Zn，8 月略高于 5 月；Cd 的危害系数 8 月为 5 月的 2 倍，季节变化大。生态危害指数的结果受 Cd 危害系数的影响，8 月远高于 5 月。该评价结果与王增焕等（2004）所测定的珠江口表层沉积物中 4 种重金属的含量变化一致，表明 Cu、Pb 和 Zn 的潜在生态危害轻微，而 Cd 的潜在生态危害则为 5 月轻微，8 月偏高。

表 23.3　珠江口表层沉积物 Cu、Pb、Zn 和 Cd 的潜在生态危害系数（E_r^i）和危害指数（RI）

月　份	E_r^i				RI
	Cu	Pb	Zn	Cd	
5 月	4.03	3.11	0.80	16.04	23.98
8 月	4.72	3.88	0.95	33.07	42.62
平均值	4.38	3.50	0.88	24.56	33.30

分别对 1986 年、1999 年、2000 年 3 个年份的珠江口 4 个入海口（虎门、蕉门、横门和磨刀门）进行鱼虾类样品的 Cu、Zn、Pb、Cd、Ni、As 和 Cr 的肌肉残留分析（魏泰莉，2002），结果见表 23.2。从重金属综合污染指数的年度变化看，2000 年重金属残留污染程度较 1986 年和 1999 年有所缓和。2000 年的污染综合指数均值为 0.43，低于 1986 年和 1999 年（污染综合指数均值分别为 0.63 和 0.69），污染程度由污染水平转为轻污染水平。

　　珠江口海域地理位置特殊，在经济社会的发展中起着至关重要的作用，因此，对其的污染治理与环境保护也是显得尤为关键的。对重金属的迁移转化及累积等环境行为应作更深入的了解，在把握其规律的基础上，着重研究河口海域的生态容量和生态安全。同时，不同污染物与重金属之间的相互作用，重金属在水生生物体内的传递及代谢机制，微生物对重金属的吸收和降解作用等都有待于我们的进一步研究。

第 24 章　南海沉积物化学[①]

24.1　南海沉积环境与沉积特征

　　南海表层沉积物主要有 9 种类型，呈条带状分布，与等深线走势一致（图 24.1），沉积物的类型与沉积物化学组成有十分密切的关系。北部陆架区，其表层沉积物由现代沉积、再造沉积、残留沉积和少量的残余沉积组成，南部陆架区地处热带，生物繁茂，珊瑚礁发育良好，生物沉积较为普遍，半深海 – 深海区生物碎屑含量高。

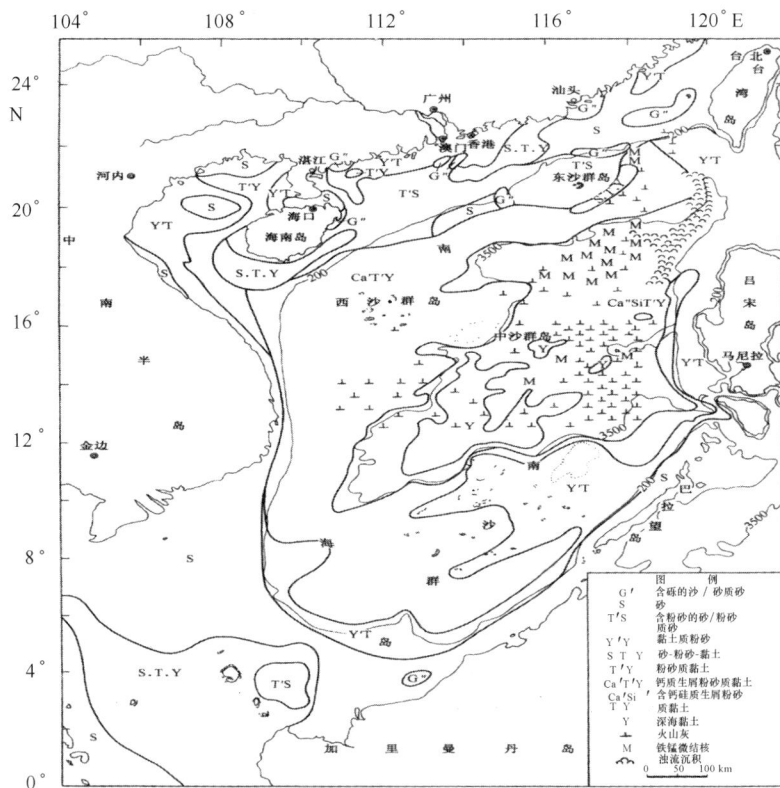

图 24.1　南海表层沉积物类型

资料来源：刘昭蜀等，2002

　　通过对海底地形地貌、沉积物所赋存的特征元素和主要沉积环境等的综合分析，可将南海划分成 4 个不同的沉积区。

1）内陆架沉积区

　　位于 80 m 等深线以浅的内陆架，以黏土碎屑矿物和有机碳的沉积为特征，机械分异作用

　　① 本章撰稿人：宋金明，李学刚．

是控制本区沉积的主导因素。

2）残留沉积区

基本上位于 80 m 等深线以深的外陆架区，部分地区延伸至陆坡上部。本区以晚更新世冰期低海面时的残留沉积为主要特征（本沉积区在南海北部和巽他陆架区在低海面时，曾大面积出露）。

3）深海沉积区

位于陆坡及深海盆地区。由于在深海氧化还原电位比较高的条件下，可形成铁锰氧化物胶体与结核的沉积，故 Mn 和 Mo 含量高，而成为本区的代表性元素。

4）碳酸盐沉积区

位于东沙群岛、中沙群岛、西沙群岛和南沙群岛岛礁与岛架、岛坡以及它们的附近海区，其沉积物粒度较粗，$CaCO_3$ 含量高，以碳酸盐现代生物残骸的沉积为主。

24.2 沉积物中的碳、氮和磷及其他生源要素

24.2.1 南海表层沉积物中的有机碳

南海表层沉积物有机碳在粉砂质黏土和黏土沉积物及深海区沉积物中含量较高，含量最高处为巴拉巴克海峡西口附近海区。

图24.2 是刘昭蜀等（2002）绘制的南海表层沉积物中有机碳的分布图。从北至南，在内陆架从韩江口往西的近岸带为有机碳含量较高的地区，并向海洋方向降低。继而在 50 m 和 100 m 等深线之间，以及台湾海峡南口和琼州海峡东口，形成一个低值分布区。再向东南沿陆坡方向，有机碳含量又逐渐增加，并在陆坡下部达到较高值。然后在进入水深大于 3 500 m 的深海盆地区，有机碳含量反而略有降低。在南沙群岛及其周围的碳酸盐沉积区，有机碳的含量又有所降低。而在南沙海槽直至南部陆坡及巴拉巴克海峡西口一带，有机碳含量达到最高值，而巽他陆架广大出露的残留沉积区有机碳含量达最低值。图 24.2 是根据 2007 年"908"专项调查结果绘制的南海近岸沉积物中有机碳的分布。在雷州半岛和海南岛以东海域，沉积物中有机碳的分布与刘昭蜀等人的调查结果一致，在北部湾表现为近岸高远岸地的特征，但近岸沉积物中有机碳的含量明显低于广州沿岸海域，这主要与前者接受的陆源物质远少于后者有关。

有机碳在海水中可以溶液、胶体和悬浮体的形式存在。随着运移方式的不同，沉积方式也不同。如作为溶解状态存在的组分，主要是陆源成因的以胶体形式存在的腐殖酸，因与海水中的黏土矿物质点或悬浮体电性相反，而产生凝聚，然后沉积到海底沉积物中。有机悬浮体主要是指有机碎屑和某些活生物。前者尽管因其密度和海水相近，沉降速度极为缓慢，但在有机残余沉积中仍然占有一定的数量；后者如大量存在的浮游和底栖生物，它们就像过滤器一样，可以从水体中吸收大量的有机和无机悬浮体，并将它们转移到海底沉积物中。可以看出，所有这些搬运和沉积的方式，多数是与黏土矿物和悬浮体的存在联系着，这是韩江口以西的近岸带和陆坡有机碳含量增高的主要原因。至于沉积物粒度相似甚至更细的深海盆地区，有机碳含量反

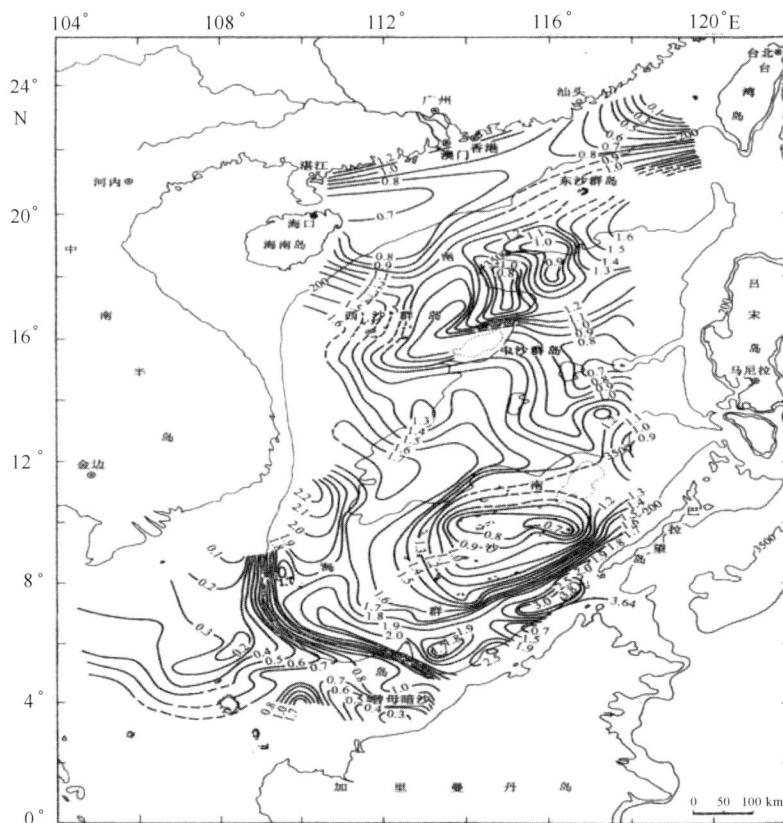

图 24.2　南海表层沉积物有机碳（%）的分布

资料来源：刘昭蜀等，2002

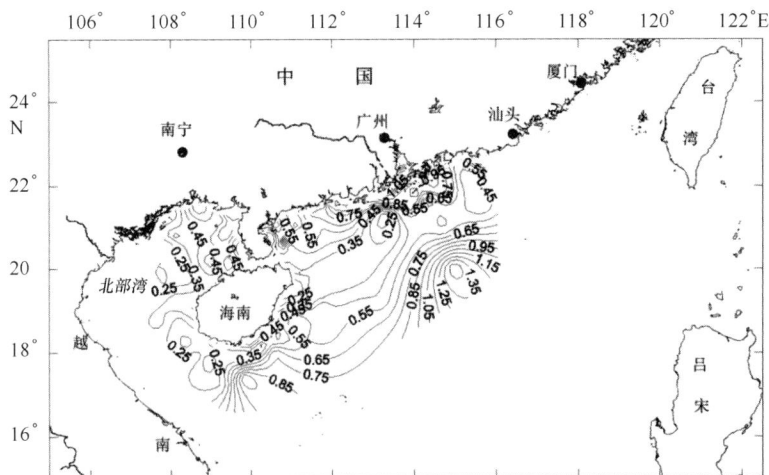

图 24.3　南海近岸沉积物中有机碳（%）的分布

资料来源："908"专项调查结果

而比陆坡下部更低，可能是由于在陆坡下部沉积物堆积速度更快，有机物质来不及完全分解就被埋藏，因而沉积物中有机碳得到保存。而深海盆沉积速度慢，沉积下来的有机物尚未被埋藏就大部分被分解，故在沉积物中有机碳含量降低；另外，随着水深的增加，水中溶解氧的浓度也增加（因氧的消耗随深度而降低），从而加强了深海盆沉积物中有机物的破坏。基于上述两个原因，深海盆沉积物中的有机碳相对减少（宋金明，2004；宋金明等，2003）。

沉积物有机碳的来源可用其生物标志化合物的方法来解析（段毅、宋金明等，2003），表24.1是南海表层沉积物生物标志化合物研究采样站位，南海表层沉积物的正构烷烃的分布与组成在各站位之间各有不同，主要有3种类型：①单峰型奇碳优势正构烷烃：代表站位有SS30、SS35、SS59站。正构烷烃分布偏向低碳数一边，主峰碳为nC_{19}；低分子正烷烃含量高；nC_{21}^-/nC_{22}^+分布区间为0.80~1.35；奇偶优势指数OEP值均略大于1，奇偶优势并不明显，表明这些区域有机质主要来源于浮游生物和藻类的脂肪酸。②双峰型奇碳优势正构烷烃：代表站位如SS61、SS36、SS37站。正构烷烃分布呈双峰型，表明原始有机质中水生生物和陆源植物来源二者共存，低碳数主峰为nC_{20}、nC_{21}，高碳数主峰为nC_{27}、nC_{29}，OEP值一般为1~2，nC_{21}^-/nC_{22}^+比值为1左右。③偶碳优势正构烷烃：正构烷烃分布呈偶碳优势，nC_{20}、nC_{21}为主峰碳，代表站位为SS40，SS41，SS53站，微生物作用对偶碳的形成有重要的影响。南海表层沉积物中有机质的分布和来源的基本特征是陆源高等植物输入和不完全燃烧物的贡献从北向南递减，而海源输入的特征是由北向南显著增加（吴莹等，1998）。

表 24.1　南海表层沉积物生物标志化合物研究采样站位

采样时间	站位	水深/m	北纬（N）	东经（E）
1994 – 04 – 30	SS30	629	20°20.0′	115°46.9′
1994 – 05 – 02	SS35	3143	18°52.7′	116°31.6′
1994 – 05 – 02	SS36	3809	18°46.0′	117°07.2′
1994 – 05 – 05	SS37	3428	19°30.1′	117°40.0′
1994 – 05 – 05	SS40	1728	20°07.0′	117°23.0′
1994 – 05 – 13	SS41	2201	21°30.9′	118°28.9′
1994 – 05 – 25	SS53	4309	14°36.2′	115°07.1′
1994 – 05 – 30	SS59	1957	11°08.3′	115°17.2′
1994 – 05 – 31	SS61	1795	08°30.4′	112°19.9′

资料来源：吴莹等，1998。

24.2.2　南海表层沉积物中的氮

南海大区域表层沉积物氮分布的报道不多，但区域性的报道不少。岳维忠与黄小平（2005）对珠江口沉积物中氮的形态分布特征及来源进行过探讨，珠江口沉积物中TN平均含量为$1\,502.73 \times 10^{-6}$，范围$850.62 \times 10^{-6} \sim 2\,340.85 \times 10^{-6}$，最高含量约为最低含量的3倍。TN在沉积物中的含量随深度明显降低。珠江口沉积物中铵氮是无机氮的主要存在形式，平均含量为71.69×10^{-6}，变幅为$47.59 \times 10^{-6} \sim 739.61 \times 10^{-6}$。铵氮在沉积物中的含量随着深度而明显增加。沉积物中有机氮平均含量为$1\,187.86 \times 10^{-6}$，变幅为$655.42 \times 10^{-6} \sim 2\,029.86 \times 10^{-6}$，有机氮在沉积物中的含量随着深度的变化表现随深度逐渐减小和表层与底层相差不大两种分布类型。

郑国侠与宋金明等（2006）对南海深海盆（南沙海槽西南部）20个站位的表层沉积物中氮的研究表明：①在表层沉积物中各形态氮的含量及存在一定差异。强氧化可浸取态氮（SOEF–N）含量最高，占总氮（TN）的7.08%，含量范围是$15.4 \times 10^{-6} \sim 218.3 \times 10^{-6}$，平均为$68.3 \times 10^{-6}$；弱酸可浸取态氮（WAEF–N）含量最小，其值范围是$4.4 \times 10^{-6} \sim 23.1 \times 10^{-6}$，平均为$10.6 \times 10^{-6}$，占总氮的1.09%；离子交换态氮（IEF–N）和强碱可浸取态氮

（SAEF – N）的含量分别为 20.4×10^{-6} 和 16.23×10^{-6}，各占 TN 的 2.11% 和 1.69%。各形态氮的分布趋势为：除 SAEF – N 外，其余各形态氮及 TN 的平面分布具有一定相似性，均在海槽槽底呈高含量分布，并由陆架、槽坡向槽底递增，通常在槽底形成高值区；SAEF – N 则与该分布趋势相反。②各种形态氮与沉积物结合的牢固程度不同，地球化学行为不同，其分布受不同环境因素控制。在南海深海盆各形态氮的分布具有其一定的规律性，与该区域的地形地貌、沉积物中 OC 及碳酸盐分布、沉积物粒度类型联系密切。其中，IEF – N 和 SOEF – N 与 OC 呈正相关，相关系数分别为 0.261 3、0.589 2，SAEF – N 与 OC 呈负相关，其相关系数为 – 0.580 6，WAEF – N 与 $CaCO_3$ 存在显著的负相关关系，这与 WAEF – N 的形成机制有关，TN 与 OC 的相关性不大，说明二者是不同源的；IEF – N、WAEF – N、SOEF – N 和 TN，均随着沉积物细粒度含量的增大而增大，而 SAEF – N 则呈递减趋势。③南沙海槽西南部海区表层沉积物中不同形态氮的总量（kg）分别为 13.05×10^6、6.77×10^6、10.36×10^6、43.76×10^6 和 73.94×10^6，可在 7.14 年内全部释放参与循环；当时间尺度达到四种可转化氮完全释放后，各形态氮对氮循环的潜在贡献与它们的含量相一致，分别为：17.3%（IEF – N），9.3%（WAEF – N），14.0%（SAEF – N），59.4%（SOEF – N）；其中有机氮（SOEF – N）是可转化态氮的主要组分，对氮循环的贡献最大。TN 的埋藏效率只有 0.63%，因此表层沉积物几乎全部的氮均可参与再循环各形态氮均与海区内叶绿素和初级生产力分布呈一定的正相关。海区内由陆源输入及 N_2 的固定提供的氮量均很低，由沉积物提供氮源对新生产力的贡献为 46%，很大程度上补偿了浮游植物对水体中营养盐的消耗，对维持该海域的初级生产力水平起到重要作用。④该区的表层沉积物中无论是氮的形态分布、控制因素，还是埋藏效率、对浮游植物及初级生产力贡献等氮的生物地球化学特征无不和该区所处的独特地理位置、沉积物粒度类型、沉积物来源、所处的水团性质有关，通过对它们之间关系的研究，很好地说明了该海区由陆架浅海向深海过渡的半深海的沉积特点以及这种沉积环境下氮的形态及其生物地球化学特征。

2007 年"908"专项调查雷州半岛和海南岛以东海域沉积物中总氮的分布如图 24.4 所示。在广东南部近岸和海南岛的南端外海含量较高，在海南岛东南近海含量最低。这种分布可能与沉积物的粒度有关。在细粒度沉积区总氮的含量相对较高，而粗粒度沉积区总氮的含

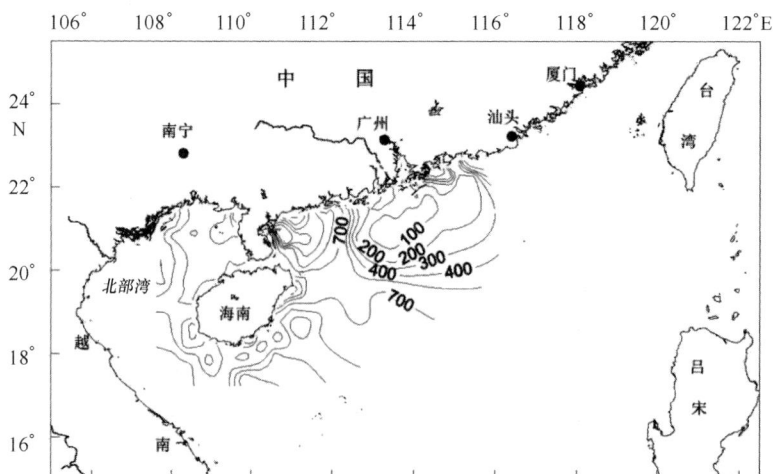

图 24.4　雷州半岛和海南岛以东海域沉积物中总氮的分布

资料来源："908"专项调查结果

量较低。总氮在该海区的平均含量为 930×10^{-6}，最高值为 $2\,360 \times 10^{-6}$；最低值为 190×10^{-6}。这一结果与南海深海盆沉积物中总氮的含量（$580 \times 10^{-6} \sim 1\,580 \times 10^{-6}$）基本一致，但比珠江口表层沉积物中总氮的含量低。与其他海域相比，低于渤海沉积物中的总氮的含量（平均含量 $2\,550 \times 10^{-6}$，马红波等，2003），但与南黄海表层沉积物中总氮的含量（平均值为 $770 \times 10^{-6} \sim 1\,020 \times 10^{-6}$，吕晓霞和宋金明，2003）相似。

24.2.3 南海表层沉积物中的磷

表层沉积物磷的分布和变化趋势与有机碳甚为相似，比较富集于韩江口以西、湄公河口的近岸地区及陆坡中下部。所不同的是在不同类型的沉积物和不同沉积区中差别较小。其基本原因是，磷在海洋中的搬运沉积，和生物的活动密切相关。其机理与有机碳很相似。但磷主要是来自河水中的磷酸盐，可为海洋生物所吸收，形成海洋生物食物链中的重要组分，大部分磷在生物死亡后均可被溶解，促使磷的循环。而部分磷则可保存在生物介壳、骨骼或粪便中，沉积于海底。可见磷既和黏土矿物（包括海绿石）相关外，也和生物碳酸盐有关（而有机碳则主要和黏土矿物有关），此外还有少量磷来自陆源碎屑的或火山岩的磷灰石。因而磷在不同类型沉积物和不同沉积区中的含量差别不很大（宋金明，2000）。

珠江口沉积物的总磷含量为 650.1×10^{-6}，大亚湾的大鹏澳为 449.3×10^{-6}；$MgCl_2$ 和 NaOH 提取的生物可利用的非磷灰石磷的珠江口沉积物为 168.8×10^{-6}，大亚湾的大鹏澳为 146.6×10^{-6}。小球藻和球等鞭金藻的培养结果表明，它们对珠江口沉积物磷的利用量分别为 130.6×10^{-6} 和 132.0×10^{-6}，利用的颗粒磷占沉积物中总无机磷的 21.1% ~ 27.1%，占总磷的 11.8% ~ 20.3%（郑爱榕等，2004）。

2007 年"908"专项调查雷州半岛和海南岛以东海域沉积物中总磷的分布如图 24.5 所示。该海域总磷的分布总体上呈现出近岸高于远海的分布趋势，但是广东东南海区总磷的含量水平明显低于海南岛南侧海域，这说明海南岛南侧海域具有更丰富的磷的来源。总磷在该海区的平均含量为 190×10^{-6}，最高值为 300×10^{-6}；最低值为 150×10^{-6}。与邻近的其他海域相比，如大亚湾表层沉积物中的总磷在 $450 \times 10^{-6} \sim 560 \times 10^{-6}$ 之间（何清溪，1990），珠江口表层沉积物中总磷的含量在 $340 \times 10^{-6} \sim 580 \times 10^{-6}$ 之间（岳维忠等，2007），本海域表层沉积物中总磷的含量较低，这可能与本海域接受的陆源磷较少有关。

在南海北部陆坡，水深 2 903 m，20°29′43.8″N，119°07′04.3″E 处，采集岩心长 8.26 m 柱状沉积物，提供了大约 5 万年以来的沉积记录（见图 24.6）。在 5 000a B.P 前后，沉积磷的含量变化曲线出现拐点，将南海北部陆坡沉积物中总磷含量的变化划分为两种不同的变化趋势。在 5000a B.P. 以前，尽管不同深度，沉积磷的含量存在较大幅度的变化，最大极差可以达到 222.63×10^{-6}，但是，拟合曲线随深度的变化平缓，沉积磷的含量仅在 $420 \times 10^{-6} \sim 450 \times 10^{-6}$ 之间，如此小的含量变化幅度范围，表明在没有人为因素影响的自然环境下，由陆源供给海洋的磷的数量是基本恒定的。不难理解，在不同深度沉积物中的磷含量出现偏离变化曲线的现象是由于受古气候、古环境变化的影响，导致陆源磷在间冰期向海洋输送的量增加，在冰期向海洋输送的量明显减少，导致磷的生物地球化学过程发生改变，从而是沉积磷积累量发生改变的必然结果。因此，海洋沉积磷的含量随深度发生的明显增高和降低的变化与气候、环境相关联，各个时段沉积磷变化幅度的大小，反映了当时气候、环境变化对沉积磷积累的影响程度。5 000a B.P 以来，南海北部陆坡沉积物中磷的含量变化曲线呈现出陡然增高的趋势，这一方面说明了由于气候的自然转暖，使陆源磷向海洋输送量的增加；另一方

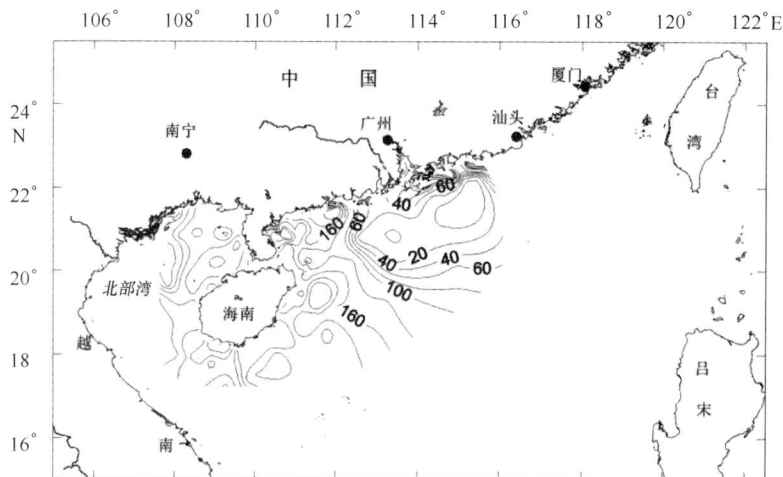

图 24.5 雷州半岛和海南岛以东海域沉积物中总磷的分布

资料来源:"908"专项调查结果

面也表明了因人类活动,增加了磷向海洋的排放量。因此,南海北部陆波近代沉积物中磷含量的大幅度增加是自然及人为影响的双重结果。

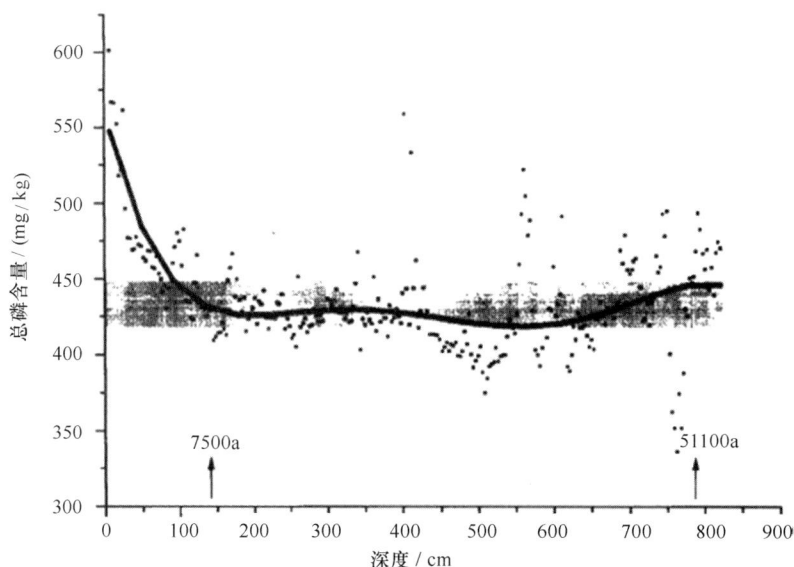

图 24.6 南海北部陆坡 5 万年来沉积物磷的垂直变化

资料来源:吴能友等,2003

纵观 5 万年以来南海北部陆坡沉积物中磷含量的变化,沉积磷的含量从高变低所跨越的深度明显大于从低变高所跨越的深度,即沉积磷从间冰期的含量高峰值变向冰期的含量低谷值所经历的时间,远低于从冰期的低谷值变向间冰期的高峰值所经历的时间。在气候由间冰期向冰期转变的过程中,不仅为陆源向海洋输入更多磷创造了气候条件(包括温度、降水量、风化条件等),而且也为海洋沉积磷的积累提供了充裕的时间,南海北部陆坡沉积磷在不同深度上的变化是明显的,这反映了不同时段沉积磷的积累,对来自气候、环境影响的记录是敏感的。

24.2.4 南海沉积物中的硫化物

2007 年 "908" 专项调查的结果表明，南海北部沉积物中硫化物的分布非常有规律，即以珠江口为中心，由近岸向外海沉积物中硫化物的含量逐渐降低（见图24.7），这种分布可能主要受珠江输入的易分解有机物质的影响。易分解有机物在分解的同时将造成沉积物中硫酸盐的还原，使沉积物中硫化物的含量增加。随着受珠江径流影响的强弱，沉积物中易分解有机物的含量也相应增加或降低，从而使积物中硫化物的含量也发生相应的变化。

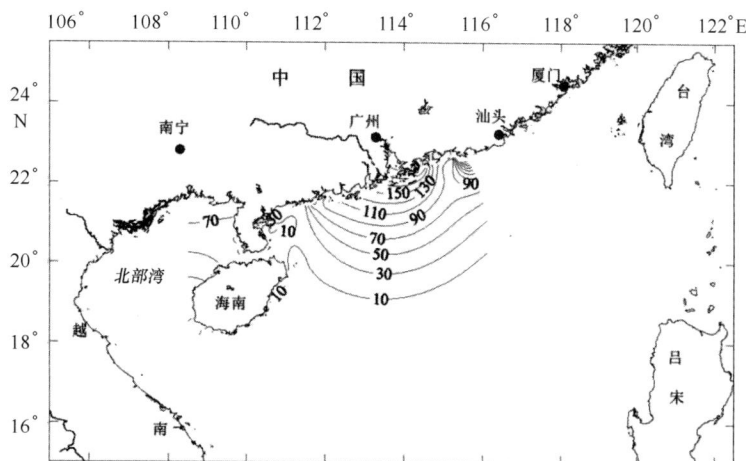

图 24.7 南海北部沉积物中硫化物的分布

资料来源："908" 专项调查结果

24.3 沉积物中的重金属与放射性核素

24.3.1 南海表层沉积物中重金属的背景值

从浅海至深海将南海依次划分为陆架区、陆坡区和深海盆区 3 个地貌单元，分别估算各海区的沉积环境背景值，将水深小于 200 m 的区划为陆架区，将 200～3 000 m 的区划为陆坡区，将水深大于 3 000 m 的区划为深海盆区。表24.2 是其南海沉积物中重金属背景值。

南海表层沉积物主要污染物的背景值呈明显的区域差异，铜、锌、铬、汞背景值的最大值出现在深海盆区，而铅、镉最大值出现在陆坡区，砷则出现在陆架区。从总体上看，除砷外，南海沉积物中重金属含量变化是深海盆区、陆坡区高于陆架区，因此，对于不同区域的环境评价和预测而言，应采用相应区域的背景值。

表 24.2　南海表层沉积物中重金属背景值　　　　　　　　　× 10^{-6}

区域	要素	样品数	测值范围	算术平均值		几何平均值		分布类型	背景值
				算术均值	标准差	几何均值	标准差		
陆架区	Cu	9	0.072~20.0	7.430	6.000	5.050	1.06	正态	7.43±6.00
	Pb	9	3.65~26.1	15.600	6.500	14.000	0.57	正态	15.6±6.5
	Zn	9	16.4~95.7	54.400	28.000	47.500	0.58	正态	54.4±28.0
	Cd	9	0.034~0.31	0.180	0.080	0.160	0.63	正态	0.18±0.08
	Cr	9	4.45~87.9	39.300	25.300	30.600	0.87	正态	39.3±25.3
	Hg	9	0.005~0.061	0.020	0.023	0.013	0.96	正态	0.020±0.023
	As	9	2.92~19.0	9.710	4.550	8.670	0.54	正态	9.71±4.55
陆坡区	Cu	28	3.21~62.7	28.600	15.000	24.300	0.64	正态	28.6±15.0
	Pb	28	15.2~47.3	27.800	7.600	26.800	0.27	正态	27.6±15.0
	Zn	28	19.5~172	103.000	36.000	94.600	0.46	正态	103±36
	Cd	28	0.15~0.44	0.300	0.070	0.290	0.27	正态	0.30±0.07
	Cr	28	35.5~88.5	57.400	14.600	55.700	0.25	正态	57.4±14.6
	Hg	28	0.012~0.133	0.057	0.027	0.051	0.50	正态	0.057±0.027
	As	28	0.82~13.1	5.210	2.580	4.570	0.55	正态	5.21±2.58
深海盆区	Cu	15	31.9~87.1	54.100	18.400	51.400	0.34	正态	54.1±18.4
	Pb	16	16.1~34.5	22.400	4.900	22.000	0.21	正态	22.4±4.9
	Zn	16	102~207	149.000	28.000	147.000	0.19	正态	149±28
	Cd	16	0.16~0.31	0.210	0.040	0.210	0.16	正态	0.21±0.04
	Cr	16	43.5~104	69.300	15.000	68.000	0.22	正态	69.3±15.0
	Hg	16	0.041~0.148	0.089	0.034	0.082	0.41	正态	0.089±0.034
	As	16	4.25~12.0	7.240	2.730	6.750	0.38	正态	7.24±2.73
南海全区	Cu	52	0.072~87.1	34.000	24.700	23.000	1.00	正态	34.0±24.7
	Pb	53	3.65~47.3	24.100	8.000	22.600	0.40	正态	24.1±8.0
	Zn	53	16.4~207	108.000	45.000	96.200	0.56	正态	108±45
	Cd	53	0.034~0.44	0.250	0.080	0.024	0.41	正态	0.25±0.08
	Cr	53	4.45~104	57.900	19.400	53.400	0.48	正态	57.9±19.4
	Hg	53	0.005~0.148	0.061	0.037	0.047	0.85	正态	0.061±0.037
	As	53	0.82~19.0	6.580	3.410	5.620	0.53	正态	6.58±3.4

资料来源：张远辉等，2005。

24.3.2　南海表层沉积物中重金属的分布特征

　　南海沉积物中的重金属有很多的研究报道，陈金民（2005）研究了南海沉积物砷的分布特征，表层沉积物总砷含量在南海的北部呈由东北向西南方向递减，在南海的南部呈由西向东和东北方向递减，在南海中部大致上是深海盆高于海盆两侧。南海表层沉积物中总砷含量的分布有两个大于 10×10^{-6} 的高值区；一个位于北部沿岸及东北部东沙群岛至巴士海峡一带海域；另一个位于南海西南部的越南南部沿岸海域。西沙、中沙群岛及越南东岸外海域为大片的低值区，表层沉积物中总砷含量低于 5×10^{-6}。南海中部深海盆区及南沙群岛中南部海域、越南东部近岸、海南岛东南部近岸表层沉积物总砷的含量介于上述高、低值之间。这种分布特征说明，陆源砷的输入（包括岩石、土壤等自然物质和工农业生产排污）是南海沉积物中砷的主要来源。北部高值区位于广东东部、台湾西南部和菲律宾西北部沿岸径流的交汇处，不可避免地受到陆源砷输入的强烈影响。同时，由于该海区夏季存在着 NE 向沿岸流，冬季除沿岸为弱的 SW 向沿岸流外，离岸稍远处存在着强烈的 NE 向南海暖流，加上黑潮进入南海的分支在冬、夏季均有 NE 向的支流，使得含砷的陆地径流和陆源碎屑进入海区以后绝大部分沿岸线呈 NE 向流动，所以北部高值区有沿岸线逐渐向东北收缩的趋势。南部高值区则是位于越南湄公河口外海域，呈典型的由岸向海总砷含量递减的梯度分布，最高值就出现在南海南部大陆架上靠近其沿岸水深仅 61 m 湄公河口外的现代沉积区，主要为湄公河输入的陆源碎屑形成的砂质沉积。湄公河流经 6 个国家，且所经之处均为资源开发力度大但环境保护滞后的不发达地区，湄公河的陆源输入形成了南海南部表层沉积物这一总砷含量的高值区。其表层沉积物总砷含量的低值区主要位于南海中部西侧的大陆坡，由于离岸较远，受陆源砷输入影响较小，而与之相邻的东侧海域位于深海盆区，沉积物中黏土成分的比例较高，对砷有很强的吸附能力，而且深海盆区铁锰结核分布较为普遍。它也是一种对重金属元素吸附能力很强的吸附剂，这样就造成东侧海区沉积物总砷含量总体上比西侧低值区增高的情况。

珠江口沉积物重金属也有不少研究报道，刘芳文等（2003）研究过珠江口沉积物中重金属及其相态分布特征，珠江口表层沉积物中的 Pb、Cu、Zn、Cr 的含量明显比其他大城市和工业中心附近的河口要低，原因可能是珠江口周围相对较短的工业发展历史以及对重金属具有较强吸附能力的黏土成分含量较低。但是重金属的平均含量近年来迅速增加，如 Pb 的含量从 1977 年的 30×10^{-6} 增加到 1997 年的 59.43×10^{-6}，表明珠江三角洲工业化发展过程对沉积物中重金属含量增加有一定影响。重金属 Zn、Cr、Cu、Cd 的含量分布呈现由西北逐渐向东南递减的趋势，如 Zn 的平均含量为 110.85×10^{-6}，而靠近珠海含量达 200×10^{-6}，明显高于东南区域的 82.00×10^{-6}，这表明珠江口表层沉积物的重金属分布主要受大城市陆源污染物的影响，同时也与水动力条件如强径流和潮汐的变化有关。在重金属赋存形态上，吸附相中元素占其有效态的比率相对较高，总的顺序从大到小为 Cu（58.4%）、Cd（45.9%）、Pb（31.6%）、As（28.6%）、Zn（18.8%）、Hg（18.2%）、Cr（114%）。Cu 的吸附态占 32.6%～88.7%，平均 58.4%，其次是水相平均占 40.0%，其在铁锰氧化物相和有机相中所占的比率均非常低，平均值分别为 0.44% 和 1.16%；Cd 的相态与 Cu 相似，也是主要以吸附相存在，占其有效态总和的 24.1%～74.4%（平均值 45.9%），水相比例也较高（平均值 23.49%），所不同的是 Cd 的有机相也占有相当的比例（平均值 25.7%）。Cr 和 Hg 相态分布相似，两者均主要以铁锰氧化物相和有机相存在，两个相态的平均值之和均大于 70%，可见它们在水相和吸附相中的比例均比较小。Pb、Zn 和 As 均表现为相对较为均匀地分布在 3 个或 4 个相态中，只是各元素稍占优势的相态有所不同，如 Pb 以有机相稍占优势（平均 42.7%），水相和吸附相的比例平均也分别达到 25.3% 和 31.6%；Zn 以铁锰氧化物相稍占优势（平均 33.8%），在水相、有机相和吸附相中分别为 25.6%、21.89% 和 18.8%；As 则以水相稍占优势（平均 37.4%），其次是吸附相（平均 28.6%），铁锰氧化物相和有机相中分别为 16.8%、17.3%。

大亚湾表层沉积物现场调查的重金属结果见表 24.3，沉积物中 Hg、Cd、As、Pb、Cu、Zn 的平均值分别为 0.162×10^{-6}、0.042×10^{-6}、8.0×10^{-6}、32.25×10^{-6}、23.5×10^{-6}、89.5×10^{-6}。大亚湾海域沉积物中重金属的含量稍高于广西近海、南海北部与马来西亚沿海（Cd 除外），而低于毗邻的珠江（口）、深圳湾，亦低于厦门西海域和美国太平洋沿岸海域。

表 24.3　大亚湾表层沉积物中的重金属　　　　　　　　　　　　　　$\times 10^{-6}$

	项目	Hg	Cd	As	Pb	Cu	Zn
5 月	平均值	0. 14	0. 039	4. 9	30	27	80
	SD*	0. 07	0. 016	0. 9	13	11	17
6 月	平均值	0. 21	0. 058	5. 5	58	27	112
	SD*	0. 14	0. 016	2. 6	23	16	23
7 月	平均值	0. 10	0. 029	9. 6	23	25	89
	SD*	0. 04	0. 007	3. 7	7	9	9
1 月	平均值	0. 19	0. 042	11. 8	18	15	77
	SD*	0. 04	0. 015	4. 7	6	6	12

注：＊SD 为标准偏差。资料来源：丘耀文等，2005。

2007 年"908"专项调查对南海北部海域沉积物中的 Cu、Pb、Zn、Cr、Cd、Hg、As 七种重金属进行了系统调查，其主要调查结果如下。

南海北部表层沉积物中铜的水平分布见图 24.8。铜的分布总体上表现为距岸越远，沉积物中铜含量越低，其中，在广东南部和雷州半岛东部海区，沉积物中铜含量明显高于其他海域，这可能是由陆源输入的铜造成的；铜在该海区的平均含量为 14.15×10^{-6}，最高值出现在珠江口海域，为 152×10^{-6}；最低值为 0.39×10^{-6}，出现在海南岛西南海域。沉积物中铜的这种分布特征说明该海域沉积物中的铜主要以陆源输入为主。甘居利等 1998 年对南海北部陆架区表层沉积物中 Cu 的调查结果为铜含量在 $3.9 \times 10^{-6} \sim 18.5 \times 10^{-6}$ 之间，平均含量为 9.0×10^{-6}（甘居利等，2003），张远辉和杜俊民在 1998 年对整个南海的调查认为，南海陆架区表层沉积物中 Cu 的含量在 $0.072 \times 10^{-6} \sim 20.0 \times 10^{-6}$ 之间，平均为 7.43×10^{-6}，而整个南海表层沉积物中 Cu 的含量在 $0.072 \times 10^{-6} \sim 87.1 \times 10^{-6}$ 之间，平均为 34.0×10^{-6}（张远辉和杜俊民，2005）；与其相比，该海域表层沉积物中铜的含量在近年来有所增加。

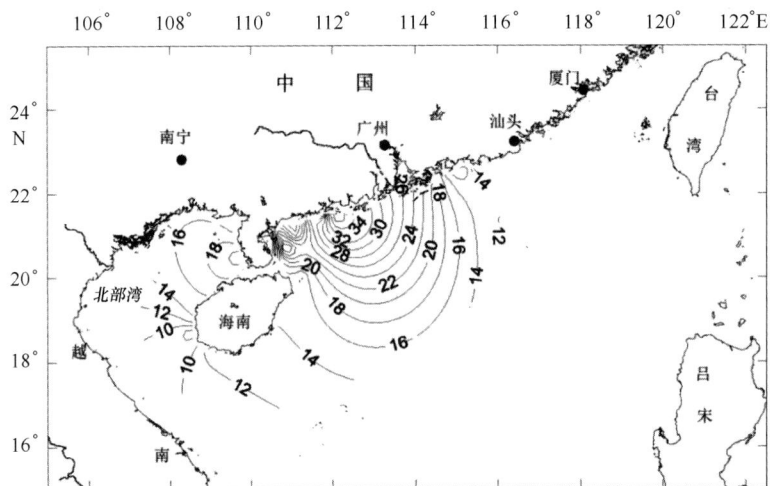

图 24.8　南海北部沉积物中 Cu（10^{-6}）的分布
资料来源："908"专项调查结果

南海北部表层沉积物中铅的水平分布见图 24.9。铅的分布趋势与铜的分布趋势基本一致，也表现出明显的近岸高远岸低的趋势，也表现为以陆源输入为主的特征。Pb 在该海区的平均含量为 26.65×10^{-6}，最高值出现在珠江口海域，为 141×10^{-6}。甘居利等 1998 年对南海北部陆架区表层沉积物中 Pb 的调查结果为 Pb 含量在 $15.1 \times 10^{-6} \sim 36.1 \times 10^{-6}$ 之间，平均含量为 23.0×10^{-6}（甘居利等，2003），张远辉和杜俊民在 1998 年对整个南海的调查认为，南海陆架区表层沉积物中 Pb 的含量在 $3.65 \times 10^{-6} \sim 26.1 \times 10^{-6}$ 之间，平均为 15.6×10^{-6}，而整个南海表层沉积物中 Pb 的含量在 $3.65 \times 10^{-6} \sim 47.3 \times 10^{-6}$ 之间，平均为 24.1×10^{-6}（张远辉和杜俊民，2005）；尚婷等在 1998 年对南海表层沉积物的调查认为 Pb 的含量在 $4.18 \times 10^{-6} \sim 36.05 \times 10^{-6}$ 之间，平均值为 23.55×10^{-6}（尚婷等，2008），与其相比，该海域表层沉积物中 Pb 的含量在最近几年没有发生明显的变化。

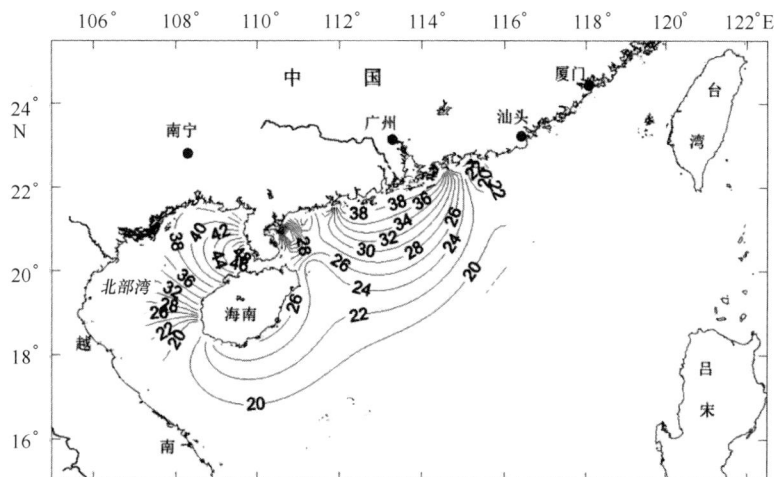

图 24.9　南海北部沉积物中 Pb（$\times 10^{-6}$）的分布

资料来源："908" 专项调查结果

南海北部表层沉积物中锌的水平分布见图 24.10。锌的分布趋势与铜、铅的分布趋势基本一致，也表现出明显的近岸高远岸低的趋势，表现为以陆源输入为主的特征。Zn 在该海区的平均含量为 67.22×10^{-6}，最高值仍然出现在珠江口海域，为 206×10^{-6}。甘居利等 1998 年对南海北部陆架区表层沉积物中 Zn 的调查结果为 Zn 含量在 $21.5 \times 10^{-6} \sim 73.9 \times 10^{-6}$ 之间，平均含量为 46.9×10^{-6}（甘居利等，2003），张远辉和杜俊民在 1998 年对整个南海的调查认为，南海陆架区表层沉积物中 Zn 的含量在 $16.4 \times 10^{-6} \sim 95.7 \times 10^{-6}$ 之间，平均为 54.4×10^{-6}，而整个南海表层沉积物中 Zn 的含量在 $16.4 \times 10^{-6} \sim 207 \times 10^{-6}$ 之间，平均为 108×10^{-6}（张远辉和杜俊民，2005）；与其相比，该海域表层沉积物中 Zn 的含量在近年有较为明显的增加，但仍低于整个南海的平均含量。

南海北部表层沉积物中铬的水平分布见图 24.11。铬在该海区的平均含量为 37.21×10^{-6}，其分布趋势与铜、铅、锌的分布趋势基本一致，其等值线分布与广东海岸线基本平行，距大陆海岸越远沉积物职中铬含量越低，表明铬也是以陆源输入为主。甘居利等 1998 年对南海北部陆架区表层沉积物中 Cr 的调查结果为 Cr 含量在 $6.8 \times 10^{-6} \sim 67.4 \times 10^{-6}$ 之间，平均含量为 25.5×10^{-6}（甘居利等，2003），张远辉和杜俊民在 1998 年对整个南海的调查认为，南海陆架区表层沉积物中 Cr 的含量在 $4.45 \times 10^{-6} \sim 87.9 \times 10^{-6}$ 之间，平均为 39.3×10^{-6}，而整个南海表层沉积物中 Cr 的含量在 $4.45 \times 10^{-6} \sim 104 \times 10^{-6}$ 之间，平均为 57.9×10^{-6}（张远辉和杜俊民，2005）。与其相比，该海域表层沉积物中 Cr 的含量在近年稍有增加，但仍低于整个南海表层沉积物中铬的含量。

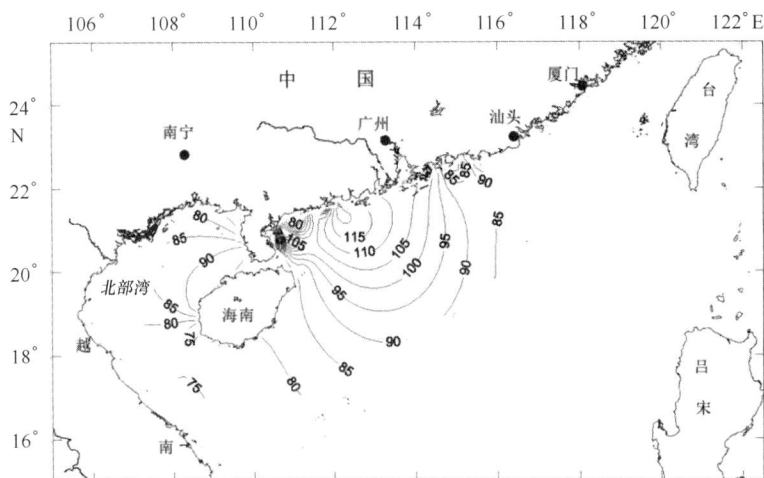

图 24.10　南海北部沉积物中 Zn（$\times 10^{-6}$）的分布

资料来源："908" 专项调查结果

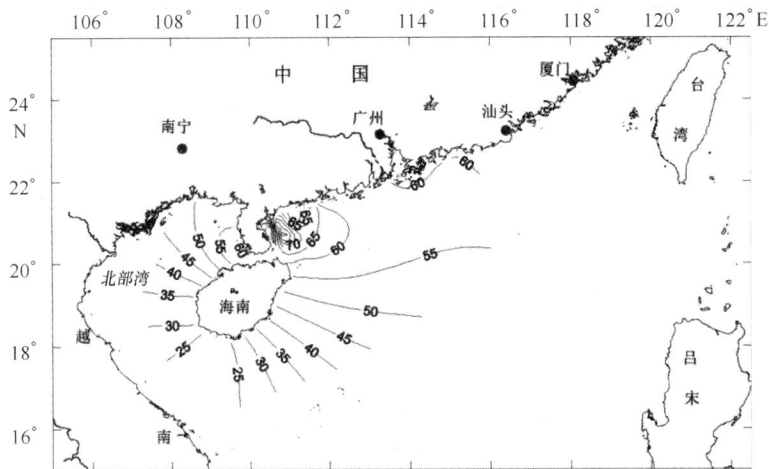

图 24.11　南海北部沉积物中 Cr（$\times 10^{-6}$）的分布

资料来源："908" 专项调查结果

南海北部表层沉积物中镉的水平分布见图 24.12。在海南岛和雷州半岛以西的北部湾海域沉积物中镉的含量较低，大部分调查站位的含量都小于 0.1×10^{-6}，而在海南岛和雷州半岛以东的海域含量明显大于 0.1×10^{-6}，并且以雷州半岛东侧的广东南部海域为中心向周围海域含量逐渐降低。Cd 在调查海区的平均含量为 0.42×10^{-6}，这一结果低于甘居利等 1998 年对南海北部陆架区表层沉积物中 Cd 的调查结果（镉含量在 $0.39 \times 10^{-6} \sim 1.26 \times 10^{-6}$ 之间，平均含量为 0.79×10^{-6}，甘居利等，2003），但高于张远辉和杜俊民在 1998 年对南海陆架区表层沉积物中 Cd 的调查结果（Cd 含量在 $0.034 \times 10^{-6} \sim 0.31 \times 10^{-6}$ 之间，平均为 0.18×10^{-6}，张远辉和杜俊民，2005）。

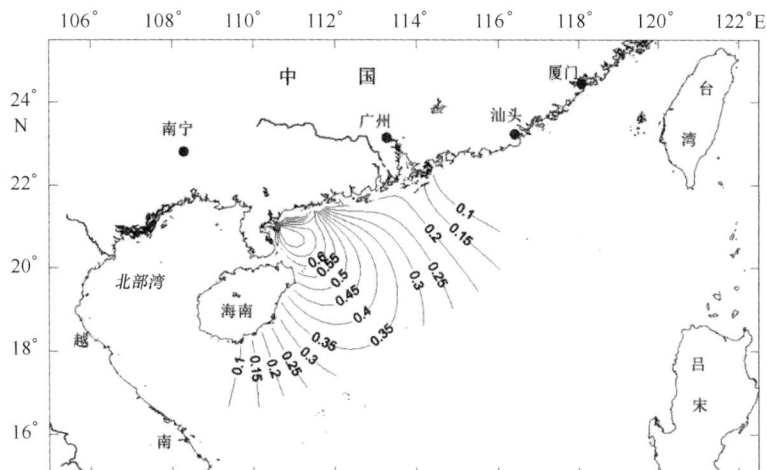

图 24.12 南海北部沉积物中 Cd（$\times 10^{-6}$）的分布

资料来源："908"专项调查结果

南海北部表层沉积物中汞的水平分布见图 24.13。除在雷州半岛东侧的广东南部海域沉积物中汞的含量较高外，汞在其他海域的分布差异不大，但在海南岛和雷州半岛以西的海域明显低于以东的海域。汞在海南岛和雷州半岛以西海域的含量主要在 0.035×10^{-6} 和 0.025×10^{-6} 之间，在海南岛和雷州半岛以东海域的含量主要在 0.055×10^{-6} 和 0.035×10^{-6} 之间。张远辉和杜俊民在 1998 年对整个南海的调查认为，南海陆架区表层沉积物中 Hg 的含量在 $0.005 \times 10^{-6} \sim 0.061 \times 10^{-6}$ 之间，平均为 0.02×10^{-6}，而整个南海表层沉积物中 Hg 的含量在 $0.005 \times 10^{-6} \sim 0.148 \times 10^{-6}$ 之间，平均为 0.061×10^{-6}（张远辉和杜俊民，2005）。与其相比，本次调查结果高于张远辉和杜俊民关于陆架区的调查结果，但仍低于大亚湾（平均含量 0.136×10^{-6}，郑庆华等，1992）等受人为影响较大的海域。

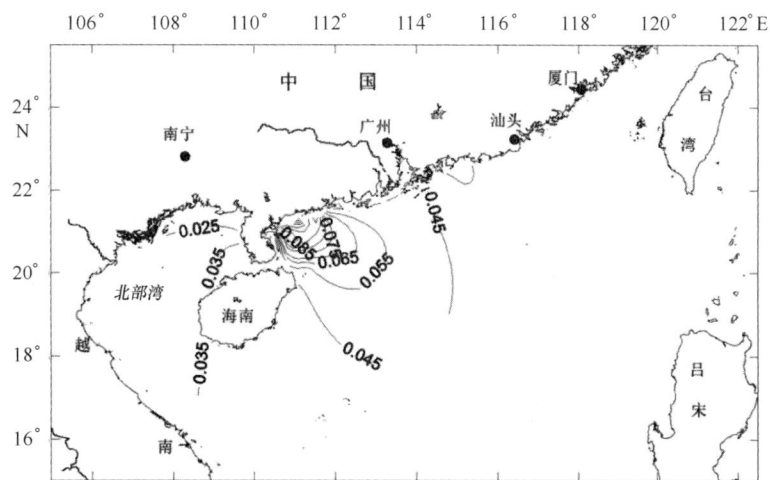

图 24.13 南海北部沉积物中 Hg（$\times 10^{-6}$）的分布

资料来源："908"专项调查结果

南海北部表层沉积物中砷的水平分布见图 24.14。砷在调查海区的平均含量为 8.91×10^{-6}，其分布趋势与汞、镉的分布趋势一致，在海南岛和雷州半岛以西的北部湾海域沉积物中砷的含量较低，大部分调查站位的含量都小于 3.0×10^{-6}，而在海南岛和雷州半岛以东的海域含量明显大于 5.0×10^{-6}，并且以雷州半岛东侧的广东南部海域为中心向周围海域含量逐渐降低。张远辉和杜俊民在 1998 年对整个南海的调查认为，南海陆架区表层沉积物中 As 的含量在 $2.92 \times 10^{-6} \sim 19.0 \times 10^{-6}$ 之间，平均为 9.71×10^{-6}，而整个南海表层沉积物中 Hg 的含量在 $0.82 \times 10^{-6} \sim 19.0 \times 10^{-6}$ 之间，平均为 6.58×10^{-6}（张远辉和杜俊民，2005）。与其相比，本次调查结果和陆架区表层沉积物中的含量相似，表明近几年来该海域表层沉积物中的 As 没有明显的变化。

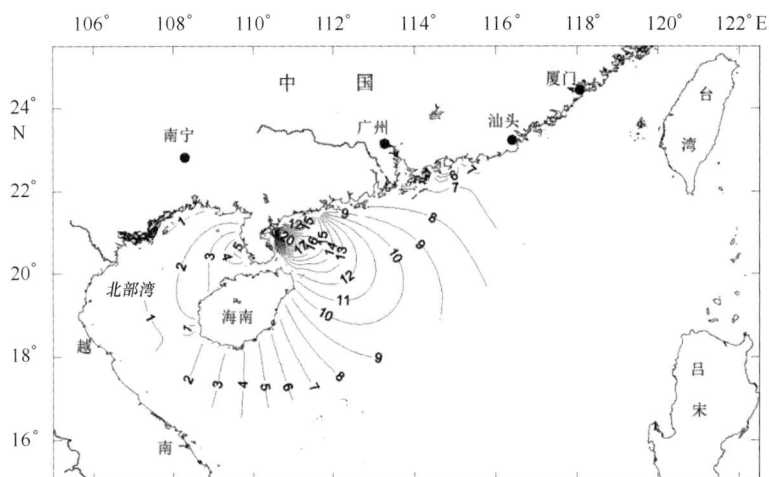

图 24.14 南海北部沉积物中 As（$\times 10^{-6}$）的分布

资料来源："908"专项调查结果

24.3.3 南海表层沉积物中放射性核素

有关南海表层沉积物中放射性核素的研究不多，刘广山等（2001）对南海东北部表层沉积物中的放射性核素进行了一些测定。与我国其他海域相比，南海东北部沉积物中的^{238}U 含量属于中高水平，仅低于化学分析法测定的渤海沉积物中的^{238}U 含量，^{210}Pb、^{226}Ra 和^{228}Ra 属于中等水平，^{40}K、^{137}Cs 稍低于其他海域。同一断面上沉积物中的^{40}K、^{137}Cs、^{238}Th、^{228}Ra、^{238}U 含量随离岸距离呈减小趋势，这表明所研究海域沉积物中的这些核素部分是陆源的，^{210}Pb 含量随离岸距离增加，与其他核素呈相反趋势。由此造成^{210}Pb/^{226}Ra 活度比随离岸距离明显增加，且增加幅度较大。

24.4 沉积物中的难降解有机物

南海表层沉积物中难降解有机物的研究多集中于珠江口、大亚湾等典型人为影响的浅海区。罗孝俊等（2005）对珠江三角洲河流及南海近海区域表层沉积物中有机氯农药含量及分布进行过探讨，表 24.4 是其结果，可以看出，在伶仃洋及其邻近海域表层沉积物中，有机氯农药含量低于珠江三角洲河流表层沉积物。在伶仃洋表层沉积物中，有机氯农药含量范围为

$0.76 \times 10^{-9} \sim 3.56 \times 10^{-9}$，平均值为 2.36×10^{-9}；在南海北部近海表层沉积物中，其含量范围为 $0.176 \times 10^{-9} \sim 2.07 \times 10^{-9}$，平均值为 1.16×10^{-9}。南海近海区域4个断面中，随着离岸距离的增加，有机氯农药含量有逐渐下降的趋势，这表明珠江河水径流输入是南海北部近海区域内有机氯农药的主要来源。

表 24.4　珠江三角洲河流及南海近海区域表层沉积物中有机氯农药含量

化合物	ERL	ERM	珠江三角洲沉积物	伶仃洋及近海
DDT	1.0	7	0.17～2.89（11）＊	Nd～0.84
DDD	2.0	20	0.39～5.84（5）	0.01～1.17
DDE	2.0	15	0.24～3.03（2）	0.01～0.86
DDTs	1.58	46.1	1.05～8.12（16）	0.03～2.48（3）

注：＊括号内数字为超过标准的站位数。资料来源：罗孝俊等，2005。

所研究区域有机氯农药含量范围为 $0.18 \times 10^{-9} \sim 12.85 \times 10^{-9}$。珠江三角洲河流有机氯含量（$2.10 \times 10^{-9} \sim 12.85 \times 10^{-9}$）高于伶仃洋及南海北部近海岸带（$0.18 \times 10^{-9} \sim 3.56 \times 10^{-9}$），与1997年结果相比，珠江河流沉积物中有机氯农药含量普遍降低，但绝大部分样品DDTs农药含量仍超过最低风险评价标准。在珠江口及南海北部近海区，DDTs主要以还原产物为主，随着输送距离的增加，氧化产物的比例逐渐增加. 降解产物的进一步降解分异或者氧化还原环境的改变是其主要原因。在伶仃洋与南海近海样品中，有机氯农药与总有机碳含量间存在着较好的相关性，二者间的相关系数 $r = 0.82$（$P < 0.01$），高于南海沉积物中多环芳烃与有机碳含量的相关系数（$r = 0.75$），有机碳与有机氯农药在沉积物中的分布有密切关系。

珠江口及南海北部近海表层沉积物中多溴联苯的研究表明（陈社军等，2005），东江和珠江是PBDEs的高污染区，含量为 $12.7 \times 10^{-9} \sim 7\,361 \times 10^{-9}$，其中，BDE209平均含量为 $1\,199 \times 10^{-9}$，东江与珠江PBDEs的高污染已经形成珠江三角洲其他地区和南海PBDEs的"源"，澳门水域是珠江三角洲水体环境中有机污染物的"汇"，环境中的PBDEs可通过大气、水体等途径长距离迁移，迁移的途径往往与其物理化学性质有关。图24.15南海北部近海表层沉积物中低多溴联苯的百分组成结果表明，不同区域PBDEs同系物的分布模式也不同，这可能与区域PBDEs来源有关。西江、南海和珠江口沉积物中三、四溴联苯醚（BDE28、BDE47、BDE66）在∑PBDEs中占有较高的比重，这些地区的PBDEs可能主要是经过一定距离大气或水体的迁移而来，因为较低溴组分具有较高的蒸气压和溶解度易于通过大气及水体输送，另外在长距离的迁移过程中，高溴代PBDEs也可能产生脱溴作用形成低溴代PBDEs。

大亚湾表层沉积物中难降解有机物的研究表明，沉积物中其含量与其他海区相近，水体和沉积物中有机污染物含量相关，提示沉积物中有机污染物主要来自水水体，其含量呈西部海域高、东部海域低的趋势，人口多和水产养殖密集的海区污染较重，沿岸种植业、工业废水、生活污水、船舶污水、水产养殖自身污染和水动力等与该海区有机污染物含量密切相关。

对采自大亚湾西北部哑铃湾海域柱状沉积物研究得知（池继松等，2005），在不同年代形成的沉积物中的PAHs含量也有较大差异（见图24.16）。

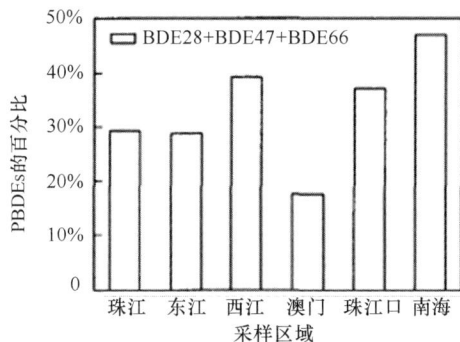

图 24.15　南海北部近海表层沉积物中低各溴联苯 PBDEs 的百分组成

资料来源：陈社军等，2005

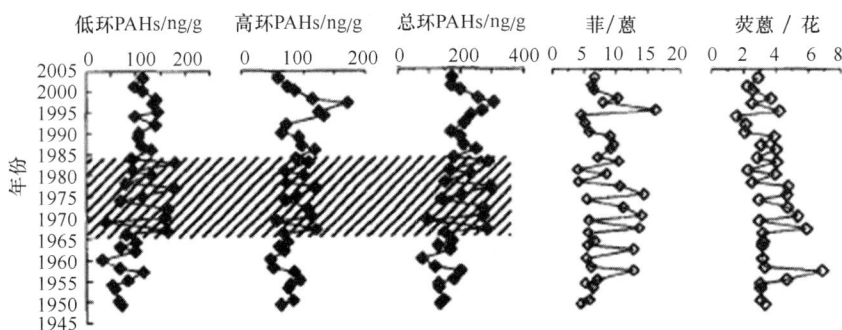

图 24.16　大亚湾哑铃湾海域柱状沉积物中 PAHs 随年代的分布

资料来源：池继松等，2005

　　垂直变化在年代上大致可以划分为 3 个阶段，即：①1949 - 1966 年低含量小幅变化阶段，PAHs 污染程度很小，基本可以代表本地区 PAHs 的背景值，经对比可看出，此阶段的 PAHs ed，量与低环 PAHs 和高环 PAHs 含量变化曲线均有良好的一致性；②1966—1985 年快速大幅波动上升阶段，反映了来源不稳定和程度不同的 PAHs 富集污染，此阶段的 PAHs 总量与低环 PAHs 含量变化曲线具有更好的相似性；③1985—2003 年相对持续平稳的升降交替变化阶段，值得注意的是，大约从 1990 年开始，本海域的 PAHs 含量呈持续升高状态，至 1996 年前后达到最高值，然后又开始逐渐降低，此阶段的 PAHs 总量与高环 PAHs 含量变化曲线具有更好的相似性。PAHs 含量的上述 3 个阶段变化特征较好地反映了本地区不同时期工业和社会经济的发展状况。20 世纪 70 年代以前，大亚湾周边地区工业基础总体上还处于很薄弱的阶段，近距离的污染源很少；70 年代至 80 年代中期，随着改革开放的深入开展，周边地区城市建设和工业经济得到了迅速发展；到了 90 年代初，大亚湾周边地区掀起了城市建设和工业发展的又一个高潮，万吨级码头、核电站等大型工程相继建成并投入使用，从而对大亚湾周围环境造成了一定影响，使大亚湾的水体受到污染，生态环境遭到破坏。多环芳烃在沉积柱中的含量变化从一个侧面反映了人类活动对自然生态环境的影响。

　　对大亚湾西北部哑铃湾海域柱状沉积物六六六及 DDTs 随年代的分布的分析也可以获得与以上分析相类似的结论（图见 24. 17 和图 24. 18）（池继松等，2005）。

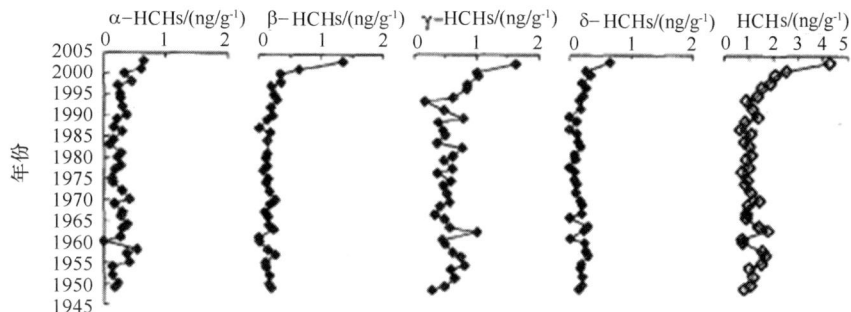

图 24.17 大亚湾哑铃湾海域柱状沉积物中六六六随年代的分布

资料来源：池继松等，2005

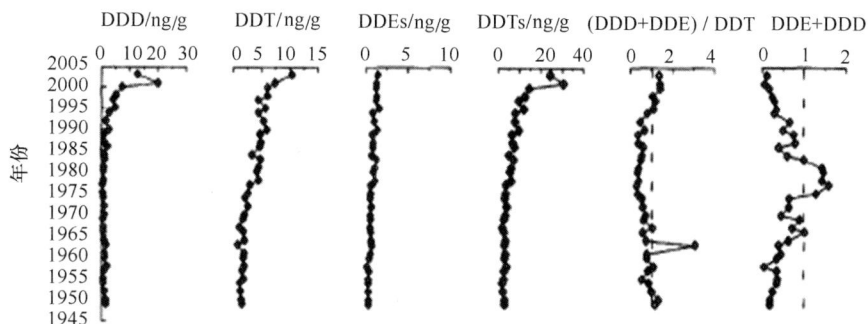

图 24.18 大亚湾哑铃湾海域柱状沉积物中 DDTs 随年代的分布

资料来源：池继松等，2005

20 世纪 90 年代以前，大亚湾沉积物的 HCHs 含量相对较低，而且变化幅度不大，90 年代以后 HCHs 含量开始逐渐升高，一直到 2003 年达到最高值，目前仍有升高的趋势。HCHs 的组成特征表明，可能主要与该地区林丹（γ–HCHs）的大量使用有关；而柱样中 HCHs 含量自 1990 年以后呈逐年升高的趋势说明，近 15 年来随着该地区各种经济开发活动的加强，使残留在土壤中的这些农药组分随地表径流更多地进入水体沉积物中。与 HCHs 类似，DDTs 的含量也是表现出逐步升高的规律，约在 1977 年和 1990 年为两个升幅发生较明显变化的转折期，这种升高的趋势表现得更为明显，而在此之前（即 1949—1977 年）DDTs 含量变化相对不明显，且含量相对较低。这一变化特点与 20 世纪 90 年代以来大亚湾周围地区各种经济开发活动的加强以及伴随土地利用方式的改变密切相关。同时，DDTs 的组成特征及相关指标揭示，在大亚湾海域 DDTs 类农药可能仍存在新的输入源，但这种输入的强度在近几年似乎有所减弱。

2005 年开始的全国海洋调查（"908"专项）对南海北部部分海域沉积物中的六六六、DDT、PCBs 和 PAHs 等持久性有机污染物进行了系统分析，其主要结果见表 24.5。这一分析结果与历史资料基本一致。PCBs 和 PAHs 是持久性有机污染物中最主要的物质，在大部分站位持久性有机污染物的 95% 以上。PCBs 主要以 PCB101、PCB138 和 PCB153 三种物质含量最高，但部分站位 PCB28 和 PCB52 含量也较高；PAHs 主要以蒽、屈和苯并［a］芘等物质为主。从荧蒽／（荧蒽＋芘）比值看（均小于 1），南海北部沉积物中的 PCBs 主要是石油来源的。

表 24.5　南海北部表层沉积物中持久性有机污染物的含量　　　　　×10^{-9}

站位	经度°（E）	纬度°（N）	六六六总量	DDT 总量	$\sum$ PCBs	$\sum$ PAHs
JC – NH07	115. 471 7	22. 283 6	6. 59	0. 65	15. 89	89. 1
JC – NH09	115. 158 9	22. 677 8	7. 17	2. 5	7. 15	103. 6
JC – NH31	114. 721 7	20. 944 7	5. 9	1. 65	4. 49	151. 3
JC – NH34	114. 963 9	20. 062 5	5. 04	1. 05	6. 14	114. 5
JC – NH55	113. 4364	20. 280 8	2. 41	1. 11	2. 83	147. 4
JC – NH64	112. 580 6	20. 786 9	1. 86	0. 84	3. 5	230. 4
JC – NH68	111. 953 9	21. 583 1	2. 52	1. 26	1. 91	209. 43
ZD – ZJK024	114. 716 9	22. 095 6	13. 17	9. 68	16. 64	90. 3
ZD – ZJK036	114. 269 4	22. 084 7	7. 11	4. 17	11. 35	123. 9
ZD – ZJK058	113. 863 1	21. 453 1	8. 04	9. 27	17. 51	152. 5
ZD – ZJK082	113. 070 0	21. 885 3	5	1. 49	4. 51	75. 7
ZD – ZJK099	113. 062 2	21. 038 6	6. 13	1. 45	3. 51	125. 3
ZD – ZJK106	112. 646 1	21. 566 7	未检出	1. 74	0. 93	122. 4
ZD – ZJK118	113. 745 0	22. 645 8	1. 75	1. 48	2. 49	119. 7
ZD – ZJK126	113. 750 6	22. 445 3	1. 78	0. 89	1. 44	168. 1
ZD – ZJK136	113. 720 6	22. 283 3	4. 1	2. 06	2. 25	121. 7
ZD – ZJK143	113. 638 1	22. 079 4	未检出	2. 09	0. 71	79. 2
ZD – ZJK148	114. 420 8	22. 515 8	8. 11	3. 21	1. 21	213. 8
ZD – ZJK151	114. 688 9	22. 648 1	5. 58	2. 6	3. 17	114. 8
G7	114. 697 8	22. 600 0	8. 21	12. 7	19. 6	—
G5	115. 207 8	22. 624 4	6. 12	10. 7	8. 66	—
G1	117. 148 3	23. 305 3	6. 85	9. 33	11. 7	—
G12	111. 443 6	21. 429 9	3. 85	13. 4	4. 7	—
G17	110. 633 3	20. 979 2	4	7. 59	5. 68	—
G20	111. 284 6	20. 140 2	6. 45	6. 18	12. 7	—

参考文献

毕春娟，陈振楼，许世远，李丽娜，陈晓枫．2006．长江口潮滩大型底栖动物对重金属的累积特征．应用生态学报，17（2）：309－314．

毕春娟，陈振楼，许世远，王军，刘杰，等．2006．长江口滨岸潮滩重金属源汇通量估算．地球化学，35（2）：187－193．

车越，何青，林卫青．2002．长江口南支重金属分布研究．上海环境科学，21（4）：220－223．

陈春华．1997．海口海湾域重金属自净能力研究．海洋学报，19（6）：77－83．

陈国珍．1990．海水痕量元素分析［M］．北京：海洋出版社，139－165．

陈洪涛，刘素美，陈淑珠，等．2003．渤海莱州湾沉积物海水界面磷酸盐的交换通量．环境化学，22（2）：110－114．

陈建芳，叶新荣，周怀阳，夏小明，郑士龙．1999．长江口—杭州湾有机污染历史初步研究——BHC 与 DDT 的地层学记录．中国环境科学，19（3）：206－210．

陈金民．2005．南海表层沉积物中总砷含量的分布特征．台湾海峡，24（1）：58－62．

陈劲毅，陈国祥，杨绪林，等．1988．南海中部水体中三种无机氮的分布特征．热带海洋，2：71－77．

陈进兴，张平青．1989．渤、黄、东、南海沉积物中^{226}Ra 的含量比较．黄渤海海洋，7（4）：46－49．

陈满荣，余立中，许立远．2003．长江口滩涂沉积物中 PCBs 及其空间分布．海洋环境科学，22（2）：20－23．

陈敏，黄奕普，林永革，邱雨生．1997．中国近岸海域沉积物^{226}Ra 的分布特征．海洋学报，19（6）：84－93．

陈庆．1981．南黄海沉积物中自生黄铁矿的研究．地质学报，3：232－244．

陈社军，麦碧娴，曾永平，罗孝俊，余梅，等．2005．珠江三角洲河流及南海近海区域表层沉积物中多溴联苯醚的分布特征．环境科学学报，29（5）：1265－1271．

陈松，廖文卓，许爱玉，骆丙坤．1999．长江口沉积物——铅的吸附动力学及环境影响．台湾海峡，18（2）：125－130．

陈莹，庄国顺，郭志刚．2010．近海营养盐和微量元素的大气沉降．地球科学进展，25（7）：682－690．

陈振楼，刘杰，许世远，王东启，郑祥民．2005．大型底栖动物对长江口潮滩沉积物 水界面无机氮交换的影响．环境科学，26（6）：43－50．

陈振楼，王东启，许世远，张兴正，刘杰．2005．长江口潮滩沉积物 水界面无机氮交换通量．地理学报，60（2）：328－336．

成凌，程和琴，杜金洲，戴志军，江红，等．2007．长江口底沙再悬浮对重金属迁移的影响．海洋环境科学，26（4）：317－320．

程济生，等．2004．黄渤海近岸水域生态环境与生物群落．青岛：中国海洋大学出版社．38－46．

池继松，颜文，张干，郭玲利，刘国卿，等．2005．大亚湾海域多环芳烃和有机氯农药的高分辨率沉积记录．热带海洋学报，24（6）：44－52．

崔毅，陈碧娟，任胜民，等．1996．渤海水域生物理化环境现状研究．中国水产科学，3（2）：1－12．

崔毅，马绍赛，李云平，等．2003．莱州湾污染及其对渔业资源的影响．海洋水产研究，24（1）：35－41．

崔毅，宋云利，杨琴芳，等．1992．渤海浮游植物与理化环境初探．海洋环境科学，11（3）：56－59．

崔毅，宋云利．1996．渤海海域营养现状研究．海洋水产研究，17（1）：57－62．

崔毅，杨琴芳，宋云利．1994．夏季渤海无机磷酸盐和溶解氧分布及其相互关系．海洋环境科学，13（4）：31－35.

崔毅，陈碧娟，宋云利．1996．胶州湾海洋动物体中重金属含量及评价．海洋环境科学，15（1）：17－22.

戴纪翠，宋金明，李学月，袁华茂，郑国侠，等．2006．人类活动影响下的胶州湾近百年来环境演变的沉积记录．地质学报，80（11）：1770－1778.

邓华健．2004．渤海湾沉积物－水界面营养盐交换通量的研究［D］．天津大学硕士学位论文.

刁焕祥，姜传贤，陆家平．1984．南海溶解氧垂直分布最大值．海洋学报，6（6）：770－780.

刁焕祥，沈志良．1985．黄海冷水域水化学要素的垂直分布特性．海洋科学集刊，25：41－51.

刁焕祥，等．1984．南海溶解氧垂直分布最大值．海洋学报，6（6）：770－780.

丁宗信．1983．风对浙江沿岸温度、盐度垂直结构和上升流的影响．海洋与湖沼，14（1）：14－21.

杜俊民，陈立奇，张远辉，等．2008．台风"碧利斯"在厦门海域的酸沉降特征及其氮、磷营养盐对海洋的输入评估．台湾海峡，27（3）：339－346.

杜俊民，朱赖民，张远辉．2004．南黄海中部沉积物微量元素的环境记录研究．海洋学报，26（6）：40－57.

段水旺，章申，陈喜保，张秀梅，王立军，等．2000．长江下游氮、磷含量变化及其输送量的估计．环境科学，21（1）：53－56.

段水旺，章申，陈喜保，等．2000．长江下游氮、磷含量及其输送量的估计．环境科学，21（1）：53－56.

段毅，宋金明，张辉．2003．南沙海区生物单体脂类碳同位素研究．中国科学，33（9）：889－894.

方国洪，王凯，郭丰义，等．2002．近30年渤海水文和气象状况的长期变化及其相互关系．海洋与湖沼，（5）：515－25.

方圣琼，胡雪峰，秦荣，等．2004．长江口污染物累积运移规律的初步研究．环境科学，17（4）：14－17.

冯强，刘素美，张经．2001．黄、渤海区沉积物中磷的分布．海洋环境科学，20（2）：51－55.

冯士筰，李凤岐，李少菁．1999．海洋科学导论［M］．北京：高等教育出版社．503.

傅瑞标，何青，孙振斌．2000．长江口南槽重金属的分布特征．中国环境科学，20（4）：357－360.

甘居利，贾晓平，李纯厚，蔡文贵，王增焕，等．2003．南海北部陆架区表层沉积物中重金属分布和污染状况．热带海洋学报，22（1）：36－42.

高会旺，吴德星，白洁，等．2003．2000年夏季莱州湾生态环境要素的分布特征．青岛海洋大学学报，33（2）：185－191.

高建华，汪亚平，潘少明，张瑞，李军，等．2007．长江口外海域沉积物中有机物的来源及分布．地理学报，62（9）：981－991.

高效江，张念礼，陈振楼，许世远，陈立民．2002．上海滨岸潮滩水沉积物中无机氮的季节性变化．地理学报，57（4）：407－412.

顾宏堪．1980．黄海溶解氧垂直分布中的最大值．海洋学报，2（2）：70－79.

顾宏堪，等．1991．渤海黄海东海海洋化学［M］．北京：科学出版社.

桂祖胜，张龙军，张向上，孙超．2008．2005年9月黄河口淡咸水混合过程中pCO_2变化规律及行为．海洋环境科学，27（6）：615－617.

郭炳火，黄振宗，李培英，暨卫东，刘广远，等．2004．中国近海及邻近海域海洋环境．北京：海洋出版社．446.

郭炳火，汤毓祥，李炳兰，等．2001．海洋环境补充调查水文、气象图集.，国家海洋局科技司.

郭炳火．1993．黄海物理海洋学的主要特征．黄渤海海洋，11（3）：7－18.

郭良波，等．2007．渤海COD与石油烃容量计算．中国海洋大学学报，37（2）：310－316.

郭全，王修林，韩秀荣，等．2005．渤海海区COD分布及对海水富营养化贡献分析．海洋科学，29（9）：71－75.

国家海洋局．1976．渤海污染调查图集．大连：国家海洋局东北海洋工作站.

国家海洋局．1999．中国海洋环境年报（1990—1998）.

国家海洋局 . 1992. 胶州湾环境质量评价 . 海洋通报, 11（4）：23 – 50.

国家海洋局 . 2005. 中国海洋环境质量公报（1999—2004）.

国家海洋局 . 200. 2000 年中国海洋环境公报 .

国家海洋局 . 200. 2002 年中国海洋环境公报 .

国家海洋局 . 200. 2003 年中国海洋环境公报 .

国家海洋局 . 200. 2004. 第二次全国海洋污染基线调查报告 .

国家海洋局 . 2004. 2006 年中国海洋环境公报 .

国家海洋局 . 2007. 2006 中国海洋环境质量公报 ［EB/OL］.（2007 – 1）. http：//www. coi. gov. cn/hygb/hy-hi/2006/index. html.

国家海洋局 . 2007. 2007 年中国海洋环境公报 .

国家海洋局 . 2008. 2008 年中国海洋环境公报 .

国家海洋局 . 2009. 2008 年中国海洋环境质量公报 ［EB/OL］.（2009 – 03 – 11）［12009 – 12 – 02］. http：//cn. chinagate. cn/reports/2009 – 03/11/content_ 17426187. htm

国家海洋局 . 2010. 2009 年中国海洋环境质量公报 ［EB/OL］. http：//www. soa. gov. cn/soa/hygb/hjgb/webin-fo/2010/06/1297643967120831. htm.

国家海洋局 . 2000. 20 世纪末中国海洋环境公报 .

国家海洋局北海分局 . 2005. 渤黄海环境质量年报（1989—2004）.

国家环保总局, 国家海洋局 . 1997. 中华人民共和国国家海水水质标准（GB 3097 – 1997）.

国家科委海综办 . 1964. 全国海洋综合调查报告 .

韩舞鹰, 等 . 1998. 南海海洋化学 ［M］. 北京：科学出版社 . 289.

何桂芳, 袁国明 . 2007. 用模糊数学对珠江口近 20a 来水质进行综合评价 . 海洋环境科学, 26（1）：53 – 57.

何桂芳, 等 . 2009. 海上油田开发对海洋环境的影响——以涠洲油田为例 . 海洋环境科学, 28（2）：198 – 201.

何桐, 谢健, 余汉生, 等 . 2008. 大亚湾表层沉积物间隙水与上覆水中营养盐分布特征 . 环境科学学报, 28（11）：2361 – 2368.

贺志鹏 . 2008. 南黄海重金属的演变特征及控制因素 ［D］. 中国科学院海洋研究所博士论文 .

赫崇本, 汪园祥, 雷宗友, 等 . 1959. 黄海冷水团的形成及其性质的初步分析 . 海洋与湖沼, 5（4）：268 – 272.

胡敦欣, 韩舞鹰, 章申, 等, . 2001. 长江、珠江口及邻近海域陆海相互作用 . 北京：海洋出版社：217.

胡敦欣, 吕良洪, 熊庆成, 等 . 1980. 关于浙江沿岸上升流的研究 . 科学通报, 25（3）：131 – 133.

胡敦欣, 杨作升 . 2001. 东海海洋通量关键过程 ［M］. 北京：海洋出版社 . 146.

胡敦欣, 杨作升 . 2001. 东海海洋通量关键过程 ［M］. 北京：海洋出版社 . 204.

胡好国, 万振文, 袁业立 . 2004. 南黄海浮游植物季节性变化的数值模拟与影响因子分析 . 海洋学报, 26（6）：74 – 88.

胡明辉, 杨逸萍, 徐春林, J. P. 哈里森 . 1989. 长江口浮游植物生长的磷酸盐限制 . 海洋学报, 11（4）：439 – 443.

黄尚高, 杨嘉东, 暨卫东, 等 . 1986. 长江口水体活性硅、氮、磷含量的时空变化及相互关系 . 台湾海峡, 5（2）：114 – 122.

黄小平, 田磊, 彭勃, 等 . 2010. 珠江口海域环境污染研究进展 . 热带海洋学报, 29（1）：1 – 7.

黄自强, 暨卫东 . 1994. 长江口水中总磷、有机磷、磷酸盐的变化特征及相互关系 . 海洋学报, 16（1）：51 – 60.

贾成霞, 刘广山, 徐茂泉, 黄奕普, 张经 . 2003. 胶州湾表层沉积物放射性核素含量与矿物组成 . 海洋与湖沼, 34（5）：490 – 498.

贾振邦，梁涛，林健枝，等 . 1997. 香港河流重金属污染及潜在生态危害研究 . 北京大学学报（自然科学版），33（4）：485 – 492.

江志华 . 2005. 渤海典型海域重金属络合容量研究［D］. 中国海洋大学学位论文，6：5 – 6.

姜学钧，李绍全，中顺喜 . 1991. 南黄海 YSDP102 孔冰消期以来的重矿组合特征 . 海洋地质与第四纪地质，20（2）：27 – 31.

蒋红，崔毅，陈碧鹃等 . 2005. 渤海近 20 年来营养盐变化趋势研究 . 海洋水产研究，26（6）：61 – 67.

柯东胜 . 1991. 广东近海水域重金属含量及其分布规律的研究 . 环境科学学报，11（1）：9 – 16.

蓝先洪 . 1996. 珠江口沉积物的地球化学研究［A］. 北京：海洋出版社 .

乐肯堂 . 1984. 长江冲淡水路径的初步研究——I. 模式 . 海洋与湖沼，15（2）：55 – 65.

乐肯堂 . 1986. 关于长江冲淡水路径的若干问题 . 海洋科学集刊，27：221 – 228.

李斌，吴莹，张经 . 2002. 北黄海表层沉积物中多环芳烃的分布及其来源 . 中国环境科学，22（5）：429 – 432.

李飞永，林植青，郑建禄，等 . 1983. 海洋沉积物不同地球化学相中 Zn、Cu、Pb、Cd 的连续提取和测定——珠江口沉积物的研究 . 海洋学报，5（2）：178 – 186.

李飞永，陈金斯 . 1989. 珠江口海区悬浮颗粒物质研究 I——迁移、分布和变化 . 海洋学报，11（2）：185 – 192.

李凤业，宋金明，李学刚，汪亚平，齐君 . 2003. 胶州湾现代沉积速率和沉积通量研究 . 海洋地质与第四纪地质，23（4）：29 – 33.

李凤业，杨永亮，何丽娟 . 1999. 南黄海东部泥区沉积速率和物源探讨 . 海洋科学，（5）：37 – 40.

李富荣 . 1993. 春末黄、东海溶解氧的垂直结构及其最大值的初步分析 . 青岛海洋大学学报，23（2）：69 – 76.

李建军，冯慕华，喻龙 . 2001. 辽东湾浅水区水环境质量现状评价 . 海洋环境科学，20（3）：42 – 45.

李丽娜，陈振楼，许世远，毕春娟 . 2005. 长江口滨岸潮滩底栖泥螺受铅污染的急性毒理试验 . 海洋湖沼通报，2：88 – 92.

李丽娜，陈振楼，许世远，等 . 2005. 铜、锌、铅、铬、镍重金属在长江口滨岸带软体动物体内的富集 . 华东师范大学学报（自然科学版），8（3）：65 – 70.

李敏，韦鹤平，王光谦，倪晋仁 . 2004. 长江口、杭州湾水域沉积物中磷的化学形态分布特征 . 海洋学报，26（2）：125 – 131.

李淑媛，刘国贤，杜瑞芝，等 . 1990. 渤海湾重金属污染历史 . 海洋环境科学，9（3）：7 – 16.

李淑媛，刘国贤，苗丰民 . 1994. 渤海沉积物中重金属分布及环境背景值 . 中国环境科学，14（5）：23 – 34.

李淑媛，苗丰民，刘国贤，杜瑞芝 . 1996. 渤海重金属污染历史研究 . 海洋环境科学，15（4）：28 – 31.

李学刚，李宁，宋金明 . 2004. 海洋沉积物不同结合态无机碳的测定 . 分析化学，32（4）：425 – 429.

李学刚，吕晓霞，孙云明，李宁，袁华茂，等 . 2003. 渤海沉积物中的"活性铁"与其氧化还原环关系 . 海洋环境科学，22（1）：20 – 24.

李学刚，宋金明，李宁，袁华茂，高学鲁 . 2005. 胶州湾沉积物中氮与磷的来源及其生物地球化学特征 . 海洋与湖沼，36（6）：562 – 571.

李延，宋金明 . 1991. 东海沉积物 – 海水界面附近化学质量转移的研究 . 第四届中国海洋湖沼科学会议论文集 . 北京：科学出版社 .

李玉，俞志明，曹西华，等 . 2005. 重金属在胶州湾表层沉积物中的分布与富集 . 海洋与湖沼，36（6）：581 – 586.

李玉，俞志明，宋秀闲 . 2009. 胶州湾水体四季之交之时的污染状况研究 . 海洋科学，33（11）：55 – 58.

李曰嵩，杨红 . 2004. 长江口沉积物对磷酸盐的吸附与释放的研究 . 海洋环境科学，23（3）：39 – 42.

李悦 . 1997. 渤海现代物质通量研究 . 青岛大学学报，10（3）：46 – 49.

栗俊，鲍永恩，刘广远，贺广凯，李莉 . 2007. 东海陆架沉积物中重金属地球化学研究 . 海洋环境科学，26

（1）：63 – 66.

廖自基 . 1992. 微量元素的环境化学及生物效应［M］. 北京：中国环境科学出版社 . 251 – 254.

林洪瑛，韩舞鹰 . 2001. 南沙群岛海域营养盐分布的研究 . 海洋科学，25（10）：12 – 14.

林金祥，王宗山 . 1985. 关于长江冲淡水异常变化的分析 . 黄渤海海洋，3（4）：11 – 19.

林庆礼，宋云利，杨琴芳，等 . 1991. 渤海增殖水化学环境 . 海洋水产研究，12：11 – 30.

林秀梅，刘文新，陈江麟，许姗姗，等 . 2005. 渤海表层沉积物中多环芳烃的分布与生态风险评价 . 环境科学学报，25（1）：16 – 21.

林植青，郑建禄，王肇鼎，等 . 1982. 珠江口海域重金属的河口化学研究 II. 珠江口海域悬浮体中重金属的化学形态研究 . 海洋与湖沼，13（6）：523 – 529.

林植青，郑建禄，黄建舟 . 1984. 珠江河流悬浮体中重金属化学形态的研究 . 热带海洋 . 3，（4）：50 – 57.

林植青，等 . 1983. 南海中部海域的营养盐类——磷酸盐、硅酸盐的分布特征 . 南海海洋科学集刊，4：121 – 126.

刘昌岭，陈洪涛，任宏波，等 . 2003. 黄海及东海海域大气湿沉降（降水）中的营养元素 . 海洋环境科，22（3）：26 – 30.

刘成，王兆印，何耘，等 . 2002. 环渤海湾诸河口潜在生态风险评价 . 环境科学研究，15（5）：34 – 36.

刘芳文，颜文，黄小平，施平 . 2003. 珠江口沉积物中重金属及其相态分布特征 . 热带海洋学报，22（5）：16 – 24.

刘芳文，颜文，王文质，等 . 2002. 珠江口沉积物重金属污染及其潜在生态危害评价 . 海洋环境科学，21（3）：34 – 38.

刘广山，黄奕普，陈 敏，邱雨生，蔡毅华，等 . 2001. 南海东北部表层沉积物天然放射性核素与 ^{137}Cs. 海洋学报，23（6）：76 – 84.

刘贵春，黄清辉，李建华，柯润辉 . 2007. 长江口南支表层沉积物中有机氯农药的研究 . 中国环境科学，27（4）：503 – 507.

刘慧，方建光，董双林，等 . 2003. 莱州湾和桑沟湾养殖海区主要营养盐的周年变动及限制因子 . 中国水产科学，10（3）：227 – 234.

刘坚，陆红锋，廖志良，陈道华，程思海 . 2005. 东沙海域浅层沉积物硫化物分布特征及其与天然气水合物的关系 . 地学前缘，12（3）：258 – 262.

刘娟 . 2006. 渤海化学污染物入海通量研究［D］. 中国海洋大学硕士学位论文 .

刘绿叶，高效江，陈卓敏，宋祖光 . 2005. 长江口潮滩沉积物中磷的分布和形态特征 . 复旦学报（自然科学版），44（6）：1033 – 1036.

刘素美，张经，陈洪涛 . 2000. 黄海和东海生源要素的化学海洋学 . 海洋环境科学，19（1）：68 – 74.

刘文新，陈江麟，林秀梅，许姗姗 . 2005. 渤海表层沉积物中 DDTs、PCBs 及钛酸酯的空间分布特征 . 环境科学学报，25（1）：94 – 99.

刘先炳，苏纪兰 . 1991. 浙江沿岸上升流和沿岸锋面的数值研究 . 海洋学报，13（3）：305 – 314.

刘现明，徐学仁，张笑天 . 2001. 大连湾沉积物中的有机氯农药和多氯联苯 . 海洋环境科学，20（4）：40 – 44.

刘宪斌，朱琳，张桂香，等 . 2005. 天津塘沽驴驹河海岸带海水和沉积物现状调查 . 天津科技大学学报，29（2）：31 – 34.

刘毅，周明煌 . 1999. 中国东部海域大气气溶胶入海通量的研究 . 海洋学报，21（5）：39 – 45.

刘昭蜀，赵焕庭，范时清，陈森强，等 . 2002. 南海地质 . 北京：科学出版社 . 315 – 368.

刘哲，魏皓，蒋松年 . 2003. 渤海多年月平均温盐场的季节变化特征及形成机制的初步分析 . 青岛海洋大学学报，33（1）：7 – 14.

刘志刚，宋金明，李宁 . 2004. 渤海南部海域沉积物上覆海水与颗粒物中的磷与硅 . 海洋科学，28（2）：

8 – 13.

吕伟香 . 2007. 东、黄海沉积物中生物硅的研究［D］. 中国海洋大学硕士学位论文 .

吕小乔，祝陈坚，张爱斌，等 . 1985. 夏季渤海西南部及黄河口海域营养盐分布特征 . 中国海洋大学学报，15（1）：146 – 158.

吕晓霞，宋金明，袁华茂，李学刚，詹天荣，李宁，高学鲁 . 2005. 南黄海表层不同粒级沉积物中氮的地球化学特征 . 海洋学报，27（1）：64 – 69.

吕晓霞，宋金明，袁华茂，李学刚，詹天荣，等 . 2005. 南黄海表层沉积物中氮的分布特征及其在生物地球化学循环中的功能 . 地质评论，51（2）：213 – 219.

吕晓霞，翟世奎，于增慧，张怀静 . 2005. 长江口内外表层沉积物中营养元素的分布特征研究 . 海洋通报，24（2）：40 – 45.

吕晓霞，翟世奎，于增慧 . 2005. 长江口及邻近海域表层沉积物中营养元素的分布特征及其控制因素 . 海洋环境科学，24（3）：1 – 5.

吕晓霞，宋金明 . 2003。海洋沉积物中氮的区域地球化学特征 . 海洋科学进展，21（2）：174 – 180.

罗伟权，何清溪，陈国清，等 . 1985. 汞、镉在珠江口海域水体中迁移规律的研究 . 热带海洋，4（4）：25 – 33.

罗伟权，何清溪，方平，等 . 1984. 珠江口海域沉积物中汞、镉化学形态的研究 . 热带海洋，3（4）：58 – 64.

罗孝俊，陈社军，麦碧娴，曾永平，盛国英，等 . 2005. 珠江三角洲河流及南海近海区域表层沉积物中有机氯农药含量及分布 . 环境科学学报，29（5）：1272 – 1279.

罗义勇 . 1998. 东海沿岸上升流的数值计算 . 海洋湖沼通报，（3）：1 – 6.

马红波，宋金明，吕晓霞，袁华茂 . 2003. 渤海沉积物中氮的形态及其在循环中的作用 . 地球化学，32（1）：48 – 54.

马嘉蕊，邵秘华，鲍永恩，等 . 1995. 黄渤海辽宁省海湾的环境现状及其评价 . 环境科学研究，8（1）：27 – 34.

马建新，勒洋，刘晓波，等 . 2002. 2001 年莱州湾水质监测报告 . 齐鲁渔业，19（9）：33 – 34.

马媛，高振会，杨应斌，等 . 2005. 海上石油开采导致生态环境变化实例研究 . 海洋学报，27（5）：54 – 59.

毛汉礼，甘子钧，蓝淑芳 . 1963. 长江冲淡水及其混合问题的初步探讨 . 海洋与湖沼，5（3）：183 – 206.

毛汉礼，任允武，万国铭 . 1964. 应用 TS 关系定量地分析浅海水团的初步研究 . 海洋与湖沼，6（1）：1 – 22.

毛天宇，戴明新，彭士涛，等 . 2009. 近 10 年渤海湾重金属（Cu，Zn，Pb，Cd，Hg）污染时空变化趋势分析 . 天津大学学报，42（9）：817 – 823.

孟伟，刘征涛，范薇 . 2004. 渤海主要河口污染特征研究 . 环境科学研究，17（6）：66 – 69.

孟伟，翟圣佳，秦延文，等 . 2006. 渤海湾潮间带（大沽口）柱状沉积物中的重金属来源判别 . 海洋通报，25（1）：62 – 69.

米铁柱，于志刚，姚庆祯，等 . 2001. 春季莱州湾南部溶解态营养盐研究 . 海洋环境科学，20（3）：14 – 18.

宁修人，刘子琳，蔡昱明 . 2000. 我国海洋初级生产力研究二十年 . 东海海洋，18（3）：13 – 19.

潘玉球，徐端蓉，许建平 . 1985. 浙江沿岸上升流区的锋面结构、变化及其原因 . 海洋学报，7（4）：401 – 411.

彭士涛，胡焱弟，白志鹏 . 2009. 渤海湾底质重金属污染及其潜在生态风险评价 . 水道港口，30（1）：57 – 59.

蒲晓强 . 2005. 中国边缘海典型海域沉积物早期成岩过程中硫的循环 . 中国科学院海洋研究所博士论文 .

戚晓红，刘素美，张经 . 2006. 东、黄海沉积物 – 水界面营养盐交换速率的研究 . 海洋科学，30（3）：9 – 15.

齐凤霞，邓炳辉，万峻，等 . 2004. 渤海湾（天津段）柱样沉积物重金属污染研究 . 海洋技术，23（3）：85 – 86.

齐君, 李凤业, 宋金明. 2005. 黄海和渤海沉积物210Pb活度的分布特征. 地球化学, 34 (4)：351-356.

秦延文, 孟伟, 郑丙辉, 等. 2005. 渤海湾水环境氮、磷营养盐分布特点. 海洋学报, 27 (2)：172-176.

秦蕴珊, 赵一阳, 赵松龄, 等. 1985. 渤海地质. 北京：科学出版社.

秦蕴珊, 赵一阳, 陈丽萍, 赵松龄. 1987. 东海地质. 北京：科学出版社：1-306.

秦蕴珊, 赵一阳, 陈丽蓉. 黄海地质. 1989. 北京：科学出版社：169-172.

丘耀文, 颜文, 王肇鼎, 张干. 2005. 大亚湾海水、沉积物和生物体中重金属分布及其生态危害. 热带海洋学报, 24 (5)：69-76.

丘耀文, 王肇鼎. 1997. 大亚湾海域重金属潜在生态危害评价. 热带海洋, 16 (4)：49-53.

邱礼生. 1989. 珠江口海区表层沉积物中重金属的分布模式. 海洋通报, 8 (1)：36-43.

曲克明, 崔毅, 辛福言. 2002. 莱州湾东部养殖水域氮、磷营养盐的分布与变化. 海洋水产研究, 23 (1)：37-46.

任广法. 1992. 长江口及邻近海域溶解氧的分布变化. 海洋科学集刊, 33：139-152.

任荣珠. 1994. 莱州湾近岸部分海域水质现状模糊综合评析. 海洋通报, l3 (2)：40-49

上海市海洋局. 2007. 2006年上海市海洋环境质量公报 [EB/OL]. http：//www. coi. gov. cn/hygb/dfhjzl/2006/shh/

沈国英, 施并章. 2002. 海洋生态学 [M]. 北京：科学出版社. 88-89.

沈焕庭等. 2001. 长江河口物质通量. 北京：海洋出版社. 176.

沈志良, 古堂秀, 谢肖勃. 1991. 长江生源要素的输出通量. 海洋科学, (6)：67-69.

沈志良, 刘群, 张淑美, 等. 2001. 长江和长江口高含量无机氮的主要控制因素. 海洋与湖沼, 32：465-473.

沈志良, 陆家平, 刘兴俊, 等. 1992. 长江口区营养盐的分布特征及三峡工程对其影响. 海洋科学集刊, 33：107-129.

沈志良. 1992. 长江口营养盐的分布特征及三峡工程的影响. 海洋科学集刊, 33：109-129.

沈志良. 2004. 长江氮的输送通量. 水科学进展, 15 (6)：752-759.

石峰, 王修林, 石晓勇, 张传松, 蒋风华, 等. 2004. 东海沉积物—海水界面营养盐交换通量的初步研究. 海洋环境科学, 23 (1)：5-8.

石强, 陈江麟, 李崇德. 2001. 渤海硝酸盐氮和亚硝酸盐氮季节循环分析. 海洋通报, 20 (6)：32-39.

石晓勇, 陆茸, 张传松, 王修林. 2006. 长江口邻近海域溶解氧分布特征及主要影响因素. 中国海洋大学学报, 36 (2)：287-290.

石雅君, 崔晓建, 陈斐, 等. 2004. 2003年上半年渤海湾海水环境质量初步分析. 海洋环境保护, 1：19-23.

水利部黄河水利委员会. 1999. 1999年黄河水资源公报. 河南郑州：黄河水利委员会.

水利部黄河水利委员会. 2006. 2006年黄河泥沙公报. 河南郑州：黄河水利委员会.

水利部黄河水利委员会. 2007. 2007年黄河水资源公报. 河南郑州：黄河水利委员会.

利部黄河水利委员会. 2008. 2008年黄河水资源公报. 河南郑州：黄河水利委员会.

宋海青, 李灵娟, 牛广秋, 黄乃明. 2002. 东、南海近岸海域环境综合调查中γ能谱数据浅析. 辐射防护, 22 (2) 108-112.

宋金明, 李鹏程. 1996. 南沙群岛海域沉积物-海水界面间营养物质的扩散通量. 海洋科学, (5)：43-50.

宋金明, 李鹏程. 1996. 南沙群岛海域沉积物-海水界面间营养物质的扩散通量. 海洋科学, 5：43-50.

宋金明, 李鹏程. 1996. 南沙群岛海域沉积物环境与间隙水中的铁锰. 环境科学学报, 16 (3)：294-301.

宋金明, 李鹏程. 1996. 南沙群岛海域潟湖及礁外沉积物间隙水中的-2价硫. 海洋与湖沼, 27 (6)：590-596.

宋金明, 李鹏程. 1997. 渤海南部沉积物中的活性铁及其氧化还原环境. 海洋科学, 2：38-41.

宋金明, 李鹏程. 1997. 南沙珊瑚礁生态系中稀有元素的垂直通量, 中国科学 (辑), 27 (2)：354-359.

宋金明，李鹏程.1998.南沙群岛珊瑚礁潟湖垂直沉降颗粒物中主要元素的生物地球化学过程研究.海洋学报，20（4）：52-59.

宋金明，罗延馨，李鹏程.2000.渤海沉积物-海水界面附近磷与硅的生物地球化学循环模式.海洋科学，24（12）：30-32.

宋金明，马红波，李学刚，袁华茂，李宁.2004.渤海南部海域沉积物中吸附态无机氮的地球化学特征.海洋与湖沼，35（4）：315-322.

宋金明，马红波，吕晓霞，袁华茂.2003.渤海沉积物氮的生物地球化学功能.海洋科学集刊，45：86-100.

宋金明，马红波，吕晓霞.2001.渤海沉积物中氮的形态及其生态学功能.中国学术期刊文摘，7（9）：1166-1167.

宋金明，徐永福，胡维平，倪乐意.2008.中国近海与湖泊碳的生物地球化学［M］，北京：科学出版社.533.

宋金明，赵卫东，李鹏程，吕晓霞.2003.南沙珊瑚礁生态系的碳循环.海洋与湖沼，34（6）：586-592.

宋金明.1998.南沙群岛珊瑚礁生态系中稀土元素的垂直转移过程研究.海洋科学集刊，40：125-130.

宋金明.1999.南沙珊瑚礁生态系中元素垂直转移的途径.海洋与湖沼，30（1）：41-48.

宋金明.1999.维持南沙珊瑚礁生态系统高生产力原因的新观点——拟流网理论.海洋科学集刊，41：79-85.

宋金明.2000.黄河口邻近海域沉积物中可转化的磷.海洋科学，24（7）：42-45.

宋金明.2000.中国的海洋化学［M］.北京：海洋出版社，1-210.

宋金明.1997.中国近海沉积物-海水界面化学［M］.北京：海洋出版社.1-222.

宋金明.2004.中国近海生物地球化学［M］.济南：山东科学技术出版社.1-591.

宋召军，黄海军，杜廷芹，刘芳，倪金龙.2006.南黄海辐射沙洲附近海域悬浮体的研究.海洋地质与第四纪地质，26（6）：19-25.

苏育嵩.1986.黄东海地理环境概况、环流系统与中心渔场.中国海洋大学学报，16（1）：12-27.

孙秉一，史致丽，王永辰，等.1986a.海水中无机氮.中国海洋大学学报，16（1）：189-207.

孙秉一，于圣睿，郝恩良，等.1986b.海水中可溶性无机磷.中国海洋大学学报，16（1）：172-189.

孙秉一，于圣睿.1980.南黄海溶解氧在海-空之间的交换.中国海洋大学学报，2：91-99.

孙平跃，王斌.2003a.Zn、Cu和Pb在无齿相手蟹体内的积累和分布.海洋环境科学，22（1）：43-47.

孙平跃，王斌.2003b.长江口区河蚬体内的重金属含量及其污染评价.应用与环境生物学报，10（1）：79-83.

孙维萍，潘建明，吕海燕，等.2009a.2006年夏冬季长江口、杭州湾及邻近海域表层海水溶解态重金属的平面分布特征.海洋学研究，27（1）：37-43.

孙维萍，于培松，潘建明.2009b.灰色聚类法评价长江口、杭州湾海域表层海水中的重金属污染程度.海洋学报（中文版），31（1）：79-84.

孙霞，王保栋，王修林，祝陈坚，韩秀荣.2004.东海赤潮高发区营养盐时空分布特征及其控制要素.海洋科学，28（8）：28-32.

谭燕，张龙军，王凡，胡敦欣.2004.夏季东海西部表层海水中的 pCO_2 及海气界面通量.海洋与湖沼，35（3）：239-245.

唐洪杰，杨茹君，张传松，等.2007.东海赤潮频发区石油烃的季节分布特征.海洋环境科学，26（5）：446-449.

童均安.1994.莱州湾主要污染物来源及分布特征.黄渤海海洋，12（4）：16-20.

万小芳，吴增茂，常志清，等.2002.南黄海和东海海域营养盐等物质大气入海通量的再分析.海洋环境科学，21（4）：14-18.

万修全，吴德星，鲍献文，等.2004.2000年夏季莱州湾主要观测要素的分布特征.中国海洋大学学报，34

（1）：7－13.

王爱萍，杨守业，周琪．2006.长江口崇明东滩湿地沉积物对磷的吸附特征.生态学杂志，25（8）：926－930.

王百顺，刘阿成，陈忠阳．2003.1984—2000年长江口海域水质量重金属浓度分布变化.海洋通报，22（2）：32－38.

王保栋，单宝田，藏家业．2002.黄、渤海无机氮的收支模式初探.海洋科学，26（2）：33－36.

王保栋，王桂云，等．1999.南黄海溶解氧的垂直分布特性.海洋学报，21（5）：73－78.

王保栋，刘峰，王桂云．1999.南黄海溶解氧的平面分布及其季节变化.海洋学报，1999，21（4）：47－53.

王保栋，王桂云，刘峰．1998.南黄海春季海水化学要素的分布特征.海洋环境科学，17（3）：47－52.

王保栋，王桂云，等．1999.南黄海营养盐的平面分布及其横向输运规律.海洋学报，21（6）：124－129.

王保栋．1997.黄海溶解氧垂直分布最大值的成因.黄渤海海洋，15（3）：10－15.

王保栋．1998.长江冲淡水的扩展及其营养盐的输运.黄渤海海洋，16（2）：41－47.

王保栋．2000.黄海冷水域生源要素的变化特征及相互关系.海洋学报，22（6）：47－54.

王蓓，翟世奎，许淑梅．2008.三峡工程一期蓄水后长江口及其邻近海域表层沉积物重金属污染及其潜在生态风险评价.海洋地质与第四纪地质，28（4）：19－26.

王成厚．1995.东海海底沉积地球化学［M］.北京：海洋出版社.56.

王东启，陈振楼，许世远，胡玲珍，王军．2006.长江口崇明东滩沉积物反硝化作用研究.中国科学D辑.地球科学，36（6）：544－551.

王芳，康建成，周尚哲，郑琰明，徐韧，等．2006.春秋季长江口及其邻近海域营养盐污染研究.生态环境，15（2）：276－283.

王贵，张丽洁．2002.海湾河口沉积物重金属分布特征及形态研究.海洋地质动态，18（12）：1－5.

王红霞，林振宏，文丽，姜学钧，张志殉．2004.南黄海西部表层沉积物中碎屑矿物的分布.海洋地质与第四纪地质，24（1）：51－56.

王厚杰，杨作升，毕乃双，等．2005.2005年黄河调水调沙期间河口入海主流的快速摆动.科学通报，50（23）：2657－2664.

王辉．1996.东海和南黄海夏季环流的斜压模式.海洋与湖沼，27（1）：73－78.

王江涛，于志刚，张经．1998.鸭绿江口溶解有机碳的研究.青岛海洋大学学报，28（3）：471－475.

王菊英，刘广远，鲍永恩，韩庚辰，刘娟．2002.黄海表层沉积物中总磷的地球化学特征.海洋环境科学，21（3）：53－56.

王菊英，马德毅，鲍永思，刘广远，刘娟．2003.黄海和东海海域沉积物的环境质量评价.海洋环境科学，22（4）：21－24.

王军，陈振楼，王东启，许世远，毕春娟，等．2006.长江口滨岸湿地无机氮界面交换通量量算.地理学报，61（7）：729－740.

王俊．2001.黄海春季浮游植物的调查研究.海洋水产研究，22（3）：56－61.

王修林，邓宁宁，李克强．2004.渤海海域夏季石油烃污染状况及环境容量估算.海洋环境科学，23（4）：14－18.

王修林，李克强，石晓勇．2006.胶州湾主要化学污染物海洋环境容量［M］.北京：科学出版社，16－86.

王修林，李克强．2006.渤海主要化学污染物海洋环境容量［M］.北京：科学出版社.

王修林，辛宇，石峰，等．2007.溶解无机态营养盐在渤海沉积物－海水界面交换通量研究.中国海洋大学学报，37（5）：795－800.

王艳，黄玉明．2007.我国水环境中重金属污染行为和相关效应的研究进展.癌变·畸变·突变，19（3）：198－201.

王毅，张天相，徐学仁，等．2001.辽东湾北部至辽西沿岸海域营养盐分布及水质评价.海洋环境科学，20

（2）：63 - 70.

王泽良，陶建华，季民，等 . 2004. 渤海湾中化学需氧量（COD）扩散、降解过程研究 . 海洋通报，23（1）：
　　27 - 31.

王增焕，林钦，李纯厚，等 . 2004. 珠江口重金属变化特征与生态评价 . 中国水产科学，11（3）：214 - 219.

王振来，钟艳玲 . 2001. 微量元素铬的研究进展 . 中国饲料，4：16 - 17.

王正方，阮小正，姚龙奎 . 1985. 长江口海域主要溶解物质的运移 . 海洋与湖沼，16（3）：222 - 230.

王中良，刘丛强，朱兆洲，山田正俊 . 2006. 东海和冲绳沉积物中自生铀蓄积过程及控制机理 . 地球化学，
　　35（3）：240 - 248.

王中良，山田正俊，郑建 . 2007. 钚同位素法示踪中国领海核爆散落物钚的主要来源与迁移途径 . 地球与环
　　境，35（4）：289 - 296.

王宗山，徐伯昌，孙卫阳，等 . 1996. 黄海、渤海底层盐度预报方法的研究 . 黄渤海海洋，14（3）：29 - 36.

魏皓，赵亮，于志刚，等 . 2003. 渤海浮游植物生物量时空变化初析 . 青岛海洋大学学报，33（2）：173 - 179.

魏鹏，等 . 2010. 珠江口广州海域石油烃的分布特征 . 海洋环境科学，29（4）：473 - 476.

魏泰莉，杨婉玲，赖子尼，等 . 2002. 珠江口水域鱼虾类重金属残留的调查 . 中国水产科学，9（2）：172 - 176.

魏修华，童钧安，李永祺 . 1993. 黄渤海海域污染状况及对生态的影响 . 黄渤海海洋，113，76 - 82.

魏泽勋，李春雁，方国洪，等 . 2003. 渤海夏季环流和渤海海峡水体输运的数值诊断研究 . 海洋科学进展，
　　21（4）：454 - 464.

吴光红，李万庆，郑洪起 . 2007. 渤海天津近岸海域水污染特征分析 . 海洋学报，29（2）：143 - 149.

吴能友，翁焕新，张兴茂 . 2003. 南海北部陆坡 5 万年来沉积磷的积累与环境变化的关系 . 南海地质研究，
　　14：1 - 7.

吴莹，张经，唐运千 . 1998. 南海表层沉积物中有机物分布研究 . 热带海洋，17（3）：43 - 51.

吴莹，张经，于志刚 . 2001，渤海柱状沉积物中烃类化合物的分布 . 北京大学学报（自然科学版），37
　　（2）：471 - 475.

夏斌 . 2005. 2005 年夏季环渤海 16 条主要河流的污染状况及入海通量［D］. 中国海洋大学硕士学位论文 .

夏小明，谢钦春，李炎，李伯根，冯应俊 . 1999. 东海沿岸海底沉积物中的 ^{137}Cs、^{210}Pb 分布及其沉积环境解
　　释 . 东海海洋，17（1）：20 - 27.

熊庆成，丁宗信，赵保仁 . 1986. 秋末南黄海冷水团区溶解氧垂直结构及其最大值的分析研究 . 海洋科学集
　　刊，27：107 - 114.

徐晓达，林振宏，李绍全 . 2005. 胶州湾的重金属污染研究 . 海洋科学，29（1）：48 - 52.

徐宗军 . 2007. 大气氮沉降对黄海及南海浮游植物群落及海洋初级生产力的影响 . 中科院第一海洋研究所博
　　士论文 .

许建平，曹欣中，潘玉球 . 1983. 浙江近海存在沿岸上升流的证据 . 海洋湖沼通报，4：17 - 25.

许建平 . 1986. 浙江近海上升流区冬季水文结构的初步分析 . 东海海洋，4（3）：18 - 23.

许世远，陶静，陈振楼，等 . 1997. 上海潮滩沉积物重金属的动力学累积特征 . 海洋与湖沼，28（5）：
　　509 - 515.

许淑梅 . 2005. 长江口外低氧区及其邻近海域氧化还原敏感性元素的分布规律及环境指示意义［D］. 中国海
　　洋大学博士学位论文 .

颜廷壮 . 1991. 中国沿岸上升流成因类型的初步分析 . 海洋通报，10（6）：1 - 6.

杨东方，高振会，曹海荣，等 . 2006b. 胶州湾水体重金属汞的分布［A］. 2006 年重金属污染监测与控制修
　　复技术交流研讨会论文集［C］. 广西：中国环境科学学会，141 - 143.

杨东方，高振会，陈豫，等 . 2006a. 胶州湾的 Pb 变化过程［A］. 2007 年全国铅污染监测与控制治理技术交
　　流研讨会论文集［C］. 北京：中国环境科学学会，71 - 73.

杨东方，高振会，王虹，等 . 2009. 胶州湾水体镉的分布［A］. 中国不同经济区域环境污染特征的比较分析

与研究学术研讨会论文集［C］. 长沙：中国环境科学学会，96－98.

杨东方，苗振清. 2010. 海湾生态学［M］. 北京：海洋出版社.

杨东方，曹海荣，高振会，等. 2008. 胶州湾水体重金属 Hg I. 分布与迁移. 海洋环境科学，27（1）：37－39.

杨世勇，王方，谢建春. 2004. 重金属对植物的毒害及植物的耐性机制. 安徽师范大学学报，27（1）：71－72.

杨永亮，麦碧娴，潘静，殷效彩，李凤业. 2003. 胶州湾表层沉积物中多环芳烃的分布及来源. 海洋环境科学，22（4）：38－43.

杨永亮，潘静，李锐，石磊，殷效彩，等. 2003. 青岛近海沉积物 PCBs 的水平与垂直分布及贝类污染. 中国环境科学，23（5）：515－520.

叶曦雯，刘素美，张经. 2002. 黄海、渤海沉积物中生物硅的测定及存在问题的讨论. 海洋学报，24（1）：129－134.

叶曦雯，刘素美，赵颖翡，张经. 2004. 东、黄海沉积物中生物硅的分布及其环境意义. 中国环境科学，24（3）：265－269.

叶仙森，张勇，项有堂. 2000. 长江口海域营养盐的分布特征及其成因. 海洋通报，19（1）：89－92.

殷鹏. 2010. 黄河口及附近海域碳参数与营养盐调查研究［D］. 中国海洋大学硕士学位论文.

于克俊. 1990. 长江口余流和盐度的二维数值计算［J］. 海洋与湖沼，21（1）：92－96.

于圣睿，孙秉一. 1980. 南黄海溶解氧的分布与季节变化. 中国海洋大学学报，10（2）：81－90.

于志刚，米铁柱，谢宝东，等. 2000. 二十年来渤海生态环境参数的演化和相互关系. 海洋环境科学，19（1）：15－19.

余国安，王兆印，谢小平. 2007. 长江口水质空间分布现状评价. 人民长江，38（1）：81－83.

玉坤宇，刘素美，张经，等. 2001. 海洋沉积物－水界面营养盐交换过程的研究. 环境化学，20（5）：425－431.

袁国明，何桂芳，罗勇，等. 2007. 珠江口八大口门污染物深度变化及其对珠江口海域环境影响［A］. 中国海洋学会赤潮研究与防治专业委员会第二届学术研讨会论文集［C］. 1－6.

袁华茂，吕晓霞，李学刚，等. 2003. 自然粒度下渤海沉积物中有机碳的地球化学特征. 环境化学，22（2）：115－120.

袁梁英，戴民汉. 2008. 南海北部低浓度磷酸盐的测定与分布. 海洋与湖沼，39（3）：202－208.

袁梁英. 2005. 南海北部营养盐结构特征［D］. 厦门大学硕士学位论文.

袁骐，蒋玫，王云龙. 2005. 长江口及其邻近水域油污染分布特征. 海洋环境科学，24（2）：17－19.

袁旭音，刘红樱，许乃正. 2003. 苏北沿海沉积物的地球化学组成和重金属特征. 资源调查与环境，24（3）：36－45.

藏路. 2009. 北黄海生源要素的季节特征及冷水团对其影响的研究［D］。中国海洋大学硕士学位论文.

张德荣，陈繁荣，杨永强，等. 2005. 夏季珠江口外近海沉积物－水界面营养盐的交换通量. 热带海洋学报，24（6）：53－59.

张国森，陈洪涛，张经，刘素美. 2003. 长江口地区大气湿沉降中营养盐的初步研究. 应用生态学报，14（7）：1107－1111.

张金良，陈宁，于志刚，等. 2000. 黄海西部大气湿沉降（降水）的离子平衡及离子组成研究. 海洋环境科学，19（2）：10－13.

张金良，于志刚，张经，等. 2000. 黄海西部大气湿沉降（降水）中各元素沉降通量的初步研究. 环境化学，19（4）：352－356.

张经. 1996. 长江口中的颗粒态重金属［A］. 北京：海洋出版社. 146－159.

张经. 1996. 中国主要河口的生物地球化学研究［C］. 北京：海洋出版社. 37－53.

张军，魏皓，田恬，周锋. 2002. 渤海水交换的数值研究——水质模型对半交换时间的模拟青岛海洋大学学报，32（4）：519－525.

张丽浩，王贵，姚德，等.2003. 近海沉积物重金属研究及环境意义. 海洋地质动态，19（3）：6 – 9.

张丽旭，蒋晓山，赵敏，李志恩.2007. 长江口海域表层沉积物污染及其潜在生态风险评价. 生态环境，16（2）：389 – 393.

张龙军，刘志媛，张向上. 黄河口春、秋季节河口过程中无机碳的行为变化.（已投水科学进展）

张龙军，徐雪梅，温志超.2009. 秋季黄河 pCO_2 控制因素及水 – 气界面通量. 水科学进展，20（2）：227 – 235.

张龙军，张云.2008. 夏季渤海表层海水 pCO_2 分布特征. 中国海洋大学学报，38（4）：635 – 639.

张仕勤.1985. 南海北部海区溶解氧的分布变化. 南海海洋，1：35 – 41.

张向上，张龙军.2007. 黄河口无机碳输运过程对 pH 异常增高现象的响应. 环境科学，28（6）：1216 – 1222.

张兴正，陈振楼，邓焕广，许世远.2003. 长江口北支潮滩沉积物 – 水界面无机氮的交换通量及季节变化. 重庆环境科学，25（9）：31 – 34.

张银龙，王亚超，罗红艳，等.2006. 若干环境介质中重金属污染特征与生态风险评价［A］.2006 年重金属污染监测与控制修复技术交流研讨会论文集［C］. 北京：中国环境科学学会.216 – 221.

张莹莹，张经，吴莹，朱卓毅.2007. 长江口溶解氧的分布特征及影响因素研究. 环境科学，28（8）：1649 – 1654.

张元标，林辉.2004. 厦门海域表层沉积物中 DDTs、HCHs 和 PCBs 的含量及其分布. 台湾海峡，23（4）：423 – 428.

张远辉，杜俊民.2005. 南海表层沉积物中主要污染物的环境背景值，海洋学报，27（4）：161 – 166.

张远辉，黄自强，马黎明，乔然，张滨.1997. 东海表层水二氧化碳及其海气通量. 台湾海峡，16（1），37 – 42.

张正斌，陈镇东，刘莲生，等.2004. 海洋化学原理和应用——中国近海的海洋化学. 北京：海洋出版社.160 – 194.

张竹琦.1990. 黄海和东海北部夏季底层溶解氧最大值和最小值特征分析. 海洋通报，9（4）：22 – 26.

张宗雁，郭志刚，张干，李军，池继松.2005b. 东海泥质区表层沉积物中有机氯农药的分布. 中国环境科学，25（6）：724 – 728.

张宗雁，郭志刚，张干，刘国卿，郭玲利.2005a. 东海泥质区表层沉积物中多环芳烃的分布特征及物源. 地球化学，34（4）：379 – 386.

赵保仁.1991. 长江冲淡水的转向机制问题. 海洋学报，13（5）：600 – 610.

赵军，穆云.2000. 锦州湾近岸海域富营养化趋势的探讨. 辽宁城乡环境科技，20（3）：3 – 5.

赵亮，魏皓，冯士祚.2002. 渤海氮磷营养盐的循环和收支. 环境科学，23（1）：78 – 81.

赵骞，田纪伟，赵仕兰，等.2004. 渤海冬夏季营养盐和叶绿素 a 的分布特征. 海洋科学，28（4）：34 – 39.

赵卫东，宋金明，李鹏程，牟晓真.2002. 南沙渚碧礁碳、氮和磷的垂直转移过程自然科学进展，12（2）：212 – 214.

赵卫红，李金涛，王江涛.2004. 夏季长江口海域浮游植物营养盐限制的现场研究. 海洋环境科学，23（4）：1 – 5.

赵一阳，Demaster, D. J., Nittrouer, C. A..1991. 南黄海沉积速率和沉积通量的初步研究. 海洋与湖沼，22（1）：38 – 42.

赵一阳，李凤业，秦朝阳，陈毓蔚.1991. 试论南黄海中部泥的物源及成因. 地球化学，（2）：112 – 117.

赵一阳，鄢明才.1992. 黄河、长江、中国浅海沉积物化学元素丰度比较. 科学通报，13（1）：201 – 204.

赵一阳，鄢明才.1993. 中国浅海沉积物地球化学元素丰度. 中国科学：B 辑，23（14）：1084 – 1090.

赵一阳，鄢明才.1994. 中国浅海沉积物地球化学. 北京：科学出版社.

郑爱榕，沈海维，李文权.2004. 沉积物中磷的存在形态及其生物可利用性研究. 海洋学报，26（4）：49 – 57.

郑国侠, 宋金明, 孙云明, 戴纪翠. 2006. 南沙深海盆表层沉积物氮的地球化学特征与生态学功能. 海洋学报, 28 (6): 44 – 52.

郑建禄, 王肇鼎, 林植青, 等. 1982. 珠江口海域重金属的河口化学研究 I. 珠江口海域水相中重金属的化学形态的研究. 海洋与湖沼, 13 (1): 19 – 25.

郑建禄, 林植青, 陈旸. 1985. 江及其河口沉积物中重金属的化学形态研究. 热带海洋, 4 (1): 62 – 70.

郑丽波, 叶瑛, 周怀阳, 王怀照. 2003. 东海特定海区表层沉积物中磷的形态、分布及其环境意义. 海洋与湖沼, 34 (3): 274 – 282.

郑丽波, 周怀阳, 叶瑛. 2003. 东海特定海区沉积物 – 水界面附近 P 释放的实验研究. 海洋环境科学, 22 (3): 31 – 34.

中国国家标准. 2007. 海洋监测规范. GB17378—2007.

中国海湾志编纂委员会. 1998. 中国海湾志（第十四分册）［M］. 北京: 海洋出版社. 214 – 218.

中国科学技术委员会海洋组海洋综合调查办公室. 1961. 全国海洋综合调查资料第一册: 渤、黄、东海水文气象 和化学要素大面观测记录资料. 811.

朱纯, 潘建明, 卢冰, 扈传昱, 刘小涯, 等. 2005. 长江、老黄河口及东海陆架沉积有机质物源指标及有机碳的沉积环境. 海洋学研究, 23 (3): 36 – 46.

朱建华, 肖成猷, 沈焕庭. 1998. 夏季长江冲淡水扩展的数值模拟. 海洋学报, 20 (5): 13 – 22.

朱明远, 毛兴华, 吕瑞华. 1993. 黄海海区的叶绿素 a 和初级生产力. 黄渤海海洋, 11 (3): 38 – 51.

朱卓毅. 长江口及邻近海域低氧现象的探讨——以光合色素为出发点. 上海: 华东师范大学博士学位论文. 223.

邹娥梅, 熊学军, 郭炳火, 林葵. 2001. 黄、东海温盐跃层的分布特征及其季节变化. 黄渤海海洋. 19 (3): 8 – 18.

邹景忠. 2004. 海洋环境科学［M］. 济南: 山东教育出版社.

邹立, 张经. 2001. 渤海春季营养盐限制的现场实验. 海洋与湖沼, 32 (6): 672 – 678

Aller, R. C., Mackin, J. E., Ullman, W. J. et al. 1985. Early Chemical Diagenesis, Sediment – Water Solute Exchange, and Storage of Reactive Organic Matter near the Mouth of the Changjiang, East China Sea. Continental Shelf Research, 4 (1/2): 227 – 251.

Aller, R. C., Yingst, J. Y. 1980. Relationship between microbial distributions & the anaerobic decomposition of organic matter in surface sediments of Long Island Sound, U. S. A ［J］. Marine Biology by Springer – yerlag, 56: 29 – 42.

Beardsley, R. C., Limeburner, R., Yu, H., et al. 1985. Discharge of the Changjiang (Yangtze River) into the East China Sea. Continental Shelf Research 4, 57 – 76.

Berelson, W. M., Heggie, D., Longmore, A. et al. 1998. Benthic Nutrient Recycling in PortPhillip Bay, Australia. Estuarine, Coastal and Shelf Science, 46: 917 – 934.

Borges, A. V., Kone, Y. M., Schiettecatte, L. – S., Delille, B., Frankignoulle, M. and Bouillon, S. 2005. Preliminary results on the biogeochemistry in the Mekong estuary and delta (Vietnam), European Geosciences Union General Assembly, 24 – 29, Vienna, Austria, poster.

Borges, A. V., Schiettecatte, L. S., Abril, G., Delille, B. and Gazeau, F. 2006. Carbon dioxide in European coastal waters. Estuarine, Coastal and Shelf Science 70 (3), 375 – 387.

Bowden, K. F. 1983. Physical oceanography of coastal waters. John Wiley & Sons, New York, 302 p.

Breitburg, D. L. 2002. Effects of hypoxia, and the balance between hypoxia and enrichment, on coastal fishes and fisheries. Estuaries 25: 767 – 781.

Bressa, G., Sisti, E., Cima, F. 1997. PCBs and organochlorinated pesticides in eel (Anguilla anguilla L.) from the Po delta. Marine Chemistry, 58 (3 – 4): 261 – 266.

C. C. M. lp, Li, X. D., Zhang, G. et al. 2005. Heavy metal and Pb isotopic compositions of aquatic organisms in the

Pearl River Estuary, South China. Environmental Pollution, 138（3）：494 – 504.

C. C. M. lp, Li, X. D., Zhang, G., Wong, C. S. C. and Zhang, W. L.. 2005. Heavy metal and Pb isotopic compositions of aquatic organisms in the Pearl River Estuary, South China. Environmental Pollution 138, 495 – 505 .

Cai, W. J., Dai, M. H., Wang, Y. C. et al. 2004. The biogeochemistry of inorganic carbon and nutrients in the Pearl River estuary and the adjacent Northern South China Sea. Continental Shelf Research, 24：1301 – 1319.

Chapelle, A. 1995. A Preliminary Model of Nutrient Cycling in Sediments of a Mediterranean Lagoon. Ecological Modelling, 80：131 – 147.

Chapman, P. M., Allard, P. J. and Vigers, G. A. 1999. Development of Sediment Quality Values for Hong Kong Special Administrative Region：A Possible Model for Other Jurisdictions. Marine Pollution Bulletin, 38（3）：161 – 169.

Chen, C. T. A. and Wang, S. L. 1999. Carbon, alkalinity and nutrient budgets on the East China Sea continental shelf. J. Geophys. Res., 104（C9）：20 675 – 20 686.

Chen, C. T. A., Andreev, A., Kim, K. R. And Yamamoto, M. 2004. Roles of continental shelves and marginal seas in the biogeochemical cycles of the North Pacific Ocean. Journal of Oceanography, 60：17 – 44.

Chen, C. T. A., Ruo, R., Pai, S. et al. 1995. Exchange of water masses between the East China Sea and the Kuroshio off northeastern Taiwan. Continental Shelf Research, 15：19 – 39.

Chen, C. T. A., Wang, S. L., Wang, B. J., et al. 2001. Nutrient budgets for the South China Sea basin. Marine Chemistry, 75：281 – 300.

Chen, C. T. A., Hou, W. P., Gamo, T. and Wang, S. L. 2006a. Carbonate – related parameters of subsurface waters in the West Philippine, South China and Sulu Seas. Marine Chemistry 99, 151 – 161.

Chen, C. – T. A., Wang, S. L., Chou, W. – C. and Sheu, D. – D. 2006a. Carbonate chemistry and projected future changes in pH and $CaCO_3$ saturation state of the South China Sea. Marine Chemistry 101, 277 – 305.

Choi, B. H. 1998. A strategy to evaluate coastal defense levels of seas around Korea Peninsula. In "Health of the Yellow Sea", ed. by G. H. Hong, J. Zhang and B. K. Park, Seoul：The Earth Love Publication Association, 79 – 105.

Chou, W. – C., G. – C. Gong, D. D. Sheu, S. Jan, C. – C. Hung, and Chen, C. – C. 2009b. Reconciling the paradox that the heterotrophic waters of the East China Sea shelf act as a significant CO_2 sink during the summertime：Evidence and implications, Geophys. Res. Lett., 36, L15607, doi：10. 1029/2009GL038475.

Chou, W. – C., Gong, G. – C., Sheu, D. D., Hung, C. – C., Tseng, T. – F., 2009a. Surface distributions of carbon chemistry parameters in the East China Sea in summer 2007. J. Geophys. Res. 114, C07026, doi：10. 1029/2008JC005128.

Chou, W. – C., Gong, G. – C., Tseng, C. – M., Sheu, D. D., Hung, C. – C., Chang, L. – P. and Wang, L. – W., 2011. The carbonate system in the East China Sea in winter. Marine Chemistry, 123：44 – 55.

Chou, W. – C., Sheu, D. – D., Chen, C. – T. A., Wang, S. L. and Tseng, C. M., 2005. Seasonal variability of carbon chemistry at the SEATS timeseries site, northern South China Sea between 2002 and 2003. Terrestrial, Atmospheric and Oceanic Sciences. 16：445 – 465.

Chou, W. – C., Sheu, D. – D., Lee, B. – S., Tseng, C. – M., Chen, C. – T. A., Wang, S. L. and Wong, G. T. F. 2007. Depth distributions of alkalinity, TCO2 and 13CTCO2 at SEATS time – series site in the northern South China Sea. Deep – Sea Research Ⅱ 54：1469 – 1485.

Chung, C. S., Hong, G. H., Kim, S. H., et al., 1998. Shore based observation on wet deposition of inorganic nutrients in the Korea Yellow Sea coast. Yellow Sea, 4：30 – 39 .

Chung, C. S., Hong, G. H., Kim, S. H. et al. 1998. Shore based observation on wet deposition of inorganic nutrients in the Korea Yellow Sea coast. Proceedings of IOC/WESTPAC – Sida/SAREC Workshop on Atmospheric Inputs of Pollutants to the Marine Environment, Qingdao, China.

Chung, C. S., Hong, G. H., Kim, S. H. et al. 1999. The distributional characteristics and budget of dissolved inorganic nutrients in the Yellow Sea. In "Biogeochemical Processes in the Bohai and Yellow Sea", edited by Hong, G. H., Zhang, J. and Chung, C. S. The dongjin Publication Association, Seoul, 274.

Conley, D. J., Schelske, C. L. 1993. Modificaton of the biogeochemical cycle of silica with eutrophication. Marine Ecology Progress Series, 101: 179 – 192.

Dagg, M., Benner, R., Lohrenz, S. and Lawrance, D. 2004. Transformation of dissolved and particulate materials on continental shelves influenced by large rivers: plume processes. Cont. Shelf Res. , 24: 833 – 858.

Dai, M. H., Guo, X. H., Zhai, W. D., et al. 2006. Oxygen depletion in the upper reach of the Pearl River estuary during a winter drought. Marine Chemistry, 102 : 159 – 169.

Dai, M. H., Zhai, W. D., Cai, W. – J., Callahan, J., Huang, B. Q., Shang, S. L., Huang, T., Li, X. L., Lu, Z. M., Chen, W. F. and Chen, Z. Z., 2008. Effects of an estuarine plume – associated bloom on the carbonate system in the lower reaches of the Pearl River estuary and the coastal zone of the northern South China Sea. Continental Shelf Research, 28: 1416 – 1423.

Demaster, D. J. and Pope, R. H. 1996. Nutrient dynamics in amazon shelf waters: results from AMASSEDS. Continental Shelf Research, 16: 263 – 289.

Deng, B., Zhang, J., Wu, Y. 2006. Recent sediment accumulation and carbon burial in the East China Sea, Global Biogeochem. Cycles, 20, GB3014, doi: 10. 1029/2005GB002559.

Diaz, R. J. 2001. Overview of hypoxia around the world. Journal of Environmental Quality, 30: 275 – 281.

Dortch, Q., and Whitledge, T. E. 1992. Does Nitrogen or Silicon Limit Phytoplankton Production in the Mississippi River Plume and Nearby Regions? Continental Shelf Research, 12: 1293 – 1309.

Duan, S. and Zhang, S. 2001. Variability of nitrogen and phosphorus at major Chinese river monitoring stations. In: Zhang, S. (Ed.), Land – Ocean Interactions in Changjiang, Zhujiang and in the Adjacent Regions. Ocean Press, Beijing, pp. 3 – 10.

Duan, Y., Song, J. M., Cui, M. Z. and Luo, B. J. 1998. Organic geochemical studies of sinking particulate material in China sea area (Ⅰ) Organic matter fluxes and distributional features of hydrocarbon compounds and fatty acids. Science in China (Series D), 41 (2): 208 – 214.

Edmond, J. M., Boyle, E. A., Grant, B. and Stallard, R. F. 1981. The chemical mass balance in the Amazon plume I: the nutrients. Deep – Sea Research 28A, 1339 – 1374.

Edmond, J. M., Spivack, A., Grant, B. C., et al. 1985. Chemical dynamics of the Changjiang River estuary. Cont Shelf Res, 4: 17 – 36.

Forestner, U. 1989. Lecture notes in earth science (contaminated sediments) ［M］. berlin spinger verlag: 107 – 109.

Fu, M., Wang, Z., Li, Y., Li, R., Sun, P., Wei, X., Lin, X. And Guo, J., 2009. Phytoplankton biomass size structure and its regulation in the Southern Yellow Sea (China): Seasonal variability. Continental Shelf Research, 29 (18): 2178 – 2194.

Giese, H. 1997. Investigations of the Specification of Chromium in Sea Water, Sea Ice and Snow in Selected Areas of the Arctic ［M］. Berlin: Spring Link: 127 – 129.

Guan, B., 1994. Patterns and structures of the currents in Bohai, Huanghai and East China Seas. In: Zhou, D., Liang, Y. B., Zeng, C. K. (Eds.), Oceanology of China Seas, vol. 1. Kluwer Academic Publishers, Netherlands, pp. 17 – 26.

Guan, B. X., 1994. Patterns and structures of the currents in Bohai, Huanghai and East China Seas. In: Zhou D, Y B Liang and C K Zeng, Oceanology of China Seas, Kluwer Academic Publishers, Netherlands, Vol. 1:

367

pp. 17 – 26.

Guo, X. H. , Cai, W. – J. , Zhai, W. D. , et al. , 2008. Seasonal variations of the inorganic carbon system in the Pearl River (Zhujiang) Estuary. Continental Shelf Research, 28: 1424 – 1434.

Gutiérrez – Galindo, E. A. , Ríos Mendoza, L. M. , Mu? oz, G. F. and Villaescusa Celaya, J. A. 1998. Chlorinated hydrocarbons in marine sediments of the Baja California (Mexico) – California (USA) border zone. Marine Pollution Bulletin, 36 (1): 27 – 31.

Hakanson, L. 1980. An ecological risk index for aquatic pollution conrtol – A sedimentological approach. Water Research, 14: 975 – 1001.

Harrison, P. J. , Hu, M. H. , Yang, Y. P. , et al. 1990. Phosphate limitation in estuarine and coastal waters of China. J. Exp. Biol. Ecol. , 140: 79 – 87.

Healey, F. P. and Hendzel, L. L. . 1980. Physiological indicators of nutrient deficiency in lake phytoplankton. Canadian Journal of Fisheries and Aquatic Sciences 37, 442 – 453.

Hecky, R. E. and Kilham, P. . 1988. Nutrient limitation of phytoplankton in freshwater and marine environments: A review of recent evidence on the effects of enrichment. Limnology and Oceanography 33 (4, part 2), 796 – 822 .

Hong, G. H. , Chung, C. S. , Kang, D. J. et al. 1993. Synoptic distribution of nutrients and major biogeochemical provinces in the Yellow Sea, Proceedings of ISEE' 93, pp. 85 – 99.

Hong, G. H. , Kim, S. H. , Chung, C. S. and Pae, S. J. . 1995. The role of the anthropogenic nutrient input in the carbon fixation of the coastal ocean Yellow Sea: A preliminary study. In "Direct Ocean Disposal of Carbon Dioxide", edited by N. Handa and T. Ohsumi: 13 – 22 .

Hong, K. H. , Kim, S. H. and Chung, S. C. 1997. Contamination in the Yellow Sea proper: A review. Ocean Research, 19 (1): 55 – 62.

Humborg, C. , Conley, D. J. , Rahm, L. , Wulff, F. , Cociasu, A. and Ittekkot, V. 2000. Silicon retention in river basins: far – reaching effects on biogeochemistry and aquatic foodwebs in coastal marine environments. Ambio, 29: 45 – 50.

Humborg, C. , Ittekkot, V. , Cociasu, A. and Bodungen, B. 1997. Effect of Danube River dam on Black Sea biogeochemistry and ecosystem structure. Nature, 386: 385 – 388.

Hydraulics, D. and Macdonald, M. 1995. Hangzhou Bay Environmental Study. The Final Report of World Bank TA Project .

Ingall, E. and Jahnke, R. 1994. Evidence for Enhanced Phosphorus Regeneration from Marine – Sediments Overlain by Oxygen Depleted Waters. Geochimica Et Cosmochimica Acta, 58 (11): 2571 – 2575.

Japanese National Oceanographic Data Center. http: //www. jodc. go. jp/

Jiang, L. – Q. , Cai, W. – J. , Wanninkhof, R. , Wang, Y. and Lüger, H. , 2008. Air – sea CO_2 fluxes on the U. S. South Atlantic Bight: spatial and seasonal variability. Journal of Geophysical Research 113, C07019, doi: 10. 1029/2007JC004366.

Landry, M. R. , R. T. Barber, R. R. Bidigare, F. Chai, K. H. Coale, H. G. Dam, M. R. Lewis, S. T. Lindley, J. J. McCarthy, M. R. Roman, D. K. Stoecker, P. G. Verity and J. R. White. . 1997. Iron and grazing constraints on primary production in the central equatorial Pacific: An EqPac synthesis. Limnol. Oceanogr, 42: 405 – 418.

Lee, H. J. , Chough, S. K. . 1989. Sediment distribution, dispersal and budget in the yellow sea. Marine Geology, 87: 195 – 205.

Lee, J. H. , An, B. W. , Bang, I. K. , Lie, H. J. et al. 1999. Water and salt budgets for the Yellow Sea. In "Biogeochemical Processes in the Bohai and Yellow Sea", edited by G. H. Hong, J. Zhang and C. S. Chung, Seoul: The dongjin Publication Association: 221 – 234.

Li, D. , Zhang, J. , Huang, D. , Wu, Y. And Liang, J. . 2002. Oxygen depletion off the Changjiang (Yangtze

River) Estuary. Science in China (Series D: Earth Sciences), 45 (12): 1137 – 1146.

Li, X. D., Shen, Z. G., Onyx, W. H. et al. 2001. Chemical forms of Pb, Zn and Cu in the sediment profiles of the Pearl River Estuary. Marine Pofiution Bulletin, 42 (3): 215 – 223.

Li, X. D., Shen, Z. G., Wai, O. W. H. and Li, Y. S.. 2001. Chemical forms of Pb, Zn and Cu in the sediment profiles of the Pearl River Estuary. Marine Pollution Bulletin, 42: 215 – 223.

Li, X. D., Wai, O., Li, Y. S. et al. 2000. Heavy metal distribution in sediment profiles of the Pearl River estuary – South China. Applied Geochemistry, 15 (5): 567 – 581.

Li, X. D., Wai, O. W. H., Li, Y. S., Coles, B., Ramsy, M. H. and Thornton, I., 2000. Heavy metal distribution in sediment profiles of the Pearl River estuary, South China. Applied Geochemistry, 15, 567 – 581.

Li, X. G., Song, J. M. and Yuan, H. M.. 2006. Inorganic carbon of sediments in the Yangtze River Estuary and Jiaozhou Bay. Biogeochemistry, 77: 177 – 197.

Li, Y.. 1994. Mass balances of major chemical constituents in Bohai Sea water. Removal processes. Chinese J. Oceanol. Limnol, 12 (3): 36 – 47.

Liang, X., Zhang, L. J. Cai, W. J. and Jiang, L. Q.. 2010. Air – sea CO_2 fluxes in the southern Yellow Sea: an examination of the continental shelf pump hypothesis (in press).

Limeburner, R., Beardsley, R. C. and Zhao, J. 1983. Water masses and circulation in the East China Sea. Proceedings of international symposium on sedimentation on the continental shelf, with special reference to the East China Sea. April 12 – 16, 1983, Hangzhou, China. Vol. 1. Beijing: China Ocean Press: 285 – 294.

Lin, C., Ning, X., Su, J., Lin, Y. and Xu, B., 2005. Environmental changes and the responses of the ecosystems of the Yellow Sea during 1976 – 2000. Journal of Marine Systems, 55: 223 – 234.

Lin, C., Su, J., Xu, B. and Tang, Q.. 2001. Long – term variations of temperature and salinity of the Bohai Sea and their influence on its ecosystem. Progress in Oceanography, 49: 7 – 19.

Liu, A. and Jiang, X. 2002. The impact of Three Gorges Reservoir on the environments of the Changjiang estuary and adjacent seas [M]. In: Littoral 2002, The Changing Coast. EUROCOAST/EUCC, Porto – Portugal, Ed. EUROCOAST – Portugal, ISBN 972 – 8558 – 09 – 0, 269 – 274.

Liu, S. M., Chen, H. T., Wu, Q. M. et al. 1999. N, P and Si compounds in the South Yellow Sea. In "Biogeochemical Processes in the Bohai and Yellow Sea", edited by G. H. Hong, J. Zhang and C. S. Chung, The dongjin Publication Association, Seoul, 274.

Liu, S. M., Zhang, J. and Li, D. J.. 2004. Phosphorus cycling in sediments of the Bohai and Yellow Seas. Estuarine, Coastal and Shelf Science, Vol. 59: 209 – 218.

Liu, S. M., Zhang, J. Chen, S. Z., Chen, H. T., Hong, G. H., Wei H. and Wu, Q. M. 2003. Inventory of nutrient compounds in the Yellow Sea. Continental Shelf Research, 23: 1161 – 1174.

Liu, S. M., Zhang, J., Chen, S. Z., Chen, H. T., Hong, G. H., Wei, H. and Wu, Q. M. 2003. Inventory of nutrient compounds in the Yellow Sea. Continental Shelf Research, 23: 1161 – 1174.

Liu, W. X., Li, X. D., Shen, Z. G., Wang, D. C., Wai, O. W. H. and Li, Y. S.. 2003. Multivariate statistical study of heavy metal enrichment in sediments ofthe Pearl River Estuary. Environmental Pollution, 121, 377 – 388.

Lohrenz, S. E., Wiesenburg, D. A., Arnone, R. A. and Chen, X.. 1999. What controls primary production in the Gulf of Mexico? In: H. Kumpf, K. Steidinger, K. Sherman (editors), 1999. The Gulf of Mexico Large Marine Ecosystem: assessment, sustainability, and management. Blackwell Science, 736 pages. ISBN: 0632043350.

Lohrenz, S. E.; Dagg, M. J. and Whitledge, T. E.. 1990. Enhanced Primary Production at the Plume/Oceanic Interface of the Mississippi River. Continental Shelf Resources. 10: 639 – 664.

Long, E., Macdonald, D., Smith, S. and Calder, F. 1995. Incidence of adverse biological effects within ranges of chemical concentrations in marine and estuarine sediments. Environmental Management, 19 (1): 81 – 97.

Lu，S. Y. and Zhu，M. Y. 1987. The background value of chemical elements in the Huanghai Sea sediment. Acta Oceanologica Sinica, 6（4）：558－567.

Manheim，F. T. . 1976. Interstitial waters of marine sediment . Chemical Oceanography，6：115－178.

Martin，J. H. ，Coale，K. H. ，Johnson，K. S. ，et al. 1994. Testing the iron hypothesis in ecosystems of the equatorial Pacific Ocean. Nature，371（6493）：123－129.

Martin，J. H. . 1992. Iron as a limiting factor in oceanic productivity. Environmental Science Research，43：123－137.

Masaki，K. . 2001. Interannual variations of sea level al the Nansei Islands and volume transport of the Kuroshio due to wind changes. Journal of Oceanography，57：189－205.

Maskaoui，K. ，Zhou，J. L. ，Han，Y. L. ，Hu，Z. ，Zheng，T. L. and Hong，H. S. . 2005. Contamination of soil, leaves and vegetables by polychlorinated biphenyls in Xiamen region，China. Journal of Environmental Sciences，17（3）：460－464.

McKee，B. A. ，Aller，R. C. ，Allison，M. A. ，Bianchi，T. S. and Kineke，G. C. . 2004. Transport and transformation of dissolved and particulate materials on continental margins by major rivers：Benthic boundary layer and seabed processes，Cont. Shelf Res. ，24：899－926.

Nakamura，T. ，Matsumoto，K. and Uematsu，M. 2005. Chemical characteristics of aerosols transported from Asia to the East China Sea：An evalution of anthropogenic combined nitrogen deposition in autumn . Atmospheric Environment，39（9）：1749－1758.

Nevissi，A. And Schell，W. R. . 1975. Distribution of plutonium and americium in Bikini Atoll Lagoon. Health Phys. ，28：539－547.

Niu，L. F. ，Li，X. G. ，Song. J. M. ，Yuan. H. M. ，Li，N. and Dai，J. C. . 2006. Iron and inorganic carbon in Liaodong bay sediments of Bohai Sea，China，Oceanologica Sinica，25（4）：53－64.

Nixon，S. W. . 1995. Coastal eutrophication：A definition，social causes，and future concerns. Ophelia，41：199－220.

Oh，J. R. ，Choi，H. K. ，Hong，S. H. ，Yim，U. H. ，Shim，W. J. and Kannan，N. 2005. A preliminary report of persistent organochlorine pollutants in the Yellow Sea. Marine Pollution Bulletin，50（2）：217－222.

Paerl，H. W. . 1997. Coastal eutrophication and harmful algal blooms：Importance of atmospheric deposition and groundwater as "new" nitrogen and other nutrient sources. Limnol Oceanogr，42（5. part 2）：1154－1165.

Park，J. W. ，and Jaffe，P. R. 1993. Partitioning of 3 Nonionic Organic－Compounds between Adsorbed Surfactants, Micelles，and Water. Environmental Science & Technology，27（12）：2559－2565.

Pauly D，Christensen V. 1995. Primary production required to sustain global fisheries. Nature，374（16）：255－257.

Peng，T. －H. ，Hung，J. －J. ，Wanninkhof，R. and Millero，F. J. ，1999. Carbon budget in the East China Sea in spring. Tellus 51B，531－540.

Pitkanen，H. ，Lehtoranta，J. and Raike，A. 2001. Internal nutrient fluxes counteract decreases in external load：the case of the estuarial eastern Gulf of Finland，Baltic Sea. AMBIO，30：195－201.

Rabouille，C. ，Conley，D. J. ，Dai，M. H. et al. 2009. Comparison of hypoxia among four river－dominated ocean margins：The Changjiang（Yangtze），Mississippi，Pearl，and Rho? ne rivers. Continental Shelf Research，28：1527－1537.

Scarlatos，P. D. . 1997. Experiments on Water2Sediment Nutrient Partitioning under Turbulent，Shear and Diffusive Conditions. Water，Air and Soil Pollution，99：411－425.

Schelske，C. L. and Stoemer，E. F. . 1971. Eutrophication，silica depletion，and predicted changes in algal quality in Lake Michigan. Science，173：423－424.

Schelske, C. L. , Conley, D. J. , Stoermer, E. F. , Newberry, T. L. and Campbell, C. D. . 1986. Biogenic silica and phosphorus accumulation in sediments as indices of eutrophication in the Laurentian Great Lakes. Hydrobiologia, 143: 79 – 86.

Schelske, C. L. , Stoemer, E. F. , Conley, D. J. , Robbins, J. A. and Glover, R. M. . 1983. Early eutrophication in the lower Great Lakes: New evidence from biogenic silica in sediments. Science, 222: 320 – 322.

Shim, J. H. , Kim, D. , Kang, Y. C. , Lee, J. H. , Jang, S. – T. and Kim, C. – H. . 2007. Seasonal variations in pCO_2 and its controlling factors in surface seawater of the northern East China Sea. Continental Shelf Research 27, 2623 – 2636.

Slomons, W. and Gerritse, R. G. . 1981. Some observations on the occurence of phosphorus in recent sediments from Western Europe. The Science of the Total Environment, 17: 37 – 49.

Song, J. M. and Li, P. C. . 1998. Vertical transferring process of rare elements in coral reef lagoons of Nansha Islands, South China Sea. Science in China (Series D), 41 (1): 42 – 48.

Song, J. M. Ma, H. B. and Lü, X. X. . 2002. Nitrogen forms and decomposition of organic carbon in the south Bohai Sea core sediments. Acta Oceanlogica Sinica, 21 (1): 125 – 133.

Song, J. M. , Luo, Y. X. , Li, P. C. and Sun, Y. M. . 2000. Phosphorus and silicon in sediments near sediment – seawater interface of the Southern Bohai sea. The Yellow Sea. Vol: 6, 59 – 72.

Song, J. M. , Luo, Y. X. , Lü, X. X. and Li, P. C. . 2002. Biogeochemical processes of phosphorus and silicon in southern Bohai Sea surface sediments, Chin. J. Oceanol. Limnol. , 20 (4): 378 – 383.

Song, J. M. . 2001. Transferable phosphorus on sediments of the Huanghe River estuary's adjacent waters. Chin. J. Oceanol. Limnol, 19 (1): 81 – 86.

Song, J. M. . 2010. Biogeochemical Processes of Biogenic Elements in China Marginal Seas. Springer – Verlag GmbH & Zhejiang University Press, 1 – 662.

State Oceanic Administration (SOA), 2001. Status of the Environmental Quality of the China Sea in the End of 20th Century. SOA.

Su, Y. and Weng, X. . 1994. Water masses in China Seas. In: Zhou D, Liang YB, Zeng CK, eds. Oceanology of China Seas, Vol. 1. Netherlands: Kluwer Academic Publishers, 3 – 16.

Takahashi, T. , Goddard, J. G. , Chipman, D. W. , Sutherland, S. C. and Olafsson, J. . 1993. Seasonal variation of CO_2 and nutrients in the high – latitude surface oceans: a comparative study. Global Biogeochemical Cycles 7, 843 – 878.

Takahashi, T. , Sutherland, S. C. , Sweeney, C. , Poisson, A. , Metzl, N. , Tilbrook, B. , Bates, N. , Wanninkhof, R. , Feely, R. A. , Sabine, C. , Olafsson, J. and Nojiri, Y. . 2002. Global sea – air CO_2 flux based on climatological surface ocean pCO_2, and seasonal biological and temperature effects. Deep – Sea Research Part II 49 (9 – 10), 1601 – 1622.

Tang, R. , Dong, H. And Wang, F. 1990. Biogeochemical behavior of nitrogen and phosphate in the Changjiang estuary and its adjacent waters. In: Yu G, Martin JM, Zhou J, W indom H & Dawson R, eds. Biogeochemical Study of the Changjiang Estuary. Beijing: Ocean Press, 322 – 334

Tian, R. C. , Hu, F. X. and Martin, J. M. . 1993. Summer nutrient fronts in the Changjiang (Yangtze River) estuary. Estu. Coast. Shelf Sci. , 37: 27 – 41.

Tian, T. , Wei, H. , Su, J. And Chung, C. . 2005. Simulations of annual cycle of phytoplankton production and the utilization of nitrogen in the Yellow Sea. Journal of Oceanography, 61: 343 – 357.

Tomczak, M. and Godfrey, J. S. . 1994. Regional Oceanography: an Introduction Pergamon, Oxford, 442 pp.

Tseng, C. – M. , Wong, G. T. F. , Chou, W. – C. , Lee, B. – S. , Sheu, D. – D. and Liu, K. – K. . 2007. Temporal variations in the carbonate system in the upper layer at the SEATS station. Deep – Sea Research

371

Ⅱ 54, 1448 – 1468.

Tsunogai, S., Watanabe, S. and Sato, T.. 1999. Is there a " continental shelf pump" for the absorption of atmospheric CO_2? Tellus 51B, 701 – 712.

Tsunogai, S., Watanabe, S., Nakamura, J., Ono, T. and Sato, T.. 1997. A preliminary study of carbon system in the East China Sea. J. Oceanogr, 53: 9 – 17.

Ullman, W. J. and Aller, R. C.. 1980. Dissolved Iondine Flux from Estuarine Sediments and Implications for the Enrichment of Iodine at the Sediment Water Interface. Geochimica. Cosmochimica Acta, 44: 1177 – 1184.

UNEP. 2006. Global Programme of Action for the Protection of the Marine Environment from Land – Based Sources) – 2nd Intergovernmental Review Meeting (IGR – Ⅱ). October 19 – 20, 2006, Beijing.

Uno, I., Uematsu, M., Hara, Y. et al. 2007. Numerical study of the atmospheric input of anthropogenic total nitrate to the marginal seas in the western North Pacific region. Geophysical Research Letters, 34, L17817, doi: 10. 1029/2007GL030338.

Usero, J., Gonzalez – Regalado, E. and Gracia, I.. 1997. Trace metal in the bivalve mollusks Ruditapes decussates and Ruditapes philippinarum from the Atlantic coast of sourthern Spain. Environment International, 23 (3): 291 –298.

Wai, O. W. H., Wang, C. H., Li, Y. S. and Li, X. D.. 2004. The formation mechanisms of turbidity maximum in the Pearl River estuary, China. Marine Pollution Bulletin 48, 441 – 448.

Wang B. D, Wang, X. and Zhan, R.. 2003. Nutrient conditions in the Yellow Sea and the East China Sea. Estuarine, Coastal and Shelf Science, 58 (1): 127 – 136.

Wang, B. D. 2006. Cultural eutrophication in the Yangtze River plume: history and perspective. Estuarine, Coastal and Shelf Science, 69: 471 –477.

Wang, B. D. and Wang, X. L.. 2007. Chemical hydrography of the coastal upwelling in the East China Sea. Chinese J. Oceanol. Limnol., 25 (1): 16 –26.

Wang, B. D.. 2009. Hydromorphological Mechanisms Leading to Hypoxia off the Changjiang Estuary. Marine Environmental Research, 67: 53 –58.

Wang, S. L. and Chen, C. T. A.. 1998. Bottom water in the middle of the northern East China Sea in summer is the remnant winter water. Continental Shelf Research, 18: 1573 – 1580.

Wang, S. L., Chen, C. T. A., Hong, G. H. and Chung, C. S.. 2000. Carbon dioxide and related parameters in the East China Sea. Cont. Shelf Res, 20: 525 –544.

Wanninkhof, R., Asher, W. E., Ho, D. T., Sweeney, C. and McGillis, W. R.. 2009. Advances on quantifying air – sea gas exchange and enviromental forcing. Annual Review of Marine Science, 1: 213 –244.

Wanninkhof, R.. 1992. Relationship between wind speed and gas exchange over the ocean. Journal of Geophysical Research, 97 (C5): 7373 –7382.

Wei, H., He, Y., Li, Q., Liu, Z. And Wang, H.. 2007. Summer hypoxia adjacent to the Changjiang Estuary. Journal of Marine Systems (in press).

Weijin Yan, Shen Zhang. 2003. The composition and bioavailability of phosphorus transport through the Changjiang River during the 1998 flood. Biogeochemistry, 65: 179 – 194.

Wijsman, J. W. M., Middelburg, J. J., Herman, P. M. J., B? tcher, M. E. and Heip, C. H. R.. 2001. Sulfur and iron speciation in surface sediments along the northwestern margin of the Black Sea. Marine Chemistry, 74 (4): 261 –278.

Wong, G. T. F., Gong, G. C., Liu, K. K., et al. 1998. Excess nitrate in the East China Sea. Estuarine, Coastal Shelf Science, 46: 411 –418.

Wu, W. Z., Schramm, K. W., Henkelmann, B., Xu, Y., Yediler, A. And Kettrup, A.. 1997. PCDD/Fs,

PCBs, HCHs and HCB in sediments and soils of Ya – Er Lake area in China: Results on residual levels and correlation to the organic carbon and the particle size. Chemosphere, 34（1）: 191 – 202.

Yang, S. and Youn, J. S.. 2007. Geochemical compositions and provenance discrimination of the central south Yellow Sea sediments. Marine Geology, 243（1 – 4）: 229 – 241.

Yang, S. R., Park, M. G., Hong, G. H. et al., 1999. New and regenerated production in the Yellow Sea. In: Biogeochemical processes in the Bohai and Yellow Sea. Edited by G. H. Hong, J. Zhang, and C. S. Chung, Seoul: The Dongjin Publication Association, pp. 69 – 99.

Yang, Y., Yin, X. . Mu, X. , Li, C. and Li, Y.. 2001. Environmental geochemistry of Swan Lake inlet, Rongcheng Bay, the Yellow Sea of China. Chinese journal of geochemistry, 20（2）: 152 – 160.

Yin, K. D. , Lin, Z. F. and Ke, Z. Y.. 2004. Temporal and spatial distribution of dissolved oxygen in the Pearl River Estuary and adjacent coastal waters. Continental Shelf Research, 24: 1935 – 1948.

Yu, H. H. , Zheng, D. C. and Jiang, J. Z.. 1983. Basic hydrographic characteristics of the studied area [A]. Proceedings of International Symposium on Sedimentation on the Continental Shelf with Special Reference to the East China Sea [C]. Hangzhou China, 295 – 305.

Yuan, D. , Zhu, J. , Li, C. And Hu, D.. 2008. Cross – shelf circulation in the Yellow and East China Seas indicated by MODIS satellite observations. Journal of Marine Systems, 70: 134 – 149.

Yuan, H. M. , Liu, Z. G. , Song, J. M. , Lü, X. X. , Li, X. G. , Li, N. and Zhan, T. R.. 2004. Studies on the regional feature of organic carbon in sediments off the Huanghe River estuary waters. Acta Oceanologica Sinica, 23（1）: 129 – 134.

Zhai, W. D. and Dai, M. H.. 2009. On the seasonal variation of air – sea CO$_2$ fluxes in the outer Changjiang（Yangtze River）Estuary, East China Sea. Mar. Chem, 117: 2 – 10.

Zhai, W. D. , Dai, M. H. and Cai, W. – J.. 2009. Coupling of surface pCO$_2$ and dissolved oxygen in the northern South China Sea: impacts of contrasting coastal processes. Biogeosciences, 6: 2589 – 2598.

Zhai, W. D. , Dai, M. H. and Guo, X. H.. 2007. Carbonate system and CO$_2$ degassing fluxes in the inner estuary of Changjiang（Yangtze）River, China. Mar. Chem, 107: 342 – 356.

Zhai, W. D. , Dai, M. H. , Cai, W. – J. , Wang, Y. C. and Hong, H. S. , 2005. The partial pressure of carbon dioxide and air – sea fluxes in the northern South China Sea in spring, summer and autumn. Marine Chemistry, 96: 87 – 97 [Erratum: Marine Chemistry 103, 209].

Zhai, W. D, Dai, M. H, Cai, W. – J. , Wang, Y. C. and Hong, H. S. 2005. The partial pressure of carbon dioxide and air – sea fluxes in the northern South China Sea in spring, summer and autumn. Marine Chemistry, 96: 87 – 97.

Zhang J. and Liu, M. G.. 1994. Observations on nutrient elements and sulfate in atmospheric wet depositions over the northwest Pacific coastal oceans—Yellow Sea. Mar. Chem. , 47: 173 – 189.

Zhang, G. , Zhang, J. and Liu, S. 2007. Characterization of nutrients in the atmospheric wet and dry deposition observed at the two monitoring sites over Yellow Sea and East China Sea . Journal Atmospheric Chemistry, 57: 41 – 57.

Zhang, H. and Li, S. Y.. 2010. Effects of physical and biochemical processes on the dissolved oxygen budget for the Pearl River Estuary during summer. Journal of Marine Systems, 79: 65 – 88.

Zhang, J. and Liu, M. , 1994. Observations on nutrient elements and sulphate in atmospheric wet depositions over the northwest Pacific coastal oceans – Yellow Sea. J. Mar. Chem, 47: 173 – 189.

Zhang, J. , Chen, S. Z. , Yu, Z. G. et al. 1999. Factors influencing changes in rainwater composition from urban versus remote regions of the Yellow Sea. J. Geophy. Res. , 104（D1）: 1631 – 1644.

Zhang, J. , Huang, W. W. , Létolle, R. and Jusserand, C. , 1995. Major element chemistry of the Huanghe（Yellow River）, China—weathering processes and chemical fluxes. Journal of Hydrology, 168（1 –

373

4）：173 – 203.

Zhang, J. , Yu, Z. G. , Liu, S. M. , Xu, H. and Liu, M. G. . 1997. Dynamics of nutrient elements in three estuaries of North China：The Luanhe, Shuangtaizihe and Yalujiang. Estuar, 20 （1）：110 – 123.

Zhang, J. . 1995. Geochemistry of trace metals from Chinese river/estuary systems：An overview. Estuar Coast Shelf Sci, 41 （6）：631 – 658.

Zhang, J. . 1996. Nutrient elements in large Chinese estuaries. Continental Shelf Res. , 16：1023 – 45.

Zhang, L. , Xue, L. , Song, M. , Jiang, C. , 2010. Distribution of the surface partial pressure of CO_2 in the southern Yellow Sea and its controls. Continental Shelf Research, 30：293 – 304.

Zhang, P. , Song, J. M. , Liu, Z. G. , Zheng, G. X. , Zhang, N. X. , He, Z. P. . 2007. PCBs and its coupling with eco – environments in Southern Yellow Sea surface sediments. Marine Pollution Bulletin, 54 （8）：1105 – 1115.

Zhen, Y. , Zhuang, G. , Brown, P. R. and Duce, R. A. . 1992. High – performance liquid chromatographic method for the determination of ultratrace amounts of iron （Ⅱ） in aerosols, rainwater, and seawater. Anal. Chem, 64 （2）：2826 – 2830.

Zheng, G. X. , Song, J. M. , Sun, Y. M. , Dai, J. and Zhang, P. . 2008. Characteristics of nitrogen forms in the surface sediments of southwestern Nansha Trough, South China Sea. Chinese Journal of Oceanology and limnology, 26 （3）：280 – 288.